力学丛书·典藏版 1

变分法及有限元

（上册）

钱伟长 著

科学出版社

1980

内 容 简 介

本书系统地论述了作为有限元法基础的变分原理，以广义变分原理贯穿全书．其中相当一部分内容是作者多年来的工作成果．

全书分上、下二册．上册为前九章，内容包括：变分法的基本理论；梁、板小挠度和大挠度的静力学、动力学问题；板的热弹性问题；弹性体小位移变形和大位移变形的静力学、动力学问题；热弹性力学和塑性力学问题等等．

本书可供有关科学研究人员、工程技术人员和高等院校师生参考．

图书在版编目 (CIP) 数据

变分法及有限元．上册／钱伟长著．—北京：科学出版社，2016.1

(力学丛书)

ISBN 978-7-03-046896-3

I. ①变… II. ①钱… III. ①变分法 ②有限元 IV. ① 0176 ② 0241.82

中国版本图书馆 CIP 数据核字 (2016) 第 004443 号

力 学 丛 书

变 分 法 及 有 限 元

（上册）

钱 伟 长 著

*

科 学 出 版 社 出 版

北京东黄城根北街 16 号

北京京华虎彩印刷有限公司印刷

新华书店北京发行所发行　各地新华书店经售

*

1980 年第一版　　开本：850×1168　1/32

2016 年印刷　　印张：19 1/4

插页：2

字数：511,000

定价：158.00元

序　　言

本书的主要目的，是为广大教师、科技工作者提供变分法和有限元的最新成果，从而使读者对教学、科研和生产中的理论问题和实际问题能更好地开展计算工作．作者以此来热烈响应党中央的号召，为社会主义祖国早日实现四个现代化贡献自己的力量．

本书的内容涉及变分法和有限元的各个方面，广泛地吸收了几十年来在国际上对实际计算有价值的先进材料．当然，其中相当一部分是我们自己三十年来在这方面的工作成果．本书对广义变分原理给予高度的重视，贯穿于全书．现在广义变分原理对有限元的利用，显示了越来越大的重要性．但是还可以说，广义变分原理的作用，迄今仍未得到充分的发挥．

本书论述的科学技术范围，不仅限于弹塑性力学，而且也涉及到其它许多学科．特别是在下册中，将为流体力学、电磁学、量子力学等学科设专章讲述．

本书是根据原《变分法及有限元》讲义改写而成的．自 1977 年 10 月至 1978 年 10 月，作者曾在清华大学开设《变分法及有限元》讲座，并为此写成一份讲义．参加讲座的除清华大学和各院校教师外，还有北京及外地的研究所、设计院的有关科技工作者． 1978 年暑假应云南昆明工学院的邀请，又向十七个省市近六十个院校、工矿科研单位的同志，进行了同样内容的简要讲述．今年三月在武昌华中工学院、四月将在无锡 702 研究所，分别为有关院校和科研单位进行讲述．在以往的讲述实践中，得到同志们的启发和帮助，使讲义的内容不断有所增益和修改，各单位也已广为翻印和复制．为满足广大科技工作者的要求，决心全部改写，现在已完成上册付梓，下册亦将在年内完成．

在本书的编写出版过程中，得到北京地质力学研究所潘立宙同志的大力协助校审,并得首钢钱元凯同志制作全部插图,在此一并表示感谢.

本书在写作上必然会有一些不足和缺欠，甚至于可能还有差错,深望读者不吝提出批评指正.

钱伟长

一九七九年三月五日,
于清华园内照澜院.

目　　录

第一章

变分法的一些基本概念

§1.1 历史上有名的变分命题,泛函,较一般的变分命题

在科学技术上,常常需要确定某一函数 $z=f(x)$ 的极大值或极小值;这种计算分析是微积分里大家所熟知的. 但是,我们经常还要去确定一类特殊的量——即所谓泛函——的极大值或极小值. 这就是变分法所处理的范围. 为了便于理解变分的命题,便于理解所谓泛函,我们将从历史上有名的三个变分命题讲起.

第一个变分命题,最速降线问题(brachistochrone)

设有两点 A 和 B,不在同一铅垂线上,设在 A, B 两点上连结着某一曲线,有一重物沿曲线从 A 到 B 受重力作用自由下滑. 如果略去重物和线之间的摩擦阻力,从 A 到 B 自由下滑所需时间随这一曲线的形状不同而各不相同. 问下滑时间最短的曲线是那一条曲线?它就是最速降线(图 1.1). 显而易见,最快的路线决不是连结 A, B 两点的直线段. 当然,这条直线段在 A, B 两点间的路程最短,但沿这条直线自由下落时,运动速率的增长是比较慢的. 如果我们取一条较陡的路程,则虽然路程是加长了,但在路程相当大的一部分中,物体运动的速率较大,所需总时间反而较少.

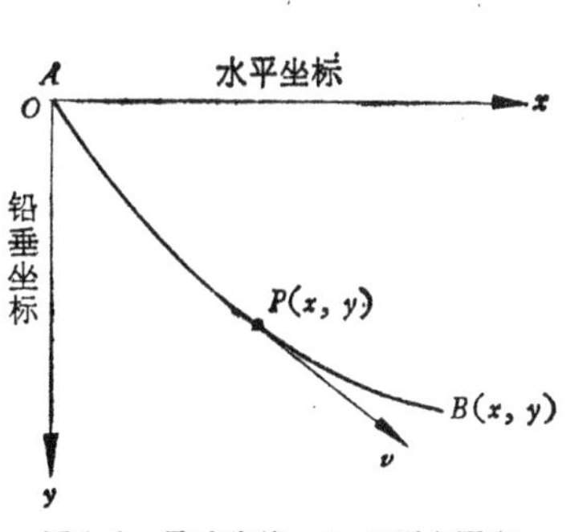

图 1.1 最速降线,A, B 两点固定,A 点和坐标原点重合

最速降线问题是约翰·伯努利 (Johann Bernoulli) 在 1696 年以公开信的形式提出来的[1]，曾引起广泛的注意；历经莱比尼兹 (Leibniz)、牛顿 (Newton) 和约可毕·伯努利 (Jacob Bernoulli) 等的多方努力[2,3]，才得到较完善的解答。

现在让我们把最速降线问题，写成数学形式。

设 A 点和原点重合，B 点的坐标为 (x_1, y_1)，重体从 A 点下滑到 $P(x, y)$ 点时，其速度为 v；如果重体的质量为 m，引力加速度为 g，则重体从 A 到 P，失去势能 mgy，而获得动能 $\frac{1}{2}mv^2$. 由能量守恒定律

$$mgy = \frac{1}{2}mv^2 \quad 或 \quad v = \sqrt{2gy} \tag{1.1}$$

如果以 s 表示曲线从 A 点算起的弧长，则

$$\frac{ds}{dt} = \sqrt{2gy} \tag{1.1a}$$

而且弧长元素为

$$ds = \sqrt{dx^2 + dy^2} = \sqrt{1 + \left(\frac{dy}{dx}\right)^2}\,dx \tag{1.2}$$

于是，从 (1.1a)，和 (1.2)，有

$$dt = \frac{ds}{\left(\frac{ds}{dt}\right)} = \sqrt{\frac{1 + \left(\frac{dy}{dx}\right)^2}{2gy}}\,dx \tag{1.3}$$

从 A 到 B 积分，设总降落时间为 T，即得

$$T = \int_0^T dt = \int_0^{x_1} \sqrt{\frac{1 + \left(\frac{dy}{dx}\right)^2}{2gy}}\,dx \tag{1.4}$$

对于不同的 $y(x)$，T 也不同. 所以，T 是 $y(x)$ 的某种广义的函数，人们称这一类型的广义函数为**泛函**. 亦即 T 是 $y(x)$ 的一种泛函. 凡变量的值是由一个或多个函数的选取而确定的，这个变量称为这些函数的泛函. 最速降线问题，于是可以说成：

在满足 $y(0)=0$，$y(x_1)=y_1$ 的一切 $y(x)$ 函数中，选取一个函数，使(1.4)式的泛函 T 为最小值．这个特定的函数就是最速降线的函数表达式．这就是最速降线问题的变分命题．所以，变分命题在实质上就是求泛函的极大值或极小值的问题．在这里我们应该指出下列各点：

（甲）在泛函的积分线上，$x=0$，$x=x_1$ 都是定值，亦即是说，在变分中，$y(x)$ 的两端界限已定不变，其端值也不变，即 $y(0)=0$，$y(x_1)=y_1$；这种变分称为边界已定的变分．

（乙）在(1.4)式中，$\frac{dy}{dx}$ 不言而喻应该是存在的，至少是逐段连续的．

（丙）这种变分，除端点为定值的边界条件外，没有其他条件，这是一种最简单的变分．

第二个变分命题，短程线（Geodesic line）问题

设 $\varphi(x,y,z)=0$ 为一已知曲面，求曲面 $\varphi(x,y,z)=0$ 上所给两点 (A,B) 间长度最短的曲线．这个最短曲线叫短程线（图 1.2）．球面（如地球表面）上两点间的短程线即为通过两点的大圆．这是一个典型的变分问题．按曲面 $\varphi(x,y,z)=0$ 上 $A(x_1,y_1,z_1)$ 和 $B(x_2,y_2,z_2)$ 两点间的曲线长度为

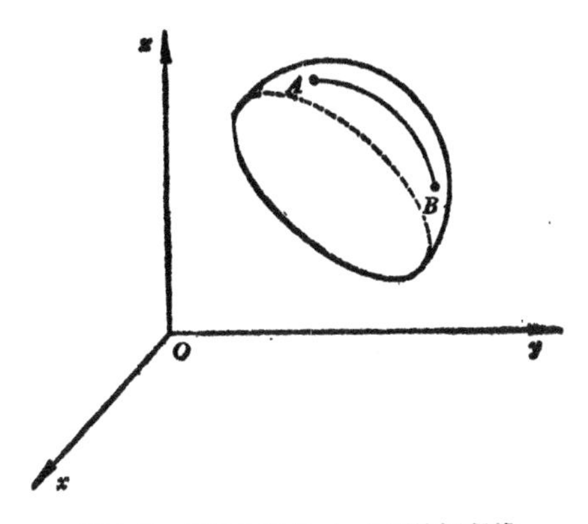

图 1.2　曲面上两点 A，B 间的短程线

$$L = \int_{x_1}^{x_2} \sqrt{1 + \left(\frac{dy}{dx}\right)^2 + \left(\frac{dz}{dx}\right)^2}\, dx \tag{1.5}$$

其中 $y = y(x)$, $z = z(x)$ 满足 $\varphi(x, y, z) = 0$ 的条件. 于是,我们的变分命题可以写为:

在 $y = y(x)$, $z = z(x)$ 满足 $\varphi(x, y, z) = 0$ 的条件下,从一切 $y = y(x)$, $z = z(x)$ 的函数中,选取一对 $y(x)$, $z(x)$,使泛函 L [即 (1.5) 式]为最小.

这个变分命题和最速降线问题有下列相同和不同之点:

(甲) 它也是一个泛函求极值的问题,但这个泛函有两个可以选取的函数,即 $y(x)$, $z(x)$.

(乙) 边界也是已定不变的,也有端点定值,即 $y(x_1) = y_1$, $z(x_1) = z_1$; $y(x_2) = y_2$, $z(x_2) = z_2$.

(丙) $y(x)$, $z(x)$ 之间必需满足:

$$\varphi[x, y(x), z(x)] = 0 \tag{1.6}$$

它是一个在 (1.6) 式条件下的变分求极值问题,不是像最速降线问题那样是无条件的. 我们称这种命题为条件变分命题. 这个问题已经在 1697 年为约翰·伯努利所解决[2]. 但是这一类问题的普遍理论直到后来通过欧拉 [L. Euler (1744)][4],拉格朗日 [L. Lagrange (1762)][5] 的努力才解决的.

第三个变分命题,等周问题 (isoperimetric problem)

在长度一定的封闭曲线中,什么曲线所围面积最大. 这个问题在古希腊时已经知道答案是一个圆,但它的变分特性是一直到十八世纪才被欧拉察觉出来的 (1744)[4].

将所给曲线用参数形式表达为 $x = x(s)$, $y = y(s)$,因为这条曲线是封闭的,所以 $x(s_0) = x(s_1)$, $y(s_0) = y(s_1)$,这条曲线的周长为:

$$L = \int_{s_0}^{s_1} \sqrt{\left(\frac{dx}{ds}\right)^2 + \left(\frac{dy}{ds}\right)^2}\, ds \tag{1.7}$$

其所围面积 R 为[根据格林 (Green) 公式]:

$$R=\iint_R dxdy=\frac{1}{2}\oint_c (xdy-ydx)$$
$$=\frac{1}{2}\int_{s_0}^{s_1}\left(x\frac{dy}{ds}-y\frac{dx}{ds}\right)ds \tag{1.8}$$

等周问题于是可以写成:

在满足 $x(s_0)=x(s_1)$，$y(s_0)=y(s_1)$ 和(1.7)式条件下，从一切 $x=x(s)$，$y=y(s)$ 的函数中选取一对 $x=x(s)$，$y=y(s)$ 函数，使泛函 R [即(1.8)式]为最大.

这也是一个条件变分命题，但其条件本身也是一个泛函 [即(1.7)式]；同时，其边界(这里是端点)也是已定不变的；而且它是两个函数 $x=x(s)$，$y=y(s)$ 所确定的泛函.

这三个历史上有名的变分命题，都是17世纪末期提出的，又都是18世纪上半叶解决的. 解决过程中，欧拉和拉格朗日创立了现在大家都熟知的变分法. 这个变分法后来广泛地用在力学的各个方面，对力学的发展起了很重要的作用.

十八世纪中叶，柏林科学院内发生过一件和变分法有关的政治事件，实质上是一件唯物主义和唯心主义的斗争事件[2,6,7]. 当时的科学院院长马波托斯 [Maupertuis (1698—1759)] 为了拍普鲁士皇帝弗烈德立赫二世的马屁，歌功颂德，提出了一个宗教命题，说什么“世界最优美，他按最完善的可能创造万物”. 并宣称这也是已故前院长莱比尼兹(1646-1716)的思想. 有个荷兰数学家柯尼格 (Samuel Köenig)，在1756年提出了莱比尼兹的一封信(1707，但没有发信地址)，说莱比尼兹并不赞成这种说法，并以院士的身份写了一篇数学论文，在院报上发表，证明了在某些条件下，并不像院长声称的那样，走向最大，而是走向最小的. 马波托斯恼羞成怒，借口莱比尼兹的信没有发信地址，硬说这封信是柯尼格伪造的，并把柯尼格的院士职位也撤消了. 那时欧拉虽是变分法的创始人，熟知极大极小和不稳定平衡问题，作为科学院副院长，但也公开支持这个决议. 数学家伏尔泰 (Voltaire) 那时也是柏林科学院院士，对此深为不满，写了一篇讽刺论文“院长博士 (Dr. Akakia)”，把马波托斯写得既傲慢又愚蠢，把欧拉写得既天真又奴态十足，但皇帝禁止出版这篇论文，后来伏尔泰也逃离了普鲁士，这篇论文是在荷兰出版的.

上述三个历史上有名的变分命题，都有从泛函求极值的共同性，端点或边界都是已定不变的，但有的有条件(第二、第三命题)，有的没有条件(第一命题)．在有条件的变分命题中，有的条件是通常的函数条件(第二命题)，有的条件则本身也是一种泛函(第三命题)．当然，边界已定不变的、没有条件的变分(第一命题)是最简单的，而且也是很有用的．这种边界已定不变的无条件变分还有许多例子．现在再举三个例子如下：

第四个变分命题，最小旋转面问题

设有一正值函数 $y=y(x)>0$，它所代表的曲线通过 (x_1, y_1)，(x_2, y_2) 两点，当这条曲线绕 x 轴旋转时，得一旋转面，求旋转面的面积最小的那个函数 $y=y(x)$．

即在 $y(x_1)=y_1$，$y(x_2)=y_2$ 的端点条件下求使泛函

$$S=\int_{x_1}^{x_2} 2\pi y\left[1+\left(\frac{dy}{dx}\right)^2\right]^{\frac{1}{2}} dx \tag{1.9}$$

最小的函数 $y(x)$．

第五个变分命题，费马 (Fermat) 原理

费马原理说：通过介质的光路，使光线通过这一段光路所需时间为最小值．以二维空间为例．设介质的折光率为 $\mu(x, y)$，而光线通过介质的速度 $v(x, y)=\dfrac{c}{\mu(x, y)}$，其中 c 为真空中的光速，是一个常数．从原点 $(0, 0)$ 到 (x, y) 点的光行时间为

$$T=\int_0^l \frac{ds}{v}=\frac{1}{c}\int_0^{x_1} \mu(x, y)\left[1+\left(\frac{dy}{dx}\right)^2\right]^{\frac{1}{2}} dx \tag{1.10}$$

其中 $y=y(x)$ 为待定的光线通过的路线．费马定理成为："求 $y(x)$，使泛函 T [(1.10) 式]成为最小值"．

下面再增加一个条件变分命题的例子．

第六个变分命题，悬索形状问题

求长度已知的均匀悬索的悬线形状．悬线形状是由悬线达到

最低位能的要求来决定的，而悬线的位能则由悬线的重心决定. 设悬线各点的铅垂坐标为 $y(x)$，并通过 $A(0, y_0)$，$B(x_1, y_1)$ 两点，悬索长度为

$$L = \int_0^{x_1} \sqrt{1 + \left(\frac{dy}{dx}\right)^2} dx \tag{1.11}$$

悬索重心高度为

$$y_c = \frac{1}{L}\int_0^L y ds = \frac{1}{L}\int_0^{x_1} y \sqrt{1 + \left(\frac{dy}{dx}\right)^2} dx \tag{1.12}$$

这个变分命题是：在通过 $y(0) = y_0$，$y(x_1) = y_1$ 两点，并满足 (1.11) 式的条件的一切曲线 $y = y(x)$ 中，求使 y_c [即 (1.12) 式] 为极小的函数 $y = y(x)$. 这是一个端点已定不变的条件变分命题.

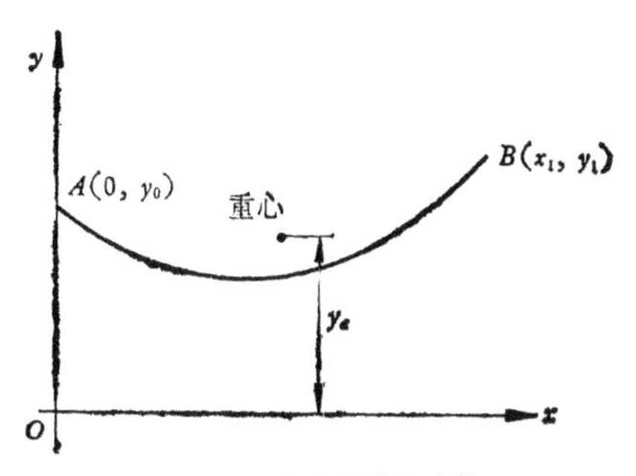

图 1.3 悬索的形状和坐标

归纳起来，我们可以把最简单的边界已定不变的变分命题写为：

在通过 $y(x_1) = y_1$，$y(x_2) = y_2$ 两点的条件下，选取 $y(x)$，使泛函

$$\Pi = \int_{x_1}^{x_2} F[x, y(x), y'(x)] dx \tag{1.13}$$

为极值.

其中 $y'(x) = \frac{dy}{dx}$，$F(x, y, y')$ 为一已知的 x, y, y' 的函数，$F(x, y, y')$ 当然还有一些可微的条件. $y(x)$ 也视所处理的问题

不同而有一些可微的条件，它是在变分法的发展过程中，欧拉和拉格朗日所最先处理的变分命题.

(1.13) 式这样的泛函还可以推广，使它包括 $y(x)$ 的高阶导数 $y''(x)$, $y'''(x)$, $\cdots$, $y^{(n)}(x)$ 等. 例如对泛函

$$\Pi=\int_{x_1}^{x_2}F[x, y(x), y'(x), y''(x), \cdots, y^{(n)}(x)]dx \quad (1.14)$$

的变分命题，在这样的变分命题中，边界条件有时具有下面形式.

$$\left.\begin{aligned}y(x_1)=y_1, y'(x_1)=y_1', y''(x_1)=y_1'', \cdots, y^{(n-1)}(x_1)=y_1^{(n-1)}\\ y(x_2)=y_2, y'(x_2)=y_2', y''(x_2)=y_2'', \cdots, y^{(n-1)}(x_2)=y_2^{(n-1)}\end{aligned}\right\} \quad (1.15)$$

亦即在边界点上不仅给出函数的值，而且还给出 $(n-1)$ 阶以下的导数值.

还可以推广到泛函有两个或两个以上函数的情况. 如泛函形式为

$$\Pi=\int_{x_1}^{x_2}F(x, y, y', \cdots, y^{(n)}; z, z', z'', \cdots, z^{(n)})dx \quad (1.16)$$

也可以推广到含有多个自变量的函数的泛函. 这时，泛函是一个重积分，例如二个自变量的泛函为

$$\Pi=\iint_S F\left(x, y, z, \frac{\partial z}{\partial x}, \frac{\partial z}{\partial y}\right)dxdy \quad (1.17)$$

所有函数 $z(x, y)$ 在域 S 的边界 c 上的值已给出，即所有容许曲面都要经过 c.

§1.2 变分及其特性

函数的极大及极小问题是大家知道的，泛函的极大极小问题有类似的特性. 首先，让我们把函数的定义和泛函的定义，函数的连续和泛函的连续，函数的宗量的增量（或微分）和泛函的宗量增量（或变分）互相类比地进行研究.

1. 函数的定义和泛函的定义

如果对于变量 x 的某一区域中的每一 x 值，y 有一值与之对

应，或者数 y 对应于数 x 的关系成立，则我们称变量 y 是变量 x 的函数，即 $y=y(x)$.

如果对于某一类函数 $\{y(x)\}$ 中每一函数 $y(x)$，Π 有一值与之对应，或者数 Π 对应于函数 $y(x)$ 的关系成立，则我们称变量 Π 是函数 $y(x)$ 的泛函，即 $\Pi=\Pi[y(x)]$.

所以，函数是变量和变量的关系，泛函是变量与函数的关系．泛函是一种广义的函数．

2. 微分和变分

函数 $y(x)$ 的宗量 x 的增量 Δx 是指这个宗量的某两值之差 $\Delta x=x-x_1$．如果 x 的微分用 dx 表示，则 dx 也是增量的一种，即当这种增量很小很小时，$dx=\Delta x$.

泛函 $\Pi[y(x)]$ 的宗量 $y(x)$ 的增量在它很小时称为变分，用 $\delta y(x)$ 或 δy 来表示，$\delta y(x)$ 是指 $y(x)$ 和跟它相接近的 $y_1(x)$ 之差，即 $\delta y(x)=y(x)-y_1(x)$；这里应指出：$\delta y(x)$ 也是 x 的函数，只是 $\delta y(x)$ 在指定的 x 域中都是微量．这里还假定，宗量 $y(x)$ 在接近 $y_1(x)$ 的一类函数中是任意改变着的.

曲线 $y=y(x)$，$y=y_1(x)$ 要怎样才算是相差很小或很接近？这是需要进一步说明的.

最简单的理解是，在一切 x 值上，$y(x)$ 和 $y_1(x)$ 的差(指差的模)都很小；也就是 $y=y(x)$，$y=y_1(x)$ 的曲线的纵坐标到处都很接近．图 1.4a，b 所画二曲线都是接近的.

实际情况是，曲线图 1.4b 中不仅两曲线的纵坐标接近，而且在对应点的切线方向之间也是接近的；但曲线图 1.4a 中的两条曲线则不然，虽然两曲线的纵坐标是接近的，但在对应点的切线方向之间并不接近．图 1.4a 中的两条曲线，我们把它们叫做**零阶接近度**的曲线，在这类接近度的曲线中，$y(x)-y_1(x)$ 的差值到处很小，但 $y'(x)-y_1'(x)$ 的差值就不很小．图 1.4b 中的两条曲线，则叫做**一阶接近度**的曲线，在这类接近度的曲线中，$y(x)-y_1(x)$，$y'(x)-y_1'(x)$ 的差值到处都很小.

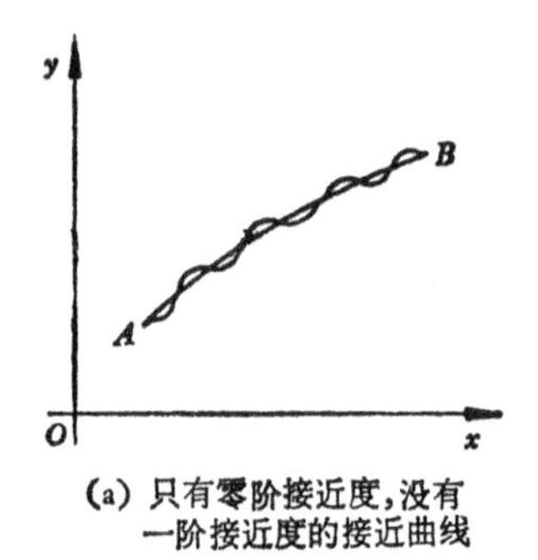

(a) 只有零阶接近度，没有一阶接近度的接近曲线

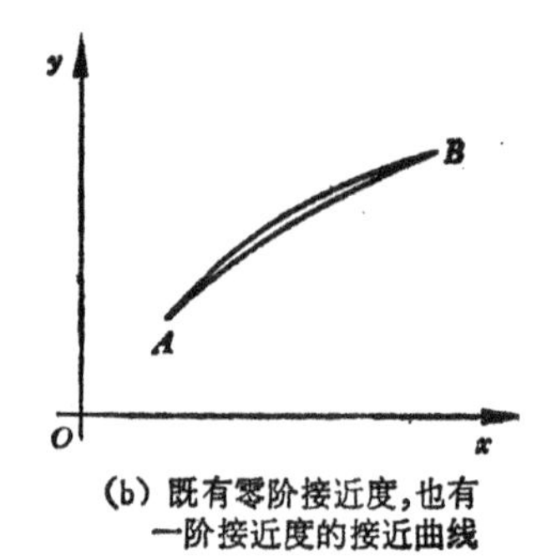

(b) 既有零阶接近度，也有一阶接近度的接近曲线

图 1.4　接近度不同的接近曲线

有时，我们必须要求下列每个差(的模)都很小：即

$$\delta y = y(x) - y_1(x),\ \delta y' = y'(x) - y_1'(x),$$
$$\delta y'' = y''(x) - y_1''(x),\ \cdots,\ \delta y^{(k)} = y^{(k)}(x) - y_1^{(k)}(x) \tag{1.17a}$$

都很小，我们称 $y = y(x)$，$y = y_1(x)$ 这两条曲线有 k **阶的接近度**．接近度的阶数愈高，曲线接近得越好．

在变分计算中，我们常常要求有较好的接近度，为此，拉格朗日曾引用一个小量 ε，使

$$\delta y = \varepsilon\eta(x) = y(x) - y_1(x) \tag{1.18}$$

于是，我们有

$$\left.\begin{aligned} \delta y' &= \varepsilon\eta'(x) = y'(x) - y_1'(x) \\ \delta y'' &= \varepsilon\eta''(x) = y''(x) - y_1''(x) \\ &\cdots\cdots\cdots\cdots\cdots\cdots \\ \delta y^{(k)} &= \varepsilon\eta^{(k)}(x) = y^{(k)}(x) - y_1^{(k)}(x) \end{aligned}\right\} \tag{1.19}$$

当 $\varepsilon \to 0$ 时，$\delta y, \delta y', \delta y'', \cdots, \delta y^{(k)}$ 都保证了是微量，从而保证了有 k 阶接近度，甚至更高阶的接近度．当然，如果我们在原则上认定 $\delta y, \delta y', \delta y'', \cdots, \delta y^{(k)}$ 是同级微量，则我们同样可以用 $\delta y, \delta y', \delta y'', \cdots, \delta y^{(k)}$ 进行变分，而不必引用 ε；在以后的变分计算中，在许多情况下，就是在这样一个默认的原则下进行的．

3. 函数的连续和泛函的连续

如果对于变量 x 的微小改变，有相对应的函数 $y(x)$ 的微小改

变，则就说函数 $y(x)$ 是连续的．亦即是说：

如果对于一个任给的正数 ε，可以找到一个 δ，当 $|x-x_1|<\delta$ 时，能使 $|y(x)-y(x_1)|<\varepsilon$，就说 $y(x)$ 在 $x=x_1$ 处连续．

对于泛函也有相类似的定义．

如果对于 $y(x)$ 的微量改变，有相对应的泛函 $\Pi[y(x)]$ 的微量改变，则就说泛函 $\Pi[y(x)]$ 是连续的，亦即是说：

如果对于一个任给的正数 ε，可以找到一个 δ，当 $|y(x)-y_1(x)|<\delta$，$|y'(x)-y_1'(x)|<\delta$，$\cdots$，$|y^{(k)}(x)-y_1^{(k)}(x)|<\delta$ 时，能使 $|\Pi[y(x)]-\Pi[y_1(x)]|<\varepsilon$，就说泛函 $\Pi[y(x)]$ 在 $y(x)=y_1(x)$ 处 k 阶接近地连续的．

4．函数的微分和泛函的变分

函数的微分有两个定义，一个是通常的定义，即函数的增量

$$\Delta y=y(x+\Delta x)-y(x) \tag{1.20a}$$

可以展开为线性项和非线性项

$$\Delta y=A(x)\Delta x+\phi(x,\Delta x)\cdot\Delta x \tag{1.20b}$$

其中 $A(x)$ 和 Δx 无关，$\phi(x,\Delta x)$ 则和 Δx 有关，而且

$$\Delta x\to 0\text{ 时，}\phi(x,\Delta x)\to 0 \tag{1.21}$$

于是，就称 $y(x)$ 是可微的，其线性部分就称为函数的微分

$$dy=A(x)\Delta x=y'(x)\Delta x \tag{1.22}$$

这是因为根据定义，$A(x)=y'(x)$ 是函数的导数，而且

$$\lim_{\Delta x\to 0}\frac{\Delta y}{\Delta x}=y'(x) \tag{1.23}$$

所以，函数的微分是函数增量的主部，这个主部对于 Δx 说来是线性的．

同样，设 ε 为一小参数，并将 $y(x+\varepsilon\Delta x)$ 对 ε 求导数，即得：

$$\frac{\partial}{\partial\varepsilon}y(x+\varepsilon\Delta x)=y'(x+\varepsilon\Delta x)\Delta x \tag{1.24}$$

当 ε 趋近于零时

$$\frac{\partial}{\partial \varepsilon} y(x+\varepsilon \Delta x)\bigg|_{\varepsilon \to 0} = y'(x)\Delta x = dy(x) \tag{1.25}$$

这就证明了 $y(x+\varepsilon\Delta x)$ 在 $\varepsilon=0$ 处对 ε 的导数就等于 $y(x)$ 在 x 处的微分. 这是函数微分的第二个定义，这个定义和拉格朗日处理变分的定义是相类似的.

泛函的变分也有类似的两个定义： 对于 $y(x)$ 的变分 $\delta y(x)$ 所引起的泛函的增量，定义为

$$\Delta \Pi = \Pi[y(x)+\delta y(x)] - \Pi[y(x)] \tag{1.26}$$

可以展开为线性的泛函项和非线性的泛函项

$$\Delta \Pi = L[y(x), \delta y(x)] + \Phi[y(x), \delta y(x)] \cdot \max|\delta y(x)| \tag{1.27}$$

其中 $L[y(x), \delta y(x)]$ 对 $\delta y(x)$ 说来是线性的泛函项，亦即是说

$$L[y(x), C\delta y(x)] = CL[y(x), \delta y(x)], \tag{1.28a}$$

$$\begin{aligned} &L[y(x), \delta y(x) + \delta y_1(x)] \\ &\quad = L[y(x), \delta y(x)] + L[y(x), \delta y_1(x)] \end{aligned} \tag{1.28b}$$

典型的线性泛函有

$$\begin{aligned} L[y(x), \delta y(x)] = \int_{x_1}^{x_2} \{&p(x, y)\delta y(x) + q(x, y)\delta y'(x) \\ &+ r(x, y)\delta y''(x) + \cdots + t(x, y)\delta y^{(k)}(x)\} dx \end{aligned} \tag{1.29}$$

(1.27) 式中的 $\Phi[y(x), \delta y(x)]\max|\delta y(x)|$ 是非线性泛函项，其中 $\Phi[y(x), \delta y(x)]$ 是 $\delta y(x)$ 的同阶或高阶小量，当 $\delta y(x) \to 0$ 时，$\max|\delta y(x)| \to 0$，而且 $\Phi[y(x), \delta y(x)]$ 也接近于零，于是(1.27)式中泛函的增量对于 $\delta y(x)$ 说是线性的那一部分，即 $L[y(x), \delta y(x)]$，它就叫做泛函的变分，用 $\delta\Pi$ 来表示.

$$\delta \Pi = \Pi[y(x)+\delta y(x)] - \Pi[y(x)] = L[y(x), \delta y(x)] \tag{1.30}$$

所以，泛函的变分是泛函增量的主部，而且这个主部对于变分 $\delta y(x)$ 来说是线性的.

我们同样也有拉格朗日的泛函变分定义： 泛函变分是 $\Pi[y(x)+\varepsilon\delta y(x)]$ 对 ε 的导数在 $\varepsilon=0$ 时的值. 因为根据(1.26)，(1.27)式，我们有

$$\Pi[y(x)+\varepsilon\delta y(x)]=\Pi[y(x)]+L[y(x)+\varepsilon\delta y(x)]$$
$$+\Phi[y(x),\varepsilon\delta y(x)]\varepsilon\max|\delta y(x)| \tag{1.31}$$

而且

$$L[y(x),\varepsilon\delta y(x)]=\varepsilon L[y(x),\delta y(x)] \tag{1.32}$$

于是有

$$\frac{\partial}{\partial\varepsilon}\Pi[y(x)+\varepsilon\delta y(x)]=L[y(x),\delta y(x)]$$
$$+\Phi[y(x),\varepsilon\delta y(x)]\max|\delta y(x)|$$
$$+\varepsilon\frac{\partial}{\partial\varepsilon}\{\Phi[y(x),\varepsilon\delta y(x)]\}\max|\delta y(x)| \tag{1.33}$$

当 $\varepsilon\to 0$ 时

$$\frac{\partial}{\partial\varepsilon}\Pi[y(x)+\varepsilon\delta y(x)]\bigg|_{\varepsilon\to 0}=L[y(x),\delta y(x)] \tag{1.34}$$

因而在(1.33)式中，右侧第二项，当 $\varepsilon\to 0$ 时，$\Phi[y(x),\varepsilon\delta y(x)]\to 0$，第三项也等于零，就证明了拉格朗日的泛函变分定义为

$$\delta\Pi=\frac{\partial}{\partial\varepsilon}\Pi[y(x)+\varepsilon\delta y(x)]\bigg|_{\varepsilon\to 0} \tag{1.35}$$

5. 极大极小问题

如果函数 $y(x)$ 在 $x=x_0$ 的附近的任意点上的值都不大（小）于 $y(x_0)$，也即 $dy=y(x)-y(x_0)\leqslant 0$ （$\geqslant 0$）时，则称函数 $y(x)$ 在 $x=x_0$ 上达到极大(极小)，而且，在 $x=x_0$ 上，有

$$dy=0 \tag{1.36}$$

对于泛函 $\Pi[y(x)]$ 而言，也有相类似的定义.

如果泛函 $\Pi[y(x)]$ 在任何一条与 $y=y_0(x)$ 接近的曲线上的值不大(或不小)于 $\Pi[y_0(x)]$，也就是，如果 $\delta\Pi=\Pi[y(x)]-\Pi[y_0(x)]\leqslant 0$ （或 $\geqslant 0$）时，则称泛函 $\Pi[y(x)]$ 在曲线 $y=y_0(x)$ 上达到极大值(或极小值)，而且在 $y=y_0(x)$ 上有

$$\delta\Pi=0 \tag{1.37}$$

在这里，对于泛函的极值概念有进一步说明的必要，凡说到泛

函的极大(或极小)值,主要是说泛函的相对的极大(或极小)值,也就是说,从互相接近的许多曲线来研究一个最大（或最小）的泛函值,但是曲线的接近，有不同的接近度．因此，在泛函的极大极小定义里,还应说明这些曲线有几阶的接近度．

如果对于与 $y=y_0(x)$ 的接近度为零阶的一切曲线而言，亦即对于 $|y(x)-y_0(x)|$ 非常小，但对于 $|y'(x)-y_0'(x)|$ 是否小毫无规定的一切曲线而言,泛函在曲线 $y=y_0(x)$ 上达到极大(或极小)值,则就把这类变分叫做**强变分**，这样得到的极大（或极小）值叫做**强极大(强极小)**,或强变分的极大(或极小)．

如果只对于与 $y=y_0(x)$ 有一阶接近度的曲线 $y=y(x)$ 而言,或者只对于那些不仅在纵坐标间,而且切线方向间都接近的曲线而言,泛函在曲线 $y=y_0(x)$ 上达到极大(或极小)值,则就称这种变分为**弱变分**,这样得到的极大值(或极小值)叫做**弱极大**(或**弱极小**),或弱变分的极大(或极小)．

从此可以看到，当泛函在 $y=y_0(x)$ 曲线上有强极大(极小)值时，不仅对于那些既是函数接近，而且导数也接近的 $y(x)$ 而言是极大（极小）值，而且对于那些只有函数接近，但导数不接近的 $y(x)$ 而言,也是极大(极小)值,所以泛函在 $y=y_0(x)$ 曲线上是强极大(极小)值时,也必在 $y=y_0(x)$ 上是弱极大(极小)值．反之,则不然,泛函在 $y=y_0(x)$ 曲线上是弱极大(极小)时,不一定是强极大（极小）值,因为有可能对于那些只有函数接近但导数不接近的 $y(x)$ 而言，有一个比函数和导数都接近的 $y(x)$ 所求得的极大(极小)更大(小)的极大(极小)值存在．强极值和弱极值的区别,在推导极值的必要条件时不很重要． 但在研究极大（极小）的充分条件时,则是十分重要的．

这种概念和定义与多变量的函数一样，也可以推广到多个函数的泛函问题中去．

§1.3　泛函的极值问题求解,变分法的基本预备定理,欧拉方程

现在让我们求解最速降线问题．

在满足 $y(0)=0, y(x_1)=y_1$ 的一切 $y(x)$ 的函数中求泛函

$$T=\frac{1}{\sqrt{2g}}\int_0^{x_1}\sqrt{\frac{1+[y'(x)]^2}{y(x)}}dx \tag{1.38}$$

为极值的函数.

设 $y(x)$ 为满足泛函为极值的解，设与 $y(x)$ 相接近的函数为 $y(x)+\delta y(x)$，其导数为 $y'(x)+\delta y'(x)$，于是泛函的增量为

$$\Delta T=\frac{1}{\sqrt{2g}}\int_0^{x_1}\left\{\sqrt{\frac{1+[y'(x)+\delta y'(x)]^2}{y(x)+\delta y(x)}}-\sqrt{\frac{1+[y'(x)]^2}{y(x)}}\right\}dx \tag{1.39}$$

把 $\delta y, \delta y'$ 作为小量展开，有

$$\sqrt{\frac{1+[y'+\delta y']^2}{y+\delta y}}=\sqrt{\frac{1+(y')^2}{y}}+\frac{y'}{\sqrt{y[1+(y')^2]}}\delta y'-\frac{1}{2y}\sqrt{\frac{1+(y')^2}{y}}\delta y+O(\delta^2) \tag{1.40}$$

其中为了简略，记 $y(x)=y$，$y'(x)=y'$，$\delta y(x)=\delta y$，$\delta y'(x)=\delta y'$. $O(\delta^2)$ 代表 $\delta y, \delta y'$ 的二次以上的高次项. 当 $\delta y, \delta y'$ 都很小时（亦即 $y+\delta y$ 和 y 有一阶接近度时），泛函的变分就是略去了 $O(\delta^2)$ 诸项以后的主项. 泛函的极值条件可以写成

$$\delta T=\frac{1}{\sqrt{2g}}\int_0^{x_1}\left\{\frac{y'}{\sqrt{y(1+y'^2)}}\delta y'-\frac{1}{2y}\sqrt{\frac{1+y'^2}{y}}\delta y\right\}dx=0 \tag{1.41}$$

(1.41) 式还可以进一步简化，因为

$$\int_0^{x_1}\frac{y'}{\sqrt{y(1+y'^2)}}\delta y'dx=\int_0^{x_1}\frac{d}{dx}\left[\frac{y'}{\sqrt{y(1+y'^2)}}\delta y\right]dx-\int_0^{x_1}\frac{d}{dx}\left[\frac{y'}{\sqrt{y(1+y'^2)}}\right]\delta y dx \tag{1.42}$$

而且

$$\int_0^{x_1}\frac{d}{dx}\left[\frac{y'}{\sqrt{y(1+y'^2)}}\delta y\right]dx=\frac{y'(x_1)}{\sqrt{y(x_1)[1+y'^2(x_1)]}}\delta y(x_1)$$
$$-\frac{y'(0)}{\sqrt{y(0)[1+y'^2(0)]}}\delta y(0) \tag{1.43}$$

应该指出，$y(x)+\delta y(x)$ 也通过 $y(0)+\delta y(0)=0$，和 $y(x_1)+\delta y(x_1)=y_1$ 这两点，但 $y(x_1)=y_1$，$y(0)=0$，所以 $\delta y(0)=\delta y(x_1)=0$．于是(1.43)式恒等于零．而(1.42)式即可化为

$$\int_0^{x_1}\frac{y'}{\sqrt{y(1+y'^2)}}\delta y'dx=-\int_0^{x_1}\frac{d}{dx}\left[\frac{y'}{\sqrt{y(1+y'^2)}}\right]\delta y dx \tag{1.44}$$

泛函的极值条件(1.41)式要求 $y(x)$ 满足

$$\delta T=-\frac{1}{\sqrt{2g}}\int_0^{x_1}\left\{\frac{1}{2y}\sqrt{\frac{1+y'^2}{y}}\right.$$
$$\left.+\frac{d}{dx}\left[\frac{y'}{\sqrt{y(1+y'^2)}}\right]\right\}\delta y dx=0 \tag{1.45}$$

其中 $\{\cdots\}$ 中是连续函数，同时还有一个因子 $\delta y(x)$，它是任意选取的，只满足端点条件 $\delta y(x_1)=\delta y(0)=0$，当然，$\delta y(x)$ 和 $\delta y'(x)$ 的绝对值都很小．

为了把(1.45)式进一步简化，我们将利用下面的预备定理：

变分法的基本预备定理：

如果函数 $F(x)$ 在线段 (x_1, x_2) 上连续，且对于只满足某些一般条件的任意选定的函数 $\delta y(x)$，有

$$\int_{x_1}^{x_2}F(x)\delta y(x)dx=0 \tag{1.46}$$

则在线段 (x_1, x_2) 上，有

$$F(x)=0 \tag{1.47}$$

$\delta y(x)$ 的一般条件为：(1) 一阶或若干阶可微分；(2) 在线段 (x_1, x_2) 的端点处为 0；(3) $|\delta y(x)|<\varepsilon$，或 $|\delta y(x)|$ 及 $|\delta y'(x)|<\varepsilon$ 等．

证明　用反证法，假设 $F(x)$ 在点 $x=\bar{x}$ 处不等于零，则我们

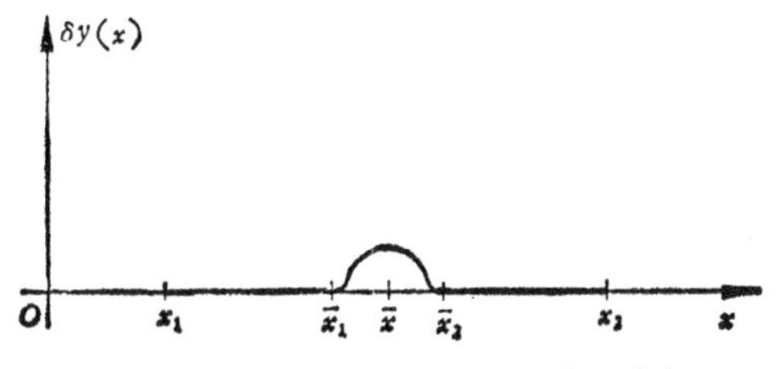

图 1.5 证明预备定理所选取的函数 $\delta y(x)$

可以选取区域 $\bar{x}_1 \leqslant \bar{x} \leqslant \bar{x}_2$，使得在这个区域内，$F(x)$ 正负号不变.

如图 1.5，选取函数 $\delta y(x)$，使

$$\left.\begin{aligned}&\delta y(x)=0, \quad x_1 \leqslant x \leqslant \bar{x}_1, \quad \bar{x}_2 \leqslant x \leqslant x_2 \\ &\delta y(x)=k(x-\bar{x}_1)^{2n}(\bar{x}_2-x)^{2n}, \quad \bar{x}_1 \leqslant x \leqslant \bar{x}_2\end{aligned}\right\} \tag{1.48}$$

这个函数 $\delta y(x)$ 在 (x_2, x_1) 内，除 $x=\bar{x}$ 附近（即 $\bar{x}_1 \leqslant \bar{x} \leqslant \bar{x}_2$）外，都等于零．满足 (1) 到处都 $2n-1$ 阶可导；(2) 在 (x_1, x_2) 的端点等于零；(3) 如果选取一个很小的 k，则一定能使 $|\delta y(x)|<\epsilon$，或 $|\delta y(x)|$ 及 $|\delta y'(x)|<\epsilon$ 得到满足．于是有

$$\int_{x_1}^{x_2} F(x)\delta y(x)dx=\int_{\bar{x}_1}^{\bar{x}_2} F(x)k(x-\bar{x}_1)^{2n}(\bar{x}_2-x)^{2n}dx \neq 0 \tag{1.49}$$

这和 (1.46) 式的条件矛盾，因此 $F(x)$ 在 $x=\bar{x}$ 处一定等于零，但 $x=\bar{x}$ 是任意选取的，所以 $F(x)$ 到处都等于零．即

$$F(x) \equiv 0, \quad x_1 \leqslant x \leqslant x_2 \tag{1.50}$$

这就证明了变分法的基本预备定理.

对于多变量的问题，也有类似的变分预备定理．例如：

如果 $F(x, y)$ 在 (x, y) 平面内 S 域中连续，设 $\delta z(x, y)$ 在 S 域的边界上为零，$|\delta z| \leqslant \epsilon$，$|\delta z'_x|<\epsilon$，$|\delta z'_y|<\epsilon$，还满足连续性及一阶或若干阶的可微性，对于这样选取的 $\delta z(x, y)$ 而言，有

$$\iint_S F(x, y)\delta z(x, y)dxdy=0 \tag{1.51}$$

则在域 S 内

$$F(x, y) \equiv 0 \tag{1.52}$$

其证明方法和单变量的 $F(x)$ 很相似.

根据这个预备定理,从 (1.45) 式得

$$\frac{1}{2y}\sqrt{\frac{1+y'^2}{y}}+\frac{d}{dx}\left\{\frac{y'}{\sqrt{y(1+y'^2)}}\right\}=0 \tag{1.53}$$

这就是求解 $y(x)$ 的微分方程. 这类从泛函变分获得微分方程的方法是欧拉首先系统地研究的,这类微分方程统称**欧拉方程**.

很易证明 (1.53) 式可以写成

$$\frac{d}{dx}\left\{\frac{y'^2}{\sqrt{y(1+y'^2)}}-\sqrt{\frac{1+y'^2}{y}}\right\}=0 \tag{1.54}$$

也可写成

$$\frac{d}{dx}\left\{\frac{1}{\sqrt{y(1+y'^2)}}\right\}=0 \tag{1.55}$$

因此,一次积分得

$$y(1+y'^2)=C \tag{1.56}$$

C 为积分常数,为了进一步积分,引进参数 t, 使 $y'=\cot t$, 就得

$$y=\frac{C}{1+y'^2}=\frac{C}{1+\cot^2 t}=C\sin^2 t=\frac{C}{2}(1-\cos 2t) \tag{1.57}$$

而

$$dx=\frac{dy}{y'}=\frac{2C\sin t\cos t}{\cot t}=2C\sin^2 t dt=C(1-\cos 2t)dt \tag{1.58}$$

积分得

$$x=\frac{C}{2}(2t-\sin 2t)+C_1 \tag{1.59}$$

引用起始条件, $y=0$, $x=0$, 则得 $C_1=0$; 再用新的参数 $\theta=2t$, 从 (1.57), (1.59) 式得最速降线的解的参数方程

$$\left.\begin{aligned}x&=\frac{C}{2}(\theta-\sin\theta)\\y&=\frac{C}{2}(1-\cos\theta)\end{aligned}\right\} \tag{1.60}$$

这是一组圆滚线族．$\frac{C}{2}$为滚圆半径，常数C是由圆滚线通过点$B(x_1, y_1)$这个条件来决定的，所以最速降线是圆滚线．

从这个最速降线的泛函变分极值问题上我们可以看到变分法的几个主要步骤：

（1）从物理问题上建立泛函及其条件；

（2）通过泛函变分，利用变分法基本预备定理求得欧拉方程；

（3）求解欧拉方程，这是微分方程求解问题．

我们在这里必须指出，变分法和欧拉方程代表同一个物理问题，从欧拉方程求近似解和从变分法求近似解有相同的效果．欧拉方程求解常常是困难的，但从泛函变分求近似解常常并不困难，这就是变分法所以被重视的原因．

我们在上面指出了物理问题的微分方程（即欧拉方程）是怎样从泛函变分中求得的．也有一些问题，微分方程是已知的，但求解很困难，如果能把它们化成相当的泛函变分求极值的问题，并用近似方法（如有限元法）求解，则就能迎刃而解了．但是并不是所有微分方程都能找到相当的泛函的，碰到这类问题时，我们只能借助于其它方法（如伽辽金法、最小二乘方法、权余法等）求得近似解．本书在以后一些章节中也将讨论这类问题，但是在这一章内，我们仍将把注意力放在怎样从泛函变分求欧拉方程的问题上．

现在研究最简单的泛函（1.13）式的极值问题所得到的欧拉方程，其中能够确定泛函的极值曲线$y=y(x)$的边界是已定不变的，而且$y(x_1)=y_1$，$y(x_2)=y_2$，函数$F(x, y, y')$将认为是三阶可微的．

首先让我们用拉格朗日法来求泛函变分

$$\Pi[y+\epsilon\delta y]=\int_{x_1}^{x_2}F[x, y+\epsilon\delta y, y'+\epsilon\delta y']dx \quad (1.61)$$

于是有

$$\frac{\partial}{\partial\epsilon}\Pi[y+\epsilon\delta y]=\int_{x_1}^{x_2}\left\{\frac{\partial}{\partial y}F[x, y+\epsilon\delta y, y'+\epsilon\delta y']\delta y\right.$$

$$+\frac{\partial}{\partial y'}F[x, y+\epsilon\delta y, y'+\epsilon\delta y']\delta y'\Big\}dx \tag{1.62}$$

让 $\epsilon\to 0$，得

$$\delta\Pi=\frac{\partial}{\partial\epsilon}\Pi[y+\epsilon\delta y]\Big|_{\epsilon\to 0}=\int_{x_1}^{x_2}\left[\frac{\partial F}{\partial y}\delta y+\frac{\partial F}{\partial y'}\delta y'\right]dx \tag{1.63}$$

其中

$$\frac{\partial F}{\partial y}=\frac{\partial}{\partial y}F(x, y, y'),\qquad \frac{\partial F}{\partial y'}=\frac{\partial}{\partial y'}F(x, y, y') \tag{1.64}$$

而且

$$\int_{x_1}^{x_2}\frac{\partial F}{\partial y'}\delta y'dx=\int_{x_1}^{x_2}\left\{\frac{d}{dx}\left[\frac{\partial F}{\partial y'}\delta y\right]-\frac{d}{dx}\left(\frac{\partial F}{\partial y'}\right)\delta y\right\}dx \tag{1.65}$$

但是 $\delta y(x_2)=\delta y(x_1)=0$，这是固定的边界条件，所以，得

$$\int_{x_1}^{x_2}\frac{\partial F}{\partial y'}\delta y'dx=-\int_{x_1}^{x_2}\frac{d}{dx}\left(\frac{\partial F}{\partial y'}\right)\delta y dx \tag{1.66}$$

最后，从 (1.63)，(1.66) 式得变分极值条件

$$\delta\Pi=\int_{x_1}^{x_2}\left\{\frac{\partial F}{\partial y}-\frac{d}{dx}\left(\frac{\partial F}{\partial y'}\right)\right\}\delta y dx \tag{1.67}$$

根据变分法的基本预备定理，求得本题的欧拉方程

$$\frac{\partial F}{\partial y}-\frac{d}{dx}\left(\frac{\partial F}{\partial y'}\right)=0 \tag{1.68}$$

这里必须指出，第二项是对 x 的全导数，不是偏导数，而且 $F=F(x, y, y')$，所以

$$\frac{d}{dx}\left(\frac{\partial F}{\partial y'}\right)=\frac{\partial^2 F}{\partial x\partial y'}+\frac{\partial^2 F}{\partial y\partial y'}\frac{dy}{dx}+\frac{\partial^2 F}{\partial y'^2}\frac{dy'}{dx}$$
$$=F''_{xy'}+F''_{yy'}y'+F''_{y'y'}y'' \tag{1.69}$$

其中 $F''_{xy'}$，$F''_{yy'}$，$F''_{y'y'}$ 都是 $F(x, y, y')$ 对 x, y, y' 的二阶偏导数，$y'=\frac{dy}{dx}$，$y''=\frac{d^2y}{dx^2}$，所以欧拉方程 (1.68) 式也可以写成

$$F'_y-F''_{xy'}-F''_{yy'}y'-F''_{y'y'}y''=0 \tag{1.70}$$

这是 1744 年欧拉所得出的著名的方程. 欧拉原著 (1744) 用了很迂迴繁琐的推导过程，拉格朗日用了现在称为拉格朗日法的方法

简捷地得到了相同的结果(1755)，所以现在也有人称这个方程为**欧拉-拉格朗日方程**.

这是 $y(x)$ 的一个二阶微分方程，其积分有两个常数 C_1，C_2，它的积分曲线 $y=y(x, C_1, C_2)$ 叫做极值曲线. 只有在这族极值曲线上，泛函(1.13)式才能达到极值. 积分常数是极值曲线通过 $y(x_1)=y_1$，$y(x_2)=y_2$ 这两个端点条件所决定的.

把泛函的变分作为泛函增量的主部，也同样能得到欧拉方程(1.70)式或(1.68)式. 求泛函增量主部的过程实质上和求微分的过程是非常相似的. 例如从(1.13)式,因为积分限是固定的(不变的),所以有

$$\delta\Pi=\delta\int_{x_1}^{x_2}F(x,y,y')dx=\int_{x_1}^{x_2}\delta F(x,y,y')dx \tag{1.71}$$

但是,δF 是从 y, y' 的增量 δy, $\delta y'$ 引起的,其主部为

$$\delta F(x,y,y')=\frac{\partial F}{\partial y}\delta y+\frac{\partial F}{\partial y'}\delta y' \tag{1.72}$$

于是就得到(1.63)式. 这和拉格朗日法得到的变分表达式相同.

这里还应指出,(1.70)式这样的欧拉方程,有下列四种特殊的情况,应该予以注意:

(1) $F(x,y,y')$ 和 x 无关. 即

$$F=F(y,y') \tag{1.73}$$

于是(1.70)式可以写成

$$F'_y-F''_{yy'}y'-F''_{y'y'}y''=0 \tag{1.74}$$

上式可以简化为

$$\frac{d}{dx}\left(F-\frac{\partial F}{\partial y'}y'\right)=0 \tag{1.75}$$

一次积分得

$$F-\frac{\partial F}{\partial y'}y'=C_1 \tag{1.76}$$

其中 C_1 为积分常数. 对最速降线变分问题而言,从(1.38)式就可以看到 $F=F(y,y')$，也即

$$F=\sqrt{\frac{1+y'^2}{y}} \tag{1.77}$$

其一次积分为

$$F-\frac{\partial F}{\partial y'}y'=\sqrt{\frac{1+y'^2}{y}}-y'\frac{y'}{\sqrt{y(1+y'^2)}}$$

$$=\frac{1}{\sqrt{y(1+y'^2)}}=C_1 \tag{1.78}$$

这和(1.56)式的结果完全相同,其中 $C_1^2=\frac{1}{C}$.

(2) $F(x, y, y')$ 和 y 无关. 即

$$F=F(x, y') \tag{1.79}$$

代入(1.68)式,得

$$\frac{d}{dx}\left(\frac{\partial F}{\partial y'}\right)=0 \tag{1.80}$$

积分得

$$\frac{\partial F}{\partial y'}=C \tag{1.81}$$

其中 C 为任意常数.

(3) $F(x, y, y')$ 和 y' 无关,即

$$F=F(x, y) \tag{1.82}$$

于是欧拉方程为

$$F'_y(x, y)=0 \tag{1.83}$$

它不是微分方程,不包含什么待定常数,一般说来,所讨论的变分问题根本不存在,只在极个别的情况下,当曲线(1.83)式通过固定端点时,才存在能达到极值的曲线.

(4) 函数 F 是 y' 的线性函数,即

$$F(x, y, y')=P(x, y)+Q(x, y)y' \tag{1.84}$$

于是欧拉方程为

$$\frac{\partial P}{\partial y}+\frac{\partial Q}{\partial y}y'-\frac{dQ}{dx}=0 \tag{1.85}$$

但是

$$\frac{dQ}{dx}=\frac{\partial Q}{\partial x}+\frac{\partial Q}{\partial y}y' \tag{1.86}$$

所以 (1.85) 式可以简化为

$$\frac{\partial P}{\partial y}-\frac{\partial Q}{\partial x}=0 \tag{1.87}$$

它也不是一个微分方程，因为它没有 y' 项；一般说来它不满足固定端点条件，因此，变分问题根本不存在．其实，如果 (1.87) 式得到满足，则根据微积分定理，$Pdx+Qdy$ 是恰当微分，而泛函

$$\Pi=\int_{x_1}^{x_2}\left(P+Q\frac{dy}{dx}\right)dx=\int_{x_1}^{x_2}(Pdx+Qdy) \tag{1.88}$$

与积分路径无关，即泛函在一切通过 $y(x_1)=y_1$，$y(x_2)=y_2$ 的曲线上都有相同的值，这样变分就失去了意义．

现在我们将上述变分问题推广到那些依赖于较高阶导数的泛函的极值问题，和这些泛函变分所得到的欧拉方程．

我们研究泛函

$$\Pi[y(x)]=\int_{x_1}^{x_2}F[x,y(x),y'(x),y''(x),\cdots,y^{(n)}(x)]dx \tag{1.89}$$

的极值，其中函数 F 将被认为对于 $y(x),y'(x),y''(x),\cdots,y^{(n)}(x)$ 是 $n+2$ 阶可微的；并且假定，端点上有固定条件：

$$y(x_1)=y_1,\ y'(x_1)=y_1',\ y''(x_1)=y_1'',\ \cdots,\ y^{(n-1)}(x_1)=y_1^{(n-1)} \tag{1.90a}$$

$$y(x_2)=y_2,\ y'(x_2)=y_2',\ y''(x_2)=y_2'',\ \cdots,\ y^{(n-1)}(x_2)=y_2^{(n-1)} \tag{1.90b}$$

亦即，端点上不仅给出函数的值，而且还给出它直至 $n-1$ 阶导数的值，我们将假定，极值在 $2n$ 阶可微的曲线 $y=y(x)$ 上达到．

用上面相同的求泛函变分的方法，我们可以证明：

$$\begin{aligned}\delta\Pi=\int_{x_1}^{x_2}\bigg\{&\frac{\partial F}{\partial y}\delta y+\frac{\partial F}{\partial y'}\delta y'\\&+\frac{\partial F}{\partial y''}\delta y''+\cdots+\frac{\partial F}{\partial y^{(n)}}\delta y^{(n)}\bigg\}dx\end{aligned} \tag{1.91}$$

其中用简略符号 δy 代替 $\delta y(x)$，$\delta y^{(k)}$ 代替 $\delta y^{(k)}(x)$ 或者 $\frac{d^k}{dx^k}[\delta y(x)]$.

积分 (1.91) 式中第二项可以分部积分一次，得

$$\int_{x_1}^{x_2}\frac{\partial F}{\partial y'}\frac{d}{dx}(\delta y)dx=\frac{\partial F}{\partial y'}\delta y\Big|_{x_1}^{x_2}-\int_{x_1}^{x_2}\frac{d}{dx}\left(\frac{\partial F}{\partial y'}\right)\delta y dx \quad (1.92a)$$

将积分 (1.91) 式第三项分部积分两次，得

$$\int_{x_1}^{x_2}\frac{\partial F}{\partial y''}\frac{d^2}{dx^2}(\delta y)dx=\frac{\partial F}{\partial y''}\delta y'\Big|_{x_1}^{x_2}-\frac{d}{dx}\left(\frac{\partial F}{\partial y''}\right)\delta y\Big|_{x_1}^{x_2}$$
$$+\int_{x_1}^{x_2}\frac{d^2}{dx^2}\left(\frac{\partial F}{\partial y''}\right)\delta y dx \quad (1.92b)$$

最后一项经 n 次分部积分后，得

$$\int_{x_1}^{x_2}\frac{\partial F}{\partial y^{(n)}}\frac{d^n}{dx^n}(\delta y)dx$$
$$=\frac{\partial F}{\partial y^{(n)}}\delta y^{(n-1)}\Big|_{x_1}^{x_2}-\frac{d}{dx}\left(\frac{\partial F}{\partial y^{(n)}}\right)\delta y^{(n-2)}\Big|_{x_1}^{x_2}$$
$$+\cdots+(-1)^n\int_{x_1}^{x_2}\frac{d^n}{dx^n}\left(\frac{\partial F}{\partial y^{(n)}}\right)\delta y dx \quad (1.92c)$$

在 (1.90) 式的条件下，在 $x=x_1$，$x=x_2$ 时，$\delta y=\delta y'=\delta y''=\cdots=\delta y^{(n-1)}=0$，用了这些条件后，根据 $\delta\Pi=0$ 这个极值变分条件，从 (1.91) 式得

$$\delta\Pi=\int_{x_1}^{x_2}\left\{F'_y-\frac{d}{dx}\left(\frac{\partial F}{\partial y'}\right)+\frac{d^2}{dx^2}\left(\frac{\partial F}{\partial y''}\right)\right.$$
$$\left.+\cdots+(-1)^n\frac{d^n}{dx^n}\left(\frac{\partial F}{\partial y^{(n)}}\right)\right\}\delta y dx=0 \quad (1.93)$$

在上式积分号下的因子 $\{\cdots\}$ 在这一条曲线 $y=y(x)$ 上是 x 的连续函数. 于是根据变分法的基本预备定理，得

$$F'_y-\frac{d}{dx}\left(\frac{\partial F}{\partial y'}\right)+\frac{d^2}{dx^2}\left(\frac{\partial F}{\partial y''}\right)$$
$$+\cdots+(-1)^n\frac{d^n}{dx^n}\left(\frac{\partial F}{\partial y^{(n)}}\right)=0 \quad (1.94)$$

这是 $y=y(x)$ 的 $2n$ 阶微分方程，一般称为泛函 (1.89) 式的**欧拉-泊桑方程**，而它的积分曲线就是所论变分问题的解（极值曲

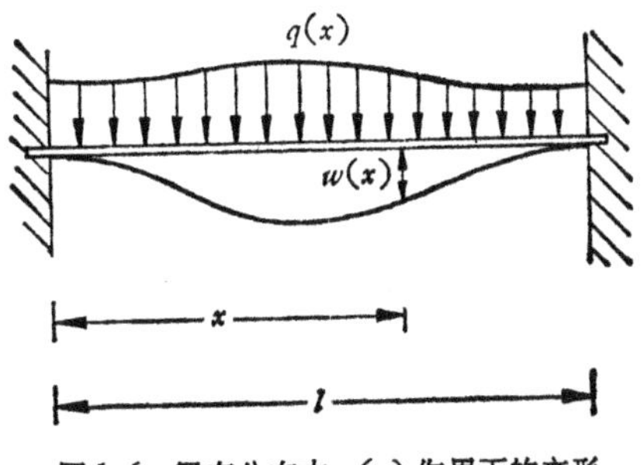

图 1.6 梁在分布力 $q(x)$ 作用下的变形

线). 这个方程的解通常有 $2n$ 个待定常数，是 $2n$ 个端点条件 (1.90a, b) 式决定的.

梁在横向载荷下的弯曲问题，就是泛函中含有较高阶导数的一个例子. 设梁的抗弯刚度为 EI，两端固定，受分布载荷 $q(x)$ 作用后发生下弯曲变形的垂直位移(或称挠度) $w(x)$，见图 1.6. 端点固定条件为

$$\left.\begin{aligned} w(0) = w'(0) = 0 \\ w(l) = w'(l) = 0 \end{aligned}\right\} \tag{1.95}$$

在梁达到平衡时，梁和载荷作为整体的位能达到最小值. 梁的位能等于梁在弯曲时所贮存的弯曲能. 它等于

$$U_{梁} = \int_0^l \frac{1}{2} EI\tau^2 dx \tag{1.96}$$

其中 τ 为梁在弯曲后的曲率，它和 $w(x)$ 的关系为

$$\tau = \frac{\dfrac{d^2w}{dx^2}}{\left[1 + \left(\dfrac{dw}{dx}\right)^2\right]^{3/2}} \cong \frac{d^2w}{dx^2} \tag{1.97}$$

这里假定挠度很小，略去高次项. 因此 (1.96) 式可以写成

$$U_{梁} = \int_0^l \frac{1}{2} EI \left(\frac{d^2w}{dx^2}\right)^2 dx \tag{1.98}$$

其次载荷 $q(x)$ 在变形中做了功，它的势能降低

$$U_{载荷} = \int_0^l q(x) w(x) dx \tag{1.99}$$

所以,梁和载荷作为整体时的总势能为

$$U = U_{梁} - U_{载荷} = \int_0^l \left\{ \frac{1}{2} EI \left(\frac{d^2 w}{dx^2} \right)^2 - q(x) w(x) \right\} dx \tag{1.100}$$

平衡条件为总势能达到最小值,即

$$\delta U = 0 \tag{1.101}$$

用一般变分计算

$$\delta U = \int_0^l \left\{ EI \frac{d^2 w}{dx^2} \frac{d^2}{dx^2} \delta w - q(x) \delta w \right\} dx \tag{1.102}$$

但是,通过分部积分,并利用固定端条件 (1.95) 式,得

$$\delta U = \int_0^l \left\{ EI \frac{d^4 w}{dx^4} - q(x) \right\} \delta w(x) dx \tag{1.103}$$

利用变分法的基本预备定理后,求得梁的平衡方程.

$$EI \frac{d^4 w}{dx^4} - q(x) = 0 \tag{1.104}$$

这就是欧拉-泊桑方程. 这里必须指出 (1.103) 式在静力学原理中常称为**虚位移原理**, $\delta w(x)$ 就是假想的满足端点条件的任意位移,即虚位移. 虚位移原理为:

对于平衡的力系而言,对一切满足约束条件(这里指端点条件)的虚位移做的功都等于零. 所以最小势能(或位能)原理和虚位移原理是一致的.

§1.4 多个待定函数的泛函,哈密顿原理

让我们把上一节的泛函极值和欧拉方程推广到有多个待定函数的泛函问题.

设有一般型式的泛函

$$\Pi[y_1, y_2, \cdots y_i] = \int_{x_1}^{x_2} F[x; y_1, y_2, \cdots y_i; y'_1, y'_2, \cdots y'_i; \cdots; y_1^{(n)}, y_2^{(n)}, y_3^{(n)}, \cdots, y_i^{(n)}] dx \tag{1.105}$$

其中 $y_k = y_k(x)$ $(k=1, 2, \cdots, i)$ 为 i 个待定函数, $y'_k = y'_k(x)$,

$y_k'' = y_k''(x)$, $\cdots$, $y_k^{(n)} = y_k^{(n)}(x)$ 分别为 $y_k(x)$ 的一阶，二阶和 n 阶的导数，设这些函数有端点值

$$\left.\begin{aligned}&y_k(x_1)=y_{k1},\ y_k'(x_1)=y_{k1}',\ y_k''(x_1)=y_{k1}'',\ \cdots,\ y_k^{(n)}(x_1)=y_{k1}^{(n)}\\&y_k(x_2)=y_{k2},\ y_k'(x_2)=y_{k2}',\ y_k''(x_2)=y_{k2}'',\ \cdots,\ y_k^{(n)}(x_2)=y_{k2}^{(n)}\end{aligned}\right\}\tag{1.106}$$

$$(k = 1, 2, \cdots, i)$$

对所有宗量 x，$y_k^{(j)}$ $(j = 1, 2, \cdots, n;\ k = 1, 2, \cdots, i)$ 而言，F 都是 $(n + 2)$ 阶可微的，待定曲线 $y_k(x)$ $(k = 1, 2, \cdots, i)$ 是 $2n$ 阶可微。

泛函 $\Pi[y_1, y_2, \cdots, y_i]$ 的变分极值条件为

$$\begin{aligned}\delta\Pi = \int_{x_1}^{x_2}\Big\{&\frac{\partial F}{\partial y_1}\delta y_1 + \frac{\partial F}{\partial y_1'}\delta y_1' + \frac{\partial F}{\partial y_1''}\delta y_1''\\&+ \cdots + \frac{\partial F}{\partial y_1^{(n)}}\delta y_1^{(n)} + \cdots\\&+ \frac{\partial F}{\partial y_i}\delta y_i + \frac{\partial F}{\partial y_i'}\delta y_i' + \frac{\partial F}{\partial y_i''}\delta y_i''\\&+ \cdots + \frac{\partial F}{\partial y_i^{(n)}}\delta y_i^{(n)}\Big\}dx = 0\end{aligned}\tag{1.107}$$

通过分部积分，在利用了端点固定的条件，亦即利用了

$$\begin{aligned}&\delta y_k^{(j)}(x_1) = 0,\ \delta y_k^{(j)}(x_2) = 0;\\&(j = 1, 2, \cdots, n),\ (k = 1, 2, \cdots, i)\end{aligned}\tag{1.108}$$

后，可以把(1.107)式化为

$$\begin{aligned}\delta\Pi = &\int_{x_1}^{x_2}\Big\{\frac{\partial F}{\partial y_1} - \frac{d}{dx}\left(\frac{\partial F}{\partial y_1'}\right) + \frac{d^2}{dx^2}\left(\frac{\partial F}{\partial y_1''}\right)\\&- \cdots + (-1)^n\frac{d^n}{dx^n}\left(\frac{\partial F}{\partial y_1^{(n)}}\right)\Big\}\delta y_1 dx\\&+ \int_{x_1}^{x_2}\Big\{\frac{\partial F}{\partial y_2} - \frac{d}{dx}\left(\frac{\partial F}{\partial y_2'}\right) + \frac{d^2}{dx^2}\left(\frac{\partial F}{\partial y_2''}\right)\\&- \cdots + (-1)^n\frac{d^n}{dx^n}\left(\frac{\partial F}{\partial y_2^{(n)}}\right)\Big\}\delta y_2 dx\\&+ \cdots\end{aligned}$$

$$+\int_{x_1}^{x_2}\left\{\frac{\partial F}{\partial y_i}-\frac{d}{dx}\left(\frac{\partial F}{\partial y_i'}\right)+\frac{d^2}{dx^2}\left(\frac{\partial F}{\partial y_i''}\right)\right.$$

$$\left.-\cdots+(-1)^n\frac{d^n}{dx^n}\left(\frac{\partial F}{\partial y_i^{(n)}}\right)\right\}\delta y_i dx=0 \quad (1.109)$$

这里的 $\delta y_1, \delta y_2, \cdots, \delta y_i$ 都是任选的，例如可以选 $\delta y_2, \delta y_3, \cdots, \delta y_i=0$，而 δy_1 满足一般的变分要求，如按 (1.48) 式的要求，即可证明

$$\frac{\partial F}{\partial y_1}-\frac{d}{dx}\left(\frac{\partial F}{\partial y_1'}\right)+\frac{d^2}{dx^2}\left(\frac{\partial F}{\partial y_1''}\right)$$

$$-\cdots+(-1)^n\frac{d^n}{dx^n}\left(\frac{\partial F}{\partial y_1^{(n)}}\right)=0 \quad (1.110)$$

相同的方法，我们可以逐步证明其它各式，亦即共得 i 个拉欧方程：

$$\frac{\partial F}{\partial y_k}-\frac{d}{dx}\left(\frac{\partial F}{\partial y_k'}\right)+\frac{d^2}{dx^2}\left(\frac{\partial F}{\partial y_k''}\right)$$

$$-\cdots+(-1)^n\frac{d^n}{dx^n}\left(\frac{\partial F}{\partial y_k^{(n)}}\right)=0$$

$$(k=1, 2, \cdots, i) \quad (1.111)$$

这是决定 $y_1, y_2, \cdots, y_i$ 等 i 个待定函数的 i 个微分方程组.

现在我们研究力学中的一个基本变分原理——**哈密顿**（Hamilton）**原理**[2]：

质点系的运动(满足某些约束条件)，必使积分“作用量”

$$A=\int_{t_1}^{t_2}(T-U)dt \quad (1.112)$$

成极值(最小值). 其中 T, U 分别表示质点系的动能和位能，t 为时间.

如果质点系的质量为 $m_i(i=1, 2, \cdots, n)$，坐标为 (x_i, y_i, z_i)，在质点 i 上作用着的力 F_i 是以 $-U$ 为力函数（即势函数）的：

$$F_{x_i}=-\frac{\partial U}{\partial x_i},\ F_{y_i}=-\frac{\partial U}{\partial y_i},\ F_{z_i}=-\frac{\partial U}{\partial z_i}$$

$$(i=1, 2, \cdots, n) \quad (1.113)$$

而势函数U只依赖于质点的坐标，这是一保守力场，亦即

$$U = U(x_1, y_1, z_1; x_2, y_2, z_2; \cdots; x_n, y_n, z_n) \quad (1.114)$$

动能是

$$T = \frac{1}{2}\sum_{i=1}^{n} m_i(\dot{x}_i^2 + \dot{y}_i^2 + \dot{z}_i^2) \quad (1.115)$$

其中 $\dot{x}_i$，$\dot{y}_i$，$\dot{z}_i$ 分别代表 $\frac{dx_i}{dt}$，$\frac{dy_i}{dt}$，$\frac{dz_i}{dt}$，最小作用量原理（即哈密顿原理）要求

$$\delta A = \delta\int_{t_1}^{t_2}(T - U)dt = \int_{t_1}^{t_2}(\delta T - \delta U)dt = 0 \quad (1.116)$$

其中

$$\delta T = \sum_{i=1}^{n} m_i(\dot{x}_i\delta\dot{x}_i + \dot{y}_i\delta\dot{y}_i + \dot{z}_i\delta\dot{z}_i)$$

$$\begin{aligned}\delta U &= \sum_{i=1}^{n}\left(\frac{\partial U}{\partial x_i}\delta x_i + \frac{\partial U}{\partial y_i}\delta y_i + \frac{\partial U}{\partial z_i}\delta z_i\right) \\ &= -\sum_{i=1}^{n}(F_{x_i}\delta x_i + F_{y_i}\delta y_i + F_{z_i}\delta z_i) \quad (1.117)\end{aligned}$$

通过分部积分，并设质点起始位置 $[x_i(t_1), y_i(t_1), z_i(t_1)]$ 已知，亦即 $\delta x_i(t_1)$，$\delta y_i(t_1)$，$\delta z_i(t_1)$都等于零．同时在 $t = t_2$ 时，$x_i(t_2)$，$y_i(t_2)$，$z_i(t_2)$ 已知，则 $\delta x_i(t_2)$，$\delta y_i(t_2)$，$\delta z_i(t_2)$ 等于零，即得

$$\begin{aligned}&\int_{t_1}^{t_2}\sum_{i=1}^{n} m_i(\dot{x}_i\delta\dot{x}_i + \dot{y}_i\delta\dot{y}_i + \dot{z}_i\delta\dot{z}_i)dt \\ &= -\int_{t_1}^{t_2}\sum_{i=1}^{n} m_i(\ddot{x}_i\delta x_i + \ddot{y}_i\delta y_i + \ddot{z}_i\delta z_i)dt \quad (1.118)\end{aligned}$$

于是哈密顿原理可以写为

$$\begin{aligned}&\int_{t_1}^{t_2}\sum_{i=1}^{n}\{(m_i\ddot{x}_i - F_{x_i})\delta x_i + (m_i\ddot{y}_i - F_{y_i})\delta y_i \\ &+ (m_i\ddot{z}_i - F_{z_i})\delta z_i\}dt = 0 \quad (1.119)\end{aligned}$$

由于 δx_i，δy_i，δz_i 都是任意的独立变分，所以得欧拉-泊桑方程

$$m_i\ddot{x}_i = F_{x_i},\ m_i\ddot{y}_i = F_{y_i},\ m_i\ddot{z}_i = F_{z_i}\ (i = 1, 2, \cdots, n) \tag{1.120}$$

这就是 n 个质点的 $3n$ 个牛顿运动方程.

如果运动还受另外一组独立关系

$$\phi_j(t, x_1, x_2, \cdots, x_n; y_1, y_2, \cdots, y_n; z_1, z_2, \cdots, z_n) = 0$$
$$(j = 1, 2, \cdots, m;\ m < 3n) \tag{1.121}$$

的约束,则独立的变量只剩下 $3n - m$ 个. 如果我们用 $3n - m$ 个新的变量(或称**广义坐标**)

$$q_1, q_2, \cdots, q_{3n-m}$$

来表示原来的变量 x_i, y_i, z_i, 亦即

$$\left.\begin{aligned} x_i &= x_i(q_1, q_2, \cdots, q_{3n-m}, t) \\ y_i &= y_i(q_1, q_2, \cdots, q_{3n-m}, t) \\ z_i &= z_i(q_1, q_2, \cdots, q_{3n-m}, t) \end{aligned}\right\}\ (i = 1, 2, \cdots, n) \tag{1.122}$$

则 U, T 应该写成

$$\left.\begin{aligned} U &= U(q_1, q_2, \cdots, q_{3n-m}, t) \\ T &= T(q_1, q_2, \cdots, q_{3n-m}; \dot{q}_1, \dot{q}_2, \cdots, \dot{q}_{3n-m}, t) \end{aligned}\right\} \tag{1.123}$$

于是最小作用量原理或哈密顿原理可以写成

$$\delta A = \int_{t_1}^{t_2} \sum_{i=1}^{3n-m} \left\{ \frac{\partial(T-U)}{\partial q_i} \delta q_i + \frac{\partial T}{\partial \dot{q}_i} \delta \dot{q}_i \right\} dt = 0 \tag{1.124}$$

经过分部积分可以化为

$$\delta A = \int_{t_1}^{t_2} \sum_{i=1}^{3n-m} \left\{ \frac{\partial(T-U)}{\partial q_i} - \frac{d}{dt}\left(\frac{\partial T}{\partial \dot{q}_i}\right) \right\} \delta q_i dt = 0 \tag{1.125}$$

而欧拉-泊桑方程就为

$$\frac{\partial(T-U)}{\partial q_i} - \frac{d}{dt}\left(\frac{\partial T}{\partial \dot{q}_i}\right) = 0,\quad i = 1, 2, \cdots, 2n - m \tag{1.126}$$

人们长期以来,把

$$L = T - U \tag{1.127}$$

称作**拉格朗日函数**. 于是哈密顿原理可以写成

$$\delta A = \delta \int_{t_1}^{t_2} L\,dt = \sum_{i=1}^{3n-m} \int_{t_1}^{t_2} \left[\frac{\partial L}{\partial q_i} - \frac{d}{dt}\left(\frac{\partial L}{\partial \dot{q}_i}\right) \right] \delta q_i dt \quad (1.128)$$

而欧拉-泊桑方程为

$$\frac{d}{dt}\left(\frac{\partial L}{\partial \dot{q}_i}\right) - \frac{\partial L}{\partial \dot{q}_i} = 0 \quad (i = 1, 2, \cdots, 3n - m) \quad (1.129)$$

这个方程也叫做**保守系统的拉格朗日方程组**.

上面用的 q_i 通常称为**广义坐标**. (1.126) 式和 (1.129) 式都是用广义坐标来表示的. 其优点是不一定要用真正的坐标或位移来表示，这样就可以方便得多. 这种方便还可以用下面的耦合摆动为例来说明:略去摆杆的重量,取 $\theta_1, \theta_2, \theta_3$ 为广义坐标(图 1.7). 于是动能和势能分别为

$$T = 2ma^2(\dot{\theta}_1^2 + \dot{\theta}_2^2 + \dot{\theta}_3^2)$$

$$U = \frac{1}{2} ka^2(\sin\theta_1 - \sin\theta_2)^2 + \frac{1}{2} ka^2(\sin\theta_2 - \sin\theta_3)^2 + 2mga[(1 - \cos\theta_1) + (1 - \cos\theta_2) + (1 - \cos\theta_3)] \quad (1.130)$$

对于微振幅的摆动而言,

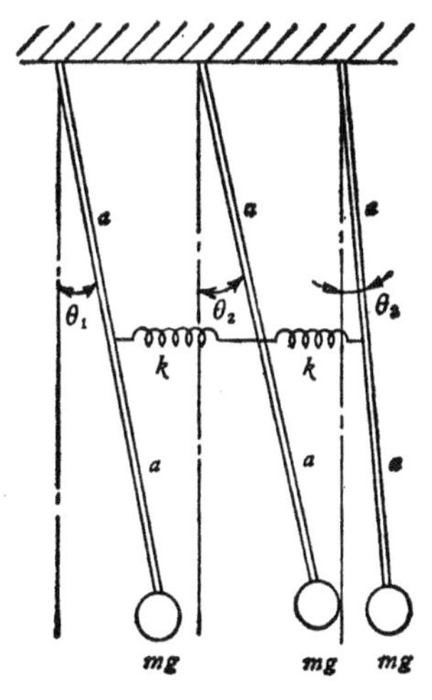

图 1.7 耦合摆的运动

$$\sin\theta \cong \theta, \quad 1-\cos\theta \cong \frac{1}{2}\theta^2 \tag{1.131}$$

于是,

$$U = \frac{1}{2}ka^2[(\theta_1-\theta_2)^2+(\theta_2-\theta_3)^2]+mga(\theta_1^2+\theta_2^2+\theta_3^2) \tag{1.132}$$

拉格朗日方程为

$$\frac{d}{dt}\left(\frac{\partial L}{\partial\dot{\theta}_1}\right)-\frac{\partial L}{\partial\theta_1}=0, \quad \frac{d}{dt}\left(\frac{\partial L}{\partial\dot{\theta}_2}\right)-\frac{\partial L}{\partial\theta_2}=0,$$

$$\frac{d}{dt}\left(\frac{\partial L}{\partial\dot{\theta}_3}\right)-\frac{\partial L}{\partial\theta_3}=0 \tag{1.133}$$

把 $L=T-U$ 代入,即得

$$\left.\begin{aligned} 4ma^2\ddot{\theta}_1 &= -ka^2(\theta_1-\theta_2)-2mga\theta_1 \\ 4ma^2\ddot{\theta}_2 &= -ka^2(2\theta_2-\theta_1-\theta_3)-2mga\theta_2 \\ 4ma^2\ddot{\theta}_3 &= -ka^2(\theta_3-\theta_2)-2mga\theta_3 \end{aligned}\right\} \tag{1.134}$$

其解可以用通常的方法求得.

我们也可以在 m 个 (1.121) 式的约束条件下用广义坐标来求非保守力系的拉格朗日方程. 非保守力系没有一个势函数 U, 但我们可以把外力 F_{x_i}, F_{y_i}, F_{z_i} 对 δx_i, δy_i, δz_i 做的功用广义坐标 q_k的变分 δq_k 对**广义力** Q_k 做的功来表示.

设

$$\sum_{i=1}^{n}(F_{x_i}\delta x_i+F_{y_i}\delta y_i+F_{z_i}\delta z_i)=\sum_{k=1}^{3n-m}Q_k\delta q_k \tag{1.135}$$

因为

$$\delta x_i=\sum_{k=1}^{3n-m}\frac{\partial x_i}{\partial q_k}\delta q_k, \quad \delta y_i=\sum_{k=1}^{3n-m}\frac{\partial y_i}{\partial q_k}\delta q_k,$$

$$\delta z_i=\sum_{k=1}^{3n-m}\frac{\partial z_i}{\partial q_k}\delta q_k \tag{1.136}$$

把 (1.136) 式代入 (1.135) 式,有关 δq_k 的系数给出

$$Q_k=\sum_{i=1}^{n}\left(F_{x_i}\frac{\partial x_i}{\partial q_k}+F_{y_i}\frac{\partial y_i}{\partial q_k}+F_{z_i}\frac{\partial z_i}{\partial q_k}\right) \tag{1.137}$$

这就是广义力的表达式.

于是,在非保守力系下的最小作用量原理可以写成

$$\delta A = \int_{t_1}^{t_2} \left(\delta T + \sum_{k=1}^{3n-m} Q_k \delta q_k \right) dt = 0 \tag{1.138}$$

或可写成

$$\delta A = \sum_{k=1}^{3n-m} \int_{t_1}^{t_2} \left(\frac{\partial T}{\partial q_k} - \frac{d}{dt} \frac{\partial T}{\partial \dot{q}_k} + Q_k \right) \delta q_k dt = 0 \tag{1.139}$$

于是有在非保守力场中的运动方程(即拉格朗日方程)

$$\frac{d}{dt} \left(\frac{\partial T}{\partial \dot{q}_k} \right) - \frac{\partial T}{\partial q_k} = Q_k \quad (k = 1, 2, \cdots, 3n - m) \tag{1.140}$$

广义坐标在理论力学中受到重视的原因,不止一个. 广义坐标使力学系统的描述不受坐标选用的限制. 如果我们把一组广义坐标 (q_i) 换置为另一组广义坐标 $\bar{q}_i = \bar{q}_i(q_1, q_2, \cdots, q_p)$, 其中 $i = 1, 2, \cdots, p$, 则哈密顿原理

$$\delta A = \delta \int_{t_1}^{t_2} (T - U) dt = 0 \tag{1.141}$$

仍旧给出拉格朗日方程(即运动方程)

$$\frac{d}{dt} \left(\frac{\partial L}{\partial \dot{\bar{q}}_i} \right) - \frac{\partial L}{\partial \bar{q}_i} = 0 \quad (i = 1, 2, \cdots, p) \tag{1.142}$$

其形状和坐标无关.

其次,变分原理比运动方程的运用范围更广泛,它在量子力学中进一步得到了发展,有各种场论问题是从变分原理出发的.

最后,用广义坐标的变分原理较易于求得近似解.

现在让我们用广义坐标的哈密顿原理和拉格朗日方程建立球坐标中的质点运动方程. 设质点 m 在地球以外运动, 受有地球的引力场作用,其势能为:

$$U = -m \frac{a^2 g}{r} \tag{1.143}$$

其中 a 为地球半径, g 为引力加速度, r 为径向坐标. 设 θ, ϕ 为经纬度角坐标,则动能为

$$T = \frac{1}{2} m(\dot{r}^2 + r^2 \sin^2 \phi \dot{\theta}^2 + r^2 \dot{\phi}^2) \tag{1.144}$$

哈密顿原理 (1.141) 式给出 (1.142) 式的运动方程,其中

$$L = T - U = \frac{1}{2} m(\dot{r}^2 + r^2 \sin^2 \phi \dot{\theta}^2 + r^2 \dot{\phi}^2) + \frac{a^2 q}{r} m \tag{1.145}$$

(1.142) 式给出(以 r, θ, ϕ 为广义坐标)

$$\left.\begin{aligned} &\frac{d^2 r}{dt^2} = -\frac{a^2 q}{r^2} + r \sin^2 \phi \left(\frac{d\theta}{dt}\right)^2 + r\left(\frac{d\phi}{dt}\right)^2 \\ &\frac{d}{dt}\left(r^2 \sin^2 \phi \frac{d\theta}{dt}\right) = 0 \\ &\frac{d}{dt}\left(r^2 \frac{d\phi}{dt}\right) = r^2 \sin\phi \cos\phi \left(\frac{d\theta}{dt}\right)^2 \end{aligned}\right\} \tag{1.146}$$

这就是在地心引力下质量运动的球坐标方程.

从上面研究哈密顿原理中,我们已引用广义坐标的方法,把约束条件下的变分化为一般的变分,这种方法有一般的意义,一切只含有坐标函数的约束条件,一般都能这样做. 以历史上的第二变分问题短程线命题为例. 原来 § 1.1 中是两个函数的泛函的条件极值问题. 其约束条件要求短程线在某一曲面上度量,这是一个只有曲面坐标函数的条件,也可以化为一般的变分问题来处理. 如果用 x, y, z 来表示短程线各点在空间的坐标,它们都可以看作在短程线上的弧长 s 的函数,亦即

$$x = x(s),\ y = y(s),\ z = z(s) \tag{1.147}$$

但短程线要求在某一曲面上,亦即有约束条件

$$z = z(x, y) \tag{1.148}$$

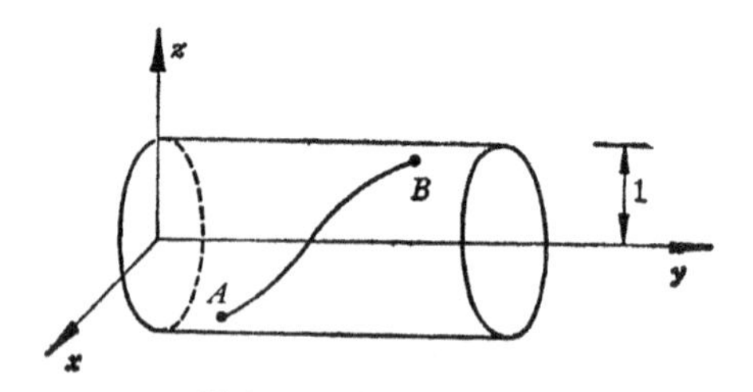

图 1.8　圆柱面上的短程线

为了简单说明问题起见，让我们限于讨论一个以 y 轴为轴的圆柱面,并设圆柱面的半径为 1. 于是(1.148)式可以写成

$$z=(1-x^2)^{1/2} \tag{1.149}$$

如果用 ds 表示弧长的线元,则

$$ds=(dx^2+dy^2+dz^2)^{1/2} \tag{1.150}$$

但从(1.149)式,有 $dz=-\dfrac{x}{(1-x^2)^{1/2}}dx$, 所以(1.150)式可以化为

$$ds=\left[\frac{1}{1-x^2}dx^2+dy^2\right]^{1/2} \tag{1.151}$$

设 A 点的坐标为 $A(x_1, y_1, z_1)$, B 点的坐标为 (x_2, y_2, z_2), 其中 $z_1=\sqrt{1-x_1^2}$, $z_2=\sqrt{1-x_2^2}$. 引进一个参数 t, $0\leqslant t\leqslant 1$, 并设

$$x=x(t),\ \ y=y(t),\ \ z=\sqrt{1-x^2(t)} \tag{1.152}$$

还有

$$\left.\begin{aligned} x_1=x(0),\ \ y_1=y(0),\ \ z_1=\sqrt{1-x^2(0)} \\ x_2=x(1),\ \ y_2=y(1),\ \ z_2=\sqrt{1-x^2(1)} \end{aligned}\right\} \tag{1.153}$$

则本题的泛函可以写成

$$s=\int_0^s ds=\int_0^1\left\{\frac{1}{1-x^2}\left(\frac{dx}{dt}\right)^2+\left(\frac{dy}{dt}\right)^2\right\}^{1/2}dt \tag{1.154}$$

这是一个含有两个待定函数 $x(t)$, $z(t)$ 的一般变分问题. 其端点条件为(1.153)式,而约束条件(1.149)式业已满足. $\delta s=0$ 的变分极值条件为

$$-\frac{d}{dt}\left\{\frac{\dot{x}}{[(1-x^2)^{-1}\dot{x}^2+\dot{y}^2]^{1/2}(1-x^2)}\right\}+\frac{x\dot{x}^2}{[(1-x^2)^{-1}\dot{x}^2+\dot{y}^2](1-x^2)^2}=0 \tag{1.155a}$$

$$\frac{d}{dt}\left\{\frac{\dot{y}}{[(1-x^2)^{-1}\dot{x}^2+\dot{y}^2]^{1/2}}\right\}=0 \tag{1.155b}$$

其中 $\dot{x}=\dfrac{dx}{dt}$，$\dot{y}=\dfrac{dy}{dt}$，而且从 (1.151) 式，我们有

$$\frac{ds}{dt}=\left[\frac{1}{1-x^2}\dot{x}^2+\dot{y}^2\right]^{1/2} \tag{1.156}$$

于是 (1.155a, b) 式可以进一步简化为

$$-\frac{d}{dt}\left[\frac{1}{1-x^2}\frac{dx}{ds}\right]+\frac{x}{(1-x^2)^2}\frac{dx}{ds}\frac{dx}{dt}=0 \tag{1.157a}$$

$$\frac{d}{dt}\left(\frac{dy}{ds}\right)=0 \tag{1.157b}$$

在上面两式上都乘 $\dfrac{dt}{ds}$，即可化为

$$-\frac{d}{ds}\left[\frac{1}{1-x^2}\frac{dx}{ds}\right]+\frac{x}{(1-x^2)^2}\left(\frac{dx}{ds}\right)^2=0 \tag{1.158a}$$

$$\frac{d^2y}{ds^2}=0 \tag{1.158b}$$

其中 (1.158a) 式可以进一步简化

$$\begin{aligned}
&-\frac{d}{ds}\left[\frac{1}{1-x^2}\frac{dx}{ds}\right]+\frac{x}{(1-x^2)^2}\left(\frac{dx}{ds}\right)^2\\
&\quad=-\frac{x}{(1-x^2)^2}\left(\frac{dx}{ds}\right)^2-\frac{1}{1-x^2}\frac{d^2x}{ds^2}\\
&\quad=-\frac{1}{2\left(\dfrac{dx}{ds}\right)}\frac{d}{ds}\left[\frac{1}{1-x^2}\left(\frac{dx}{ds}\right)^2\right]=0
\end{aligned} \tag{1.159}$$

设 $\dfrac{dx}{ds}\neq 0$，上式可以积分一次，得

$$\frac{1}{1-x^2}\left(\frac{dx}{ds}\right)^2=C^2 \tag{1.160}$$

C^2 为积分常数，再积分一次，得

$$\arccos x=Cs+D \tag{1.161}$$

D 为另一积分常数，或即

$$x=\cos(Cs+D) \tag{1.162}$$

(1.158b) 式的积分为

$$y = As + B \tag{1.163}$$

这里的 A, B 也是积分常数，这里的 A, B, C, D 并不独立，因为 $\frac{dx}{ds}, \frac{dy}{ds}$ 还要满足 (1.151) 式，或为

$$\frac{1}{1-x^2}\left(\frac{dx}{ds}\right)^2 + \left(\frac{dy}{ds}\right)^2 = 1 \tag{1.164}$$

把 (1.162), (1.163) 式代入 (1.164) 式，即得 $C^2 + A^2 = 1$，或即 $C = \sqrt{1-A^2}$，同时从圆柱面方程 (1.149) 式可以求得 z. 最后，我们有本题的解

$$\left.\begin{aligned} x(s) &= \cos\{\sqrt{1-A^2}s + D\} \\ y(s) &= As + B \\ z(s) &= \sin\{\sqrt{1-A^2}s + D\} \end{aligned}\right\} \tag{1.165}$$

这是一组在圆柱面 $z = \sqrt{1-x^2}$ 上的螺旋线，A、B、D 由起点终点的坐标决定.

§1.5 含有多个自变量的函数的泛函及其极值问题

许多平面问题，弹性板的弯曲和平面应力问题，轴对称问题，平面电磁场问题都有 x, y 或 r, z 两个自变量；弹性振动，平面热传导和平面电磁波等，都有 x, y, t 三个自变量；空间的弹塑性理论、热传导、电磁波等有 x, y, z, t 四个自变量. 这一类问题在力学物理中是非常重要的，也是变分法中的主要工作领域.

这类泛函极值问题本质是类似的. 我们在这里将只对几个一般的典型问题，从泛函中求得有关的欧拉方程，进行具体的推导演算，说明在这种过程中所遇到的困难是什么.

首先，研究泛函(最简单的一种)

$$\Pi[w(x, y)] = \iint_S F\left[x, y, w(x, y), \frac{\partial}{\partial x}w(x, y), \frac{\partial}{\partial y}w(x, y)\right] dxdy \tag{1.166}$$

的极值问题，函数 $w(x, y)$ 在域 S 的边界 c 上的值已经给出，亦即在边界 c 上 $w_c(x, y)$ 已知．为了简便，将称

$$\frac{\partial w}{\partial x}=w_x,\quad \frac{\partial w}{\partial y}=w_y \tag{1.167}$$

首先，泛函 Π (1.166) 式的变分可以写成

$$\delta\Pi=\iint_S\left\{\frac{\partial F}{\partial w}\delta w+\frac{\partial F}{\partial w_x}\delta w_x+\frac{\partial F}{\partial w_y}\delta w_y\right\}dxdy \tag{1.168}$$

其中，根据函数变分的定义，有

$$\delta w_x=\delta\frac{\partial w}{\partial x}=\frac{\partial}{\partial x}(\delta w),\quad \delta w_y=\delta\frac{\partial w}{\partial y}=\frac{\partial}{\partial y}(\delta w) \tag{1.169}$$

而且

$$\begin{aligned}\frac{\partial F}{\partial w_x}\delta w_x+\frac{\partial F}{\partial w_y}\delta w_y=&\frac{\partial}{\partial x}\left[\frac{\partial F}{\partial w_x}\delta w\right]-\frac{\partial}{\partial x}\left(\frac{\partial F}{\partial w_x}\right)\delta w\\&+\frac{\partial}{\partial y}\left[\frac{\partial F}{\partial w_y}\delta w\right]-\frac{\partial}{\partial y}\left(\frac{\partial F}{\partial w_y}\right)\delta w\end{aligned} \tag{1.170}$$

于是 (1.168) 式可以改写为

$$\begin{aligned}\delta\Pi=&\iint_S\left\{\frac{\partial F}{\partial w}-\frac{\partial}{\partial x}\left(\frac{\partial F}{\partial w_x}\right)-\frac{\partial}{\partial y}\left(\frac{\partial F}{\partial w_y}\right)\right\}\delta w dxdy\\&+\iint_S\left\{\frac{\partial}{\partial x}\left(\frac{\partial F}{\partial w_x}\delta w\right)+\frac{\partial}{\partial y}\left(\frac{\partial F}{\partial w_y}\delta w\right)\right\}dxdy\end{aligned} \tag{1.171}$$

根据格林公式 (Green Formula)，对 $f(x, y)$，$g(x, y)$ 两个连续函数有

$$\begin{aligned}\iint_S\left(\frac{\partial f}{\partial x}+\frac{\partial g}{\partial y}\right)dxdy&=\oint_c(fdy-gdx)\\&=\oint_c(f\sin\alpha-g\cos\alpha)ds\end{aligned} \tag{1.172}$$

其中 s 为边界围线 c 的弧长，逆时针为正，顺时针为负．α 为切线和 x 轴的夹角 (图 1.9)．从此有关系式

$$dx_c=\cos\alpha ds,\quad dy_c=\cos\alpha ds \tag{1.173}$$

而且有

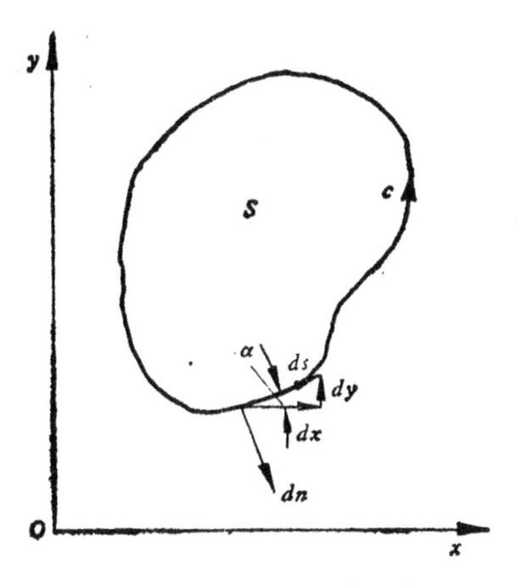

图 1.9　边界弧长和外向法线

$$\left.\begin{aligned}\frac{\partial}{\partial x}&=\frac{\partial s}{\partial x}\frac{\partial}{\partial s}+\frac{\partial n}{\partial x}\frac{\partial}{\partial n}=\cos\alpha\frac{\partial}{\partial s}+\sin\alpha\frac{\partial}{\partial n}\\\frac{\partial}{\partial y}&=\frac{\partial s}{\partial y}\frac{\partial}{\partial s}+\frac{\partial n}{\partial y}\frac{\partial}{\partial n}=\sin\alpha\frac{\partial}{\partial s}-\cos\alpha\frac{\partial}{\partial n}\end{aligned}\right\}\quad \text{在 } c \text{ 上} \tag{1.174}$$

$$\left.\begin{aligned}\frac{\partial}{\partial s}&=\frac{\partial x}{\partial s}\frac{\partial}{\partial x}+\frac{\partial y}{\partial s}\frac{\partial}{\partial y}=\cos\alpha\frac{\partial}{\partial x}+\sin\alpha\frac{\partial}{\partial y}\\\frac{\partial}{\partial n}&=\frac{\partial x}{\partial n}\frac{\partial}{\partial x}+\frac{\partial y}{\partial n}\frac{\partial}{\partial y}=\sin\alpha\frac{\partial}{\partial x}-\cos\alpha\frac{\partial}{\partial y}\end{aligned}\right\}\quad \text{在 } c \text{ 上} \tag{1.175}$$

所有这些关系式，在简化二维问题时都是很有用的．从(1.172)式，我们有

$$\begin{aligned}&\iint_S\left\{\frac{\partial}{\partial x}\left(\frac{\partial F}{\partial w_x}\delta w\right)+\frac{\partial}{\partial y}\left(\frac{\partial F}{\partial w_y}\delta w\right)\right\}dxdy\\&=\oint_c\left(\frac{\partial F}{\partial w_x}\sin\alpha-\frac{\partial F}{\partial w_y}\cos\alpha\right)\delta w ds\end{aligned} \tag{1.176}$$

在边界 c 上，$w(x, y)$ 已知为 $w_c(x, y)$，对于都通过 $w_c(x, y)$ 的任意 $w(x, y)$ 的变分 δw，在边界上都恒等于零．因此(1.176)式右侧围线积分应该恒等于零．于是(1.171)式最后化为

$$\delta \Pi = \iint_S \left\{ \frac{\partial F}{\partial w} - \frac{\partial}{\partial x}\left(\frac{\partial F}{\partial w_x}\right) - \frac{\partial}{\partial y}\left(\frac{\partial F}{\partial w_y}\right) \right\} \delta w dx dy \quad (1.177)$$

当泛函达到极值时，$\delta \Pi = 0$，根据变分法的基本预备定理得

$$\frac{\partial F}{\partial w} - \frac{\partial}{\partial x}\left(\frac{\partial F}{\partial w_x}\right) - \frac{\partial}{\partial y}\left(\frac{\partial F}{\partial w_y}\right) = 0 \quad (1.178)$$

这就是决定 $w(x, y)$ [在边界上满足 $w = w_c(x, y)$] 的微分方程（也称欧拉方程）.

和(1.166)式相类似的泛函变分问题在物理和工程上很多，在求其欧拉方程时，关键问题是利用格林公式(1.172)式，把一个面积的积分化成边界上的围线积分. 现在举几个实际例子说明它应用的范围.

例(1) 泛函为

$$\Pi[w(x, y)] = \iint_S \left[\left(\frac{\partial w}{\partial x}\right)^2 + \left(\frac{\partial w}{\partial y}\right)^2\right] dx dy \quad (1.179)$$

设在域 S 的边界 c 上函数 w 的值已经定为 $f(x, y)$，则从 $\delta \Pi = 0$ 可以证明这个函数 $w(x, y)$ 在 S 域中一定满足拉普拉斯 (Laplace) 方程

$$\frac{\partial^2 w}{\partial x^2} + \frac{\partial^2 w}{\partial y^2} = 0, \text{ 或 } \Delta w = 0, \text{ 或 } \nabla^2 w = 0 \quad (1.180)$$

在物理学、力学和电磁学里，在边界值已知的条件下，求解拉普拉斯方程，可以说是最基本的问题之一，有时也称为狄利克雷 (Dirichlet) 问题. 虽然人们已经有了许多手段(如保角变换)来从微分方程求解这个问题，但也还有很多实际问题(尤其是电磁场的问题和流体力学的问题)，由于边界形状太复杂，无法从微分方程求解，而只能从泛函(1.179)式求近似的极值解来满足要求.

例(2) 泛函为

$$\Pi[w(x, y)] = \iint_S \left[\left(\frac{\partial w}{\partial x}\right)^2 + \left(\frac{\partial w}{\partial y}\right)^2 + 2\rho(x, y) w(x, y)\right] dx dy \quad (1.181)$$

并设在域 S 的边界 c 上函数的 $w(x, y)$ 值已给定为 $f(x, y)$，(1.181)式中的 $\rho(x, y)$ 是已知的，则从 $\delta \Pi = 0$ 的泛函极值条件

下，证明这个函数 $w(x, y)$ 在 S 域中满足泊桑方程.

$$\frac{\partial^2 w}{\partial x^2}+\frac{\partial^2 w}{\partial y^2}=\rho(x, y) \tag{1.182}$$

或

$$\Delta w=\rho(x, y) \text{ 或 } \nabla^2 w=\rho(x, y) \tag{1.183}$$

泊桑方程也是在数学、物理学中常见的．如电磁场问题，$\rho(x, y)$ 相当于场内的电荷分布；如柱体扭转问题，$w(x, y)$ 相当于扭转的应力函数，而 $\rho=-2$，$w(x, y)$ 在边界上等于零；又如薄膜在外力作用下平衡问题，$w(x, y)$ 为薄膜的横向位移，$\rho(x,y)=-\frac{q}{T}$，其中 q 为横向分布荷载，T 为薄膜内的张力；再如管内的粘性流问题，$w(x, y)$ 为管内的轴向流速分布，$\rho(x, y)=-P/\mu$，其中 P 为压力梯度，μ 为粘性系数．还有不少物理问题可以化为泊桑方程求解．对于那些边界较复杂的问题，我们只能借助于泛函 (1.181) 式，用各种近似方法(如有限元)求近似解.

例 (3) 弦的振动问题

设有均匀弦 AB，单位长度的密度为 ρ，弦内拉力为 N，$x=0$，$x=l$ 两端点固定．单位长度弦的横向位移速度为 $\dot{w}=\frac{\partial w}{\partial t}$，动能为 $\frac{1}{2}\rho\dot{w}^2$，其中 $w(x, t)$ 为弦的横向位移，它既是 x 的函数，也是时间 t 的函数．所以整个弦的动能为

$$T=\frac{\rho}{2}\int_0^l\left(\frac{\partial w}{\partial t}\right)^2 dx \tag{1.184}$$

弦内由于变形所积蓄的弹性变形能（即势能）等于弦内的拉力(亦即弦两端的拉力 N) 和弦的长度的总增长的乘积．弦的元素 dx 在变形后增长到 $\sqrt{1+\left(\frac{\partial w}{\partial x}\right)^2}\,dx$，因此势能为

$$U=N\int_0^l\left\{\sqrt{1+\left(\frac{\partial w}{\partial x}\right)^2}-1\right\}dx\cong N\int_0^l\frac{1}{2}\left(\frac{\partial w}{\partial x}\right)^2 dx \tag{1.185}$$

这里略去了 $\frac{\partial w}{\partial x}$ 的高次项．为了寻找运动方程，我们可以利用哈

密顿原理，亦即应该寻求 $w(x, t)$，使弦在 $t_1 < t < t_2$ 中的作用量最小，也即求泛函

$$A = \int_{t_1}^{t_2} L dt = \int_{t_1}^{t_2} (T - U) dt$$

$$= \frac{1}{2} \int_{t_1}^{t_2} \int_0^l \left[\rho \left(\frac{\partial w}{\partial t} \right)^2 - N \left(\frac{\partial w}{\partial x} \right)^2 \right] dx dt \tag{1.186}$$

的极值. $w(x, t)$ 应满足固定条件，

$$w(0, t) = 0, \quad w(l, t) = 0 \tag{1.187a}$$

和满足初始和结束时弦的形状条件[1]，

$$w(x, t_1) = w_1(x), \quad w(x, t_2) = w_2(x) \tag{1.187b}$$

$\delta A = 0$ 的变分极值条件给出

$$\delta A = \int_{t_1}^{t_2} \int_0^l \left[\rho \frac{\partial w}{\partial t} \frac{\partial \delta w}{\partial t} - N \frac{\partial w}{\partial x} \frac{\partial \delta w}{\partial x} \right] dx dt = 0 \tag{1.188}$$

根据 (1.186), (1.187) 式，我们有 $\delta w(0, t) = \delta w(l, t) = \delta w(x, t_1) = \delta w(x, t_2) = 0$，所以，

$$\int_{t_1}^{t_2} \int_0^l \rho \frac{\partial w}{\partial t} \frac{\partial \delta w}{\partial t} dx dt$$

$$= - \int_{t_1}^{t_2} \int_0^l \rho \frac{\partial^2 w}{\partial t^2} \delta w dx dt + \int_0^l \left[\rho \frac{\partial w}{\partial t} \delta w \right]_{t_1}^{t_2} dx$$

$$= - \int_{t_1}^{t_2} \int_0^l \rho \frac{\partial^2 w}{\partial t^2} \delta w dx dt \tag{1.189}$$

$$\int_{t_1}^{t_2} \int_0^l N \frac{\partial w}{\partial t} \frac{\partial \delta w}{\partial x} dx dt$$

$$= - \int_{t_1}^{t_2} \int_0^l N \frac{\partial^2 w}{\partial x^2} \delta w dx dt + \int_{t_1}^{t_2} \left[N \frac{\partial w}{\partial x} \delta w \right]_0^l dt$$

$$= - \int_{t_1}^{t_2} \int_0^l N \frac{\partial^2 w}{\partial t^2} \delta w dx dt \tag{1.190}$$

最后 (1.188) 式可以写成

---

1) 一般常见的初始条件为 $w(x, t_1) = w_1(x)$，$\dot{w}(x, t_1) = \dot{w}_1(x)$，这里用了 $w(x, t_2) = w_2(x)$，这是不常见的. 但是，原则上说来，对于 $w(x, t_1) = w_1(x)$ 一定的弦说来，条件 $w_2(x)$ 和条件 $\dot{w}_1(x)$ 是互相一一对应的，这里只讨论边界不动的极值问题，我们只好用 (1.187b) 式.

$$\delta A=\int_{t_1}^{t_2}\int_0^l\left[N\frac{\partial^2 w}{\partial x^2}-\rho\frac{\partial^2 w}{\partial t^2}\right]\delta w dx dt=0 \tag{1.191}$$

根据变分法的预备定理，得弦振动的欧拉方程

$$\frac{\partial^2 w}{\partial x^2}-\frac{\rho}{N}\frac{\partial^2 w}{\partial t^2}=0 \tag{1.192}$$

这是弦振动时的位移函数 $w(x, t)$ 所必须满足的波动方程。我们将不在这里进一步研究弦振动问题的解，但是我们应该指出，在求欧拉方程的过程中，由于起始条件（$t=t_1$，$t=t_2$）和端点条件（$x=0, x=l$）是分离的，所以，无需像例题（1）和（2）那样，采用格林公式来进行积分。

如果把(1.166)式的变量向三维（x, y, z）问题推广，或向 x, y, z, t 三维动力学问题推广，或向包含高阶偏导数 $\frac{\partial^2 w}{\partial x^2}$, $\frac{\partial^2 w}{\partial x\partial y}$, $\frac{\partial^2 w}{\partial y^2}$ 方面推广，则我们将采用下列诸有名的微积分定理，进行简化。

（1）格林定理或高斯定理

$$\left.\begin{aligned}\iiint_\tau \frac{\partial A}{\partial x}d\tau&=\iint_S A\cos\alpha dS\\ \iiint_\tau \frac{\partial B}{\partial y}d\tau&=\iint_S B\cos\beta dS\\ \iiint_\tau \frac{\partial C}{\partial z}d\tau&=\iint_S C\cos\gamma dS\end{aligned}\right\} \tag{1.193}$$

$$\begin{aligned}&\iiint_\tau\left(\frac{\partial A}{\partial x}+\frac{\partial B}{\partial y}+\frac{\partial C}{\partial z}\right)d\tau\\ &\quad=\iint_S(A\cos\alpha+B\cos\beta+C\cos\gamma)dS\end{aligned} \tag{1.194}$$

其中 A, B, C 为 τ 中和 S 上都连续的函数，S 为闭域 τ 的界面，α, β, γ 为界面 S 的外法线 $\boldsymbol{n}$ 和 x, y, z 轴之间的方向角。

（2）格林定理的形式之一

$$\iiint_\tau U\nabla^2 V d\tau+\iiint_\tau\left(\frac{\partial U}{\partial x}\frac{\partial V}{\partial x}+\frac{\partial U}{\partial y}\frac{\partial V}{\partial y}\right.$$

$$+\frac{\partial U}{\partial z}\frac{\partial V}{\partial z}\Big)d\tau=\iint_S U\frac{\partial V}{\partial n}dS \tag{1.195}$$

其中 $\frac{\partial V}{\partial n}$ 为 V 对外法线方向的导数，$\nabla^2=\frac{\partial^2}{\partial x^2}+\frac{\partial^2}{\partial y^2}+\frac{\partial^2}{\partial z^2}$.

(3) 格林定理(正式名称)

$$\iiint_\tau (U\nabla^2 V-V\nabla^2 U)d\tau=\iint_S\left(U\frac{\partial V}{\partial n}-V\frac{\partial U}{\partial n}\right)dS \tag{1.196}$$

其中 n 为 S 表面的外向法线.

在使用了这些定理之后,我们可以证明下列常见的欧拉方程

(1) 泛函

$$\Pi[w(x,y,z)]=\iiint_\tau F\left(x,y,z,w,\frac{\partial w}{\partial x},\frac{\partial w}{\partial y},\frac{\partial w}{\partial z}\right)dxdydz \tag{1.197}$$

为极值的必要条件是 $\delta\Pi=0$，其欧拉方程为

$$\frac{\partial F}{\partial w}-\frac{\partial}{\partial x}\left(\frac{\partial F}{\partial w_x}\right)-\frac{\partial}{\partial y}\left(\frac{\partial F}{\partial w_y}\right)-\frac{\partial}{\partial z}\left(\frac{\partial F}{\partial w_z}\right)=0 \tag{1.198}$$

其中 $w_x=\frac{\partial w}{\partial x}$，$w_y=\frac{\partial w}{\partial y}$，$w_z=\frac{\partial w}{\partial z}$,其边界条件为: $w(x,y,z)$ 在 τ 的表面 S 上已知,亦即在边界上 $\delta w=0$.

(2) 泛函

$$\Pi[w(x,y)]=\iint_S F\left(x,y,w,\frac{\partial w}{\partial x},\frac{\partial w}{\partial y},\frac{\partial^2 w}{\partial x^2},\frac{\partial^2 w}{\partial x\partial y},\frac{\partial^2 w}{\partial y^2}\right)dxdy \tag{1.199}$$

为极值的必要条件是 $\delta\Pi=0$，其有关欧拉方程为

$$\frac{\partial F}{\partial w}-\frac{\partial}{\partial x}\left(\frac{\partial F}{\partial w_x}\right)-\frac{\partial}{\partial y}\left(\frac{\partial F}{\partial w_y}\right)+\frac{\partial^2}{\partial x^2}\left(\frac{\partial F}{\partial w_{xx}}\right)+\frac{\partial^2}{\partial x\partial y}\left(\frac{\partial F}{\partial w_{xy}}\right)+\frac{\partial^2}{\partial y^2}\left(\frac{\partial F}{\partial w_{yy}}\right)=0 \tag{1.200}$$

其中

$$w_x=\frac{\partial w}{\partial x},\quad w_y=\frac{\partial w}{\partial y},\quad w_{xx}=\frac{\partial^2 w}{\partial x^2},$$

$$w_{xy}=\frac{\partial^2 w}{\partial x\partial y},\quad w_{yy}=\frac{\partial^2 w}{\partial y^2} \tag{1.201}$$

其边界条件为 $w(x, y)$ 和 $\frac{\partial w}{\partial n}$ 在边界 c 上已知，n 为外向法线，亦即在边界线 c 上 δw，$\frac{\partial \delta w}{\partial n}=0$。

（3）泛函

$$\Pi[w(x, y, z, t)]=\int_{t_1}^{t_2}\iiint_{\tau} F\left(x, y, z, t, w, \frac{\partial w}{\partial x}, \frac{\partial w}{\partial y}, \frac{\partial w}{\partial z}, \frac{\partial w}{\partial t}\right) dxdydzdt \tag{1.202}$$

为极值的必要条件是 $\delta\Pi=0$，其欧拉方程为

$$\frac{\partial F}{\partial w}-\frac{\partial}{\partial x}\left(\frac{\partial F}{\partial w_x}\right)-\frac{\partial}{\partial y}\left(\frac{\partial F}{\partial w_y}\right)-\frac{\partial}{\partial z}\left(\frac{\partial F}{\partial w_z}\right)-\frac{\partial}{\partial t}\left(\frac{\partial F}{\partial w_t}\right)=0 \tag{1.203}$$

其中 $w_x=\frac{\partial w}{\partial x}$，$w_y=\frac{\partial w}{\partial y}$，$w_z=\frac{\partial w}{\partial z}$，$w_t=\frac{\partial w}{\partial t}$。其边界条件为：$w(x, y, z, t)$ 在 τ 的表面 S 上已知，亦即在边界 S 上不论在 (t_1, t_2) 内那个时间，$\delta w=0$；其起始终止条件为 $w(x, y, z, t_1)$，$w(x, y, z, t_2)$ 为已知，亦即在 $t=t_1, t_2$ 时，τ 中的任意点上 $\delta w=0$。

（4）泛函

$$\Pi[w(x, y, t)]=\int_{t_1}^{t_2}\iint_{S} F\left(x, y, t, w, \frac{\partial w}{\partial x}, \frac{\partial w}{\partial y}, \frac{\partial^2 w}{\partial x^2}, \frac{\partial^2 w}{\partial y^2}, \frac{\partial^2 w}{\partial x\partial y}, \frac{\partial w}{\partial t}\right) dxdydt \tag{1.204}$$

为极值的必要条件是 $\delta\Pi=0$。其欧拉方程为

$$\frac{\partial F}{\partial w}-\frac{\partial}{\partial x}\left(\frac{\partial F}{\partial w_x}\right)-\frac{\partial}{\partial y}\left(\frac{\partial F}{\partial w_y}\right)-\frac{\partial}{\partial t}\left(\frac{\partial F}{\partial w_t}\right)$$

$$+\frac{\partial^2}{\partial x^2}\left(\frac{\partial F}{\partial w_{xx}}\right)+\frac{\partial^2}{\partial y^2}\left(\frac{\partial F}{\partial w_{yy}}\right)+\frac{\partial^2}{\partial x\partial y}\left(\frac{\partial F}{\partial w_{xy}}\right)=0 \tag{1.205}$$

其中 $w_x=\frac{\partial w}{\partial x}$, $w_y=\frac{\partial w}{\partial y}$, $w_t=\frac{\partial w}{\partial t}$, $w_{xx}=\frac{\partial^2 w}{\partial x^2}$, $w_{xy}=\frac{\partial^2 w}{\partial x\partial y}$, $w_{yy}=\frac{\partial^2 w}{\partial y^2}$; 其边界条件为: $w(x, y, t)$ 在边界 c 上已知, $\frac{\partial w}{\partial n}$ 在边界上也是已知的，亦即在边界上不论 $t_1\leqslant t\leqslant t_2$ 内那个时间, $\delta w=\frac{\partial}{\partial n}\delta w=0$; 其起始终止条件为 $w(x, y, t_1)$, $w(x, y, t_2)$ 为已知,亦即在 $t=t_1$, $t=t_2$ 时 S 上任意点的 $\delta w=0$.

在进行具体问题的研究推导时,人们很少用像(1.198),(1.200),(1.203),(1.205)式这样的欧拉方程,而都是直接按步骤运算推导的.在推导中,人们常常使用像格林公式(1.172),(1.194),(1.195),(1.196)式等公式或定理来简化各边界值项.

这类问题的应用范围很广,现在列出若干常见的例题:

例(1) 泛函

$$\Pi=\iiint_\tau\left\{\left(\frac{\partial w}{\partial x}\right)^2+\left(\frac{\partial w}{\partial y}\right)^2+\left(\frac{\partial w}{\partial z}\right)^2\right\}dxdydz \tag{1.206}$$

的变分极值问题,给出欧拉方程

$$\frac{\partial^2 w}{\partial x^2}+\frac{\partial^2 w}{\partial y^2}+\frac{\partial^2 w}{\partial z^2}=0 \tag{1.207}$$

这是三维的拉普拉斯方程, w 在边界面 S 上的值是已给的.

例(2) 泛函

$$\Pi=\iiint_\tau\left\{\left(\frac{\partial w}{\partial x}\right)^2+\left(\frac{\partial w}{\partial y}\right)^2+\left(\frac{\partial w}{\partial z}\right)^2+2w\rho(x, y, z)\right\}dxdydz \tag{1.208}$$

的变分极值问题,给出欧拉方程是三维的泊桑方程

$$\frac{\partial^2 w}{\partial x^2}+\frac{\partial^2 w}{\partial y^2}+\frac{\partial^2 w}{\partial z^2}=\rho(x, y, z) \tag{1.209}$$

w 在边界面 S 上的值是已给的.

例(3) 泛函

$$\Pi_1 = \frac{D}{2}\iint_S \left\{\left(\frac{\partial^2 w}{\partial x^2}\right)^2 + \left(\frac{\partial^2 w}{\partial y^2}\right)^2 + 2\left(\frac{\partial^2 w}{\partial x \partial y}\right)^2\right\} dxdy - \iint_S q(x, y) w dxdy \tag{1.210a}$$

或泛函

$$\Pi_2 = \frac{D}{2}\iint_S \left(\frac{\partial^2 w}{\partial x^2} + \frac{\partial^2 w}{\partial y^2}\right)^2 dxdy - \iint_S q(x, y) w dxdy \tag{1.210b}$$

或泛函

$$\Pi_3 = \frac{D}{2}\iint_S \left\{\left(\frac{\partial^2 w}{\partial x^2} + \frac{\partial^2 w}{\partial y^2}\right)^2 - 2(1-\nu) \times \left[\frac{\partial^2 w}{\partial x^2}\frac{\partial^2 w}{\partial y^2} - \left(\frac{\partial^2 w}{\partial x \partial y}\right)^2\right]\right\} dxdy - \iint_S q(x, y) w dxdy \tag{1.210c}$$

的变分极值问题，都给出同一个四阶欧拉方程

$$D\nabla^2\nabla^2 w = D\left(\frac{\partial^4 w}{\partial x^4} + 2\frac{\partial^4 w}{\partial x^2 \partial y^2} + \frac{\partial^4 w}{\partial y^4}\right) = q(x, y) \tag{1.211}$$

其中 D，ν 都是参数，在平板理论中，D 为板的抗弯刚度，ν 为泊桑比，$q(x, y)$ 为平板所受分布的横向载荷，而 (1.211) 式代表决定横向挠度 w 的微分方程式．这三个泛函都曾被用来计算过弹性板的弯曲问题．但我们必须指出，这三个泛函虽然给出相同的欧拉方程，却代表着不相同的边界条件．现在让我们来详细研究这个问题．首先对 (1.210a) 变分，得

$$\delta\Pi_1 = D\iint_S \left\{\frac{\partial^2 w}{\partial x^2}\frac{\partial^2 \delta w}{\partial x^2} + \frac{\partial^2 w}{\partial y^2}\frac{\partial^2 \delta w}{\partial y^2} + 2\frac{\partial^2 w}{\partial x \partial y}\frac{\partial^2 \delta w}{\partial x \partial y}\right\} dxdy - \iint_S q\delta w dxdy \tag{1.212}$$

我们很易证明

$$\frac{\partial^2 w}{\partial x^2}\frac{\partial^2 \delta w}{\partial x^2} + \frac{\partial^2 w}{\partial y^2}\frac{\partial^2 \delta w}{\partial y^2} + 2\frac{\partial^2 w}{\partial x \partial y}\frac{\partial^2 \delta w}{\partial x \partial y}$$
$$= (\nabla^2\nabla^2 w)\delta w + \frac{\partial}{\partial x}\left[\frac{\partial^2 w}{\partial x^2}\frac{\partial \delta w}{\partial x} + \frac{\partial^2 w}{\partial x \partial y}\frac{\partial \delta w}{\partial y}\right]$$

$$+\frac{\partial}{\partial y}\left[\frac{\partial^2 w}{\partial x\partial y}\frac{\partial\delta w}{\partial x}+\frac{\partial^2 w}{\partial y^2}\frac{\partial\delta w}{\partial y}\right]$$

$$-\frac{\partial}{\partial x}\left[\left(\frac{\partial}{\partial x}\nabla w\right)\delta w\right]-\frac{\partial}{\partial y}\left[\left(\frac{\partial}{\partial y}\nabla w\right)\delta w\right] \quad (1.213)$$

根据格林公式(1.172)式,我们有

$$\iint_S\left\{\frac{\partial}{\partial x}\left[\frac{\partial^2 w}{\partial x^2}\frac{\partial\delta w}{\partial x}+\frac{\partial^2 w}{\partial x\partial y}\frac{\partial\delta w}{\partial y}\right]\right.$$

$$\left.+\frac{\partial}{\partial y}\left[\frac{\partial^2 w}{\partial x\partial y}\frac{\partial\delta w}{\partial x}+\frac{\partial^2 w}{\partial y^2}\frac{\partial\delta w}{\partial y}\right]\right\}dxdy$$

$$=\oint_c\left\{\left[\frac{\partial^2 w}{\partial x^2}\frac{\partial\delta w}{\partial x}+\frac{\partial^2 w}{\partial x\partial y}\frac{\partial\delta w}{\partial y}\right]\sin\alpha\right.$$

$$\left.-\left[\frac{\partial^2 w}{\partial x\partial y}\frac{\partial\delta w}{\partial x}+\frac{\partial^2 w}{\partial y^2}\frac{\partial\delta w}{\partial y}\right]\cos\alpha\right\}ds \quad (1.214\text{a})$$

$$\iint_S\left\{\frac{\partial}{\partial x}\left[\frac{\partial\nabla^2 w}{\partial x}\delta w\right]+\frac{\partial}{\partial y}\left[\frac{\partial\nabla^2 w}{\partial y}\delta w\right]\right\}dxdy$$

$$=\oint_c\left\{\frac{\partial\nabla^2 w}{\partial x}\sin\alpha-\frac{\partial\nabla^2 w}{\partial y}\cos\alpha\right\}\delta w ds \quad (1.214\text{b})$$

在边界 c 上,如果 w 是已知的,即 $\delta w=0$, 则(1.214b)式的等号右侧的边界围线积分等于零. 如果 w 是已知的, $\frac{\partial w}{\partial n}$ 也是已知的,则在边界 c 上, $\delta w=0$, $\frac{\partial\delta w}{\partial n}=0$; 于是(1.214a)式等号右侧的边界围线积分也恒等于零. 为了证明这一点, 我们引进 (n, s) 边界正交坐标(图 1.10), ds, dn, dx, dy 之间在边界 c 上满足关系(1.174)式和(1.175)式. 这里的 α 是 s 的函数,但不是 n 的函数,而且

$$\frac{\partial\alpha}{\partial s}=\frac{1}{\rho_s},\quad \frac{\partial\alpha}{\partial n}=0, \quad (1.215)$$

其中 ρ_s 为边界曲线的曲率半径, 当曲率中心在 S 域内部时为正, 在外侧时为负. 于是,利用(1.174), (1.175)式后,可以证明

$$\frac{\partial^2 w}{\partial x^2}\sin\alpha-\frac{\partial^2 w}{\partial x\partial y}\cos\alpha$$

$$=\frac{\partial}{\partial x}\left(\frac{\partial w}{\partial x}\right)\sin\alpha-\frac{\partial}{\partial y}\left(\frac{\partial w}{\partial x}\right)\cos\alpha=\frac{\partial}{\partial n}\left(\frac{\partial w}{\partial x}\right) \tag{1.216a}$$

同样，可以证明

$$\frac{\partial^2 w}{\partial x\partial y}\sin\alpha-\frac{\partial^2 w}{\partial y^2}\cos\alpha=\frac{\partial}{\partial n}\left(\frac{\partial w}{\partial y}\right) \tag{1.216b}$$

于是，(1.214a) 式中的被积函数可以写成

$$\begin{aligned}&\left(\frac{\partial^2 w}{\partial x^2}\frac{\partial\delta w}{\partial x}+\frac{\partial^2 w}{\partial x\partial y}\frac{\partial\delta w}{\partial y}\right)\sin\alpha\\&\qquad-\left(\frac{\partial^2 w}{\partial x\partial y}\frac{\partial\delta w}{\partial x}+\frac{\partial^2 w}{\partial y^2}\frac{\partial\delta w}{\partial y}\right)\cos\alpha\\&\qquad=\frac{\partial}{\partial n}\left(\frac{\partial w}{\partial x}\right)\frac{\partial\delta w}{\partial x}+\frac{\partial}{\partial n}\left(\frac{\partial w}{\partial y}\right)\frac{\partial\delta w}{\partial y}\quad(\text{在 } c \text{ 上})\end{aligned} \tag{1.217}$$

这里必须指出，我们不能把 (1.174) 式的 $\frac{\partial}{\partial x}$，$\frac{\partial}{\partial y}$ 直接代入 $\frac{\partial}{\partial n}\left(\frac{\partial w}{\partial x}\right)$，$\frac{\partial}{\partial n}\left(\frac{\partial w}{\partial y}\right)$ 来计算 (1.217) 式，因为 (1.174) 式所表示的 $\frac{\partial w}{\partial x}$，$\frac{\partial w}{\partial y}$，是在 c 上的导数极限，他们只是 s 的函数，它们对法线 n 的导数一定等于零. (1.217) 式中的 $\frac{\partial}{\partial n}\left(\frac{\partial w}{\partial x}\right)$，$\frac{\partial}{\partial n}\left(\frac{\partial w}{\partial y}\right)$，应该是边界线附近的 $\frac{\partial}{\partial n}\left(\frac{\partial w}{\partial x}\right)$，$\frac{\partial}{\partial n}\left(\frac{\partial w}{\partial y}\right)$ 在 $n\to 0$ 时的极限.

$$\left.\begin{aligned}\left.\frac{\partial}{\partial n}\left(\frac{\partial w}{\partial x}\right)\right|_c&=\lim_{n\to 0}\frac{\partial}{\partial n}\left(\frac{\partial w}{\partial x}\right)\\\left.\frac{\partial}{\partial n}\left(\frac{\partial w}{\partial y}\right)\right|_c&=\lim_{n\to 0}\frac{\partial}{\partial n}\left(\frac{\partial w}{\partial y}\right)\end{aligned}\right\} \tag{1.218}$$

让我们取边界正交坐标 (n, s^*)，图 1.10，在这个坐标中，有

$$\left.\begin{aligned}\frac{\partial}{\partial x}&=\cos\alpha\frac{\partial}{\partial s^*}+\sin\alpha\frac{\partial}{\partial n}\\\frac{\partial}{\partial y}&=\sin\alpha\frac{\partial}{\partial s^*}-\cos\alpha\frac{\partial}{\partial n}\end{aligned}\right\}\quad\text{在 } s^* \text{ 上} \tag{1.219}$$

其中

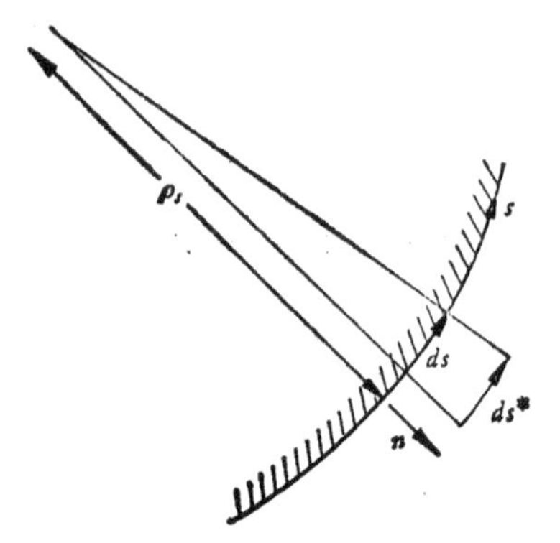

图1.10　边界正交坐标 (n, s^*)

$$\frac{\partial}{\partial s^*}=\frac{\rho_s}{\rho_s+n}\frac{\partial}{\partial s} \tag{1.220}$$

所以，

$$\begin{aligned}
&\lim_{n\to 0}\frac{\partial}{\partial n}\left(\frac{\partial w}{\partial x}\right)\\
&=\lim_{n\to 0}\frac{\partial}{\partial n}\left\{\frac{\rho_s}{\rho_s+n}\frac{\partial w}{\partial s}\cos\alpha+\frac{\partial w}{\partial n}\sin\alpha\right\}\\
&=\lim_{n\to 0}\left\{\left[\frac{\rho_s}{\rho_s+n}\frac{\partial^2 w}{\partial n\partial s}-\frac{\rho_s}{(\rho_s+n)^2}\frac{\partial w}{\partial s}\right]\cos\alpha+\frac{\partial^2 w}{\partial n^2}\sin\alpha\right\}\\
&=\left[\frac{\partial^2 w}{\partial n\partial s}-\frac{1}{\rho_s}\frac{\partial w}{\partial s}\right]\cos\alpha+\frac{\partial^2 w}{\partial n^2}\sin\alpha
\end{aligned} \tag{1.221a}$$

同样，得

$$\lim_{n\to 0}\frac{\partial}{\partial n}\left(\frac{\partial w}{\partial y}\right)=\left[\frac{\partial^2 w}{\partial n\partial s}-\frac{1}{\rho_s}\frac{\partial w}{\partial s}\right]\sin\alpha-\frac{\partial^2 w}{\partial n^2}\cos\alpha \tag{1.221b}$$

于是，(1.217) 式可以化为

$$\begin{aligned}
&\left[\frac{\partial}{\partial n}\left(\frac{\partial w}{\partial x}\right)\frac{\partial\delta w}{\partial x}+\frac{\partial}{\partial n}\left(\frac{\partial w}{\partial y}\right)\frac{\partial\delta w}{\partial y}\right]_c\\
&\quad=\left\{\left[\frac{\partial^2 w}{\partial n\partial s}-\frac{1}{\rho_s}\frac{\partial w}{\partial s}\right]\cos\alpha+\frac{\partial^2 w}{\partial n^2}\sin\alpha\right\}\\
&\qquad\times\left(\frac{\partial\delta w}{\partial s}\cos\alpha+\frac{\partial\delta w}{\partial n}\sin\alpha\right)
\end{aligned}$$

$$+\left\{\left[\frac{\partial^2 w}{\partial n\partial s}-\frac{1}{\rho_s}\frac{\partial w}{\partial s}\right]\sin\alpha-\frac{\partial^2 w}{\partial n^2}\cos\alpha\right\}$$

$$\times\left(\frac{\partial\delta w}{\partial s}\sin\alpha-\frac{\partial\delta w}{\partial n}\cos\alpha\right)$$

$$=\left(\frac{\partial^2 w}{\partial n\partial s}-\frac{1}{\rho_s}\frac{\partial w}{\partial s}\right)\left(\frac{\partial\delta w}{\partial s}\right)+\frac{\partial^2 w}{\partial n^2}\frac{\partial\delta w}{\partial n}$$

$$=\frac{\partial}{\partial s}\left[\left(\frac{\partial^2 w}{\partial n\partial s}-\frac{1}{\rho_s}\frac{\partial w}{\partial s}\right)\delta w\right]$$

$$-\left[\frac{\partial^3 w}{\partial n\partial s^2}-\frac{\partial}{\partial s}\frac{1}{\rho_s}\frac{\partial w}{\partial s}\right]\delta w+\frac{\partial^2 w}{\partial n^2}\frac{\partial\delta w}{\partial n} \tag{1.222}$$

而且,根据边界的封闭性,我们有

$$\oint_c\frac{\partial}{\partial s}\left[\left(\frac{\partial^2 w}{\partial n\partial s}-\frac{1}{\rho_s}\frac{\partial w}{\partial s}\right)\delta w\right]ds$$

$$=-\sum_{k=1}^{i}\Delta\left(\frac{\partial^2 w}{\partial n\partial s}-\frac{1}{\rho_s}\frac{\partial w}{\partial s}\right)_k\delta w_k \tag{1.223}$$

其中,$\Delta(\cdots)_k$ 代表边界 c 上第 k 个角点处 $\frac{\partial^2 w}{\partial n\partial s}-\frac{1}{\rho_s}\frac{\partial w}{\partial s}$ 值的增量,这里假设共有 i 个不连续角点,δw_k 为 k 角点的 δw 值.

最后,从 (1.214a) 式导出

$$\iint_S\left\{\frac{\partial}{\partial x}\left[\frac{\partial^2 w}{\partial x^2}\frac{\partial\delta w}{\partial x}+\frac{\partial^2 w}{\partial x\partial y}\frac{\partial\delta w}{\partial y}\right]\right.$$

$$\left.+\frac{\partial}{\partial y}\left[\frac{\partial^2 w}{\partial x\partial y}\frac{\partial\delta w}{\partial x}+\frac{\partial^2 w}{\partial y^2}\frac{\partial\delta w}{\partial y}\right]\right\}dxdy$$

$$=\oint_c\left\{\frac{\partial^2 w}{\partial n^2}\frac{\partial\delta w}{\partial n}-\left[\frac{\partial^3 w}{\partial n\partial s^2}-\frac{\partial}{\partial s}\frac{1}{\rho_s}\frac{\partial w}{\partial s}\right]\delta w\right\}ds$$

$$-\sum_{k=1}^{i}\Delta\left(\frac{\partial^2 w}{\partial n\partial s}-\frac{1}{\rho_s}\frac{\partial w}{\partial s}\right)_k\delta w_k \tag{1.224}$$

同样,利用 (1.175) 式中第二式,我们可以从 (1.214b) 式证明

$$\iint_S\left\{\frac{\partial}{\partial x}\left(\frac{\partial\nabla^2 w}{\partial x}\delta w\right)+\frac{\partial}{\partial y}\left(\frac{\partial\nabla^2 w}{\partial y}\delta w\right)\right\}dxdy$$

$$=\oint_c\frac{\partial\nabla^2 w}{\partial n}\delta w ds \tag{1.225}$$

最后，从 (1.212) 式得 Π_1 的极值条件

$$\begin{aligned}\delta \Pi_1 = & \iint_S (D\nabla^2\nabla^2 w - q)\delta w dx dy \\ & + \oint_c D \frac{\partial^2 w}{\partial n^2} \frac{\partial \delta w}{\partial n} ds \\ & - \oint_c D \left[\frac{\partial}{\partial n}\left(\nabla^2 w + \frac{\partial^2 w}{\partial s^2}\right) - \frac{\partial}{\partial s} \frac{1}{\rho_s} \frac{\partial w}{\partial s}\right] \delta w ds \\ & - D \sum_{k=1}^{i} \Delta \left(\frac{\partial^2 w}{\partial n \partial s} - \frac{1}{\rho_s} \frac{\partial w}{\partial s}\right)_k \delta w_k \end{aligned} \tag{1.226}$$

如果在边界 c 上，w 和 $\frac{\partial w}{\partial n}$ 为已知，包括边界为固定的，则就有

$$\left.\begin{aligned}&\delta w = 0,\ \frac{\partial \delta w}{\partial n} = 0 \quad \text{在边界 } c \text{ 上} \\ &\delta w = 0 \quad \text{在角点 } k = 1, 2, \cdots, i \text{ 上}\end{aligned}\right\} \tag{1.227}$$

从 (1.226) 式中利用变分法的预备定理，就得到欧拉方程(即板的平衡方程) (1.211) 式.

如果在边界的一部份 c_1 上，w，$\frac{\partial w}{\partial n}$ 都是未知的，则在那里 δw，$\frac{\partial \delta w}{\partial n} \neq 0$，它们和域 S 内的 δw 一样，是可以任选的；利用变分法的预备定理，除了域 S 内的欧拉方程 (1.211) 式外，还有两个在 c_1 内必须满足的边界条件

$$\begin{aligned}&\frac{\partial}{\partial n}\left(\nabla^2 w + \frac{\partial^2 w}{\partial s^2}\right) - \frac{\partial}{\partial s} \frac{1}{\rho_s} \frac{\partial w}{\partial s} = 0, \\ &\frac{\partial^2 w}{\partial n^2} = 0 \quad \text{在边界 } c_1 \text{ 上}\end{aligned} \tag{1.228}$$

如果在角点 k_1 上，w 也是未知的，则在那里 δw 不等于零，利用变分法的预备定理，k_1 角点上必须满足角点条件

$$\Delta\left(\frac{\partial^2 w}{\partial n \partial s} - \frac{1}{\rho_s} \frac{\partial w}{\partial s}\right)_{k_1} = 0 \quad \text{在角点 } k_1 \text{ 上} \tag{1.229}$$

像 (1.228) 式这样的边界条件，我们称之为**自然边界条件**，像 (1.229) 式这样的角点条件，我们称之为**自然角点条件**．凡变分法

中因边界值未给而引起的必须满足的边界条件，统称之为自然边界条件；原则上讲，角点条件也是包括在边界条件之内的．所以，自然角点条件也应该包括在自然边界条件之内的． (1.228) 式就是在 (1.210a) 式的泛函变分中，因一部分边界 c_1 上 w 和 $\frac{\partial w}{\partial n}$ 未给，而必须满足的两个自然边界条件．如果在某一部分边界 c_1 上，w 已给(即 $\delta w=0$)，但 $\frac{\partial w}{\partial n}$ 未给 $\left(即 \frac{\partial \delta w}{\partial n} \neq 0\right)$，则自然边界条件只剩下一个，即 $\frac{\partial^2 w}{\partial n^2}=0$ (在边界 c_1 上)．反之，如果 $\frac{\partial w}{\partial n}$ 已给，但 w 未给，则自然边界条件也只有一个，即

$$\frac{\partial}{\partial n}\left(\nabla^2 w+\frac{\partial^2 w}{\partial s^2}\right)-\frac{\partial}{\partial s} \frac{1}{\rho_s} \frac{\partial w}{\partial s}=0.$$

又如 (1.210b) 式的变分为

$$\begin{aligned}
\delta \Pi_2= & \iint_S D \nabla^2 w\left(\frac{\partial^2 \delta w}{\partial x^2}+\frac{\partial^2 \delta w}{\partial y^2}\right) d x d y-\iint_S q \delta w d x d y \\
= & \iint_S\left(D \nabla^2 \nabla^2 w-q\right) \delta w d x d y \\
& +\iint_S D\left\{\frac{\partial}{\partial x}\left(\nabla^2 w \frac{\partial \delta w}{\partial x}\right)+\frac{\partial}{\partial y}\left(\nabla^2 w \frac{\partial \delta w}{\partial y}\right)\right. \\
& \left.-\frac{\partial}{\partial x}\left[\frac{\partial \nabla^2 w}{\partial x} \delta w\right]-\frac{\partial}{\partial y}\left[\frac{\partial \nabla^2 w}{\partial y} \delta w\right]\right\} d x d y
\end{aligned} \tag{1.230}$$

在利用了格林公式 (1.172)，(1.174) 和 (1.175) 式后，即得 (1.210b) 式的极值条件：

$$\begin{aligned}
\delta \Pi_2= & \iint_S\left(D \nabla^2 \nabla^2 w-q\right) \delta w d x d y \\
& +\oint_c D \nabla^2 w \frac{\partial \delta w}{\partial n} d s-\oint_c D \frac{\partial \nabla^2 w}{\partial n} \delta w d s
\end{aligned} \tag{1.231}$$

如果在边界 c 上，w 和 $\frac{\partial w}{\partial n}$ 已给，则 δw 和 $\frac{\partial \delta w}{\partial n}$ 在 c 上恒等于零．于是 Π_2 的变分极值给出的欧拉方程和 Π_1 的欧拉方程 (1.211) 式相同．

如果在一部分边界 c_1 上，w 和 $\frac{\partial w}{\partial n}$ 未给，则根据变分预备定理，得欧拉方程 (1.211) 式，和有关的自然边界条件

$$\nabla^2 w = 0,\quad \frac{\partial}{\partial n}\nabla^2 w = 0 \quad 在边界\ c_1\ 上 \tag{1.232}$$

显然，它和 Π_1 变分的自然边界条件 (1.228) 式不同．而且没有自然角点条件 (1.229) 式．

最后，对 Π_3(1.210c) 式变分，得

$$\delta\Pi_3 = \delta\Pi_2 - \iint_S D(1-\nu)\left[\frac{\partial^2 w}{\partial x^2}\frac{\partial^2 \delta w}{\partial y^2} + \frac{\partial^2 w}{\partial y^2}\frac{\partial^2 \delta w}{\partial x^2} - 2\frac{\partial^2 w}{\partial x\partial y}\frac{\partial^2 \delta w}{\partial x\partial y}\right]dxdy \tag{1.233a}$$

其中 $\delta\Pi_2$ 见 (1.231) 式，最后一项可以写成

$$\delta\Pi_3 - \delta\Pi_2 = -D(1-\nu)\iint_S\left\{\frac{\partial}{\partial x}\left[\frac{\partial^2 w}{\partial y^2}\frac{\partial \delta w}{\partial x} - \frac{\partial^2 w}{\partial x\partial y}\frac{\partial \delta w}{\partial y}\right] + \frac{\partial}{\partial y}\left[\frac{\partial^2 w}{\partial x^2}\frac{\partial \delta w}{\partial y} - \frac{\partial^2 w}{\partial x\partial y}\frac{\partial \delta w}{\partial x}\right]\right\}dxdy \tag{1.233b}$$

利用格林公式 (1.172)，(1.174) 和 (1.175) 等式，可以化为

$$\begin{aligned}\delta\Pi_3 - \delta\Pi_2 = &-(1-\nu)D\oint_c\left\{\left[\frac{\partial^2 w}{\partial y^2}\frac{\partial \delta w}{\partial x} - \frac{\partial^2 w}{\partial x\partial y}\frac{\partial \delta w}{\partial y}\right]\sin\alpha - \left[\frac{\partial^2 w}{\partial x^2}\frac{\partial \delta w}{\partial y} - \frac{\partial^2 w}{\partial x\partial y}\frac{\partial \delta w}{\partial x}\right]\cos\alpha\right\}ds \\ = &-(1-\nu)D\oint_c\left\{\nabla^2 w\frac{\partial \delta w}{\partial n} - \left[\frac{\partial^2 w}{\partial x^2}\frac{\partial \delta w}{\partial x} + \frac{\partial^2 w}{\partial x\partial y}\frac{\partial \delta w}{\partial y}\right]\sin\alpha + \left[\frac{\partial^2 w}{\partial y^2}\frac{\partial \delta w}{\partial y} + \frac{\partial^2 w}{\partial x\partial y}\frac{\partial \delta w}{\partial x}\right]\cos\alpha\right\}ds \\ = &-(1-\nu)D\oint_c\left\{\nabla^2 w\frac{\partial \delta w}{\partial n}\right.\end{aligned}$$

$$-\frac{\partial}{\partial n}\left(\frac{\partial w}{\partial x}\right)\frac{\partial \delta w}{\partial x}-\frac{\partial}{\partial n}\left(\frac{\partial w}{\partial y}\right)\frac{\partial \delta w}{\partial y}\Bigg\}ds \quad (1.233c)$$

根据 (1.222) 式的结果，上式可以简化为

$$\delta\Pi_3-\delta\Pi_2=-(1-\nu)D\oint_c\left\{\left(\nabla^2 w-\frac{\partial^2 w}{\partial n^2}\right)\frac{\partial \delta w}{\partial n}\right.$$
$$\left.+\left(\frac{\partial^3 w}{\partial n\partial s^2}-\frac{\partial}{\partial s}\frac{1}{\rho_s}\frac{\partial w}{\partial s}\right)\delta w\right\}ds$$
$$+\sum_{k=1}^{i}(1-\nu)D\Delta\left(\frac{\partial^2 w}{\partial n\partial s}-\frac{1}{\rho_s}\frac{\partial w}{\partial s}\right)_k\delta w_k \quad (1.234a)$$

从 (1.231) 式和 (1.234a) 式中消去 $\delta\Pi_2$，得

$$\delta\Pi_3=\iint_S(D\nabla^2\nabla^2 w-q)\delta w dxdy$$
$$+\oint_c D\left[\nu\nabla^2 w+(1-\nu)\frac{\partial^2 w}{\partial n^2}\right]\frac{\partial \delta w}{\partial n}ds$$
$$-\oint_c D\left\{\frac{\partial}{\partial n}\left[\nabla^2 w+(1-\nu)\frac{\partial^2 w}{\partial s^2}\right]\right.$$
$$\left.-(1-\nu)\frac{\partial}{\partial s}\frac{1}{\rho_s}\frac{\partial w}{\partial s}\right\}\delta w ds$$
$$-(1-\nu)\sum_{k=1}^{i}D\Delta\left(\frac{\partial^2 w}{\partial n\partial s}-\frac{1}{\rho_s}\frac{\partial w}{\partial s}\right)_k\delta w_k \quad (1.234b)$$

如果在边界 c 上(包括角点在内)，w 和 $\frac{\partial w}{\partial n}$ 已给，则 δw，$\frac{\partial \delta w}{\partial n}$ 在 c 上恒等于零，则 Π_1 和 Π_2，Π_3 一样，变分给出完全相同的欧拉方程.

如果在一部分边界 c_1 上，w 和 $\frac{\partial w}{\partial n}$ 未给，则根据变分预备定理，除得欧拉方程 (1.211) 式外，还有自然边界条件

$$\left.\begin{aligned}&D\left[\nu\nabla^2 w+(1-\nu)\frac{\partial^2 w}{\partial n^2}\right]=0\\&D\left\{\frac{\partial}{\partial n}\left[\nabla^2 w+(1-\nu)\frac{\partial^2 w}{\partial s^2}\right]\right.\\&\qquad\left.-(1-\nu)\frac{\partial}{\partial s}\frac{1}{\rho_s}\frac{\partial w}{\partial s}\right\}=0\end{aligned}\right\}\text{在边界 } c_1 \text{ 上} \quad (1.235a, b)$$

如果在一部分角点 k_1 上，w 未给，则还有自然角点条件

$$D\Delta\left(\frac{\partial^2 w}{\partial n\partial s}-\frac{1}{\rho_s}\frac{\partial w}{\partial s}\right)_{k_1}=0 \quad \text{在角点 } k_1 \text{ 上} \qquad (1.235c)$$

从上面的讨论中可以看到，如果在边界上 w，$\frac{\partial w}{\partial n}$ 已给，包括在角点上，w 已给，则 Π_1，Π_2，Π_3 的变分极值可导出相同的平板弯曲方程．如果 w，$\frac{\partial w}{\partial n}$ 在一部分边界上未给，包括 w 在一部分角点上未给，则 Π_1，Π_2，Π_3 的变分极值虽能导出相同的平板弯曲方程，但在这一部分边界 c_1 上，和在这一部分角点 k_1 上满足的自然边界条件完全不同．所以，Π_1，Π_2，Π_3 在这种情况下，代表不同的物理问题．

对于平板弯曲问题，只有 Π_3 才是真实代表本问题的泛函，自然边界条件（1.235a，b）式分别代表弯矩 M_n 和等效剪力

$$Q_n+\frac{\partial M_{ns}}{\partial s}$$

为零的自由边条件．自然角点条件代表角点的反作用力 $\Delta(M_{ns})_{k_1}$ 为零的自由角点条件，其中 M_n，Q_n，M_{ns} 分别为

$$\left.\begin{aligned}M_n&=-D\left[\nu\nabla^2 w+(1-\nu)\frac{\partial^2 w}{\partial n^2}\right]\\ M_{ns}&=-(1-\nu)D\left(\frac{\partial^2 w}{\partial n\partial s}-\frac{1}{\rho_s}\frac{\partial w}{\partial s}\right)\\ Q_n&=-D\frac{\partial}{\partial n}\nabla^2 w\end{aligned}\right\}\text{在边界 } c \text{ 及角点 } k \text{ 上} \qquad (1.236)$$

而且

$$\nabla^2 w=\frac{\partial^2 w}{\partial n^2}+\frac{\partial^2 w}{\partial s^2}+\frac{1}{\rho_s}\frac{\partial w}{\partial n} \qquad (1.237)$$

所以自然边界条件（1.235a，b）式和自然角点条件（1.235c）式分别可以写成

$$M_n=0,\quad Q_n+\frac{\partial M_{ns}}{\partial s}=0 \quad \text{在边界 } c_1 \text{ 上} \qquad (1.238a, b)$$

$$\Delta(M_{ns})_{k_1}=0 \qquad \text{在角点 } k_1 \text{ 上} \tag{1.238c}$$

例(4) 梁的振动问题

根据§1.3节(1.98)式，梁弯曲振动时，梁的弹性变形能即势能为 $U_{梁}$；而梁的动能为

$$T_{梁}=\int_0^l \frac{1}{2}\rho\left(\frac{\partial w}{\partial t}\right)^2 dx \tag{1.239}$$

其中 ρ 为梁单位长度的质量，$w(x,t)$ 为梁的弯曲位移；根据哈密顿原理，$w(x,t)$ 由

$$\delta A=\delta\int_{t_1}^{t_2}(T_{梁}-U_{梁})dt=0 \tag{1.240}$$

决定，亦即

$$\delta A=\frac{1}{2}\delta\int_{t_1}^{t_2}\int_0^l\left\{\rho\left(\frac{\partial w}{\partial t}\right)^2-EI\left(\frac{\partial^2 w}{\partial x^2}\right)^2\right\}dxdt$$

$$=\int_{t_1}^{t_2}\int_0^l\left\{\rho\frac{\partial w}{\partial t}\frac{\partial\delta w}{\partial t}-EI\frac{\partial^2 w}{\partial x^2}\frac{\partial^2\delta w}{\partial x^2}\right\}dxdt=0 \tag{1.240a}$$

因为 $w(x,t_1)$，$w(x,t_2)$ 已知，所以 $\delta w(x,t_1)=\delta w(x,t_2)=0$，于是

$$\int_{t_1}^{t_2}\int_0^l\rho\frac{\partial w}{\partial t}\frac{\partial\delta w}{\partial t}dxdt$$

$$=\int_{t_1}^{t_2}\int_0^l\left\{\frac{\partial}{\partial t}\left(\rho\frac{\partial w}{\partial t}\delta w\right)-\frac{\partial}{\partial t}\left(\rho\frac{\partial w}{\partial t}\right)\delta w\right\}dxdt$$

$$=\int_0^l\left[\rho\frac{\partial w}{\partial t}\delta w\right]_{t_1}^{t_2}dx-\int_{t_1}^{t_2}\int_0^l\rho\frac{\partial^2 w}{\partial t^2}\delta w dxdt$$

$$=-\int_{t_1}^{t_2}\int_0^l\rho\frac{\partial^2 w}{\partial t^2}\delta w dxdt \tag{1.241}$$

因为 $w(0,t)$，$w(l,t)$，$w_x(0,t)$，$w_x(l,t)$ 已知，所以

$$\delta w(0,t)=\delta w(l,t)=0,\quad \frac{\partial}{\partial x}\delta w(0,t)=\frac{\partial}{\partial x}\delta w(l,t)=0 \tag{1.242}$$

于是：

$$\int_{t_1}^{t_2}\int_0^l \left[EI\frac{\partial^2 w}{\partial x^2}\frac{\partial^2 \delta w}{\partial x^2}\right]dxdt$$

$$=\int_{t_1}^{t_2}\int_0^l \left\{\frac{\partial}{\partial x}\left[EI\frac{\partial^2 w}{\partial x^2}\frac{\partial \delta w}{\partial x}\right]-\frac{\partial}{\partial x}\left[\frac{\partial}{\partial x}\left(EI\frac{\partial^2 w}{\partial x^2}\right)\delta w\right]\right.$$

$$\left.+\frac{\partial^2}{\partial x^2}\left(EI\frac{\partial^2 w}{\partial x^2}\right)\delta w\right\}dxdt$$

$$=\int_{t_1}^{t_2}\int_0^l \frac{\partial^2}{\partial x^2}\left[EI\frac{\partial^2 w}{\partial x^2}\right]\delta w dxdt$$

$$+\int_{t_1}^{t_2}\left[EI\frac{\partial^2 w}{\partial x^2}\frac{\partial \delta w}{\partial x}-\frac{\partial}{\partial x}\left(EI\frac{\partial^2 w}{\partial x^2}\right)\delta w\right]_0^l dt$$

$$=\int_{t_1}^{t_2}\int_0^l \frac{\partial^2}{\partial x^2}\left[EI\frac{\partial^2 w}{\partial x^2}\right]\delta w dxdt \tag{1.243}$$

最后,得

$$\delta A=-\int_{t_1}^{t_2}\int_0^l \left\{\rho\frac{\partial^2 w}{\partial t^2}+\frac{\partial^2}{\partial x^2}EI\frac{\partial^2 w}{\partial x^2}\right\}\delta w dxdt=0 \tag{1.244}$$

根据变分法的预备定理,得梁的振动方程

$$\rho\frac{\partial^2 w}{\partial t^2}+\frac{\partial^2}{\partial x^2}EI\frac{\partial^2 w}{\partial x^2}=0 \tag{1.245}$$

如果 EI 是常数,上式可以写成

$$\frac{\partial^4 w}{\partial x^4}+\frac{\rho}{EI}\frac{\partial^2 w}{\partial t^2}=0 \tag{1.246}$$

这种推导是在端点条件 w, $\frac{\partial w}{\partial x}$ 和起始终结条件 w 已知的情况下取得的. 如果这些条件未定,则我们有相应的自然边界条件

$$\left.\begin{aligned}&(1)\ \frac{\partial w}{\partial t}=0, && (\text{当 } t=t_1,\ \text{及 } t=t_2)\\&(2)\ \frac{\partial^2 w}{\partial x^2}=0, && (\text{当 } x=0 \text{ 及 } x=l)\\&(3)\ \frac{\partial}{\partial x}\left(EI\frac{\partial^2 w}{\partial x^2}\right)=0 && (\text{当 } x=0 \text{ 及 } x=l)\end{aligned}\right\} \tag{1.247}$$

其中(1)相当于梁的起始终结速度为零;(2)相当于梁的端点弯矩为零;(3)相当于梁的剪力为零,实际上(2)、(3)加在一起,相当

于自由端的条件.

例(5) 薄板弯曲振动问题

设薄板的抗弯刚度为 D，横向位移为 $w(x, y)$，泊桑比为 ν，$\frac{\partial^2 w}{\partial x^2}$，$\frac{\partial^2 w}{\partial y^2}$ 为变形后的两个曲率，$\frac{\partial^2 w}{\partial x \partial y}$ 为扭率，于是弯矩 M_x，M_y，扭矩 M_{xy} 分别为

$$\left.\begin{aligned} M_x &= -D\left(\frac{\partial^2 w}{\partial x^2} + \nu \frac{\partial^2 w}{\partial y^2}\right) \\ M_y &= -D\left(\frac{\partial^2 w}{\partial y^2} + \nu \frac{\partial^2 w}{\partial x^2}\right) \\ M_{xy} &= -D(1-\nu)\frac{\partial^2 w}{\partial x \partial y} \end{aligned}\right\} \tag{1.248}$$

板的弯曲应变能等于

$$\begin{aligned} U &= -\iint_S \frac{1}{2}\left\{M_x \frac{\partial^2 w}{\partial x^2} + M_y \frac{\partial^2 w}{\partial y^2} + 2M_{xy}\frac{\partial^2 w}{\partial x \partial y}\right\} dxdy \\ &= \frac{1}{2}\iint_S D\left\{\left(\frac{\partial^2 w}{\partial x^2} + \frac{\partial^2 w}{\partial y^2}\right)^2\right. \\ &\quad \left. + 2(1-\nu)\left[\left(\frac{\partial^2 w}{\partial x \partial y}\right)^2 - \frac{\partial^2 w}{\partial x^2}\frac{\partial^2 w}{\partial y^2}\right]\right\} dxdy \end{aligned} \tag{1.249}$$

板的动能为

$$T = -\frac{1}{2}\iint_S \rho(x, y)\left(\frac{\partial w}{\partial t}\right)^2 dxdy \tag{1.250}$$

根据哈密顿原理,泛函为

$$\begin{aligned} A &= \int_{t_1}^{t_2}(T-U)dt \\ &= \frac{1}{2}\int_{t_1}^{t_2}\iint_S \left\{\rho(x, y)\left(\frac{\partial w}{\partial t}\right)^2\right\} dxdydt \\ &\quad - \frac{1}{2}\int_{t_1}^{t_2}\iint_S D\left\{\left(\frac{\partial^2 w}{\partial x^2} + \frac{\partial^2 w}{\partial y^2}\right)^2\right. \\ &\quad \left. + 2(1-\nu)\left[\left(\frac{\partial^2 w}{\partial x \partial y}\right)^2 - \frac{\partial^2 w}{\partial x^2}\frac{\partial^2 w}{\partial y^2}\right]\right\} dxdydt \end{aligned} \tag{1.251}$$

其变分为

$$\delta A = -\int_{t_1}^{t_2}\iint_S \left[D\nabla^2\nabla^2 w + \rho\frac{\partial^2 w}{\partial t^2}\right]\delta w dxdydt$$
$$-\int_{t_1}^{t_2}\oint_c D\left[\nu\nabla^2 w + (1-\nu)\frac{\partial^2 w}{\partial n^2}\right]\frac{\partial\delta w}{\partial n}dsdt$$
$$+\int_{t_1}^{t_2}\oint_c D\left\{\frac{\partial}{\partial n}\left[\nabla^2 w + (1-\nu)\frac{\partial^2 w}{\partial s^2}\right]\right.$$
$$\left.-(1-\nu)\frac{\partial}{\partial s}\frac{1}{\rho_s}\frac{\partial w}{\partial s}\right\}\delta w dsdt$$
$$+\iint_S\left[\rho(x,y)\frac{\partial w}{\partial t}\delta w\right]_{t_1}^{t_2}dxdy$$
$$+\int_{t_1}^{t_2}(1-\nu)\sum_{k=1}^{i}D\Delta\left(\frac{\partial^2 w}{\partial n\partial s}-\frac{1}{\rho_s}\frac{\partial w}{\partial s}\right)_k\delta w_k dt \tag{1.252}$$

如果在边界上 w, $\dfrac{\partial w}{\partial n}$ 已给,初始值和终止值 $w(x,y,t_1)$, $w(x,y,t_2)$ 为已知,则变分极值导致板的振动方程

$$D\nabla^2\nabla^2 w + \rho\frac{\partial^2 w}{\partial t^2} = 0 \tag{1.253}$$

如果在边界上 w, $\dfrac{\partial w}{\partial n}$ 不是已给的,则有相应的自然边界条件.

参 考 文 献

[1] Forsyth, A. R., Calculus of Variations, Cambridge Univ. Press, 1927, p. 2. Johann Bernoulli 的原文见 Ostwald, Klassiker der exakter Wissen-schaften, No. 46.

[2] Funk, P., Variationsrechnung und ihre Anwendung in Physik und Technik, Springer, Berlin, 1962.

[3] Szabó, I., Extremal problems in der Mathematik und in den Naturwissenschaften, Humanismus und Technik, 12 (1968), S15—29.

[4] Euler, L., Methodus inveniendi lineas curvas maximi minimive proprietate gaudentes, sive solutio problematis isoperimetrici latissimo sensu accepti, Lausanne et Geneva, 1744.

[5] Lagrange, L., Miscellenea Taurinensia, t. ii, 1760-1, pp. 173—195;

t. iv, 1766–9, pp. 163—187. Euvres, I. pp. 335—362, II. pp. 37—63.
[6] Lippmann, H., Extremum and Variational Problems in Mechanics, International Center for Mechanical Sciences, Courses and Lectures, No. 51, 1970.
[7] Lanczos, C., The Variational Principles of Mechanics, University of Toronto Press, Canada, 1949.

第　二　章

条件极值问题的变分法

§2.1　函数的条件极值问题，拉格朗日乘子

在 §1.1 中，列举了六个变分命题，其中第二（短程线）、第三（等周）和第六（悬索）都是有条件的泛函变分问题．它们和无条件的泛函变分问题不同，诸函数变分之间不是独立的，而是由已给条件连系着的．我们在 §1.4 中，业已指出，条件变分可以化为无条件的变分．当然这样做并不很方便，在归化时会很困难，通常我们利用所谓**拉格朗日乘子法**．为了说明这个方法，我们将从一般的函数极值问题着手．

例如，让我们求

$$F(x, y) = x^2 + 2y^2 + 2xy + 3x + 5 \tag{2.1}$$

在满足条件

$$x + y = 0 \tag{2.2}$$

时的极值（最小值）．

首先，(2.1) 式的绝对最小值是根据下述条件求得

$$\frac{\partial F}{\partial x} = 2x + 2y - 3 = 0, \quad \frac{\partial F}{\partial y} = 4y + 2x = 0 \tag{2.3}$$

解之，得 $x = -3$, $y = \frac{3}{2}$，在这点上，$F\left(-3, \frac{3}{2}\right) = \frac{1}{2}$．这是 (2.1) 式的绝对最小值，也即是 (2.1) 式这个二次曲面（图 2.1）所具有的最低点M的高度．它也可以说是：当不受限制地在一切 (x, y) 点上选取 $F(x, y)$ 值时，这是可以选到的最小值．如果现在不在一切 (x, y) 点选取 $F(x, y)$ 值，而只在满足条件 (2.2) 式的点上选取 $F(x, y)$ 值，则显然缩小了选择范围，在这个较小范

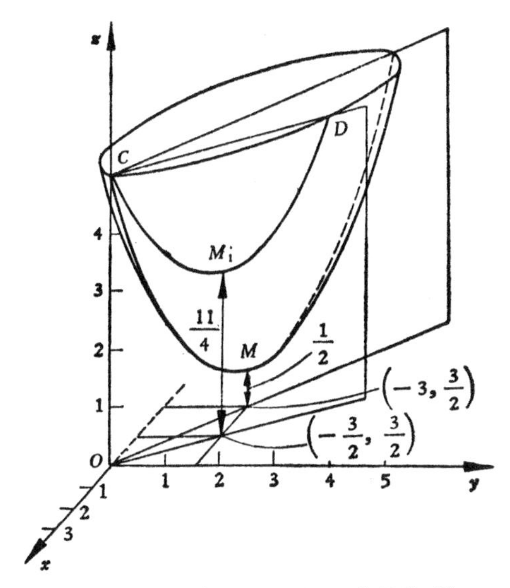

图 2.1　$F(x, y) = x^2 + 2y^2 + 2xy + 3x + 5$ 的曲面和 $x + y = 0$ 所代表的平面，以及它们的交线 CM_1D 的最低点

围内选择 $F(x, y)$ 的最小值，必然不会比绝对最小值更小．如果这个选择范围包括这一个绝对最小值的点，则这样选得的最小值和没有限制地选择所得的最小值必然相等．如果选择范围没有包括这一个绝对最小值的点，则这样求得最小值必然大于绝对最小值．例如 $x = -3$，$y = \frac{3}{2}$ 不满足 $x + y = 0$，所以在这个条件下求得的最小值必然大于 1/2．从几何上看，在条件 (2.2) 式下求 $F(x, y)$ 的最小值，相当于求 $F(x, y)$ 的曲面和 (2.2) 式所代表的垂直平面的交线 CM_1D 上的最小值．它就是 M_1 的高度．

在 (2.2) 式的条件下求 (2.1) 式的最小值有两个方法．第一方法是大家所熟知的；用 (2.2) 式，把 (2.1) 式中的 y 消去，得

$$F(x, y) = F_1(x) = x^2 + 3x + 5 \tag{2.4}$$

极值条件为

$$\frac{\partial F_1}{\partial x} = 2x + 3 = 0, \quad x = -\frac{3}{2} \tag{2.4a}$$

代入 (2.2) 式,即得 $y=-x=\frac{3}{2}$，亦即，这个条件极值问题的点 $(x, y)=\left(-\frac{3}{2}, \frac{3}{2}\right)$. 把这个结果代入 (2.1) 式,得

$$F\left(-\frac{3}{2}, \frac{3}{2}\right)=\frac{11}{4}.$$

显然，真如所料，这个有条件的最小值大于绝对最小值 $\frac{1}{2}$. 如 (2.2) 式的条件改为 $x+2y=0$，绝对最小值的点

$$(x, y)=\left(-3, \frac{3}{2}\right)$$

满足这个条件，用相同的方法可以证明，这个条件极值的解也在 $(x, y)=\left(-3, \frac{3}{2}\right)$，其极值也是 $\frac{1}{2}$. 这就是当缩小了范围的选择域包括了绝对最小值的那一点的情况，上述求解方法是最常用的方法.

第二方法一般称为拉格朗日乘子法. 称 λ 为本题的**拉格朗日乘子**,把 λ 乘条件 (2.2) 式,然后加在 (2.1) 式上得一新的函数.

$$F^*(x, y, \lambda)=x^2+2y^2+2xy+3x+5+\lambda(x+y) \tag{2.5}$$

如果条件 (2.2) 式满足,则 $F^*(x, y, \lambda)$ 就恒等于 $F(x, y)$. 我们如果任选 λ, x, y, 使 $F^*(x, y, \lambda)$ 为极值,则就要求

$$\left.\begin{aligned}\frac{\partial F^*}{\partial x}&=2x+2y+3+\lambda=0\\ \frac{\partial F^*}{\partial y}&=4y+2x+\lambda=0\\ \frac{\partial F^*}{\partial \lambda}&=x+y=0\end{aligned}\right\} \tag{2.6}$$

其中第三式就是条件方程 (2.2) 式. 所以,只要 λ 是任选的，则约束条件 (2.2) 式就是 (2.5) 式的极值条件之一. 从 (2.6) 式的前两式中消去 λ, 即得

$$2y-3=0, \quad y=\frac{3}{2} \tag{2.7}$$

再从 (2.6) 式中的第三式，求得 $x=-y=-\frac{3}{2}$. 于是 $\lambda=-3$，而极值为 $F^*\left(-\frac{3}{2}, \frac{3}{2}, -3\right)=\frac{11}{4}$. 这和第一方法所得完全相等.

其实拉格朗日乘子法可以这样理解，$F(x, y)$ 的极值条件可以写成

$$dF=\frac{\partial F}{\partial x}dx+\frac{\partial F}{\partial y}dy \tag{2.8}$$

约束条件可以写成

$$\phi(x, y)=0 \tag{2.9}$$

因此 (2.8) 式的 dx, dy 不是独立的，而是由 (2.9) 式的微分关系式

$$\frac{\partial \phi}{\partial x}dx+\frac{\partial \phi}{\partial y}dy=0 \tag{2.10}$$

连系着的. 假定 $\frac{\partial \phi}{\partial y}\neq 0$，解 (2.10) 式，得

$$\frac{dy}{dx}=-\frac{\frac{\partial \phi}{\partial x}}{\frac{\partial \phi}{\partial y}} \tag{2.10a}$$

而 (2.8) 式化为

$$dF=\left(\frac{\partial F}{\partial x}+\frac{\partial F}{\partial y}\frac{dy}{dx}\right)dx=\left(\frac{\partial F}{\partial x}-\frac{\partial F}{\partial y}\frac{\frac{\partial \phi}{\partial x}}{\frac{\partial \phi}{\partial y}}\right)=0 \tag{2.11}$$

于是把上式和 (2.9) 式连在一起，是求解极值 x, y 的两个方程式.

如果用拉格朗日乘子法，有

$$F^*(x, y, \lambda)=F(x, y)+\lambda\phi(x, y) \tag{2.12}$$

$F^*(x, y, \lambda)$ 的极值条件为

$$dF^* = \left(\frac{\partial F}{\partial x} + \lambda \frac{\partial \phi}{\partial x}\right) dx$$

$$+ \left(\frac{\partial F}{\partial y} + \lambda \frac{\partial \phi}{\partial y}\right) dy + \phi(x, y) d\lambda = 0 \quad (2.13)$$

这里把 dx, dy, $d\lambda$ 看作是独立的任意变量,从 (2.13) 式得

$$\frac{\partial F}{\partial x} + \lambda \frac{\partial \phi}{\partial x} = 0, \quad \frac{\partial F}{\partial y} + \lambda \frac{\partial \phi}{\partial y} = 0, \quad \phi(x, y) = 0 \quad (2.14)$$

消去 λ, 得

$$\frac{\partial F}{\partial x} - \frac{\partial F}{\partial y} \frac{\frac{\partial \phi}{\partial x}}{\frac{\partial \phi}{\partial y}} = 0, \quad \phi(x, y) = 0 \quad (2.15)$$

这和 (2.11) 式及 (2.9) 式完全相同，所以第一第二两方法完全相同.

更一般地说,让我们在约束条件

$$\left.\begin{aligned} \phi_1(x_1, x_2, \cdots, x_n) = 0 \\ \phi_2(x_1, x_2, \cdots, x_n) = 0 \\ \cdots\cdots\cdots\cdots\cdots \\ \phi_k(x_1, x_2, \cdots, x_n) = 0 \end{aligned}\right\} \quad (2.16)$$

下求

$$F = F(x_1, x_2, \cdots, x_n) \quad (2.17)$$

的极值,其中 $k < n$. 从原则上说,我们可以从 (2.16) 式中求得 k 个变量, 用其余 $n-k$ 个变量来表示那 k 个变量. 把这些变量的表达式代入 (2.17) 式,就得

$$F = F(x_1, x_2, \cdots, x_{n-k}) \quad (2.18)$$

再从 (2.18) 式把 $x_1, x_2, \cdots, x_{n-k}$ 作为独立变量来求解极值问题. 但下面我们可以用拉格朗日乘子法. 设有拉格朗日乘子 λ_1, λ_2, $\cdots$, λ_k, 并有

$$F^* = F(x_1, x_2, \cdots, x_n) + \sum_{i=1}^{k} \lambda_i \phi_i(x_1, x_2, \cdots, x_n) \quad (2.19)$$

把 F^* 作为 $x_1, x_2, \cdots, x_n; \lambda_1, \lambda_2, \cdots, \lambda_k$ 等变量的函数求极值.

$$dF^* = \sum_{j=1}^{n}\left[\frac{\partial F}{\partial x_j} + \sum_{i=1}^{k}\lambda_i\frac{\partial \phi_i}{\partial x_j}\right]dx_j + \sum_{i=1}^{k}\phi_i(x_1, x_2, \cdots, x_n)d\lambda_i \tag{2.20}$$

其中 x_j, λ_i 都是独立变量,于是得

$$\left.\begin{aligned}&\frac{\partial F}{\partial x_j} + \sum_{i=1}^{k}\lambda_i\frac{\partial \phi_i}{\partial x_j} = 0 \quad (j = 1, 2, \cdots, n)\\&\phi_i(x_1, x_2, \cdots, x_n) = 0 \quad (i = 1, 2, \cdots, k)\end{aligned}\right\} \tag{2.21}$$

这是求解 $n+k$ 个变量的 $n+k$ 个方程.

(2.21) 式也可以从下面的考虑求得.

(2.17) 式的变分极值要求

$$dF = \sum_{j=1}^{n}\frac{\partial F}{\partial x_j}dx_j = 0 \tag{2.22}$$

但是由于有 (2.16) 式的 k 个约束条件, 这些 dx_j 中只有 $n-k$ 个是独立的. 从 (2.16) 式的 k 个约束条件可以求得下列微分条件

$$\sum_{j=1}^{n}\frac{\partial \phi_i}{\partial x_j}dx_j = 0 \quad (i = 1, 2, \cdots, k) \tag{2.23}$$

在 (2.23) 式上乘 λ_i, 加入 (2.22) 式,得

$$dF + \sum_{i=1}^{k}\lambda_i\sum_{j=1}^{n}\frac{\partial \phi_i}{\partial x_j}dx_j = \sum_{j=1}^{n}\left[\frac{\partial F}{\partial x_j} + \sum_{i=1}^{k}\lambda_i\frac{\partial \phi_i}{\partial x_j}\right]dx_j = 0 \tag{2.24}$$

这里的 $\lambda_i (i = 1, 2, \cdots, k)$ 是任选的,如果我们选择 k 个特定的 λ_i, 使 k 个条件

$$\frac{\partial F}{\partial x_j} + \sum_{i=1}^{k}\lambda_i\frac{\partial \phi_i}{\partial x_j} = 0 \quad (j = 1, 2, \cdots, k) \tag{2.25}$$

满足,则 (2.24) 式就可以写成

$$\sum_{j=k+1}^{n}\left[\frac{\partial F}{\partial x_j}+\sum_{i=1}^{k}\lambda_i\frac{\partial \phi_i}{\partial x_j}\right]dx_j=0 \tag{2.26}$$

这里只有 $n-k$ 个微分 $dx_j(j=k+1, k+2, \cdots, n)$，它们是作为独立的微分来处理的．于是

$$\frac{\partial F}{\partial x_j}+\sum_{i=1}^{k}\lambda_i\frac{\partial \phi_i}{\partial x_j}=0 \quad (j=k+1, k+2, \cdots, n) \tag{2.27}$$

所以，我们把 (2.25)，(2.27) 式和 (2.16) 式合在一起，即得 (2.21) 式的相同的求解极值的方程．这就证明了拉格朗日乘子法．

§2.2 泛函在约束条件 $\phi_i(x, y_1, y_2, \cdots, y_n)=0$ $(i=1, 2, \cdots, k)$ 下的极值问题

关于泛函的条件极值问题可以完全照 §2.1 的函数的条件极值问题来解决．

定理

泛函

$$\Pi=\int_{x_1}^{x_2}F(x, y_1, y_2, \cdots, y_n; y_1', y_2', \cdots, y_n')dx \tag{2.28}$$

在约束条件

$$\phi_i(x, y_1, y_2, \cdots, y_n)=0 \quad (i=1, 2, \cdots, k; k<n) \tag{2.29}$$

下的变分极值问题所确定的函数 $y_1, y_2, \cdots, y_n(x)$，必满足由泛函

$$\Pi^*=\int_{x_1}^{x_2}\left\{F+\sum_{i=1}^{k}\lambda_i(x)\phi_i\right\}dx=\int_{x_1}^{x_2}F^*dx \tag{2.30}$$

的变分极值问题所确定的欧拉方程：

$$F_{y_j}^*-\frac{d}{dx}F_{y_j'}^*=0 \quad 或 \quad \frac{\partial F^*}{\partial y_j}-\frac{d}{dx}\left(\frac{\partial F^*}{\partial y_j'}\right)=0$$

$$(j=1, 2, \cdots, n) \tag{2.31}$$

其中 $\lambda_i(x)$ 为 k 个拉格朗日乘子．在 (2.30) 式的变分中，我们把 y_j 和 $\lambda_i(x)(j=1, 2, \cdots, n)$，$(i=1, 2, \cdots, k)$ 都看做是泛函 Π^* 的宗量，所以 $\phi_i=0$ 同样也可以看作是泛函 Π^* 的欧拉方程．

(2.31) 式也可以写成

$$\frac{\partial F}{\partial y_j}+\sum_{i=1}^{k}\lambda_i(x)\frac{\partial \phi_i}{\partial y_j}-\frac{d}{dx}\left(\frac{\partial F}{\partial y_j'}\right)=0 \quad (j=1,2,\cdots,n) \tag{2.32}$$

现在让我们证明这个定理．我们先求泛函 (2.28) 式的变分，它经过分部积分(用端点已定不变的条件)可以写成

$$\delta\Pi=\sum_{j=1}^{n}\int_{x_1}^{x_2}\left(\frac{\partial F}{\partial y_j}-\frac{d}{dx}\frac{\partial F}{\partial y_j'}\right)\delta y_j dx \tag{2.33}$$

但是 δy_j 不是独立的，是由约束条件 (2.29) 式联系着的．设 $\lambda_i(x)$ 为待定的函数 $(i=1,2,\cdots,k)$，于是有

$$\Pi_i=\int_{x_1}^{x_2}\lambda_i(x)\phi_i(x,y_1,y_2,\cdots,y_n)dx=0,\ (i=1,2,\cdots,k) \tag{2.34}$$

变分得

$$\delta\Pi_i=\sum_{j=1}^{n}\int_{x_1}^{x_2}\left[\lambda_i(x)\frac{\partial \phi_i}{\partial y_j}\delta y_j\right]dx \quad (i=1,2,\cdots,k) \tag{2.35}$$

把 (2.33) 式和 (2.35) 式相加，称 $\Pi^*=\Pi+\sum\limits_{i=1}^{k}\Pi_i$，得极限条件

$$\delta\Pi^*=\delta\Pi+\sum_{i=1}^{k}\delta\Pi_i=\sum_{j=1}^{n}\int_{x_1}^{x_2}\left\{\frac{\partial F}{\partial y_j}+\sum_{i=1}^{k}\lambda_i(x)\frac{\partial \phi_i}{\partial y_j}-\frac{d}{dx}\left(\frac{\partial F}{\partial y_j'}\right)\right\}\delta y_j dx \tag{2.36}$$

因为 $\lambda_i(x)$ 是 $i=1,2,\cdots,k$ 个任意的待定函数，让我们假定 $\lambda_i(x)$ 个函数是由下列 k 个线性方程决定的，即

$$\sum_{i=1}^{k}\lambda_i(x)\frac{\partial \phi_i}{\partial y_j}+\frac{\partial F}{\partial y_j}-\frac{d}{dx}\left(\frac{\partial F}{\partial y_j'}\right)=0, \quad (j=1,2,\cdots,k) \tag{2.37}$$

这里只要求行列式

$$\left|\frac{\partial \phi_i}{\partial y_j}\right| = \begin{vmatrix} \frac{\partial \phi_1}{\partial y_1} & \frac{\partial \phi_1}{\partial y_2} & \cdots & \frac{\partial \phi_1}{\partial y_k} \\ \frac{\partial \phi_2}{\partial y_1} & \frac{\partial \phi_2}{\partial y_2} & \cdots & \frac{\partial \phi_2}{\partial y_k} \\ \vdots & \vdots & \cdots & \vdots \\ \frac{\partial \phi_k}{\partial y_1} & \frac{\partial \phi_k}{\partial y_2} & \cdots & \frac{\partial \phi_k}{\partial y_k} \end{vmatrix} \neq 0 \tag{2.38}$$

就可以从 (2.37) 式中求得待定拉格朗日乘子的解. 根据 (2.37) 式，变分方程 (2.36) 式中，剩下的变分项只有关系到 δy_{k+1}, δy_{k+2}, $\cdots$, δy_n 等 $n-k$ 项了. 亦即

$$\delta \Pi^* = \sum_{j=k+1}^{n} \int_{x_1}^{x_2} \left\{ \frac{\partial F}{\partial y_j} + \sum_{i=1}^{k} \lambda_i(x) \frac{\partial \phi_i}{\partial y_j} - \frac{d}{dx}\left(\frac{\partial F}{\partial y_j'}\right) \right\} \delta y_j dx = 0 \tag{2.39}$$

这 $k-n$ 项都是独立的,所以在运用了变分法的基本预备定理后，得

$$\frac{\partial F}{\partial y_j} + \sum_{i=1}^{k} \lambda_i(x) \frac{\partial \phi_i}{\partial y_j} - \frac{d}{dx}\left(\frac{\partial F}{\partial y_j'}\right) = 0 \quad (j = k+1,\ k+2,\ \cdots,\ n) \tag{2.40}$$

(2.37), (2.40) 式加在一起，证明了 (2.32) 式,亦即证明了上述定理. 关于 $\phi_i = 0$ 可以看作是 (2.30) 式泛函 Π^* 的宗量 λ_i 的欧拉方程问题，在这里不证明了. 这个定理就指出了求条件变分的拉格朗日乘子法的过程.

在 § 1.1 的第二个历史上的变分命题(短程线),就是这样一种形式的变分命题. 这个问题用变分法的语言,可以写成:

短程线变分问题:

在

$$\varphi(x, y, z) = 0 \tag{2.41}$$

的条件下,求使泛函

$$L=\int_{x_1}^{x_2}\sqrt{1+\left(\frac{dy}{dx}\right)^2+\left(\frac{dz}{dx}\right)^2}dx \tag{2.42}$$

为极值的 $y=y(x)$，和 $z=z(x)$ 的解

用拉格朗日乘子 $\lambda(x)$，建立泛函

$$L^*=\int_{x_1}^{x_2}\left\{\sqrt{1+\left(\frac{dy}{dx}\right)^2+\left(\frac{dz}{dx}\right)^2}+\lambda\varphi\right\}dx \tag{2.43}$$

其变分(把 y，z，λ 当作独立函数)为

$$\begin{aligned}\delta L^*=\int_{x_1}^{x_2}\Bigg\{&\frac{y'}{\sqrt{1+y'^2+z'^2}}\delta y'+\frac{z'\delta z'}{\sqrt{1+y'^2+z'^2}}\\&+\lambda\frac{\partial\varphi}{\partial y}\delta y+\lambda\frac{\partial\varphi}{\partial z}\delta z+\varphi\delta\lambda\Bigg\}dx\end{aligned} \tag{2.44}$$

其中 y'，z' 分别为 $\frac{dy}{dx}$，$\frac{dz}{dx}$. 把积分号中的首两项分部积分，

$$\begin{aligned}\delta L^*=\int_{x_1}^{x_2}\Bigg\{&\left[-\frac{d}{dx}\left(\frac{y'}{\sqrt{1+y'^2+z'^2}}\right)+\lambda\frac{\partial\varphi}{\partial y}\right]\delta y\\&+\left[-\frac{d}{dx}\left(\frac{z'}{\sqrt{1+y'^2+z'^2}}\right)+\lambda\frac{\partial\varphi}{\partial z}\right]\delta z\\&+\varphi\delta\lambda\Bigg\}dx\end{aligned} \tag{2.45}$$

根据变分法的基本预备定理，把 δy，δz，$\delta\lambda$ 都看作是独立的函数变分，$\delta L^*=0$ 给出欧拉方程

$$\left.\begin{aligned}&\lambda\frac{\partial\varphi}{\partial y}-\frac{d}{dx}\left(\frac{y'}{\sqrt{1+y'^2+z'^2}}\right)=0\\&\lambda\frac{\partial\varphi}{\partial z}-\frac{d}{dx}\left(\frac{z'}{\sqrt{1+y'^2+z'^2}}\right)=0\\&\varphi(x,y,z)=0\end{aligned}\right\} \tag{2.46}$$

这是求解 $z(x)$，$y(x)$，$\lambda(x)$ 的三个微分方程.

现在设所给的约束条件为一个圆柱面 $z=\sqrt{1-x^2}$，于是(2.46)式可以写成

$$
\left.\begin{aligned}
&\frac{d}{dx}\left(\frac{y'}{\sqrt{1+y'^2+z'^2}}\right)=0\\
&\frac{d}{dx}\left(\frac{z'}{\sqrt{1+y'^2+z'^2}}\right)=\lambda(x)\\
&z=\sqrt{1-x}
\end{aligned}\right\}\tag{2.47}
$$

其中第一第二式可以积分一次,同时引用弧长 s,

$$
ds=\sqrt{1+y'^2+z'^2}\,dx\tag{2.48}
$$

积分以后的 (2.47) 式可以写成

$$
\left.\begin{aligned}
&\frac{dy}{ds}=a\\
&\frac{dz}{ds}=\Lambda(x)\\
&z=\sqrt{1-x^2}
\end{aligned}\right\}\tag{2.49}
$$

其中 a 为积分常数, $\Lambda(x)$ 为

$$
\Lambda(x)=\int_0^x\lambda(x)dx+c\tag{2.50}
$$

从 (2.49) 式的第三式和第二式,我们有

$$
dx=-\frac{\sqrt{1-x^2}}{x}dz=-\frac{\sqrt{1-x^2}}{x}\Lambda(x)ds.\tag{2.51}
$$

因此,根据 ds 的定义,有

$$
ds^2=dx^2+dy^2+dz^2=\left[\frac{1-x^2}{x^2}\Lambda^2(x)+a^2+\Lambda^2(x)\right]ds^2\tag{2.52}
$$

它可简化为

$$
\frac{1}{x^2}\Lambda^2(x)+a^2=1\quad 或\quad \Lambda(x)=\sqrt{1-a^2}\,x\tag{2.53}
$$

于是,把 (2.53) 式代入 dx 的表达式 (2.51) 式,消去 $\Lambda(x)$,即得

$$
-\frac{dx}{\sqrt{1-x^2}}=\sqrt{1-a^2}\,ds\tag{2.54}
$$

积分后,得 $\cos^{-1}x=\sqrt{1-a^2}\,s+d$,其中 d 为另一积分常数,

或为

$$x = \cos\{\sqrt{1 - a^2}s + d\} \tag{2.55}$$

从 (2.49) 式第三式得

$$z = \sin\{\sqrt{1 - a^2}s + d\} \tag{2.56}$$

从 (2.49) 式第一式积分，得

$$y = as + b \tag{2.57}$$

其中 b 为又一积分常数. (2.55), (2.56) 式和 (2.57) 式构成了本题参数解，弧长 s 为参数. 积分常数 a, b, d 是由起点和终点的坐标决定的. 这个解是圆柱面 $z = \sqrt{1 - x^2}$ 上的螺旋线. 它和 §1.4 用消去了 z 以后求变分极值所得的解完全相同.

本节的定理还可以推广到 ϕ_i 不仅是 x, y_1, y_2, $\cdots$, y_n 的函数，而且是 y_1', y_2', $\cdots$, y_n' 的函数的情况，我们有推广后的定理如下:

泛函

$$\Pi = \int_{x_1}^{x_2} F(x, y_1, y_2, \cdots, y_n; y_1', y_2', \cdots, y_n')dx \tag{2.58}$$

在约束条件

$$\phi_i(x, y_1, y_2, \cdots, y_n; y_1', y_2', \cdots, y_n') = 0$$

$$(i = 1, 2, \cdots, k;\ k < n) \tag{2.59}$$

下的变分极值问题所确定的函数，y_1, y_2, $\cdots$, $y_n(x)$，必满足由泛函

$$\Pi^* = \int_{x_1}^{x_2} \left\{F + \sum_{i=1}^{k} \lambda_i(x)\phi_i\right\} dx = \int_{x_1}^{x_2} F^* dx \tag{2.60}$$

的变分极值问题确定的欧拉方程

$$\frac{\partial F^*}{\partial y_j} - \frac{d}{dx}\left(\frac{\partial F^*}{\partial y_j'}\right) = 0 \quad (j = 1, 2, \cdots, n) \tag{2.61}$$

或

$$\frac{\partial F}{\partial y_j} - \sum_{i=1}^{k} \lambda_i(x) \frac{\partial \phi_i}{\partial y_j} - \frac{d}{dx}\left\{\frac{\partial F}{\partial y_j'} + \sum_{i=1}^{k} \lambda_i(x) \frac{\partial \phi_i}{\partial y_j'}\right\} = 0$$

$$(j = 1, 2, \cdots, n) \tag{2.62}$$

在 (2.60) 式的变分中，我们把 y_j 和 $\lambda_i(x)(j=1, 2, \cdots, n; i=1, 2, \cdots, k)$ 都看做是泛函 Π^* 的宗量，所以 $\phi_i = 0$ 也同样可以看作是泛函 Π^* 的欧拉方程.

这个定理的证明和前面的定理的证明是相同的.

§2.3 泛函在约束条件 $\int_{x_1}^{x_2} \phi_i(x, y_1, y_2, \cdots, y_n; y_1', y_2', \cdots, y_n')dx = \alpha_i (i=1, 2, \cdots, k)$ 下的极值问题

在 §1.1 中提到的等周问题 (第三命题) 和悬索问题都是这类条件极值问题，其约束条件都用泛函 (α_i 为 k 个常量)

$$\int_{x_1}^{x_2} \phi_i(x, y_1, y_2, \cdots, y_n; y_1', y_2', \cdots, y_n')dx - \alpha_i = 0 \quad (\alpha = 1, 2, \cdots, k) \tag{2.63}$$

的形式表示，我们要证明的定理是:

定理

泛函

$$\Pi = \int_{x_1}^{x_2} F(x, y_1, y_2, \cdots, y_n; y_1', y_2', \cdots, y_n')dx \tag{2.64}$$

在约束条件(2.63)式下的变分极值所确定的函数 $y_1, y_2, \cdots, y_n(x)$ 必满足泛函

$$\Pi^* = \int_{x_1}^{x_2} \left\{ F + \sum_{i=1}^{k} \lambda_i \phi_i \right\} dx - \sum_{i=1}^{k} \lambda_i \alpha_i = \int_{x_1}^{x_2} F^* dx - \sum_{i=1}^{k} \lambda_i \alpha_i \tag{2.65}$$

的变分极值问题所确定的欧拉方程

$$F_{y_j}^* - \frac{d}{dx} F_{y_j'}^* = 0 \quad \text{或} \quad \frac{\partial F^*}{\partial y_j} - \frac{d}{dx}\frac{\partial F^*}{\partial y_j'} = 0 \quad (j = 1, 2, \cdots, n) \tag{2.66}$$

在 (2.65) 式的变分中，我们把 y_j 和 $\lambda_i (i = 1, 2, \cdots, k) (j = 1, 2, \cdots, n)(k < n)$ 都看作为泛函的宗量，但 λ_i 在这里是常量. 所以 (2.63) 式同样也可以看作是泛函 Π^* 的欧拉方程. (2.66) 式也

可以写成

$$\frac{\partial F}{\partial y_j}+\sum_{i=1}^{k}\lambda_i\frac{\partial \phi_i}{\partial y_j}-\frac{d}{dx}\left(\frac{\partial F}{\partial y'_j}+\sum_{i=1}^{k}\lambda_i\frac{\partial \phi_i}{\partial y'_j}\right)=0$$

$$(j=1,2,\cdots,n) \tag{2.67}$$

我们可以用引进新的未知函数的办法，把约束条件

$$\int_{x_1}^{x_2}\phi_i dx=\alpha_i$$

的极值问题，化为 $\phi_i=0$ 型的条件极值问题．引进符号

$$z_i(x)=\int_{x_1}^{x}\phi_i(x, y_1, y_2, \cdots, y_n; y'_1, y'_2, \cdots, y'_n)dx$$

$$(i=1,2,\cdots,k) \tag{2.68}$$

其中积分上限为 x，不是 x_2．由此，有 $z_i(x_1)=0$，而且从 (2.63) 式，有 $z_i(x_2)=\alpha_i$，对 x 求导数，得

$$z'_i(x)=\phi_i(x, y_1, y_2, \cdots, y_n; y'_1, y'_2, \cdots, y'_n)$$

$$(i=1,2,\cdots,k) \tag{2.69}$$

因此，约束条件 (2.63) 式，可以用 (2.69) 式来代替，于是，我们的极值问题变为泛函 (2.64) 式在约束条件 (2.69) 式下的变分极值问题，根据 § 2.2 的定理，这种极值问题可以化为求泛函

$$\Pi^{**}=\int_{x_1}^{x_2}\left\{F+\sum_{i=1}^{k}\lambda_i(x)[\phi_i-z'_i(x)]\right\}dx=\int_{x_1}^{x_2}F^{**}dx \tag{2.70}$$

的无条件极值问题，其中

$$\begin{aligned}F^{**}&=F^{**}(x, y_1, y_2, \cdots, y_n; y'_1, y'_2, \cdots, y'_n)\\&=F(x, y_1, y_2, \cdots, y_n; y'_1, y'_2, \cdots, y'_n)\\&\quad+\sum_{i=1}^{k}\lambda_i(x)\{\phi_i(x, y_1, y_2, \cdots, y_n;\\&\quad y'_1, y'_2, \cdots, y_n)-z'_i(x)\}\end{aligned} \tag{2.71}$$

把 $y_1, y_2, \cdots, y_n; y'_1, y'_2, \cdots, y'_n, z'_1, z'_2, \cdots, z'_k, \lambda_1, \lambda_2, \cdots, \lambda'_k$ 当作独立函数，(2.70) 式在变分后给出欧拉方程

$$\frac{\partial F^{**}}{\partial y_j}-\frac{d}{dx}\frac{\partial F^{**}}{\partial y'_j}=0\quad(j=1,2,\cdots,n) \tag{2.72a}$$

$$\frac{d}{dx}\frac{\partial F^{**}}{\partial z_l'}=0 \qquad (l=1, 2, \cdots, k) \tag{2.72b}$$

$$\phi_i - z_i'(x)=0 \qquad (i=1, 2, \cdots, k) \tag{2.72c}$$

把 (2.71) 式代入 (2.72a, b)，可以把它们进一步简化，

$$\frac{\partial F}{\partial y_j}+\sum_{i=1}^{k}\lambda_i(x)\frac{\partial \phi_i}{\partial y_j}-\frac{d}{dx}\left[\frac{\partial F}{\partial y_j'}+\sum_{i=1}^{k}\lambda_i(x)\frac{\partial \phi_i}{\partial y_j'}\right]$$

$$=0, \quad (j=1, 2, \cdots, n) \tag{2.73a}$$

$$\frac{d}{dx}\lambda_l(x)=0 \qquad (l=1, 2, \cdots, k) \tag{2.73b}$$

$$\phi_i - z_i'(x)=0 \qquad (i=1, 2, \cdots, k) \tag{2.73c}$$

由上式的第二式，证明了 λ_l 都是常数，而第一式为

$$\frac{\partial F}{\partial y_j}+\sum_{i=1}^{k}\lambda_i\frac{\partial \phi_i}{\partial y_j}-\frac{d}{dx}\left[\frac{\partial F}{\partial y_j'}-\sum_{i=1}^{k}\lambda_i\frac{\partial \phi_i}{\partial y_j'}\right]=0$$

$$(j=1, 2, \cdots, n) \tag{2.74}$$

(2.73c) 式就是约束条件 (2.69) 式，也即是约束条件 (2.63) 式. (2.74) 式共 n 个方程，它也即是泛函

$$\Pi^*=\int_{x_1}^{x_2}\left(F+\sum_{i=1}^{k}\lambda_i\phi_i\right)dx-\sum_{i=1}^{k}\lambda_i\alpha_i \tag{2.75}$$

的欧拉方程，其中 $F=F(x, y_1, y_2, \cdots, y_n, y_1', y_2', \cdots, y_n')$，$\phi_i=\phi_i(x, y_1, y_2, \cdots, y_n, y_1', y_2', \cdots, y_n')$，$\lambda_i$ 为拉格朗日乘子；λ_i 都是常数. (2.75) 式就是 (2.65) 式，所以，我们就证明了定理.

我们必须指出，欧拉方程组的通解里有积分常数 $C_1, C_2, \cdots, C_{2n}$ 和拉格朗日乘子常数 $\lambda_1, \lambda_2, \cdots, \lambda_k$ 等 $2n+k$ 个常数. 它们是由边界条件

$$y_j(x_1)=y_{j_1}, \quad y_j(x_2)=y_{j_2} \quad (j=1, 2, \cdots, n) \tag{2.76}$$

以及约束条件 (2.63) 来确定的.

现在让我们证明这类条件极值的一个性质叫做**相关性原理**：在约束条件

$$\alpha_i = \int_{x_1}^{x_2} \phi_i(x, y_1, y_2, \cdots, y_n; y_1', y_2', \cdots, y_n')dx$$

$$(i = 1, 2, \cdots, k) \qquad (2.77)$$

下求泛函

$$\alpha_0 = \int_{x_1}^{x_2} \phi_0(x, y_1, y_2, \cdots, y_n; y_1', y_2', \cdots, y_n')dx \qquad (2.78)$$

极值的变分问题，和在约束条件

$$\alpha_i = \int_{x_1}^{x_2} \phi_i(x, y_1, y_2, \cdots, y_n; y_1', y_2', \cdots, y_n')dx$$

$$(i = 0, 1, 2, \cdots, s-1, s+1, \cdots, k) \ (2.79)$$

下求泛函

$$\alpha_s = \int_{x_1}^{x_2} \phi_s(x, y_1, y_2, \cdots, y_n; y_1', y_2', \cdots, y_n')dx \quad (2.80)$$

极值的变分问题，完全相同.

根据前面业已证明的定理，在约束条件

$$\alpha_i = \int_{x_1}^{x_2} \phi_i dx \quad (i = 1, 2, \cdots, k)$$

下，泛函 $\alpha_0 = \int_{x_1}^{x_2} \phi_0 dx$ 的极值问题的欧拉方程为

$$\frac{\partial \phi_0}{\partial y_j} + \sum_{i=1}^{k} \lambda_i \frac{\partial \phi_i}{\partial y_j} - \frac{d}{dx}\left[\frac{\partial \phi_0}{\partial y_j'} + \sum_{i=1}^{k} \lambda_i \frac{\partial \phi_i}{\partial y_j'}\right] = 0$$

$$(j = 1, 2, \cdots, n) \quad (2.81)$$

让我们引进常数 $\bar{\lambda}_i$，它们是

$$\frac{1}{\lambda_s} = \bar{\lambda}_0, \quad \frac{\lambda_i}{\lambda_s} = \bar{\lambda}_i \quad (i = 1, 2, \cdots, k) \qquad (2.82)$$

其中 $\bar{\lambda}_s = 1$，把 λ_s 统除 (2.81) 式，引进 (2.82) 式，即得

$$\frac{\partial \phi_s}{\partial y_j} + \sum_{\substack{i=0 \\ (i\neq s)}}^{k} \bar{\lambda}_i \frac{\partial \phi_i}{\partial y_j} - \frac{d}{dx}\left[\frac{\partial \phi_s}{\partial y_j'} + \sum_{\substack{i=0 \\ (i\neq s)}}^{k} \bar{\lambda}_i \frac{\partial \phi_i}{\partial y_j'}\right] = 0$$

$$(j = 1, 2, \cdots, n) \quad (2.83)$$

它就是在约束条件

$$\alpha_i = \int_{x_1}^{x_2} \phi_i dx \quad (i = 0, 1, 2, \cdots, s-1, s+1, \cdots, k)$$

下，泛函 $\alpha_s=\int_{x_1}^{x_2}\phi_s dx$ 的极值问题欧拉方程．这就证明了这两个问题的微分方程是相同的．我们称之为相关问题． 也即是说，在这种类型的泛函极值问题内，其中任一泛函在其余的泛函条件下的极值问题，都是由相同的欧拉方程相连系着的，我们称之为相关性原理．例如，长度一定的闭曲线所围的面积为极大的问题和围有一定面积的闭曲线的长为极小的问题，有相同的欧拉方程，和公共的极值曲线族，这就是相关问题．

现在让我们用这一节的方法研究等周问题．亦即，在周长已知的条件下，求最大面积的曲线．周长(即约束条件)为

$$L=\int_0^s\sqrt{\left(\frac{dx}{ds}\right)^2+\left(\frac{dy}{ds}\right)^2}ds=\int_0^s\sqrt{x'^2+y'^2}ds \tag{2.84}$$

要求在(2.84)式的条件下，求使泛函(代表所围面积)

$$\begin{aligned}P&=\iint_S dxdy=\frac{1}{2}\iint_S\left(\frac{\partial x}{\partial x}+\frac{\partial y}{\partial y}\right)dxdy\\&=\frac{1}{2}\int_0^s\left[x\frac{dy}{ds}-y\frac{dx}{ds}\right]ds\\&=\frac{1}{2}\int_0^s(xy'-yx')ds\end{aligned} \tag{2.85}$$

为极值的 $y(s)$，$x(s)$．这个问题相当于求

$$R^*=\int_0^s\left\{\frac{1}{2}(xy'-yx')+\lambda(x'^2+y'^2)^{\frac{1}{2}}\right\}dx-\lambda L \tag{2.86}$$

的无条件极值．如称

$$F^*=\frac{1}{2}(xy'-yx')+\lambda(x'^2+y'^2)^{\frac{1}{2}} \tag{2.87}$$

得

$$\left.\begin{aligned}&\frac{\partial F^*}{\partial x}=\frac{1}{2}y',\quad \frac{\partial F^*}{\partial y}=-\frac{1}{2}x'\\&\frac{\partial F^*}{\partial x'}=-\frac{1}{2}y+\frac{\lambda x'}{(x'^2+y'^2)^{\frac{1}{2}}},\\&\frac{\partial F^*}{\partial y'}=\frac{1}{2}x+\frac{\lambda y'}{(x'^2+y'^2)^{\frac{1}{2}}}\end{aligned}\right\} \tag{2.88}$$

我们应该指出 s 如果是弧长，则 $x'^2+y'^2=1$，于是(2.88)式可以写成

$$\left.\begin{aligned}&\frac{\partial F^*}{\partial x}=\frac{1}{2}y',\quad \frac{\partial F^*}{\partial y}=-\frac{1}{2}x'\\&\frac{\partial F^*}{\partial x'}=-\frac{1}{2}y+\lambda x',\quad \frac{\partial F^*}{\partial y'}=\frac{1}{2}x+\lambda y'\end{aligned}\right\}\tag{2.89}$$

而欧拉方程应该是

$$y'-\lambda x''=0,\quad x'+\lambda y''=0\tag{2.90}$$

积分一次，得

$$y-\lambda x'=C_1\quad x+\lambda y'=C_2\tag{2.91}$$

消去 y，得

$$\lambda^2x''+x-C_2=0\tag{2.92}$$

它的解是

$$x=A\sin\frac{s}{\lambda}+B\cos\frac{s}{\lambda}+C_2\tag{2.93}$$

把它代入(2.91)式的第一式，即得

$$y=A\cos\frac{s}{\lambda}-B\sin\frac{s}{\lambda}-C_1\tag{2.94}$$

根据围线条件，$x(L)=x(0)$，$y(L)=y(0)$，有

$$\left.\begin{aligned}&A\sin\frac{L}{\lambda}+B\left(\cos\frac{L}{\lambda}-1\right)=0\\&A\left(\cos\frac{L}{\lambda}-1\right)-B\sin\frac{L}{\lambda}=0\end{aligned}\right\}\tag{2.95}$$

A，B 不等于零的解要求上式的系数行列式等于零，即

$$\left(\cos\frac{L}{\lambda}-1\right)^2+\sin^2\frac{L}{\lambda}=0\tag{2.96}$$

或

$$\cos\frac{L}{\lambda}=1,\tag{2.97}$$

其解为

$$\frac{L}{\lambda}=2\pi n,\quad 或\quad \lambda=\frac{L}{2\pi n}\quad(n=1,2,\cdots)\tag{2.98}$$

从 (2.95) 式的第二式，有

$$B=\lim_{\frac{L}{\lambda}\to 2\pi n}\frac{\left(\cos\frac{L}{\lambda}-1\right)}{\sin\frac{L}{\lambda}}A=-\lim_{\frac{L}{\lambda}\to 2\pi n}\frac{\sin\frac{L}{\lambda}}{\cos\frac{L}{\lambda}}A=0 \quad (2.99)$$

于是 (2.93)，(2.94) 式可以写成

$$x=A\sin 2\pi n\frac{s}{L}+C_2,\quad y=A\cos 2\pi n\frac{s}{L}-C_1 \quad (2.100)$$

消去 s，得一族圆

$$(x-C_2)^2+(x+C_1)^2=A^2 \quad (2.101)$$

A 是这族圆的半径，所以 $L=2\pi A$，$(C_2,-C_1)$ 为这族圆的中心。这就是等周问题的正确答案。

§2.4 超音速流中细长体的最小流阻问题

设有一轴对称的细长体，其正截面的面积 $S(x)$ 为 x 的待定函数，并设 $S(0)=S'(l)=0$（图 2.2）。当超音速气流以入射角为

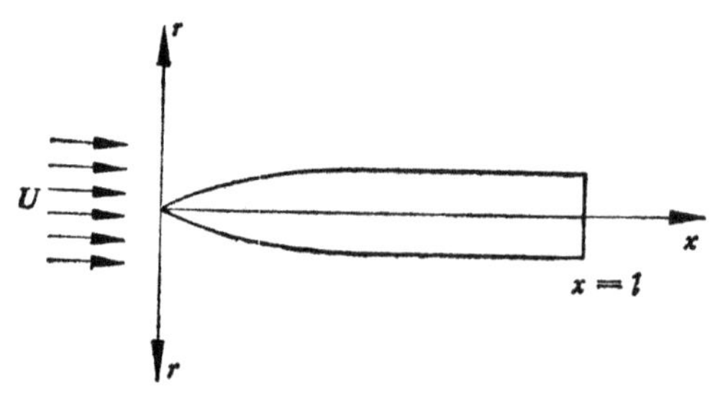

图 2.2 轴对称细长体的入射角为零的超音速气流中的坐标

零的方向流过细长体时，在略去了尾部阻力以后，冯卡门（von Karman, 1935）[1] 和拉脱希尔（Lighthill, 1945）[2] 曾证明，其流阻系数 C_D 由下列积分给出

$$2\pi C_D=-\int_0^l\int_0^l S''(x)S''(y)\ln|x-y|dxdy \quad (2.102)$$

其中 $S''(x)=\frac{d^2S(x)}{dx^2}$.

这里有两个问题：(1) 什么样形状的 $S(x)$ 给出最小的 C_D? (2) 设细长体的总体积已给，什么样形状的 $S(x)$ 给出最小的 C_D? 前者是一般变分问题，而后者是受约束条件

$$V=\int_0^l S(x)dx \tag{2.103}$$

限制的条件变分问题. (2.103) 式中的 V 代表总体积.

首先让我们求解 (1)，即不受任何条件限制的求 (2.102) 式的极值函数 $S(x)$.

(2.102) 式的变分得

$$\begin{aligned}2\pi\delta C_D&=-\int_0^l\int_0^l\{S''(x)\delta S''(y)+S''(y)\delta S''(x)\}\ln|x-y|dxdy\\&=-2\int_0^l\int_0^l S''(y)\ln|x-y|\cdot\delta S''(x)dxdy\end{aligned} \tag{2.104}$$

也可写成极值条件

$$\delta C_D=-\int_0^l \delta S''(x)\cdot F(x)dx=0 \tag{2.105a}$$

其中

$$F(x)=\frac{1}{\pi}\int_0^l S''(y)\ln|x-y|dy \tag{2.105b}$$

如果端点条件已给，即

$$S(0)=S_0,\ S(l)=S_l,\ S'(0)=S'(l)=0 \tag{2.106}$$

则 (2.105a) 的极值条件给出欧拉方程

$$\frac{d^2F}{dx^2}=0\quad 0\leqslant x\leqslant l \tag{2.107}$$

积分一次，并使用 (2.105b) 求得 $F'(x)$，得

$$\begin{aligned}2k_1=\frac{dF(x)}{dx}&=\frac{1}{\Pi}\frac{d}{dx}\int_0^l S''(y)\ln|x-y|dy\\&=-\frac{1}{\Pi}{}^*\!\!\int_0^l\frac{S''(y)}{y-x}dy\end{aligned} \tag{2.108}$$

其中 k_1 是积分常数，而 * 指积分的柯西主值，(2.108) 式是求解 $S''(y)$ 的积分方程. 对于求解这样的积分方程，我们引用哈台 (Hardy) 积分对公式[3]:

$$\left.\begin{aligned} f(\theta) &= \frac{1}{\pi} {}^{*}\!\!\int_0^\pi \frac{\sin\theta}{\cos\theta - \cos\phi} g(\phi)d\phi \\ g(\theta) &= \frac{1}{\pi} {}^{*}\!\!\int_0^\pi \frac{\sin\phi}{\cos\phi - \cos\theta} f(\phi)d\phi + C_1 \end{aligned}\right\} \quad (2.109)$$

其中 $C_1 = \frac{1}{\pi}\int_0^\pi g(\phi)d\phi$，是一个常数. 引进

$$x = \frac{l}{2}(1 - \cos\theta), \quad y = \frac{l}{2}(1 - \cos\phi) \quad (2.110)$$

(2.108) 式可以写成

$$-2k_1 \sin\theta = \frac{1}{\pi}\int_0^\pi \frac{\sin\theta}{\cos\theta - \cos\phi} G(\phi)d\phi \quad (2.111)$$

其中

$$G(\phi) = \sin\phi S''\left[\frac{l}{2}(1 - \cos\phi)\right] \quad (2.112)$$

根据哈台公式 [(2.109) 式的第二式]

$$G(\theta) = -\frac{2k_1}{\pi}\int_0^\pi \frac{\sin^2\phi}{\cos\phi - \cos\theta} d\phi + C_1 \quad (2.113)$$

注意到

$$^{*}\!\!\int_0^\pi \frac{\cos(n\phi)}{\cos\phi - \cos\theta} d\phi = \pi \frac{\sin n\theta}{\sin\theta}, \ (n = 0, 1, 2, \cdots) \quad (2.114)$$

(2.113) 式积分后给出

$$G(\theta) = 2k_1 \cos\theta + C_1 \quad (2.115)$$

利用 (2.112) 式，得

$$S''\left[\frac{l}{2}(1 - \cos\theta)\right] = 2k_1 \cot\theta + \frac{C_1}{\sin\theta} \quad (2.116)$$

用 (2.110) 式，化为 $S''(x)$，得

$$S''(x) = -\frac{2k_1 x + k_2}{\sqrt{x(l - x)}} \quad (2.117)$$

其中 k_2 为另一待定系数，它代表 $k_2 = -k_1 l - \frac{1}{2}C_1 l$. 它用 $x = l\sin^2\varphi$ 的替换后，就能积分一次，得

$$S'(x)=-2(k_1l+k_2)\sin^{-1}\sqrt{\frac{x}{l}}+k_1\sqrt{x(l-x)}+k_3 \quad (2.118)$$

k_3 为另一积分常数．根据(2.106)式，$S'(0)=0$，得 $k_3=0$；$S'(l)=0$，得 $k_1l+k_2=0$，而

$$S'(x)=k_1\sqrt{x(l-x)} \quad (2.119)$$

再积分一次,并利用(2.106)式的第一式,得

$$S(x)=S_0+k_1\left(\frac{l}{2}\right)^2\left\{\sin^{-1}\sqrt{\frac{x}{l}}-\left(1-2\frac{x}{l}\right)\sqrt{x(l-x)}\right\} \quad (2.120)$$

因为 $S(l)=S_l$，我们求得

$$k_1=\frac{8(S_l-S_0)}{\pi l^2} \quad (2.121)$$

(2.120)式就是求解所得的最小流阻的截面曲线表达式． 这就求得了第一问题的解．

对于第二个问题，即在(2.103)式的条件下，求(2.102)式的泛函极值问题．根据§2.3的定理,我们可以引进拉格朗日乘子 λ，建立新的泛函．

$$\Pi^*=-\frac{1}{2}\int_0^l\int_0^l S''(x)S''(y)\ln|x-y|dxdy + \lambda\left\{\int_0^l S(x)dx-V\right\} \quad (2.122)$$

变分得

$$\delta\Pi^*=\int_0^l F(x)\delta S''(x)dx+\lambda\int_0^l \delta S(x)dx + \delta\lambda\left\{\int_0^l S(x)dx-V\right\} \quad (2.123)$$

其中 $F(x)$ 见(2.105b)式，(2.123)式的右边第一积分可以通过分部积分进行简化,在利用已给的端点条件(2.106)式后,得

$$\delta\Pi^*=\int_0^l(F''(x)+\lambda)\delta S dx+\delta\lambda\left\{\int_0^l S(x)dx-V\right\} \quad (2.124)$$

于是得欧拉方程

$$\left.\begin{aligned}&F''(x)+\lambda=0\\&\int_0^l S(x)dx-V=0\end{aligned}\right\}\tag{2.125}$$

其中第一式积分一次，得

$$\frac{dF}{dx}=-\frac{1}{\pi}{}^*\int_0^l\frac{S''(y)dy}{y-x}=-\left\{\lambda x+b\left(\frac{l}{2}\right)\right\}\tag{2.126}$$

b 为积分常数．这个积分方程可以用哈台积分对求解．其结果为

$$S''(x)\sin\theta=C-(\lambda+b)\frac{l}{2}\cos\theta+\lambda\frac{l}{2}\cos^2\theta\tag{2.127}$$

因为 $\frac{l}{2}\sin\theta d\theta=dx$，所以在 (2.127) 上两边各乘 $\frac{l}{2}d\theta$，积分并利用 $S'(0)=S'(l)=0$，即得

$$4S'(x)=\left(\frac{l}{2}\right)^2\{\lambda\sin 2\theta-4(\lambda+b)\sin\theta\}\tag{2.128}$$

在上式两边各乘 $\frac{l}{2}\sin\theta d\theta$，积分并用 $S(0)=S_0$，得

$$\begin{aligned}8[S(x)-S_0]=\left(\frac{l}{2}\right)^3\Big\{&\lambda\sin\theta-\frac{\lambda}{3}\sin 3\theta\\&-4(\lambda+b)\theta+2(\lambda+b)\sin 2\theta\Big\}\end{aligned}\tag{2.129}$$

因为 $S(l)=S_l$，所以有

$$2[S_l-S_0]=-\left(\frac{l}{2}\right)^3(\lambda+b)\pi\tag{2.130}$$

把 (2.129) 式从 0 到 l 积分，并用 (2.103) 式的定义，得

$$16(V-S_0l)=-\pi\left(\frac{l}{2}\right)^4(7\lambda+8b)\tag{2.131}$$

从 (2.130)，(2.131) 式求解 λ 和 b，得

$$\begin{aligned}\lambda&=\frac{16}{\pi(l/2)^3}\left[\frac{2V}{l}-(S_0+S_l)\right],\\\lambda+b&=-\frac{2}{\pi(l/2)^3}(S_l-S_0)\end{aligned}\tag{2.132}$$

把 λ，$\lambda+b$ 和 θ [根据 (2.110) 式]代入 (2.129) 式，给出

$$S(x)-S_0=\frac{64}{3\pi}\left\{\frac{2V}{l}-(S_0+S_l)\right\}\frac{1}{l}\sqrt{x(l-x)}$$
$$+\frac{S_0-S_l}{\pi}\left\{\frac{2}{l^2}(l-2x)\sqrt{x(l-x)}-\cos^{-1}\left(1-\frac{2x}{l}\right)\right\}$$
$$(2.133)$$

这是最小流阻的截面曲线．把它代入 (2.102) 式，就可以求得最小流阻系数

$$C_{D最小}=\frac{4}{\pi l^2}\left\{(S_0-S_l)^2+8\left[\frac{2V}{l}-(S_0+S_l)\right]^2\right\} \quad (2.134)$$

很容易从上式看到，$C_{D最小}$ 在 $\frac{2V}{l}=S_0+S_l$ 时达到最低值．把这个 V 值代入 (2.138) 式，得

$$S(x)-S_0=\frac{S_0-S_l}{\pi}\left\{\frac{2}{l^2}(l-2x)\sqrt{x(l-x)}\right.$$
$$\left.-\cos^{-1}\left(1-\frac{2x}{l}\right)\right\} \quad (2.135)$$

这个结果和 (2.120) 式是完全一致的，这是因为

$$\sin^{-1}\sqrt{\frac{x}{l}}=\frac{1}{2}\cos^{-1}\left(1-\frac{2x}{l}\right).$$

所以我们的结论是，当 $\frac{2V}{l}=S_0+S_l$ 时，(2.102) 式达到最低值．

§ 2.5 弹性薄板弯曲问题的广义变分原理

在实践上，有很多条件极值问题，其约束条件也不一定按 § 2.2，§ 2.3 两种形式出现，我们现在再举一种例，来说明拉格朗日乘子法的使用．处理这类问题，贵在灵活使用拉格朗日乘子，在以后各章中，人们会遇到各种各样的约束条件，我们将普遍使用拉格朗日乘子法．近三十年来到处都出现各种各样的所谓广义变分法，弄得好象很神秘，其实归根结底都是拉格朗日乘子法所能处理的具体的条件变分．所有广义变分的各种争论的问题，如我国在 1963—1965 年间展开的有关塑性力学极限设计原理的广义变分

问题的争议（见力学学报 1965 年第一期）都可以用拉格朗日乘子法求得合理解决．所有这些问题都将在以后各章中讨论．

上一章里，已经讨论了弹性板在横向载荷下的变形问题，建立了在简支、固定、和自由边界条件下的泛函形式（包括自然边界条件）．本节我们将用拉格朗日乘子法建立边界变形已给的薄板弯曲问题的广义变分原理的泛函．

设有一弹性薄板，其边界各点焊接在一薄壁筒柱的横截面上，筒柱的横截面和板的周界 C 形状相同，设薄壁筒柱的焊接截面不在一个平面内，即和平面略有差别，其差别为 $\bar{w}(s)$，问焊接以后，由于边界已给位移 $\bar{w}(s)$ 所引起的薄板挠度 $w(x, y)$，或即计算这个位移函数的泛函．本题的薄板弯曲能为

$$\Pi=\frac{1}{2}\iint_{S} D\left\{\left(\frac{\partial^2 w}{\partial x^2}+\frac{\partial^2 w}{\partial y^2}\right)^2 -2(1-\nu)\left[\frac{\partial^2 w}{\partial x^2}\frac{\partial^2 w}{\partial y^2}-\left(\frac{\partial^2 w}{\partial x\partial y}\right)^2\right]\right\}dxdy \quad (2.136)$$

S 为板的周界 c 所围面积，在周界 c（包括角点 k 上，满足条件

$$\left.\begin{aligned} &w=\bar{w} \quad 或 \quad w-\bar{w}=0 \quad（在边界\ c\ 上）\\ &w_k=\bar{w}_k \quad 或 \quad w_k-\bar{w}_k=0 \quad（在角点\ k=1, 2, \cdots, i\ 上）\end{aligned}\right\} \quad (2.137)$$

如果略去薄壁筒的筒壁的抗弯作用，则板的边界上的法向斜度变形不受限制．

我们的最小势能定理就是：在满足（2.137）式条件的一切 $w(x, y)$ 中，使（2.136）式的势能 Π 最小的 $w(x, y)$，即为本题的解．这里的（2.137）式实质上是本题的约束条件．本题实质上是一个条件变分极值问题．

为此，我们可以利用拉格朗日乘子法，组成新的泛函．

$$\Pi^*=\Pi+\oint_c \lambda(s)(w-\bar{w})ds+\sum_{k=1}^{i}\lambda_k(w_k-\bar{w}_k) \quad (2.138)$$

其中 $\lambda(s)$，λ_k（$k=1, 2, \cdots, i$）为待定的拉格朗日乘子，$\lambda(s)$ 是周界坐标 s 的函数，将 Π^* 变分，根据（1.234b）式 $[q=0]$，这里的 $\delta\Pi$ 就是该式的 $\delta\Pi_3$，得

$$\delta\Pi^* = \delta\Pi + \oint \lambda(s)\delta w ds + \sum_{k=1}^{i} \lambda_k \delta w_k$$

$$+ \oint (w - \bar{w})\delta\lambda ds + \sum_{k=1}^{i} (w_k - \bar{w}_k)\delta\lambda_k \quad (2.139a)$$

或可写成

$$\delta\Pi^* = \iint_S D\nabla^2\nabla^2 w \delta w dx dy + \oint_c (w - \bar{w})\delta\lambda ds$$

$$+ \sum_{k=1}^{i} (w_k - \bar{w}_k)\delta\lambda_k$$

$$+ \oint_c D\left\{\nu\nabla^2 w + (1-\nu)\frac{\partial^2 w}{\partial n^2}\right\}\frac{\partial \delta w}{\partial n} ds$$

$$+ \oint_c \left\{\lambda(s) - D\frac{\partial}{\partial n}\left[\nabla^2 w + (1-\nu)\frac{\partial^2 w}{\partial s^2}\right]\right.$$

$$\left. + D(1-\nu)\frac{\partial}{\partial s}\frac{1}{\rho_s}\frac{\partial w}{\partial s}\right\}\delta w ds$$

$$+ \sum_{k=1}^{i}\left\{\lambda_k - D(1-\nu)\nabla\left(\frac{\partial^2 w}{\partial n \partial s} - \frac{1}{\rho_s}\frac{\partial w}{\partial s}\right)_k\right\}\delta w_k$$

$$(2.139b)$$

由于 $\delta\lambda$, $\delta\lambda_k$, δw, δw_c, $\left(\dfrac{\partial \delta w}{\partial n}\right)_c$ 都是独立的变分，即得

$$\left.\begin{array}{l}
(1)\ \nabla^2\nabla^2 w = 0 \quad (\text{在 } S + c \text{ 内}) \\
(2)\ w - \bar{w} = 0 \quad (\text{在 } c \text{ 上}) \\
(3)\ D\left[\nu\nabla^2 w + (1-\nu)\dfrac{\partial^2 w}{\partial n^2}\right] = 0 \quad (\text{在 } c \text{ 上}) \\
(4)\ \lambda(s) - D\dfrac{\partial}{\partial n}\left[\nabla^2 w + (1-\nu)\dfrac{\partial^2 w}{\partial s^2}\right] \\
\qquad + D(1-\nu)\dfrac{\partial}{\partial s}\dfrac{1}{\rho_s}\dfrac{\partial w}{\partial s} = 0 \quad (\text{在 } c \text{ 上}) \\
(5)\ w_k - \bar{w}_k = 0 \quad (k = 1, 2, \cdots, i) \quad (\text{在角点 } k \text{ 上}) \\
(6)\ \lambda_k - D(1-\nu)\left(\dfrac{\partial^2 w}{\partial n \partial s} - \dfrac{1}{\rho_s}\dfrac{\partial w}{\partial s}\right) = 0 \\
\qquad (\text{在角点 } k \text{ 上})
\end{array}\right\} \quad (2.140\ \text{a, b, c, d, e, f})$$

(2.140a) 式是欧拉方程，(2.140b) 式是边界位移已知的约束条件，(2.140e) 式是角点位移已知的约束条件. (2.140c) 式是边界上弯矩为零的自然边界条件，(2.140d)，(2.140f) 式分别决定了拉格朗日乘子 $\lambda(s)$，λ_k 的表达式. 这些乘子在实质上分别代表边界上的等效横剪和角点反力，把 $\lambda(s)$，λ_k 代入 (2.138) 式，即得

$$
\begin{aligned}
\Pi^* = &\frac{1}{2}\iint_S D\left\{\left(\frac{\partial^2 w}{\partial x^2}+\frac{\partial^2 w}{\partial y^2}\right)^2\right. \\
&\left.-2(1-\nu)\left[\frac{\partial^2 w}{\partial x^2}\frac{\partial^2 w}{\partial y^2}-\left(\frac{\partial^2 w}{\partial x\partial y}\right)^2\right]\right\}dxdy \\
&+\oint_c D\left\{\frac{\partial}{\partial n}\left[\nabla^2 w+(1-\nu)\frac{\partial^2 w}{\partial s^2}\right]\right. \\
&\left.-(1-\nu)\frac{\partial}{\partial s}\frac{1}{\rho_s}\frac{\partial w}{\partial s}\right\}(w-\bar{w})ds \\
&+\sum_{k=1}^{i} D(1-\nu)\nabla\left(\frac{\partial^2 w}{\partial n\partial s}-\frac{1}{\rho_s}\frac{\partial w}{\partial s}\right)_k(w_k-\bar{w}_k)
\end{aligned}
\tag{2.141}
$$

在利用这个广义变分原理的泛函进行变分时，边界约束条件 (2.140b) 式，角点约束条件 (2.140e) 式以及 (2.140f) 式都是这个变分的自然边界条件. 在近似计算中，这类自然边界条件是可以自动地近似满足的.

这里指出了待定的拉格朗日乘子的物理意义，是可以通过 Π^* 的变分决定的，而且是唯一地决定的. 无须像广义变分原理的一些作者那样，用假设一试验一再假设的过程来决定.

如果柱形壁筒的壁厚不薄，而且相反地比端板厚得很多，抗弯刚度比板的刚度大得多，相对板的刚度来讲可以看作是绝对刚性的，则焊接后，可以假定板的边界上的法线斜度为零，这指筒壁截面在法线方向没有斜度；或法线斜度已知为 $\overline{\frac{\partial w}{\partial n}}$（指筒壁截面在法线方向有斜度，而且是一切边界坐标 s 的已知函数)，和 (2.137)式合在一起，我们有边界条件为

$$\frac{\partial w}{\partial n}-\overline{\frac{\partial w}{\partial n}}=0 \quad (\text{在 } c \text{ 上}) \tag{2.142a}$$

$$w-\bar{w}=0 \qquad (\text{在 } c \text{ 上}) \tag{2.142b}$$

$$w_k-\bar{w}_k=0 \qquad (\text{在角点 } k \text{ 上}, k=1, 2, \cdots, i) \tag{2.142c}$$

我们的问题是在（2. 142a, b, c）三式的约束条件下，求泛函 Π [（2.136）式] 为极值的 $w(x, y)$. 这是一个条件极值问题，我们可以利用拉格朗日乘子法把它化为一无条件的极值问题. 其泛函为

$$\Pi^{**}=\Pi+\oint_c \lambda^{(1)}(s)(w-\bar{w})ds$$
$$+\oint_c \lambda^{(2)}(s)\left(\frac{\partial w}{\partial n}-\overline{\frac{\partial w}{\partial n}}\right)ds+\sum_{k=1}^{i}\lambda_k(w_k-\bar{w}_k) \tag{2.143}$$

其中 Π 见（2.136）式，$\lambda^{(1)}(s)$，$\lambda^{(2)}(s)$，$\lambda_k(k=1, 2, \cdots, i)$ 为待定的拉格朗日乘子. 对 Π^{**} 变分，并利用（1.234b）式[其中 $q=0$]，得

$$\delta\Pi^{**}=\iint_S D\nabla^2\nabla^2 w\delta w dxdy+\oint_c (w-\bar{w})\delta\lambda^{(1)}(s)ds$$
$$+\oint_c\left(\frac{\partial w}{\partial n}-\overline{\frac{\partial w}{\partial n}}\right)\delta\lambda^{(2)}(s)ds+\sum_{k=1}^{i}(w_k-\bar{w}_k)\delta\lambda_k$$
$$+\sum_{k=1}^{i}\left\{\lambda_k-D(1-\nu)\nabla\left(\frac{\partial^2 w}{\partial n\partial s}-\frac{1}{\rho_s}\frac{\partial w}{\partial s}\right)\right\}\delta w_k$$
$$+\oint_c\left\{\lambda^{(1)}(s)-D\frac{\partial}{\partial n}\left[\nabla^2 w+(1-\nu)\frac{\partial^2 w}{\partial s^2}\right]\right.$$
$$\left.+D(1-\nu)\frac{\partial}{\partial s}\frac{1}{\rho_s}\frac{\partial w}{\partial s}\right\}\delta w ds$$
$$+\oint_c\left\{\lambda^{(2)}(s)+D\left[\nu\nabla^2 w\right.\right.$$
$$\left.\left.+(1-\nu)\frac{\partial^2 w}{\partial n^2}\right]\right\}\frac{\partial\delta w}{\partial n}ds=0 \tag{2.144}$$

由于 $\delta\lambda^{(1)}$，$\delta\lambda^{(2)}$，$\delta\lambda_k$，δw，δw_c，$\left(\frac{\partial\delta w}{\partial n}\right)_c$ 都是独立变分，得

$$\nabla^2\nabla^2 w = 0 \qquad (\text{在 } S + c \text{ 内}) \tag{2.145a}$$

$$w - \bar{w} = 0 \qquad (\text{在 } c \text{ 内}) \tag{2.145b}$$

$$\frac{\partial w}{\partial n} - \overline{\frac{\partial w}{\partial n}} = 0 \quad (\text{在 } c \text{ 内}) \tag{2.145c}$$

$$w_k - \bar{w}_k = 0 \qquad (\text{在角点 } k = 1, 2, \cdots, i \text{ 上}) \tag{2.145d}$$

$$\lambda^{(1)}(s) = D\frac{\partial}{\partial n}\left[\nabla^2 w + (1-\nu)\frac{\partial^2 w}{\partial s^2}\right] - D(1-\nu)\frac{\partial}{\partial s}\frac{1}{\rho_s}\frac{\partial w}{\partial s} \tag{2.145e}$$

$$\lambda^{(2)}(s) = -D\left[\nu\nabla^2 w + (1-\nu)\frac{\partial^2 w}{\partial n^2}\right] \tag{2.145f}$$

$$\lambda_k = D(1-\nu)\nabla\left(\frac{\partial^2 w}{\partial n\partial s} - \frac{1}{\rho_s}\frac{\partial w}{\partial s}\right) \tag{2.145g}$$

(2.145a) 是欧拉方程，(2.145b, c, d) 是边界和角点的约束条件，(2.145e, f, g) 决定了拉格朗日乘子 $\lambda^{(1)}(s)$，$\lambda^{(2)}(s)$，λ_k 的物理意义. $\lambda^{(1)}(s)$ 代表边界上的等效横向剪力，$\lambda^{(2)}(s)$ 代表法向弯矩，λ_k 为角点的反作用力. 把 (2.145e, f, g) 的 $\lambda^{(1)}(s)$，$\lambda^{(2)}(s)$，λ_k 表达式代入 (2.143) 式，即得本题的广义变分的泛函

$$\begin{aligned}
\Pi^{**} = {} & \frac{1}{2}\iint_S D\left\{\left(\frac{\partial^2 w}{\partial x^2} + \frac{\partial^2 w}{\partial y^2}\right)^2 \right.\\
& \left. - 2(1-\nu)\left[\frac{\partial^2 w}{\partial x^2}\frac{\partial^2 w}{\partial y^2} - \left(\frac{\partial^2 w}{\partial x\partial y}\right)^2\right]\right\} dxdy \\
& + \int_c D\left\{\frac{\partial}{\partial n}\left[\nabla^2 w + (1-\nu)\frac{\partial^2 w}{\partial s^2}\right]\right.\\
& \left. - (1-\nu)\frac{\partial}{\partial s}\frac{1}{\rho_s}\frac{\partial w}{\partial s}\right\}(w - \bar{w})ds \\
& - \int_c D\left\{\nu\nabla^2 w + (1-\nu)\frac{\partial^2 w}{\partial n}\right\}\left(\frac{\partial w}{\partial n} - \overline{\frac{\partial w}{\partial n}}\right)ds \\
& + \sum_{k=1}^{i} D(1-\nu)\nabla\left(\frac{\partial^2 w}{\partial n\partial s} - \frac{1}{\rho_s}\frac{\partial w}{\partial s}\right)(w_k - \bar{w}_k)
\end{aligned} \tag{2.146}$$

如果将这个泛函变分，则可以证明(2.142a, b, c)中的边界约束条件和角点约束条件事实上都是这个广义变分的自然边界条件.

在下面将举例说明，当人们错误地使用拉格朗日乘子法，把原变分泛函中自然能满足的自然边界条件，作为边界约束条件处理时，广义变分的结果，可以给出所设拉格朗日乘子恒等于零. 如果得到这样的结果，则就直接告诉人们，原来认为是附加的约束条件，在实质上是原泛函的自然边界条件，所设拉格朗日乘子是多余的. 这说明了拉格朗日乘子法在这一方面有自动防止错误的能力.

设有一薄板在横向载荷 $q(x, y)$ 作用下发生横向弯曲位移 $w(x, y)$，周边弹性支承，$k^{(1)}$ 为支承物的抗弯弹性系数，$k^{(2)}$ 为支承物的抗压弹性系数. 所解微分方程为

$$D\nabla^2\nabla^2 w = q(x, y) \quad (\text{在 } S + c \text{ 内}) \tag{2.147}$$

边界条件为

$$D\left[\nu\nabla^2 w + (1-\nu)\frac{\partial^2 w}{\partial n^2}\right] + k^{(1)}\frac{\partial w}{\partial n} = 0 \quad (\text{在 } c \text{ 上}) \tag{2.148a}$$

$$D\left\{\frac{\partial}{\partial n}\left[\nabla^2 w + (1-\nu)\frac{\partial^2 w}{\partial s^2}\right] - (1-\nu)\frac{\partial}{\partial s}\frac{1}{\rho_s}\frac{\partial w}{\partial s}\right\} - k^{(2)} w = 0 \quad (\text{在 } c \text{ 上}) \tag{2.148b}$$

$$D(1-\nu)\nabla\left(\frac{\partial^2 w}{\partial n\partial s} - \frac{1}{\rho_s}\frac{\partial w}{\partial s}\right)_k + k_k w_k = 0$$

$$(\text{在角点 } k = 1, 2, \cdots, i \text{ 上}) \tag{2.148c}$$

板的弯曲应变能见(2.136)式，支承物的弹性能为

$$V = \frac{1}{2}\oint_c k^{(1)}\left(\frac{\partial w}{\partial n}\right)^2 ds + \frac{1}{2}\oint k^{(2)} w^2 ds + \frac{1}{2}\sum_{k=1}^{i} k_k w_k^2 \tag{2.149}$$

载荷做的功是

$$W = \iint_S q w dx dy \tag{2.150}$$

所以，板和支承物及外载的总势能为

$$\Pi_1 = \Pi - \iint_S qw dx dy + \frac{1}{2}\oint_c \left\{k^{(1)}\left(\frac{\partial w}{\partial n}\right)^2 + k^{(2)}w^2\right\} ds + \frac{1}{2}\sum_{k=1}^{i} k_k w_k^2 \tag{2.151}$$

其中 Π 见 (2.136) 式. 最小势能原理 $\delta\Pi=0$ 给出欧拉方程 (2.147) 式和自然边界条件 (2.148a, b, c) 式.

如果我们不知道 (2.148a, b, c) 式是(2.151)式变分的自然边界条件，而用拉格朗日乘子 $\lambda^{(1)}$, $\lambda^{(2)}$, λ_k 构成新的泛函

$$\begin{aligned}\Pi_1^* = \Pi &- \iint_S qw dx dy \\ &+ \frac{1}{2}\oint_c \left\{k^{(1)}\left(\frac{\partial w}{\partial n}\right)^2 + k^{(2)}w^2\right\} ds + \frac{1}{2}\sum_{k=1}^{i} k_k w_k^2 \\ &+ \oint_c \lambda^{(1)}\left\{D\left[\nu\nabla^2 w + (1-\nu)\frac{\partial^2 w}{\partial n^2}\right] + k^{(1)}\frac{\partial w}{\partial n}\right\} ds \\ &+ \oint_c \lambda^{(2)}\left\{D\frac{\partial}{\partial n}\left[\nabla^2 w + (1-\nu)\frac{\partial^2 w}{\partial s^2}\right]\right. \\ &\left. - D(1-\nu)\frac{\partial}{\partial s}\frac{1}{\rho_s}\frac{\partial w}{\partial s} - k^{(2)}w\right\} ds \\ &+ \sum_{k=1}^{i}\lambda_k\left\{D(1-\nu)\nabla\left(\frac{\partial^2 w}{\partial n\partial s} - \frac{1}{\rho_s}\frac{\partial w}{\partial s}\right)_k + k_k w_k\right\}\end{aligned} \tag{2.152}$$

在变分后，可以用分部积分求得

$$\begin{aligned}\delta\Pi_1^* = &\iint_S [D\nabla^2\nabla^2 w - q]\delta w dx dy \\ &+ \oint_c \left\{\lambda^{(2)}D\frac{\partial^3\delta w}{\partial n^3} + \left(\lambda^{(1)} + \frac{\lambda^{(2)}}{\rho_s}\right)D\frac{\partial^2\delta w}{\partial n^2}\right\} ds \\ &+ \oint_c \left\{D\left[\nu\nabla^2 w + (1-\nu)\frac{\partial^2 w}{\partial n^2}\right] + k^{(1)}\frac{\partial w}{\partial n}\right. \\ &\left. + D\frac{\nu}{\rho_s}\lambda^{(1)} + D(2-\nu)\frac{\partial^2\lambda^{(2)}}{\partial s^2} + k^{(1)}\lambda^{(1)}\right\}\frac{\partial\delta w}{\partial n} ds\end{aligned}$$

$$
\begin{aligned}
& -\oint_c \left\{ D\frac{\partial}{\partial n}\left[\nabla^2 w + (1-\nu)\frac{\partial^2 w}{\partial s^2}\right]\right. \\
& -D(1-\nu)\frac{\partial}{\partial s}\frac{1}{\rho_s}\frac{\partial w}{\partial s} - k^{(2)}w - \nu D\frac{\partial^2\lambda^{(1)}}{\partial s^2} \\
& \left. +(1-\nu)D\frac{\partial}{\partial s}\frac{1}{\rho_s}\frac{\partial\lambda^{(2)}}{\partial s} + k^{(2)}\lambda^{(2)}\right\}\delta w ds \\
& +\oint_c \left\{ D\left[\nu\nabla^2 w + (1-\nu)\frac{\partial^2 w}{\partial n^2}\right] + k^{(1)}\frac{\partial w}{\partial n}\right\}\delta\lambda^{(1)} ds \\
& +\oint_c \left\{ D\frac{\partial}{\partial n}\left[\nabla^2 w + (1-\nu)\frac{\partial^2 w}{\partial s^2}\right]\right. \\
& \left. -D(1-\nu)\frac{\partial}{\partial s}\frac{1}{\rho_s}\frac{\partial w}{\partial s} - k^{(2)}w\right\}\delta\lambda^{(2)} ds \\
& +\sum_{k=1}^{i}\left\{ k_k(w_k+\lambda_k) - D\nu\nabla\left(\frac{\partial\lambda^{(1)}}{\partial s}\right)_k\right. \\
& \left. +D(1-\nu)\nabla\left(\frac{1}{\rho_s}\frac{\partial\lambda^{(2)}}{\partial s}\right)_k\right\}\delta w_k \\
& -D(2-\nu)\sum_{k=1}^{i}\nabla\left(\frac{\partial\lambda^{(2)}}{\partial s}\frac{\partial\delta w}{\partial n}\right)_k \\
& +D\sum_{k=1}^{i}\nabla\left\{\left[\nu\lambda^{(1)} - (1-\nu)\lambda^{(2)}\frac{1}{\rho_s} - (1-\nu)\frac{\lambda_k}{\rho_s}\right]\frac{\partial\delta w}{\partial s}\right\}_k \\
& +D\sum_{k=1}^{i}\nabla\left\{\left[(2-\nu)\lambda^{(2)} + (1-\nu)\lambda_k\right]\frac{\partial^2\delta w}{\partial n\partial s}\right\}_k \\
& +\sum_{n=1}^{i}\left\{ D(1-\nu)\nabla\left(\frac{\partial^2 w}{\partial n\partial s} - \frac{1}{\rho_s}\frac{\partial w}{\partial s}\right)_k + k_k w_k\right\}\delta\lambda_k = 0
\end{aligned}
\tag{2.153}
$$

其中 $\delta\lambda^{(1)}$, $\delta\lambda^{(2)}$, $\delta\lambda_k$, δw, $\left(\frac{\partial\delta w}{\partial n}\right)_c$, $\left(\frac{\partial^2\delta w}{\partial n^2}\right)_c$, $\left(\frac{\partial^3\delta w}{\partial n^3}\right)_c$, $(\delta w)_c$, $\left(\frac{\partial\delta w}{\partial n}\right)_k$, $\left(\frac{\partial\delta w}{\partial s}\right)_k$, $\left(\frac{\partial^2\delta w}{\partial n\partial s}\right)_k$, δw_k 都是独立变量，利用预备定理，从 $\left(\frac{\partial^3\delta w}{\partial n^3}\right)_c$, $\left(\frac{\partial^2\delta w}{\partial n^2}\right)_c$ 的系数，得

$$\lambda^{(2)}=0,\quad \lambda^{(1)}+\frac{\lambda^{(2)}}{\rho_s}=0 \tag{2.154a}$$

由此,得

$$\lambda^{(1)}=\lambda^{(2)}=0 \tag{2.154b}$$

从 $\left(\frac{\partial\delta w}{\partial s}\right)_k$ 的系数,和 $\left(\frac{\partial^2\delta w}{\partial n\partial s}\right)_k$ 的系数,可以进一步证明

$$\lambda_k=0 \tag{2.154c}$$

于是,其余诸项的系数给出

$$D\nabla^2\nabla^2 w=q(x,y) \qquad (在 S 内) \tag{2.155}$$

$$D\left[\nu\nabla^2 w+(1-\nu)\frac{\partial^2 w}{\partial n^2}\right]+k^{(1)}\frac{\partial w}{\partial n}=0 \qquad (在 c 上) \tag{2.156a}$$

$$D\frac{\partial}{\partial n}\left[\nabla^2 w+(1-\nu)\frac{\partial^2 w}{\partial s^2}\right]-D(1-\nu)\frac{\partial}{\partial s}\frac{1}{\rho_s}\frac{\partial w}{\partial s}-k^{(2)}w=0 \qquad (在 c 上) \tag{2.156b}$$

$$D(1-\nu)\nabla\left(\frac{\partial^2 w}{\partial n\partial s}-\frac{1}{\rho_s}\frac{\partial w}{\partial s}\right)_k+k_k w_k=0 \qquad (在角点 k 上) \tag{2.156c}$$

由于(2.154b, c)式,就证明了(2.152)式应该归化为(2.151)式. 这就说明了拉格朗日乘子法在这一方面有自动防止错误的能力.

总起来讲,如果所给条件并非原泛函的自然边界条件,则我们就能用待定的乘子把这些条件吸收入泛函成为新的泛函,然后通过变分唯一地决定这些乘子的物理意义,这样就确立了包括一切约束条件在内的泛函,这种泛函称为**广义变分问题的泛函**. 广义变分原理在实质上就是把有条件的变分泛函用拉格朗日乘子法化为无条件的泛函的变分原理. 广义变分的泛函在变分中得到的自然边界条件,有一部份是原变分原理的自然边界条件,而另一部份就是原变分原理的约束条件. 在广义变分中,这些条件都按自然边界条件那样自然得到满足的.

§ 2.6 斯脱姆-刘维耳 (Sturm-Liouville) 型二阶微分方程的变分推导，瑞利 (Rayleigh) 原理，特征值问题的瑞利-立兹 (Rayleigh-Ritz) 法

现在让我们研究在约束条件

$$J = \int_{x_1}^{x_2} w(x) y^2 dx \tag{2.157}$$

下，求泛函

$$I = \int_{x_1}^{x_2} (py'^2 + qy^2) dx \tag{2.158}$$

为极值的欧拉方程，其中 p，q，w 都是 x 的已知函数.

这是个条件极值问题，按拉格朗日乘子法，我们有广义变分的泛函

$$\begin{aligned} I^* &= I + \lambda \left(J - \int_{x_1}^{x_2} w(x) y^2 dx \right) \\ &= \lambda J + \int_{x_1}^{x_2} [py'^2 + (q - \lambda w) y^2] dx \end{aligned} \tag{2.159}$$

其变分为

$$\begin{aligned} \delta I^* &= \delta I - \lambda \delta \int_{x_1}^{x_2} w(x) y^2 dx + \left[J - \int_{x_1}^{x_2} w(x) y^2 dx \right] \delta\lambda \\ &= \int_{x_1}^{x_2} [2py'\delta y' + 2(q - \lambda w) y \delta y] dx \\ &\quad + \left[J - \int_{x_1}^{x_2} w(x) y^2 dx \right] \delta\lambda \end{aligned} \tag{2.160}$$

或通过分部积分得

$$\begin{aligned} \delta I^* &= [2py'\delta y]_{x_1}^{x_2} + 2\int_{x_1}^{x_2} \left[y(q - \lambda w) - \frac{d}{dx}(py') \right] \delta y dx \\ &\quad + \left[J - \int_{x_1}^{x_2} w(x) y^2 dx \right] \delta\lambda = 0 \end{aligned} \tag{2.161}$$

(2.161) 式右边第一项在下列诸端点条件下都等于零.

(i) 在端点 $y(x_1) = 0$，$y(x_2) = 0$ 处固定，则 $(\delta y)_{x_1} = 0$，$(\delta y)_{x_2} = 0$

(ii) "自由端"时，$(py')_{x_1} = 0$，$(py')_{x_2} = 0$

(iii) 一端"自由"，一端固定，即一端 $(py')_{x_1}=0$，另一端 $(\delta y)_{x_2}=0$，或一端 $(\delta y)_{x_1}=0$，另一端 $(py')_{x_2}=0$。

在这些条件下，当 I^* 是极值时，(2.157) 式得到满足，而且有欧拉方程

$$\frac{d}{dx}(py')+(\lambda w-q)y=0 \tag{2.162}$$

也即是说 (2.162) 式在上述端点条件下的解，必使泛函 (2.158) 式在约束条件 (2.157) 式下达到极值. (2.162) 式称为斯脱姆-刘维耳二阶微分方程. 这个微分方程的重要性在于它是许多很重要的微分方程的普遍形式，现在让我们研究一下这个方程的解的一些重要性质.

1. 当 $y(x)$ 为斯脱姆-刘维耳方程的解时，λ 的表达式

从 (2.159) 式，经过分部积分，并利用端点条件 (i), (ii) 或 (iii) 后，得

$$I-\lambda J=-\int_{x_1}^{x_2}y\left\{\frac{d}{dt}(py')+(\lambda w-q)y\right\}dx \tag{2.163}$$

其中 I, J 代表 (2.157), (2.158) 式右端的两个泛函. 当 $y(x)$ 满足 (2.162) 式时，得

$$I-\lambda J=0 \quad 即 \quad \lambda=\frac{I}{J} \tag{2.164}$$

或即

$$\lambda=\frac{I}{J}=\frac{\int_{x_1}^{x_2}(py'^2+qy^2)dx}{\int_{x_1}^{x_2}wy^2dx} \tag{2.165}$$

这个关系是很重要的，人们常利用它或它的变分来求 λ 的近似值，这将在以后讨论.

2. 斯脱姆-刘维耳方程的特征值和特征函数

这个方程在上述 (i), (ii) 或 (iii) 的各种端点条件下的解一般

只有一系列特定的 λ 值时才存在，我们称这系列 λ 值为特征值，以 $\lambda_m(m=1, 2, \cdots)$ 来表示．和这些特征值有关的函数为特征函数 $y_m(x)$，一般是一个特征值 λ_m，有一个特征函数 $y_m(x)$（而不是有两个以上的特征函数）与之对应．我们说这是非退化问题．这种特征值问题，就称为斯脱姆-刘维耳问题．现举一例来说明这类特征值问题．

设 $p(x)=1$，$q(x)=0$，$w(x)=1$，端点条件为 $y(0)=y(l)=0$，其中 $x_1=0$，$x_2=l$．于是斯脱姆-刘维耳方程为

$$y''+\lambda y=0 \tag{2.166}$$

其解为

$$y=A\cos\sqrt{\lambda}\,x+B\sin\sqrt{\lambda}\,x \tag{2.167}$$

$y(0)=0$，给出 $A=0$，$y=B\sin\sqrt{\lambda}\,x$．当 $y=l$ 时，给出

$$y(l)=B\sin\sqrt{\lambda}\,l=0 \tag{2.168}$$

所以 $\sqrt{\lambda}\ l$ 一定是 $n\pi$，或

$$\lambda=\lambda_n=\frac{n^2\pi^2}{l^2}\qquad(n=1, 2, 3, \cdots) \tag{2.169}$$

这就是 λ 的特征值，而相关的特征函数为

$$y_n(x)=B_n\sin\frac{n\pi}{l}x\qquad(n=1, 2, 3, \cdots) \tag{2.170}$$

B_n 通常是由正则化条件决定的，即

$$J=1=\int_{x_1}^{x_2}w(x)y_n^2\,dx=\int_0^l y_n^2\,dx \tag{2.171}$$

本例的 $w(x)=1$，把 (2.170) 式代入 (2.171) 式，得

$$1=B_n^2\int_0^l\sin^2\left(\frac{n\pi}{l}x\right)dx=\frac{l}{2}B_n^2 \tag{2.172}$$

或

$$B_n=\sqrt{\frac{2}{l}} \tag{2.173}$$

于是 (2.166) 式在 $y(0)=y(l)=0$ 的条件下的特征解为

$$\lambda_n = \frac{n^2\pi^2}{l^2} \quad y_n = \sqrt{\frac{2}{l}} \sin\frac{n\pi}{l} x \quad (n = 1, 2, 3, \cdots) \tag{2.174}$$

λ_n 为本题的特征值，y_n 为本题的特征函数．很容易证明 (2.165) 式是满足的，即

$$\lambda = \frac{I}{J} = \frac{\int_0^l y'^2 dx}{\int_0^l y^2 dx} = \int_0^l y'^2 dx \tag{2.175}$$

其中 J 根据正则化条件应该等于 1．所以 (2.165) 式也可以理解为 λ 等于当 $J = 1$ 时的 I 值．

现在让我们研究特征函数的正交性质，从 (2.174) 式很易证明，

$$\left.\begin{aligned} &\text{(a) 当 } n \neq m \text{ 时，} \int_0^l y_n y_m dx \\ &\qquad = \frac{2}{l}\int_0^l \sin\frac{n\pi x}{l} \sin\frac{m\pi x}{l} dx = 0 \\ &\text{(b) 当 } n = m \text{ 时，} \int_0^l y_n^2 dx = 1 \end{aligned}\right\} \tag{2.176}$$

于是，满足下列狄利克雷条件的任何函数 $f(x)$，都可以在 $0 \leqslant x \leqslant l$ 中展开为 y_n 的级数，即

$$f(x) = \sum_{n=1}^{\infty} A_n y_n(x), \quad (A_n \text{ 为常数}) \tag{2.177}$$

所谓狄利克雷条件为：

(i) $f(x)$ 是单值的，有周期为 l 的周期性，即 $f(x + nl) = f(x)$，而 n 为整数。

(ii) $f(x)$ 在 $0 \leqslant x \leqslant l$ 中只存在有限个有限不连续点，$f(x)$ 也称是分段连续的．

(iii) $f(x)$在 $0 \leqslant x \leqslant l$ 中只存在有限个极大极小值．

利用正交条件 (2.176a) 和正则化条件 (2.176b)，就可以求得

$$A_n = \int_0^l f(x) y_n(x) dx = \sqrt{\frac{2}{l}} \int_0^l f(x) \sin\frac{n\pi}{l} x dx \tag{2.178}$$

如果 $x = \xi$ 是 $f(x)$ 的一个不连续点，则

$$\sum_{n=1}^{\infty} A_n y_n(\xi) = \frac{1}{2}[f(\xi+0)+f(\xi-0)] \qquad (2.179)$$

上式的证明略去，它在许多的标准教科书中都能找到。

对于一般的斯脱姆-刘维耳方程的特征解都有相同的性质.

首先，证明这些 $y_n(x)$ 都是正交的，设 λ_m，$\lambda_n(\lambda_m \neq \lambda_n)$ 是两个特征值，y_m，y_n 是相关的两个特征函数. 因为 y_m，y_n 都是 $\lambda = \lambda_m$，λ_n 时斯脱姆-刘维耳方程 (2.162) 式的解，所以有

$$\frac{d}{dx}(py'_m) + (\lambda_m w - q)y_m = 0 \qquad (2.180a)$$

$$\frac{d}{dx}(py'_n) + (\lambda_n w - q)y_n = 0 \qquad (2.180b)$$

(2.180a) 乘 y_n，(2.180b) 乘 y_m，相减后得

$$\frac{d}{dx}[py_n y'_m - py_m y'_n] = (\lambda_n - \lambda_m)wy_m y_n \qquad (2.181)$$

从 x_1 到 x_2 积分，得

$$[py_n y'_m - py_m y'_n]_{x_1}^{x_2} = (\lambda_n - \lambda_m)\int_{x_1}^{x_2} w(x)y_n y_m dx \qquad (2.182)$$

因为当 $x = x_1$ 或 $x = x_2$ 时，不论是端点条件 (i)，(ii) 或 (iii)，

$$[py_n y'_m - py_m y'_n]_{x_1}^{x_2} = 0 \qquad (2.183)$$

所以，从 (2.182) 式，只要 $\lambda_n \neq \lambda_m$，必有

$$\int_{x_1}^{x_2} wy_n y_m dx = 0 \quad (\lambda_n \neq \lambda_m) \qquad (2.184)$$

这就是 y_n 等特征值的正交条件，$w(x)$ 是这个正交条件的权函数. 一般说来，我们也有正则化条件，即

$$J = 1 = \int_{x_1}^{x_2} wy_n^2 dx \quad (n = 1, 2, \cdots) \qquad (2.185)$$

所以，$y_n(n = 1, 2, \cdots)$ 是正交的特征函数族. 只要 $w(x)$ 在 $x_1 \leqslant x \leqslant x_2$ 是正的，则正则化条件总是能满足的. 同正弦级数一样，我们可以把满足狄利克雷条件的任意函数 $f(x)$ 展开为 $y_n(x)$ 的级数. 即

$$f(x)=\sum_{n=1}^{\infty}A_n y_n(x)\quad (A_n=\text{常数})\tag{2.186}$$

A_n 是根据正交正则化条件求得的. 它是

$$A_n=\int_{x_1}^{x_2}f(x)w(x)y_n(x)dx\quad (n=1,2,\cdots)\tag{2.187}$$

如果 $x=\xi$ 为 $f(x)$ 的不连续点,则可以证明 (2.179) 式.

3. **瑞利** (Rayleigh) **原理**[4], [5]

我们将证明瑞利原理,设

$$\lambda=\frac{I}{J}\tag{2.188}$$

而

$$I=\int_{x_1}^{x_2}(py'^2+qy^2)dx,\quad J=\int_{x_1}^{x_2}wy^2dx\tag{2.189}$$

则 λ 的极值必为满足微分方程

$$\frac{d}{dx}(py')+(\lambda w-q)y=0\tag{2.190}$$

的特征值 λ_n. 使 (2.188) 式为极值的 $y(x)$, 必满足 (2.190) 式的特征函数.

从 (2.188) 式,变分得

$$\delta\lambda=\frac{1}{J^2}(J\delta I-I\delta J)\tag{2.191}$$

如果 λ 是极值,则 $\delta\lambda=0$, 于是

$$\delta I-\frac{I}{J}\delta J=0\tag{2.192}$$

或根据 (2.188) 式,得

$$\delta I-\lambda\delta J=0\tag{2.193}$$

根据和 (2.160), (2.161) 式相似的推导, (2.193) 式在有关 (i), (ii), (iii) 诸端点条件下必给出

$$\frac{d}{dx}(py')+(\lambda w-q)y=0\tag{2.194}$$

所以 y 和 λ 必为特征函数和有关的特征值．这就证明了瑞利原理，即 λ 的诸极值即为 (2.194) 式在端点条件 (i), (ii) 或 (iii) 下的诸特征值．

瑞利原理告诉我们，从一切 $y(x)$ 中选取使 $\lambda=\frac{I}{J}$ 为极值的函数时，将有无数个这样的极值函数(即诸特征值函数 $y_m(x)$)，而有关的极值 λ_m (诸特征值)也有无穷个．其实所有这些特征值 λ_m 都是局部的极值，相当于函数中的局部的极大极小．亦即在 $y_m(x)$ 的邻近各函数中选取使 λ 为极值的函数时，将是 $y_m(x)$，这个局部的极值即为 λ_m．在这些极值 $\lambda_m(m=1,2,\cdots)$ 中，一般是以 λ_1, λ_2, $\cdots$ 的大小次序排列的，λ_1 是诸特征值中最小的特征值，如果从一切满足条件的函数中选择 λ 的极值时，最小的极值当然地应该是 λ_1，它的极值函数是 $y_1(x)$，λ_1 有时称为基本特征值，λ_2, $\lambda_3\cdots$ 等为高阶特征值．

4. 瑞利-立兹法 (Rayleigh-Ritz 法)[4, 6]

根据瑞利原理，立兹(1908)提出了一个求解微分方程 (2.194) 式 (即斯脱姆-刘维耳微分方程) 的特征值的近似计算法．首先把微分方程化为有关的泛函形式，这里是 (2.188) 式或 $\lambda=\frac{I}{J}$ 的形式．如果在一切函数 $y(x)$ 中通过变分求 λ 的极值(最小值)时，就能求得 λ 的一切特征值，尤其是基本特征值 λ_1．如果我们不在一切函数中选取，而是在较小的函数范围内选取，则所得的最小值，当然不可能小于真正的最小值 λ_1；如果函数的选择范围内包括了那个真正的特征函数 $y_1(x)$，则选择所得的 λ 极值当然就是 λ_1；如果函数的选择范围内不包括那个真正的特征函数 $y_1(x)$，则选择所得的 λ 极值当然比 λ_1 略高，($\lambda>\lambda_1$)，选得的函数也必是这群函数中最接近 $y_1(x)$ 的那个函数．选择的范围越宽，所得的最佳函数就越接近 $y_1(x)$，极值也越接近真正的 λ_1 值．这就是瑞利原理被立兹用来求最小特征值的基本概念．

瑞利-立兹法的程序为：第一步假设如下一个函数：

$$y(x)=A_1y^{(1)}(x)+A_2y^{(2)}(x)+\cdots+A_ny^{n}(x) \quad (2.195)$$

$y^{(1)}(x)$，$y^{(2)}(x)$，$\cdots$，$y^{(n)}(x)$ 满足所给端点条件，但无需是微分方程的解，A_1，A_2，$\cdots$，A_n 为待定的 n 个参数,所以 (2.195) 式满足端点条件，但不是微分方程的解. A_1，A_2，$\cdots$，A_n 的选择就是代表着从 (2.195) 式那样的函数中选择最好的 $y(x)$. 第二步，把 (2.195) 式代入 I，J，求得积分，于是得

$$\lambda=\lambda(A_1, A_2, A_3, \cdots, A_n) \quad (2.196)$$

如果 λ 为极值，则有极值条件

$$\frac{\partial\lambda}{\partial A_1}=\frac{\partial\lambda}{\partial A_2}=\cdots=\frac{\partial\lambda}{\partial A_n}=0 \quad (2.197)$$

这是求解 A_n 的 n 个联立方程，在解出后，就可以求得近似的基本特征函数和基本特征值，这样的基本特征值是 λ_1 的上限. 有时瑞利-立兹法也称为上限法. A_n 的 n 越大，选择的范围越大，所求得的近似特征值越迫近 λ_1.

人们在熟练使用瑞利-立兹法后，常常很易估计 $y_1(x)$ 是什么形式的曲线，如果以大体上曲线形式相似的函数代替 $y_1(x)$，则用一两个 A_n 就能得到很接近 λ_1 的极值，这是瑞利-立兹法受人欢迎的优点.

现在举 $\lambda^{11}+\lambda y=0$，$y(0)=y(l)=0$ 这样的问题作为例来说明瑞利-立兹法的应用. 其特征值为 $\lambda_n=\frac{n^2\pi^2}{l^2}$，有关特征函数为 $y_n(x)=\sqrt{\frac{2}{l}}\sin\frac{n\pi x}{l}$，基本特征值为 $\lambda_1=\frac{\pi^2}{l^2}$，基本特征函数为 $y_1=\sqrt{\frac{2}{l}}\sin\frac{\pi x}{l}$. 设近似函数为

$$y^{(1)}=A_1x(l-x) \quad (2.198)$$

它是满足 $y^{(1)}(0)=y^{(2)}(l)=0$ 的边界条件的. 代入 I 和 J，得

$$I=\int_0^l y'^2dx=\frac{1}{3}A_1^2l^3, \quad J=\int_0^l y^2dx=\frac{1}{30}A_1^2l^3 \quad (2.199)$$

所以，得 $\lambda_1\left(\doteq\frac{\pi^2}{l^2}\right)$ 的一次近似

$$\lambda^{(1)} = \frac{10}{l^2} \tag{2.200}$$

和 $\pi^2 = 9.8697$ 相比,大于 1.3%. 这就证实了 $\lambda^{(1)}$ 略大于 λ_1 的论断. A_1 可以通过正则化条件 $J = 1$ 定出 $A_1 = \sqrt{\frac{30}{l}}\frac{1}{l}$. 所以近似的基本特征函数

$$y^{(1)}(x) = \sqrt{\frac{30}{l}}\frac{x}{l}\left(1 - \frac{x}{l}\right) \tag{2.201}$$

其极大值为 $y^{(1)}\left(\frac{1}{2}l\right) = \sqrt{\frac{15}{8l}}$, 它和 $y_1 = \sqrt{\frac{2}{l}}\sin\frac{\pi x}{l}$ 的最大值 $\sqrt{\frac{2}{l}}$ 相比,差别也很小.

为了求得进一步的近似,设近似函数为

$$y^{(2)}(x) = A_1 x(l - x) + A_2 x^2 (l - x)^2 \tag{2.202}$$

代入 I, J, 得

$$\left.\begin{aligned} I &= \frac{l^3}{3}A_1^2 + \frac{2l^5}{15}A_1A_2 + \frac{2l^7}{105}A_2^2 \\ J &= \frac{l^5}{30}A_1^2 + \frac{l^7}{70}A_1A_2 + \frac{l^9}{630}A_2^2 \end{aligned}\right\} \tag{2.203}$$

而

$$\lambda = \frac{\frac{1}{3} + \frac{2}{15}\alpha + \frac{2}{105}\alpha^2}{\frac{1}{30} + \frac{1}{70}\alpha + \frac{1}{630}\alpha^2}\frac{1}{l^2} = \frac{6(35 + 14\alpha + 2\alpha^2)}{l^2(21 + 9\alpha + \alpha^2)} \tag{2.204}$$

其中 α 为简号

$$\alpha = l^2\frac{A_2}{A_1} \tag{2.205}$$

求 λ 的最小值,即

$$\frac{\partial\lambda}{\partial\alpha} = \frac{6}{l^2}\left\{\frac{14 + 4\alpha}{21 + 9\alpha + \alpha^2} - \frac{(35 + 14\alpha + 2\alpha^2)(9 + 2\alpha)}{(21 + 9\alpha + \alpha^2)^2}\right\} = 0 \tag{2.206}$$

或者

$$4\alpha^2+14\alpha-21=0,\quad \alpha=-\frac{7}{4}+\frac{1}{4}\sqrt{133}=1.1331 \tag{2.207}$$

(2.207) 式的另一根一般给出 λ_2 的近似值. 把 α 代入 (2.204) 式,得

$$\lambda=\frac{6}{l^2}\frac{35+14\alpha+2\alpha^2}{21+9\alpha+\alpha^2}=\frac{9.8697}{l^2} \tag{2.208}$$

它和基本特征值 $\lambda_1=\frac{\pi^2}{l^2}=\frac{9.8697}{l^2}$ 相同到 5 位数. 可见瑞利-立兹法的有效性. 从正则化条件 $J=1$, 得

$$J=1=\frac{l^5}{630}A_1^2(21+9\alpha+\alpha^2) \tag{2.209}$$

于是有

$$A_1=\frac{1}{l^2\sqrt{l}}\sqrt{\frac{630}{21+9\alpha+\alpha^2}}=\frac{4.404}{l^2\sqrt{l}} \tag{2.210}$$

而 A_2 则从 $\alpha=\frac{A_2l^2}{A_1}$ 求得

$$A_2=\frac{\alpha A_1}{l^2}=4.990\frac{1}{l^4\sqrt{l}}, \tag{2.211}$$

而 $y^{(2)}(x)$ 的最大值为

$$y^{(2)}\left(\frac{l}{2}\right)=\frac{1}{4}A_1l^2+\frac{1}{16}A_2l^4=\frac{1.414}{\sqrt{l}} \tag{2.212}$$

这和 $y\left(\frac{l}{2}\right)$ 的正确值 $1.414/\sqrt{l}$ 已经相同了 4 位数. 可见瑞利-立兹法不只对求基本特征值有效,而且对基本特征函数,也同样是很有效的. 把

$$y_1=\sqrt{\frac{2}{l}}\sin\frac{\pi x}{l}$$

和

$$y^{(2)}(x)=\frac{4.404}{l^2\sqrt{l}}x(l-x)+\frac{4.990}{l^4\sqrt{l}}x^2(l-x)^2$$

相比较，我们可以看到相差很小.

我们也可以近似地用瑞利-立兹法求高阶特征值和它的特征函数. 一般第一阶(基本)特征函数 $y_1(x)$ 在 $0 \leqslant x \leqslant l$ 中，除了端点外，没有过零点. 第二阶特征函数 $y_2(x)$，在 $0 \leqslant x \leqslant l$ 中，除端点外有一个过零点；第 n 阶特征函数有 $n-1$ 个过零点. 现在让我们在第二阶特征函数 $y_2(x)=\sqrt{\frac{2}{l}}\sin\frac{2\pi x}{l}$ 的附近选用近似函数. 这个近似函数除了满足端点条件外，也有一个过零点. 最简单的这样的函数是

$$y=B_1x(l-x)\left(\frac{l}{2}-x\right) \tag{2.213}$$

于是

$$J=\int_0^l y^2dx=\frac{B^2}{840}l^7 \quad I=\int_0^l y'^2dx=\frac{B^2}{20}l^5 \tag{2.214}$$

所以

$$\lambda_2=\frac{I}{J}=\frac{42}{l^2} \tag{2.215}$$

λ_2 的正确值为 $\frac{4\pi^2}{l^2}=\frac{39.48}{l^2}$. 这里的 λ_2 比正确值大 6.3%. 要得到更正确的 λ_2 值，应该利用

$$y=B_1x(l-x)\left(\frac{l}{2}-x\right)+B_2x^2(l-x)^2\left(\frac{l}{2}-x\right) \tag{2.216}$$

进行和 λ_1 的近似值相同的计算，我们将不再重复这些工作. 留给读者自己去进行试验.

最后一个问题是：如果一次近似函数就是正确的特征函数$\left(\text{例如}\sqrt{\frac{2}{l}}\sin\frac{\pi x}{l}\right)$，则在 $A_1\sin\frac{\pi x}{l}$ 上如果增加一个 $A_2\sin\frac{2\pi x}{l}$，有没有可能由于扩大的函数选择范围而降低特征值呢？当然从理论上说这是不可能的. 因为虽然扩大了选择范围，原来那个最佳函数，还是最佳函数，并不能有更好的选择了，所以并不能降低特征值，设我们选用

$$y = A_1 \sin\frac{\pi x}{l} + A_2 \sin\frac{2\pi x}{l} \tag{2.217}$$

于是有

$$\left.\begin{aligned} J &= \int_0^l y^2 dx = \frac{l}{2}(A_1^2 + A_2^2) \\ I &= \int_0^l y'^2 dx = \frac{l}{2}\left[\left(\frac{\pi}{l}A_1\right)^2 + \left(\frac{2\pi}{l}A_2\right)^2\right] \end{aligned}\right\} \tag{2.218}$$

而

$$\lambda = \frac{I}{J} = \frac{1+4\alpha}{1+\alpha}\left(\frac{\pi}{l}\right)^2, \quad \alpha = \left(\frac{A_2}{A_1}\right)^2 > 0 \tag{2.219}$$

λ 对于 $\alpha > 0$ 而言,永远是一个增长的函数,即

$$\frac{\partial\lambda}{\partial\alpha} = \frac{3}{(1+\alpha)^2}\left(\frac{\pi}{l}\right)^2 > 0 \quad (当\ \alpha > 0) \tag{2.220}$$

所以 λ_1 的最小值在 $\alpha = 0$, 即是 $A_2 = 0$. 这就证实了: 如果原来就是最好的选择了, 扩大选择范围并不能得到更好的选择而降低特征值.

5. 瑞利-立兹法的另一种近似计算方案

从(2.193)式,我们有

$$\delta I - \lambda\delta J = 0 \quad 或 \quad \delta(I - \lambda J)_\lambda = 0 \tag{2.221}$$

这里指 λ 在变分中作为不变量看待. 于是称

$$\Pi = I - \lambda J = \int_{x_1}^{x_2}\{py'^2 + (q - \lambda w)y^2\}dx \tag{2.222}$$

则求特征值的条件是泛函 Π 达到极值. 如果取近似函数为

$$y(x) = \alpha_1 y_1(x) + \alpha_2 y_2(x) + \cdots + \alpha_n y_n(x) \tag{2.223}$$

它满足端点条件, $\alpha_1, \alpha_2, \cdots, \alpha_n$ 为待定常数, 则 $\Pi = \Pi(\alpha_1, \alpha_2, \cdots, \alpha_n)$ 达到极值时必有

$$\frac{\partial\Pi}{\partial\alpha_1} = \frac{\partial\Pi}{\partial\alpha_2} = \cdots = \frac{\partial\Pi}{\partial\alpha_n} = 0 \tag{2.224}$$

这就给出了求 $\alpha_1, \alpha_2, \cdots, \alpha_n$ 的方程式,当这些方程有 $\alpha_1, \alpha_2, \cdots, \alpha_n$ 不全等于零的解时,就有了求解 λ 的方程式.

$$\frac{\partial \Pi}{\partial \alpha_i}=\int_{x_1}^{x_2}\left\{2py'\frac{\partial y'}{\partial \alpha_i}+(q-\lambda w)2y\frac{\partial y}{\partial \alpha_i}\right\}dx=0 \quad (2.225)$$

但通过分部积分

$$\int_{x_1}^{x_2}2py'\frac{\partial y'}{\partial \alpha_i}dx=\left[2y'p\frac{\partial y}{\partial \alpha_i}\right]_{x_1}^{x_2}-\int_{x_1}^{x_2}2\frac{d}{dx}(py')\frac{\partial y}{\partial \alpha_i}dx \quad (2.226)$$

根据端点固定的条件，有

$$\int_{x_1}^{x_2}2py'\frac{\partial y'}{\partial \alpha_i}dx=-\int_{x_1}^{x_2}2\frac{d}{dx}(py')\frac{\partial y}{\partial \alpha_i}dx \quad (2.227)$$

于是(2.225)式可以写成

$$\int_{x_1}^{x_2}\left\{\frac{d}{dx}(py')-qy+\lambda wy\right\}\frac{\partial y}{\partial \alpha_i}dx=0$$

$$(i=1, 2, 3, \cdots, n) \quad (2.228)$$

这就是决定 α_i 的 n 个方程式，从中可以导出决定 λ 的方程式.

现在用上面举过的同一个例子来说明这种方法. 在这里 $p=1$, $q=0$, $w=1$, (2.228)式可以写成

$$\int_0^l (y''-\lambda y)\frac{\partial y}{\partial \alpha_i}dx=0 \quad (i=1, 2, \cdots, n) \quad (2.229)$$

设取三级近似的函数

$$y_1=\alpha_1 x(l-x)+\alpha_2 x^2(l-x)+\alpha_3 x^3(l-x) \quad (2.230)$$

于是

$$\begin{aligned} y''+\lambda y=&\alpha_1[-2+\lambda x(l-x)]\\ &+\alpha_2[2(l-3x)+\lambda x^2(l-x)]\\ &+\alpha_3[6x(l-2x)+\lambda x^3(l-x)] \end{aligned} \quad (2.231)$$

希望至少能求得二个较好的特征值. (2.229)式共有三个积分式

$$\left.\begin{aligned} &\int_0^l x(l-x)(y''+\lambda y)dx=-\frac{\alpha_1}{30}l^3(10-l^2\lambda)\\ &\quad -\frac{\alpha_2}{60}l^4(10-l^2\lambda)-\frac{\alpha_3}{210}l^5(20-2l^2\lambda)=0\\ &\int_0^l x^2(l-x)(y''+\lambda y)dx=-\frac{\alpha_1}{60}l^4(10-l^2\lambda)\\ &\quad -\frac{\alpha_2}{105}l^5(14-l^2\lambda)-\frac{\alpha_3}{840}l^6(84-5l^2\lambda)=0 \end{aligned}\right\} \quad (2.232)$$

$$\int_0^l x^3(l-x)(y''+\lambda y)dx=-\frac{\alpha_1}{210}l^5(21-2l^2\lambda)$$
$$-\frac{\alpha_2}{840}l^6(84-5l^2\lambda)-\frac{\alpha_3}{1260}l^7(108-5l^2\lambda)=0$$

当 α_1, α_2, α_3 有不等于零的解时，其系数行列式应该等于零.

$$\begin{vmatrix} 14(10-l^2\lambda) & 7(10-l^2\lambda) & 2(21-2l^2\lambda) \\ 14(10-l^2\lambda) & 8(14-l^2\lambda) & (84-5l^2\lambda) \\ 12(21-2l^2\lambda) & 3(84-5l^2\lambda) & 2(108-5l^2\lambda) \end{vmatrix}=0 \quad (2.233)$$

它可以化为

$$(42-\lambda l^2)(1008-112\lambda l^2+\lambda^2 l^4)=0 \quad (2.234)$$

一级近似在 (2.230) 式中只用一个 α，即 α_1，于是 (2.232) 式只有一个方程即 $14(10-l^2\lambda)=0$，或者

$$\lambda_1^{(1)}=\frac{10}{l^2} \quad (2.235)$$

这是 λ_1 的一级近似.

二级近似 (2.230) 式中用两个 α，即 α_1 和 α_2，于是 (2.233) 式只有二行二列的行列式，即

$$\begin{vmatrix} 14(10-l^2\lambda) & 7(10-l^2\lambda) \\ 14(10-l^2\lambda) & 8(14-l^2\lambda) \end{vmatrix}=0 \quad (2.236)$$

或为 $(10-l^2\lambda)(42-\lambda l^2)=0$，这就给出

$$\lambda_1^{(2)}=\frac{10}{l^2},\quad \lambda_2^{(1)}=\frac{42}{l^2} \quad (2.237)$$

其中 $\lambda_1^{(2)}$ 为 λ_1 的二级近似，它和 $\lambda_1^{(1)}$ 完全相等，$\lambda_2^{(1)}$ 为 λ_2 的一级近似.

(2.234) 式的解，给出 λ_1 的三级近似，λ_2 的二级近似和 λ_3 的一级近似.

$$\lambda_1^{(3)}=9.8697\frac{1}{l^2},\quad \lambda_2^{(2)}=42\frac{1}{l^2}\quad \lambda_3^{(1)}=102.13\frac{1}{l^2}. \quad (2.238)$$

本题正确的特征值为 $\lambda_1=\frac{\pi^2}{l^2}$，$\lambda_2=\frac{4\pi^2}{l^2}$，$\lambda_3=\frac{9\pi^2}{l^2}$，或为

$$\lambda_1 = 9.8697\frac{1}{l^2}, \quad \lambda_2 = 39.4786\frac{1}{l^2}, \quad \lambda_3 = 88.8269\frac{1}{l^2} \quad (2.239)$$

我们可以看到三级近似，已经达到了五位数字正确的 λ_1，而 λ_2 还有 6% 的误差，λ_3 则误差较大；要缩小这种误差，我们可以用四个 α 或五个 α 的近似。

6. 斯脱姆-刘维耳方程的应用

斯脱姆-刘维耳方程是函数论中应用很广泛的方程之一． 有不少有名的方程都是它的特例，上面我们已经举了振动频率问题作为特例．现在还将列举 7 种有名的二阶方程．

甲　贝塞尔（Bessel）方程(一)

$$\frac{d}{dx}(xy') + \left(x - \frac{\nu^2}{x}\right)y = 0 \quad (2.240)$$

即令方程 (2.162) 式中的

$$p(x) = x, \quad q(x) = -x, \quad w = \frac{1}{x}, \quad \lambda = -\nu^2 \quad (2.241)$$

其解为贝塞尔函数 $y = J_\nu(x)$，或 $J_{-\nu}(x)$

乙　贝塞尔方程(二)

$$\frac{d}{dx}(xy') + \left(a^2x - \frac{\nu^2}{x}\right)y = 0 \quad (2.242)$$

其解为贝塞尔函数 $y = J_\nu(ax)$，或 $J_{-\nu}(ax)$

丙　连带的勒让德（Legendre）方程(当 $m = 0$ 时，化为勒让德方程)

$$\frac{d}{dx}[(1 - x^2)y'] - \frac{m^2y}{1 - x^2} + l(l + 1)y = 0 \quad (2.243)$$

即令方程 (2.162) 式中的

$$p(x) = 1 - x^2, \quad q(x) = \frac{m^2}{1 - x^2}, \quad w = 1, \quad \lambda = l(l + 1) \quad (2.244)$$

其解为连带的勒让德函数 $P_l^m(x)$ 或 $Q_l^m(x)$。

丁　连带的拉居里（Laguerre）方程（当 $k=0$ 时，化为拉居里方程）

$$\frac{d}{dx}(x^{k+1}e^{-x}y') + (\alpha - k)x^k e^{-x}y = 0 \tag{2.245}$$

即令方程（2.162）式中的

$$p(x) = x^{k+1}e^{-x},\ q(x) = 0,\ w = e^k e^{-x},\ \lambda = \alpha - k \tag{2.246}$$

当 $\alpha - k = n(n = 1, 2, 3, \cdots)$ 时，其解为连带的拉居里多项式 $L_n^{(k)}(x)$。

戊　埃尔米特（Hermite）方程

$$\frac{d}{dx}(e^{-x^2}y') + 2ne^{-x^2}y = 0 \tag{2.247}$$

即令方程（2.162）式中的

$$p(x) = e^{-x^2},\quad q(x) = 0,\quad w = e^{-x^2}\quad \lambda = 2n \tag{2.248}$$

当 n 为整数时，其解为埃尔米特多项式 $H_n(x)$。

己　切比雪夫（Чебышев）方程

$$\frac{d}{dx}(\sqrt{1-x^2}y') + \frac{n^2 y}{\sqrt{1-x^2}} = 0 \tag{2.249}$$

即令方程（2.162）式中的

$$p(x) = \sqrt{1-x^2},\ q(x) = 0,\ w(x) = \frac{1}{\sqrt{1-x^2}},\ \lambda = n^2 \tag{2.250}$$

当 n 为整数时，其解为切比雪夫多项式 $T_n(x)$。

庚　超几何微分方程

$$\frac{d}{dx}\{x^c(1-x)^{a+b-c+1}y'\} - abx^{c-1}(1-x)^{a+b-c}y = 0 \tag{2.251}$$

即令方程 (2.162) 式中的

$$p(x)=x^{c}(1-x)^{a+b-c+1},\quad q(x)=0,$$
$$w(x)=x^{c-1}(1-x)^{a+b-c},\quad \lambda=-ab \tag{2.252}$$

其解为超几何函数 $F(a, b, c, x)$.

§2.7 斯脱姆-刘维耳四阶微分方程的变分推导及其应用

斯脱姆-刘维耳型的四阶方程为

$$\frac{d^2}{dx^2}\left[s(x)\frac{d^2y}{dx^2}\right]+\frac{d}{dx}\left[p(x)\frac{dy}{dx}\right]+[q(x)-\lambda r(x)]y=0 \tag{2.253}$$

其中 λ 为一参数,端点的条件为

$$(sy'')'+py'=0 \quad \text{或 } y \text{ 为已知(设为零)} \tag{2.254a}$$
$$sy''=0 \quad \text{或 } y' \text{ 为已知(设为零)} \tag{2.254b}$$

用相同的方法,可以证明:当将泛函

$$\lambda=\frac{\int_{x_1}^{x_2}(sy''^2-py'^2+qy^2)dx}{\int_{x_1}^{x_2}ry^2dx} \tag{2.255}$$

求极值变分时,得微分方程 (2.253) 式,也可以证明:泛函

$$I^*=I-\lambda J=\int_{x_1}^{x_2}(sy''^2-py'^2+qy^2)dx-\lambda\int_{x_1}^{x_2}ry^2dx \tag{2.256}$$

为极值(把 λ 作为常数)时,也能得到微分方程 (2.253) 式. 当然,不论从 (2.255) 式,或从(2.226)式进行变分时,都须应用固定端点条件,或自由端条件 (2.254) 式.

梁的振动问题将导出这类方程:

梁的振动理论给出的振动位移 $w(x, t)$ 方程为

$$\frac{\partial^2}{\partial x^2}\left[EI\frac{\partial^2 w}{\partial x^2}\right]+m\frac{\partial^2 w}{\partial t^2}=0 \tag{2.257}$$

其中 EI 为梁的抗弯刚度. m 为梁单位长度的质量. 哈密顿原理为

$$\delta\int_{t_1}^{t_2}\int_{x_1}^{x_2}(T-V)dxdt$$

$$= \delta \int_{t_1}^{t_2} \int_{x_1}^{x_2} \left\{ \frac{1}{2} m \left(\frac{\partial w}{\partial t} \right)^2 - \frac{1}{2} EI \left(\frac{\partial^2 w}{\partial x^2} \right)^2 \right\} dx dt = 0 \quad (2.258)$$

对于正弦振动解而言，$w(x, t) = \bar{w}(x) \sin(pt + \epsilon)$. 于是(2.258)式化为(设 $t_2 - t_1$ 等于一个周期)

$$\delta \int_{x_1}^{x_2} \left\{ \frac{1}{2} m p^2 \bar{w}^2 - \frac{1}{2} EI \left(\frac{d^2 \bar{w}}{dx^2} \right)^2 \right\} dx = 0 \quad (2.259)$$

变分可以求得微分方程

$$\frac{d^2}{dx^2} \left[EI \frac{d^2 \bar{w}}{dx^2} \right] - m p^2 \bar{w} = 0 \quad (2.260)$$

这就是斯脱姆-刘维耳型的四阶方程 (2.253) 式的一种形式，其中 $s(x) = EI$, $p(x) = 0$, $q(x) = 0$, $r(x) = m$, $\lambda = p^2$, 其端点条件有下列三种：

(1) 简支，$\bar{w} = 0$, $\bar{w}'' = 0$ (位移为零，弯矩为零)，

(2) 固定，$\bar{w} = 0$, $\bar{w}' = 0$ (位移转角为零)，

(3) 自由，$\bar{w}'' = 0$, $(EI\bar{w}'')' = 0$ (弯矩和剪力为零).

(2.260) 式中，如果梁是均匀的，EI, m 都是常数，则求解 p 可以从微分方程进行，并不困难. 如果梁截面不均匀，则 EI, m 都是 x 的函数，求解这类微分方程常常是困难的，只好从 (2.259) 式的变分来处理：

例如：$EI = (4 + x)^3$, $m = (4 + x)$, 则 (2.260) 式可以写成

$$\frac{d^2}{dx^2} \left[(4 + x)^3 \frac{d^2 \bar{w}}{dx^2} \right] - (4 + x) p^2 \bar{w} = 0 \quad (2.261)$$

端点条件为 $\bar{w}(0) = \bar{w}'(0) = 0$, $\bar{w}''(1) = \bar{w}'''(1) = 0$, 即 $0 \leqslant x \leqslant 1$ 中，$x = 0$ 端固定，$x = 1$ 端自由. 这是一个悬梁振动的问题，振动频率为 $f = \dfrac{p}{2\pi}$.

求解频率问题时，亦即求解 $\lambda = p^2$. 可以用变分极值条件.

$$\delta I^* = \delta (I - \lambda J)_\lambda = \delta \left\{ \int_0^1 \left[(4 + x)^3 \bar{w}''^2 - \lambda (4 + x) \bar{w}^2 \right] \right\} dx = 0$$

$$(2.262)$$

一级近似可以假定

$$\bar{w}''(x) = 12A(1-x)^2 \tag{2.263}$$

它既满足 $\bar{w}''(1)=0$. 又满足 $\bar{w}'''(1)=0$ 的自由端条件，积分两次，积分常数用 $\bar{w}(0)=\bar{w}'(0)=0$ 决定，得

$$\bar{w}(x) = A(6x^2 - 4x^3 + x^4) \tag{2.264}$$

计算积分 I，J，

$$\left.\begin{aligned} I &= \int_0^1 (4+x)^3(\bar{w}'')^2 dx = \frac{14634}{7}A^2 \\ J &= \int_0^1 (4+x)\bar{w}^2 dx = \frac{6992}{630}A^2 \end{aligned}\right\} \tag{2.265}$$

代入 (2.262) 式，得

$$\delta\left(\frac{14634}{7}A^2 - \lambda\frac{6992}{630}A^2\right) = 2\left(\frac{14634}{7} - \lambda\frac{6992}{630}\right)A\delta A = 0 \tag{2.266}$$

得:

$$\lambda^{(1)} = \frac{14634}{7} \times \frac{630}{6992} \doteq 188 \tag{2.267}$$

为了求得进一步近似，我们可以用两个待定常数 A，B 的 $\bar{w}''(x)$，即

$$\bar{w}''(x) = 12A(1-x)^2 + 30B(1-x)^3 \tag{2.268}$$

于是，在满足了 $\bar{w}(0)=\bar{w}'(0)=0$ 的条件后，

$$\bar{w}(x) = A(6x^2 - 4x^3 + x^4) + B(10x^2 - 10x^3 + 5x^4 - x^5) \tag{2.269}$$

代入 (2.262) 式，求得

$$\frac{\partial I^*}{\partial A} = 0, \quad \frac{\partial I^*}{\partial B} = 0 \tag{2.270}$$

从求解 A、B 的过程中，得决定 λ 的行列式(它是二次方程)，得两个 λ 值，其中之一为 λ_1 的二级近似解，另一为 λ_2 的一级近似解，它们都略大于相当的正确解.

有关二维的同类问题将在另一章讨论.

压杆稳定问题也是一种四阶微分方程的特征值问题.

设杆一端固定一端简支，在简支端受压力 p，当 p 小于某一压力时，直杆在长向压缩，并无弯曲，当 p 达到某一临界压力时，杆件失稳发生屈曲弯形 $w(x)$。（图 2.3）

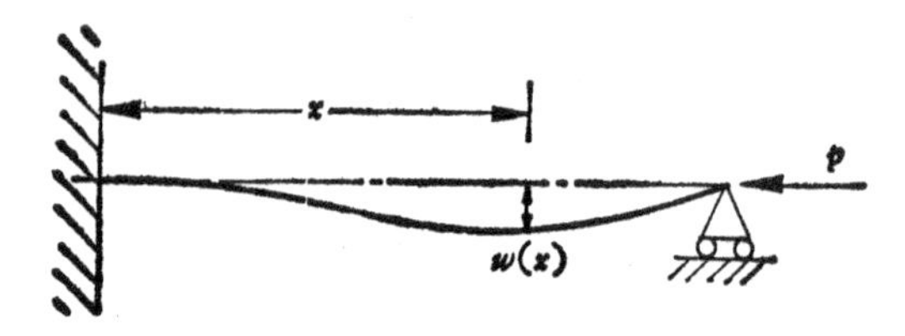

图 2.3　压杆稳定问题

设杆的抗弯刚度为 EI，则杆的弯曲能为

$$U = \frac{1}{2}\int_0^l EI(w'')^2 dx \tag{2.271}$$

当弯曲后，压力 p 左移

$$\Delta = \int_0^l \left\{\sqrt{1+\left(\frac{dw}{dx}\right)^2} - 1\right\} dx = \frac{1}{2}\int_0^l \left(\frac{dw}{dx}\right)^2 dx,$$

压力 p 做的功为

$$W = p\Delta = \frac{1}{2}p\int_0^l \left(\frac{dw}{dx}\right)^2 dx \tag{2.272}$$

所以，最小位能原理给出

$$\delta \Pi = 0 \tag{2.273}$$

$$\Pi = U - W = \frac{1}{2}\int_0^l EI(w'')^2 dx - \frac{1}{2}p\int_0^l (w')^2 dx \tag{2.274}$$

从 (2.274) 式，通过变分并利用端点条件后，很易证明，其欧拉方程为

$$\frac{d^2}{dx^2}(EIw'') - p\frac{d^2 w}{dx^2} = 0 \tag{2.275}$$

和瑞利原理一样，变分原理 (2.274) 式和求 p 极小的原理是相同的，即

$$p = \frac{\delta\int_0^l EI(w'')^2 dx}{\delta\int_0^l w'^2 dx} \tag{2.276}$$

和

$$\delta p = 0 \quad p = \frac{\int_0^l EI(w'')^2 dx}{\int_0^l (w')^2 dx} \tag{2.277}$$

是相同的.

设 $EI = EI_0\left(1+\frac{x}{l}\right)^4$，用近似函数

$$w = A(2x^4 - 5x^3 l + 3l^2 x^2) \tag{2.278}$$

把(2.278)式代入(2.276)式,得

$$p = \frac{320}{3}\frac{EI_0}{l^2} \tag{2.279}$$

参 考 文 献

[1] von **Kármán, Th.**, The Problem of Resistance in Compressible Fluids, Atti di Convegni S, Accademia d'Italia, Pro. Vth Volta Congress, 1935, pp. 232—277.

[2] Lighthill, M. J., Supersonics flow past bodies of revolution, Rep. Memor. Aero. Res. Coun., London, No. 2003, 1945.

[3] Irving, J., Mullineux, N., Mathematics in Physics and Engineering, Academic Press, London, 1959.

[4] Temple, G., Bickley, W. G., Rayleigh's Principle and its Application to Engineering, Oxford University Press, 1933.

[5] Rayleigh, L., *Philosophical Transections of Royal Society*. London, **A161** (1870), p. 77. Rayleigh, L., Theory of sound, 2nd rev. edition, **1** (1937), Section 88. Macmilliam, New York.

[6] Ritz, W., Uber eine neue Methode zur Lösung gewisser Variationsprobleme der Mathematischen Physik, *Journal für die reine und angewandte Mathematik* (Crelle), **CXXXV** (1908).

第 三 章

边界待定的变分问题

§ 3.1 最简单的，泛函为 $\int_{x_1}^{x_2} F(x, y, y')dx$ 的，边界待定的变分问题，交接条件

在前面两章里，所有泛函的积分限都是已给的，在边界（或端点）上，$y(x)$ 的边界值是固定的，或者是不变的．对于那些边界限已给，但 $y(x)$ 的边界值不固定的问题而言，我们都能找到所谓自然边界条件（§ 1.5），但总的讲来，所有这类问题的边界所在（或端点所在）都是事先给定的．例如，速降线给定了速降起点和速降终点的坐标．悬索问题给定两端悬点的坐标，梁的弯曲问题给定了梁的长度（悬梁给出了固定端的坐标和梁的长度，其它梁给定了梁的支点坐标）．板给定了四边的尺寸等等．但也还有其它许多问题．边界并不是给定的，而是待定的．最有名而又实用的问题是所谓弹塑性体问题．当物体受力，在内部既有弹性区域，又有塑性区域的时候，弹性和塑性区域的交界面并不能事先给定．这个交界面是由总体的平衡和内部应力分布相互约制下达到的．也即是说，交界面的决定，也是变分问题的目的之一．或是说，只有通过变分才能弄清交界面在那里．还有接触问题，设有两球体接触，其接触面的尺寸并不能事先给定．

对于这类边界待定的变分问题，我们将从最简单的泛函

$$\Pi = \int_{x_1}^{x_2} F(x, y, y')dx \tag{3.1}$$

开始，在这里，泛函的积分限 x_1, x_2 都可以是待定的，也可以一个 (x_1) 已给，另一个 (x_2) 待定．在下面，让我们首先研究 x_1 已给，x_2 待定的终点待定问题．这类问题中包括了像速降线问题中起点已

给，但终点限于某一已知曲线(在曲线上哪一点则未定)的“终点待定速降线问题”．还有像悬索问题中，如果悬索的一端很长，拖在地上，索中拉力已给，另一端系在空中某点 (x_1 已给)，则悬索触地的一点是未定的 (x_2 未给)．这是“终点待定的悬索问题”．又如某点在平面内到达某一已知曲线的最短距离问题等．

这类终点待定的变分问题虽然是最简单的边界待定的变分问题，但它既反映着这类问题的根本特点，也反映着处理这类问题的基本原理．

在这里，先让我们回顾一下从泛函(3.1)式求极值的边界已定不变的变分问题是有益的．这个问题的欧拉方程为

$$\frac{\partial F}{\partial y}-\frac{d}{dx}\left(\frac{\partial F}{\partial y'}\right)=0 \tag{3.2}$$

在固定的边界条件下，使泛函(3.1)式达到极值的 $y(x)$，必为欧拉方程(3.2)式的解．(3.2)式是一个 $y(x)$ 的二阶微分方程，其解有两个待定积分常数 C_1 和 C_2．于是，它的解可以写成 $y=y(x, C_1, C_2)$．这两个常数是由 $y(x)$ 通过两个已定的端点的条件来决定的．这也是说，如果我们从一切通过 $y_1=y(x_1)$，$y_2=y(x_2)$两点的曲线中选取一个 $y(x)$，使(3.1)式的泛函达到极值，则这条曲线 $y(x)$ 一定是(3.2)式欧拉方程的解．这里可以看到欧拉方程(3.2)式和两端点的固定条件，是(3.1)式的泛函极值问题在边界固定条件下的充分和必要条件．但是，对于边界待定的变分问题而言，则并非如此．例如，(x_1, y_1) 一端固定，(x_2, y_2) 一端待定，则欧拉方程的解 $y=y(x, C_1, C_2)$的 C_1，C_2 两个常数中，只有一个固定点 (x_1, y_1) 条件决定它们，这当然是不充分的．如果两个端点都待定，则连一个条件都没有，C_1 和 C_2 更缺少条件来决定了．其实 $y(x)$ 仅仅满足欧拉方程，对边界待定的变分问题而言，还不足以保证 $\delta\Pi=0$．为了保证 $\delta\Pi=0$，还一定有其它的端点条件，这些条件就可以用来决定 C_1 和 C_2；也即是说，对于边界待定的变分问题而言，欧拉方程是必要的，还不是充分的；我们一定可以从 $\delta\Pi=0$ 的条件中导出补充的边界(或端点)条件来代替端点

固定的条件.

一般说来,如果我们放弃了 $y(x)$ 而一定要通过 $y_2=y(x_2)$ 的约束条件来选取 $y(x)$,使泛函(3.1)式达到极值,则由于选择 $y(x)$ 的范围放宽了,有更多的 $y(x)$ 曲线可以参加比较选择,求得的泛函极值(如果是最小值问题)必然比固定边界问题的同一泛函的极值为小(至少相等);如果是最大值问题,必然比固定边界问题的同一泛函的极值为大(至少相等).如果我们把 $y_1=y(x_1)$, $y_2=y(x_2)$ 两个端点的约束条件都放弃了,则选择 $y(x)$ 的范围更宽,泛函极值不是更小(对最小值问题而言),就是更大(对最大值问题而言),至少相等. 对于这种结论,将在后面用实例验证.

现在让我们来研究泛函(3.1)式,当 x_2 待定时的极值问题,并推导其补充端点条件.

Π 的变分来源于 x_2 的变分 δx_2, 和 $y(x)$ 的变分 δy. 亦即

$$\Delta\Pi=\int_{x_1}^{x_2+\delta x_2}F(x,\ y+\delta y,\ y'+\delta y')dx-\int_{x_1}^{x_2}F(x,\ y,\ y')dx \tag{3.3}$$

它可以写为

$$\Delta\Pi=\int_{x_2}^{x_2+\delta x_2}F(x,\ y+\delta y,\ y'+\delta y')dx+\int_{x_1}^{x_2}[F(x,\ y+\delta y,\ y'+\delta y')-F(x,\ y,\ y')]dx \tag{3.4}$$

这里应该指出,$(x_1,\ y_1)$ 不变已给,而 $(x_2,\ y_2)$ 是待定可变的. 在选择 $y(x)$ 中,它可以变到通过另一点 $(x_2+\delta x_2, y_2+\delta y_2)$ 的函数,见图 3.1.

(3.4) 式右端的第一项可以用中值定理化简,即

$$\int_{x_2}^{x_2+\delta x_2}F(x,\ y+\delta y,\ y'+\delta y')dx=F\Big|_{x=x_2+\theta\delta x_2}\delta x_2,\quad \text{其中}\ 0<\theta<1, \tag{3.5}$$

我们认为 F 满足一定的连续条件,我们有

$$F\Big|_{x=x_2+\theta\delta x_2}=F(x,\ y,\ y')\Big|_{x=x_2}+\varepsilon_1 \tag{3.6}$$

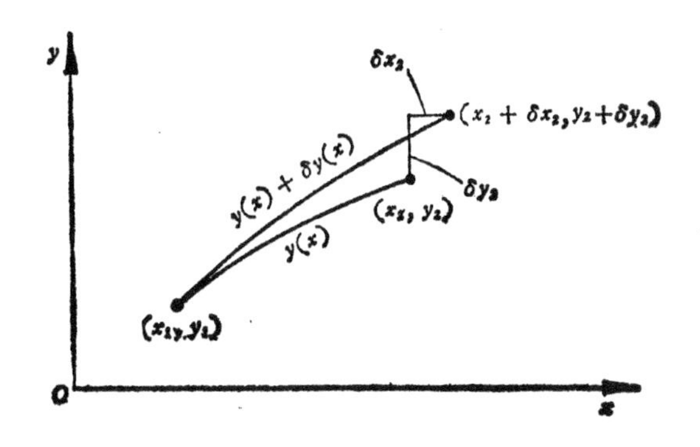

图 3.1 边界待定可变的端点 (x_2, y_2)

当 $\delta x_2 \to 0$，$\delta y_2 \to 0$ 时，$\varepsilon_1 \to 0$。因此

$$\int_{x_2}^{x_2+\delta x_2} F(x, y+\delta y, y'+\delta y')dx = F(x, y, y')\Big|_{x=x_2} \delta x_2 + \varepsilon_1 \delta x_2 \tag{3.7}$$

或是，当 δx_2，δy_2 很小时

$$\int_{x_2}^{x_2+\delta x_2} F(x, y+\delta y, y'+\delta y')dx = F(x, y, y')\Big|_{x=x_2} \delta x_2 \tag{3.8}$$

(3.4) 式的第二项中的积分函数可以用泰劳级数展开，当 δy，$\delta y'$ 很小时，可以写为

$$\int_{x}^{x_2} \{F(x, y+\delta y, y'+\delta y') - F(x, y, y')\}dx = \int_{x_1}^{x_2}\left[\frac{\partial F}{\partial y}\delta y + \frac{\partial F}{\partial y'}\delta y'\right]dx \tag{3.9}$$

通过分部积分得

$$\int_{x_1}^{x_2} \{F(x, y+\delta y, y'+\delta y') - F(x, y, y')\}dx = \left[\frac{\partial F}{\partial y'}\delta y\right]_{x_1}^{x_2} + \int_{x_1}^{x_2}\left[\frac{\partial F}{\partial y} - \frac{d}{dx}\left(\frac{\partial F}{\partial y'}\right)\right]\delta y dx \tag{3.10}$$

因为 $y(x)$ 在 x_1 点已给不变，所以 $\delta y_1 = 0$，于是

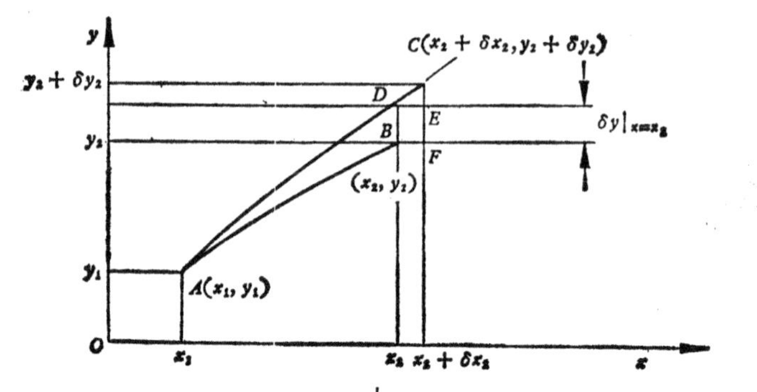

图 3.2 δy_2 和 $\delta y\Big|_{x_2}$ 的几何示意

$$\left[\frac{\partial F}{\partial y'}\delta y\right]_{x_1}^{x_2}=\frac{\partial F}{\partial y'}\Big|_{x=x_2}\delta y\Big|_{x=x_2} \tag{3.11}$$

我们必须指出，$\delta y\Big|_{x=x_2}$ 和图 3.1 上的 δy_2 是不同的，利用图 3.2，我们可以看到 $\delta y\Big|_{x=x_2}$ 是通过 $A(x_1, y_1)$ 和 $B(x_2, y_2)$ 的极值曲线（AB）移至通过 $A(x_1, y_1)$ 和 $C(x_2+\delta x_2, y_2+\delta y_2)$ 的极值曲线（AC）时，在 x_2 点上纵坐标的增量 BD. 而 δy_2 则为 y_2 的变分，它是极值曲线 AB 移至 AC 时，B 点的纵坐标增长到 C 点的纵坐标时的纵坐标的总增量 FC。亦即

$$BD=\delta y\Big|_{x=x_2},\quad FC=\delta y_2 \tag{3.12}$$

但是

$$EC=y'(x_2)\delta x_2,\quad BD=FC-EC \tag{3.13}$$

所以有

$$\delta y\Big|_{x=x_2}=\delta y_2-y'(x_2)\delta x_2 \tag{3.14}$$

从 (3.10)，(3.11) 和 (3.12) 式，得

$$\int_{x_1}^{x_2}\{F(x, y+\delta y, y'+\delta y')-F(x, y, y')\}dx$$
$$=\int_{x_1}^{x_2}\left[\frac{\partial F}{\partial y}-\frac{d}{dx}\left(\frac{\partial F}{\partial y'}\right)\right]\delta y dx$$

$$+\left.\frac{\partial F}{\partial y'}\right|_{x=x_2}[\delta y_2-y'(x_2)\delta x_2] \tag{3.15}$$

把 (3.8) 和 (3.15) 式代入 (3.4) 式，当 δx_2, δy_2, δy 很小时，有

$$\delta\Pi=\int_{x_1}^{x_2}\left[\frac{\partial F}{\partial y}-\frac{d}{dx}\left(\frac{\partial F}{\partial y'}\right)\right]\delta y dx$$

$$+\left.\frac{\partial F}{\partial y'}\right|_{x=x_2}\delta y_2+\left.\left[F-y'\frac{\partial F}{\partial y'}\right]\right|_{x=x_2}\delta x_2 \tag{3.16}$$

在一般情况下，x_2, y_2 不是独立的. 例如，人们常常遇到端点 (x_2, y_2) 是可以沿着某一已给曲线

$$y_2=f(x_2) \tag{3.17}$$

移动的. 于是，有 $\delta y_2=f'(x_2)\delta x_2$. 而 (3.16) 式就给出极值条件

$$\delta\Pi=\int_{x_1}^{x_2}\left[\frac{\partial F}{\partial y}-\frac{d}{dx}\left(\frac{\partial F}{\partial y'}\right)\right]\delta y dx$$

$$+\left.\left[F-y'\frac{\partial F}{\partial y'}+f'(x)\frac{\partial F}{\partial y'}\right]\right|_{x=x_2}\delta x_2=0 \tag{3.18}$$

从 (3.18) 式中很易看到，$y(x)$ 满足欧拉方程还不足以使 $\delta\Pi$ 达到零，除非在端点 $x=x_2$ 上还满足补充条件

$$F-y'\frac{\partial F}{\partial y'}+f'(x)\frac{\partial F}{\partial y'}=0 \qquad (x=x_2) \tag{3.19}$$

所以，欧拉方程

$$\frac{\partial F}{\partial y}-\frac{d}{dx}\left(\frac{\partial F}{\partial y'}\right)=0 \tag{3.20}$$

只有在定点条件

$$y_1=y(x_1), \tag{3.21}$$

终端待定条件 (3.17) 式；和补充条件 (3.19) 式在一起时，泛函 (3.1) 式的极值问题，才有充分和必要的条件求解. 在这三个条件中，有两个用来决定待定积分常数 C_1 和 C_2，第三个用来决定待定的端点坐标 x_2.

补充条件 (3.19) 式是一个函数 $y(x)$ 的斜率和已知端点曲线的斜率 $f'(x)$ 之间的关系，我们称 (3.19) 式为**交接条件**(或**贯截条件**). 一般说来，满足定点条件 (3.21) 式的欧拉方程 (3.20) 式的

解中,尚有一个积分常数未定,或可写成 $y = y(x, C_1)$. 在利用了待定端点条件 (3.17) 式和补充条件 (3.19) 式之后, 总能确定 C_1 和 x_2 两个待定量,而在这样决定的一条曲线上,泛函必为极值.

如果边界点 (x_1, y_1) 也是待定的,也可以假定它能沿某一曲线 $y_1 = g(x_1)$上移动,则我们也能证明,在这一待定端点(始点 x_1, y_1)上有交接条件

$$F + (g' - y')\frac{\partial F}{\partial y'} = 0 \qquad (x = x_1) \tag{3.22}$$

现在让我们证明下述定理:

正交的交接定理:

泛函

$$\Pi = \int_{x_1}^{x_2} N(x, y)\sqrt{1 + y'^2}\, dx \tag{3.23}$$

在待定始点和待定终点条件下的极值解 $y = y(x)$, 在交接处与端点曲线 $y_1 = g(x_1)$, $y_2 = f(x_2)$ 相正交.

本问题的 F 为

$$F = N(x, y)\sqrt{1 + y'^2} \tag{3.24}$$

所以有

$$\frac{\partial F}{\partial y'} = \frac{N(x, y)y'}{\sqrt{1 + y'^2}} \tag{3.25}$$

在终点和始点处的交接条件 (3.19), (3.22) 式为

$$\left.\begin{aligned} N(x_1, y_1)\sqrt{1 + y_1'^2} + [g'(x_1) - y_1']\frac{N(x_1, y_1)y_1'}{\sqrt{1 + y_1'^2}} = 0 \\ N(x_2, y_2)\sqrt{1 + y_2'^2} + [f'(x_2) - y_2']\frac{N(x_2, y_2)y_2'}{\sqrt{1 + y_2'^2}} = 0 \end{aligned}\right\} \tag{3.26}$$

如称 $g_1' = g'(x_1)$, $f_2' = f'(x_2)$, 则上式可以简化为

$$N(x_1, y_1)\frac{(1 + g_1'y_1')}{\sqrt{1 + y_1'^2}} = 0, \quad N(x_2, y_2)\frac{(1 + f_2'y_2')}{\sqrt{1 + y_2'^2}} = 0 \tag{3.27}$$

一般说来,假定 $N(x_1, y_1)$, $N(x_2, y_2)$ 不等于零,则有

$$g_1' = -\frac{1}{y_1'}, \quad f_2' = -\frac{1}{y_2'} \tag{3.28}$$

上式指出：$y_1=g(x_1)$ 和 $y_1=y(x_1)$ 两曲线在 x_1 端相正交，$y_2=f(x_2)$ 和 $y_2=y(x_2)$ 两曲线在 x_2 端相正交，这就证明了定理.

例 (1) 求自原点 (0, 0) 至一直线(图 3.3)

$$y+x-1=0 \tag{3.29}$$

的最速降线.

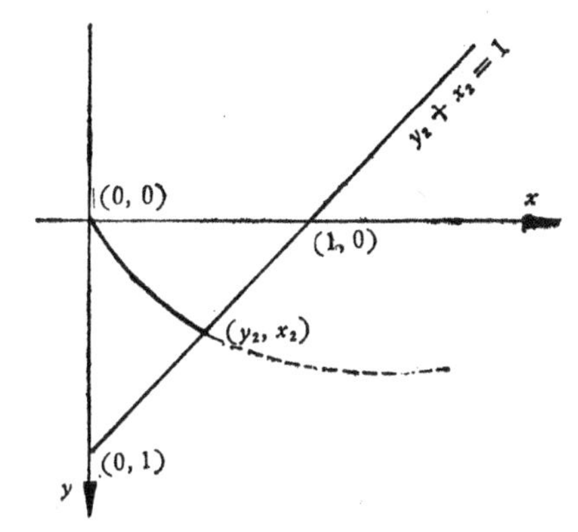

图 3.3 自原点 (0, 0) 至直线 $y_2+x_2=1$ 的速降线

通过原点的速降线参数方程业已在 §1.3 中求得，它们是 (1.60) 式. 现在让我们用终点条件 (3.29) 式和终点正交条件 (3.28) 式求 C 和终点的坐标. 首先从 (3.29) 式中得

$$f_2=-x_2+1, \quad f_2'=-1 \tag{3.30}$$

从 (1.60) 式，有

$$\frac{dx}{d\theta}=\frac{C}{2}(1-\cos\theta), \qquad \frac{dy}{d\theta}=\frac{C}{2}\sin\theta \tag{3.31}$$

所以

$$\frac{dy}{dx}=\frac{\sin\theta}{1-\cos\theta}=\cot\frac{\theta}{2} \tag{3.32}$$

在 (y_2, x_2) 外，$\theta=\theta_2$，即

$$y_2'=\cot\frac{\theta_2}{2} \tag{3.33}$$

根据正交条件 $f_2'y_2'=-1$，有

$$y_2' = \cot\frac{\theta_2}{2} = +1, \quad \text{或} \quad \theta_2 = \frac{\pi}{2} \tag{3.34}$$

于是从 (1.60) 式,有

$$x_2 = \frac{C}{2}\left(\frac{\pi}{2} - 1\right), \quad y_2 = \frac{C}{2} \tag{3.35}$$

把上式代入 (3.29) 式,求得 C

$$\frac{C}{2} + \frac{C}{2}\left(\frac{\pi}{2} - 1\right) = 1, \quad \text{或} \quad C = \frac{4}{\pi} \tag{3.36}$$

最后,得所求最速降线方程

$$x = \frac{2}{\pi}(\theta - \sin\theta) \quad y = \frac{2}{\pi}(1 - \cos\theta) \tag{3.37}$$

终点坐标为

$$x_2 = \frac{2}{\pi}\left(\frac{\pi}{2} - 1\right) = 1 - \frac{2}{\pi}, \quad y_2 = \frac{2}{\pi} \tag{3.38}$$

现在让我们用任取直线(3.29)式上一点作为终点来计算降落时间,从而验证 (3.37) 式确为原点至该直线的最速降线. 降落所耗时间 [(1.4) 式]为

$$T = \frac{1}{\sqrt{2g}}\int_0^{x_2}\frac{\sqrt{1 + y'^2}}{\sqrt{y}}dx \tag{3.39}$$

把积分变量换成 θ, 采用 (3.31), (3.32) 式,可以证明

$$T = \sqrt{\frac{C}{2g}}\theta_2 \tag{3.40}$$

对于从原点到直线的最速降线而言, $\theta_2 = \frac{\pi}{2}$, $C = \frac{4}{\pi}$.

$$T = \sqrt{\frac{\pi}{2g}} \tag{3.41}$$

现在让我们在直线 (3.29) 式上任取一点,证明该点的 θ_2 大于 $\frac{\pi}{2}$, 或从原点速降到该点的时间大于 (3.41) 式. 设该点的坐标 $(x, 1 - x)$, 于是,从 (1.60) 式,有

$$x = \frac{C}{2}(\theta_2 - \sin\theta_2) \quad 1 - x = \frac{C}{2}(1 - \cos\theta_2) \quad (3.42)$$

这是在已知 x 值下，求解 C，θ_2 的两个方程式. 消去 C，得求解 θ_2 的方程

$$\theta_2 - \sin\theta_2 = \frac{x}{1-x}(1 - \cos\theta_2) \quad (3.43)$$

这是一个超越方程,可以用摄动法求解.

设 θ_n 为近似解，其修正值为 $\Delta\theta_n$，把 $\theta_n + \Delta\theta_n$ 代入(3.43)式的 θ_2，略去 $\Delta\theta_n$ 的高次项,得摄动法求修正值的方程

$$\Delta\theta_n = \frac{\theta_n - \sin\theta_n - \dfrac{x}{1-x}(1-\cos\theta_n)}{\cos\theta_n - 1 + \dfrac{x}{1-x}\sin\theta_n} \quad (3.44)$$

以 $x = \frac{1}{2}$ 为例，通过简图可以看到(3.43)式的解. 大概在2.4附近. 设 $\theta_0 = 2.4$，可以从(3.44)式求得 $\Delta\theta_1 = 0.0122$. 设 $\theta_1 = 2.4 + 0.0122 = 2.4122$，可以求得 $\Delta\theta_1 = -0.0001$. 所以 $\theta_2 = 2.4122 - 0.0001 = 2.4121$. 这已正确到小数点后四位数.从(3.42)式,可以求得 $C = 0.5728$. 代入(3.40)式,得

$$T = \sqrt{\frac{0.5728}{2g}} \times 2.4121 = \sqrt{\frac{3.3327}{2g}} \quad (3.45)$$

它和(1.41)式相比,很易看到它所需要的降落时间略大于

$$T = \sqrt{\frac{\pi}{2g}}.$$

这样，我们可以逐一证明其它各点的时间都大于 $\sqrt{\frac{\pi}{2g}}$. 这就核实了以(3.29)式上的点为终点的速降线中，以正交于这条线的速降线,所耗时间最小.

例(2) 拉索问题

设有一悬索 ABC(图3.4)，A 点离地 h. BC 段由于 A 点上

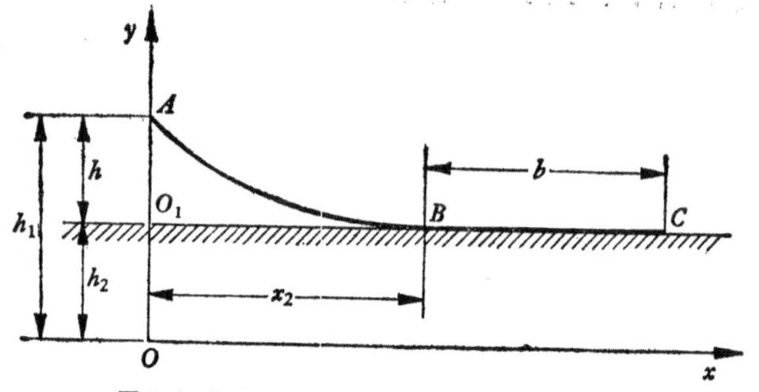

图 3.4 拉索问题（x 轴低于地面 h_2，但 h_2 待定）

拉力不大，躺在地面上．当 A 点拉力增大时，AB 段逐步增大，即离地部分逐步增长，而 BC 段（躺地部份）逐步减少，一直到达一种临界状态．BC 段和地面的摩擦力不足以抗拒索内在 B 点的拉力时，BC 段开始向 O 点滑动．证明 A 点离地的高 (h)，O_1B 的长 (x_2) 和 BC 段的长 (b) 之间满足下述临界关系

$$1+\frac{h}{b\eta}=\cosh\frac{x_2}{b\eta} \tag{3.46}$$

其中 η 为绳索和地面的摩擦系数．

这是一个边界待定的悬索问题．设悬索部份 AB 的曲线为 $y(x)$，坐标的 x 轴离地的距离 h_2 待定，根据 § 1.1 的 (1.12) 式，决定 $y(x)$ 的泛函可以写成

$$\Pi=\int_0^{x_2} y[1+y'^2]^{1/2}dx \tag{3.47}$$

其中上限 x_2 是待定的（h_1 也是待定的）．但决定 B 点有两个条件，其一是索端在 B 点平行于地面（交接条件），即

$$\left.\frac{dy}{dx}\right|_{x=x_2}=y_2'=0 \tag{3.48}$$

其二是悬索在 B 点的拉力必等于 BC 一段在地面上的阻力．为了求出这个条件，让我们研究绳索线元 PQ 的平衡（图 3.5）．设 w 为绳索单位长度的重量，T 为索内 P 点中的拉力，s 为弧长，θ 为绳索在 P 点的斜角．于是 PQ 段有两个平衡方程

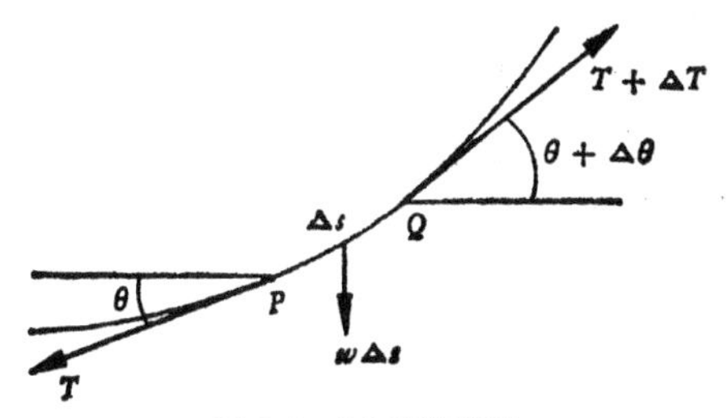

图 3.5 PQ 段的平衡

$$\left.\begin{aligned}(T+\Delta T)\sin(\theta+\Delta\theta)-T\sin\theta=w\Delta s\\(T+\Delta T)\cos(\theta+\Delta\theta)-T\cos\theta=0\end{aligned}\right\}\tag{3.49}$$

当 $\Delta\theta$, ΔT, Δs 很小时,略去高级小量, (3.49) 式可以写成

$$\Delta T\sin\theta+T\cos\theta\Delta\theta=w\Delta s,\quad \Delta T\cos\theta-T\sin\theta\Delta\theta=0\tag{3.50}$$

消去 ΔT, 即得

$$w=\frac{T}{\cos\theta}\frac{\Delta\theta}{\Delta s}\quad 或\quad w=\frac{T}{\cos\theta}\frac{d\theta}{ds}\tag{3.51}$$

因为 $\tan\theta=\dfrac{dy}{dx}$, 很易证明

$$\frac{d\theta}{ds}=\frac{\dfrac{d^2y}{dx^2}}{\left[1+\left(\dfrac{dy}{dx}\right)^2\right]^{3/2}},\quad \cos\theta=\frac{1}{\left[1+\left(\dfrac{dy}{dx}\right)^2\right]^{1/2}}\tag{3.52}$$

于是 (3.51) 式可以写成

$$w=T\frac{\dfrac{d^2y}{dx^2}}{1+\left(\dfrac{dy}{dx}\right)^2}\tag{3.53}$$

在 B 点处, $\dfrac{dy}{dx}=0$, $T=\eta wb$, $\dfrac{d^2y}{dx^2}=y''(x_2)=y_2''$, 其中 η 为摩擦系数. 从 (3.53) 式得 B 点的另一条件.

$$y_2''=\frac{1}{b\eta}\tag{3.54}$$

所以，本题从数学上看，就是：求(3.47)式的边界待定的泛函极值函数 $y(x)$，在待定的边界上，一定要满足 (3.48) 和 (3.54) 式，还要通过 (x_2, h_2)，而 h_2 待定。

(3.47) 式的欧拉方程为

$$\frac{\partial F}{\partial y} - \frac{d}{dx}\left(\frac{\partial F}{\partial y'}\right) = 0 \tag{3.55}$$

其中 F 为 $y\sqrt{1+y'^2}$，或

$$\frac{\partial F}{\partial y} = \sqrt{1+y'^2}, \quad \frac{\partial F}{\partial y'} = \frac{yy'}{\sqrt{1+y'^2}} \tag{3.56}$$

于是，(3.55) 式可以写成

$$\sqrt{1+y'^2} - \frac{y'^2}{\sqrt{1+y'^2}} - \frac{yy''}{\sqrt{1+y'^2}} + \frac{yy'^2y''}{(1+y'^2)^{3/2}} = 0 \tag{3.57}$$

或为

$$\frac{1}{\sqrt{1+y'^2}} - \frac{yy''}{(1+y'^2)^{3/2}} = 0 \tag{3.58}$$

(3.58) 式也可以写成

$$\frac{1}{y'}\frac{d}{dx}\left(\frac{y}{\sqrt{1+y'^2}}\right) = 0 \tag{3.59}$$

积分得

$$\frac{y}{\sqrt{1+y'^2}} = C_1 \tag{3.60}$$

设 $y' = \sinh t$，把它代入 (3.60) 式，得

$$y = C_1 \cosh t \tag{3.61}$$

于是有 $y' = C_1 \sinh t \dfrac{dt}{dx}$，把它和 $y' = \sinh t$ 相比，得

$$C_1 \frac{dt}{dx} = 1 \tag{3.62a}$$

积分得

$$x = C_1 t + C_2 \tag{3.62b}$$

C_1 和 C_2 都是待定的积分常数，而 (3.61) 式可以写成

$$y = C_1 \cosh\left(\frac{x - C_2}{C_1}\right) \tag{3.63}$$

这是 AB 段的悬索方程，根据 (3.48) 式，有

$$y_2' = \sinh\left(\frac{x_2 - C_2}{C_1}\right) = 0 \tag{3.64}$$

得

$$C_2 = x_2 \tag{3.65}$$

代入 (3.54) 式，得

$$y_2'' = \frac{1}{C_1}\cosh\left(\frac{x_2 - C_2}{C_1}\right) = \frac{1}{b\eta} \tag{3.66}$$

利用了 (3.65) 式之后，得

$$C_1 = b\eta \tag{3.67}$$

于是 AB 段的悬索方程为

$$y = b\eta \cosh\left(\frac{x - x_2}{b\eta}\right) \tag{3.68}$$

它通过 A 点，即 $y = h + h_2$，$x = 0$，也通过 B 点，即 $y = h_2$，$x = x_2$. 代入上式得

$$\frac{h_2}{b\eta} + \frac{h}{b\eta} = \cosh\frac{x_2}{b\eta}, \quad h_2 = b\eta \tag{3.69}$$

于是消去 h_2 即得 (3.46) 式. 这就证明了 (3.46) 式. 在给出了 h 以后，x_2，b 的两段水平长度，必满足 (3.46) 式.

§3.2 泛函 $\int_{x_1}^{x_2} F(x, y, y')dx$ 的极值曲线有折点的情况，光的折射和反射

上面所研究的问题中，我们都假定极值曲线 $y = y(x)$ 是连续的，而且有连续导数的. 但在不少问题中，我们常常还会遇到极值曲线有折点（即函数连续，但其导数不连续的情况）. 如光线的反射和折射就是一例.

现在让我们先研究在泛函 $\int_{x_1}^{x_2} F(x, y, y')dx$ 的极值问题中具

有折点的解时所应满足的条件. 设极值曲线有折点 (x_s, y_s), 称这点为 s (图 3.6). As 和 sB 都是满足欧拉方程的连续光滑曲线. 于是泛函应该写为

$$\Pi = \int_{x_1}^{x_s} F_-(x, y, y')dx + \int_{x_s}^{x_2} F_+(x, y, y')dx \tag{3.70}$$

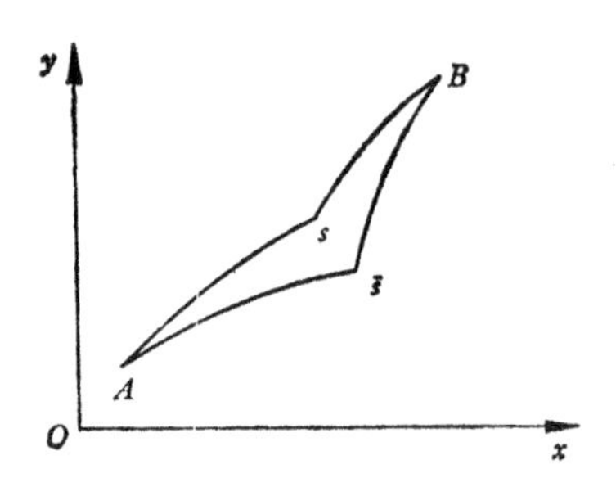

图 3.6 极值曲线 AB 有折点 s

$s = s(x_s, y_s)$ $\bar{s} = \bar{s}(x_s + \delta x_s, y_s + \delta y_s)$

其中 x_s 为转折点 s 的坐标, s 是可以任意变动的.

$$\left.\begin{aligned} F(x, y, y') &= F_-(x, y, y') \qquad x_1 \leqslant x \leqslant x_s \\ F(x, y, y') &= F_+(x, y, y') \qquad x_s \leqslant x \leqslant x_2 \end{aligned}\right\} \tag{3.71}$$

(3.70) 式右侧的两个泛函都是不定边界条件的泛函,按照 § 3.1 中的 (3.16) 式相同的推导过程,我们可以证明

$$\delta \int_{x_1}^{x_s} F_-(x, y, y')dx = \int_{x_1}^{x_s} \left[\frac{\partial F_-}{\partial y} - \frac{d}{dx}\left(\frac{\partial F_-}{\partial y'}\right)\right] \delta y dx + \left.\frac{\partial F_-}{\partial y'}\right|_{x=x_s} \delta y_s + \left.\left(F_- - y'\frac{\partial F_-}{\partial y'}\right)\right|_{x=x_s} \delta x_s \tag{3.72a}$$

$$\delta \int_{x_s}^{x_2} F_+(x, y, y')dx = \int_{x_s}^{x_2} \left[\frac{\partial F_+}{\partial y} - \frac{d}{dx}\left(\frac{\partial F_+}{\partial y'}\right)\right] \delta y dx - \left.\frac{\partial F_+}{\partial y'}\right|_{x=x_s} \delta y_s - \left.\left(F_+ - y'\frac{\partial F_+}{\partial y'}\right)\right|_{x=x_s} \delta x_s \tag{3.72b}$$

于是 $\delta\Pi = 0$ 的极值变分条件给出欧拉方程

$$\frac{\partial F_-}{\partial y} - \frac{d}{dx}\left(\frac{\partial F_-}{\partial y'}\right) = 0 \qquad x_1 \leqslant x \leqslant x_s \tag{3.73a}$$

$$\frac{\partial F_{\pm}}{\partial y} - \frac{d}{dx}\left(\frac{\partial F_{\pm}}{\partial y'}\right) = 0 \qquad x_s \leqslant x \leqslant x_2 \tag{3.73b}$$

还有联接条件

$$\left.\frac{\partial F_{-}}{\partial y'}\right|_{x=x_s} = \left.\frac{\partial F_{+}}{\partial y'}\right|_{x=x_s} \tag{3.74a}$$

$$\left.\left(F_{-} - y'\frac{\partial F_{-}}{\partial y'}\right)\right|_{x=x_s} = \left.\left(F_{+} - y'\frac{\partial F_{+}}{\partial y'}\right)\right|_{x=x_s} \tag{3.74b}$$

把这两个联接条件和极值曲线在 s 点的坐标连续条件合在一起，就能够确定折点的坐标了.

例 (1)　问泛函 $\Pi = \int_{x_1}^{x_2}(y'^3 - y^5)dx$ 有没有折点的极值曲线？如果有，是怎样的折点.

设折点为 (x_s, y_s)，$F = y'^3 - y^3$，$\frac{\partial F}{\partial y'} = 3y'^2$. 于是 (3.74a) 为

$$\left.y_-'^2\right|_{x=x_s} = \left.y_+'^2\right|_{x=x_s} \tag{3.75}$$

这里有两个可能解，其一为 $\left.y'_-\right|_{x=x_s} = \left.y'_+\right|_{x=x_s}$. 这是说在折点两边的斜度相等，所以极限曲线没有转折. 另一可能为

$$\left.y'_-\right|_{x=x_s} = -\left.y'_+\right|_{x=x_s}.$$

也是说，在折点两边的极值曲线相对于折点处的水平线而言，成反射关系. 但从另一个条件 (3.74b) 中，我们有

$$\left.(-y_-^3 - y_-'^3)\right|_{x=x_s} = \left.(-y_+^3 - y_+'^3)\right|_{x=x_s} \tag{3.76}$$

其中 $\left.y_-\right|_{x=x_s} = \left.y_+\right|_{x=x_s}$. 所以有

$$\left.y_-'^3\right|_{x=x_s} = \left.y_+'^3\right|_{x=x_s} \tag{3.77}$$

但 $\left.y'_-\right|_{x=x_s} = -\left.y'_+\right|_{x=x_s}$ 的解不满足 (3.77) 式. 有转折点的解根本不存在. 极值曲线是到处光滑的. 从欧拉方程 (3.73a, b) 式可以求得极值曲线的微分方程为

$$y^2 + 2y'y'' = 0 \tag{3.78}$$

例(2) 求泛函 $\Pi = \int_{x_1}^{x_2} y'^2(1-y')^2 dx$ 的有折点的极值曲线.

因为被积函数 F 只是 y' 的函数,所以极值曲线必为直线

$$y = C_1 x + C_2 \tag{3.79}$$

设 (x_s, y_s) 为折点,则折点处的联接条件 (3.74a),(3.74b) 式分别成为

$$\left.\begin{aligned} 2y'_-(1-y'_-)(1-2y'_-)\Big|_{x=x_s} &= 2y'_+(1-y'_+)(1-2y'_+)\Big|_{x=x_s} \\ -y'^2_-(1-y'_-)(1-3y'_-)\Big|_{x=x_s} &= -y'^2_+(1-y'_+)(1-3y'_+)\Big|_{x=x_s} \end{aligned}\right\} \tag{3.80}$$

当 $y'_-\Big|_{x=x_s} = y'_+\Big|_{x=x_s}$ 时,(3.80) 式满足,但这只是在 $x = x_s$ 处是光滑的条件. 这不是我们要寻求的解. $y'_-\Big|_{x=x_s}$ 和 $y'_+\Big|_{x=x_s}$ 的值不相等的解有两种

$$y'_- = 0, \quad y'_+ = 1 \quad (x = x_s) \tag{3.80a}$$

$$y'_- = 1, \quad y'_+ = 0 \quad (x = x_s) \tag{3.80b}$$

因此,极值曲线不论在 $x = x_s$ 的那一边都是直线,如接点处的斜度为 0,则其直线只平行于 x 轴;如接点处的斜度为 1,则其直线只能和 x 轴按 45° 斜交.这就指出极值曲线只有两种,即由 $x=C$, $y = x + \bar{C}$ 这两种直线族所组成. 如图 3.7.

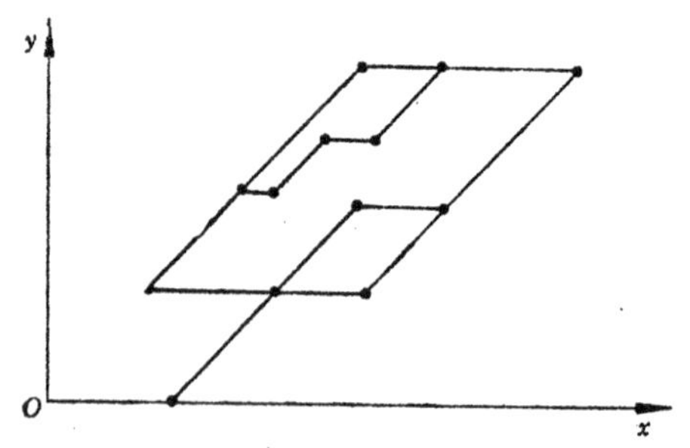

图 3.7 泛函 $\Pi = \int_{x_1}^{x_2} y'^2(1-y')^2 dx$ 的极值曲线族(折点为●)示意图,由 $y = C$, $y = x + \bar{C}$ 所组成

现在让我们进一步研究极值曲线的反射和折射问题.

如果极值曲线有折点,而且折点在一条已给的曲线上,折点可以在曲线上任意游动来选择泛函为极值的条件,则所研究的问题就是极值曲线的反射问题(极值曲线在已知曲线的一侧),和极值曲线的折射问题(极值曲线的两部份分别在已给曲线的两侧).

以图 3.8 为例,设 AC 和 BC 为以 C 点为折点的极值曲线. C 点被规定是在曲线 $y=f(x)$ 上的.

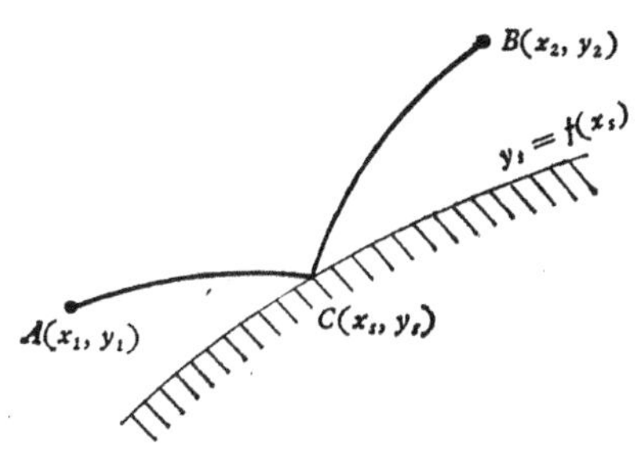

图 3.8 极值曲线的反射

于是泛函为

$$\Pi=\int_{x_1}^{x_s}F(x,y,y')dx+\int_{x_s}^{x_2}F(x,y,y')dx \tag{3.81}$$

其中 $y(x)$ 在 $x_1\leqslant x\leqslant x_s$, $x_s\leqslant x\leqslant x_2$ 是分段连续的. x_s 对第一个泛函说来是待定的上限,对第二个泛函说来是待定的下限. 按 § 3.1 的步骤,我们假定 x_1, x_2 是已给的端点,变分极值的条件给出

$$\begin{aligned}\delta\Pi=&\int_{x_1}^{x_s}\left[\frac{\partial F}{\partial y}-\frac{d}{dx}\left(\frac{\partial F}{\partial y'}\right)\right]\delta ydx\\&+\int_{x_s}^{x_2}\left[\frac{\partial F}{\partial y}-\frac{d}{dx}\left(\frac{\partial F}{\partial y'}\right)\right]\delta ydx\\&+\left[F+(f'-y')\frac{\partial F}{\partial y'}\right]_{x=x_s^-}\delta x_s\\&-\left[F-(f'-y')\frac{\partial F}{\partial y'}\right]_{x=x_s^+}\delta x_s\end{aligned} \tag{3.82}$$

δy, δx_s 都是任意的独立变分,所以 (3.82) 式给出

(1) 欧拉方程

$$\left.\begin{aligned}\frac{\partial F}{\partial y}-\frac{d}{dx}\left(\frac{\partial F}{\partial y'}\right)=0 \qquad x_1\leqslant x\leqslant x_s\\ \frac{\partial F}{\partial y}-\frac{d}{dx}\left(\frac{\partial F}{\partial y'}\right)=0 \qquad x_s\leqslant x\leqslant x_2\end{aligned}\right\} \tag{3.83}$$

(2) 交接条件(或为反射条件)

$$\left[F+(f'-y')\frac{\partial F}{\partial y'}\right]_{x=x_s^-}=\left[F+(f'-y')\frac{\partial F}{\partial y'}\right]_{x=x_s^+} \tag{3.84}$$

现在让我们用上述结果研究光的反射问题. 根据 §1.1 的第五个变分命题,费马定理,光的路线决定于

$$T=\int_{x_1}^{x_s}\frac{\mu(x,y)}{c}\left[1+\left(\frac{dy}{dx}\right)^2\right]^{1/2}dx+\int_{x_s}^{x_2}\frac{\mu(x,y)}{c}\left[1+\left(\frac{dy}{dx}\right)^2\right]^{1/2}dx \tag{3.85}$$

的极限条件,其中 μ 为介质的折光率,c 为光速. 在一般情况下,我们假设 μ 在各点不一定相等,而且是 (x, y) 的函数. 所以

$$F=\frac{\mu(x,y)}{c}\left[1+\left(\frac{dy}{dx}\right)^2\right]^{1/2} \tag{3.86}$$

它满足欧拉方程 (3.83) 式. 交接条件(在这里就是反射条件) (3.84) 式为

$$\frac{\mu(x_s,y_s)}{c}\left[(1+y_{s-}'^2)^{1/2}+\frac{(f_s'-y_{s-}')y_{s-}'}{(1+y_{s-}'^2)^{1/2}}\right]=\frac{\mu(x_s,y_s)}{c}\left[(1+y_{s+}'^2)^{1/2}+\frac{(f_s'-y_{s+}')y_{s+}'}{(1+y_{s+}'^2)^{1/2}}\right] \tag{3.87}$$

设 $\mu(x_s, y_s)$ 不等于零,即得

$$\frac{1+f_s'y_{s-}'}{(1+y_{s-}'^2)^{1/2}}=\frac{1+f_s'y_{s+}'}{(1+y_{s+}'^2)^{1/2}} \tag{3.88}$$

如果用 $\alpha_1, \alpha_2, \theta$ 来表示 AC, BC 和 $y=f(x)$ 在 C 点的斜度角(如图 3.9), 即

$$y_{s-}'=\tan\alpha_1,\quad y_{s+}'=\tan\alpha_2,\quad f_s'=\tan\theta \tag{3.89}$$

则 (3.88) 式可以写成

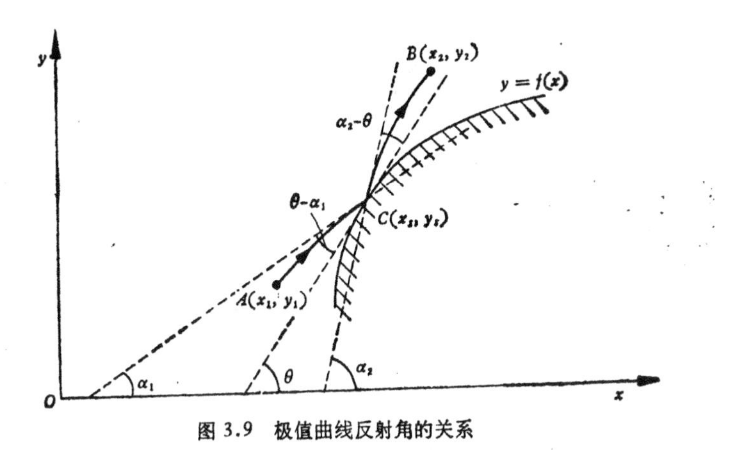

图 3.9　极值曲线反射角的关系

$$\frac{1+\tan\theta\tan\alpha_1}{(1+\tan^2\alpha_1)^{1/2}}=\frac{1+\tan\theta\tan\alpha_2}{(1+\tan^2\alpha_2)^{1/2}} \tag{3.90}$$

或

$$\cos(\theta-\alpha_1)=\cos(\alpha_2-\theta) \tag{3.90a}$$

这就得出了入射角和反射角相等的结论.

现在让我们研究在 $y=f(x)$ 上折射的情况(图 3.10). 假定在 $y=f(x)$ 折射曲的左边(入射侧)的介质的折射率 μ_1 和右边(折射侧)的介质的折射率 μ_2 不等. 于是泛函可以分成两半,即

$$\Pi=\int_{x_1}^{x_s}F_1(x,y,y')dx+\int_{x_s}^{x_2}F_2(x,y,y')dx \tag{3.91}$$

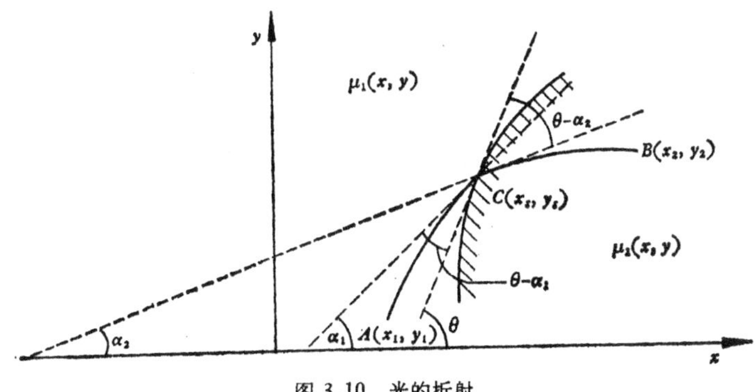

图 3.10　光的折射

其中

$$\left.\begin{aligned} F_1(x, y, y') &= \frac{\mu_1(x, y)}{c}(1 + y'^2)^{1/2} \qquad x_1 \leqslant x \leqslant x_s \\ F_2(x, y, y') &= \frac{\mu_2(x, y)}{c}(1 + y'^2)^{1/2} \qquad x_s \leqslant x \leqslant x_2 \end{aligned}\right\} \tag{3.92}$$

从 $\delta\Pi = 0$，我们可以得到欧拉方程

$$\left.\begin{aligned} \frac{\partial F_1}{\partial y} - \frac{d}{dx}\left(\frac{\partial F_1}{\partial y'}\right) &= 0 \qquad x_1 \leqslant x \leqslant x_s \\ \frac{\partial F_2}{\partial y} - \frac{d}{dx}\left(\frac{\partial F_2}{\partial y'}\right) &= 0 \qquad x_s \leqslant x \leqslant x_2 \end{aligned}\right\} \tag{3.93}$$

还有交接条件(这里的折射条件)

$$\left[F_1 + (f' - y')\frac{\partial F_1}{\partial y'}\right]_{x=x_s^-} = \left[F_2 + (f' - y')\frac{\partial F_2}{\partial y'}\right]_{x=x_s^+} \tag{3.94}$$

把 (3.92) 式代入 (3.94) 式,得

$$\frac{\mu_1(x_s, y_s)}{c}\frac{1 + f_s' y_{s-}'}{(1 + y_{s-}'^2)^{1/2}} = \frac{\mu_2(x_s, y_s)}{c}\frac{1 + f_s' y_{s+}'}{(1 + y_{s+}'^2)^{1/2}} \tag{3.95}$$

如果 AC, BC, $f(x)$ 在 s 点的斜度角用 α_1, α_2, θ 表示，亦即用 (3.89) 式表示,则 (3.95) 式很易化为

$$\frac{\cos(\theta - \alpha_1)}{\cos(\theta - \alpha_2)} = \frac{\mu_2(x_s, y_s)}{\mu_1(x_s, y_s)} \tag{3.96}$$

或

$$\frac{\sin\left[\dfrac{\pi}{2} - (\theta - \alpha_1)\right]}{\sin\left[\dfrac{\pi}{2} - (\theta - \alpha_2)\right]} = \frac{\mu_2(x_s, y_s)}{\mu_1(x_s, y_s)} \tag{3.97}$$

这就是著名的光的折射定律．因为

$$\frac{c}{\mu_2(x_s, y_s)} = v_2(x_s, y_s), \quad \frac{c}{\mu_1(x_s, y_s)} = v_1(x_s, y_s) \tag{3.98}$$

其中 $v_1(x_s, y_s)$, $v_2(x_s, y_s)$ 分别为两种介质中的光速． (3.97) 式也可以写成

$$\frac{\sin\left[\frac{\pi}{2}-(\theta-\alpha_1)\right]}{\sin\left[\frac{\pi}{2}-(\theta-\alpha_2)\right]}=\frac{v_1(x_s, y_s)}{v_2(x_s, y_s)} \tag{3.99}$$

这就是一般的光的折射定律.

§3.3 泛函 $\int_{x_1}^{x_2}F(x, y, z, y', z')dx$ 的边界待定的变分问题

设泛函

$$\Pi=\int_{x_1}^{x_2}F(x, y, z, y', z')dx \tag{3.100}$$

的上限 x_2 是待定的,变分为

$$\begin{aligned}\delta\Pi=&\int_{x_1}^{x_2+\delta x_2}F(x, y+\delta y, z+\delta z, y'+\delta y', z'+\delta z')dx\\&-\int_{x_1}^{x_2}F(x, y, z, y', z')dx\\=&\int_{x_2}^{x_2+\delta x_2}F(x, y+\delta y, z+\delta z, y'+\delta y', z'+\delta z')dx\\&+\int_{x_1}^{x_2}\{F(x, y+\delta y, z+\delta z, y'+\delta y', z'+\delta z')\\&-F(x, y, z, y', z')\}dx\end{aligned} \tag{3.101}$$

利用中值定理,并在第二个积分里保留 δy, δz, $\delta y'$, $\delta z'$ 的线性部分,得到

$$\begin{aligned}\delta\Pi\doteq F\Big|_{x=x_2}\delta x_2+\int_{x_1}^{x_2}\Big[&\frac{\partial F}{\partial y}\delta y+\frac{\partial F}{\partial z}\delta z\\&+\frac{\partial F}{\partial y'}\delta y'+\frac{\partial F}{\partial z'}\delta z'\Big]dx\end{aligned} \tag{3.102}$$

通过分部积分,得

$$\begin{aligned}\delta\Pi=F\Big|_{x=x_2}\delta x_2&+\left[\frac{\partial F}{\partial y'}\delta y\right]_{x=x_2}+\left[\frac{\partial F}{\partial z'}\delta z\right]_{x=x_2}\\&+\int_{x_1}^{x_2}\left\{\left[\frac{\partial F}{\partial y}-\frac{d}{dx}\left(\frac{\partial F}{\partial y'}\right)\right]\delta y\right.\\&\left.+\left[\frac{\partial F}{\partial z}-\frac{d}{dx}\left(\frac{\partial F}{\partial z'}\right)\right]\delta z\right\}dx\end{aligned} \tag{3.103}$$

根据 § 3.1 相同的推理，$\delta y\Big|_{x=x_2}$，$\delta z\Big|_{x=x_2}$ 和 δy_2，δz_2 的关系为

$$\delta y_2 = \delta y\Big|_{x=x_2} + y'(x_2)\delta x_2, \quad \delta z_2 = \delta z\Big|_{x=x_2} + z'(x_2)\delta x_2 \tag{3.104}$$

把 (3.104) 式中的 $\delta y\Big|_{x=x_2}$，$\delta z\Big|_{x=x_2}$ 解出，代入 (3.103) 式，即得

$$\begin{aligned}\delta \Pi = & \left[F - y'\frac{\partial F}{\partial y'} - z'\frac{\partial F}{\partial z'}\right]_{x=x_2}\delta x_2 \\ & + \frac{\partial F}{\partial y'}\Big|_{x=x_2}\delta y_2 + \frac{\partial F}{\partial z'}\Big|_{x=x_2}\delta z_2 \\ & + \int_{x_1}^{x_2}\left\{\left[\frac{\partial F}{\partial y} - \frac{d}{dx}\left(\frac{\partial F}{\partial y'}\right)\right]\delta y\right. \\ & \left. + \left[\frac{\partial F}{\partial z} - \frac{d}{dx}\left(\frac{\partial F}{\partial z'}\right)\right]\delta z\right\}dx\end{aligned} \tag{3.105}$$

按 δx_2，δy_2，δz_2 之间的关系不同，有下列各种情况：

1. δx_2，δy_2，δz_2，δy，δz **都是独立的**

这是最一般的情况．$\delta \Pi = 0$ 给出欧拉方程

$$\frac{\partial F}{\partial y} - \frac{d}{dx}\left(\frac{\partial F}{\partial y'}\right) = 0, \quad \frac{\partial F}{\partial z} - \frac{d}{dx}\left(\frac{\partial F}{\partial z'}\right) = 0 \tag{3.106}$$

同时给出 $x = x_2$ 处的边界条件

$$\begin{aligned}& \left[F - y'\frac{\partial F}{\partial y'} - z'\frac{\partial F}{\partial z'}\right]_{x=x_2} = 0, \\ & \frac{\partial F}{\partial y'}\Big|_{x=x_2} = 0, \quad \frac{\partial F}{\partial z'}\Big|_{x=x_2} = 0\end{aligned} \tag{3.107}$$

人们可以利用欧拉方程 (3.106) 式和极值曲线通过固定点 (x_1, y_1, z_1) 的条件，和 $x = x_2$ 处的边界条件 (3.107) 式来决定本题的极值曲线和 x_2 的待定值．

2. **边界点** (x_2, y_2, z_2) **可以沿某一曲线** $y_2 = f(x_2)$，$z_2 = g(x_2)$ **任意移动**

这指出 δx_2，δy_2，δz_2 之间并不独立，它们之间有下列关系．

$$\delta y_2 = f'(x_2)\delta x_2, \quad \delta z_2 = g'(x_2)\delta x_2 \tag{3.108}$$

把它们代入(3.105)式,化简为

$$\delta\Pi=\left[F+(f'-y')\frac{\partial F}{\partial y'}+(g'-z')\frac{\partial F}{\partial z'}\right]_{x=x_2}\delta x_2$$
$$+\int_{x_1}^{x_2}\left\{\left[\frac{\partial F}{\partial y}-\frac{d}{dx}\left(\frac{\partial F}{\partial y'}\right)\right]\delta y\right.$$
$$\left.+\left[\frac{\partial F}{\partial z}-\frac{d}{dx}\left(\frac{\partial F}{\partial z'}\right)\right]\delta z\right\}dx \tag{3.109}$$

$\delta\Pi=0$ 给出相同的欧拉方程

$$\frac{\partial F}{\partial y}-\frac{d}{dx}\left(\frac{\partial F}{\partial y'}\right)=0,\quad \frac{\partial F}{\partial z}-\frac{d}{dx}\left(\frac{\partial F}{\partial z'}\right)=0 \tag{3.110}$$

同时给出 $x=x_2$ 处的补充边界条件

$$\left[F+(f'-y')\frac{\partial F}{\partial y'}+(g'-z')\frac{\partial F}{\partial z'}\right]_{x=x_2}=0 \tag{3.111}$$

这也代表极值曲线和已给端点曲线 $y_2=f(x_2)$, $z_2=g(x_2)$ 之间的交接条件. 当从欧拉方程(3.110)式求解极值曲线时,它必须满足:(1)在 x_1 处通过固定点 (x_1, y_1, z_1);(2)在 x_2 点满足 $y_2=f(x_2)$, $z_2=g(x_2)$;(3)在 x_2 点满足交接条件(3.111).

3. 边界点 (x_2, y_2, z_2) 可以沿某一曲面 $\varphi(x_2, y_2, z_2)=0$ 任意移动

这里的 δx_2, δy_2, δz_2 也不是完全独立的. 它们满足

$$\frac{\partial\varphi}{\partial x_2}\delta x_2+\frac{\partial\varphi}{\partial y_2}\delta y_2+\frac{\partial\varphi}{\partial z_2}\delta z_2=0 \tag{3.112}$$

解出 δz_2, 把它代入(3.105)式,它可以化为

$$\delta\Pi=\left[F-y'\frac{\partial F}{\partial y'}-z'\frac{\partial F}{\partial z'}-\frac{\dfrac{\partial\varphi}{\partial x}}{\dfrac{\partial\varphi}{\partial z}}\frac{\partial F}{\partial z'}\right]_{x=x_2}\delta x_2$$
$$+\left[\frac{\partial F}{\partial y'}-\frac{\dfrac{\partial\varphi}{\partial y}}{\dfrac{\partial\varphi}{\partial z}}\frac{\partial F}{\partial z'}\right]_{x=x_2}\delta y_2$$

$$
+\int_{x_1}^{x_2}\left\{\left[\frac{\partial F}{\partial y}-\frac{d}{dx}\left(\frac{\partial F}{\partial y'}\right)\right]\delta y\right.
$$

$$
\left.+\left[\frac{\partial F}{\partial z}-\frac{d}{dx}\left(\frac{\partial F}{\partial z'}\right)\right]\delta z\right\}dx \tag{3.113}
$$

$\delta\Pi=0$ 给出欧拉方程

$$
\frac{\partial F}{\partial y}-\frac{d}{dx}\left(\frac{\partial F}{\partial y'}\right)=0,\quad \frac{\partial F}{\partial z}-\frac{d}{dx}\left(\frac{\partial F}{\partial z'}\right)=0 \tag{3.114}
$$

也给出极值曲线和曲面 $\varphi(x_2, y_2, z_2)=0$ 的交接条件

$$
\left.\begin{aligned}
&\left\{F-y'\frac{\partial F}{\partial y'}-\left(z'+\frac{\dfrac{\partial\varphi}{\partial x}}{\dfrac{\partial\varphi}{\partial z}}\right)\frac{\partial F}{\partial z'}\right\}_{x=x_2}=0\\
&\left\{\frac{\partial F}{\partial y'}-\frac{\dfrac{\partial\varphi}{\partial y}}{\dfrac{\partial\varphi}{\partial z}}\frac{\partial F}{\partial z'}\right\}_{x=x_2}=0
\end{aligned}\right\} \tag{3.115}
$$

当从 (3.114) 式求解极值曲线时，其端点条件为：(1) 在 x_1 处通过固定点 (x_1, y_1, z_1)；(2) 在 x_2 点上满足 $\varphi(x_2, y_2, z_2)=0$；(3) 在 x_2 点处满足交接条件 (3.115) 式.

不论那种情况，在待定端点 x_2 上，都有三个独立的边界条件必须得到满足. 在这个变分问题中，欧拉方程 (3.106) 有四个积分常数. 其中两个由 (x_1, y_1, z_1) 的固定点条件决定，还有两个积分常数和 x_2 值共三个待定量由 (3.115) 式和 $\varphi(x_2, y_2, z_2)=0$ 等三个 x_2 处的边界条件决定的.

如果在 x_1 点也是可以任意移动的待定边界，则同样也必有三个相类似的边界条件. 其推导只是重复上面的过程，我们将留给读者自行处理.

§ 3.4 泛函 $\int_{x_1}^{x_2}F(x, y, y', y'')dx$ 的边界待定的变分问题

在 § 1.3 中讨论泛函

$$\Pi=\int_{x_1}^{x_2}F(x,y,y',y'')dx \tag{3.116}$$

的极值问题时，我们假定 x_1，x_2 已给不变，而且在 x_1，x_2 处有固定边界条件

$$y(x_1)=y_1,\quad y'(x_1)=y'_1,\quad y(x_2)=y_2,\quad y'(x_2)=y'_2 \tag{3.117}$$

如果在 x_1，x_2 中有一个待定，则我们就在研究这个变分的待定边界问题.

现在让我们先研究 x_1 已给，x_2 待定的问题，并假定在 x_1 处，端点是固定的

$$y(x_1)=y_1,\quad y'(x_1)=y'_1 \tag{3.118}$$

这样 Π 的变分可以写成

$$\begin{aligned}\delta\Pi=&\int_{x_1}^{x_2+\delta x_2}F(x,y+\delta y,y'+\delta y',y''+\delta y'')dx\\&-\int_{x_1}^{x_2}F(x,y,y',y'')dx\\=&\int_{x_2}^{x_2+\delta x_2}F(x,y+\delta y,y'+\delta y',y''+\delta y'')dx\\&+\int_{x_1}^{x_2}\{F(x,y+\delta y,y'+\delta y',y''+\delta y'')\\&-F(x,y,y',y'')\}dx\end{aligned} \tag{3.119}$$

略去高次项，利用中值定理，上式可以简化为

$$\begin{aligned}\delta\Pi=&F(x,y,y',y'')\Big|_{x=x_2}\delta x_2\\&+\int_{x_1}^{x_2}\left(\frac{\partial F}{\partial y}\delta y+\frac{\partial F}{\partial y'}\delta y'+\frac{\partial F}{\partial y''}\delta y''\right)dx\end{aligned} \tag{3.120}$$

通过分部积分，并利用了固定边界条件 (3.118) 式，我们可以证明

$$\begin{aligned}\delta\Pi=&\left[F\delta x_2+\frac{\partial F}{\partial y'}\delta y+\frac{\partial F}{\partial y''}\delta y'-\frac{d}{dx}\left(\frac{\partial F}{\partial y''}\right)\delta y\right]\Bigg|_{x=x_2}\\&+\int_{x_1}^{x_2}\left\{\frac{\partial F}{\partial y}-\frac{d}{dx}\left(\frac{\partial F}{\partial y'}\right)+\frac{d^2}{dx^2}\left(\frac{\partial F}{\partial y''}\right)\right\}\delta y dx\end{aligned} \tag{3.121}$$

在这里，δx_2，$\delta y\Big|_{x=x_2}$，$\delta y'\Big|_{x=x_2}$ 并不是相互独立的，而有下列关系连系着的.

$$\left.\begin{aligned}\delta y_2 &= \delta y\Big|_{x=x_2} + y'(x_2)\delta x_2 \\ \delta y_2' &= \delta y'\Big|_{x=x_2} + y''(x_2)\delta x_2\end{aligned}\right\} \tag{3.122}$$

或即

$$\left.\begin{aligned}\delta y\Big|_{x=x_2} &= \delta y_2 - y'(x_2)\delta x_2 = \delta y_2 - y_2'\delta x_2 \\ \delta y'\Big|_{x=x_2} &= \delta y_2' - y''(x_2)\delta x_2 = \delta y_2' - y_2''\delta x_2\end{aligned}\right\} \tag{3.123}$$

其中 $y'(x_2) = y_2'$, $y''(x_2) = y_2''$. 把(3.123)式代入(3.121)式，就得

$$\begin{aligned}\delta\Pi = &\left[F - y'\frac{\partial F}{\partial y'} - y''\frac{\partial F}{\partial y''} + y'\frac{d}{dx}\left(\frac{\partial F}{\partial y''}\right)\right]\Bigg|_{x=x_2}\delta x_2 \\ &+ \left[\frac{\partial F}{\partial y'} - \frac{d}{dx}\left(\frac{\partial F}{\partial y''}\right)\right]\Bigg|_{x=x_2}\delta y_2 + \frac{\partial F}{\partial y''}\Bigg|_{x=x_2}\delta y_2' \\ &+ \int_{x_1}^{x_2}\left\{\frac{\partial F}{\partial y} - \frac{d}{dx}\left(\frac{\partial F}{\partial y'}\right) + \frac{d^2}{dx^2}\left(\frac{\partial F}{\partial y''}\right)\right\}\delta y dx\end{aligned} \tag{3.124}$$

如果 δx_2, δy_2, $\delta y_2'$, δy 都是独立的，$\delta\Pi = 0$ 给出

欧拉方程：

$$\frac{\partial F}{\partial y} - \frac{d}{dx}\left(\frac{\partial F}{\partial y'}\right) + \frac{d^2}{dx^2}\left(\frac{\partial F}{\partial y''}\right) = 0 \tag{3.125}$$

补充边界条件

$$\left.\begin{aligned}&\left\{F - y'\left[\frac{\partial F}{\partial y'} - \frac{d}{dx}\left(\frac{\partial F}{\partial y''}\right)\right] - y''\frac{\partial F}{\partial y''}\right\}\Bigg|_{x=x_2} = 0 \\ &\left[\frac{\partial F}{\partial y'} - \frac{d}{dx}\left(\frac{\partial F}{\partial y''}\right)\right]\Bigg|_{x=x_2} = 0 \\ &\frac{\partial F}{\partial y''}\Bigg|_{x=x_2} = 0\end{aligned}\right\} \tag{3.125a, b, c}$$

(3.125a, b, c) 式和 x_2 处的固定端条件 (3.118) 式在一起，可以决定(3.125) 式的极值曲线 $y = y(x, C_1, C_2, C_3, C_4, x_2)$ 中的五个待定量 C_1, C_2, C_3, C_4, x_2.

一般说来，δx_2，δy_2，$\delta y_2'$ 并不都是独立的，它们可能有各种各样的联系。

(1) (x_2, y_2) 点可以在曲线

$$y_2 = \varphi(x_2) \tag{3.126}$$

上任意移动。

于是，有

$$\delta y_2 = \varphi'(x_2)\delta x_2 \tag{3.127}$$

(3.124) 式中消去 δy_2，得

$$\begin{aligned}\delta \Pi = &\left\{F + (\varphi' - y')\left[\frac{\partial F}{\partial y'} - \frac{d}{dx}\left(\frac{\partial F}{\partial y''}\right)\right]\right.\\&\left.- y''\frac{\partial F}{\partial y''}\right\}\Bigg|_{x=x_2}\delta x_2 + \frac{\partial F}{\partial y''}\Bigg|_{x=x_2}\delta y_2'\\&+\int_{x_1}^{x_2}\left\{\frac{\partial F}{\partial y'} - \frac{d}{dx}\left(\frac{\partial F}{\partial y'}\right) + \frac{d^2}{dx^2}\left(\frac{\partial F}{\partial y''}\right)\right\}\delta y dx\end{aligned} \tag{3.128}$$

$\delta\Pi = 0$ 时，给出欧拉方程 (3.125) 式和有关边界条件

$$\left\{F + (\varphi' - y')\left[\frac{\partial F}{\partial y'} - \frac{d}{dx}\left(\frac{\partial F}{\partial y''}\right)\right] - y''\frac{\partial F}{\partial y''}\right\}\Bigg|_{x=x_2} = 0 \tag{3.129a}$$

$$\frac{\partial F}{\partial y''}\Bigg|_{x=x_2} = 0 \tag{3.129b}$$

求解欧拉方程时，在 $x = x_2$ 端，仍有三个条件，即 (3.126) 式和 (3.129a, b) 式。

(2) (x_2, y_2) 点可以在曲线

$$y_2 = \varphi(x_2) \tag{3.130}$$

上任意移动，而且 (x_2, y_2) 点上的极值曲线的端点斜度 $y'(x_2) = y_2'$ 为 x_2 的另一函数

$$y_2' = \psi(x_2) \tag{3.131}$$

这里应该注意，$\psi(x_2)$ 并不一定等于 $\varphi'(x_2)$，当然也包括了 $\psi(x_2) = \varphi'(x_2)$ 的情况。于是，有

$$\delta y_2 = \varphi'(x_2)\delta x_2, \quad \delta y_2' = \psi'(x_2)\delta x_2 \tag{3.132}$$

从 (3.124) 式中消去 δy_2，$\delta y_2'$，得

$$\delta\Pi = \left\{F + (\varphi' - y')\left[\frac{\partial F}{\partial y'} - \frac{d}{dx}\left(\frac{\partial F}{\partial y''}\right)\right]\right.$$

$$\left. + (\psi' - y'')\frac{\partial F}{\partial y''}\right\}\Bigg|_{x=x_2}\delta x_2$$

$$+ \int_{x_1}^{x_2}\left\{\frac{\partial F}{\partial y} - \frac{d}{dx}\left(\frac{\partial F}{\partial y'}\right) + \frac{d^2}{dx^2}\left(\frac{\partial F}{\partial y''}\right)\right\}\delta y dx \quad (3.133)$$

$\delta\Pi = 0$ 时给出欧拉方程 (3.125) 式和边界条件

$$\left\{F + (\varphi' - y')\left[\frac{\partial F}{\partial y'} - \frac{d}{dx}\left(\frac{\partial F}{\partial y''}\right)\right]\right.$$

$$\left. + (\psi' - y'')\frac{\partial F}{\partial y''}\right\}\Bigg|_{x=x_2} = 0 \quad (3.134)$$

所以，求解欧拉方程时，在 $x = x_2$ 端，仍有三个条件，即 (3.130)，(3.131) 式和 (3.134) 式.

(3) 在 (x_2, y_2) 点上，也可以存在着某一种 x_2, y_2, y_2' 之间的关系

$$\varphi(x_2, y_2, y_2') = 0 \quad (3.135)$$

于是，$\delta x_2, \delta y_2, \delta y_2'$ 之间有关系

$$\frac{\partial\varphi}{\partial x_2}\delta x_2 + \frac{\partial\varphi}{\partial y_2}\delta y_2 + \frac{\partial\varphi}{\partial y_2'}\delta y_2' = 0 \quad (3.136)$$

设

$$\frac{\partial\varphi}{\partial y_2'} \neq 0, \quad (3.137)$$

则

$$\delta y_2' = -\frac{\dfrac{\partial\varphi}{\partial x_2}}{\dfrac{\partial\varphi}{\partial y_2'}}\delta x_2 - \frac{\dfrac{\partial\varphi}{\partial y_2}}{\dfrac{\partial\varphi}{\partial y_2'}}\delta y_2 \quad (3.138)$$

把它代入 (3.124) 式，得

$$\delta\Pi = \left[F - y'\frac{\partial F}{\partial y'} + y'\frac{d}{dx}\left(\frac{\partial F}{\partial y''}\right) - \left(y'' + \frac{\dfrac{\partial\varphi}{\partial x_2}}{\dfrac{\partial\varphi}{\partial y_2'}}\right)\frac{\partial F}{\partial y''}\right]\Bigg|_{x=x_2}\delta x_2$$

$$
+\left[\frac{\partial F}{\partial y'}-\frac{d}{dx}\left(\frac{\partial F}{\partial y''}\right)-\frac{\dfrac{\partial\varphi}{\partial y_2}}{\dfrac{\partial\varphi}{\partial y_2'}}\frac{\partial F}{\partial y''}\right]\Bigg|_{x=x_2}\delta y_2
$$

$$
+\int_{x_1}^{x_2}\left\{\frac{\partial F}{\partial y}-\frac{d}{dx}\left(\frac{\partial F}{\partial y'}\right)+\frac{d^2}{dx^2}\left(\frac{\partial F}{\partial y''}\right)\right\}\delta y dx \qquad (3.139)
$$

$\delta\Pi=0$ 给出欧拉方程 (3.125) 式和有关端点条件

$$
\left\{F-y'\frac{\partial F}{\partial y'}+y'\frac{d}{dx}\left(\frac{\partial F}{\partial y''}\right)-\left(y''+\frac{\dfrac{\partial\varphi}{\partial x_2}}{\dfrac{\partial\varphi}{\partial y_2'}}\right)\frac{\partial F}{\partial y''}\right\}\Bigg|_{x=x_2}=0 \qquad (3.140)
$$

$$
\left\{\frac{\partial F}{\partial y'}-\frac{d}{dx}\left(\frac{\partial F}{\partial y''}\right)-\frac{\dfrac{\partial\varphi}{\partial y_2}}{\dfrac{\partial\varphi}{\partial y_2'}}\frac{\partial F}{\partial y''}\right\}\Bigg|_{x=x_2}=0 \qquad (3.141)
$$

这指出在求解欧拉方程 (3.125) 式时，在 $x=x_2$ 端仍有三个条件，即 (3.135)，(3.140) 式和 (3.141) 式．现举例说明其应用．

例 (1) 设有一根长梁，一端固定在高度为 h 的墙上，另一端平躺在地面上，问在自重作用下，梁悬空部分的长度是多少？并研究梁触地但没有躺平时的情况．

坐标原点取在左侧固定端 A（图 3.11）． 设梁的总长为 l，B 端 $x=x_2$ 是待定端，并设 $l\geqslant x_2$，在 A 点的固定端条件为

$$
w(0)=w'(0)=0 \qquad (3.142)
$$

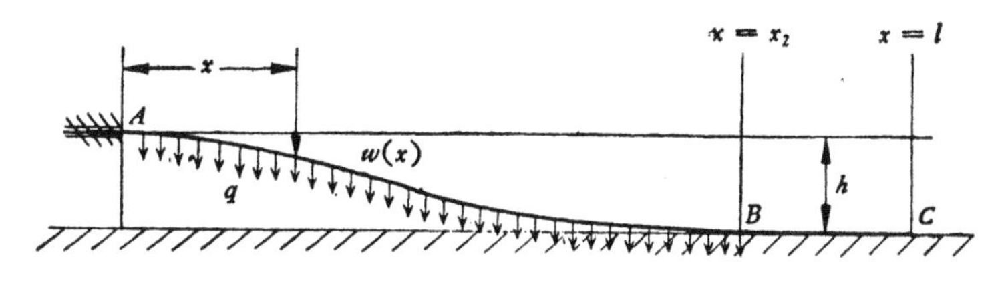

图 3.11 一端固定，一端躺地的梁在自重作用下的变形

在 B 点的待定端条件为

$$w(x_2)=h, \quad w'(x_2)=0 \tag{3.143}$$

本题的泛函分三部分．AB 段的弯曲能 $=\int_0^{x_2}\frac{1}{2}EIw''^2dx$，$AB$ 段 q 做的功 $=\int_0^{x_2}qwdx$，BC 段 q 做的功 $=qh(l-x_2)$．所以

$$\Pi=\int_0^{x_2}F(w,w'')dx-qh(l-x_2) \tag{3.144}$$

其中 x_2 为待定端坐标

$$F(w,w'')=\frac{1}{2}EIw''^2-qw \tag{3.145}$$

泛函变分，得

$$\delta\Pi=F(w_2,w_2'')\delta x_2+\int_0^{x_2}\left\{\frac{\partial F}{\partial w}\delta w+\frac{\partial F}{\partial w''}\delta w''\right\}dx+qh\delta x_2 \tag{3.146}$$

其中 $w_2=w(x_2)=h$，$w_2''=w''(x_2)$．通过分部积分，并引用(3.142)、(3.143) 式和 (3.146) 式化为

$$\begin{aligned}\delta\Pi=&\{F(w_2,w_2'')+qh\}\delta x_2+\frac{\partial F}{\partial w''}\delta w'\bigg|_{x=x_2}\\&-\frac{d}{dx}\left(\frac{\partial F}{\partial w''}\right)\delta w\bigg|_{x=x_2}\\&+\int_0^{x_2}\left\{\frac{\partial F}{\partial w}+\frac{d^2}{dx^2}\left(\frac{\partial F}{\partial w''}\right)\right\}\delta wdx\end{aligned} \tag{3.147}$$

因 x_2 是待定边界，有条件 (3.142) 式，

$$\left.\begin{aligned}\delta w_2=\delta w\bigg|_{x=x_2}+w'(x_2)\delta w_2=\delta w\bigg|_{x=x_2}\\\delta w_2'=\delta w'\bigg|_{x=x_2}+w''(x_2)\delta w_2\end{aligned}\right\} \tag{3.148}$$

所以，(3.147) 式可以进一步简化为

$$\begin{aligned}\delta\Pi=&\left\{F(w_2,w_2'')+qh-w_2''\left(\frac{\partial F}{\partial w''}\right)_{x=x_2}\right\}\delta x_2\\&+\left(\frac{\partial F}{\partial w''}\right)_{x=x_2}\delta w_2'-\frac{d}{dx}\left(\frac{\partial F}{\partial w''}\right)_{x=x_2}\delta w_2\end{aligned}$$

$$+\int_0^{x_2}\left\{\frac{\partial F}{\partial w}+\frac{d^2}{dx^2}\left(\frac{\partial F}{\partial w''}\right)\right\}\delta w dx \tag{3.149}$$

但是，待定端恒保持水平方向，$\delta w_2'=\delta w_2=0$，于是 $\delta\Pi=0$ 给出欧拉方程

$$\frac{\partial F}{\partial w}+\frac{d^2}{dx^2}\left(\frac{\partial F}{\partial w''}\right)=EI\frac{d^4w}{dx^4}-q=0 \tag{3.150}$$

和待定端的补充条件

$$F(w_2, w_2'')+qh-w_2''\left(\frac{\partial F}{\partial w''}\right)_{x=x_2}=0 \tag{3.151}$$

在利用了 (3.145) 式，并注意到 $w_2=h$，(3.151) 式可以写成

$$-\frac{1}{2}EIw_2''^2=0, \quad 或 \quad w_2''=0 \tag{3.152}$$

所以，本题的微分方程为 (3.150) 式. 固定条件为 (3.142) 式，待定端条件为 (3.143) 式和补充条件 (3.152) 式. 这五个端点条件决定微分方程解的四个积分常数和待定端点的坐标 x_2.

微分方程的解可以写成

$$w(x)=\frac{q}{24EI}x^4+Ax^3+Bx^2+Cx+D \tag{3.153}$$

利用了 (3.142) 式，决定 C，D 两个常数

$$C=D=0 \tag{3.154}$$

利用了 (3.143) 式，得

$$\left.\begin{aligned} h&=\frac{q}{24EI}x_2^4+Ax_2^3+Bx_2^2 \\ 0&=\frac{q}{6EI}x_2^3+3Ax_2^2+2Bx_2 \end{aligned}\right\} \tag{3.155}$$

解之，得

$$A=-\frac{2h}{x_2^3}-\frac{q}{12EI}x_2, \quad B=\frac{3h}{x_2^2}+\frac{q}{2EI}x_2^2 \tag{3.156}$$

代入 (3.133) 式，$w(x)$ 的解可以写成

$$w(x)=\frac{q}{24EI}x^2(x_2-x)^2-\frac{h}{x_2^2}x^2(2x-3x_2) \tag{3.157}$$

这里的 x_2 可以利用补充条件 (3.152) 式决定:

$$w''(x_2)=\frac{q}{12EI}x_2^2-\frac{6h}{x_2^2}=0 \quad 或 \quad x_2=\left(\frac{72hEI}{q}\right)^{1/4} \tag{3.158}$$

x_2 就是梁悬空部分的长度，这里要求

$$l>\left(\frac{72hEI}{q}\right)^{1/4} \tag{3.159}$$

现在让我们研究一下 A，B 点的反力，因为

$$w'''(x)=\frac{q}{2EI}(2x-x_2)-\frac{12h}{x_2^3} \tag{3.160}$$

A，B 点的剪力 $Q(x)$ 分别为

$$\left.\begin{aligned}Q(0)&=-EIw'''(0)=-\frac{q}{2}x_2-\frac{12EIh}{x_2^3}=-\frac{2qx_2}{3}\\ Q(x_2)&=-EIw'''(x_2)=\frac{q}{2}x_2-\frac{12EIh}{x_2^3}=\frac{1}{3}qx_2\end{aligned}\right\} \tag{3.161}$$

所以，AB 段上的总重 qx_2，有 2/3 由 A 点负担，有 1/3 由 B 点负担.

如果 $l<\left(\frac{72hEI}{q}\right)^{1/4}$，是不是梁的待定端会一下子悬空离开地面呢？显然并不会一下离开地面. 只有当梁的长度更短一些才能使悬梁的悬空端完全离开地面（图 3.12）. 设这个长度为 l_1，

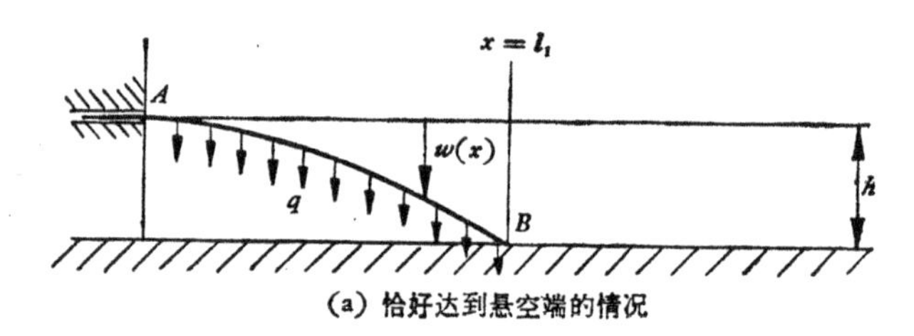

(a) 恰好达到悬空端的情况

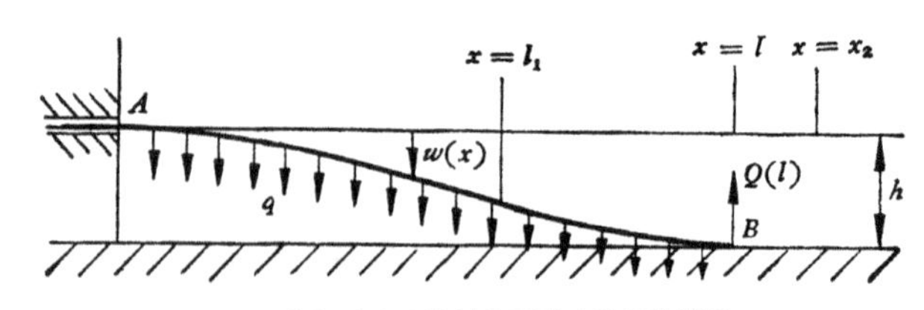

(b) 待定端接触地面尚未躺平的情况

图 3.12 悬梁一端接地的两种情况

这个长度是悬梁的端点条件决定的，其条件为

$$w(0)=w'(0)=0 \tag{3.162a, b}$$

$$w(l_1)=h,\quad w''(l)=w'''(l)=0 \tag{3.162c, d, e}$$

利用 (3.162a, b) 式，可以证明 (3.153) 式的积分常数 $C=D=0$，而 (3.162d, e) 给出

$$A=-\frac{1}{6EI}ql_1,\quad B=\frac{1}{AEI}ql_1^2 \tag{3.163}$$

(3.153) 式的挠度函数应是

$$w(x)=\frac{q}{24EI}x^2(x^2-4xl_1+6l_1^2) \tag{3.164}$$

最后，利用 (3.162c) 式决定 l_1，从 (3.164) 式，有

$$h=\frac{1}{8EI}ql_1^4,\quad 或 \quad l_1=\left(\frac{8EIh}{q}\right)^{1/4} \tag{3.165}$$

这就是恰好达到悬空端接地的悬梁长度，而接地的斜度为

$$w'(l_1)=\frac{q}{6EI}l_1^3=\frac{4}{3}h\left(\frac{q}{8EIh}\right)^{1/4}=\frac{4}{3}\frac{h}{l_1}. \tag{3.166}$$

把 l_1 (悬空端接地梁长)和 x_2 (躺梁长)相比，得

$$\frac{x_2}{l_1}=\sqrt{3}=1.732 \tag{3.167}$$

当 l 在 l_1 和 x_2 之间时，B 点既已接地，但未躺平 (见图 3.12b)．在 A 点的固定端条件为

$$w(0)=0,\quad w'(0)=0 \tag{3.168}$$

在 B 点的端点条件为

$$w(l)=h,\quad w''(l)=0 \tag{3.169}$$

泛函为 [F 见 (3.145) 式]

$$\Pi=\int_0^l F(w,w'')dx \tag{3.170}$$

这是一个固定端问题，$\delta\Pi=0$ 给出欧拉方程

$$\frac{\partial F}{\partial w}+\frac{d^2}{dx^2}\left(\frac{\partial F}{\partial w''}\right)=EIw''''-q=0 \tag{3.171}$$

在 (3.168)，(3.169) 式的条件下，(3.171) 式的解为

$$w = \frac{q}{48EI}\{2x^4 - 5lx^3 + 3l^2x^2\} + \frac{h}{2l^2}(3l - x)x^2 \quad (3.172)$$

在 $x = l$ 处的斜度为

$$w'(l) = -\frac{ql^3}{48EI} + \frac{3}{2}\frac{h}{l} \quad (3.173)$$

l 的下限为 l_1，当 $l = l_1$ 时，利用 (3.165) 式

$$w'(l_1) = \frac{3}{2}\frac{h}{l_1} - \frac{ql_1^3}{48EI} = \frac{3}{2}\frac{h}{l_1} - \frac{1}{6}\frac{h}{l_1} = \frac{4}{3}\frac{h}{l_1} \quad (3.174)$$

它与 (3.166) 式的结果相同.

l 的上限为 x_2，当 $l = x_2$ 时，利用 (3.158) 式

$$w'(x_2) = -\frac{qx_2^3}{48EI} + \frac{3}{2}\frac{h}{x_2} = 0 \quad (3.175)$$

亦即当 $l = x_2$ 时，梁在 x_2 点的斜度为零，已达到躺平的条件．这就是图 3.11 的条件．所以，(3.172) 式是图 3.12b 的情况，适用于 $l_1 \leqslant l \leqslant x_2$ 的范围.

例 (2) 有一悬梁，受均布载荷，长为 l，在其下垫一圆垫，其半径为 R。问梁和圆垫的接触区的大小.

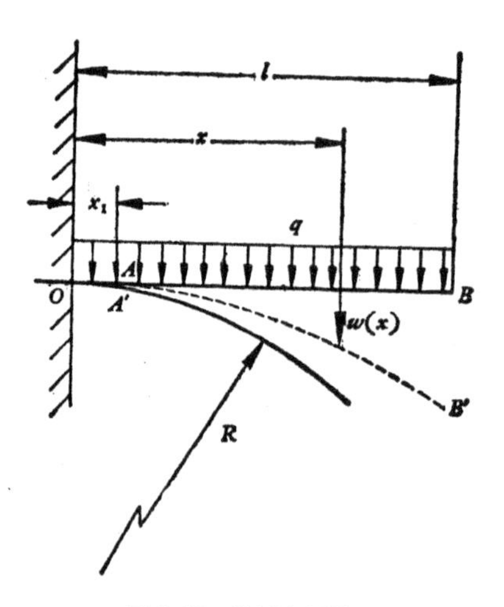

图 3.13 悬梁和圆垫

在本例中，A 点为待定端点，其条件为

$$w(x_1)=\frac{x_1^2}{2R},\quad w'(x_1)=\frac{x_1}{R} \tag{3.176}$$

B 点为自由端，其条件为

$$w''(l)=0,\quad w'''(0)=0 \tag{3.177}$$

梁的 OA' 段中的下垂位移为

$$w(x)=\frac{x^2}{2R},\quad 0\leqslant x\leqslant x_1 \tag{3.178}$$

而且

$$w''(x)=\frac{1}{R}=\text{常数}\quad 0\leqslant x\leqslant x_1 \tag{3.179}$$

梁在 OA 段中的弯曲能为 $V_1=\frac{1}{2}EI\frac{1}{R^2}x_1$；在 AB 段中的弯曲能为 $V_2=\int_{x_1}^{l}\frac{1}{2}EIw''^2dx$；均布载荷 q 在 OA 段中做的功等于

$$U_1=\int_0^{x_1}q\frac{x^2}{2R}dx=\frac{q}{6R}x_1^3 \tag{3.180}$$

均布载荷在 AB 段中做的功为

$$U_2=\int_{x_1}^{l}qwdx \tag{3.181}$$

梁和载荷在一起的总势能为

$$\Pi=V_1+V_2-U_1-U_2=\frac{1}{2}EI\frac{x_1}{R^2}-\frac{q}{6R}x_1^3+\int_{x_1}^{l}F(w,w'')dx \tag{3.182}$$

其中

$$F(w,w'')=\frac{1}{2}EIw''^2-qw \tag{3.183}$$

变分时注意 x_1 是待定可变的，于是有

$$\delta\Pi=\left(\frac{1}{2}EI\frac{1}{R^2}-\frac{q}{2R}x_1^2\right)\delta x_1-F(w_1,w_1'')\delta x_1$$

$$+\int_{x_1}^{l}\left\{\frac{\partial F}{\partial w}\delta w+\frac{\partial F}{\partial w''}\delta w''\right\}dx \tag{3.184}$$

其中 w_1 为 $w(x_1)$，w_1'' 为 $w''(x_1)$。通过分部积分

$$\int_{x_1}^{l}\left\{\frac{\partial F}{\partial w}\delta w+\frac{\partial F}{\partial w''}\delta w''\right\}dx$$

$$=\left[\frac{\partial F}{\partial w''}\delta w'\right]_{x_1}^{l}-\left[\frac{d}{dx}\left(\frac{\partial F}{\partial w''}\right)\delta w\right]_{x_1}^{l}$$

$$+\int_{x_1}^{l}\left\{\frac{\partial F}{\partial w}+\frac{d^2}{dx^2}\left(\frac{\partial F}{\partial w''}\right)\right\}\delta w dx \tag{3.185}$$

在利用了端点条件后，我们可以证明

$$\left[\frac{\partial F}{\partial w''}\delta w'\right]_{x_1}^{l}=[EIw''\delta w']_{x_1}^{l}=-[EIw''\delta w']\Big|_{x_1}$$

$$=-EIw''(x_1)[\delta w_1'-w''(x_1)\delta x_1]$$

$$\left[\frac{d}{dx}\left(\frac{\partial F}{\partial w''}\right)\delta w\right]_{x_1}^{l}=[EIw'''\delta w]_{x_1}^{l}=-[EIw'''\delta w]\Big|_{x_1}$$

$$=-EIw'''(x_1)\left[\delta w_1-\frac{x_1}{R}\delta x_1\right] \tag{3.186}$$

其中业已利用了下列关系

$$\left.\begin{aligned}\delta w_1'&=\delta w'\Big|_{x_1}+w''(x_1)\delta x_1\\ \delta w_1&=\delta w\Big|_{x_1}+w'(x_1)\delta x_1=\delta w\Big|_{x_1}+\frac{x_1}{R}\delta x_1\end{aligned}\right\} \tag{3.187}$$

δw_1，$\delta w_1'$，$\delta w\Big|_{x_1}$，$\delta w'\Big|_{x_1}$ 的意义和本节以前所述相同。于是(3.184)式可以化为

$$\delta\Pi=\frac{1}{2}EI\left\{\frac{1}{R^2}+[w''(x_1)]^2-\frac{2x_1}{R}w'''(x_1)\right\}\delta x_1$$

$$-EIw''(x_1)\delta w_1'+EIw'''(x_1)\delta w_1$$

$$+\int_{x_1}^{l}\left\{\frac{\partial F}{\partial w}+\frac{d^2}{dx^2}\left(\frac{\partial F}{\partial w''}\right)\right\}\delta w dx \tag{3.188}$$

在这里，$\delta w_1'$，δw_1 和 δx_1 都不是独立的。根据(3.176)式或(3.178)式，我们有

$$\left.\begin{aligned}\delta w_1' &= \frac{d}{dx_1}[w'(x_1)]\delta x_1 = \frac{1}{R}\delta x_1 \\ \delta w_1 &= \frac{d}{dx}[w(x_1)]\delta x_1 = \frac{x_1}{R}\delta x_1\end{aligned}\right\} \tag{3.189}$$

于是，(3.188) 式可以进一步简化为

$$\delta\Pi = \frac{1}{2}EI\left\{\frac{1}{R^2} + [w''(x_1)]^2 - \frac{2}{R}w''(x)\right\}\delta x_1 + \int_{x_1}^{l}\left\{\frac{\partial F}{\partial w} + \frac{d^2}{dx^2}\left(\frac{\partial F}{\partial w''}\right)\right\}\delta w dx \tag{3.190}$$

所以 $\delta\Pi = 0$ 给出

$$\left[\frac{1}{R} - w''(x_1)\right]^2 = 0 \tag{3.191}$$

$$\frac{\partial F}{\partial w} + \frac{d^2}{dx^2}\left(\frac{\partial F}{\partial w''}\right) = 0 \quad x_1 \leqslant x \leqslant l \tag{3.192}$$

(3.192) 即 (3.150) 式，其解为

$$w(x) = \frac{q}{24EI}x^4 + Ax^3 + Bx^2 + Cx + D \tag{3.193}$$

利用端点条件 (3.176)，(3.177) 式，可以决定 A，B，C，D

$$\left.\begin{aligned}A &= -\frac{q}{6EI}l \\ B &= \frac{q}{4EI}l^2 \\ C &= \frac{x_1}{R} - \frac{q}{6EI}(3l^2x - 3lx_1^2 + x_1^3) \\ D &= -\frac{x_1^2}{2R} + \frac{q}{24EI}(6l^2x_1^2 - 8lx_1^3 + 3x_1^4)\end{aligned}\right\} \tag{3.194}$$

经整理后，$w(x)$ 可以写为

$$w(x) = \frac{x_1}{2R}(2x - x_1) + \frac{q}{24EI}\{x^4 - 4lx^3 + 6l^2x^2 + (12lx_1^2 - 12l^2x - 4x_1^3)x + (3x_1^4 - 8lx_1^3 + 6l^2x_1^2)\} \quad x_1 \leqslant x \leqslant l \tag{3.195}$$

现在让我们用 (3.191) 式来决定 x_1。因为

$$w''(x)=\frac{q}{2EI}(l-x)^2,\quad 或\quad w''(x_1)=\frac{q}{2EI}(l-x_1)^2 \tag{3.196}$$

所以，有

$$\frac{q}{2EI}(l-x_1)^2=\frac{1}{R},\quad 或\quad x_1=l-\sqrt{\frac{2EI}{qR}} \tag{3.197}$$

从(3.197)式可以看到

(1) 当 $x_1=0$ 时，即悬梁变形开始紧贴圆垫表面时，

$$q_0=\frac{2EI}{Rl^2},$$

亦即当 $0\leqslant q\leqslant q_0$ 时，悬梁除 O 点外，不接触圆垫表面任何点．这时的悬梁曲线为

$$w(x)=\frac{q}{24EI}(x^4-4lx^3+6l^2x^2)\quad 0\leqslant q\leqslant q_0 \tag{3.198}$$

本式也可以从悬梁的一般材料力学计算求得，也可以把 $x_1=0$ 代入(3.195)式求得．

(2) 当 $q_0\leqslant q$ 时，从(3.195)式，得 l 处的挠度为

$$\begin{aligned} w(l)&=\frac{x_1}{2R}(2l-x_1)+\frac{q}{8EI}(l-x_1)^4\\ &=\frac{l^2}{2R}-\frac{(l-x_1)^2}{2R}+\frac{q}{8EI}(l-x_1)^4 \end{aligned} \tag{3.199}$$

用(3.197)式消去 $l-x_1$，得

$$w(l)=\frac{l^2}{2R}-\frac{EI}{2R^2q}\quad q_0\leqslant q \tag{3.200}$$

从这里可以看到端点位移 $w(l)$ 和载荷 q 不成正比．如果 q 加一倍，位移并不加一倍．因此，对于这类问题，迭加法并不适用．按上面的结论，很易看到，当 $x_1=l$ 时，q 必须要达到无限大；也即是说，人们几乎在理论上，无法将一整条梁单纯用法向载荷使它完全贴伏在圆垫表面上．当然这是指靠近自由端这很小一部分．因为在自由端上没有弯矩，就无法满足在紧贴圆垫表面上时发生的曲率变形所需要的弯矩．

在这里，我们必须指出，本例在原则上是静定问题，在接触段上变形已知，在未接触段上弯矩分布已知．在这类问题里，我们可以用“力法”来处理，而且更加简单．

图 3.13 中，OA_1 为接触段，变形后的曲率为 $\frac{1}{R}$，弯矩为 $-EI\frac{1}{R}$，全段的弯曲应变能为

$$V_1=\frac{1}{2}\left(\frac{EI}{R}\right)^2\frac{1}{EI}x_1 \tag{3.201}$$

AB 段中的弯矩分布为 $\frac{1}{2}q(l-x)^2$．全段的弯曲应变能为

$$V_2=\int_{x_1}^{l}\frac{1}{2EI}\left[\frac{1}{2}q(l-x)^2\right]^2dx \tag{3.202}$$

全梁 OB 在弯曲后的应变能为

$$\Pi=V_1+V_2=\frac{1}{2}\frac{EI}{R^2}x_1+\int_{x_1}^{l}\frac{q^2}{8EI}(l-x)^4dx \tag{3.203}$$

因为我们采用外力来表示内力的，梁的外力的平衡条件业已满足．x_1 值的选择条件是梁的应变能为极值．但这是一个待定边界问题，积分的下限是变分量．和上面所讲的相同，变分极值的条件是

$$\begin{aligned}\delta\Pi&=\frac{1}{2}\frac{EI}{R^2}\delta x_1+\delta\int_{x_1}^{l}\frac{q^2}{8EI}(l-x)^4dx\\&=\frac{1}{2}\frac{EI}{R^2}\delta x_1-\frac{q^2}{8EI}(l-x)^4\Big|_{x_1}\delta x_1\\&=\left\{\frac{1}{2}\frac{EI}{R^2}-\frac{q^2}{8EI}(l-x_1)^4\right\}\delta x_1=0\end{aligned} \tag{3.204}$$

我们有

$$\frac{1}{2}\frac{EI}{R^2}-\frac{q^2}{8EI}(l-x_1)^4=0,\quad 或\quad x_1=l-\sqrt{\frac{2EI}{qR}} \tag{3.205}$$

它和 (3.197) 式完全相同，如果要求计算各点的位移，我们可以用卡氏定理．在这里，我们将不再深入讨论了．当然作为怎样利用待定边界变分法求位移而言，本题仍不失为一个很能说明其方法

的例子.

例(3) 设有一圆环，其抗弯刚度为 EI，其半径为 R，在圆环上下两方，各用一块刚性平板相对挤压. 圆环在挤压下发生变形，其中在上下方都各有一段圆环紧贴平板，压成平直的形状. 设挤压力为 P 时，问圆环上下方平直段的坐标 θ_1 是多少?

本题可以用变形位移表示的圆环应变能来处理，这个问题的泛函属于(3.116)式的形状，所以，就可以用本节的方法计算. 在这一方面，我们将把这种处理留给读者作为练习. 在下面，我们采用力法来处理本题.

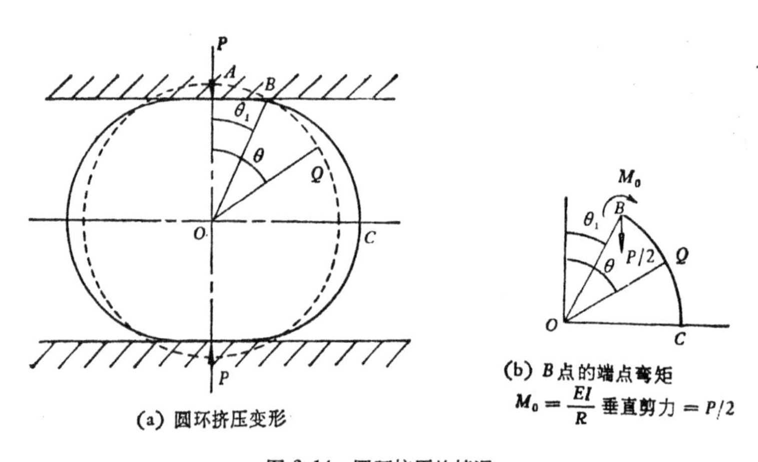

图 3.14 圆环挤压的情况

在 AB 段，原来的曲率是 $\frac{1}{R}$，变形后的曲率为零. 所以曲率变形为 $\tau=-\frac{1}{R}$，弯矩为 $M_0=EI\frac{1}{R}$. 这是一个常量. AB 段的弯曲应变能为

$$V_1=\frac{1}{2EI}M_0^2R\theta_1=\frac{EI}{2R}\theta_1 \tag{3.206}$$

在 BC 段任意点 Q，考虑 QB 段的平衡条件，得弯矩为

$$M=M_0-\frac{P}{2}(R\sin\theta-R\sin\theta_1) \tag{3.207a}$$

其中 M_0 根据连续条件，应该等于 $EI\frac{1}{R}$. 所以

$$M=\frac{EI}{R}-\frac{PR}{2}(\sin\theta-\sin\theta_1) \tag{3.207b}$$

BC 段中的弯曲应变能为

$$\begin{aligned}V_2&=\int_{\theta_1}^{\pi/2}\frac{1}{2}M^2\frac{1}{EI}Rd\theta\\&=\int_{\theta_1}^{\pi/2}\frac{R}{2EI}\left[\frac{EI}{R}-\frac{PR}{2}(\sin\theta-\sin\theta_1)\right]^2d\theta\end{aligned} \tag{3.208}$$

AC 全段的总应变能(略去了剪力和拉力的应变能)为

$$\begin{aligned}V=V_1+V_2&=\frac{EI}{2R}\theta_1\\&+\int_{\theta_1}^{\pi/2}\frac{R}{2EI}\left[\frac{EI}{R}-\frac{PR}{2}(\sin\theta-\sin\theta_1)\right]^2d\theta\end{aligned} \tag{3.209}$$

这里的 θ_1 是可以选择的,其选择条件为 $\delta V=0$.

$$\begin{aligned}\delta V&=\frac{EI}{2R}\delta\theta_1-\frac{R}{2EI}\left[\frac{EI}{R}-\frac{PR}{2}(\sin\theta-\sin\theta_1)\right]^2\Bigg|_{\theta=\theta_1}\delta\theta_1\\&+\int_{\theta_1}^{\pi/2}\frac{R}{EI}\left[\frac{EI}{R}-\frac{PR}{2}(\sin\theta-\sin\theta_1)\right]\frac{PR}{2}\cos\theta_1\delta\theta_1d\theta\\&=0\end{aligned} \tag{3.210}$$

或可写成(设 $\delta\theta_1\neq0$)

$$\int_{\theta_1}^{\pi/2}\left[\frac{EI}{R}-\frac{PR}{2}(\sin\theta-\sin\theta_1)\right]d\theta=0 \tag{3.211}$$

积分得

$$\frac{EI}{R}\left(\frac{\pi}{2}-\theta_1\right)-\frac{PR}{2}\cos\theta_1+\frac{PR}{2}\left(\frac{\pi}{2}-\theta_1\right)\sin\theta_1=0 \tag{3.212}$$

或

$$\frac{\cos\theta_1}{\frac{\pi}{2}-\theta_1}-\sin\theta_1=\frac{2EI}{PR^2} \tag{3.213}$$

这是决定 θ_1 的条件. 很易看到,在 $\theta_1=\frac{\pi}{2}$ 时, $\sin\theta_1=\frac{\cos\theta_1}{\frac{\pi}{2}-\theta_1}$,

对于其它 $0 \leqslant \theta_1 < \frac{\pi}{2}$ 时，$\frac{\cos\theta_1}{\frac{\pi}{2}-\theta_1} - \sin\theta_1 > 0$。

当 $\theta_1 = 0$ 时，

$$\frac{2EI}{PR^2} = \left[\frac{\cos\theta_1}{\frac{\pi}{2}-\theta_1} - \sin\theta_1\right]_{\theta_1=0} = \frac{2}{\pi} \tag{3.214}$$

或者

$$P_1 = \frac{\pi EI}{R^2} \tag{3.215}$$

这是接触区域缩小到 A 点这一点时的压力极值．当压力小于 P_1 时，A 点的曲率小于 $1/R$，但大于零，A 点在 $P < P_1$ 的作用下垂直下沉，但仍保持点接触．当压力等于 P_1 时，A 点在变形后的曲率等于零，接触区域开始扩大．所以 P_1 是点接触和区域接触的临界压力.

§ 3.5 泛函 $\iint_S F(x, y, w, w_x, w_y)dxdy$ 的边界待定的变分问题；薄膜接触问题

设泛函

$$\Pi = \iint_S F(x, y, w, w_x, w_y)dxdy \tag{3.216}$$

的积分域为 S．其中

$$w = w(x, y), \quad w_x = \frac{\partial w}{\partial x}, \quad w_y = \frac{\partial w}{\partial y} \tag{3.217}$$

S 的边界 c 分为两部分(图 3.15)：一部分 c_1 是已给的边界，这条边界可以用曲线 $x = x_1(s)$，$y = y_1(s)$ 来表示，而且在 c_1 上，$w(x_1, y_1)$ 为已给．或称

$$w(x_1, y_1) = w_1(s) = w_1 \qquad 在\ c[x = x_1(s),\ y = y_1(s)]\ 上 \tag{3.218}$$

另一部分边界 c_2 待定可变．一般规定边界曲线 $x = x_2(s)$，

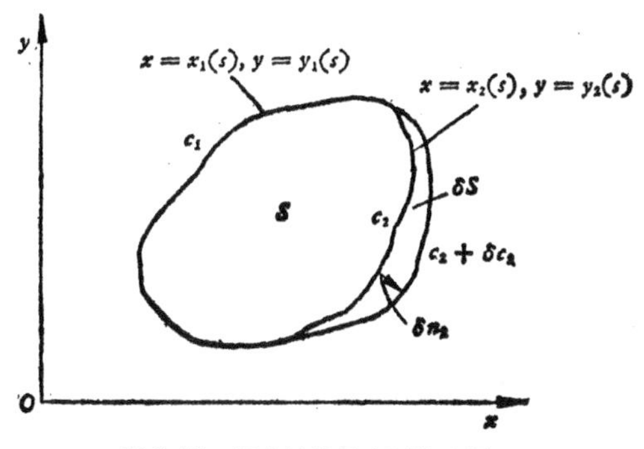

图 3.15　积分域及待定可变边界

$y=y_2(s)$ 上各点的 $w(x_2, y_2)$ 是某一已知曲面 $z=z(x, y)$ 上的任一曲线

$$w(x_2, y_2)=z(x_2, z_2) \quad (在待定边界\ c_2[x=x_2(s), y=y_2(s)]\ 上) \tag{3.219}$$

现设当 w 变为 $w+\delta w$, S 变为 $S+\delta S$ 时, Π 的变化为

$$\delta\Pi=\iint_{S+\delta S} F(x, y, w+\delta w, w_x+\delta w_x, w_y+\delta w_y)dxdy - \iint_S F(x, y, w, w_x, w_y)dxdy \tag{3.220}$$

或可写成

$$\begin{aligned}\delta\Pi=&\left\{\iint_{S+\delta S} F(x, y, w+\delta w, w_x+\delta w_x, w_y+\delta w_y)dxdy\right.\\&\left.-\iint_S F(x, y, w+\delta w, w_x+\delta w_x, w_y+\delta w_y)dxdy\right\}\\&+\iint_S \{F(x, y, w+\delta w, w_x+\delta w_x, w_y+\delta w_y)\\&-F(x, y, w, w_x, w_y)\}dxdy\end{aligned} \tag{3.221}$$

其中第一组积分可以写为

$$\iint_{S+\delta S} F(\cdots)dxdy-\iint_S F(\cdots)dxdy=\iint_{\delta S} F(\cdots)dxdy \tag{3.222}$$

亦即 $F(\cdots)$ 在 δS 的域内积分. δS 是 c_2 在法线方向增长微量 δn_2

所开拓的域．在这个域内，$F(\cdots)$ 的值可以用 δn_2 线上某一中值表示．当 δn_2 趋近于零时，也可以用 c_2 上的值来表示，其差别的量级为 δn_2 的高级小量，在变分时，可以略去．于是

$$\iint_{\delta S} F(\cdots)dxdy = \int_{c_2} F(\cdots)\Big|_{c_2} \delta n_2 ds_2 \tag{3.223}$$

这里 s_2 为 c_2 的弧长坐标．$F(\cdots)\Big|_{c_2}$ 代表 $F(\cdots)$ 在 c_2 上的值．当 δw，δw_x，δw_y 都是微量时，

$$\begin{aligned}\int_{c_2} F(x, y, w + \delta w, w_x + \delta w_x, w_y + \delta w_y)\Big|_{c_2} \delta n_2 ds_2 \\ = \int_{c_2} F(x, y, w, w_x, w_y)\Big|_{c_2} \delta n_2 ds_2 + O(\delta^2)\end{aligned} \tag{3.224}$$

$O(\delta^2)$ 代表可以略去的 δ^2 的二级微量，如 $\delta n \delta w$，$\delta n \delta w_x$，$\delta n \delta w_y$ 等量级的量．总起来说．

$$\begin{aligned}\iint_{S+\delta S} F(\cdots)dxdy - \iint_{S} F(\cdots)dxdy \\ = \int_{c_2} F(x, y, w, w_x, w_y)\Big|_{c_2} \delta n_2 ds_2\end{aligned} \tag{3.225}$$

其中

$$F(\cdots) = F(x, y, w + \delta w, w_x + \delta w_x, w_y + \delta w_y) \tag{3.226}$$

同时

$$\begin{aligned}\iint_{S} \{F(x, y, w + \delta w, w_x + \delta w_x, w_y + \delta w_y) \\ - F(x, y, w, w_x, w_y)\} dxdy \\ = \iint_{S} \left(\frac{\partial F}{\partial w}\delta w + \frac{\partial F}{\partial w_x}\delta w_x + \frac{\partial F}{\partial w_y}\delta w_y\right) dxdy + O(\delta^2)\end{aligned} \tag{3.227}$$

当 δn_2，δw，δw_x，δw_y 趋近于零，$\delta \Pi$ 化为

$$\begin{aligned}\delta \Pi = \int_{c_2} F\Big|_{c_2} \delta n_2 ds_2 \\ + \iint_{S} \left(\frac{\partial F}{\partial w}\delta w + \frac{\partial F}{\partial w_x}\delta w_x + \frac{\partial F}{\partial w_y}\delta w_y\right) dxdy\end{aligned} \tag{3.228}$$

我们将利用

$$\frac{\partial F}{\partial w_x}\delta w_x+\frac{\partial F}{\partial w_y}\delta w_y=\frac{\partial}{\partial x}\left(\frac{\partial F}{\partial w_x}\delta w\right)+\frac{\partial}{\partial y}\left(\frac{\partial F}{\partial w_y}\delta w\right)$$

$$-\frac{\partial}{\partial x}\left(\frac{\partial F}{\partial w_x}\right)\delta w-\frac{\partial}{\partial y}\left(\frac{\partial F}{\partial w_y}\right)\delta w \tag{3.229}$$

和利用格林公式

$$\iint_S\left[\frac{\partial}{\partial x}\left(\frac{\partial F}{\partial w_x}\delta w\right)+\frac{\partial}{\partial y}\left(\frac{\partial F}{\partial w_y}\delta w\right)\right]dxdy$$

$$=\int_c\left[\frac{\partial F}{\partial w_x}\frac{dy}{ds}-\frac{\partial F}{\partial w_y}\frac{dx}{ds}\right]\delta w ds$$

$$=\int_c\left[\frac{\partial F}{\partial w_x}\cos(n,x)+\frac{\partial F}{\partial w_y}\cos(n,y)\right]\delta w\Big|_c ds \tag{3.230}$$

在利用了 c_1 边界固定的条件后，

$$\delta w\Big|_{c_1}=0 \qquad 在\ c_1\ 上 \tag{3.231}$$

上式可以简化为在 c_2 上的积分

$$\iint_S\left\{\frac{\partial}{\partial x}\left(\frac{\partial F}{\partial w_x}\delta w\right)+\frac{\partial}{\partial y}\left(\frac{\partial F}{\partial w_y}\delta w\right)\right\}dxdy$$

$$=\int_{c_2}\left[\frac{\partial F}{\partial w_x}\cos(n_2,x)+\frac{\partial F}{\partial w_y}\cos(n_2,y)\right]\Big|_{c_2}\delta w\Big|_{c_2}ds_2 \tag{3.232}$$

于是，变分 $\delta\Pi$ 的 (3.228) 式进一步简化为

$$\delta\Pi=\int_{c_2}F\Big|_{c_2}\delta n_2 ds_2+\int_{c_2}\left[\frac{\partial F}{\partial w_x}\cos(n_2,x)\right.$$

$$\left.+\frac{\partial F}{\partial w_y}\cos(n_2,y)\right]\Big|_{c_2}\delta w\Big|_{c_2}ds_2$$

$$+\iint_S\left[\frac{\partial F}{\partial w}-\frac{\partial}{\partial x}\left(\frac{\partial F}{\partial w_x}\right)-\frac{\partial}{\partial y}\left(\frac{\partial F}{\partial w_y}\right)\right]\delta w dxdy \tag{3.233}$$

这里 $\delta w\Big|_{c_2}$ 为 c_2 不变时，w 在那里的变分．但 c_2 是待定可变的，和 w 在 c_2 处的全变分(即把 c_2 的变化考虑在内)为 δw_2，则

$$\delta w_2 = \delta w\Big|_{c_2} + \frac{\partial w}{\partial n_2}\Big|_{c_2} \delta n_2 \tag{3.234}$$

或

$$\delta w\Big|_{c_2} = \delta w_2 - \frac{\partial w}{\partial n_2}\Big|_{c_2} \delta n_2 \tag{3.234a}$$

则 (3.233) 式可以写成

$$\begin{aligned}\delta\Pi = &\int_{c_2} \Big\{F - \Big[\frac{\partial F}{\partial w_x}\cos(n_2, x) \\ &+ \frac{\partial F}{\partial w_y}\cos(n_2, y)\Big] \frac{\partial w}{\partial n_2}\Big\}\Big|_{c_2} \delta n_2 ds_2 \\ &+ \int_{c_2} \Big\{\frac{\partial F}{\partial w_x}\cos(n_2, x) + \frac{\partial F}{\partial w_y}\cos(n_2, y)\Big\}\Big|_{c_2} \delta w_2 ds \\ &+ \iint_S \Big\{\frac{\partial F}{\partial w} - \frac{\partial}{\partial x}\Big(\frac{\partial F}{\partial w_x}\Big) - \frac{\partial}{\partial y}\Big(\frac{\partial F}{\partial w_y}\Big)\Big\} \delta w dx dy\end{aligned} \tag{3.235}$$

但是在可变边界上，δw_2 和 δn_2 并不是独立的. 根据 (3.219) 式

$$\delta w_2 = \delta w(x_2, y) = \Big(\frac{\partial z}{\partial x_2}\frac{\partial x_2}{\partial n_2} + \frac{\partial z}{\partial y_2}\frac{\partial y_2}{\partial n_2}\Big) \delta n_2 \tag{3.236}$$

或可简化为

$$\delta w_2 = \frac{\partial z}{\partial n} \delta n_2 \tag{3.237}$$

把 (3.237) 式代入 (3.235) 式，得

$$\begin{aligned}\delta\Pi = &\int_{c_2} \Big\{F - \Big[\frac{\partial F}{\partial w_x}\cos(n_2, x) \\ &+ \frac{\partial F}{\partial w_y}\cos(n_2, y)\Big] \Big(\frac{\partial w}{\partial n_2} - \frac{\partial z}{\partial n_2}\Big)\Big\}\Big|_{c_2} \delta n_2 ds \\ &+ \iint_S \Big\{\frac{\partial F}{\partial w} - \frac{\partial}{\partial x}\Big(\frac{\partial F}{\partial w_x}\Big) - \frac{\partial}{\partial y}\Big(\frac{\partial F}{\partial w_y}\Big)\Big\} \delta w dx dy\end{aligned} \tag{3.238}$$

这里的 δw, δn_2 是独立变分，所以，$\delta\Pi = 0$ 给出

(1) 欧拉方程

$$\frac{\partial F}{\partial w}-\frac{\partial}{\partial x}\left(\frac{\partial F}{\partial w_x}\right)-\frac{\partial}{\partial y}\left(\frac{\partial F}{\partial w_y}\right)=0 \quad \text{在} S \text{内} \tag{3.239}$$

(2) 补充边界条件(在待定边界上)

$$\left\{F-\left[\frac{\partial F}{\partial w_x}\cos(n_2, x)+\frac{\partial F}{\partial w_y}\cos(n_2, y)\right]\left(\frac{\partial w}{\partial n_2}-\frac{\partial z}{\partial n_2}\right)\right\}\Bigg|_{c_2}=0 \tag{3.240}$$

除此以外，还有 c_1 和 c_2 上的边界条件(3.218)，(3.219)式. 现在举例说明其应用.

例(1) 薄膜接触问题

设有一薄膜，其膜内张力为 N，其周边固定在一条平面曲线 c_1 上，受横向均匀载荷 q，在薄膜下离薄膜 d 处有一刚性平板，设 d 很小，当薄膜在 q 作用下发生下垂变形 w 时，有一部分薄膜接触平板，变成紧贴平板的平面薄膜，求薄膜平衡的方程，薄膜接触平板区域的周界 c_2 上的条件，和决定 c_2 的条件. 当 c_1 为半径等于 R 的圆时(即圆形薄膜)，计算薄膜的形状，和 c_2 的方程. 图 3.16.

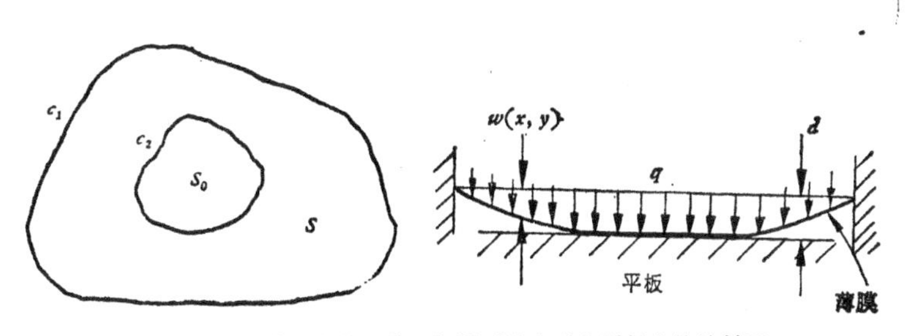

图 3.16 薄膜在均布载荷 q 作用下的变形和平板上的接触面

设 S 为薄膜周界 c_1 和 c_2 之间的域，设 S_0 为 c_2 周界所围的接触区域. 薄膜在未变形前的内能为

$$U_0=\iint_{S+S_0} N dx dy \tag{3.241}$$

变形以后的内能为

$$U_1=\iint_{S_0} Ndxdy+\iint_S N\sqrt{1+\left(\frac{\partial w}{\partial x}\right)^2+\left(\frac{\partial w}{\partial y}\right)^2}dxdy \tag{3.242}$$

当w很小时，略去高次项后，可以写成

$$U_1=\iint_{S_0} Ndxdy+\iint_S\left\{1+\frac{1}{2}(w_x^2+w_y^2)\right\}Ndxdy \tag{3.243}$$

其中 $w_x=\frac{\partial w}{\partial x}$, $w_y=\frac{\partial w}{\partial y}$. 所以薄膜的变形能为

$$U=U_1-U_0=\iint_S \frac{N}{2}(w_x^2+w_y^2)dxdy \tag{3.244}$$

载荷q在变形过程中所作的功为

$$V=\iint_{S+S_0} qwdxdy \tag{3.245}$$

薄膜和载荷的总势能为

$$\begin{aligned}\Pi=U-V&=\iint_S \frac{N}{2}(w_x^2+w_y^2)dxdy-\iint_{S+S_0} qwdxdy\\&=\iint_S F(w,w_x,w_y)dxdy-\iint_{S_0} qwdxdy\end{aligned} \tag{3.246}$$

其中

$$F(w,w_x,w_y)=\frac{N}{2}(w_x^2+w_y^2)-qw \tag{3.247}$$

在S_0中，$w=d$是常量，则

$$\iint_{S_0} qwdxdy=qdS_0 \tag{3.248}$$

其中S_0也就是c_2所围的面积．当c_2发生δn_2的变形时，δn_2从S进入S_0为正，S扩大，S_0缩小，$\iint_S qwdxdy$扩大，$\iint_{S_0} qwdxdy$等量地缩小，其变化正负相抵．因此，变分后的补充边界条件(3.240)式中，第一项$F\Big|_{c_2}$只剩下$\frac{N}{2}(w_x^2+w_y^2)\Big|_{c_2}$．第二项中，$z=d$，$\frac{\partial z}{\partial n_2}=0$，又

$$\frac{\partial F}{\partial w_x}\cos(n_2, x)+\frac{\partial F}{\partial w_y}\cos(n_2, y)$$

$$=N\left[\frac{\partial w}{\partial x}\cos(n_2, x)+\frac{\partial w}{\partial y}\cos(n_2, y)\right]=N\frac{\partial w}{\partial n_2} \quad (3.249)$$

于是,补充边界条件 (3.240) 式可以写成

$$\left[\frac{N}{2}(w_x^2+w_y^2)-N\left(\frac{\partial w}{\partial n_2}\right)^2\right]\bigg|_{c_2}=0 \quad \text{在边界 } c_2 \text{ 上} \quad (3.250)$$

欧拉方程[把 (3.247) 式代入 (3.239) 式]

$$N\left(\frac{\partial^2 w}{\partial x^2}+\frac{\partial^2 w}{\partial y^2}\right)+q=0 \qquad \text{在 } S \text{ 内} \qquad (3.251)$$

其余的边界条件为

$$\left.\begin{aligned} &w=0 &&\text{在 } c_1 \text{ 上} \\ &w\Big|_{c_2}=d &&\text{在 } c_2 \text{ 上}\end{aligned}\right\} \quad (3.252)$$

所以,我们的问题是,利用 (3.250), (3.252) 式求解 (3.251) 式,并决定 c_2 的曲线.

现在把 (3.250)—(3.252) 式化为圆膜问题上使用的极坐标. 坐标转换关系为

$$r=\sqrt{x^2+y^2} \qquad \tan\theta=\frac{y}{x} \qquad (3.253)$$

其中圆心在原点, r, θ 为径向坐标和圆角坐标. 而且还有

$$\frac{\partial r}{\partial x}=\frac{x}{r}, \quad \frac{\partial r}{\partial y}=\frac{y}{r}, \quad \frac{\partial \theta}{\partial x}=-\frac{y}{r^2}, \quad \frac{\partial \theta}{\partial y}=+\frac{x}{r^2} \quad (3.254)$$

通过变换,求导数

$$\left.\begin{aligned} \frac{\partial w}{\partial x}&=\frac{\partial w}{\partial r}\frac{\partial r}{\partial x}+\frac{\partial w}{\partial \theta}\frac{\partial \theta}{\partial x}=\frac{x}{r}\frac{\partial w}{\partial r}-\frac{y}{r^2}\frac{\partial w}{\partial \theta} \\ \frac{\partial w}{\partial y}&=\frac{\partial w}{\partial r}\frac{\partial r}{\partial y}+\frac{\partial w}{\partial \theta}\frac{\partial \theta}{\partial y}=\frac{y}{r}\frac{\partial w}{\partial r}+\frac{x}{r^2}\frac{\partial w}{\partial \theta}\end{aligned}\right\} \quad (3.255)$$

所以,从上式可以证明

$$\left(\frac{\partial w}{\partial x}\right)^2+\left(\frac{\partial w}{\partial y}\right)^2=\left(\frac{\partial w}{\partial r}\right)^2+\frac{1}{r^2}\left(\frac{\partial w}{\partial \theta}\right)^2 \qquad (3.256)$$

利用 (3.235) 式,进一步求导数,得

$$\frac{\partial^2 w}{\partial x^2}=\frac{1}{r}\frac{\partial w}{\partial r}-\frac{x^2}{r^3}\frac{\partial w}{\partial r}+\frac{2xy}{r^4}\frac{\partial w}{\partial \theta}$$

$$+\frac{x^2}{r^2}\frac{\partial^2 w}{\partial r^2}+\frac{y^2}{r^4}\frac{\partial^2 w}{\partial \theta^2}-\frac{2xy}{r^3}\frac{\partial^2 w}{\partial \theta \partial r}.$$

$$\frac{\partial^2 w}{\partial y^2}=\frac{1}{r}\frac{\partial w}{\partial r}-\frac{y^2}{r^3}\frac{\partial w}{\partial r}-\frac{2xy}{r^4}\frac{\partial w}{\partial \theta}$$

$$+\frac{y^2}{r^2}\frac{\partial^2 w}{\partial r^2}+\frac{x^2}{r^4}\frac{\partial^2 w}{\partial \theta^2}+\frac{2xy}{r^3}\frac{\partial^2 w}{\partial \theta \partial r} \tag{3.257}$$

于是,有

$$\frac{\partial^2 w}{\partial x^2}+\frac{\partial^2 w}{\partial y^2}=\frac{1}{r}\frac{\partial w}{\partial r}+\frac{\partial^2 w}{\partial r^2}+\frac{1}{r^2}\frac{\partial^2 w}{\partial \theta^2} \tag{3.258}$$

欧拉方程可以写成

$$\frac{\partial^2 w}{\partial r^2}+\frac{1}{r}\frac{\partial w}{\partial r}+\frac{1}{r^2}\frac{\partial^2 w}{\partial \theta^2}+\frac{q}{N}=0 \tag{3.259}$$

边界条件为

(1) 在 c_1 上,即 $r=R$ 时,R 为薄膜半径

$$w(R)=0 \tag{3.260}$$

(2) 在 c_2 上,即 $r=R_0$ 时,R_0 为接触区域半径,这里业已假定变形是圆对称的.

$$w(R_0)=d \tag{3.261}$$

(3) 在 c_2 上的补充边界条件 (3.250) 式,假定 w 是圆对称的,$w_\theta=0$,$\frac{\partial w}{\partial n_2}=-\left.\frac{\partial w}{\partial r}\right|_{r=R_0}$,这里 n_2 为 S 的外向法线,而 r 在 $r=R_0$ 处是指向 S 的内部的. 所以带有负的符号. 注意到 (3.256) 式,(3.250) 式可以写成

$$\left.\frac{\partial w}{\partial r}\right|_{r=R_0}=w'(R_0)=0 \tag{3.262}$$

因为 w 假定是圆对称的. (3.259) 式应该简化为

$$\frac{1}{r}\frac{d}{dr}\left(r\frac{\partial w}{\partial r}\right)+\frac{q}{N}=0 \tag{3.263}$$

其解为

$$w = -\frac{1}{4}\frac{q}{N}r^2 + A\ln r + B \tag{3.264}$$

A, B 为待定的积分常数.

现将 (3.264) 式代入 (3.260), (3.261), (3.262) 三式,得决定 A, B, R_0 的三个方程,即

$$\left.\begin{aligned} w(R) &= -\frac{1}{4}\frac{q}{N}R^2 + A\ln R + B = 0, \\ w(R_0) &= -\frac{1}{4}\frac{q}{N}R_0^2 + A\ln R_0 + B = d, \\ w'(R_0) &= -\frac{1}{2}\frac{q}{N}R_0 + \frac{A}{R_0} = 0 \end{aligned}\right\} \tag{3.265}$$

解之,得

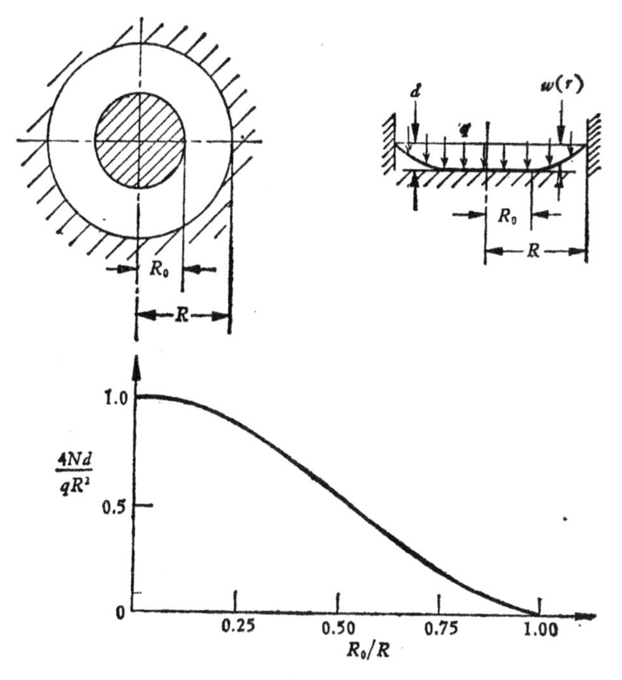

图 3.17 圆膜受均布载荷所引起的接触区域(低于膜面 d 的平面)的尺寸

$$\left.\begin{aligned}A &= \frac{q}{2N} R_0^2 \\ B &= \frac{q}{4N} R^2\left(1 - \frac{R_0^2}{R^2} \ln R^2\right)\end{aligned}\right\} \tag{3.266}$$

而 R_0 则由下式决定

$$\frac{R_0^2}{R^2} \ln \left(\frac{R_0}{R}\right)^2 + 1 - \frac{R_0^2}{R^2} = \frac{4Nd}{qR^2} \tag{3.267}$$

位移 $w(r)$ 为

$$w(r) = \frac{1}{4} \frac{q}{N} R^2 \left\{-\frac{r^2}{R^2} + 1 + \frac{R_0^2}{R^2} \ln \left(\frac{r^2}{R^2}\right)\right\} \tag{3.268}$$

图 3.17 表示圆膜的接触区半径和载荷倒数的关系． 开始接触底平面的临界载荷 q_{cr}，由 $R_0 \to 0$ 来决定．从 (3.267) 式可以得到

$$1 = \frac{4Nd}{R^2 q_{cr}} \quad \text{或} \quad q_{cr} = \frac{4Nd}{R^2} \tag{3.269}$$

§ 3.6 泛函 $\iint_S F(x, y, w, w_x, w_y, w_{xx}, w_{xy}, w_{yy}) dxdy$ 的边界待定的变分问题，薄板接触问题

设泛函

$$\Pi = \iint_S F(x, y, w, w_x, w_y, w_{xx}, w_{xy}, w_{yy}) dxdy \tag{3.270}$$

的积分域为 S，其中

$$\left.\begin{aligned}w &= w(x, y), \quad w_x = \frac{\partial w}{\partial x}, \quad w_y = \frac{\partial w}{\partial y}, \\ w_{xx} &= \frac{\partial^2 w}{\partial x^2}, \quad w_{xy} = \frac{\partial^2 w}{\partial x \partial y}, \quad w_{yy} = \frac{\partial^2 w}{\partial y^2}\end{aligned}\right\} \tag{3.271}$$

S 的边界分两部分 (图 3.15)： 一部分 c_1 是已给的边界，用 $x = x_1(s)$，$y = y_1(s)$ 来表示，即在 c_1 上 $w(x, y)$ 为已知，即

$$w(x_1, y_1) = w_1(s) = w_1, \qquad \frac{\partial w}{\partial n_1} = 0,$$

$$(\text{在 } c_1[x = x_1(s),\ y = y_1(s)] \text{ 上}) \tag{3.272}$$

另一部分边界 c_2 待定可变，一般和 §3.4 相同，也规定边界曲线 $x = x_2(s)$，$y = y_2(s)$ 上各点的 $w(x_2, y_2)$ 是某一已知曲面 $z = z(x_2, y_2)$ 上的任一曲线.

$$w(x_2, y_2) = z(x_2, y_2), \quad \text{(在待定边界 } c_2[x = x_2(s),\ y = y_2(s)] \text{ 上)} \tag{3.273}$$

当 $w(x, y)$ 变为 $w + \delta w$, 和 S 变为 $S + \delta S$ 时,泛函 (3.270) 式的变化等于

$$\begin{aligned}\delta\Pi = &\iint_{S+\delta S} F(x, y, w + \delta w, w_x + \delta w_x, w_y + \delta w_y, \\ &w_{xx} + \delta w_{xx}, w_{xy} + \delta w_{xy}, w_{yy} + \delta w_{yy})dxdy \\ &- \iint_S F(x, y, w, w_x, w_y, w_{xx}, w_{yy}, w_{xy})dxdy\end{aligned} \tag{3.274}$$

它可以写为

$$\begin{aligned}\delta\Pi = &\Big\{\iint_{S+\delta S} F(x, y, w + \delta w, w_x + \delta w_x, w_y + \delta w_y, \\ &w_{xx} + \delta w_{xx}, w_{xy} + \delta w_{xy}, w_{yy} + \delta w_{yy})dxdy \\ &- \iint_S F(x, y, w + \delta w, w_x + \delta w_x, w_y + \delta w_y, \\ &w_{xx} + \delta w_{xx}, w_{xy} + \delta w_{xy}, w_{yy} + \delta w_{yy})dxdy\Big\} \\ &+ \iint_S \{F(x, y, w + \delta w, w_x + \delta w_x, w_y + \delta w_y, \\ &w_{xx} + \delta w_{xx}, w_{xy} + \delta w_{xy}, w_{yy} + \delta w_{yy}) \\ &- F(x, y, w, w_x, w_y, w_{xx}, w_{xy}, w_{yy})\}dxdy\end{aligned} \tag{3.275}$$

式右第一项{···}可以化简为

$$\begin{aligned}&\iint_{S+\delta S} F(x, y, w + \delta w, \cdots, w_{yy} + \delta w_{yy})dxdy \\ &\qquad - \iint_S F(x, y, w + \delta w, \cdots, w_{yy} + \delta w_{yy})dxdy \\ &= \iint_{\delta S} F(x, y, w + \delta w, \cdots, w_{yy} + \delta w_{yy})dxdy\end{aligned}$$

$$
=\int_{c_2} F(x, y, w+\delta w, \cdots, w_{yy}+\delta w_{xy})\Big|_{c_2} \delta n_2 ds_2
$$

$$
=\int_{c_2} F(x, y, w, w_x, w_y, w_{xx}, w_{xy}, w_{yy})\Big|_{c_2} \delta n_2 ds_2
\tag{3.276}
$$

这里业已略去了 $\delta n_2\delta w$, $\delta n_2\delta w_x$, $\delta n_2\delta w_{xx}\cdots$等高级小量．其次

$$
\iint_S \{F(x, y, w+\delta w, w_x+\delta w_x, \cdots, w_{yy}+\delta w_{yy})
$$

$$
-F(x, y, w, w_x, w_y, w_{xx}, w_{xy}, w_{yy})\} dxdy
$$

$$
=\iint_S \left\{\frac{\partial F}{\partial w}\delta w+\frac{\partial F}{\partial w_x}\delta w_x+\frac{\partial F}{\partial w_y}\delta w_y+\frac{\partial F}{\partial w_{xx}}\delta w_{xx}\right.
$$

$$
\left.+\frac{\partial F}{\partial w_{xy}}\delta w_{xy}+\frac{\partial F}{\partial w_{yy}}\delta w_{yy}\right\} dxdy
\tag{3.277}
$$

这里亦已略去了 δw, δw_x, δw_y, $\cdots$等的高级小量． 当 δn_2, δw, δw_x, δw_y, δw_{xx}, δw_{xy}, δw_{yy} 都趋近于零时，得

$$
\delta\Pi=\int_{c_2} F\Big|_{c_2}\delta n_2 ds_2+\iint_S \left\{\frac{\partial F}{\partial w}\delta w+\frac{\partial F}{\partial w_x}\delta w_x+\frac{\partial F}{\partial w_y}\delta w_y\right.
$$

$$
\left.+\frac{\partial F}{\partial w_{xx}}\delta w_{xx}+\frac{\partial F}{\partial w_{xy}}\delta w_{xy}+\frac{\partial F}{\partial w_{yy}}\delta w_{yy}\right\} dxdy
\tag{3.278}
$$

(3.278) 式通过分部积分，可以进一步简化．例如

$$
\iint_S \left(\frac{\partial F}{\partial w_x}\delta w_x+\frac{\partial F}{\partial w_y}\delta w_y\right) dxdy
$$

$$
=\iint_S \left\{\frac{\partial}{\partial x}\left(\frac{\partial F}{\partial w_x}\delta w\right)-\frac{\partial}{\partial y}\left(\frac{\partial F}{\partial w_y}\delta w\right)\right\} dxdy
$$

$$
-\iint_S \left[\frac{\partial}{\partial x}\left(\frac{\partial F}{\partial w_x}\right)+\frac{\partial}{\partial y}\left(\frac{\partial F}{\partial w_y}\right)\right]\delta w dxdy
\tag{3.279}
$$

在利用了格林公式 (1.172) 式后，(3.279) 式的第一个积分可以化为边界上的线积分，即

$$
\iint_S \left\{\frac{\partial}{\partial x}\left(\frac{\partial F}{\partial w_x}\delta w\right)+\frac{\partial}{\partial y}\left(\frac{\partial F}{\partial w_y}\delta w\right)\right\} dxdy
$$

$$
=\int_c \left\{\frac{\partial F}{\partial w_x}\cos(x, n)+\frac{\partial F}{\partial w_y}\cos(y, n)\right\}\delta w\Big|_c ds
\tag{3.280}
$$

δw 在固定边界 c_1 上等于零，在待定边界上，根据

$$\delta w\Big|_{c_2}=\delta w_2-\frac{\partial w}{\partial n_2}\delta n_2\quad(\text{在 } c_2 \text{ 上})\tag{3.281}$$

于是 (3.280) 式化为

$$\begin{aligned}&\iint_S\left\{\frac{\partial}{\partial x}\left(\frac{\partial F}{\partial w_x}\delta w\right)+\frac{\partial}{\partial y}\left(\frac{\partial F}{\partial w_y}\delta w\right)\right\}dxdy\\&\quad=\int_{c_2}\left\{\frac{\partial F}{\partial w_x}\cos(x,n_2)+\frac{\partial F}{\partial w_y}\cos(y,n_2)\right\}\Big|_{c_2}\delta w_2ds_2\\&\qquad-\int_{c_2}\left\{\frac{\partial F}{\partial w_x}\cos(x,n_2)+\frac{\partial F}{\partial w_y}\cos(y,n_2)\right\}\Big|_{c_2}\frac{\partial w}{\partial n_2}\delta n_2ds_2\end{aligned}\tag{3.282}$$

因为 $w_2=w(x_2,y_2)$ 受 (3.273) 式的约束，所以在 c_2 处.

$$\delta w_2=\frac{\partial z}{\partial n_2}\delta n_2\tag{3.283}$$

于是，(3.279) 式通过 (3.282)，(3.283) 式，可以进一步简化

$$\begin{aligned}&\iint_S\left(\frac{\partial F}{\partial w_x}\delta w_x+\frac{\partial F}{\partial w_y}\delta w_y\right)dxdy\\&\quad=-\iint_S\left[\frac{\partial}{\partial x}\left(\frac{\partial F}{\partial w_x}\right)+\frac{\partial}{\partial y}\left(\frac{\partial F}{\partial w_y}\right)\right]\delta w dxdy\\&\qquad-\int_{c_2}\left\{\frac{\partial F}{\partial w_x}\cos(x,n_2)\right.\\&\qquad\left.+\frac{\partial F}{\partial w_y}\cos(y,n_2)\right\}\Big|_{c_2}\left(\frac{\partial w}{\partial n_2}-\frac{\partial z}{\partial n_2}\right)\Big|_{c_2}\delta n_2ds_2\end{aligned}\tag{3.284}$$

对于其它三项，也可以利用格林公式，和下列边界关系进行分部积分.

$$\left.\begin{aligned}\delta w\Big|_{c_2}&=\left(\frac{\partial z}{\partial n_2}-\frac{\partial w}{\partial n_2}\right)\Big|_{c_2}\delta n_2\\\delta w_x\Big|_{c_2}&=\left(\frac{\partial z_x}{\partial n_2}-\frac{\partial w_x}{\partial n_2}\right)\Big|_{c_2}\delta n_2\\\delta w_y\Big|_{c_2}&=\left(\frac{\partial z_y}{\partial n_2}-\frac{\partial w_y}{\partial n_2}\right)\Big|_{c_2}\delta n_2\end{aligned}\right\}\quad\text{在 } c_2 \text{ 上}\tag{3.285}$$

而

$$
\iint_S \left[\frac{\partial F}{\partial w_{xx}} \delta w_{xx} + \frac{\partial F}{\partial w_{xy}} \delta w_{xy} + \frac{\partial F}{\partial w_{yy}} \delta w_{yy} \right] dxdy
$$

$$
\begin{aligned}
&= \iint_S \left\{ \frac{\partial^2}{\partial x^2}\left(\frac{\partial F}{\partial w_{xx}}\right) + \frac{\partial^2}{\partial x \partial y}\left(\frac{\partial F}{\partial w_{xy}}\right) \right. \\
&\quad \left. + \frac{\partial^2}{\partial y^2}\left(\frac{\partial F}{\partial w_{yy}}\right)\right\} \delta w dxdy - \int_{c_2} \left\{ \left[\frac{\partial}{\partial x}\left(\frac{\partial F}{\partial w_{xx}}\right) \right.\right. \\
&\quad \left. + \frac{1}{2}\frac{\partial}{\partial y}\left(\frac{\partial F}{\partial w_{xy}}\right)\right] \cos(n_2, x) + \left[\frac{1}{2}\frac{\partial}{\partial x}\left(\frac{\partial F}{\partial w_{xy}}\right) \right. \\
&\quad \left.\left. + \frac{\partial}{\partial y}\left(\frac{\partial F}{\partial w_{yy}}\right)\right] \cos(n_2, y)\right\}\Big|_{c_2} \left(\frac{\partial z}{\partial n_2} - \frac{\partial w}{\partial n_2}\right)\Big|_{c_2} \delta n_2 ds_2 \\
&\quad + \int_{c_2} \left\{ \frac{\partial F}{\partial w_{xx}} \cos(n, x) \right. \\
&\quad \left. + \frac{1}{2}\frac{\partial F}{\partial w_{xy}} \cos(n, y)\right\}\Big|_{c_2} \left(\frac{\partial z_x}{\partial n_2} - \frac{\partial w_x}{\partial n_2}\right)\Big|_{c_2} \delta n_2 ds_2 \\
&\quad + \int_{c_2} \left\{ \frac{1}{2}\frac{\partial F}{\partial w_{xy}} \cos(n, x) \right. \\
&\quad \left. + \frac{\partial F}{\partial w_{yy}} \cos(n, y)\right\}\Big|_{c_2} \left(\frac{\partial z_y}{\partial n_2} - \frac{\partial w_y}{\partial n_2}\right)\Big|_{c_2} \delta n_2 ds_2 \qquad (3.286)
\end{aligned}
$$

把(3.284),(3.286)式的结果代入(3.278)式. 当 $\delta \Pi = 0$ 的极值条件满足,并且 δn_2, δw 都是独立变分,即分别得

(1) 欧拉方程

$$
\begin{aligned}
&\frac{\partial F}{\partial w} - \frac{\partial}{\partial x}\left(\frac{\partial F}{\partial w_x}\right) - \frac{\partial}{\partial y}\left(\frac{\partial F}{\partial w_y}\right) + \frac{\partial^2}{\partial x^2}\left(\frac{\partial F}{\partial w_{xx}}\right) \\
&\qquad + \frac{\partial^2}{\partial x \partial y}\left(\frac{\partial F}{\partial w_{xy}}\right) + \frac{\partial^2}{\partial y^2}\left(\frac{\partial F}{\partial w_{yy}}\right) = 0 \qquad (3.287)
\end{aligned}
$$

(2) 补充边界条件

$$
\begin{aligned}
&F + \left\{ \frac{\partial F}{\partial w_{xx}} \cos(n, x) + \frac{1}{2}\frac{\partial F}{\partial w_{xy}} \cos(n, y)\right\} \left(\frac{\partial z_x}{\partial n_2} - \frac{\partial w_x}{\partial n_2}\right) \\
&\quad + \left\{ \frac{1}{2}\frac{\partial F}{\partial w_{xy}} \cos(n, x) + \frac{\partial F}{\partial w_{yy}} \cos(n, y)\right\} \left(\frac{\partial z_y}{\partial n_2} - \frac{\partial w_y}{\partial n_2}\right) \\
&\quad + \left\{ \left[\frac{\partial F}{\partial w_x} - \frac{\partial}{\partial x}\left(\frac{\partial F}{\partial w_{xx}}\right) - \frac{1}{2}\frac{\partial}{\partial y}\left(\frac{\partial F}{\partial w_{xy}}\right)\right] \cos(n_2, x) \right.
\end{aligned}
$$

$$+\left[\frac{\partial F}{\partial w_y}-\frac{1}{2}\frac{\partial}{\partial x}\left(\frac{\partial F}{\partial w_{xy}}\right)\right.$$

$$\left.-\frac{\partial}{\partial y}\left(\frac{\partial F}{\partial w_{yy}}\right)\right]\cos(n_2,y)\Bigg\}\left(\frac{\partial z}{\partial n_2}-\frac{\partial w}{\partial n_2}\right)=0$$

在 c_2 上　　(3.288)

其它边界条件为 (3.272)，(3.273) 式.

现在让我们研究弹性薄板问题，设薄板受均布载荷 q. 于是根据 (1.210c)

$$F=\frac{1}{2}D\{(w_{xx}+w_{yy})^2+2(1-\nu)(w_{xy}^2-w_{xx}w_{yy})\}-qw \tag{3.289}$$

所以，从 (3.287) 式得欧拉方程

$$D\{w_{xxxx}+2w_{xxyy}+w_{yyyy}\}=q \tag{3.290}$$

把 (3.289) 式代入 (3.288) 式，可以得到补充边界条件. 首先采用

$$\left.\begin{aligned}\cos(n,x)\frac{\partial(\cdots)}{\partial x}+\cos(n,y)\frac{\partial(\cdots)}{\partial y}&=\frac{\partial(\cdots)}{\partial n}\\-\cos(n,y)\frac{\partial(\cdots)}{\partial x}+\cos(n,x)\frac{\partial(\cdots)}{\partial y}&=\frac{\partial(\cdots)}{\partial s}\end{aligned}\right\} \tag{3.291}$$

(3.288) 式可以化为

$$\begin{aligned}&F+D\frac{\partial\nabla^2 w}{\partial n_2}\left(\frac{\partial w}{\partial n_2}-\frac{\partial z}{\partial n_2}\right)+D\left\{\frac{\partial}{\partial n_2}\left(\frac{\partial w}{\partial x}\right)\right.\\&\left.\quad+\nu\frac{\partial}{\partial s_2}\left(\frac{\partial w}{\partial y}\right)\right\}\left(\frac{\partial z_x}{\partial n_2}-\frac{\partial w_x}{\partial n_2}\right)+D\left\{\frac{\partial}{\partial n_2}\left(\frac{\partial w}{\partial y}\right)\right.\\&\left.\quad-\nu\frac{\partial}{\partial s_2}\left(\frac{\partial w}{\partial x}\right)\right\}\left(\frac{\partial z_y}{\partial n_2}-\frac{\partial w_y}{\partial n_2}\right)=0\end{aligned} \tag{3.292}$$

利用 (1.174) 式和 (1.221a, b) 式，其中 α 即为角 (n,x). 有

$$\begin{aligned}\frac{\partial}{\partial s}\left(\frac{\partial w}{\partial x}\right)&=\frac{\partial}{\partial s}\left(\cos\alpha\frac{\partial w}{\partial s}+\sin\alpha\frac{\partial w}{\partial n}\right)\\&=\cos\alpha\left(\frac{\partial^2 w}{\partial s^2}+\frac{1}{\rho_s}\frac{\partial w}{\partial n}\right)+\sin\alpha\left(\frac{\partial^2 w}{\partial s\partial n}-\frac{1}{\rho_s}\frac{\partial w}{\partial s}\right)\end{aligned} \tag{3.293a}$$

$$\frac{\partial}{\partial s}\left(\frac{\partial w}{\partial y}\right)=\frac{\partial}{\partial s}\left(\sin\alpha\frac{\partial w}{\partial s}-\cos\alpha\frac{\partial w}{\partial n}\right)$$

$$=\sin\alpha\left(\frac{\partial^2 w}{\partial s^2}+\frac{1}{\rho_s}\frac{\partial w}{\partial n}\right)-\cos\alpha\left(\frac{\partial^2 w}{\partial s\partial n}-\frac{1}{\rho_s}\frac{\partial w}{\partial s}\right) \tag{3.293b}$$

$$\frac{\partial}{\partial n}\left(\frac{\partial w}{\partial x}\right)=\cos\alpha\left(\frac{\partial^2 w}{\partial n\partial s}-\frac{1}{\rho_s}\frac{\partial w}{\partial s}\right)+\sin\alpha\frac{\partial^2 w}{\partial n^2} \tag{3.294a}$$

$$\frac{\partial}{\partial n}\left(\frac{\partial w}{\partial y}\right)=\sin\alpha\left(\frac{\partial^2 w}{\partial n\partial s}-\frac{1}{\rho_s}\frac{\partial w}{\partial s}\right)-\cos\alpha\frac{\partial^2 w}{\partial n^2} \tag{3.294b}$$

$$\frac{\partial}{\partial n}\left(\frac{\partial z}{\partial x}\right)=\cos\alpha\left(\frac{\partial^2 z}{\partial n\partial s}-\frac{1}{\rho_s}\frac{\partial w}{\partial s}\right)+\sin\alpha\frac{\partial^2 w}{\partial n^2} \tag{3.295a}$$

$$\frac{\partial}{\partial n}\left(\frac{\partial z}{\partial y}\right)=\sin\alpha\left(\frac{\partial^2 z}{\partial n\partial s}-\frac{1}{\rho_s}\frac{\partial w}{\partial s}\right)-\cos\alpha\frac{\partial^2 w}{\partial n^2} \tag{3.295b}$$

代入(3.293)式,化简得补充边界条件.

$$\begin{aligned}&F+D\frac{\partial}{\partial n_2}(\nabla^2 w)\left(\frac{\partial w}{\partial n_2}-\frac{\partial z}{\partial n_2}\right)\\&+D\left[\nabla^2 w-(1-\nu)\frac{\partial^2 w}{\partial n^2}\right]\left(\frac{\partial^2 z}{\partial n_2^2}-\frac{\partial^2 w}{\partial n_2^2}\right)\\&+D(1-\nu)\left(\frac{\partial^2 w}{\partial n_2\partial s_2}-\frac{1}{\rho_s}\frac{\partial w}{\partial s_2}\right)\left(\frac{\partial^2 z}{\partial n_2\partial s_2}-\frac{\partial^2 w}{\partial n_2\partial s_2}\right.\\&\left.-\frac{1}{\rho_s}\frac{\partial z}{\partial s_2}+\frac{1}{\rho_s}\frac{\partial w}{\partial s_2}\right)=0\qquad 在\ c_2\ 上\end{aligned} \tag{3.296}$$

还有边界条件(3.272),(3.273)式.

为了简单地说明问题,让我们研究圆薄板和刚性基础的接触问题.

设圆薄板的半径为 R,抗弯刚度为 D,受均布载荷 q,基础平面离板的距离为 d,板和基础平面的接触域的半径为 R_0,这里我们将假定是圆对称的.图 3.18.设 $w=w(r)$,其中 r 为径向坐标.

于是,有

$$\left.\begin{aligned}w_{xx}+w_{yy}&=\frac{1}{r}\frac{d}{dr}r\frac{dw}{dr}\\w_{xy}^2-w_{xx}w_{yy}&=-\frac{1}{r}\frac{dw}{dr}\frac{d^2w}{dr^2}\end{aligned}\right\} \tag{3.297}$$

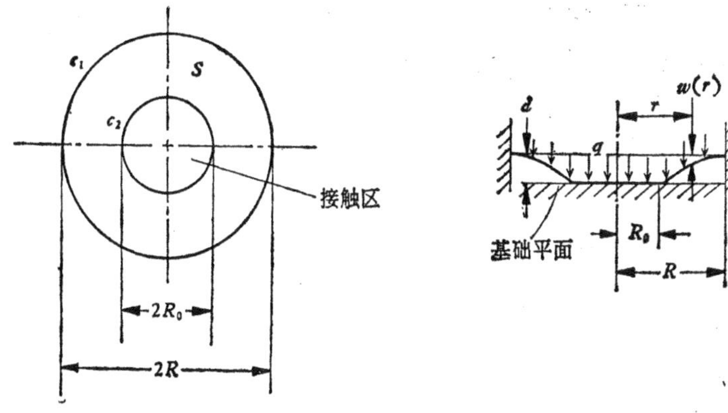

图 3.18　圆薄板受均布载荷在 c_2 上和基础平面的接触区

而 (3.289) 式应该是

$$F=\frac{1}{2}D\left\{\left(\frac{1}{r}\frac{dw}{dr}+\frac{d^2w}{dr^2}\right)^2-2(1-\nu)\frac{1}{r}\frac{dw}{dr}\frac{d^2w}{dr^2}\right\}-qw \tag{3.298}$$

本题的泛函为

$$\Pi=\int_{R_0}^{R}\pi\left\{D\left[\left(\frac{1}{r}\frac{d}{dr}r\frac{dw}{dr}\right)^2-2(1-\nu)\frac{1}{r}\frac{dw}{dr}\frac{d^2w}{dr^2}\right]-2qw\right\}rdr-\pi R_0^2qd \tag{3.299}$$

变分后的欧拉方程式为

$$\frac{1}{r}\frac{d}{dr}r\frac{d}{dr}\frac{1}{r}\frac{d}{dr}r\frac{dw}{dr}=q/D \tag{3.300}$$

如果注意到 (3.296) 式中的 $dn_2=-dr$，并注意到圆对称性，所以 $\frac{\partial}{\partial s_2}(\cdots)=0$，于是补充边界条件 (3.292) 式可以写成

$$\frac{1}{2}D\left[\left(\frac{1}{r}\frac{d}{dr}r\frac{dw}{dr}\right)^2-2(1-\nu)\frac{1}{r}\frac{dw}{dr}\frac{d^2w}{dr^2}\right]+D\left(\frac{d^2w}{dr^2}+\frac{\nu}{r}\frac{dw}{dr}\right)\frac{d^2w}{dr^2}-D\frac{d}{dr}\left(\frac{1}{r}\frac{d}{dr}r\frac{dw}{dr}\right)\frac{dw}{dr}=0$$

在 c_2 上 $(r=R_0)$　(3.301)

这里必须指出 (3.301) 式和 q 无关．这是因为 (3.299) 式中增加

的最后一项，它的变分为 $-2\pi R_0 qd\delta R_0$ 和 $F\delta R_0$ 中有关 q 的那一项大小相等,正负相反,正好抵消.

其它边界条件为

(1) 外边 $r=R$ 处是固定的

$$w(R)=0,\quad w'(R)=0 \tag{3.302}$$

(2) 在内边 $r=R_0$ 上,和接触区连续

$$w(R_0)=d\quad w'(R_0)=0 \tag{3.303}$$

而且 (3.301) 式还可以进一步简化,因为 (3.301) 式也可以写为

$$\frac{1}{2}\left\{\left(\frac{1}{r}w'\right)^2+\frac{v}{r}w'w''+\frac{1}{2}w''^2\right\}$$
$$-w'\left(w'''+\frac{1}{r}w''-\frac{1}{r^2}w'\right)+w''\left(w''+\frac{v}{r}w'\right)=0$$
$$\text{在 } r=R_0 \tag{3.304}$$

在利用了 (3.303) 式中 $w'(R_0)=0$ 后,化为 $\frac{1}{2}[w''(R_0)]^2=0$,或

$$w''(R_0)=0 \tag{3.305}$$

我们的问题是在 (3.302), (3.303), (3.305) 式等五个边界条件下求解 (3.300) 式，按 (3.300) 式是一个四阶常微分方程，其解有四个待定常数,还有接触区的半径 R_0 也是待定的. 这五个条件正好用来求这五个待定量.

把 (3.300) 式积分两次,得

$$\frac{d}{dr}r\frac{dw}{dr}=\frac{q}{4D}r^3+Ar\ln r+Br \tag{3.306}$$

其中 A, B 为待定常数，在利用了 (3.303) 式的 $w'(R_0)=0$ 和 (3.305) 式的 $w''(R_0)=0$ 后,可以证明

$$B=-\frac{q}{4D}R_0^2-A\ln R_0 \tag{3.307}$$

而 (3.306) 式可以写成

$$\frac{d}{dr}r\frac{dw}{dr}=\frac{q}{4D}r(r^2-R_0^2)+Ar\ln\frac{r}{R_0} \tag{3.308}$$

再积分一次，得

$$\frac{dw}{dr}=\frac{q}{16D}r(r^2-2R_0^2)+A\left[\frac{1}{2}r\ln\frac{r}{R_0}-\frac{1}{4}r\right]+\frac{C}{r} \tag{3.309}$$

利用 $w'(R)=0$ 和 $w'(R_0)=0$ [即 (3.302)，(3.303) 的第二式]，得求解 A，C 的两个方程

$$\left.\begin{aligned}&-\frac{q}{16D}R_0^3-\frac{1}{4}AR_0+\frac{C}{R_0}=0\\&\frac{q}{16D}R(R^2-2R_0^2)+\frac{1}{2}AR\left(\ln\frac{R}{R_0}-\frac{1}{2}\right)+\frac{C}{R}=0\end{aligned}\right\} \tag{3.310}$$

从此，解出 A 和 C，

$$A=\frac{q}{4D}\left[\frac{(R^2-R_0^2)^2}{R^2-R_0^2+2R^2\ln\dfrac{R_0}{R}}\right] \tag{3.311}$$

$$C=\frac{qR_0^2}{16D}\left[\frac{R^2(R^2-R_0^2)-2R^2R_0^2\ln\dfrac{R}{R_0}}{(R^2-R_0^2)+2R^2\ln\dfrac{R_0}{R}}\right] \tag{3.312}$$

再把 (3.309) 式积分一次，得

$$w(r)=\frac{q}{64D}r^4-\frac{q}{16D}r^2R_0^2+A\left(\ln\frac{r}{R_0}-1\right)\frac{r^2}{4}+C\ln r+C_1 \tag{3.313}$$

其中 A，C 为已知常数，C_1 为第四个积分常数，而 $w(R)=0$ 及 $w(R_0)=d$ 给出

$$\left.\begin{aligned}&\frac{q}{64D}R^4-\frac{q}{16D}R^2R_0^2+A\left(\ln\frac{R}{R_0}-1\right)\frac{R^2}{4}+C\ln R+C_1=0\\&-\frac{3q}{64D}R_0^4-\frac{1}{4}R_0^2A+C\ln R_0+C_1=d\end{aligned}\right\} \tag{3.314}$$

把 (3.311)，(3.312) 式代入 (3.314) 式第一式，求得 C_1

$$C_1 = \frac{qR^2}{64D}\left\{\frac{\begin{array}{l}3R^2(R^2-R_0^2)-2R^2(R^2+2R_0^2)\ln R \\ \quad +2(R^4+R_0^4)\ln R_0+8R_0^4(\ln R)^2 \\ \quad -8R_0^4\ln R\ln R_0\end{array}}{R^2-R_0^2+2R^2\ln\dfrac{R_0}{R}}\right\} \tag{3.315}$$

(3.314) 式中第一第二式相减，得

$$\begin{aligned}&+\frac{q}{64D}(R^2-3R_0^2)(R^2-R_0^2) \\ &\quad -\frac{1}{4}\left[R^2\ln\frac{R_0}{R}+R^2-R_0^2\right]A - C\ln\frac{R_0}{R}+d=0\end{aligned} \tag{3.316}$$

把 (3.311)，(3.312) 式的 A，C 表达式代入，并简化，得决定 $\frac{R_0^2}{R^2}$ 的方程

$$\frac{64Dd}{qR^4}=\frac{(1-\xi)^2(3-\xi)+(1-\xi)(1+3\xi)\ln\xi+2\xi^2(\ln\xi)^2}{1-\xi+\ln\xi} \tag{3.317}$$

其中

$$\xi=\left(\frac{R_0}{R}\right)^2 \tag{3.318}$$

(3.317) 式告诉我们，当 $\xi\to 0$ 时，$\frac{64Dd}{qR^4}=1$，当 $\xi=1$ 时，$\frac{64Dd}{qR^4}=0$，其它 ξ 值的 $\frac{64Dd}{qR^4}$ 值见图 3.19。

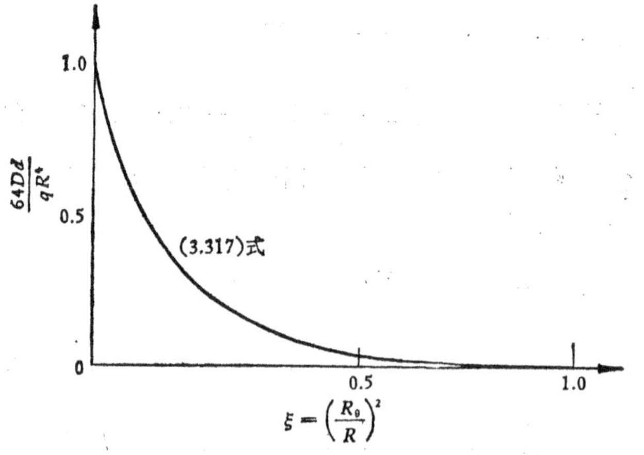

图 3.19　均布载荷 q 和接触区半径 R_0 的无量纲关系：(3.317) 式的图示

第 四 章

泛函变分的几种近似计算法(一)
立兹法和伽辽金法

§ 4.1 泛函极值的近似和极值函数的近似

1. 极小化(极大化)序列

如果从一切满足边界条件和一定的连续条件的函数中寻找使泛函达到极值的函数，则这个极值函数一定满足欧拉方程. 我们的问题就在于怎样求解欧拉方程来决定这个函数了. 但在不少问题里求欧拉方程的精确解并不容易，人们只能借助于各种近似解，其中最有效的近似解常是直接从泛函的变分问题中找到的. 这类近似解法通称**泛函变分近似解**. 第二章中提到的瑞利-立兹法求解特征值问题就是比较有名的例子.

人们很容易理解到，如果不从一切函数中寻找使泛函达到极值的函数，而只从有限个函数中寻找使泛函达到极值的函数，则这样缩小了函数寻找范围而找到的极值(譬如说是最小值)，一定比应有的极值大(即大于真正的最小值)，或至少相等. 如果我们把函数寻找范围逐步扩大，则所得极值(即最小值)逐步减小，逐步向真正的极值靠近. 从理论上讲，只有当人们把函数寻找范围扩大到包括一切满足边界条件和一定的连续条件的函数时，才能使泛函达到真正的极值. 其它逐级找到的极值都是近似值.

人们除了通过欧拉方程求精确解外，事实上很少能把寻找函数的范围真正扩大到包括一切函数的. 人们实践证明，如果在既满足边界条件又满足一定的连续条件的一个系列的函数中逐步扩大寻找范围，也能逐步接近真正的极值；如果极值是指最小值，则从较大的一侧向最小值接近，亦即提供最小值的**上限**. 如果极值是最大值，则从较小的一侧向最大值接近，亦即提供较大值的**下限**.

设有一系列既满足边界条件又满足一定的连续条件的函数 $g_0(x)$, $g_1(x)$, $g_2(x)$, $\cdots$, $g_n(x)$, $\cdots$. 用这些函数来构成一系列提供选择极值的各级近似函数.

$$\left.\begin{aligned}
&f_0(x) = a_{00}g_0(x) \\
&f_1(x) = a_{10}g_0(x) + a_{11}g_1(x) \\
&f_2(x) = a_{20}g_0(x) + a_{21}g_1(x) + a_{22}g_2(x) \\
&\cdots\cdots\cdots\cdots\cdots\cdots\cdots\cdots\cdots\cdots \\
&f_n(x) = a_{n0}g_0(x) + a_{n1}g_1(x) + a_{n2}g_2(x) \\
&\qquad\quad + \cdots + a_{nn}g_n(x) \\
&\cdots\cdots\cdots\cdots\cdots\cdots\cdots\cdots\cdots\cdots
\end{aligned}\right\} \tag{4.1}$$

a_{ij} 为待定系数，在变分时，调整 a_{ij} 使泛函达到各级近似的极值. 用 $f_0(x)$ 作为近似函数时，泛函达到的极值为 Π_0; 用 $f_1(x)$ 作为近似函数时，泛函达到的极值为 Π_1; 因为 $f_1(x)$ 比 $f_0(x)$ 的选择范围扩大了,而且是包括了 $f_0(x)$ 在内的选择范围,所以 $\Pi_0 \geqslant \Pi_1$ (设本题为极小值问题). 同样，$f_2(x)$ 的极值 Π_2 必小于 Π_1 (Π_2 至多等于 Π_1)，亦即 $\Pi_0 \geqslant \Pi_1 \geqslant \Pi_2$. 依此类推,在各级近似下,得

$$\Pi_0 \geqslant \Pi_1 \geqslant \Pi_2 \geqslant \cdots \geqslant \Pi_n \geqslant \cdots \geqslant \Pi \text{ (极小值)} \tag{4.2}$$

Π 为本题真正极值.

凡能使各级近似的极值像 (4.2) 式这样逐步接近真正的极小值的这一系列近似函数,(如 $f_n(x)$) 称为**极小化序列**. 极小化序列提供极小值的上限.

同样,对于极大值问题而言，如果有一系列函数 $f_0(x)$, $f_1(x)$, $f_2(x)$, $\cdots$, $f_n(x)$, $\cdots$能使近似的各级极值按

$$\Pi_0 \leqslant \Pi_1 \leqslant \Pi_2 \leqslant \cdots \leqslant \Pi_n \leqslant \cdots \leqslant \Pi \text{ (极大值)} \tag{4.3}$$

这样从下面逐步接近真正的极大值 Π 的这一系列函数，称为**极大化序列**. 极大化序列提供极大值的下限.

我们的问题是： 即使各级近似极值的极限确为真正的极值，即

$$\lim_{n\to\infty}\Pi_n = \Pi \tag{4.4}$$

极小化序列(或极大化序列)的极限是不是真正的极限函数呢？即下式

$$\lim_{n\to\infty} f_n(x) = y(x) \tag{4.5}$$

是不是一定成立呢？

我们的答案是有条件的．也即是说：极小化序列(或极大化序列)的极限并不无条件地是真正的极值函数，这样的结论是维尔斯特拉斯（K. Weierstrass, 1870）首先用一个特例指出的[1]．

在维尔斯特拉斯的短文发表以前，人们(包括黎曼（Riemann）在内）没有对这个问题提出过怀疑，都认为极小化序列的极限必然给出真正的极限函数．维尔斯特拉斯用一个特例否定了当时为大家所公认的所谓“狄利克雷原理”．震动了当时数学界和理论物理学界，使黎曼、汤姆逊、狄利克雷等有关工作都失去了理论根据．

2. 得不到正确极值函数的极小化序列反例

现在让我们用一两个简单反例来说明这个问题．

研究通过 $x^2+y^2=1$（以原点为中心的圆)的最小曲面．泛函为

$$\Pi(z) = \iint_S \sqrt{1+\left(\frac{\partial z}{\partial x}\right)^2+\left(\frac{\partial z}{\partial y}\right)^2}\,dxdy \tag{4.6}$$

S 是边界 c 为 $x^2+y^2=1$ 的一个圆，亦即

$$z(x, y)\Big|_{x^2+y^2=1} = 0 \tag{4.7}$$

我们要求在条件 (4.7) 式下，求 $\Pi(z)$ 的最小值．我们从几何上很易看到，其极值曲面是以 $x^2+y^2=1$ 为边界的一个圆，即 $z=0$，其最小面积为 π，亦即对其它曲面而言

$$\Pi(z) \geqslant \pi \tag{4.8}$$

但是，对这个简单问题而言，我们可以找到一个极小化序列，各级近似极值的极限确为 π，但这个序列的函数的极限并不是以

$x^2+y^2=1$ 为边界的一个圆.

设取 $z_n(x,y)$ 为

$$z_n(x,y)=\begin{cases}0, \text{在 } 1\geqslant x^2+y^2\geqslant \dfrac{1}{n^2} \text{ 中的任意点 }(x,y)\\ \dfrac{A}{2}\cos(n\pi\sqrt{x^2+y^2})+\dfrac{A}{2}, \\ \quad \text{在 } \dfrac{1}{n^2}>x^2+y^2\geqslant 0 \text{ 中的任意点 }(x,y)\end{cases}\tag{4.9}$$

其中 A 为一常量. $z_n(x,y)$ 的几何形状见图 4.1. 这些函数是连

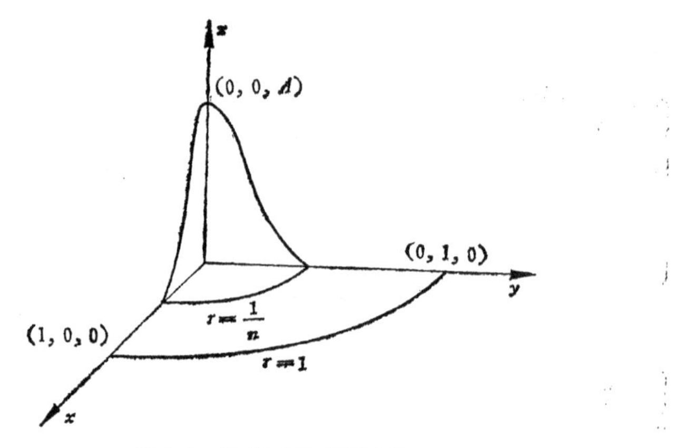

图 4.1 (4.9) 式的曲面图形

续的,到处有连续的一阶导数. 同时,也满足 (4.7) 式的边界条件. 如果用极坐标, $\Pi(z_n)$ 可以写成

$$\Pi(z_n)=\iint_{\frac{1}{n^2}\leqslant x^2+y^2\leqslant 1} dxdy$$

$$+\iint_{0\leqslant x^2+y^2\leqslant\frac{1}{n^2}}\sqrt{1+A^2\frac{n^2\pi^2}{4}\sin^2 n\pi\sqrt{x^2+y^2}}\,dxdy$$

$$=\pi-\frac{\pi}{n^2}+\int_0^{2\pi}\int_0^{1/n}\sqrt{1+A^2\frac{n^2\pi^2}{4}\sin^2 n\pi r}\;rdrd\theta \quad (4.10)$$

但是，对于任意 r 而言

$$\int_0^{2\pi}\int_0^{1/n}\sqrt{1+A^2\frac{n^2\pi^2}{4}\sin^2 n\pi r}\; r dr d\theta$$

$$\leqslant \int_0^{2\pi}\int_0^{1/n}\sqrt{1+A^2\frac{n^2\pi^2}{4}}\; r dr d\theta = \frac{\pi^2}{2n}\sqrt{A^2+\frac{4}{n^2\pi^2}} \tag{4.11}$$

于是

$$\Pi(z_n) \leqslant \pi - \frac{\pi}{n^2} + \frac{\pi^2}{2n}\sqrt{A^2+\frac{4}{n^2\pi^2}} \tag{4.12}$$

当 $n\to\infty$ 时，有极限

$$\lim_{n\to\infty}\Pi(z_n) = \pi \tag{4.13}$$

所以，这个极小化序列的泛函极值，确为最小面积 π. 但 $n\to\infty$ 时的极限函数则不是 $z=0$ 这个极值圆，而是，从 (4.9) 式

$$\lim_{n\to\infty} z_n(x, y) = \begin{cases} 0, & 当\ (x, y) \neq (0, 0) \\ A, & 当\ (x, y) = (0, 0) \end{cases} \tag{4.14}$$

所以，在这个问题上，我们找到了一个极小化序列，其泛函的极值确为本题的最小值，但序列的极限函数不是真正的极值函数.

另一个例子是有名的狄利克雷问题，求泛函

$$\Pi(\varphi) = \iint_S (\varphi_x^2 + \varphi_y^2) dx dy \tag{4.15}$$

的极小值，设 S 的边界为 c，而且曲面 $\varphi(x, y)$ 通过 c. 亦即在 c 上，$\varphi(x, y)=0$. 所有容许曲面在 S 中是连续的，而且是逐片地光滑的. 这个极值函数很明显是 $\varphi(x, y)=0$. 因为 $\varphi_x^2+\varphi_y^2$ 永远是正的，只要 $\varphi(x, y)$ 在某一片内有一点的值不等于零，那末，在这一点附近必有一个邻域，在此邻域内，有不全为零的 φ_x, φ_y 存在，则 $\varphi_x^2+\varphi_y^2$ 在那个邻域内都不等于零，而 $\Pi(\varphi)$ 就比零大. 所以，这个问题的极值函数为 $\varphi(x, y)$ 到处等于零，而极值 $\Pi(\varphi)=\Pi(0)=0$.

对这个问题，我们同样可以找到一个极小化序列，其泛函的各级近似极值的极限确为正确的极限（即 $\Pi(0)=0$），但其极限函

数则不是正确的极值函数(即 $\varphi=0$).

设在边界 c 内有一个圆,其半径为 a,其圆心为坐标原点.设在圆 a 和边界 c 之间的区域内,$\varphi(x, y)$ 到处为零. 设有另一个圆,其半径为 a^2,设 $a<1$,则圆 $r=a^2$ 必在圆 $r=a$ 之内,在圆 $r=a^2$ 和圆 $r=a$ 之间的区域内,$\varphi(x, y)=A\ln(r/a)/\ln a$. 这里采用了极坐标 (r, θ),坐标原点即为极点.又设在圆 $r=a^2$ 之内,$\varphi=A$. 亦即

$$\varphi(x, y)=\begin{cases} 0 & \text{在边界之内和圆 } r=a \text{ 之外} \\ \dfrac{A\ln\dfrac{r}{a}}{\ln a} & a^2 \leqslant r \leqslant a \quad (a<1) \\ A & 0 \leqslant r \leqslant a^2 \end{cases} \tag{4.16}$$

这个函数见图 4.2,它是连续,而且是逐片光滑的.其中 a 为小量.

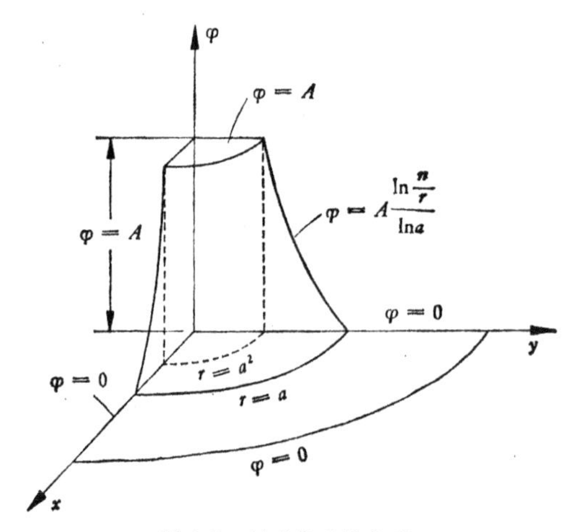

图 4.2 (4.16)式的曲面

如果把(4.16)式代入(4.15)式,在 $r=a$ 之外和 $r=a^2$ 之内,$\varphi_x^2+\varphi_y^2$ 都恒等于零,所以(4.15)式可以用极坐标表示为

$$\Pi(\varphi_a)=\frac{A^2}{(\ln a)^2}\int_{a^2}^{a}\left(\frac{1}{r^2}\right)2\pi r\,dr=-\frac{2\pi}{\ln a}A^2 \tag{4.17}$$

我们可以看到当我们使 a 值逐步减小时,得到一个极小化序列

(4.16) 式，其极限为

$$\lim_{a \to 0} \Pi(\varphi_a) = 0 \tag{4.18}$$

它是本题的真正极小值. 但当 $a \to 0$ 时，(4.16) 式的函数极限并不是真正的极值函数(即 φ 到处为零，或 $\varphi(x, y) = 0$)，而是

$$\varphi(x, y) = \begin{cases} 0 & r \neq 0 \text{ 的一切点} \\ A & r = 0 \end{cases} \tag{4.19}$$

亦即，当 $a \to 0$ 时，我们并不能从极小化序列中求得真正的极值函数 $\varphi(x, y) \equiv 0$

所以，一般讲来，极小化(或极大化)序列，并不一定能给出问题的极值函数. 换句话说：**极小化(或极大化)序列只是在一定的条件下才能收敛到使泛函达到极小(或极大)的极值函数.**

3. 弗立德里斯条件

人们经过了长期的努力，研究这些条件，得到了部分的解决. 其中最有实用价值而又最有成效的工作是弗立德里斯 (K. Friedrichs) 在 1934—1947 年间完成的[2]. 我们在这里不准备详细叙述弗立德里斯的理论证明，但将简单地引用他的结论，弗立德里斯所研究的问题都是有关以椭圆型线性微分方程为欧拉方程的泛函，例如

(A) 斯脱姆-刘维耳型的二阶常微分方程

斯脱姆-刘维耳型二阶常微分方程

$$Au = -\frac{d}{dx}\left[p(x) \cdot \frac{du}{dx}\right] + q(x)y = f(x) \tag{4.20}$$

的泛函

$$\Pi(u) = (Au, u) - 2(f, u) \tag{4.21}$$

其中 A 为算子

$$A = -\frac{d}{dx}\left[p(x) \frac{d}{dx}\right] + q(x) \tag{4.22a}$$

(Au, u)，(f, u) 分别为 Au，u，以及 f，u 的内积.

$$(Au, u) = \int_{x_1}^{x_2} (Au) u dx$$

$$= \int_{x_1}^{x_2} \left\{ -\frac{d}{dx}\left[p(x)\frac{du}{dx}\right] + q(x)u \right\} u dx \qquad (4.22b)$$

$$(f, u) = \int_{x_1}^{x_2} f(x) u dx \qquad (4.22c)$$

这里的 $p(x)$, $q(x)$ 在 $x_1 \leqslant x \leqslant x_2$ 中都是正的,而且是连续的.

(B) 斯脱姆-刘维耳型的 $2k$ 阶常微分方程

斯脱姆-刘维耳型的 $2k$ 阶常微分方程

$$Au = \sum_{j=1}^{k} (-1)^j \frac{d^j}{dx^j}\left[p_j(x)\frac{d^j u}{dx^j}\right] + q(x)u = f(x) \quad (4.23)$$

的泛函也可以写成 (4.21) 式的形式，但算子 A，和内积 (Au, u) 的内容不同,它们是

$$A = \sum_{j=1}^{k} (-1)^j \frac{d^j}{dx^j}\left[p_j(x)\frac{d^j}{dx^j}\right] + q(x) \qquad (4.24a)$$

$$(Au, u) = \int_{x_1}^{x_2} (Au) u dx$$

$$= \int_{x_1}^{x_2} \left\{ \sum_{j=1}^{k} (-1)^j \frac{d^j}{dx^j}\left[p_j(x)\frac{d^j u}{dx^j}\right] + q(x)u \right\} u dx$$

(4.24b)

$$(f, u) = \int_{x_1}^{x_2} f(x) u dx \qquad (4.24c)$$

这里的 $p_j(x)$, $q(x)$ 在 $x_1 \leqslant x \leqslant x_2$ 中都是正的,而且是连续的.

(C) 泊桑方程和拉普拉斯方程

泊桑方程可以写成

$$Au = -\left(\frac{\partial^2 u}{\partial x^2} + \frac{\partial^2 u}{\partial y^2}\right) = f(x, y), \qquad (4.25)$$

当 $f(x, y) = 0$时，上式称为拉普拉斯方程．泊桑方程 (4.25) 式的泛函也可以写成 (4.21) 式的形式,其中

$$A=-\left(\frac{\partial^2}{\partial x^2}+\frac{\partial^2}{\partial y^2}\right) \tag{4.26a}$$

$$(Au,u)=-\iint_S\left(\frac{\partial^2 u}{\partial x^2}+\frac{\partial^2 u}{\partial y^2}\right)udxdy \tag{4.26b}$$

$$(f,u)=\iint_S f(x,y)udxdy \tag{4.26c}$$

或者，三维的泊桑方程

$$Au=-\left(\frac{\partial^2 u}{\partial x^2}+\frac{\partial^2 u}{\partial y^2}+\frac{\partial^2 u}{\partial z^2}\right)=f(x,y,z) \tag{4.27}$$

的泛函和 (4.21) 式的形式也相同，但

$$A=-\left(\frac{\partial^2}{\partial x^2}+\frac{\partial^2}{\partial y^2}+\frac{\partial^2}{\partial z^2}\right) \tag{4.28a}$$

$$(Au,u)=-\iiint_\tau\left(\frac{\partial^2 u}{\partial x^2}+\frac{\partial^2 u}{\partial y^2}+\frac{\partial^2 u}{\partial z^2}\right)udxdydz \tag{4.28b}$$

$$(f,u)=\iiint_\tau f(x,y,z)udxdydz \tag{4.28c}$$

(D) 一般的二阶椭圆型微分方程

一般的二阶椭圆型微分方程为

$$Au=-\sum_{j,k=1}^{m}\frac{\partial}{\partial x_j}\left(p_{jk}\frac{\partial u}{\partial x_k}\right)=f(x_1,x_2,\cdots,x_m) \tag{4.29}$$

它的泛函也可以写成 (4.21) 式的形式，但

$$A=-\sum_{j,k=1}^{m}\frac{\partial}{\partial x_j}\left(p_{jk}\frac{\partial}{\partial x_k}\right) \tag{4.30a}$$

$$(Au,u)=-\iint_\tau\cdots\int\left\{\sum_{j,k=1}^{m}\frac{\partial}{\partial x_j}\left(p_{jk}\frac{\partial u}{\partial x_k}\right)udx_1dx_2\cdots dx_m\right. \tag{4.30b}$$

$$(f,u)=\iint_\tau\cdots\int f(x_1,x_2,\cdots,x_m)udx_1dx_2\cdots dx_m \tag{4.30c}$$

(E) 平板弯曲的平衡方程

平板弯曲的平衡方程为

$$\frac{\partial^4 w}{\partial x^4}+2\frac{\partial^4 w}{\partial x^2\partial y^2}+\frac{\partial^4 w}{\partial y^4}=f(x,y) \tag{4.31}$$

它的泛函为

$$\Pi(w)=(Aw,w)-2(f,w) \tag{4.32}$$

它和 (4.21) 式的形式完全相同,但

$$A=\frac{\partial^4}{\partial x^4}+2\frac{\partial^4}{\partial x^2\partial y^2}+\frac{\partial^4}{\partial y^4}=\nabla^4 \tag{4.33a}$$

$$(Aw,w)=\iint_S w\nabla^4 w dxdy \tag{4.33b}$$

$$(f,w)=\iint_S f(x,y)wdxdy \tag{4.33c}$$

当然在固定或简支或自由边界(自然边界)的边界条件下，我们可以像 § 1.5 这样证明

$$\begin{aligned}(Aw,w)=\iint_S \Bigg\{&\left(\frac{\partial^2 w}{\partial x^2}+\frac{\partial^2 w}{\partial y^2}\right)^2\\ &-2(1-\nu)\left[\frac{\partial^2 w}{\partial x^2}\frac{\partial^2 w}{\partial y^2}-\left(\frac{\partial^2 w}{\partial x\partial y}\right)^2\right]\Bigg\}dxdy\end{aligned} \tag{4.34}$$

(F) 弹性力学的平衡方程

弹性力学的平衡方程的有关泛函也可以写成上面的形式. 设 (u_1,u_2,u_3) 为 (x_1,x_2,x_3) 轴向的位移，(f_1,f_2,f_3) 为 (x_1,x_2,x_3) 轴向的体积力，应力分量为 $\sigma_{ij}(\sigma_{11},\sigma_{22},\sigma_{33},\sigma_{12}=\sigma_{21},\sigma_{23}=\sigma_{32},\sigma_{31}=\sigma_{13})$，应变分量为 $e_{ij}(e_{11},e_{22},e_{33},e_{12}=e_{21},e_{23}=e_{32},e_{31}=e_{13})$，$\lambda$，$\mu$ 分别为拉梅常数,则应力应变位移关系为

$$\left.\begin{aligned}&\sigma_{ij}=\lambda\theta\delta_{ij}+2\mu e_{ij}\\ &e_{ij}=\frac{1}{2}\left(\frac{\partial u_i}{\partial x_j}+\frac{\partial u_j}{\partial x_i}\right)\\ &\theta=\sum_{i=1}^{3}e_{ii}=\sum_{i=1}^{3}\left(\frac{\partial u_i}{\partial x_i}\right)\\ &\delta_{ij}=\begin{cases}1 & i=j\\ 0 & i\neq j\end{cases}\end{aligned}\right\}\quad (i,j=1,2,3) \tag{4.35}$$

弹性体的平衡方程为

$$\sum_{j=1}^{3} \frac{\partial \sigma_{ij}}{\partial x_j} + f_i = 0 \quad (i = 1, 2, 3) \tag{4.36}$$

或可写成

$$Au_i = \sum_{j=1}^{3} A_{ij} u_j$$

$$= -\left[(\lambda + \mu) \frac{\partial}{\partial x_i} \left(\sum_{k=1}^{3} \frac{\partial u_k}{\partial x_k} \right) + \mu \nabla^2 u_i \right] = f_i$$

$$(i = 1, 2, 3) \tag{4.36a}$$

其中 $\nabla^2 = \frac{\partial^2}{\partial x_1^2} + \frac{\partial^2}{\partial x_2^2} + \frac{\partial^2}{\partial x_3^2}$，而算子 A 的九个分量为

$$-A = -(A_{ij})$$

$$= \begin{pmatrix} (\lambda + \mu) \frac{\partial^2}{\partial x_1^2} + \mu \nabla^2 & (\lambda + \mu) \frac{\partial^2}{\partial x_1 \partial x_2} & (\lambda + \mu) \frac{\partial^2}{\partial x_1 \partial x_3} \\ (\lambda + \mu) \frac{\partial^2}{\partial x_1 \partial x_2} & (\lambda + \mu) \frac{\partial^2}{\partial x_2^2} + \mu \nabla^2 & (\lambda + \mu) \frac{\partial^2}{\partial x_2 \partial x_3} \\ (\lambda + \mu) \frac{\partial^2}{\partial x_1 \partial x_3} & (\lambda + \mu) \frac{\partial^2}{\partial x_2 \partial x_3} & (\lambda + \mu) \frac{\partial^2}{\partial x_3^2} + \mu \nabla^2 \end{pmatrix} \tag{4.36b}$$

在这个问题里，我们可以把边界分成两部分，即边界固定的部分 S_u，在那里位移已知为零，另一部分是自由边界 S_p，在那里边界外力已知为零(即自然边界条件)．亦即

$$u_i(s) = 0 \qquad (s = S_u) \quad (i = 1, 2, 3) \tag{4.37a}$$

$$\left. \sum_{j=1}^{3} \sigma_{ij} n_j \right|_s = 0 \quad (s = S_p) \quad (i = 1, 2, 3) \tag{4.37b}$$

其中 (n_1, n_2, n_3) 为弹性体表面的外法线方向余弦．于是，本题的泛函可以写成

$$\Pi(u) = (Au, u) - 2(f, u) \tag{4.38}$$

其中

$$(Au, u) = \iiint_{\tau} \sum_{i,j=1}^{3} A_{ij} u_i u_j dx_1 dx_2 dx_3$$

$$= -\iiint_\tau \sum_{i=1}^{3} \left\{ (\lambda + \mu) \frac{\partial}{\partial x_i} \left(\sum_{j=1}^{3} \frac{\partial u_j}{\partial x_j} \right) + \mu \nabla^2 u_i \right\} u_i dx_1 dx_2 dx_3$$

(4.38a)

$$(f, u) = \iiint_\tau \sum_{i=1}^{3} f_i u_i dx_1 dx_2 dx_3 \tag{4.38b}$$

其中 τ 为弹性体的整个体积，$dx_1dx_2dx_3$ 为其微元，利用三维的格林公式 (1.194) 式,或

$$\iiint_\tau \sum_{i=1}^{3} \frac{\partial p_i}{\partial x_i} dx_1 dx_2 dx_3 = \iint_S \sum_{i=1}^{3} p_i n_i dS \tag{4.39}$$

其中 $p_i = p_i(x_1, x_2, x_3)$，n_i 为表面 S 的外法线方向余弦，我们可以将 (4.38a) 式简化.

$$\begin{aligned}(Au, u) = &-\iiint_\tau \sum_{i=1}^{3} \frac{\partial}{\partial x_i} \left[(\lambda + \mu) u_i \left(\sum_{j=1}^{3} \frac{\partial u_j}{\partial x_j} \right) \right. \\ &\left. + \mu \sum_{j=1}^{3} u_j \frac{\partial u_j}{\partial x_i} \right] dx_1 dx_2 dx_3 \\ &+ \iiint_\tau \sum_{i=1}^{3} \left[(\lambda + \mu) \frac{\partial u_i}{\partial x_i} \left(\sum_{j=1}^{3} \frac{\partial u_j}{\partial x_j} \right) \right. \\ &\left. + \mu \sum_{j=1}^{3} \frac{\partial u_j}{\partial x_i} \frac{\partial u_j}{\partial x_i} \right] dx_1 dx_2 dx_3 \\ = &-\iint_S \sum_{i=1}^{3} \left[(\lambda + \mu) u_i \sum_{j=1}^{3} \left(\frac{\partial u_j}{\partial x_j} \right) \right. \\ &\left. + \mu \sum_{j=1}^{3} u_j \frac{\partial u_j}{\partial x_i} \right] n_i dS \\ &+ \iiint_\tau \left[(\lambda + \mu) \left(\sum_{k=1}^{3} \frac{\partial u_k}{\partial x_k} \right)^2 \right. \\ &\left. + \mu \sum_{i,j=1}^{3} \left(\frac{\partial u_i}{\partial x_j} \frac{\partial u_i}{\partial x_j} \right) \right] dx_1 dx_2 dx_3 \end{aligned} \tag{4.40a}$$

但是，由于

$$\sum_{i,j=1}^{3}\left[\frac{\partial u_i}{\partial x_j}\frac{\partial u_j}{\partial x_i}-\frac{\partial u_i}{\partial x_i}\frac{\partial u_j}{\partial x_j}\right]=\sum_{i,j=1}^{3}\frac{\partial}{\partial x_i}\left[u_j\frac{\partial u_i}{\partial x_j}-u_i\frac{\partial u_j}{\partial x_j}\right] \tag{4.40b}$$

在利用了三维格林公式以后

$$\mu\iiint_{\tau}\sum_{i,j=1}^{3}\left[\frac{\partial u_i}{\partial x_j}\frac{\partial u_j}{\partial x_i}-\frac{\partial u_i}{\partial x_i}\frac{\partial u_j}{\partial x_j}\right]dx_1dx_2dx_3$$

$$-\mu\iint_{S}\left[u_j\frac{\partial u_i}{\partial x_j}-u_i\frac{\partial u_j}{\partial x_j}\right]n_idS=0 \tag{4.40c}$$

把(4.40c)式的左端诸项加入(4.40a)式的右端诸项后，(Au, u)的值不变．即

$$(Au,u)=\iiint_{\tau}\left[\lambda\left(\sum_{k=1}^{3}\frac{\partial u_k}{\partial x_k}\right)^2\right.$$

$$\left.+\mu\sum_{i,j=1}^{3}\left(\frac{\partial u_i}{\partial x_j}\frac{\partial u_j}{\partial x_i}+\frac{\partial u_i}{\partial x_j}\frac{\partial u_i}{\partial x_j}\right)\right]dx_1dx_2dx_3$$

$$-\iint_{S}\sum_{i=1}^{3}\left[\lambda u_i\left(\sum_{j=1}^{3}\frac{\partial u_j}{\partial x_j}\right)\right.$$

$$\left.+\mu\sum_{j=1}^{3}u_j\left(\frac{\partial u_i}{\partial x_j}+\frac{\partial u_j}{\partial x_i}\right)\right]n_idS \tag{4.40d}$$

因为

$$\sum_{i,j=1}^{3}\left(\frac{\partial u_i}{\partial x_j}\frac{\partial u_j}{\partial x_i}+\frac{\partial u_i}{\partial x_j}\frac{\partial u_i}{\partial x_j}\right)=\sum_{i,j=1}^{3}\frac{\partial u_i}{\partial x_j}\left(\frac{\partial u_i}{\partial x_j}+\frac{\partial u_j}{\partial x_i}\right)$$

$$=\frac{1}{2}\sum_{i,j=1}^{3}\left(\frac{\partial u_j}{\partial x_i}+\frac{\partial u_i}{\partial x_j}\right)^2 \tag{4.40e}$$

$$\sum_{i=1}^{3}\lambda u_i\sum_{k=1}^{3}\frac{\partial u_k}{\partial x_k}=\sum_{i,j=1}^{3}\lambda\delta_{ij}u_j\sum_{k=1}^{3}\frac{\partial u_k}{\partial x_k} \tag{4.40f}$$

所以(4.40d)式可以写成

$$(Au,u)=\iiint_{\tau}\left[\lambda\left(\sum_{k=1}^{3}\frac{\partial u_k}{\partial x_k}\right)^2\right.$$

$$\left.+\frac{1}{2}\mu\sum_{i,j=1}^{3}\left(\frac{\partial u_j}{\partial x_i}+\frac{\partial u_i}{\partial x_j}\right)^2\right]dx_1dx_2dx_3$$

$$-\iint_S \sum_{i,j=1}^{3}\left[\lambda\delta_{ij}\left(\sum_{k=1}^{3}\frac{\partial u_k}{\partial x_k}\right)+\mu\left(\frac{\partial u_i}{\partial x_j}+\frac{\partial u_j}{\partial x_i}\right)\right]u_j n_i dS \tag{4.40g}$$

对于固定边界 (S_u) 而言，$u_j(s)=0$，所以 (4.40g) 式的边界积分那一部分等于零．对于自由边界部分 (S_p)

$$\sum_{i=1}^{3}\sigma_{ij}n_i=\sum_{i=1}^{3}\left[\lambda\delta_{ij}\left(\sum_{k=1}^{3}\frac{\partial u_k}{\partial x_k}\right)+\mu\left(\frac{\partial u_i}{\partial x_j}+\frac{\partial u_j}{\partial x_i}\right)\right]n_i=0 \quad \text{在 } S_p \text{ 上} \tag{4.40h}$$

因此，(4.40g)式中的边界积分恒等于零．这就证明了在边界条件 (4.37a, b) 式下

$$(Au,u)=\iiint_\tau\left[\lambda\left(\sum_{k=1}^{3}\frac{\partial u_k}{\partial x_k}\right)^2+\frac{1}{2}\mu\sum_{i,j=1}^{3}\left(\frac{\partial u_j}{\partial x_i}+\frac{\partial u_i}{\partial x_j}\right)^2\right]dx_1dx_2dx_3 \tag{4.41}$$

(4.41) 式很易归纳为

$$(Au,u)=\iiint_\tau[\lambda(e_{11}+e_{22}+e_{33})^2+2\mu(e_{11}^2+e_{22}^2+e_{33}^2+e_{12}^2+e_{23}^2+e_{31}^2)]dx_1dx_2dx_3 \tag{4.42}$$

这就是弹性体内应变能的两倍的表达式．

前面 (A)，(B)，(C)，(D)，(E)，(F) 这六个问题都是线性的，其泛函都有相同的形式，即 (4.21)，(4.32)，(4.38) 式等．其实，弹性力学平衡问题，只要边界条件是固定的，或是自然边界条件，则泛函都能写成这种形式，而且 (Au,u) 都是正定的．

弗立德里斯指出这些算子 A 有关的泛函项 (Au,u) 或 (Aw,w) 都是正的，而且是**正定的** (Positive definite)．所谓正定，是指 (Au,u) 对由任意的 u（有一些限制，如函数是一个稠密的线性集合中的成员等，但这些限制在一般有实用意义的问题中都是满足的，所以，在这里将不再深究）而言，满足不等式

$$(Au,u)\geqslant\gamma^2(u,u) \tag{4.43}$$

其中 γ^2 为一正的常数，而且对于 $u(x)$ 而言

$$(u, u) = \int_{x_1}^{x_2} u^2(x)dx > 0 \tag{4.44a}$$

对于两个变量的函数 $u(x, y)$ 而言

$$(u, u) = \iint_S u^2(x, y)dxdy > 0 \tag{4.44b}$$

对于多个函数 (u_1, u_2, u_3) 的问题而言

$$(u, u) = \iiint_\tau (u_1^2 + u_2^2 + u_3^2)dx_1dx_2dx_3 > 0 \tag{4.44c}$$

对其它情况,可以依此类推.

弗立德里斯证明了：只要算子 A (或泛函 (Au, u)) 是正定的,则每个极小化函数序列,都收敛到使泛函 $\Pi(u) = (Au, u) - 2(f, u)$ 为极小的函数(这些函数在实际问题中有一些不重要的限制,如它们都是一个稠密的线性函数集合中的成员等).

我们将不在一般情况下去证明弗立德里斯的定理，但将简要地在下一节中证明上面所列举的 (A), (B), (C), $\cdots$, (F) 等泛函都是正定的,其泛函的极值都确定地给出极值函数.

在这里必须指出,如果泛函满足正定条件,又在极小化函数序列中只取有限个函数,则泛函 $\Pi(u)$ 在这有限个元素中的极值，必然是本问题的近似解,即给出泛函极值的近似,也给出极值函数的近似,这就是立兹法的基础.

§4.2 泛函 (Au, u) 的正定性,泛函的极值和极值函数

现在让我们逐一检查前一节所列举的泛函 (Au, u) 都是正定的,并证明泛函 $\Pi(u)$ 的极值都给出满足欧拉方程的极值函数.

1. 斯脱姆-刘维耳型的二阶常微分方程

首先证明斯脱姆-刘维耳型的二阶常微分方程 (4.20) 式的泛函，(Au, u) 是正定的. 我们研究的边界条件为固定边界条件，

$$u(x_1) = u(x_2) = 0 \tag{4.45}$$

通过分部积分,并利用边界条件 (4.45) 式,从 (4.22b) 式得

$$(Au, u) = \int_{x_1}^{x_2} \left\{ -\frac{d}{dx}\left[p(x)\frac{du}{dx}\right]u + q(x)u^2 \right\} dx$$

$$= \int_{x_1}^{x_2} \{p(x)u'^2 + q(x)u^2\} dx \tag{4.46}$$

设 $p(x)$ 在 $x_1 \leqslant x \leqslant x_2$ 中的最小值为 $p_m(\geqslant 0)$，$q(x)$ 在 $x_1 \leqslant x \leqslant x_2$ 的最小值为 $q_m(\geqslant 0)$，于是有

$$\left.\begin{aligned} \int_{x_1}^{x_2} p(x)u'^2 dx \geqslant p_m \int_{x_1}^{x_2} u'^2 dx \\ \int_{x_1}^{x_2} q(x)u^2 dx \geqslant q_m \int_{x_1}^{x_2} u^2 dx \end{aligned}\right\} \tag{4.47}$$

而且，我们有不等式

$$\left[\frac{du}{dx} - \frac{u}{(x-x_1)}\right]^2 \geqslant 0 \tag{4.48}$$

或可写成

$$\left(\frac{du}{dx}\right)^2 - \frac{2u}{x-x_1}\frac{du}{dx} + \frac{u^2}{(x-x_1)^2} \geqslant 0 \tag{4.49}$$

但是

$$\frac{d}{dx}\left(\frac{u^2}{x-x_1}\right) = \frac{2u}{x-x_1}\frac{du}{dx} - \frac{u^2}{(x-x_1)^2} \tag{4.50}$$

把 (4.50) 式代入 (4.49) 式，得

$$\left(\frac{du}{dx}\right)^2 \geqslant \frac{d}{dx}\left(\frac{u^2}{x-x_1}\right) \tag{4.51}$$

把上式从 $x = x_1$ 起积分，其结果为

$$\int_{x_1}^{x} u'^2 dx \geqslant \int_{x_1}^{x} \frac{d}{dx}\left(\frac{u^2}{x-x_1}\right) dx = \frac{u^2}{x-x_1} \tag{4.52}$$

这里业已使用了 $u(x_1) \equiv 0$，(4.52) 式也可以写成

$$u^2 \leqslant (x-x_1)\int_{x_1}^{x} u'^2 dx \leqslant (x-x_1)\int_{x_1}^{x_2} u'^2 dx \tag{4.53}$$

这是因为 u'^2 是正的，而且 $x_1 \leqslant x \leqslant x_2$，把 (4.53) 式从 x_1 到 x_2 积分，得

$$\int_{x_1}^{x_2} u^2 dx \leqslant \frac{1}{2}(x_2 - x_1)^2 \int_{x_1}^{x_2} u'^2 dx \tag{4.54}$$

所以不等式 (4.47) 式的第一式也可以写成

$$\int_{x_1}^{x_2} p(x) u'^2 dx \geqslant \frac{2p_m}{(x_2 - x_1)^2} \int_{x_1}^{x_2} u^2 dx \tag{4.55}$$

把 (4.55) 式和 (4.47) 式第二式代入 (4.46) 式,即可证明

$$(Au, u) \geqslant \left\{ q_m + \frac{2p_m}{(x_2 - x_1)^2} \right\} \int_{x_1}^{x_2} u^2 dx \quad 或 \geqslant \gamma^2 (u, u) \tag{4.56}$$

其中

$$\gamma^2 = q_m + \frac{2p_m}{(x_2 - x_1)^2} > 0 \tag{4.57}$$

因此,我们证明了 (4.46) 式的泛函 (Au, u) 是正定的. 现在让我们证明 (4.21) 式 $\Pi(u)$ 的极限给出满足欧拉方程(4.20)式的极值函数.

首先从 (4.46) 式,我们可以把它写成

$$(Au, u) = (B_1 u, B_1 u) + (B_2 u, B_2 u) \tag{4.58}$$

其中

$$B_1 u = \sqrt{p(x)} \frac{du}{dx}, \qquad B_2 u = \sqrt{q(x)}\, u \tag{4.59}$$

其次,设 $f_1^*(x)$ 为待定函数. 通过分部积分,并利用固定边界条件 $u(x_1) = u(x_2) = 0$, 可以证明

$$\int_{x_1}^{x_2} \sqrt{p(x)} \frac{du}{dx} f_1^* dx = -\int_{x_1}^{x_2} u \frac{d}{dx} [\sqrt{p(x)} f_1^*] dx = \int_{x_1}^{x_2} u f_1 dx \tag{4.60a}$$

其中 f_1 为

$$f_1 = -\frac{d}{dx} [\sqrt{p(x)} f_1^*] \tag{4.60b}$$

(4.60a) 式也可以写成

$$(B_1 u, f_1^*) = (u, f_1) \tag{4.61}$$

我们设 $f_2^*(x)$ 为另一待定函数,从

$$\int_{x_1}^{x_2} \sqrt{q(x)}\, u f_2^* dx = \int_{x_1}^{x_2} u f_2 dx \tag{4.62}$$

其中

$$f_2 = \sqrt{q(x)}\, f_2^* \tag{4.63}$$

或把 (4.62) 式写成

$$(B_2 u, f_2^*) = (u, f_2) \tag{4.64}$$

如果把 $f_1 + f_2$ 称为 f，亦即

$$f = f_1 + f_2 = -\frac{d}{dx}[\sqrt{p(x)}\, f_1^*] + \sqrt{q(x)}\, f_2^* \tag{4.65}$$

则泛函 (4.21) 式可以利用 (4.85) 和 (4.65) 式进行简化

$$\begin{aligned} \Pi(u) &= (Au, u) - 2(f, u) \\ &= (B_1 u, B_1 u) + (B_2 u, B_2 u) - 2(f_1, u) - 2(f_2, u) \end{aligned} \tag{4.66}$$

通过 (4.61) 式和 (4.63) 式，我们有 $(f_1, u) = (u, f_1) = (B_1 u, f_1^*)$，$(f_2, u) = (u, f_2) = (B_2 u, f_2^*)$，所以上式可以写成

$$\begin{aligned} \Pi(u) &= (B_1 u, B_1 u) + (B_2 u, B_2 u) - 2(B_1 u, f_1^*) - 2(B_2 u, f_2^*) \\ &= (B_1 u - f_1^*, B_1 u - f_1^*) + (B_2 u - f_2^*, B_2 u - f_2^*) \\ &\quad - (f_1^*, f_1^*) - (f_2^*, f_2^*) \end{aligned} \tag{4.67}$$

上式右边四项中，每一项都是正的．所以 $\Pi(u)$ 的最小值条件为 $(B_1 u - f_1^*, B_1 u - f_1^*)$，$(B_2 u - f_2^*, B_2 u - f_2^*)$ 分别等于零，亦即

$$B_1 u - f_1^* = 0, \quad B_2 u - f_2^* = 0 \tag{4.68}$$

这就是决定 f_1^*，f_2^* 的条件，而 u 则应该把 (4.68) 式中的 f_1^*，f_2^* 代入 (4.65) 式决定，亦即

$$\begin{aligned} f &= -\frac{d}{dx}(\sqrt{p(x)}\, B_1 u) + \sqrt{q(x)}\, B_2 u \\ &= -\frac{d}{dx}[p(x) u] + q(x) u \end{aligned} \tag{4.69}$$

这就是斯脱姆-刘维耳型的二阶常微分方程 (4.20) 式．所以它的极值函数确为 (4.20) 式的解．把 (4.68) 式代入 (4.67) 式，即得 $\Pi(u)_{极小}$ 为

$$\begin{aligned} \Pi(u)_{极小} &= -(f_1^*, f_1^*) - (f_2^*, f_2^*) \\ &= -(B_1 u, B_1 u) - (B_2 u, B_2 u) \end{aligned} \tag{4.70a}$$

根据 (4.58) 式，上式也可以写成

$$\Pi(u)_{极小} = -(Au, u), \quad u \text{ 为 (4.69) 式的解} \tag{4.70b}$$

这样就证明了斯脱姆-刘维耳型的二阶常微分方程的泛函完全符合弗立德里斯定理的要求，并且最小化序列的极限确为极值函数.

2. 斯脱姆-刘维耳的 $2k$ 阶常微分方程

现在研究斯脱姆-刘维耳型的 $2k$ 阶常微分方程 (4.23) 式，其固定端点条件为

$$\left.\begin{aligned} u(x_1) = u'(x_1) = u''(x_1) = \cdots = u^{(k-1)}(x_1) = 0 \\ u(x_2) = u'(x_2) = u''(x_2) = \cdots = u^{(k-1)}(x_2) = 0 \end{aligned}\right\} \tag{4.71}$$

通过分部积分，可以把泛函 (4.24b) 式化为

$$(Au, u) = \int_{x_1}^{x_2} \left\{ \sum_{j=1}^{k} p_j(x) \left(\frac{d^j u}{dx^j} \right)^2 + q(x) u^2 \right\} dx \tag{4.72}$$

用和上述相类似的方法，我们可以证明

$$(Au, u) \geqslant \left\{ q_m + \frac{2}{(x_2 - x_1)^2} p_{m1} + \left(\frac{2}{(x_2 - x_1)^2} \right)^2 p_{m2} + \cdots + \left(\frac{2}{(x_2 - x_1)^2} \right)^k p_{mk} \right\} (u, u) \tag{4.73}$$

其中 $q_m, p_{m1}, p_{m2}, p_{m3}, \cdots, p_{mk}$ 为 $q(x), p_1(x), p_2(x), p_3(x), \cdots, p_k(x)$ 在 $x_1 \leqslant x \leqslant x_2$ 中的最小值. 所以 (4.24b) 式也是正定的.

和上述相类似的方法，我们也可以把 (4.72) 式写成

$$(Au, u) = \sum_{j=0}^{k} (B_j u, B_j u) \tag{4.74}$$

其

$$\left.\begin{aligned} B_j u &= \sqrt{p_j(x)} \frac{d^j u}{dx^j} \qquad (j = 1, 2, \cdots, k) \\ B_0 u &= \sqrt{q(x)}\, u \qquad (j = 0) \end{aligned}\right\} \tag{4.75}$$

其次，设 $f_j^*(x)$ 为待定函数 $(j = 1, 2, \cdots, k)$. 通过分部积分，并利用边界条件 (4.71) 式，可以证明

$$\int_{x_1}^{x_2}\sqrt{p_j(x)}\ \frac{d^j u}{dx^j} f_j^* dx = (-1)^j \int_{x_1}^{x_2} u\ \frac{d^j}{dx^j}[\sqrt{p(x)}\, f_j^*]dx$$

$$= \int_{x_1}^{x_2} u f_j dx \tag{4.76a}$$

其中

$$f_j = (-1)^j \frac{d^j}{dx^j}[\sqrt{p_j(x)}\, f_j^*] \tag{4.76b}$$

(4.76a) 式也可以写成

$$(B_j u, f_j^*) = (u, f_j) = (f_j, u) \quad (j = 1, 2, \cdots, k) \tag{4.76c}$$

我们设 $f_0^*(x)$ 为另一待定函数，从

$$\int_{x_1}^{x_2}\sqrt{q(x)}\, u f_0^* dx = \int_{x_1}^{x_2} u f_0 dx \tag{4.77}$$

或

$$(B_0 u, f_0^*) = B(u, f_0) = B(f_0, u) \tag{4.77a}$$

其中

$$f_0 = \sqrt{q(x)}\, f_0^* \tag{4.77b}$$

如果把 $f_0 + f_1 + f_2 + \cdots + f_k$ 称为 f，亦即

$$f = f_0 + f_1 + f_2 + \cdots + f_k$$

$$= \sum_{j=1}^{k}(-1)^j \frac{d^j}{dx^j}[\sqrt{p_j(x)}\, f_j^*] + \sqrt{q(x)}\, f_0^* \tag{4.78}$$

则泛函 (4.21) 式可以化为[利用了 (4.74) 和 (4.78) 式]

$$\Pi(u) = (Au, u) - 2(f, u)$$

$$= \sum_{j=1}^{k}(B_j u, B_j u) + (B_0 u, B_0 u)$$

$$- 2(f_0, u) - 2\sum_{j=1}^{k}(f_j, u) \tag{4.78a}$$

通过 (4.76c)，(4.77a)，上式可以改写为

$$\Pi(u) = \sum_{j=1}^{k}(B_j u, B_j u) + (B_0 u, B_0 u)$$

$$- 2(B_0 u, f_1^*) - 2\sum_{j=1}^{k}(B_j u, f_j^*)$$

$$= \sum_{j=1}^{k} (B_j u - f_j^*, B_j u - f_j^*) + (B_0 u - f_0^*, B_0 u - f_0^*)$$

$$- (f_0^*, f_0^*) - \sum_{j=1}^{k} (f_j^*, f_j^*) \qquad (4.78b)$$

上式右边各项中，每一项都是正的．所以 $\Pi(u)$ 的最小值条件为 $(B_j u - f_j^*, B_j u - f_j^*)$，$(B_0 u - f_0^*, B_0 u - f_0^*)$ 分别等于零，亦即

$$\left.\begin{aligned} &B_j u - f_j^* = 0 \quad (j = 1, 2, \cdots, k) \\ &B_0 u - f_0^* = 0 \end{aligned}\right\} \qquad (4.79)$$

这就是决定 f_0^*，$f_j^*(j=1, 2, \cdots, k)$ 的条件，而 u 则应该把 (4.79) 式中的 f_0^*，f_j^* 代入 (4.78) 式决定，亦即

$$f = \sum_{j=1}^{k} (-1)^j \frac{d^j}{dx^j} \left[p_j(x) \frac{d^j u}{dx^j} \right] + q(x) u \qquad (4.79a)$$

这就是斯脱姆-刘维耳型的 $2k$ 阶常微分方程 (4.23) 式，而 $\Pi(u)$ 的极值则为

$$\Pi(u)_{极小} = -(f_0^*, f_0^*) - \sum_{j=1}^{k} (f_j^*, f_j^*)$$

$$= -(B_0 u, B_0 u) - \sum_{j=1}^{k} (B_j u, B_j u) = -(Au, u)$$

$$(4.80)$$

其中的 u 为极值函数，即为 (4.79a) 的解．

3. 泊桑方程(狄立克雷问题，牛曼问题，混合边界问题)

关于泊桑方程的正定条件比较复杂，下面主要是弗立德里斯的工作[2b]

泊桑方程的泛函 (4.21) 式在下面三类的边界条件下，都能证明

$$(Au, u) = -\iint_S \left(\frac{\partial^2 u}{\partial x^2} + \frac{\partial^2 u}{\partial y^2} \right) u dx dy \qquad (4.81)$$

是正定的．这三类边界条件是

(i) $u(s) = 0$ (狄立克雷 Dirichlet 问题) $\qquad$ (4.82a)

(ii) $\left.\frac{\partial u}{\partial n}\right|_s = 0$（牛曼 Neumann 问题） (4.82b)

(iii) $\left.\frac{\partial u}{\partial n}\right|_s + r(s)u(s) = 0$，$r(s) > 0$ 且 $\underset{s}{\mathrm{Min}}\, r(s) > 0$

（混合边界问题） (4.82c)

对于牛曼问题而言，我们还应增加一个附加条件

$$\iint_S u(x, y)dxdy = 0 \tag{4.83}$$

式中 s 为 S 的边界坐标，n 为边界外向法线.

设 y 为任意值时，AB 线割 S 的边线于 A，B 两点，A 为 (x_1, y)，B 为 (x_2, y)，见图 4.3；在 AB 线上，即在 $x_1 \leqslant x \leqslant x_2$ 上，有

$$\left(\frac{\partial u}{\partial x} - \frac{u}{x - x_1}\right)^2 \geqslant 0 \tag{4.84}$$

上式也可以写成

$$\left(\frac{\partial u}{\partial x}\right)^2 \geqslant \frac{d}{dx}\left(\frac{u^2}{x - x_1}\right) \tag{4.85}$$

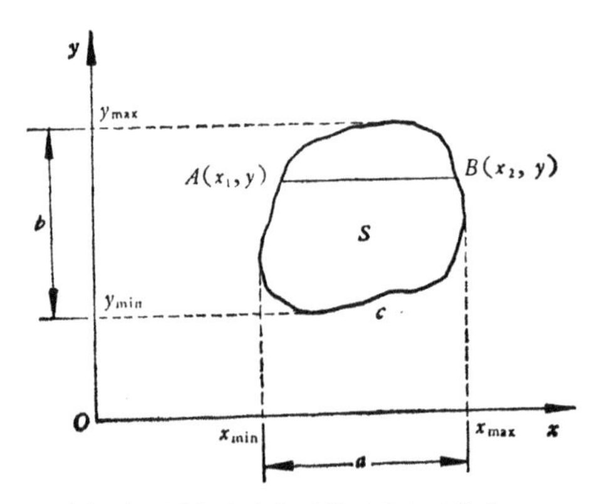

图 4.3　研究泛函 (4.81) 式的积分线路

从 $x = x_1$ 起积分，并利用边界条件 (i)（或 (4.82a) 式）. 结果为

$$\int_{x_1}^{x}\left(\frac{\partial u}{\partial x}\right)^2 dx \geqslant \int_{x_1}^{x}\frac{d}{dx}\left(\frac{u^2}{x - x_1}\right)dx = \frac{u^2}{x - x_1} \tag{4.86}$$

把上式重写,并且因为 $x \leqslant x_2$ 和 $\left(\frac{\partial u}{\partial x}\right)^2 \geqslant 0$, 即得

$$u^2 \leqslant (x - x_1)\int_{x_1}^{x}\left(\frac{\partial u}{\partial x}\right)^2 dx \leqslant (x - x_1)\int_{x_1}^{x_2}\left(\frac{\partial u}{\partial x}\right)^2 dx \quad (4.87)$$

再把上式从 x_1 到 x_2 积分,得

$$\int_{x_1}^{x_2} u^2 dx \leqslant \frac{1}{2}(x_2 - x_1)^2\int_{x_1}^{x_2}\left(\frac{\partial u}{\partial x}\right)^2 dx \quad (4.88)$$

这是 y 的函数,现在再对 y 进行积分,从 $y = y_{min}$ 积到 y_{max}, 亦即

$$\begin{aligned}\iint_S u^2 dxdy &= \int_{y_{min}}^{y_{max}}\left\{\int_{x_1}^{x_2} u^2 dx\right\} dy \\ &\leqslant \int_{y_{min}}^{y_{max}}\left\{\frac{(x_2 - x_1)^2}{2}\int_{x_1}^{x_2}\left(\frac{\partial u}{\partial x}\right)^2 dx\right\} dy \quad (4.89)\end{aligned}$$

如果称 c 曲线的最大 x 值和最小 x 值为 x_{max} 和 x_{min}, 并称

$$x_{max} - x_{min} = a \quad (4.90)$$

则有

$$(x_2 - x_1) \leqslant (x_{max} - x_{min}) = a \quad (4.91)$$

把 (4.91) 式代入 (4.89) 式,即得

$$\iint_S u^2 dxdy \leqslant \frac{a^2}{2}\iint_S\left(\frac{\partial u}{\partial x}\right)^2 dxdy \quad (4.92)$$

用相同的方法可以证明

$$\iint_S u^2 dxdy \leqslant \frac{b^2}{2}\iint_S\left(\frac{\partial u}{\partial y}\right)^2 dxdy \quad (4.93)$$

其中

$$b = y_{max} - y_{min} \quad (4.94)$$

y_{max} 为边界最高点, y_{min} 为边界最低点.

利用格林定理,我们可以证明

$$(Au, u) = \iint_S\left[\left(\frac{\partial u}{\partial x}\right)^2 + \left(\frac{\partial u}{\partial y}\right)^2\right] dxdy - \oint_c \frac{\partial u}{\partial n} u(s)ds \quad (4.95)$$

根据边界条件 (4.82a) 式(即狄立克雷问题), $\oint_s \frac{\partial u}{\partial n} u(s)ds = 0$, 于是在边界条件 (i) 下

$$(Au, u) = \iint_S \left[\left(\frac{\partial u}{\partial x} \right)^2 + \left(\frac{\partial u}{\partial y} \right)^2 \right] dxdy \tag{4.96}$$

再利用 (4.92), (4.93) 式，我们即可证明

$$(Au, u) \geqslant 2\left(\frac{1}{a^2} + \frac{1}{b^2} \right) \iint_S u^2 dxdy = 2\left(\frac{1}{a^2} + \frac{1}{b^2} \right)(u, u) \tag{4.97}$$

这就证明了在狄立克雷问题中，(Au, u) 是正定的.

现在让我们证明狄立克雷问题的泛函 $\Pi(u)$ 的极值函数，即为泊桑方程的狄立克雷问题的解.

称

$$B_1 u = \frac{\partial u}{\partial x}, \qquad B_2 u = \frac{\partial u}{\partial y} \tag{4.98}$$

于是 (4.96) 式可以写成

$$(Au, u) = (B_1 u, B_1 u) + (B_2 u, B_2 u) \tag{4.99}$$

设 $f_1^*(x, y)$, $f_2^*(x, y)$ 为待定函数，则通过格林公式和边界上 $u(s) = 0$ 的条件，可以证明

$$\iint_S \left(\frac{\partial u}{\partial x} f_1^* + \frac{\partial u}{\partial y} f_2^* \right) dxdy = -\iint_S u \left(\frac{\partial f_1^*}{\partial x} + \frac{\partial f_2^*}{\partial y} \right) dxdy \tag{4.100}$$

如果称

$$f = -\left(\frac{\partial f_1^*}{\partial x} + \frac{\partial f_2^*}{\partial y} \right) \tag{4.101}$$

则 (4.100) 式即可写成

$$(B_1 u, f_1^*) + (B_2 u, f_2^*) = (u, f) = (f, u) \tag{4.102}$$

其中 $B_1 u$, $B_2(u)$ 见 (4.98) 式，而且 $(B_1 u, f_1^*) = (f_1^*, B_1 u)$, $(B_2 u, f_2^*) = (f_2^*, B_2 u)$. 于是，泊桑方程在狄立克雷问题中的泛函 $\Pi(u)$ 可以写成

$$\begin{aligned} \Pi(u) &= (Au, u) - 2(f, u) \\ &= (B_1 u, B_1 u) + (B_2 u, B_2 u) - 2(B_1 u, f_1^*) - 2(B_2 u, f_2^*) \\ &= (B_1 u - f_1^*, B_1 u - f_1^*) + (B_2 u - f_2^*, B_2 u - f_2^*) \\ &\quad - (f_1^*, f_1^*) - (f_2^*, f_2^*) \end{aligned} \tag{4.103}$$

$\Pi(u)$ 为极小时，上式右方的第一、第二项等于零，亦即

$$B_1u - f_1^* = 0, \quad B_2u - f_2^* = 0 \tag{4.104}$$

而且 (4.103) 式给出

$$\Pi(u)_{极小} = -(f_1^*, f_1^*) - (f_2^*, f_2^*) \tag{4.105}$$

把 f_1^*, f_2^* 的结果 (4.104) 式代入 (4.101) 式,即得

$$f = -\left[\frac{\partial}{\partial x}(B_1u) + \frac{\partial}{\partial y}(B_2u)\right] = -\left(\frac{\partial^2 u}{\partial x^2} + \frac{\partial^2 u}{\partial y^2}\right) \tag{4.106}$$

这就是原来的泊桑方程.所以,极值函数满足泊桑方程.把 (4.104) 式代入 (4.105) 式,泛函的极值为

$$\Pi(u)_{极小} = -(B_1u, B_1u) - (B_2u, B_2u) = -(Au, u) \tag{4.107}$$

这里的 u 为极值函数. 这就证明了泊桑方程在狄立克雷问题中是符合弗立德里斯定理的.

现在让我们研究泊桑方程在牛曼问题中的情况，即边界条件为 (4.82b) 式.

在这个问题上，我们可以引用著名的邦加莱 (Poincare) 不等式

$$\iint_S u^2 dxdy \leqslant N \iint_S \left\{\left(\frac{\partial u}{\partial x}\right)^2 + \left(\frac{\partial u}{\partial y}\right)^2\right\} dxdy + M\left[\iint_S u dxdy\right]^2 \tag{4.108}$$

其中 N 和 $M(>0)$ 都是常数. 邦加莱不等式的证明见古朗希尔伯特著的数学物理方法(英译本)第三本第七章或德文本第二本第七章.

如果对于牛曼问题而言，满足 (4.83) 式，则邦加莱不等式简化为

$$\iint_S \left\{\left(\frac{\partial u}{\partial x}\right)^2 + \left(\frac{\partial u}{\partial y}\right)^2\right\} dxdy \geqslant \frac{1}{N}\iint_S u^2 dxdy \tag{4.109}$$

对于牛曼问题而言,泊桑方程的泛函 (4.95) 式可以写成

$$(Au, u) = \iint_S \left\{\left(\frac{\partial u}{\partial x}\right)^2 + \left(\frac{\partial u}{\partial y}\right)^2\right\} dxdy \geqslant \frac{1}{N}\iint_S u^2 dxdy = \gamma^2(u, u) \tag{4.110}$$

其中 $\gamma^2=\frac{1}{N}$，这就证明了 (Au,u) 是正定的.

现在让我们证明牛曼问题的泛函 $\Pi(u)$ 的极值函数,即为泊桑方程的解. 其证明过程和狄立克雷问题的有解证明很相类似. 但在牛曼问题中,边界条件是 $\frac{\partial u}{\partial n}=0$ 而不是 $u(s)=0$. 我们也可以把 (Au,u) 写成 (4.99) 式的形式, 但 (4.100) 式不成立. 利用格林公式可以证明

$$\begin{aligned}&\iint_S\left(\frac{\partial u}{\partial x}f_1^*+\frac{\partial u}{\partial y}f_2^*\right)dxdy\\&\quad=-\iint_S u\left(\frac{\partial f_1^*}{\partial x}+\frac{\partial f_2^*}{\partial y}\right)dxdy\\&\qquad+\oint_c u[f_1^*\cos(n,x)+f_2^*\cos(n,y)]ds\end{aligned}\tag{4.111}$$

这里的 f_1^*, f_2^* 是待定函数,如果称

$$f=-\left(\frac{\partial f_1^*}{\partial x}+\frac{\partial f_2^*}{\partial y}\right)\tag{4.112}$$

我们从 (4.111) 式得

$$\begin{aligned}(u,f)=(f,u)&=(B_1u,f_1^*)+(B_2u,f_2^*)\\&\quad-\oint_c u[f_1^*\cos(n,x)+f_2^*\cos(n,y)]ds\end{aligned}\tag{4.112a}$$

而 (4.103) 式则可以写成

$$\begin{aligned}\Pi(u)=&(B_1u-f_1^*,B_1u-f_1^*)+(B_2u-f_2^*,B_2u-f_2^*)\\&-(f_1^*,f_1^*)-(f_2^*,f_2^*)\\&-2\oint_c u[f_1^*\cos(n,x)+f_2^*\cos(n,y)]ds\end{aligned}\tag{4.113}$$

$\Pi(u)$ 的极值应该是$(B_1u-f_1^*,B_1u-f_1^*)=0$,$(B_2u-f_2^*,B_2u-f_2^*)=0$; 或是

$$B_1u-f_1^*=0,\quad B_2u-f_2^*=0\tag{4.114}$$

于是在边界上

$$\begin{aligned}f_1^*\cos(n,x)+f_2^*\cos(n,y)&=B_1u\cos(n,x)+B_2u\cos(n,y)\\&=\frac{\partial u}{\partial n}=0\qquad \text{这 } c \text{ 上}\end{aligned}\tag{4.115}$$

这里已经利用了牛曼问题的边界条件，于是

$$\Pi(u)_{极小}=-(f_1^*,f_1^*)-(f_2^*,f_2^*)$$
$$=-(B_1u,B_1u)-(B_2u,B_2u)=-(Au,u) \tag{4.116}$$

而且

$$f=-\left(\frac{\partial f_1^*}{\partial x}+\frac{\partial f_2^*}{\partial y}\right)=-\left(\frac{\partial^2 u}{\partial x^2}+\frac{\partial^2 u}{\partial y^2}\right) \tag{4.117}$$

这就是泊桑方程，也就证明了在牛曼问题上，弗立德里斯定理也是适用的。在这里也必须指出，对牛曼问题的泊桑方程而言，有

$$-\iint_S\left(\frac{\partial^2 u}{\partial x^2}+\frac{\partial^2 u}{\partial y^2}\right)dxdy=\iint_S f(x,y)dxdy \tag{4.118a}$$

而且，根据格林公式

$$-\iint_S\left(\frac{\partial^2 u}{\partial x^2}+\frac{\partial^2 u}{\partial y^2}\right)dxdy=-\oint_c\frac{\partial u}{\partial n}ds=0 \tag{4.118b}$$

因此，牛曼问题有解的必要条件为

$$\iint_S f(x,y)dxdy=0 \tag{4.118c}$$

最后，让我们研究泊桑方程的泛函在第 (iii) 种边界条件 (4.82c) 下的情况．弗立德里斯证明了有一个不等式(现在通称弗立德里斯不等式)

$$\iint_S u^2dxdy\leqslant C\left\{\iint_S\left[\left(\frac{\partial u}{\partial x}\right)^2+\left(\frac{\partial u}{\partial y}\right)^2\right]dxdy+\oint_c u^2ds\right\} \tag{4.119}$$

其中 $C>0$ 是常数．弗立德里斯不等式的证明如下：设

$$u=gv \tag{4.120}$$

并设 g 满足

$$\nabla^2 g=\frac{\partial^2 g}{\partial x^2}+\frac{\partial^2 g}{\partial y^2}=-\lambda^2 g \tag{4.121}$$

其中 $\lambda^2>0$，而且要求在积分域 S 内和边界 c 上

$$g>0 \quad (在\ c+S\ 上) \tag{4.122}$$

这样的函数很多，例如 $g=\sin\frac{\pi x}{a}\sin\frac{\pi y}{b}$，$\lambda^2=\pi^2\left(\frac{1}{a^2}+\frac{1}{b^2}\right)$ 就满

足这个条件，只要 $0 \leqslant x \leqslant a$，$0 \leqslant y \leqslant b$ 所组成的矩形域包含所给的积分域 S 就可以了。

于是，我们有恒等式

$$\left(\frac{\partial u}{\partial x}\right)^2 + \left(\frac{\partial u}{\partial y}\right)^2 = g^2\left[\left(\frac{\partial v}{\partial x}\right)^2 + \left(\frac{\partial v}{\partial y}\right)^2\right] - v^2 g \nabla^2 g + \frac{\partial}{\partial x}\left(v^2 g \frac{\partial g}{\partial x}\right) + \frac{\partial}{\partial y}\left(v^2 g \frac{\partial g}{\partial y}\right) \tag{4.123}$$

因为右端第一项永远大于零，所以抛弃它以后，得

$$\left(\frac{\partial u}{\partial x}\right)^2 + \left(\frac{\partial u}{\partial y}\right)^2 \geqslant -v^2 g \nabla^2 g + \frac{\partial}{\partial x}\left(v^2 g \frac{\partial g}{\partial x}\right) + \frac{\partial}{\partial y}\left(v^2 g \frac{\partial g}{\partial y}\right) \tag{4.123a}$$

在积分域 S 上积分，并利用格林公式变换（4.123a）式右的第二、第三项，即得

$$\iint_S \left[\left(\frac{\partial u}{\partial x}\right)^2 + \left(\frac{\partial u}{\partial y}\right)^2\right] dxdy \geqslant -\iint_S v^2 g \nabla^2 g dxdy + \oint_c v^2 g \frac{\partial g}{\partial n} ds \tag{4.124}$$

或可写成

$$-\iint_S v^2 g \nabla^2 g dxdy \leqslant \iint_S \left[\left(\frac{\partial u}{\partial x}\right)^2 + \left(\frac{\partial u}{\partial y}\right)^2\right] dxdy - \oint_c v^2 g \frac{\partial g}{\partial n} ds \tag{4.124a}$$

利用（4.121），（4.120）式，我们有

$$-\iint_S v^2 g \nabla^2 g dxdy = \lambda^2 \iint_S v^2 g^2 dxdy = \lambda^2 \iint_S u^2 dxdy \tag{4.125a}$$

$$\left|\oint_c v^2 g \frac{\partial g}{\partial n} ds\right| = \left|\oint_c v^2 g^2 \frac{1}{g}\frac{\partial g}{\partial n} ds\right| = \left|\oint_c u^2 \frac{1}{g}\frac{\partial g}{\partial n} ds\right| \leqslant \oint_c u^2 \left|\frac{1}{g}\frac{\partial g}{\partial n}\right| ds \tag{4.125b}$$

在边界上，根据（4.122）式，有 $g > 0$，$\frac{1}{g}\frac{\partial g}{\partial n}$ 显然是有界的，设

在 c 上，$\left|\frac{1}{g}\frac{\partial g}{\partial n}\right| \leqslant C' =$ 常数，则

$$\left|\oint_c v^2 g \frac{\partial g}{\partial n} ds\right| \leqslant C' \oint_c u^2 ds \tag{4.126}$$

于是，(4.124a) 式可以写成

$$\begin{aligned}
\lambda^2 \iint_S u^2 dxdy &\leqslant \iint_S \left\{\left(\frac{\partial u}{\partial x}\right)^2 + \left(\frac{\partial u}{\partial y}\right)^2\right\} dxdy - \oint_c v^2 g \frac{\partial g}{\partial n} ds \\
&\leqslant \iint_S \left\{\left(\frac{\partial u}{\partial x}\right)^2 + \left(\frac{\partial u}{\partial y}\right)^2\right\} dxdy + \left|\oint_c v^2 g \frac{\partial g}{\partial n} ds\right| \\
&\leqslant \iint_S \left\{\left(\frac{\partial u}{\partial x}\right)^2 + \left(\frac{\partial u}{\partial y}\right)^2\right\} dxdy + C' \oint_c u^2 ds
\end{aligned} \tag{4.127}$$

设

$$C > \left(\frac{1}{\lambda^2} \text{ 或 } \frac{C'}{\lambda^2}\right) > 0 \tag{4.128}$$

则立即证明了弗立德里斯不等式 (4.119) 式.

现在让我们来证明泊桑方程在混合边界条件 (4.82c) 式下的泛函 (Au, u) 是正定的. 把边界条件 (4.82c) 式代入 (4.95) 式，即得

$$\begin{aligned}
(Au, u) &= \iint_S \left[\left(\frac{\partial u}{\partial x}\right)^2 + \left(\frac{\partial u}{\partial y}\right)^2\right] dxdy + \oint_c r(s) u^2 ds \\
&\geqslant \iint_S \left[\left(\frac{\partial u}{\partial x}\right)^2 + \left(\frac{\partial u}{\partial y}\right)^2\right] dxdy + r_0 \oint_c u^2 ds \\
&\geqslant r_1 \left\{\iint_S \left[\left(\frac{\partial u}{\partial x}\right)^2 + \left(\frac{\partial u}{\partial y}\right)^2\right] dxdy + \oint_c u^2 ds\right\}
\end{aligned} \tag{4.129}$$

其中 r_0 为 $r(s)$ 的最小值，r_1 是 r_0 和 1 两者中的最小者，或即

$$0 < r_0 \leqslant r(s), \quad 0 < r_1 \leqslant (1 \text{ 或 } r_0) \tag{4.130}$$

再用弗立德里斯不等式，(4.129) 式可以进一步简化为

$$(Au, u) \geqslant \frac{r_1}{C} \iint_S u^2 dxdy \ (\text{或} \geqslant \gamma^2(u, u)) \tag{4.131}$$

其中 $\frac{r_1}{C} = \gamma^2$. 这就证明了 (Au, u) 是正定的.

现在再证明在混合边界条件下，$\Pi(u)$ 的极值也给出极值函数．其证明过程和牛曼问题一样，只是在极值条件下

$$f_1^* \cos(n, x) + f_2^* \cos(n, y) = \frac{\partial u}{\partial n} = -r(s)u(s) \quad (4.132)$$

而

$$\Pi(u)_{\text{极小}} = -(f_1^*, f_1^*) - (f_2^*, f_2^*) + 2\oint_c r(s)u^2 ds$$

$$= -(Au, u) + 2\oint_c r(s)u^2 ds \quad (4.133)$$

而 u 为泊桑方程在边界条件 (iii) 下的解．这就完成了证明．

三维的泊桑方程的泛函正定性和弗立德里斯的证明，只是二维问题的推广，这里不再重复．

4. 一般的二阶椭圆型微分方程

关于一般的二阶椭圆型微分方程(4.30)式的泛函是正定的问题，其证明和泊桑方程的泛函是正定的问题，基本相同，只是把泊桑方程的证明推广到多维问题而已．当然在证明以前，我们必须采用线性坐标转换的方法，把 $\sum_{j,k=1}^{m} \frac{\partial}{\partial x_j} p_{jk} \frac{\partial u}{\partial x_k}$ 转换为对角线形式 $\sum_{j=1}^{m} \frac{\partial}{\partial \xi_j} p_{jj}^* \frac{\partial u}{\partial \xi_j}$，其中 $\xi_j (j = 1, 2, \cdots, m)$ 为新坐标，因为这是一个椭圆型方程，这种转换的结果一定给出 $p_{jj}^* \geqslant 0$．以后的证明和泊桑方程的有关证明完全相像．也有三种边界条件

(i) 狄立克雷问题 $u(s) = 0$ (4.134a)

(ii) 牛曼问题 $\left[\sum_{j=1}^{m} \cos(n, x_j) \sum_{k=1}^{m} A_{jk} \frac{\partial u}{\partial x_k}\right]_s = 0$ (4.134b)

(iii) 混合边界问题

$$\left[\sum_{j=1}^{m} \cos(n, x_j) \sum_{k=1}^{m} A_{ij} \frac{\partial u}{\partial x_k} + \sigma u\right]_s = 0 \quad (4.134c)$$

其中

$$\sigma(x_1, \cdots, x_m) > 0, \text{ 且 } \operatorname*{Min}_s \sigma(s) > 0 \quad (4.134d)$$

对于牛曼问题而言，也同样要求

$$\iint_{\tau}\cdots\int f(x_1, x_2, \cdots, x_m)dx_1dx_2\cdots dx_m = 0 \qquad (4.135a)$$

同时要求

$$\iint_{\tau}\cdots\int u(x_1, x_2, \cdots, x_m)dx_1dx_2\cdots dx_m = 0 \qquad (4.135b)$$

我们在这里将不再重复所有的证明

5. 平板弯曲问题

现在研究关于平板弯曲平衡方程(4.31)式的泛函(Aw, w)，(4.33b)式的正定性问题，和泛函极值给出有关极值函数问题.

平板弯曲平衡方程的泛函

$$(Aw, w) = \iint_{s}\left(\frac{\partial^4 w}{\partial x^4} + 2\frac{\partial^4 w}{\partial x^2 \partial y^2} + \frac{\partial^4 w}{\partial y^4}\right) w dx dy \quad (4.136)$$

在下面三类的边界条件下，都能证明是正定的. 而且证明最小化序列的极限给出极值函数. 这三类条件为

(i) 全部边界固定

$$w(s) = 0, \qquad \left.\frac{\partial w}{\partial n}\right|_s = 0 \qquad (4.137)$$

(ii) 全部边界简支

$$w(s) = 0 \qquad \left.\left[\nabla^2 w - (1 - \nu)\left(\frac{\partial^2 w}{\partial s^2} + \frac{1}{\rho_s}\frac{\partial w}{\partial n}\right)\right]\right|_s = 0 \qquad (4.138)$$

(iii) 混合边界条件，一部分自由，其余的边界有几段固定，有几段简支.

自由边界条件为

$$\left.\begin{aligned} &\left.\left[\nabla^2 w - (1 - \nu)\left(\frac{\partial^2 w}{\partial s^2} + \frac{1}{\rho_s}\frac{\partial w}{\partial n}\right)\right]\right|_s = 0 \\ &\left\{\frac{\partial}{\partial n}\left[\nabla^2 w + (1 - \nu)\frac{\partial^2 w}{\partial s^2}\right]\right. \\ &\qquad \left.\left. - (1 - \nu)\frac{\partial}{\partial s}\left(\frac{1}{\rho_s}\frac{\partial w}{\partial s}\right)\right\}\right|_s = 0 \end{aligned}\right\} \qquad (4.139)$$

当然还有固定和简支的混合边界条件，或固定和自由边的混合边界条件（如悬梁式板），或简支和自由边的混合边界条件．这些都是第（iii）种混合边界条件的特例．

首先，用格林公式，我们可以证明

$$\iint_S (\nabla^2 w)^2 dxdy = \iint_S (\nabla^4 w) w dxdy + \oint_c \nabla^2 w \frac{\partial w}{\partial n} ds - \oint_s \left[\frac{\partial}{\partial n}(\nabla^2 w)\right] w ds \tag{4.140a}$$

$$\begin{aligned}\iint_S &\left\{\frac{\partial^2 w}{\partial x^2}\frac{\partial^2 w}{\partial y^2} - \left(\frac{\partial^2 w}{\partial x \partial y}\right)^2\right\} dxdy \\ &= \frac{1}{2}\oint_c \left(\frac{\partial^2 w}{\partial s^2}\frac{\partial w}{\partial n} - \frac{\partial^2 w}{\partial n \partial s}\frac{\partial w}{\partial s}\right) ds \\ &\quad + \frac{1}{2}\oint_c \left[\left(\frac{\partial w}{\partial s}\right)^2 + \left(\frac{\partial w}{\partial n}\right)^2\right]\frac{1}{\rho_s} ds\end{aligned} \tag{4.140b}$$

其中，我们利用了（1.221a, b），（1.174）式的诸结果．于是

$$\begin{aligned}\iint_S &\left\{(\nabla^2 w)^2 - 2(1-\nu)\left[\frac{\partial^2 w}{\partial x^2}\frac{\partial^2 w}{\partial y^2} - \left(\frac{\partial^2 w}{\partial x \partial y}\right)\right]\right\} dxdy \\ &= (Aw, w) + \oint_c \left[\nabla^2 w - (1-\nu)\left(\frac{\partial^2 w}{\partial s^2} + \frac{1}{\rho_s}\frac{\partial w}{\partial n}\right)\right]\frac{\partial w}{\partial n} ds \\ &\quad - \oint_c \left\{\frac{\partial}{\partial n}\left[\nabla^2 w - (1-\nu)\frac{\partial^2 w}{\partial s^2}\right]\right. \\ &\quad \left. - (1-\nu)\frac{\partial}{\partial s}\left(\frac{1}{\rho_s}\frac{\partial w}{\partial s}\right)\right\} w ds\end{aligned} \tag{4.141}$$

在边界上不论是固定段，简支段，或是自由边段，（4.111）式中的边界积分都等于零．于是，我们证明了泛函（Aw, w）在上述三种边界条件下（包括三种条件的分段混合边界条件）可以写成

$$(Aw, w) = \iint_S \{(\nabla^2 w)^2 - 2(1-\nu)[w_{xx}w_{yy} - w_{xy}^2]\} dxdy \tag{4.142}$$

首先让我们证明（Aw, w）是正定的．上式也可以写成

$$(Aw, w) = \iint_S \{\nu(w_{xx} + w_{yy})^2 + (1-\nu)[w_{xx}^2 + 2w_{xy}^2 + w_{yy}^2]\} dxdy \quad (4.143)$$

上式中右端共有四项，即

$$\left.\begin{aligned} &(1-\nu)\iint_S w_{xx}^2 dxdy, \quad 2(1-\nu)\iint_S w_{xy}^2 dxdy \\ &(1-\nu)\iint_S w_{yy}^2 dxdy, \quad \nu\iint_S (w_{xx} + w_{yy})^2 dxdy \end{aligned}\right\} \quad (4.144)$$

它们都是大于或等于零．因此

$$(Aw, w) \geqslant 0 \quad (4.145)$$

但是 (Aw, w) 不应该等于零．因为如果 $(Aw, w) = 0$，则 (4.144) 中每个积分都必须分别等于零，亦即要求

$$w_{xx} = 0, \ w_{yy} = 0, \ w_{xy} = 0 \quad (4.146)$$

其解为

$$w = ax + by + c \quad (4.147)$$

这是板的刚体位移（包括转动），并不代表弹性板的弯曲问题．所以 (4.146) 式并不成立，亦即 $(Aw, w) \neq 0$；或有

$$(Aw, w) = G > 0 \quad (4.148)$$

同时，$\iint_S w^2 dxdy$ 一定大于零，设等于 $N > 0$，并必有一正数 γ^2，使

$$G \geqslant \gamma^2 N = \gamma^2(w, w) > 0 \quad (4.149)$$

于是，即可得

$$(Aw, w) \geqslant \gamma^2(w, w) \quad (4.150)$$

这就证明了 (Aw, w) 是正定的．

现在让我们证明 $\Pi(w) = (Aw, w) - 2(f, w)$ 的极限给出极值函数 $w(x, y)$，它满足微分方程

$$\nabla^2\nabla^2 w = f(x, y) \quad (4.151)$$

和 (4.137)，(4.138)，(4.139) 式三类边界条件的任何组合

设有下列四种待定的函数 f_1^*，f_2^*，f_3^*，f_4^*，而且

$$(w_{xx}, f_1^*) + (w_{yy}, f^*) = \left(w, \frac{\partial^2 f_1^*}{\partial x^2}\right) + \left(w, \frac{\partial^2 f_2^*}{\partial y^2}\right)$$

$$+ \oint_c \{w_x f_1^* \sin\alpha - w_y f_2^* \cos\alpha\} ds$$

$$- \oint_c \left\{\frac{\partial f_1^*}{\partial x}\sin\alpha - \frac{\partial f_2^*}{\partial y}\cos\alpha\right\} w ds \tag{4.152}$$

$$(w_{xy}, f_3^*) = \left(w, \frac{\partial^2 f_3}{\partial x \partial y}\right)$$

$$+ \frac{1}{2}\oint_c \{w_y f_3^* \sin\alpha - w_x f_3^* \cos\alpha\} ds$$

$$- \frac{1}{2}\oint_c \left\{\frac{\partial f_3^*}{\partial y}\sin\alpha - \frac{\partial f_3^*}{\partial x}\cos\alpha\right\} w ds \tag{4.153}$$

$$(\nabla^2 w, f_4^*) = (w, \nabla^2 f_4^*) + \oint_c \frac{\partial w}{\partial n} f_4^* ds - \oint w \frac{\partial f_4^*}{\partial n} ds \tag{4.154}$$

如果我们称

$$\begin{aligned} R = &(1 - \nu)(w_{xx} - f_1^*, w_{xx} - f_1^*) \\ &+ 2(1 - \nu)(w_{xy} - f_3^*, w_{xy} - f_3^*) \\ &+ (1 - \nu)(w_{yy} - f_2^*, w_{yy} - f_2^*) \\ &+ \nu(\nabla^2 w - f_4^*, \nabla^2 w - f_4^*) \\ &- (1 - \nu)(f_1^*, f_1^*) - (1 - \nu)(f_2^*, f_2^*) \\ &- 2(1 - \nu)(f_3^*, f_3^*) - \nu(f_4^*, f_4^*) \end{aligned} \tag{4.155}$$

则有

$$\begin{aligned} R = &(1 - \nu)(w_{xx}, w_{xx}) + (1 - \nu)(w_{yy}, w_{yy}) \\ &+ 2(1 - \nu)(w_{xy}, w_{xy}) + \nu(\nabla^2 w, \nabla^2 w) \\ &- 2(1 - \nu)\{(w_{xx}, f_1^*) + (w_{yy}, f_2^*) \\ &+ 2(w_{xy}, f_3^*) - 2\nu(\nabla^2 w, f_4^*) \end{aligned} \tag{4.156}$$

利用 (4.142) 式和 (4.152)—(4.154) 式. 把边界上的积分项加在一起,用 S^* 表示,即得

$$R = (Aw, w) - 2(w, f) + S^* \tag{4.157}$$

其中

$$f = (1 - \nu)\left(\frac{\partial^2 f_1^*}{\partial x^2} + 2\frac{\partial^2 f_3^*}{\partial x \partial y} + \frac{\partial^2 f_2^*}{\partial y^2}\right) + \nu \nabla^2 f_4^* \tag{4.158}$$

$$S^* = -2(1-\nu)\oint_c \{w_x f_1^* \sin\alpha - w_y f_2^* \cos\alpha\} ds$$

$$- 2(1-\nu)\oint_c \{w_y \sin\alpha - w_x \cos\alpha\} f_3^* ds$$

$$+ 2(1-\nu)\oint_c \left\{\frac{\partial f_1^*}{\partial x}\sin\alpha - \frac{\partial f_2^*}{\partial y}\cos\alpha\right\} ds$$

$$+ 2(1-\nu)\oint_c \left\{\frac{\partial f_3^*}{\partial y}\sin\alpha - \frac{\partial f_3^*}{\partial x}\cos\alpha\right\} w ds$$

$$+ 2\nu\oint_c w\frac{\partial f_4^*}{\partial n} ds - 2\nu\oint \frac{\partial w}{\partial n} f_4^* ds \tag{4.159}$$

从 (4.157) 式可以看到如果 $S^* = 0$，则 $R = \Pi(w)$. 这里的 f_1^*, f_2^*, f_3^*, f_4^* 是待定的,而且我们是完全可以这样假定的. 于是

$$R = \Pi(w) = (Aw, w) - 2(w, f) = (4.155)\text{式的右端} \tag{4.160}$$

从这个结果中可以看到,只有当

$$w_{xx} - f_1^* = 0, \quad w_{yy} - f_2^* = 0, \quad w_{xy} - f_3^* = 0, \quad \nabla^2 w - f_4^* = 0 \tag{4.161}$$

(4.160) 式的 $\Pi(w)$ 达到极小值,亦即

$$\Pi(w)_{\text{极小}} = -(1-\nu)[(f_1^*, f_1^*) + (f_2^*, f_2^*) + 2(f_3^*, f_3^*)] - \nu(f_4^*, f_4^*) \tag{4.162}$$

(4.161) 式决定了 f_1^*, f_2^*, f_3^*, f_4^*, (4.162) 式决定了 $\Pi(w)$ 是极值.

把 (4.161) 式代入 (4.158) 式,即得

$$f = (1-\nu)\left(\frac{\partial^4 w}{\partial x^4} + 2\frac{\partial^4 w}{\partial x^2\partial y^2} + \frac{\partial^4 w}{\partial y^4}\right) + \nu\nabla^4 w = \nabla^4 w \tag{4.163}$$

这指出, $\Pi(w)_{\text{极小}}$ 的条件，给出平板平衡方程 (4.151) 式. 我们把 (4.161) 式代入 (4.159) 式,得

$$S^* = -2(1-\nu)\oint_c \{w_x w_{xx}\sin\alpha - w_y w_{yy}\cos\alpha\} ds$$

$$+ 2(1-\nu)\oint_c \left\{\frac{\partial^3 w}{\partial x^3}\sin\alpha - \frac{\partial^3 w}{\partial y^3}\cos\alpha\right\} w ds$$

$$- 2(1-\nu)\oint_c \{w_y \sin\alpha - w_x\cos\alpha\} w_{xy} ds$$

$$+ 2(1-\nu)\oint_c \left\{\frac{\partial^3 w}{\partial x \partial y^2}\sin\alpha - \frac{\partial^3 w}{\partial x^2 \partial y}\cos\alpha\right\} w ds$$

$$+ 2\nu \oint_c w \frac{\partial}{\partial n}(\nabla^2 w) ds - 2\nu \oint_c \frac{\partial w}{\partial n}\nabla^2 w ds \tag{4.164}$$

本式可以简化，首先

$$2(1-\nu)\oint_c \left\{\frac{\partial^3 w}{\partial x^3}\sin\alpha - \frac{\partial^3 w}{\partial y^3}\cos\alpha\right\} w ds$$

$$+ 2(1-\nu)\oint_c \left\{\frac{\partial^3 w}{\partial x \partial y^2}\sin\alpha - \frac{\partial^3 w}{\partial x^2 \partial y}\cos\alpha\right\} w ds$$

$$= 2(1-\nu)\oint_c \left[\frac{\partial}{\partial x}(\nabla^2 w)\sin\alpha - \frac{\partial}{\partial y}(\nabla^2 w)\cos\alpha\right] w ds$$

$$= 2(1-\nu)\oint_c w \frac{\partial}{\partial n}(\nabla^2 w) ds \tag{4.165}$$

又

$$-2(1-\nu)\oint_c \{w_x w_{xx}\sin\alpha - w_y w_{yy}\cos\alpha\} ds$$

$$- 2(1-\nu)\oint_c \{w_y w_{xy}\sin\alpha - w_x w_{xy}\cos\alpha\} ds$$

$$= -2(1-\nu)\oint_c \left(w_y \frac{\partial w_y}{\partial n} + w_x \frac{\partial w_x}{\partial n}\right) ds \tag{4.166}$$

利用 (1.221a), (1.221b), 我们可以证明

$$w_y \frac{\partial w_y}{\partial n} + w_x \frac{\partial w_x}{\partial n}$$

$$= \frac{\partial w}{\partial s}\frac{\partial^2 w}{\partial s \partial n} + \frac{\partial w}{\partial n}\frac{\partial^2 w}{\partial n^2} - \left(\frac{\partial w}{\partial s}\right)^2 \frac{1}{\rho_s} \tag{4.167}$$

把 (4.165), (4.166), (4.167) 式代入 (4.164) 式，得

$$S^* = 2(1-\nu)\oint_c w \frac{\partial}{\partial n}(\nabla^2 w) ds$$

$$- 2(1-\nu)\oint_c \left[\frac{\partial w}{\partial s}\frac{\partial^2 w}{\partial s \partial n} + \frac{\partial w}{\partial n}\frac{\partial^2 w}{\partial n^2} - \frac{1}{\rho_s}\left(\frac{\partial w}{\partial s}\right)^2\right] ds$$

$$+ 2\nu \oint_c w \frac{\partial}{\partial n}(\nabla^2 w) ds - 2\nu \oint_c \frac{\partial w}{\partial n}\nabla^2 w ds \tag{4.168}$$

注意到

$$\oint_c \frac{\partial w}{\partial s}\frac{\partial^2 w}{\partial s\partial n}ds = \oint_c \left[\frac{\partial}{\partial s}\left(w\frac{\partial^2 w}{\partial n\partial s}\right) - w\frac{\partial^2 w}{\partial s^2\partial n}\right]ds$$

$$= -\oint_c w\frac{\partial^3 w}{\partial s^2\partial n}ds + \sum_{k=1}^{i}\Delta\left(\frac{\partial^2 w}{\partial s\partial n}\right)_k w_k \tag{4.169a}$$

$$\oint_c \left(\frac{\partial w}{\partial s}\right)^2 \frac{1}{\rho_s}ds = \oint_c \left[\frac{\partial}{\partial s}\left(\frac{1}{\rho_s}\frac{\partial w}{\partial s}w\right) - w\frac{\partial}{\partial s}\left(\frac{\partial w}{\partial s}\frac{1}{\rho_s}\right)\right]ds$$

$$= -\oint_c w\frac{\partial}{\partial s}\left(\frac{1}{\rho_s}\frac{\partial w}{\partial s}\right)ds + \sum_{k=1}^{i}\Delta\left(\frac{1}{\rho_s}\frac{\partial w}{\partial s}\right)_k w_k \tag{4.169b}$$

两式中的最后一项，都代表积分围线 c 上各个角点（点 k）上 $\left(\frac{\partial^2 w}{\partial s\partial n}\right)w$ 或 $\left(\frac{1}{\rho_s}\frac{\partial w}{\partial s}\right)w$ 值的跳跃值的总和.

最后

$$S^* = 2\oint_c w\left\{\frac{\partial}{\partial n}\left[\nabla^2 w + (1-\sigma)\left(\frac{\partial^2 w}{\partial s^2}\right)\right] - \frac{\partial}{\partial s}\left(\frac{1}{\rho_s}\frac{\partial w}{\partial s}\right)\right\}ds$$

$$-2\oint_c \frac{\partial u}{\partial n}\left[\nabla^2 w - (1-\sigma)\left(\frac{\partial^2 w}{\partial s^2} + \frac{1}{\rho_s}\frac{\partial w}{\partial n}\right)\right]ds$$

$$-2(1-\nu)\sum_{k=1}^{i}\Delta\left(\frac{\partial^2 w}{\partial s\partial n} - \frac{1}{\rho_s}\frac{\partial w}{\partial s}\right)_k w_k \tag{4.170}$$

如果 w 满足三类边界条件的混合条件 (4.137)—(4.139) 式，而且在角点上满足 $w_k = 0$（固定或简支）或 $\Delta\left(\frac{\partial^2 w}{\partial n\partial s} - \frac{1}{\rho_s}\frac{\partial w}{\partial s}\right)_k$（自由角点），则 S^* 必等于零. 所以

$$S^* = 0 \tag{4.171}$$

这就证明了 $\Pi(u)$ 的极值给出满足固定，简支、悬空诸边界条件的极值函数.

6. 三维的弹性力学平衡问题

三维的弹性力学平衡问题在固定边界和自由边界条件下，其有关泛函 (Au, u) 是正定的. 现在证明如下:

从 (4.42) 式可以看到，如果不是

$$e_{11}=e_{22}=e_{33}=e_{12}=e_{23}=e_{31}=0 \tag{4.172}$$

则 (Au, u) 一定大于零. (4.172) 式的情况代表弹性体的刚体位移，如果有一部分表面固定，则 (4.172) 式只能代表各点位移都等于零. 所以，$u_i(i=1, 2, 3)$ 不到处都等于零的解，必使 (Au, u) 大于零. 设它等于 $N>0$; 由于 u_i 不到处为零，则必有

$$(u, u)=\iiint_{\tau}(u_1^2+u_2^2+u_3^2)dx_1dx_2dx_3=M>0 \tag{4.173}$$

设有一正数 γ^2, 使

$$N \geqslant \gamma^2 M=\gamma^2(u, u) \tag{4.174}$$

则即可证明

$$(Au, u) \geqslant \gamma^2(u, u) \tag{4.175}$$

所以 (Au, u) 是正定的.

现在让我们证明 (4.38) 式的 $\Pi(u)$ 的极限给出满足 (4.36a) 的解，即给出极值函数.

设 $f_1^*, f_2^*, f_3^*, f_4^*, f_5^*, f_6^*$ 为待定函数，并称

$$f^*=f_1^*+f_2^*+f_3^* \tag{4.176a}$$

而且

$$\begin{aligned}
&(e_{11}, f_1^*)+(e_{22}, f_2^*)+(e_{33}, f_3^*)\\
&\quad=\iiint_{\tau}\left\{\frac{\partial}{\partial x_1}(u_1f_1^*)+\frac{\partial}{\partial x_2}(u_2f_2^*)+\frac{\partial}{\partial x_3}(u_3f_3^*)\right\}dx_1dx_2dx_3\\
&\qquad-\iiint_{\tau}\left\{u_1\frac{\partial f_1^*}{\partial x_1}+u_2\frac{\partial f_2^*}{\partial x_2}+u_3\frac{\partial f_3^*}{\partial x_3}\right\}dx_1dx_2dx_3\\
&\quad=\iint_{S}(u_1f_1^*n_1+u_2f_2^*n_2+u_3f_3^*n_3)ds\\
&\qquad-\left(u_1, \frac{\partial f_1^*}{\partial x_1}\right)-\left(u_2, \frac{\partial f_2^*}{\partial u_2}\right)-\left(u_3, \frac{\partial f_3^*}{\partial u_3}\right)
\end{aligned} \tag{4.176b}$$

$$\begin{aligned}
&(e_{23}, f_4^*)+(e_{31}, f_5^*)+(e_{12}^*, f_6^*)\\
&\quad=\frac{1}{2}\iiint_{\tau}\left\{\left(\frac{\partial u_2}{\partial x_3}+\frac{\partial u_3}{\partial x_2}\right)f_4^*+\left(\frac{\partial u_3}{\partial x_1}+\frac{\partial u_1}{\partial x_3}\right)f_5^*\right.
\end{aligned}$$

$$+\left(\frac{\partial u_1}{\partial x_2}+\frac{\partial u_2}{\partial x_1}\right)\Bigg\} dx_1dx_2dx_3$$

$$=\frac{1}{2}\iiint_{\tau}\left\{\frac{\partial}{\partial x_1}(u_3f_5^*+u_2f_6^*)+\frac{\partial}{\partial x_2}(u_3f_4^*+u_1f_6^*)\right.$$

$$\left.+\frac{\partial}{\partial x_3}(u_1f_5^*+u_2f_6^*)\right\} dx_1dx_2dx_3$$

$$-\frac{1}{2}\iiint_{\tau}\left\{u_1\left(\frac{\partial f_6^*}{\partial x_2}+\frac{\partial f_5^*}{\partial x_3}\right)+u_2\left(\frac{\partial f_6^*}{\partial x_1}+\frac{\partial f_4^*}{\partial x_3}\right)\right.$$

$$\left.+u_3\left(\frac{\partial f_5^*}{\partial x_1}+\frac{\partial f_4^*}{\partial x_2}\right)\right\} dx_1dx_2dx_3$$

$$=-\frac{1}{2}\left(u_1, \frac{\partial f_5^*}{\partial x_3}+\frac{\partial f_6^*}{\partial x_2}\right)-\frac{1}{2}\left(u_2, \frac{\partial f_6^*}{\partial x_1}+\frac{\partial f_4^*}{\partial x_3}\right)$$

$$-\frac{1}{2}\left(u_3, \frac{\partial f_4^*}{\partial x_2}+\frac{\partial f_5^*}{\partial x_1}\right)+\frac{1}{2}\iint_{S}[(u_3f_5^*+u_2f_6^*)n_1$$

$$+(u_3f_4^*+u_1f_6^*)n_2+(u_1f_5^*+u_2f_6^*)n_3]ds \tag{4.177}$$

$$(e_{11}+e_{22}+e_{33}, f^*)=\iiint_{\tau}\left(\frac{\partial u_1}{\partial x_1}+\frac{\partial u_2}{\partial x_2}+\frac{\partial u_3}{\partial x_3}\right)f^* dx_1dx_2dx_3$$

$$=\iiint_{\tau}\left\{\frac{\partial}{\partial x_1}(u_1f^*)+\frac{\partial}{\partial x_2}(u_2f^*)+\frac{\partial}{\partial x_3}(u_3f^*)\right\} dx_1dx_2dx_3$$

$$-\iiint_{\tau}\left(u_1\frac{\partial f^*}{\partial x_1}+u_2\frac{\partial f^*}{\partial x_2}+u_3\frac{\partial f^*}{\partial x_3}\right) dx_1dx_2dx_3$$

$$=-\left(u_1, \frac{\partial f^*}{\partial x_1}\right)-\left(u_2, \frac{\partial f^*}{\partial x_2}\right)-\left(u_3, \frac{\partial f^*}{\partial x_3}\right)$$

$$+\iint_{S}\{u_1n_1+u_2n_2+u_3n_3\}f^* ds \tag{4.178}$$

根据 (4.42) 式，有

$$(Au, u)=\lambda(e_{11}+e_{22}+e_{33}-f^*, e_{11}+e_{22}+e_{33}-f^*)$$

$$+2\mu\{(e_{11}-f_1^*, e_{11}-f_1^*)+(e_{22}-f_2^*, e_{22}-f_2^*)$$

$$+(e_{33}-f_3^*, e_{33}-f_3^*)+(e_{23}-f_4^*, e_{23}-f_4^*)$$

$$+(e_{13}-f_5^*, e_{13}-f_5^*)+(e_{12}-f_6^*, e_{12}-f_6^*)\}$$

$$+2\lambda(e_{11}+e_{22}+e_{33}, f^*)+4\mu[(e_{11}, f_1^*)+(e_{22}, f_2^*)$$

$$+ (e_{33}, f_3^*) + (e_{23}, f_4^*) + (e_{31}, f_5^*) + (e_{12}, f_6^*)]$$
$$- \lambda(f^*, f^*) - 2\mu[(f_1^*, f_1^*) + (f_2^*, f_2^*) + (f_3^*, f_3^*)$$
$$+ (f_4^*, f_4^*) + (f_5^*, f_5^*) + (f_6^*, f_6^*)] \tag{4.179}$$

把 (4.176b), (4.177), (4.178) 式代入 (4.179) 式,并引进

$$\left.\begin{aligned} f_1 &= -\left\{\lambda \frac{\partial f^*}{\partial x_1} + 2\mu\left(\frac{\partial f_1^*}{\partial x_1} + \frac{1}{2}\frac{\partial f_5^*}{\partial x_3} + \frac{1}{2}\frac{\partial f_6^*}{\partial x_2}\right)\right\} \\ f_2 &= -\left\{\lambda \frac{\partial f^*}{\partial x_2} + 2\mu\left(\frac{\partial f_2^*}{\partial x_2} + \frac{1}{2}\frac{\partial f_6^*}{\partial x_1} + \frac{1}{2}\frac{\partial f_4^*}{\partial x_3}\right)\right\} \\ f_3 &= -\left\{\lambda \frac{\partial f^*}{\partial x_3} + 2\mu\left(\frac{\partial f_3^*}{\partial x_3} + \frac{1}{2}\frac{\partial f_4^*}{\partial x_2} + \frac{1}{2}\frac{\partial f_5^*}{\partial x_1}\right)\right\} \end{aligned}\right\} \tag{4.180}$$

利用 (4.38b) 式,即得

$$(Au, u) = \lambda(e_{11} + e_{22} + e_{33} - f^*, e_{11} + e_{22} + e_{33} - f^*)$$
$$+ 2\mu\{(e_{11} - f_1^*, e_{11} - f_1^*) + (e_{22} - f_2^*, e_{22} - f_2^*)$$
$$+ (e_{33} - f_3^*, e_{33} - f_3^*) + (e_{23} - f_4^*, e_{23} - f_4^*)$$
$$+ (e_{13} - f_5^*, e_{13} - f_5^*) + (e_{12} - f_6^*, e_{12} - f_6^*)\}$$
$$+ 2(f, u) - \lambda(f^*, f^*) - 2\mu\left[\sum_{k=1}^{6}(f_k^*, f_k^*)\right]$$
$$+ 2\iint_S \{[(\lambda f^* + 2\mu f_1^*)n_1 + \mu f_6^* n_2 + \mu f_5^* n_3]u_1$$
$$+ [(\lambda f^* + 2\mu f_2^*)n_2 + \mu f_6^* n_1 + \mu f_4^* n_3]u_2$$
$$+ [\mu f_5^* n_1 + \mu f_4^* n_2 + (\lambda f^* + 2\mu f_3^*)n_3]u_3\}ds \tag{4.181}$$

从 (4.181) 式, $\Pi(u) = (Au, u) - 2(f, u)$ 的极小值的条件应是

$$e_{11} + e_{22} + e_{33} - f^* = 0,\ e_{11} - f_1^* = 0,\ e_{22} - f_2^* = 0,$$
$$e_{33} - f_3^* = 0,\ e_{23} - f_4^* = 0,\ e_{13} - f_4^* = 0,\ e_{12} - f_6^* = 0 \tag{4.182}$$

这时 (4.181) 式中的边界积分为(根据边界条件 (4.37a, b))

$$2\iint_S \{[(\lambda f^* + 2\mu f_1^*)n_1 + \mu f_6^* n_2 + \mu f_5^* n_3]u_1$$
$$+ [\mu f_6^* n_1 + (\lambda f^* + 2\mu f_2^*)n_2 + \mu f_4^* n_3]u_2$$
$$+ [\mu f_5^* n_1 + \mu f_4^* n_2 + (\lambda f^* + 2\mu f_3^*)n_3]u_3\}ds$$

$$
= 2\iint_S \left\{\left(\sum_{j=1}^{3}\sigma_{1j}n_j\right)u_1 + \left(\sum_{j=1}^{3}\sigma_{2j}n_j\right)u_2 + \left(\sum_{j=1}^{3}\sigma_{3j}n_j\right)u_3\right\}ds = 0 \tag{4.183}
$$

所以，$\Pi(u)_{极小}$ 为[根据 (4.42) 式]

$$
\Pi(u)_{极小} = -\lambda(f^*, f^*) - 2\mu\sum_{k=1}^{6}(f_k^*, f_k^*) = -(Au, u) \tag{4.184}
$$

把 (4.182) 式代入 (4.180) 式，即得极值函数所满足的方程，它是

$$
\left.\begin{aligned}
f_1 = -\Big\{&\lambda\frac{\partial}{\partial x_1}(e_{11}+e_{22}+e_{33}) \\
&+2\mu\left[\frac{\partial e_{11}}{\partial x_1}+\frac{1}{2}\frac{\partial e_{13}}{\partial x_3}+\frac{1}{2}\frac{\partial e_{12}}{\partial x_2}\right]\Big\} = -\sum_{j=1}^{3}\frac{\partial\sigma_{1j}}{\partial x_j} \\
f_2 = -\Big\{&\lambda\frac{\partial}{\partial x_2}(e_{11}+e_{22}+e_{33}) \\
&+2\mu\left[\frac{1}{2}\frac{\partial e_{12}}{\partial x_1}+\frac{\partial e_{22}}{\partial x_2}+\frac{1}{2}\frac{\partial e_{23}}{\partial x_3}\right]\Big\} = -\sum_{j=1}^{3}\frac{\partial\sigma_{2j}}{\partial x_j} \\
f_3 = -\Big\{&\lambda\frac{\partial}{\partial x_3}(e_{11}+e_{22}+e_{33}) \\
&+2\mu\left[\frac{1}{2}\frac{\partial e_{13}}{\partial x_1}+\frac{1}{2}\frac{\partial e_{23}}{\partial x_2}+\frac{\partial e_{33}}{\partial x_3}\right]\Big\} = -\sum_{j=1}^{3}\frac{\partial\sigma_{3j}}{\partial x_j}
\end{aligned}\right\} \tag{4.185}
$$

它和平衡方程 (4.36) 完全相同；这就证明了这样求得的极值函数，确为我们的解.

对上面，六种问题，在固定和自然边界条件下，我们全部证明了：

(1) 泛函 (Au, u) 或 (Aw, w) 都是正定的；

(2) 从极小化序列求得的泛函极值给出极值函数.

因此，如果用满足边界条件的极小化序列中有限个成员进行计算，应该给出极值函数的近似函数，这就是立兹变分近似法的理论基础.

§ 4.3 立兹变分近似法

立兹变分近似法通称立兹(Ritz)法[3]．立兹法(1908)开创了弹性力学诸问题的近似解．这种近似解使用方便，也有一定准确性，大大促进了弹性理论在工程上的推广使用．当立兹法在1908年提出来的时候，并没有什么理论基础，只是在实践中证明它是行之有效的，它的理论基础是在人们多年努力之后，特别是在弗立德里斯(1934，1946，1947)[2a,2b,2c]的努力之后，才开始有了头绪．

现在让我们用正定的线性泛函极值问题来说明立兹法的应用．设我们的问题的泛函是上节业已证明的立兹法能达到极值函数的近似解的泛函．

$$\Pi(u)=(Au,u)-2(f,u) \tag{4.186}$$

设有 n 个满足固定边界条件(自然边界条件一般无需满足)的函数 $\varphi_1, \varphi_2, \varphi_3, \cdots, \varphi_n$．它们是线性无关的．它们无需一定是 $\Pi(u)$ 的欧拉方程 $Au=f$ 的解，但满足边界固定的边界条件．设有 $\varphi_1, \varphi_2, \cdots, \varphi_n$ 的线性组合

$$u_n=\sum_{k=1}^{n} a_k\varphi_k \tag{4.187}$$

a_k 是待定的常量．$u_1, u_2, \cdots, u_n\cdots$ 实际上是一个极小化序列(或极大化序列)，而逐级的 a_k 是可以用 $\Pi(u_n)$ 的最小值条件来决定的．

把(4.187)式代入(4.186)式，由于 Au 是线性的，我们可以把结果写成

$$\Pi(u_n)=\sum_{i,j=1}^{n} a_i a_j(A\varphi_i,\varphi_j)-2\sum_{i=1}^{n} a_i(\varphi_i,f) \tag{4.188}$$

这是一个自变量为 $a_1, a_2, \cdots, a_n$ 的函数．选取 $a_1, a_2, \cdots, a_n$ 使(4.188)式的 $\Pi(u_n)$ 为极小值．即

$$\frac{\partial\Pi}{\partial a_1}=0,\ \frac{\partial\Pi}{\partial a_2}=0,\ \cdots,\ \frac{\partial\Pi}{\partial a_n}=0 \tag{4.189}$$

其结果为[注意 $(A\varphi_i, \varphi_j)=(A\varphi_j, \varphi_i)$]

$$\sum_{i=1}^{n} a_i(A\varphi_i, \varphi_j)=(\varphi_j, f) \quad (j=1, 2, \cdots, n) \tag{4.190}$$

这是 n 个求解 a_i 的线性方程式，由于 $(A\varphi_i, \varphi_j)$ 是线性无关的，行列式

$$\|(A\varphi_i, \varphi_j)\|=\begin{vmatrix}(A\varphi_1, \varphi_1) & (A\varphi_2, \varphi_1) & \cdots & (A\varphi_n, \varphi_1)\\(A\varphi_1, \varphi_2) & (A\varphi_2, \varphi_2) & \cdots & (A\varphi_n, \varphi_2)\\ \vdots & \vdots & \vdots & \vdots \\(A\varphi_1, \varphi_n) & (A\varphi_2, \varphi_n) & \cdots & (A\varphi_n, \varphi_n)\end{vmatrix} \tag{4.190a}$$

不等于零，可见 (4.190) 式必恒有解.

如果 $\varphi_1, \varphi_2, \cdots, \varphi_n$ 是一组正则化的正交序列，亦即如果 $\varphi_1, \varphi_2, \cdots, \varphi_n$ 满足下列条件.

$$\left.\begin{aligned}(A\varphi_i, \varphi_j)=0 \quad i\neq j\\(A\varphi_i, \varphi_j)=1 \quad i=j\end{aligned}\right\} \tag{4.191}$$

则 (4.188) 式立刻可以写成

$$\Pi(u_n)=\sum_{i=1}^{n} a_i^2-2\sum_{i=1}^{n} a_i(\varphi_i, f) \tag{4.192}$$

$\Pi(u_n)$ 的极值条件 (4.189) 式给出

$$a_i=(\varphi_i, f) \quad (i=1, 2, \cdots, n) \tag{4.193}$$

n 次近似解为

$$u_n=\sum_{i=1}^{n}(\varphi_i, f)\varphi_i \tag{4.194}$$

而 n 次近似的极值为

$$\Pi(u_n)=\sum_{i=1}^{n}(\varphi_i, f)^2-2\sum_{i=1}^{n}(\varphi_i, f)^2=-\sum_{i=1}^{n}(\varphi_i, f)^2 \tag{4.195}$$

下面是构成一个正则化的正交序列的典型方法：设有满足固定边界条件的一个函数序列 $g_1, g_2, \cdots, g_n$，它既不正则也不正交. 我们试以 $g_1, g_2, \cdots, g_n$ 为基础来建立正则正交序列 $\varphi_1, \varphi_2, \cdots, \varphi_n$. 设

$$\left.\begin{aligned}
\varphi_1 &= a_{11}g_1 \\
\varphi_2 &= a_{21}g_1 + a_{22}g_2 \\
\varphi_3 &= a_{31}g_1 + a_{32}g_2 + a_{33}g_3 \\
&\cdots\cdots\cdots\cdots\cdots\cdots \\
\varphi_n &= a_{n1}g_1 + a_{n2}g_2 + \cdots + a_{nn}g_n
\end{aligned}\right\} \tag{4.196}$$

a_{11} 是以 φ_1 的正则化条件决定的．即

$$(A\varphi_1, \varphi_1) = a_{11}^2(Ag_1, g_1) = 1, \quad 或 \quad a_{11}^2 = \frac{1}{(Ag_1, g_1)} \tag{4.197}$$

a_{21}, a_{22} 是以 φ_2 的正则化条件和 $(A\varphi_1, \varphi_2) = 0$ 的正交化条件来决定的，它们是

$$\begin{aligned}
(A\varphi_2, \varphi_2) = a_{21}^2(Ag_1, g_1) + 2a_{21}a_{22}(Ag_1, g_2) \\
+ a_{22}^2(Ag_2, g_2) = 1
\end{aligned} \tag{4.198a}$$

$$(A\varphi_1, \varphi_2) = a_{11}a_{21}(Ag_1, g_1) + a_{11}a_{22}(Ag_1, g_2) = 0 \tag{4.198b}$$

这里的 a_{11} 已知，解出 a_{21}, a_{22}, 得

$$\left.\begin{aligned}
a_{22}^2 &= \frac{(Ag_1, g_1)}{(Ag_1, g_1)(Ag_2, g_2) - (Ag_1, g_2)^2} \\
a_{21} &= -\frac{(Ag_1, g_2)}{(Ag_1, g_1)}\left[\frac{(Ag_1, g_1)}{(Ag_1, g_1)(Ag_2, g_2) - (Ag_1, g_2)^2}\right]^{\frac{1}{2}}
\end{aligned}\right\} \tag{4.199}$$

a_{31}, a_{32}, a_{33} 是以 φ_3 的正则化条件和 $(A\varphi_1, \varphi_3)=0$, $(A\varphi_2, \varphi_3)=0$, 的正交条件来决定的．它们是

$$\begin{aligned}
(A\varphi_3, \varphi_3) = a_{31}^2(Ag_1, g_1) + 2a_{31}a_{32}(Ag_1, g_2) \\
+ 2a_{31}a_{33}(Ag_1, g_3) + a_{32}^2(Ag_2, g_2) \\
+ 2a_{32}a_{33}(Ag_2, g_3) + a_{33}^2(Ag_3, g_3) = 1
\end{aligned} \tag{4.200a}$$

$$\begin{aligned}
(A\varphi_3, \varphi_1) = a_{11}a_{31}(Ag_1, g_1) + a_{11}a_{32}(Ag_1, g_2) \\
+ a_{11}a_{33}(Ag_1, g_3) = 0
\end{aligned} \tag{4.200b}$$

$$\begin{aligned}
(A\varphi_3, \varphi_2) = a_{31}a_{21}(Ag_1, g_1) + a_{31}a_{22}(Ag_1, g_2) \\
+ a_{32}a_{21}(Ag_2, g_1) + a_{32}a_{22}(Ag_2, g_2) \\
+ a_{33}a_{21}(Ag_3, g_1) + a_{33}a_{22}(Ag_3, g_2) = 0
\end{aligned} \tag{4.200c}$$

在利用了(4.198)式及 $(Ag_i, g_j) = (Ag_j, g_i)$ 以后，再用 (4.200b) 式消去多余的项，(4.200a, b, c) 式可以简化

$$
\left.\begin{aligned}
a_{31}(Ag_1, g_1) + a_{32}(Ag_1, g_2) + a_{33}(Ag_1, g_3) &= 0 \\
a_{31}(Ag_2, g_1) + a_{32}(Ag_2, g_2) + a_{33}(Ag_2, g_3) &= 0 \\
a_{31}(Ag_3, g_1) + a_{32}(Ag_3, g_2) + a_{33}(Ag_3, g_3) &= \frac{1}{a_{33}}
\end{aligned}\right\} \tag{4.201}
$$

其解为

$$
a_{31} = \frac{1}{a_{33}\Delta_3}\begin{vmatrix} (Ag_1, g_2) & (Ag_1, g_3) \\ (Ag_2, g_2) & (Ag_2, g_3) \end{vmatrix} \tag{4.202a}
$$

$$
a_{32} = -\frac{1}{a_{33}\Delta_3}\begin{vmatrix} (Ag_1, g_1) & (Ag_1, g_3) \\ (Ag_2, g_1) & (Ag_2, g_3) \end{vmatrix} \tag{4.202b}
$$

$$
a_{33} = \frac{1}{a_{33}\Delta_3}\begin{vmatrix} (Ag_1, g_1) & (Ag_1, g_2) \\ (Ag_2, g_1) & (Ag_2, g_2) \end{vmatrix} \tag{4.202c}
$$

其中 Δ_3 为行列式

$$
\Delta_3 = \begin{vmatrix} (Ag_1, g_1) & (Ag_1, g_2) & (Ag_1, g_3) \\ (Ag_2, g_1) & (Ag_2, g_2) & (Ag_2, g_3) \\ (Ag_3, g_1) & (Ag_3, g_2) & (Ag_3, g_3) \end{vmatrix} \tag{4.203}
$$

依此类推，对于 $a_{n1}, a_{n2}, a_{n3}, \cdots, a_{nn}$ 而言，我们有

$$
a_{nk} = \frac{(-1)^{n+k}}{a_{nn}\Delta_n} N_{nk} \qquad (k = 1, 2, \cdots, n) \tag{4.204}
$$

其中 Δ_n 为 $n \times n$ 行列式，N_{nk} 为 Δ_n 中去掉 n 行和 k 列以后的子行列式.

$$
\Delta_n = \begin{vmatrix} (Ag_1, g_1) & (Ag_1, g_2) & \cdots & (Ag_1, g_n) \\ (Ag_2, g_1) & (Ag_2, g_2) & \cdots & (Ag_2, g_n) \\ \vdots & \vdots & \vdots & \vdots \\ (Ag_n, g_1) & (Ag_n, g_2) & \cdots & (Ag_n, g_n) \end{vmatrix} \tag{4.205a}
$$

$$
N_{nk} = \begin{vmatrix} (Ag_1,g_1) & (Ag_1,g_2) & \cdots & (Ag_1,g_{k-1}) & (Ag_1,g_{k+1}) & \cdots & (Ag_1,g_n) \\ (Ag_2,g_1) & (Ag_2,g_2) & \cdots & (Ag_2,g_{k-1}) & (Ag_2,g_{k+1}) & \cdots & (Ag_2,g_n) \\ \vdots & \vdots & \vdots & \vdots & \vdots & \vdots & \vdots \\ (Ag_{n-1},g_1) & (Ag_{n-1},g_2) & \cdots & (Ag_{n-1},g_{k-1}) & (Ag_{n-1},g_{k+1}) & \cdots & (Ag_{n-1},g_n) \end{vmatrix} \tag{4.205b}
$$

在理论上，我们可以把（4.194）式这样的解推广到 $n\to\infty$，从而得到这类问题的精确解．在实际上，这种近似法很有效，往往只要用 $n=1$，$n=2$ 的近似，对工程计算就有足够的精确度．

例（1） 不均匀固定梁的弯曲．

设有一两端固定的梁，梁的抗弯刚度不均匀，梁的中间一段的刚度为 $2EI$，其长为梁长 $2l$ 的一半，梁两端各有一段的刚度为 EI，其长各为 $\frac{l}{2}$．如果梁的中间段受均布载荷 f（如图 4.4）．用立兹法求梁的中点最大位移和近似位移曲线．

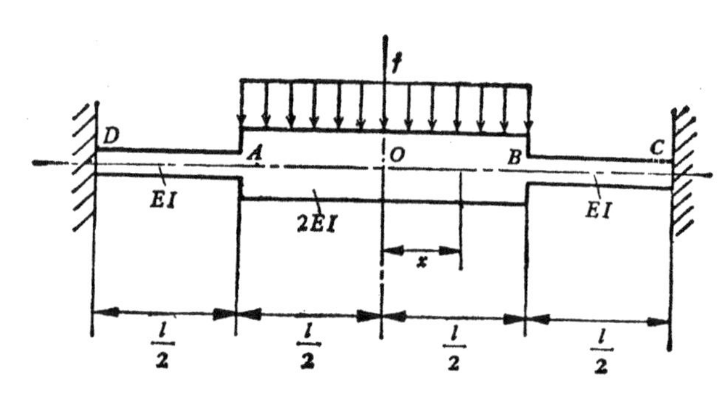

图 4.4 塔式固定梁受均布载荷

在材料力学里，这个问题的正确解是已知的．中段和边段的平衡方程为

$$\left.\begin{aligned}&\frac{d^4w_1}{dx^4}=\frac{f}{2EI},\quad -\frac{l}{2}\leqslant x\leqslant\frac{l}{2}\\&\frac{d^4w_2}{dx^4}=0,\qquad -l\leqslant x\leqslant\frac{l}{2},\ \frac{l}{2}\leqslant x\leqslant l\ \ l\text{ 边段}\end{aligned}\right\}\tag{4.206}$$

位移对中点是对称的．因此，只要积分 OB 和 BC 段就足够了．其端点条件和连接条件为

$$\frac{dw_1}{dx}=0,\quad \frac{d^3w_1}{dx^3}=0\qquad (x=0)\tag{4.207a,b}$$

$$w_2=0,\quad \frac{dw_2}{dx}=0\qquad (x=l)\tag{4.207c,d}$$

$$w_1 = w_2, \quad \frac{dw_1}{dx} = \frac{dw_2}{dx} \quad \left(x = \frac{l}{2}\right) \tag{4.207e,f}$$

$$2EI\frac{d^2w_1}{dx^2} = EI\frac{d^2w_2}{dx^2}, \ 2EI\frac{d^3w_1}{dx^3} = EI\frac{d^3w_2}{dx^3} \quad \left(x = \frac{l}{2}\right) \tag{4.207g,h}$$

其结果为

$$\left.\begin{aligned} &w_1 = \frac{f}{2304EI}(48x^4 - 104l^2x^2 + 55l^4) \\ &\qquad -\frac{l}{2} \leqslant x \leqslant \frac{l}{2} \\ &w_2 = \frac{f}{72EI}(6x^3 - 11x^2l + 4xl^2 + l^3)l \\ &\qquad \frac{l}{2} \leqslant x \leqslant l, \ -l \leqslant x \leqslant -\frac{l}{2} \end{aligned}\right\} \tag{4.208}$$

其最大位移在中点

$$w_{\max} = w_1(0) = \frac{55}{2304}\frac{fl^4}{EI} = 0.023872\frac{fl^4}{EI} \tag{4.209}$$

现在让我们用这个问题来考验立兹法

首先，我们可以选用下列 $g_k(x)$

$$g_k(x) = (l^2 - x^2)^2 x^{2(k-1)} \quad k = 1, 2, \cdots, -l \leqslant x \leqslant l \tag{4.210}$$

它既满足对称性，又满足端点条件 $g_k(l) = g_k'(l) = 0$，其中

$$g_1(x) = l^4\left(1 - \frac{x^2}{l^2}\right)^2, \quad g_2(x) = l^4\left(1 - \frac{x^2}{l^2}\right)^2 x^2, \ \cdots \tag{4.211}$$

而 (Ag_k, g_i) 为

$$\begin{aligned} (Ag_k, g_i) = (Ag_i, g_k) &= \int_{-\frac{1}{2}l}^{\frac{1}{2}l} 2EIg_k''g_i''dx \\ &+ 2\int_{\frac{1}{2}l}^{l} EIg_k''g_i''dx = 2EI\int_{-\frac{1}{2}}^{l} g_k''g_i''dx \end{aligned} \tag{4.212}$$

于是，有

$$\left.\begin{aligned} &(Ag_1, g_1) = \frac{177}{5}l^5EI, \\ &(Ag_2, g_2) = \frac{28779}{2240}l^9EI, \\ &(Ag_1, g_2) = (Ag_2, g_1) = \frac{381}{280}l^7EI \\ &\cdots\cdots\cdots\cdots\cdots\cdots \end{aligned}\right\} \tag{4.213}$$

代入(4.197)，(4.199)式，我们可以计算 a_{11}，a_{22}，a_{21} 等

$$\left.\begin{aligned} a_{11}^2 &= \frac{5}{177}(l^5EI)^{-1} = 0.028249(l^5EI)^{-1} \\ a_{22}^2 &= 0.078153(l^9EI)^{-1} \\ a_{21} &= -\frac{381}{9912}a_{22}l^2 = -0.038438a_{22}l^2 \\ &\cdots\cdots \end{aligned}\right\} \tag{4.214}$$

于是，有正则化的正交序列

$$\left.\begin{aligned} \varphi_1(x) &= a_{11}g_1(x) = a_{11}(l^2 - x^2)^2 \\ \varphi_2(x) &= a_{21}g_1(x) + a_{22}g_2(x) \\ &= a_{21}(l^2 - x^2)^2 + a_{22}(l^2 - x^2)^2x^2 \\ &\cdots\cdots \end{aligned}\right\} \tag{4.215}$$

现在计算 (f, φ_1)，(f, φ_2) 等

$$(f, \varphi_k) = \int_{-\frac{1}{2}l}^{\frac{1}{2}l} f\varphi_k dx = f\int_{-\frac{1}{2}l}^{\frac{1}{2}l} \varphi_k dx \tag{4.216}$$

得

$$(f, \varphi_1) = \frac{203}{240}fa_{11}l^5 \tag{4.216a}$$

$$(f, \varphi_2) = \frac{407}{6720}fa_{22}l^7 + \frac{203}{240}fa_{21}l^5 \tag{4.216b}$$

$$\cdots\cdots$$

一级近似的位移解为

$$\begin{aligned} w^{(1)} &= (f, \varphi_1)\varphi_1 = \frac{203}{240}fa_{11}^2l^5(l^2 - x^2)^2 \\ &= 0.023894(l^2 - x^2)^2\frac{f}{EI} \end{aligned} \tag{4.217}$$

中点位移(即最大位移)的一级近似为

$$w_{\max}^{(1)} = 0.023894\frac{fl^4}{EI} \tag{4.217a}$$

二级近似解为

$$w^{(2)} = (f, \varphi_1)\varphi_1 + (f, \varphi_2)\varphi_2 = 0.023894(l^2 - x^2)^2\frac{f}{EI}$$

$$+\left\{\frac{407}{6720}fa_{22}l^7+\frac{203}{240}a_{21}fl^5\right\}\{a_{21}(l^2-x^2)^2$$

$$+a_{22}(l^2-x^2)^2x^2\}=0.023885(l^2-x^2)^2\frac{f}{EI}$$

$$+0.002192(l^2-x^2)^2x^2\frac{f}{EI} \tag{4.218}$$

中点位移的二级近似值为

$$w_{\max}^{(2)}=0.023885\frac{fl^4}{EI} \tag{4.218a}$$

这比正确值只差 0.06% 而一级近似只差 0.09%。

这个问题正确泛函极值为

$$\Pi(w)_{\text{极小}}=-(f,w) \tag{4.219}$$

把 (4.208) 式代入上式，得

$$\Pi(w)_{\text{极小}}=-\int_{-\frac{1}{2}l}^{\frac{1}{2}l}fw_1dx=-\frac{11}{540}\frac{f^2l^5}{EI}=-0.020370\frac{f^2l^5}{EI} \tag{4.219a}$$

而逐级近似的极值可以从 (4.195) 式求得

$$\Pi_{\text{极小}}^{(1)}=-(f,\varphi_1)^2=-\left(\frac{203}{240}a_{11}\right)^2f^2l^{10}=-0.020210\frac{f^2l^5}{EI} \tag{4.220a}$$

$$\Pi_{\text{极小}}^{(2)}=-(f,\varphi_1)^2-(f,\varphi_2)^2=-0.020210\frac{f^2l^5}{EI}$$

$$-\left(\frac{407}{6720}a_{22}l^2+\frac{203}{240}a_{21}\right)f^2l^{10}=-0.020271\frac{f^2l^5}{EI} \tag{4.220b}$$

一级近似的误差 0.8%，二级近似的误差 0.4%，而且满足

$$\Pi^{(1)}>\Pi^{(2)}>\cdots>\Pi_{\text{极小}} \tag{4.221}$$

各级近似的位移曲线和极值曲线的比较如表 4.1。 从表中可以看到，二级近似的百分误差普遍降低。如果利用三级近似，误差将进一步降低。

以上是利用满足边界条件的一种极小值序列，它们是建立在

表 4.1 固定塔式梁的正确极值曲线和各级近似曲线的比较

$\frac{x}{l}$	极值曲线 (4.208) 式	一级近似 (4.217) 式	误差	二级近似 (4.218) 式	误差
0	0.023872	0.023894	+0.09%	0.023885	+0.05%
0.2	0.022097	0.022021	−0.32%	0.022093	−0.02%
0.4	0.017182	0.016860	−1.87%	0.017101	−0.49%
0.5	0.013889	0.013441	−3.23%	0.013744	−1.06%
0.6	0.010222	0.009787	−4.24%	0.010200	−2.16%
0.8	0.003222	0.003097	−3.98%	0.003277	+1.70%
1.0	0	0	0	0	0

g_k 为 (4.210) 式的基础上的. 序列的每个成员，都不满足微分方程，但都满足位移固定的边界条件，而且都是逐级次数提高的多项式. 我们也可以选用其它的满足固定边界条件的 g_k，如

$$g_k(x) = \cos^2\left[\frac{\pi x}{2l}(2k-1)\right] \tag{4.222}$$

同样也可以建立一个极小化序列. 可以看到，这序列的成员也都满足边界固定条件和解的对称性. 其结果也都和 (4.210) 式的那种结果相类似.

例 (2) 不均匀简支梁的弯曲.

设有塔梁其尺寸和图 4.4 相同. 载荷分布也相同，只是两端是简支的. 其简支条件为

$$\left.\begin{aligned} &w(\pm l) = 0 \quad (\text{位移固定条件}) \\ &w''(\pm l) = 0 \quad (\text{弯曲为零，自然边界条件}) \end{aligned}\right\} \tag{4.223}$$

其正确解为

$$\left.\begin{aligned} &w_1 = \frac{f}{768EI}(16x^4 - 72l^2x^2 + 65l^4) \\ &\qquad -\frac{l}{2} \leqslant x \leqslant \frac{l}{2} \\ &w_2 = \frac{f}{48EI}(4lx^3 - 12l^2x^2 + 5l^3x + 3l^4), \\ &\qquad -l \leqslant x \leqslant -\frac{l}{2},\ +\frac{l}{2} \leqslant x \leqslant l \end{aligned}\right\} \tag{4.224}$$

其最大位移在中点（$x=0$）

$$w_{\max}=w(0)=\frac{65}{768}\frac{fl^4}{EI}=0.08464\frac{fl^4}{EI}\text{（正确解）}\quad(4.225)$$

现在让我们用这个问题来说明立兹法中怎样对待自然边界问题.

按梁的最小位能原理的泛函应该写成

$$\Pi(w)=\int_{-l}^{l}\frac{1}{2}EI\left(\frac{d^2w}{dx^2}\right)^2dx-\int_{-l}^{l}qwdx\qquad(4.226)$$

变分给出

$$\delta\Pi=\int_{-l}^{l}\frac{d^2}{dx^2}EI\frac{d^2w}{dx^2}\delta wdx-\int_{-l}^{l}q\delta wdx$$

$$+\left[EI\frac{d^2w}{dx^2}\frac{d\delta w}{dx}\right]_{-l}^{l}-\left[\frac{d}{dx}EI\frac{d^2w}{dx^2}\delta w\right]_{-l}^{l}=0\quad(4.227)$$

如果 $w(l)=0$，则 $\delta w(l)=0$，上式化为

$$\delta\Pi=\int_{-l}^{l}\left[\frac{d^2}{dx^2}EI\frac{d^2w}{dx^2}-q\right]\delta wdx$$

$$+\left[EI\frac{d^2w}{dx^2}\frac{d\delta w}{dx}\right]_{-l}^{l}=0\qquad(4.227a)$$

如果 δw 和 $\delta w'(l)$ 任意变分，则就给出了平衡方程

$$\frac{d^2}{dx^2}EI\frac{d^2w}{dx^2}=q,$$

和自然边界条件 $w''(\pm l)=0$. 所以自然边界条件是变分的必然结果.

那末，在立兹变分近似法中，选用的 $w(x)$ 除了满足 $w(\pm l)=0$ 以外，要不要先满足自然边界条件呢？一般说来，我们并不要求事先满足自然边界条件，它应该通过变分近似地得到满足. 以本题为例，让我们选用

$$w(x)=a(l^2-x^2)+b(l^2-x^2)x^2\qquad(4.228)$$

作为本题的一次近似函数，a，b 为待定常数，(4.228) 式是满足 $w(\pm l)=0$ 的，但不一定满足 $w''(\pm l)=0$. 梁的最小位能原理的泛函，按本题的尺寸应该写成

$$\Pi(w)=\int_{-\frac{l}{2}}^{\frac{l}{2}}EI\left(\frac{d^2w}{dx^2}\right)^2dx+\int_{\frac{l}{2}}^{l}EI\left(\frac{d^2w}{dx^2}\right)^2dx-f\int_{-\frac{l}{2}}^{\frac{l}{2}}wdx$$

$$=\int_{-\frac{l}{2}}^{l}EI\left(\frac{d^2w}{dx^2}\right)^2dx-f\int_{-\frac{l}{2}}^{\frac{l}{2}}wdx \tag{4.229}$$

把(4.228)式的w代入(4.229)式;得

$$\Pi(w)=\left(6la^2+6l^3ab+\frac{177}{10}l^4b^2\right)EI$$

$$-\frac{11}{12}fal^3-\frac{17}{240}fbl^5 \tag{4.230}$$

$\delta\Pi=0$ 给出:

$$\left.\begin{aligned}&(12la+6l^3b)EI-\frac{11}{12}fl^3=0\\&\left(6l^3a+\frac{177}{5}l^4b\right)EI-\frac{17}{240}fl^5=0\end{aligned}\right\} \tag{4.231}$$

解之,得

$$a=\frac{427}{5184}\frac{l^2f}{EI}\qquad b=-\frac{31}{2592}\frac{f}{EI} \tag{4.232}$$

所以,一次近似为

$$w^{(1)}(x)=\left(\frac{427}{5184}l^2-\frac{31}{2592}x^2\right)(l^2-x^2)\frac{f}{EI} \tag{4.233}$$

最大位移的一次近似为

$$w_{\max}^{(1)}=w^{(1)}(0)=\frac{427}{5184}\frac{l^4f}{EI}=0.08237\frac{l^4f}{EI} \tag{4.234}$$

误差达 2.7%. 表 4.2 为(4.233)式近似解和(4.224)式的正确解的比较.

显然这个解只能近似地满足自然边界条件,以(4.233)式为例,在边界上的弯矩等于

$$EI\left.\frac{d^2w^{(1)}}{dx^2}\right|_{x=l}=\frac{193}{5184}fl^2=0.037fl^2 \tag{4.235}$$

当然我们也可以选用既满足 $w(\pm l)=0$ 的位移边界条件,也满足 $w''(\pm l)=0$ 的自然边界条件的近似函数,或 $g_k(x)$.

表 4.2　简支塔式梁的正确解和不满足自然边界条件的变分一级近似解 (4.233) 式的比较

$\frac{x}{l}$	极值曲线 (4.224) 式(正确解)	一级近似解 (4.233) 式	误　差
0	0.08464	0.08237	−2.7%
0.2	0.08092	0.07862	−2.8%
0.4	0.07017	0.06753	−3.7%
0.5	0.06250	0.05953	−4.7%
0.6	0.05300	0.04996	−5.7%
0.8	0.02850	0.02653	−6.9%
1.0	0	0	0

$$g_k(x)=(l^2-x^2)[(4k+1)l^2-(4k-3)x^2]x^{2k-2}$$
$$-l\leqslant x\leqslant l\quad(k=1,2,\cdots)\tag{4.236}$$

而 (Ag_k, g_j) 和 (4.212) 式相同. 有

$$\left.\begin{aligned}&(Ag_1,g_1)=\frac{1377}{5}l^5EI\\&(Ag_1,g_2)=(Ag_2,g_1)=-\frac{8343}{280}l^7EI\\&(Ag_2,g_2)=\frac{257013}{320}l^9EI\\&\cdots\cdots\cdots\cdots\cdots\cdots\end{aligned}\right\}\tag{4.237}$$

代入 (4.197)、(4.199) 式,计算 a_{ij}

$$\left.\begin{aligned}&a_{11}^2=\frac{5}{1377}(EIl^5)^{-1}=0.003631(EIl^5)^{-1}\\&a_{22}^2=0.001250(EIl^9)^{-1}\\&a_{21}=+\frac{8343}{77112}a_{22}l^2=+0.10819a_{22}l^2\\&\cdots\cdots\cdots\cdots\cdots\cdots\end{aligned}\right\}\tag{4.238}$$

于是,有正则化的正交序列

$$\left.\begin{aligned}&\varphi_1(x)=a_{11}g_1(x)=a_{11}(5l^4-6l^2x^2+x^4)\\&\varphi_2(x)=a_{21}g_1(x)+a_{22}g_2(x)=a_{21}(5l^4-6l^2x^2+x^4)\\&\qquad+a_{22}(9l^4-14l^2x^2+5x^4)x^2,\\&\cdots\cdots\cdots\cdots\cdots\cdots\end{aligned}\right\}\tag{4.239}$$

现在用(4.216)式计算(f, φ_k)

$$\left.\begin{aligned}(f, \varphi_1) &= \frac{361}{80} f a_{11} l^5 \\ (f, \varphi_2) &= \frac{1313}{2240} f a_{22} l^7 + \frac{361}{80} f a_{21} l^5 \\ &\cdots\cdots\cdots\cdots\cdots\end{aligned}\right\} \tag{4.240}$$

一级近似的位移解为

$$\begin{aligned}w^{(1)} &= (f, \varphi_1)\varphi_1 = \frac{361}{80} f a_{11}^2 l^5 (5l^4 - 6l^2x^2 + x^4) \\ &= 0.016385(5l^4 - 6l^2x^2 + x^4)\frac{f}{EI}.\end{aligned} \tag{4.241}$$

中点位移(即最大位移)的一级近似为

$$w_{\max}^{(1)} = 0.08193 \frac{fl^4}{EI} \tag{4.241a}$$

二级近似解为

$$\begin{aligned}w^{(2)} &= (f, \varphi_1)\varphi_1 + (f, \varphi_2)\varphi_2 = 0.016385\left(5 - 6\frac{x^2}{l^2} + \frac{x^4}{l^4}\right)\frac{fl^4}{EI} \\ &\quad + \left\{\frac{1313}{2240} f a_{22} l^7 + \frac{361}{80} f a_{21} l^5\right\}\left\{a_{21}\left(5 - 6\frac{x^2}{l^2} + \frac{x^4}{l^4}\right)\right. \\ &\quad \left. + a_{22}\left(9 - 14\frac{x^2}{l^2} + 4\frac{x^4}{l^4}\right)\right\} l^4\end{aligned} \tag{4.242}$$

或可写成

$$\begin{aligned}w^{(2)}(x) &= \left\{0.016530\left(5 - 6\frac{x^2}{l^2} + \frac{x^4}{l^4}\right)\right. \\ &\quad \left. + 0.001343\left(9 - 14\frac{x^2}{l^2} + 5\frac{x^4}{l^4}\right)\frac{x^2}{l^2}\right\}\frac{fl^4}{EI}\end{aligned} \tag{4.242a}$$

中点位移的二级近似值为

$$w_{\max}^{(2)} = 0.08265 \frac{fl^4}{EI} \tag{4.242b}$$

这比正确值只差2.5%(一级近似差3.4%)

这个问题的泛函的正确极值为

$$\Pi(w) = (Aw, w) - 2(f, w) \tag{4.243a}$$

根据 $Aw=f$，可以写成

$$\Pi(w)_{极值}=(f, w)-2(f, w)=-(f, w) \tag{4.243b}$$

把 (4.224) 式代入，得

$$\Pi(w)_{极值}=-\int_{-\frac{1}{2}}^{\frac{1}{2}} f w_1 dx=-\frac{37}{480}\frac{f^2 l^5}{EI}=-0.07708\frac{f^2 l^5}{EI} \tag{4.244a}$$

而逐级近似的极值可以从 (4.195) 式求得

$$\Pi^{(1)}=-(f, \varphi_1)^2=\left(\frac{361}{80}\right)^2 f^2 a_{11}^2 l^{10}=-0.07354\frac{f^2 l^5}{EI} \tag{4.244b}$$

$$\begin{aligned}\Pi^{(2)}&=-(f, \varphi_1)^2-(f, \varphi_2)^2=-(f, \varphi_1)^2\\&\quad-\left(\frac{1313}{2240} f a_{22} l^7+\frac{361}{80} f a_{21} l^5\right)^2=-0.07538\frac{f^2 l^5}{EI}\end{aligned} \tag{4.244c}$$

第一级近似的误差为 3.9%，第二级近似的误差为 2.2%，而且满足

$$\Pi^{(1)}>\Pi^{(2)}>\cdots\geqslant\Pi_{极值} \tag{4.245}$$

各级近似的位移曲线和极值曲线的正确解的比较见表 4.3

表 4.3 简支梁的极限曲线正确解和各级近似解的比较

$\frac{x}{l}$	极值曲线 (4.224) 式 正确解	一级近似 (4.241) 式	误差	二级近似 (4.242) 式	误差
0	0.08464	0.08193	−3.2%	0.08265	−2.4%
0.2	0.08092	0.07802	−3.6%	0.07916	−2.2%
0.4	0.07017	0.06662	−5.0%	0.06885	−1.8%
0.5	0.06250	0.05837	−6.6%	0.06084	−2.8%
0.6	0.05300	0.04860	−8.4%	0.05132	−2.9%
0.8	0.02850	0.03573	−9.8%	0.02775	−2.6%
1.0	0	0	0	0	0

上面计算足够证明对不均匀梁的弯曲问题，不论是简支或是固定的，立兹法的有效性是显然的.

§ 4.4 柱体扭转问题的立兹法

本节将讨论各种不同截面的均匀柱体在自由扭转时的应力和它们的抗扭刚度. 让我们按圣维那 (St. Venant) 的原则来考虑

柱体纯扭转(或自由扭转)问题．这个问题的计算在历史上曾大大推动了立兹法和其它近似计算法的发展．

有关柱体扭转的基本理论，读者可以参考任何一弹性理论的书籍．如钱伟长，叶开沅著的《弹性力学》(1956)[4] 或钱伟长、胡海昌、林鸿荪、叶开沅著的《弹性柱体的扭转理论》(1956)[5]，这里采用的符号和上述著作的符号相同．

设 α 为柱体单位长度的扭角，柱体(图 4.5) 内所有应力分量，除了各截面上的剪应力分量 τ_{zx}，τ_{zy} 外，都等于零；而且将假定扭转均匀，即 τ_{zx}，τ_{zy} 都只是 x，y 的函数，即各截面上，τ_{zx}，τ_{zy} 的分布相同．于是弹性力学的三个平衡方程中有两个恒等于零，第三个可以写成

$$\frac{\partial \tau_{xz}}{\partial x}+\frac{\partial \tau_{yz}}{\partial y}=0 \tag{4.246}$$

这指出必有一个应力函数 $\Psi(x, y)$ 存在，而 τ_{xz}，τ_{yz} 可以用这个应力函数表示

$$\tau_{zx}=\alpha\mu\frac{\partial \Psi}{\partial y},\quad \tau_{zy}=-\alpha\mu\frac{\partial \Psi}{\partial x} \tag{4.246a}$$

其中 μ 为剪力模量，边界 c_0，c_1，c_2，$\cdots$上，应力 τ_{xz}，τ_{yz} 的合力

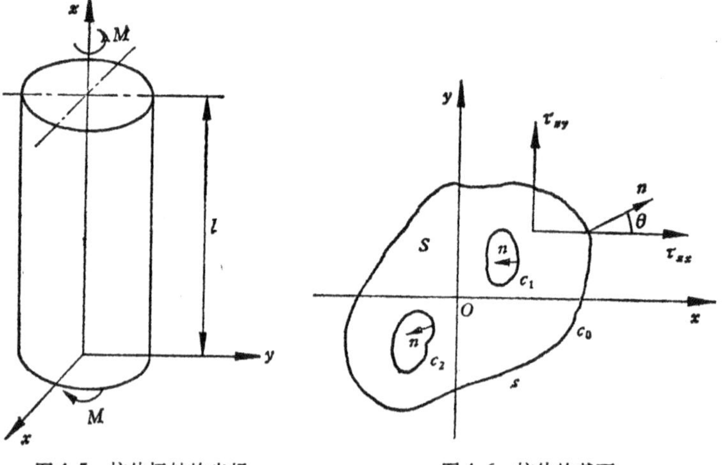

图 4.5　柱体扭转的坐标

图 4.6　柱体的截面

都沿着边界走，亦即 τ_{xz}，τ_{yz} 在外法线方向的合力为零，亦即(图 4.6)

$$\tau_{zx}\cos\theta+\tau_{zy}\sin\theta=0 \quad 在\ c_0,\ c_1,\ c_2,\ \cdots \tag{4.246b}$$

其中 $\cos\theta$，$\sin\theta$ 为外法线 n 的方向余弦．也可以写成

$$\cos\theta=\frac{dy}{ds},\quad \sin\theta=-\frac{dx}{ds} \tag{4.246c}$$

s 为边界弧长坐标，于(4.246b)可以写成

$$\frac{\partial\Psi}{\partial x}\frac{dx}{ds}+\frac{\partial\Psi}{\partial y}\frac{dy}{ds}=\frac{\partial\Psi}{\partial s}=0 \tag{4.246d}$$

积分得 $\Psi=$ 常数．在不同边界上，常数不同． 我们一般的习惯，在外边界 c_0 上，取零值 $(k_0=0)$，在内边界 c_1，c_2，$\cdots$，c_n 上，可取 k_1，k_2，$\cdots$，k_n．亦即

$$\left.\begin{array}{ll}\Psi=k_i & 在\ c_i\ 上\quad (i=1,\ 2,\ \cdots,\ n)\\ \Psi=0 & 在\ c_0\ 上\end{array}\right\} \tag{4.246e}$$

各个截面上的扭矩 M 相等，即

$$M=\iint_S(x\tau_{yz}-y\tau_{xz})dxdy=\mu\alpha\iint_S\left(-x\frac{\partial\Psi}{\partial x}-y\frac{\partial\Psi}{\partial y}\right)dxdy$$

$$=\mu\alpha\iint_S\left[2\Psi-\frac{\partial}{\partial x}(x\Psi)-\frac{\partial}{\partial y}(y\Psi)\right]dxdy \tag{4.247a}$$

在利用格林公式后，得

$$M=2\mu\alpha\iint_S\Psi dxdy-\mu\alpha\oint_{c_0+c_1+\cdots+c_n}\left[x\frac{dy}{ds}-y\frac{dx}{ds}\right]\Psi ds \tag{4.247b}$$

称

$$\oint_{c_i}\left[x\frac{dy}{ds}-y\frac{dx}{ds}\right]ds=2\iint_{S_i}dxdy=2S_i \tag{4.247c}$$

这里的 S_i 为 c_i 所围的域的面积．于是(4.274b)式可以写成

$$M=2\mu\alpha\iint_S\Psi dxdy-2\mu\alpha\sum_{i=1}^{n}k_iS_i \tag{4.247d}$$

抗扭刚度的定义是 $\dfrac{M}{\alpha}$，并称为 J，即

$$J = \frac{M}{\alpha} = 2\mu \iint_S \Psi dxdy - 2\mu \sum_{i=1}^{n} k_i S_i \tag{4.247e}$$

这里的 k 是待定的.

设柱体的长度为 l, 柱体扭转后,所蕴藏的应变能为

$$V_1 = \frac{l}{2\mu} \iint_S (\tau_{xz}^2 + \tau_{yz}^2) dxdy$$

$$= \frac{l\alpha^2\mu}{2} \iint_S \left[\left(\frac{\partial \Psi}{\partial x}\right)^2 + \left(\frac{\partial \Psi}{\partial y}\right)^2\right] dxdy \tag{4.248a}$$

外力矩 M 对总转角 αl 做的功为 $l\alpha M$, 亦即外力矩做的功为

$$U_1 = 2l\alpha^2\mu \iint_S \Psi dxdy - l\alpha^2\mu \sum_{i=1}^{n} k_i S_i \tag{4.248b}$$

所以,柱体和力矩 M 这整个系统的总位能为

$$\Pi = V_1 - U_1 = \frac{l\alpha^2\mu}{2} \iint_S \left[\left(\frac{\partial \Psi}{\partial x}\right)^2 + \left(\frac{\partial \Psi}{\partial y}\right)^2 - 4\Psi\right] dxdy$$

$$+ 2l\alpha^2\mu \sum_{i=1}^{n} k_i S_i \tag{4.248c}$$

这就是本问题的泛函. 在平衡时, Π 达到极值(最小). 在边界 (c_0, c_i) 上, Ψ 满足 (4.246e) 式. 在变分时, Ψ 和 k_i 都是任选的, 但 Ψ 满足边界条件 (4.246c) 式.

$$\delta\Pi = l\alpha^2\mu \iint_S \left[\frac{\partial \Psi}{\partial x}\frac{\partial \delta\Psi}{\partial x} + \frac{\partial \Psi}{\partial y}\frac{\partial \delta\Psi}{\partial y} - 2\delta\Psi\right] dxdy$$

$$+ 2l\alpha^2\mu \sum_{i=1}^{n} S_i \delta k_i$$

$$= l\alpha^2\mu \iint_S \left[-\frac{\partial^2 \Psi}{\partial x^2} - \frac{\partial^2 \Psi}{\partial y^2} - 2\right] \delta\Psi dxdy$$

$$+ l\alpha^2\mu \sum_{i=1}^{n} \left[\oint_{c_i} \frac{\partial \Psi}{\partial n} ds + 2S_i\right] \delta k_i \tag{4.249}$$

其中业已使用了格林公式,并根据 (4.246c) 式,有

$$\left.\begin{aligned} &\delta\Psi = \delta k_i \quad 在 c_1 上 \quad (i = 1, 2, \cdots) \\ &\delta\Psi = 0 \qquad 在 c_0 上 \end{aligned}\right\} \tag{4.249a}$$

由于 $\delta\Psi$ 和 δk_i 都是独立的，(4.249) 式给出欧拉方程和决定 k_i 的各个条件

$$\frac{\partial^2\Psi}{\partial x^2}+\frac{\partial^2\Psi}{\partial y^2}=-2 \quad \text{在 } S+c_0+c_1+\cdots+c_n \text{ 内} \tag{4.249b}$$

及

$$\oint_{c_i}\frac{\partial\Psi}{\partial n}ds=-2S_i \quad \text{在 } c_i \text{ 上} \quad (i=1,2,\cdots,n) \tag{4.249c}$$

利用格林公式

$$\iint_S\left[\left(\frac{\partial\Psi}{\partial x}\right)^2+\left(\frac{\partial\Psi}{\partial y}\right)^2\right]dxdy$$

$$=-\iint_S\left[\frac{\partial^2\Psi}{\partial x^2}+\frac{\partial^2\Psi}{\partial y^2}\right]\Psi dxdy+\oint_c\frac{\partial\Psi}{\partial n}\Psi ds \tag{4.250a}$$

而且利用边界条件 (4.246c) 式和 (4.249c) 式后，有

$$\oint_c\frac{\partial\Psi}{\partial n}\Psi ds=-\sum_{i=1}^{n}2k_iS_i \tag{4.250b}$$

利用 (4.249b) 式(即 Ψ 是极值函数)后，(4.250a) 式可以写成

$$\iint_S\left[\left(\frac{\partial\Psi}{\partial x}\right)^2+\left(\frac{\partial\Psi}{\partial y}\right)^2\right]dxdy=2\iint_S\Psi dxdy-\sum_{i=1}^{n}2S_ik_i \tag{4.250c}$$

于是，从 (4.248c) 式，如果 Ψ 是极值函数，则根据 (2.247e) 式

$$\Pi_{\text{极值}}=-l\alpha^2\mu\iint_S\Psi dxdy+l\alpha^2\mu\sum_{i=1}^{n}k_iS_i=-\frac{l\alpha^2}{2}J \tag{4.251}$$

所以 $\Pi_{\text{极值}}$ 就直接给出抗弯刚度.

如果用立兹法，我们找到的不是 Π 的真正最小值，而是一个比它略大的近似值，或者是 $\Pi_{\text{极限}}$ 的一个上限. 根据 (4.251) 式，我们可以看到，立兹法给出了抗扭刚度的一个下限 (因为 $\Pi_{\text{极值}}$ 是负值).

现在让我们举例来说明立兹法的应用

例 (1) 矩形截面柱体的扭转.

设在矩形截面 (S: $-a\leqslant x\leqslant a$, $-b\leqslant y\leqslant b$) (图 4.7) 上，考虑 Ψ 的对称性，采用多项式近似函数

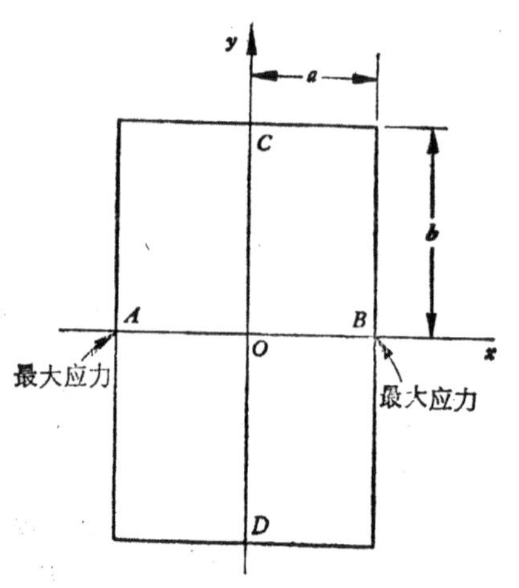

图 4.7 矩形截面的柱体截面尺寸

$$\Psi = (x^2 - a^2)(y^2 - b^2)(a_1 + a_2x^2 + a_3y^3 + \cdots) \quad (4.252)$$

我们可以在这种 Ψ 函数的基础上，建立正则化的正交函数系，再进行逐级近似的计算. 但我们知道在一般问题里，只要近似式选用得比较合理，有一两级的近似就足够了. 所以，我们一般也可以不取正则正交系统的计算顺序，而直接用非正交正则化的各级近似函数. 就以本题为例，称一级近似的 Ψ 为 Ψ_1.

$$\Psi_1 = a_1(x^2 - a^2)(y^2 - b^2) \quad (4.253)$$

这个函数满足边界条件 (4.246c). 在这里只有一条外边界，只要在外边界上取零值就算满足 (4.246c) 式了. 于是

$$\left(\frac{\partial \Psi_1}{\partial x}\right)^2 + \left(\frac{\partial \Psi_1}{\partial y}\right)^2 - 4\Psi_1 = 4a_1^2[x^2(y^2 - b^2)^2 + y^2(x^2 - a^2)^2] - 4a_1(x^2 - a^2)(y^2 - b^2) \quad (4.254)$$

而

$$\Pi = \frac{l\alpha^2 M}{2}\int_{-a}^{a}\int_{-b}^{b}\left[\left(\frac{\partial \Psi_1}{\partial x}\right)^2 + \left(\frac{\partial \Psi_1}{\partial y}\right)^2 - 4\Psi_1\right] dxdy$$

$$= 32l\alpha^2\mu\left[\frac{2}{45}a_1^2a^3b^2(a^2 + b^2) - \frac{1}{9}a_1a^3b^3\right] \quad (4.255)$$

由 $\delta\Pi = 0$ 得到

$$a_1 = \frac{5}{4}\frac{1}{a^2 + b^2} \quad (4.256)$$

而

$$\Psi_1 = \frac{5}{4}\frac{1}{a^2+b^2}(x^2-a^2)(y^2-b^2) \tag{4.257}$$

抗扭刚度(一级近似)根据 (4.247e) 式为

$$J_1 = 2\mu\iint_S \Psi_1 dxdy = \frac{40}{9}\mu\frac{a^3b^3}{a^2+b^2} \tag{4.258}$$

最大应力在 A 点或 B 点 ($y=0$, $x=\pm a$), 或者

$$\tau_{\max} = (\tau_{\max})_{x=\pm a,\ y=0} = -\alpha\mu\left(\frac{\partial\Psi}{\partial x}\right)_{x=\pm a,\ y=0} \tag{4.259}$$

$\tau_{\max}$ 的一级近似为

$$(\tau_{\max})_1 = \pm\frac{5}{2}\frac{b^2}{a^2+b^2}\alpha\mu \tag{4.259a}$$

三级近似可取

$$\Psi_3 = (x^2-a^2)(y^2-b^2)(a_1+a_2x^2+a_3y^3) \tag{4.260}$$

a_1, a_2, a_3 为选择的常量,使 Π_3 为极小,泛函 Π_3 为

$$\Pi_3 = \frac{l\alpha^2M}{2}\iint_S\left\{\left(\frac{\partial\Psi_3}{\partial x}\right)^2+\left(\frac{\partial\Psi_3}{\partial y}\right)^2-4\Psi_3\right\}dxdy \tag{4.261}$$

由条件 $\delta\Pi_3=0$, 即

$$\delta\Pi_3 = \frac{\partial\Pi_3}{\partial a_1}\delta a_1+\frac{\partial\Pi_3}{\partial a_2}\delta a_2+\frac{\partial\Pi_3}{\partial a_3}\delta a_3 = 0 \tag{4.262}$$

给出

$$\left.\begin{aligned}
\frac{\partial\Pi_3}{\partial a_1} &= l\alpha^3\mu\iint_S\left\{\frac{\partial\Psi_3}{\partial x}\frac{\partial}{\partial a_1}\left(\frac{\partial\Psi_3}{\partial x}\right)\right.\\
&\qquad\left.+\frac{\partial\Psi_3}{\partial y}\frac{\partial}{\partial a_1}\left(\frac{\partial\Psi_3}{\partial y}\right)-2\frac{\partial\Psi_3}{\partial a_1}\right\}dxdy = 0\\
\frac{\partial\Pi_3}{\partial a_2} &= l\alpha^3\mu\iint_S\left\{\frac{\partial\Psi_3}{\partial x}\frac{\partial}{\partial a_2}\left(\frac{\partial\Psi_3}{\partial x}\right)\right.\\
&\qquad\left.+\frac{\partial\Psi_3}{\partial y}\frac{\partial}{\partial a_2}\left(\frac{\partial\Psi_3}{\partial y}\right)-2\frac{\partial\Psi_3}{\partial a_2}\right\}dxdy = 0\\
\frac{\partial\Pi_3}{\partial a_3} &= l\alpha^3\mu\iint_S\left\{\frac{\partial\Psi_3}{\partial x}\frac{\partial}{\partial a_3}\left(\frac{\partial\Psi_3}{\partial x}\right)\right.\\
&\qquad\left.+\frac{\partial\Psi_3}{\partial y}\frac{\partial}{\partial a_3}\left(\frac{\partial\Psi_3}{\partial y}\right)-2\frac{\partial\Psi_3}{\partial a_3}\right\}dxdy = 0
\end{aligned}\right\} \tag{4.263}$$

把(4.260)式代入(4.263)式,简化后得求解 a_1, a_2, a_3 的三个联立方程式:

$$\left.\begin{aligned}
35(a^2+b^2)a_1+(5a^2+7b^2)a^2a_2+(7a^2+5b^2)b^2a_3&=\frac{175}{4}\\
3(5a^2+7b^2)a_1+(5a^2+33b^2)a^2a_2+3(a^2+b^2)b^2a_3&=\frac{105}{4}\\
3(7a^2+5b^2)a_1+3(a^2+b^2)a^2a_2+(33a^2+5b^2)b^2a_3&=\frac{105}{4}
\end{aligned}\right\}\quad(4.264)$$

其解为

$$\left.\begin{aligned}
a_1&=\frac{35}{8}\frac{19a^4+13a^2b^2+9b^4}{45a^6+509a^4b^2+509a^2b^4+45b^6}\\
a_2&=\frac{105}{8}\frac{9a^2+b^2}{45a^6+509a^4b^2+509a^2b^4+45b^6}\\
a_3&=\frac{105}{8}\frac{a^2+9b^2}{45a^6+509a^4b^2+509a^2b^4+45b^6}
\end{aligned}\right\}\quad(4.265)$$

抗扭刚度的三级近似,根据(4.247e)式为

$$J_3=2\mu\iint_S\Psi_3dxdy=\mu(2a)^3(2b)K_3(\Lambda)\qquad(4.266)$$

其中 $K_3(\Lambda)$ 为 Λ 的一个无量纲函数

$$K_3(\Lambda)=\frac{7}{36}\frac{72\Lambda^2+71\Lambda^4+72\Lambda^6}{45+509\Lambda^2+509\Lambda^4+45\Lambda^6}\qquad(4.267a)$$

$$\Lambda=\frac{b}{a}\qquad(4.267b)$$

同样,最大应力的三级近似也在 A 或 B 点 $(y=0, x=\pm a)$,根据(4.259)式

$$(\tau_{\max})_3=-\alpha\mu\left(\frac{\partial\Psi_3}{\partial x}\right)_{x=\pm a,\,y=0}=2ab^2\alpha\mu(a_1+a^2a_2)$$

$$=\mu\alpha(2a)K_3^*(\Lambda)\qquad(4.268a)$$

$$K_3^*(\Lambda)=\frac{35}{8}\frac{36\Lambda^2+16\Lambda^4+9\Lambda^6}{45+509\Lambda^2+509\Lambda^4+45\Lambda^6}\qquad(4.268b)$$

同样从(4.258),(4.259a)式,也有与一级近似的抗扭刚度和最大

应力相关的无量纲量 $K_1(\Lambda)$，$K_1^*(\Lambda)$，

$$K_1^*(\Lambda) = \frac{5}{4}\frac{1}{1+\Lambda^2}, \quad K_1(\Lambda) = \frac{5}{18}\frac{\Lambda^2}{1+\Lambda^2} \tag{4.269}$$

$K_1(\Lambda)$，$K_3(\Lambda)$ 代表抗扭刚度无量纲系数的各级近似值，$K_1^*(\Lambda)$，$K_3^*(\Lambda)$ 代表最大应力无量纲系数的各级近似值(见表 4.4，表 4.5)，因为这个问题的准确解是已知的，根据圣维南 (St. Venant, 1855)[6] 的解

$$\left.\begin{aligned} K(\Lambda) &= \frac{1}{3} - \frac{1}{16}\left(\frac{4}{\pi}\right)^5 \frac{1}{\Lambda} \sum_{n=0}^{\infty} \frac{1}{(2n+1)^5} \tanh\frac{(2n+1)\pi\Lambda}{2} \\ K^*(\Lambda) &= 1 - \frac{8}{\pi^2} \sum_{n=0}^{\infty} \frac{1}{(2n+1)^2 \cosh\dfrac{(2n+1)\pi\Lambda}{2}} \end{aligned}\right\} \tag{4.270}$$

从表 4.4 上可以看到，刚度近似值都是准确值的下限，最大剪

表 4.4　无量纲抗弯刚度[7]

$\Lambda = \frac{b}{a}$	$K(\Lambda)$ (4.270)	$K_1(\Lambda)$ (4.269)	$K_3(\Lambda)$ (4.267a)
1	0.1406	0.139	0.1404
2	0.229	0.222	0.228
3	0.263	0.250	0.263
4	0.281	0.261	0.279
5	0.291	0.287	0.290
∞	0.333	0.278	0.311

表 4.5　无量纲最大应力[7]

$\Lambda = \frac{b}{a}$	$K^*(\Lambda)$ (4.270)	$K_1^*(\Lambda)$ (4.269)	$K_3^*(\Lambda)$ (4.268b)
1	0.675	0.625	0.703
2	0.930	1.000	0.951
3	0.985	1.125	0.982
4	0.997	1.176	0.969
5	0.999	1.202	0.951
∞	1.000	1.250	0.875

应力的近似值并不保证从上面或下面接近准确值.

通过分部积分和边界条件(4.246e)式,我们很易证明

$$
\begin{aligned}
\Pi &= \frac{l\alpha^2\mu}{2}\iint_S\left\{\left(\frac{\partial\Psi}{\partial x}\right)^2+\left(\frac{\partial\Psi}{\partial y}\right)^2-4\Psi\right\}dxdy \\
&= \frac{l\alpha^2\mu}{2}\iint_S\left\{-\left(\frac{\partial^2\Psi}{\partial x^2}+\frac{\partial^2\Psi}{\partial y^2}+4\right)\right\}\Psi dxdy \qquad (4.271)
\end{aligned}
$$

当Π为极值时,$\frac{\partial^2\Psi}{\partial x^2}+\frac{\partial^2\Psi}{\partial y^2}=-2$(即(4.249b)式),上式为[根据(4.247e)式]

$$
\Pi_{\text{极值}}=-l\alpha^2\mu\iint_S\Psi dxdy=-\frac{l\alpha}{2}J \qquad (4.272)
$$

这就证明了当$\Pi_{\text{极值}}$为最小值时,J当然就是最大值. 因此,刚度的近似值提供准确值的下限.

对于最大剪应力的近似值而言,虽然不能确定其上限或是下限,但三级近似显然比一级近似更接近于准确值.

我们也可以用三角级数来近似矩形截面柱体的扭转问题. 如取

$$
\left.
\begin{aligned}
\Psi_1 &= a_{11}\cos\frac{\pi x}{2a}\cos\frac{\pi y}{2b} \\
\Psi_3 &= a_{11}\cos\frac{\pi x}{2a}\cos\frac{\pi y}{2b}+a_{31}\cos\frac{3\pi x}{2a}\cos\frac{\pi y}{2b} \\
&\quad +a_{13}\cos\frac{\pi x}{2a}\cos\frac{3\pi y}{2b} \\
&\cdots\cdots\cdots\cdots\cdots \\
\Psi_\infty &= \sum_{\left.\begin{smallmatrix}m\\n\end{smallmatrix}\right\}=1,3,5} a_{mn}\cos\frac{m\pi x}{2a}\cos\frac{n\pi y}{2b}
\end{aligned}
\right\} \qquad (4.273)
$$

等,但计算结果证明三角级数的近似,不如多项式近似收敛得快. 当然,三角级数如能用无穷项,其结果是正确解.

上面的多项式近似函数的选择方法,很易推广到各种凸多边形问题中去. 如果凸多边形的各边方程为

$$
\begin{aligned}
&a_1x+b_1y+c_1=0, \\
&a_2x+b_2y+c_2=0,\ \cdots,\ a_sx+b_sy+c_s=0 \qquad (4.274)
\end{aligned}
$$

则最简单的满足边界条件的一级近似函数可以用

$$\Psi_1 = (a_1x + b_1y + c_1)(a_2x + b_2y + c_2)\cdots(a_sx + b_sy + c_s)A_1 \tag{4.275}$$

来表示，对于高级近似而言，我们可以用 $(A_1 + A_2x + A_3y)$，$(A_1 + A_2x + A_3y + A_4x^2 + A_5xy + A_6y^2)$ 等在上式中代替 A_1 来组成 Ψ 的近似函数。

这种用边界线的方程组合近似的扭转应力函数的方法也可以推广到各种由曲线组成的边界中去。

当然，如果所处理的边界，是由凹多边形组成的，则近似函数的组成就很困难。

以 L 形截面而言（图 4.8），它的边界为 $AOBGFDEC$ 所组成：

$$\left.\begin{array}{ll}\overline{AC}:\ y - h = 0, & \overline{BG}:\ x - l = 0,\\ \overline{OA}:\ x = 0, & \overline{DFG}:\ y + a = 0,\\ \overline{OB}:\ y = 0, & \overline{DEC}:\ x + b = 0.\end{array}\right\} \tag{4.276}$$

最简单的近似函数为

$$\Psi_1 = Ax(x - l)(x + b)y(y - h)(y + a) \tag{4.277}$$

但是这个函数使 L 截面的域内 OE，OF 线上各点也等于零，也即是说这个函数等于把 L 形截面分成三个矩形，每个矩形截面单独

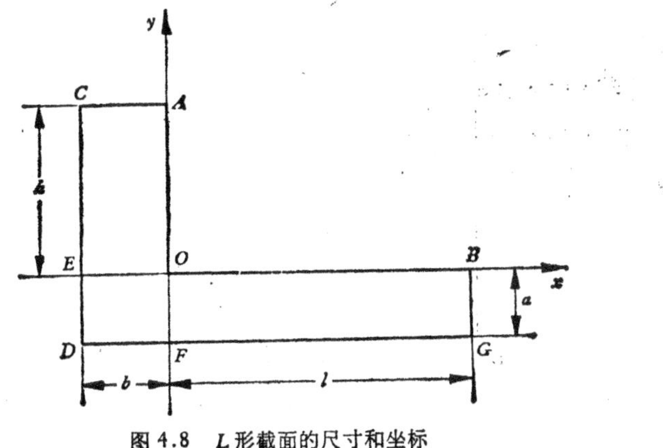

图 4.8　L 形截面的尺寸和坐标

求出的抗扭刚度，加在一起求得总和，而不是L形截面的总体刚度．我们利用x，y的绝对值$|x|$，$|y|$，就可以写出OE，OF线上各点不等于零的近似函数．如

$$\Psi_1 = A(|x| + |y| - x - y)(x - l)(x + b)(y - h)(y + a) \tag{4.278}$$

这个函数在OA和OB边界上仍等于零，但是它相当于在三个不同矩形内利用不同的近似数，亦即

$$\Psi_1 = -2y(x - l)(x + b)(y - h)(y + a)A$$
$$OBGF,\ 0 \leqslant x \leqslant l,\ -a \leqslant y \leqslant 0 \tag{4.279a}$$

$$\Psi_1 = -2(x + y)(x - l)(x + b)(y - h)(y + a)A$$
$$OFDE,\ -b \leqslant x \leqslant 0,\ -a \leqslant y \leqslant 0 \tag{4.279b}$$

$$\Psi_1 = -2x(x - l)(x + b)(y - h)(y + a)A$$
$$AOEC,\ -b \leqslant x \leqslant 0,\ 0 \leqslant y \leqslant h \tag{4.279c}$$

用这个近似函数求出的扭转刚度比(4.277)式的要好一些，但还不是很满意的．

例(2) 空心正方截面柱体扭转的应用．

上面的例是单联通区域．现在让我们用空心正方截面柱体问

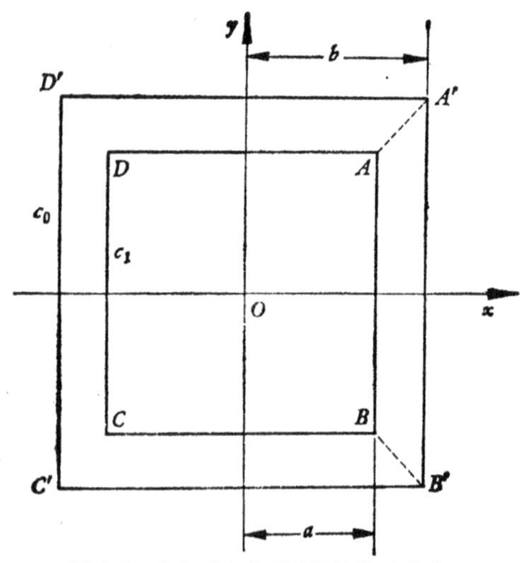

图 4.9 空心正方截面柱体的截面尺寸

题来说明复联通区域的问题．图 4.9：

按上述理论，这里有两条边界：

$$\left.\begin{array}{ll}\text{(i) 边界 } c_0 \text{(外边界)} & x=\pm b \text{ 或 } y=\pm b \\ \text{(ii) 边界 } c_1 \text{(内边界)} & x=\pm a \text{ 或 } y=\pm a\end{array}\right\} \tag{4.280}$$

在内外边界上，Ψ 有不同的值(常量)，根据 (4.246e) 式：

$$\left.\begin{array}{l}\text{在 } c_0 \text{ 上，} \Psi=0 \\ \text{在 } c_1 \text{ 上，} \Psi=k\end{array}\right\} \tag{4.281}$$

现在考虑 $\Pi(\Psi)$ 的极小问题，先用粗糙的近似式．由于截面的对称性，我们只需要考虑区域 $AA'BB'$．我们假定

$$\Psi_1 = A(b-x) \tag{4.282}$$

它满足外边界条件，在内边界上有

$$A(b-a)=k \quad \text{或} \quad A=\frac{k}{b-a} \tag{4.283}$$

或把 (4.282) 式写成

$$\Psi_1 = \frac{b-x}{b-a} \tag{4.284}$$

这里的 k 是待定的．根据 (4.248c)

$$\Pi_1 = 4\frac{l\alpha^2\mu}{2}\iint_{ABB'A'}\left[\left(\frac{\partial\Psi_1}{\partial x}\right)^2+\left(\frac{\partial\Psi_1}{\partial y}\right)^2-4\Psi_1\right]dxdy+8l\alpha^2\mu k a^2 \tag{4.285}$$

把 (4.284) 式代入，积分得

$$\Pi_1 = 2l\alpha^2\mu\left\{k^2\frac{b+a}{b-a}-\frac{4}{3}(b^2+ab-2a^2)k\right\}+8l\alpha^2\mu k a^2 \tag{4.286}$$

Π 极小的条件为 $\dfrac{\partial V}{\partial k}=0$，它给出

$$k=\frac{2}{3}\frac{(b-a)}{(b+a)}(b^2+ab-5a^2) \tag{4.287}$$

因此，根据 (4.247e) 计算得抗扭刚度

$$J_1=\frac{12\mu}{9}\left(\frac{b-a}{b+a}\right)(b^2+ab-5a^2) \tag{4.288}$$

当 $b-a=t$ 很小时，即在薄壁截面情况下，得到

$$J_1 \cong 8\mu b^3 t \tag{4.289}$$

这正是通常薄壁理论的结果[8].

假如我们用二级近似的函数

$$\Psi_2 = A(b-x) + B(b-x)^2 \tag{4.290}$$

于是它满足外边界条件,在内边界 AB 上,有

$$k = A(b-a) + B(b-a)^2 \tag{4.291}$$

此处 A, B 是待定常数,根据 (4.248c),

$$\begin{aligned}\Pi_2 = 4\frac{l\alpha^2\mu}{2}\iint\limits_{ABB'A'}\left[\left(\frac{\partial\Psi_2}{\partial x}\right)^2 + \left(\frac{\partial\Psi_2}{\partial y}\right)^2 - 4\Psi_2\right]dxdy \\ + 8l\alpha^2\mu a^2[A(b-a) + B(b-a)^2]\end{aligned} \tag{4.292}$$

把 (4.291) 式代入 (4.292) 式,得

$$\begin{aligned}\Pi_2 = 2l\alpha^2\mu[b-a]\Big\{&(b+a)A^2 \\ &+ 4AB\left[-\frac{2}{3}(b-a) + b\right](b-a) \\ &+ 4B^2\left[-\frac{1}{2}(b-a) + \frac{2b}{3}\right](b-a)^2 \\ &- 4A\left[-\frac{2}{3}(b-a)^2 + b(b-a) - a^2\right] \\ &- 4B\left[-\frac{1}{2}(b-a)^2 + \frac{2}{3}(b-a)b - a^2\right](b-a)\Big\}\end{aligned} \tag{4.293}$$

Π_2 的极值由 $\frac{\partial\Pi_2}{\partial A} = 0$, $\frac{\partial\Pi_2}{\partial B} = 0$ 决定,它们是

$$\left.\begin{aligned}&3(b+a)A + 2[-2(b-a)^2 \\ &\qquad + 3b(b-a)](B-1) + 6a^2 = 0, \\ &2(b+a)A + 2[-3(b-a)^2 + b(b-a)](B-1) + 6a^2 \\ &\qquad - 3(b-a)^2 + 4b(b-a) = 0\end{aligned}\right\} \tag{4.294}$$

解之,得

$$\left.\begin{aligned}A &= \frac{b^3 + 4ab^2 + a^2b - 12a^3}{b^2 + 4ab + a^2} \\ B &= -\frac{b^2 + 4ab + 13a^2}{2(b^2 + 4ab + a^2)}\end{aligned}\right\} \tag{4.295}$$

而 J_2（抗扭刚度）则为

$$J_2 = 8\mu \iint_{ABB'A'} \Psi_2 dxdy - 8\mu k a^2 \tag{4.296}$$

用了 (4.290)，(4.291) 式以后，可以证明

$$J_2 = 2\mu t \left(b^3 + ab^2 - 11a^2 b - 3a^3 + \frac{96a^5}{a^2 + 4ab + b^2} \right) \tag{4.297}$$

其中 $t = b - a$，t 为壁厚. 当趋近于薄壁管时，$a \to b$，上式同样化为

$$J_2 \cong 8\mu t b^3 \tag{4.298}$$

这和一级近似相同，都是和薄壁筒的正确结果一样.

许多不同形状截面柱体的抗扭刚度，都能用上面的立兹法求得. 其误差一般都不大.

§ 4.5 弹性板的弯曲的立兹近似法

对于边界固定的弹性板受横向载荷的弯曲问题，我们可以利用最小位能原理或最小势能原理，其泛函见 § 1.5.

$$\Pi(w) = \frac{1}{2} \iint_S D \left\{ (\nabla^2 w)^2 - 2(1 - \nu) \left[\frac{\partial^2 w}{\partial x^2} \frac{\partial^2 w}{\partial y^2} - \left(\frac{\partial^2 w}{\partial x \partial y} \right)^2 \right] \right\} dxdy - \iint_S qw dxdy \tag{4.299}$$

固定边的边界条件为

$$w = \frac{\partial w}{\partial n} = 0 \qquad \text{在边界上} \tag{4.300}$$

正如 § 1.5 所证明的那样，对于 (4.300) 式那样的边界条件而下，泛函也可以写成

$$\Pi(w) = \frac{1}{2} \iint_S D \left\{ (\nabla^2 w)^2 - \frac{2q}{D} w \right\} dxdy \tag{4.301}$$

在 § 4.3 中业已证明了，这个泛函的极值问题是可以通过立兹法求解的. 现举例说明：

例 (1) 固定的矩形板在均布载荷下的立兹法近似解

设矩形板的坐标如图 4.10 所示，(4.301) 式中的 q 为常数. 近

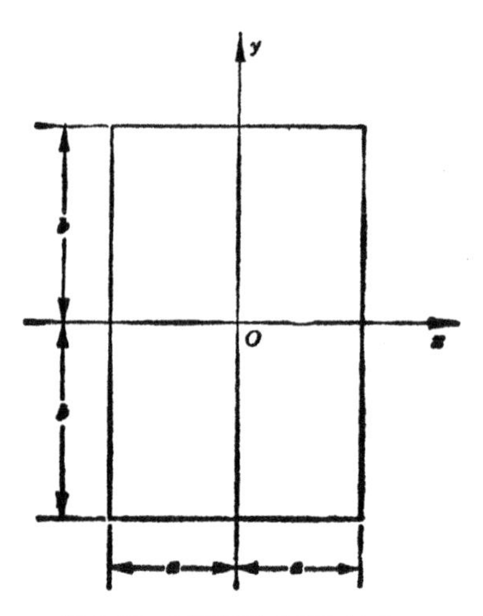

图 4.10 矩形板的坐标和尺寸

似多项式(满足边界条件)可以写成

$$w=(x^2-a^2)^2(y^2-b^2)^2(A_1+A_2x^2+A_3y^2+\cdots) \tag{4.302}$$

我们没有取 x, y 的奇次项,这是因为这个问题有明显的对称性.

为了近似计算,我们只取三项,设

$$\left.\begin{array}{l}\varphi_1=(x^2-a^2)^2(y^2-b^2)^2 \quad \varphi_2=(x^2-a^2)^2(y^2-b^2)^2x^2 \\ \varphi_3=(x^2-a^2)^2(y^2-b^2)^2y^2\end{array}\right\} \tag{4.303}$$

而近似函数为

$$w_3(x, y)=A_1\varphi_1+A_2\varphi_2+A_3\varphi_3 \tag{4.304}$$

在这里,为了计算简单起见,我们将不用正则正交的序列.

在我们的情形中,立兹法的方程组是由

$$\frac{\partial \Pi}{\partial A_i}=0 \qquad (i=1, 2, 3) \tag{4.305a}$$

给出的,或即

$$\sum_{k=1}^{3}\int_{-a}^{a}\int_{-b}^{b}(\nabla^2\varphi_k\nabla^2\varphi_m)A_k dxdy=\frac{q}{D}\int_{-a}^{a}\int_{-b}^{b}\varphi_m dxdy$$

$$(m=1, 2, 3) \tag{4.305b}$$

积分后整理得

$$
\left.\begin{aligned}
&\left(\lambda^2+\frac{4}{7}+\frac{1}{\lambda^2}\right)A_1+\left(\frac{1}{7}+\frac{1}{11\lambda^4}\right)b^2A_2\\
&\qquad+\left(\frac{1}{7}+\frac{\lambda^4}{11}\right)a^2A_3=\frac{7}{128}\frac{q}{a^2b^2D}\\
&\left(\frac{\lambda^2}{11}+\frac{1}{11\lambda^2}\right)A_1+\left(\frac{3}{7}+\frac{4}{77\lambda^2}+\frac{3}{143\lambda^4}\right)b^2A_2\\
&\qquad+\left(\frac{\lambda^4}{11}+\frac{1}{11}\right)a^2A_3=\frac{1}{128}\frac{q}{a^2b^2D}\\
&\left(\frac{\lambda^2}{11}+\frac{1}{7\lambda^2}\right)A_1+\left(\frac{1}{77}+\frac{1}{77\lambda^4}\right)b^2A_2\\
&\qquad+\left(\frac{4\lambda^2}{77}+\frac{3\lambda^4}{143}+\frac{3}{7}\right)a^2A_3=\frac{1}{128}\frac{q}{a^2b^2D}
\end{aligned}\right\}\tag{4.306}
$$

其中

$$
\lambda=\frac{b}{a}\tag{4.307}
$$

要找(4.306)式的解，需要通过繁复的计算．人们也可以根据不同的 λ 值，直接求数值解．例如，对于正方板而言，$\lambda=1$，于是(4.306)式可以写成

$$
\left.\begin{aligned}
&\frac{18}{7}A_1+\frac{18}{77}a^2A_2+\frac{18}{77}a^2A_3=\frac{7}{128}\frac{q}{a^4D}\\
&\frac{18}{77}A_1+\frac{502}{1001}a^2A_2+\frac{2}{77}a^2A_3=\frac{1}{128}\frac{q}{a^4D}\\
&\frac{18}{77}A_1+\frac{2}{77}a^2A_2+\frac{502}{1001}a^2A_3=\frac{1}{128}\frac{q}{a^4D}
\end{aligned}\right\}\tag{4.308}
$$

解出，得

$$
A_1=0.020202\frac{q}{a^4D}\qquad A_2a^2=A_3a^2=0.005885\frac{q}{a^4D}\tag{4.309}
$$

所以，得近似解

$$
w_3=\frac{q}{Da^4}(x^2-a^2)^2(y^2-b^2)^2\left\{0.020202+0.005885\frac{x^2+y^2}{a^2}\right\}\tag{4.310}
$$

在中心($x=y=0$)的挠度为

$$w_3(0,0)=0.020202\frac{qa^4}{D} \tag{4.311}$$

正确解见铁摩辛柯及伏诺夫斯基著《板壳理论》[9] (1959), 202 页. 它是

$$w(0,0)=0.00126\left(\frac{q(2a)^4}{D}\right)=0.02016\frac{qa^4}{D} \tag{4.312}$$

其正确度已达 0.2%. 这里必须指出, 米赫林[7] (1957) 的数字结果有误.

如果在近似多项式 (4.304) 式中只取第一项

$$w_1(x,y)=A_1\varphi_1=A_1(x^2-a^2)^2(y^2-b^2)^2 \tag{4.313}$$

则 (4.306) 式只有一个,即

$$\left(\lambda^2+\frac{4}{7}+\frac{1}{\lambda^2}\right)A_1=\frac{7}{128}\frac{q}{a^2b^2D} \tag{4.314}$$

或即

$$A_1=\frac{49}{128(7\lambda^4+4\lambda^2+7)}\frac{q}{a^4D} \tag{4.315}$$

中心挠度为

$$w_1(0,0)=\frac{49}{128(7\lambda^4+4\lambda^2+7)}\frac{qa^4}{D} \tag{4.316}$$

当 $a=b$ 时,即 $\lambda=1$ 时,或即对正方板而言

$$w_1(0,0)=0.02127\frac{qa^4}{D} \tag{4.317}$$

其误差为 5.5%,

如果我们研究的是圆薄板,环形薄板, 或扇形板, 在受到分布的横载荷 $q(r,\theta)$ 以后,其泛函可以用极坐标 r,θ 来表示,它是

$$\begin{aligned}\Pi(w)=\iint_S\Bigg\{\frac{D}{2}\Bigg[&\left(\frac{\partial^2 w}{\partial r^2}+\frac{1}{r}\frac{\partial w}{\partial r}+\frac{1}{r^2}\frac{\partial^2 w}{\partial\theta^2}\right)^2\\&-2(1-\nu)\frac{\partial^2 w}{\partial r^2}\left(\frac{1}{r}\frac{\partial w}{\partial r}+\frac{1}{r^2}\frac{\partial^2 w}{\partial\theta^2}\right)\\&+2(1-\nu)\left(\frac{1}{r}\frac{\partial^2 w}{\partial r\partial\theta}-\frac{1}{r^2}\frac{\partial w}{\partial\theta}\right)^2\Bigg]-wq\Bigg\}rdrd\theta\end{aligned} \tag{4.318}$$

如果是轴对称的圆薄板问题，w 是 r 的函数，则上式可以进一步简化为

$$\Pi(w)=\int_0^R\left\{\frac{D}{2}\left[\left(\frac{\partial^2 w}{\partial r^2}+\frac{1}{r}\frac{\partial w}{\partial r}\right)^2-\frac{2(1-\nu)}{r}\frac{\partial w}{\partial r}\frac{\partial^2 w}{\partial r^2}\right]-wq\right\}2\pi r dr \qquad (4.319)$$

这些薄板的近似计算（立兹法）和矩形板很相似，我们将不再举例说明。

§ 4.6 伽辽金法，权函数

伽辽金法是立兹法的推广．设以平板的弯曲问题为例．它的泛函为

$$\Pi(w)=\frac{D}{2}(Aw,w)-(f,w) \qquad (4.320)$$

其中 (Aw,w) 见 (4.34) 式．(f,w) 见 (4.33c) 式，变分后可以在固定、简支、或自由边的边界条件下证明

$$\delta\Pi=\iint_S(D\nabla^2\nabla^2 w-f)\delta w dxdy=0 \qquad (4.321)$$

其中 $D\nabla^2\nabla^2 w-f=0$ 为欧拉方程或平衡方程． 按立兹法，设 $\varphi_1, \varphi_2, \varphi_3, \cdots$ 为满足板的边界条件的一个序列，并设近似函类为

$$w(x,y)=a_1\varphi_1+a_2\varphi_2+\cdots+a_n\varphi_n \qquad (4.322)$$

代入 (4.321) 式，并使用变分极值条件，$\delta\Pi=0$ 或

$$\frac{\partial V}{\partial a_i}=0 \qquad (i=1,2,\cdots,n) \qquad (4.323)$$

即得

$$\iint_S(D\nabla^2\nabla^2 w-f)\varphi_i dxdy=0 \qquad (i=1,2,\cdots,n) \qquad (4.324)$$

这是 $a_1, a_2, \cdots, a_n$ 的 n 个线性联立方程式，如果称

$$\left.\begin{aligned}D(A\varphi_i,\varphi_j)&=\iint(D\nabla^2\nabla^2\varphi_i)\varphi_j dxdy\\(f,\varphi_i)&=\iint f\varphi_i dxdy\end{aligned}\right\} \qquad (4.325)$$

则这组联立方程式可以写成

$$\sum_{i=1}^{n} a_i D(A\varphi_i, \varphi_j) - (f, \varphi_j) = 0 \quad (j = 1, 2, \cdots, n) \tag{4.326}$$

很明显这组方程有解的条件是：a_i 的系数行列式必须不等于零．如果 φ_i 之间是正交的，则（4.326）式的解特别简单．正交条件为

$$(A\varphi_i, \varphi_j) = 0 \quad i \neq j \tag{4.327}$$

解为

$$a_i = \frac{(f, \varphi_i)}{D(A\varphi_i, \varphi_i)} \quad (i = 1, 2, \cdots, n) \tag{4.328}$$

如果采用更多的 φ_n，则根据立兹法的条件，其解应越来越靠近正确解．（4.322）和（4.324）式或（4.326）式就是伽辽金法的基础．如果只取有限个 φ_i，则其结果就是近似解．对于其它问题，方法相同．

从（4.321）式可以看到，伽辽金法的基本原理就是**虚位移原理**，即一个平衡系统的力对于任意假想的位移做的功等于零．这个平衡系统的力为 $D\nabla^2\nabla^2 w - f$，任意假想的位移为虚位移 δw．

如果我们只从有限个虚位移 φ_i 内研究这个虚功原理，其结果就是对这些虚位移 φ_i 做的功等于零（亦即（4.324）式），这当然只能得到近似的解．

（4.324）式也可以看作是微分方程误差的某种平均消除方法．如果 w 是近似函数，则 $D\nabla^2\nabla^2 w - f$ 就代表近似函数在微分方程（4.320）式中造成的误差．（4.324）式代表这个误差用 φ_i 这几个函数来衡量的平均值等于零，也可以把它作为误差 $D\nabla^2\nabla^2 w - f$ 和 φ_i 都是正交的条件．

从前面的立兹法的收敛性的证明说来，这样的方法能够收敛到极值函数的条件是（Aw，w）的正定性．亦即是说，只要（Aw，w）是正定的，则立兹法和伽辽金法都能达到极值函数．但是所有这两种方法，都要求有相应的泛函．当然，我们必须指出，立兹法的近似函数只要求满足边界位移固定的条件，自然边界条件是可以通过变分近似地满足的．但伽辽金法的近似函数必须满足所有

边界条件，即包括边界位移固定的条件和一切自然边界条件．这是因为证明(4.321)式时，我们业已假定边界条件(包括固定、简支、自由边)都已满足了．

现在如果有一问题，它的微分方程是已知的，但泛函不知道，则立兹法就在使用上遇到了困难．但伽辽金法可以只从微分方程出发(如(4.324)式)，求得近似解(4.322)式中的若干系数．这就绕过了找不到合适的泛函的困难．从而大大地扩大了立兹法的使用领域．

立兹法普遍地使用在流体力学和空气弹性力学，以及许多动力学系统中．

对于一般的弹性力学的平衡问题而言，用位移 $u_i(u_1, u_2, u_3)$ 表示的平衡方程(4.36)式为

$$\sum_{j=1}^{3} A_{ij}u_j = -\left[(\lambda+\mu)\frac{\partial}{\partial x_i}\sum_{i=1}^{3}\frac{\partial u_k}{\partial x_k} + \mu\nabla^2 u_i\right] = f_i \quad (i=1, 2, 3) \tag{4.329}$$

于是，根据虚位移原理，对于虚位移 $\delta u_i(i=1, 2, 3)$ 而言，有

$$\iiint_{\tau}\left(\sum_{j=1}^{3} A_{ij}u_j - f_i\right)\delta u_i dxdydz = 0 \quad (i=1, 2, 3) \tag{4.330}$$

我们现在取 u_i 的近似函数为

$$\left.\begin{array}{l} u_1 = \sum\limits_{k=1}^{m} a_k\xi_k(x, y, z), \quad u_2 = \sum\limits_{k=1}^{m} b_k\eta_k(x, y, z), \\ u_3 = \sum\limits_{k=1}^{m} c_k\zeta_k(x, y, z) \end{array}\right\} \tag{4.331}$$

代入(4.330)式，得

$$\left.\begin{array}{l} \sum\limits_{k=1}^{m}\delta a_k \iiint\limits_{\tau}\left(\sum\limits_{j=1}^{3} A_{1j}u_j - f_1\right)\xi_k dxdydz \\ \sum\limits_{k=1}^{m}\delta b_k \iiint\limits_{\tau}\left(\sum\limits_{j=1}^{3} A_{2j}u_j - f_2\right)\eta_k dxdydz \\ \sum\limits_{k=1}^{m}\delta c_k \iiint\limits_{\tau}\left(\sum\limits_{j=1}^{3} A_{3j}u_j - f_3\right)\zeta_k dxdydz \end{array}\right\} \tag{4.332}$$

δa_k, δb_k, δc_k 是任意的，所以有

$$\left.\begin{aligned}&\iiint_{\tau}\left(\sum_{j=1}^{3}A_{1j}u_j-f_1\right)\xi_k dxdy=0\\&\iiint_{\tau}\left(\sum_{j=1}^{3}A_{2j}u_j-f_2\right)\eta_k dxdy=0\\&\iiint_{\tau}\left(\sum_{j=1}^{3}A_{3j}u_j-f_3\right)\zeta_k dxdy=0\end{aligned}\right\}\quad(k=1,2,\cdots,m)\quad(4.333)$$

这里共有 $3m$ 个方程，决定 a_k, b_k, c_k 共 $3m$ 个待定常数．式中的 u_j 见（4.331）式．

现在让我们举例来说明伽辽金法的应用．

例（1） 用伽辽金法求四边固定的矩形板受集中载荷下的近似解．

弹性矩形板的尺寸和坐标见图 4.11．

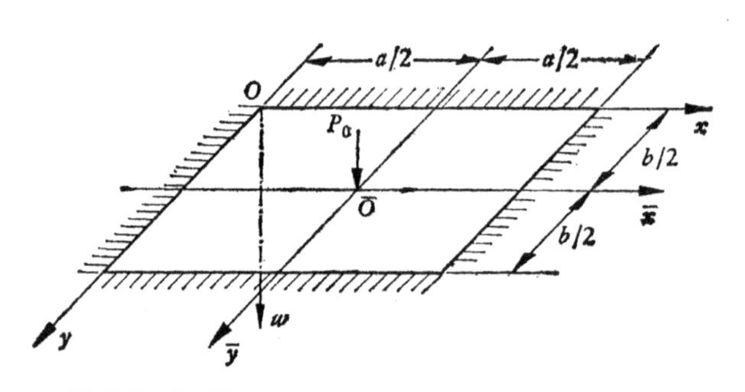

图 4.11 矩形板四边固定受中心集中载荷的尺寸和坐标

克雷洛夫曾建议采用梁的振动模式来近似板的位移表达式．其法经符拉索夫[10]系统化了．并列出了计算表格，从而大大地推进了它的使用．

设近移位移为

$$w(x,y)=\sum_m\sum_n a_{mn}X_m(x)Y_n(y)\quad(m,n=1,2,\cdots,k)\tag{4.334}$$

其中 X_m, Y_n 都满足固定的边界条件

$$\left.\begin{aligned} X_m(x) &= \cosh\frac{\lambda_m x}{a} - \cos\frac{\lambda_m x}{a} \\ &\quad - \frac{\cosh\lambda_m - \cos\lambda_m}{\sinh\lambda_m - \sin\lambda_m}\sinh\frac{\lambda_m x}{a} - \sin\frac{\lambda_m x}{a} \\ Y_n(y) &= \cosh\frac{\lambda_n y}{b} - \cos\frac{\lambda_n y}{b} \\ &\quad - \frac{\cosh\lambda_n - \cos\lambda_n}{\sinh\lambda_n - \sin\lambda_n}\sinh\frac{\lambda_n y}{b} - \sin\frac{\lambda_n y}{b} \end{aligned}\right\} \tag{4.335}$$

而且 λ_m，λ_n 是固定梁振动的频率方程的根. 它们的数值为

$$\lambda_1 = 4.7300,\ \lambda_2 = 7.8532,\ \lambda_3 = 10.9956,\ \lambda_4 = 14.1372 \tag{4.336}$$

把(4.334)式代入(4.324)式，得

$$\begin{aligned} D\sum_m\sum_n a_{mn}\int_0^a\int_0^b\Big[&\frac{d^4X_m}{dx^4}Y_nX_iY_k \\ &+ 2\frac{d^2X_m}{dx^2}\frac{d^2Y_n}{dy^2}X_iY_k + \frac{d^4Y_n}{dy^4}X_mX_iY_k\Big]dxdy \\ &- \int_0^a\int_0^b f(x,y)X_iY_kdxdy = 0 \\ &\qquad (i,k = 1,2,\cdots) \end{aligned} \tag{4.337}$$

由于(4.335)式的振动模式的诸函数是正交的，亦即有下列关系[11]

$$\left.\begin{aligned} &\int_0^a\frac{d^4X_m}{dx^4}X_idx = 0,\ \int_0^a\frac{d^2X_m}{dx^2}X_idx = 0,\ \int_0^a X_mX_idx = 0 \\ &\hspace{22em} m \neq i \\ &\int_0^b\frac{d^4Y_n}{dy^4}Y_kdy = 0,\ \int_0^b\frac{d^2Y_n}{dy^2}Y_kdx = 0,\ \int_0^b Y_nY_kdx = 0 \\ &\hspace{22em} n \neq k \end{aligned}\right\} \tag{4.338}$$

并用 I_{1m}，I_{2m}，I_{3m}，I_{4m}，I_{5m}，I_{6m} 代表下列积分:

$$\left.\begin{aligned} I_{1m} &= \int_0^a\frac{d^4X_m}{dx^4}X_mdx, & I_{2m} &= \int_0^b Y_mY_mdy, \\ I_{3m} &= \int_0^a\frac{d^2X_m}{dx^2}X_mdx, & I_{4m} &= \int_0^b Y_m\frac{d^2Y_m}{dy^2}dy, \\ I_{5m} &= \int_0^a X_mX_mdx, & I_{6m} &= \int_0^b\frac{d^4Y_m}{dy^4}Y_mdy \end{aligned}\right\} \tag{4.339}$$

于是，(4.337) 式可以写为

$$a_{mn}=\frac{P_0X_m\left(\frac{a}{2}\right)Y_n\left(\frac{b}{2}\right)}{(I_{1m}I_{2n}+2I_{3m}I_{4n}+I_{5m}I_{6n})D} \tag{4.340}$$

在符拉索夫的书中，我们可以找到计算 $I_{1m}, \cdots, I_{6m}$ 的表格，这些表格亦已由美国塔克塞斯大学重新整理并补充[12]。

对于正方板而言，$b=a$，可以取下列诸项的近似式，其结果为

$$\begin{aligned}W^*(x, y)=\frac{P_0a^2}{D}\{&1.933\times 10^{-3}X_1(x)Y_1(y)\\&+6.1594\times 10^{-6}[X_1(x)Y_2(y)+X_2(x)Y_1(y)]\\&+3.3489\times 10^{-6}X_2(x)Y_2(y)\\&-1.3619\times 10^{-4}[X_1(x)Y_3(y)+X_3(x)Y_1(y)]\}\end{aligned} \tag{4.341}$$

正确解的中心位移为 $w_{\max}=0.00559a^2P_0/D$[9]，而 (4.341) 式给出的中心位移为 $w^*_{\max}=0.00549a^2P_0/D$，其误差为 1.79%。

当然我们也可以用多项式来近似这个解，像 § 4.5 的例 (1) 一样，把坐标轴放在中点，称 $\bar{x}$, $\bar{y}$ 轴(图 4.11)，而把近似式写成

$$w=\left(\bar{x}^2-\frac{a^2}{4}\right)^2\left(\bar{y}^2-\frac{b^2}{4}\right)^2(A_1+A_2\bar{x}^2+A_3\bar{y}^2+\cdots) \tag{4.342}$$

其计算完全相同。

为了简单起见，如果只取一级近似，即

$$w=A\left(\bar{x}^2-\frac{a^2}{4}\right)^2\left(\bar{y}^2-\frac{b^2}{4}\right)^2 \tag{4.343}$$

则伽辽金方程即为

$$\int_{-\frac{a}{2}}^{\frac{a}{2}}\int_{-\frac{b}{2}}^{\frac{b}{2}}[D\nabla^2\nabla^2w^*-f]\left(\bar{x}^2-\frac{a^2}{4}\right)^2\left(\bar{y}^2-\frac{a^2}{4}\right)d\bar{x}d\bar{y}=0 \tag{4.344}$$

或为

$$DA\int_{-\frac{a}{2}}^{\frac{a}{2}}\int_{-\frac{b}{2}}^{\frac{b}{2}}\left\{24\left[\left(\bar{y}^2-\frac{b^2}{4}\right)^2+\left(\bar{x}^2-\frac{a^2}{4}\right)\right]\right.$$

$$+2(12\bar{x}^2-a^2)(12\bar{y}^2-b^2)\Big\}\left(\bar{x}^2-\frac{a^2}{4}\right)^2\left(\bar{y}^2-\frac{b^2}{4}\right)^2 d\bar{x}d\bar{y}$$

$$-P_0\frac{a^4b^4}{236}=0 \tag{4.345}$$

积分后，求得 A

$$A=\frac{11025P_0}{512Dab(7a^4+4a^2b^2+7b^4)} \tag{4.346}$$

所以，最大中心位移为

$$w_{\max}=\frac{11025P_0a^3b^3}{131072(7a^4+4a^2b^2+7b^4)} \tag{4.347}$$

对于正方板而言，$a=b$，中心位移为

$$w_{\max}=0.004673\frac{P_0a^2}{D} \tag{4.347a}$$

它和正确解 $w_{\max}=0.00559\dfrac{P_0a^2}{D}$ 相比，误差达 17.7%．这指出像 (4.243) 式这样的近似位移函数，对于均布载荷虽然误差不大（见 § 4.5 例 (1))，误差只有 5.5%，但对于集中载荷而言，其误差是较大的．当然，如果采用 (4.342) 式中的 A、B、C 三项近似，肯定可以把误差大量地减少．

人们曾对伽辽金法的收敛性问题进行了研究．如彼得罗夫[13] (1940)，康托洛维奇 (1948)[14] 和米赫林 (1948)[15] 等，他们的结论是，只要 (4.322) 式中满足边界条件的坐标函数 φ_i，在规定的积分域内是完全的序列，伽辽金法一般就能达到收敛的目的．当然，在这里对微分方程中运算子 A 还有一些连续性的要求．关于这一方面详尽的论证，读者可以参考康托洛维奇和米赫林的工作．

从上面的关于中心集中载荷下矩形板的弯曲近似计算上，可以看到收敛性不很理想（特别采用 (4.343) 式的多项式的近似函数时，更加突出)．这主要是集中载荷作用点附近变化较大而所设近似函数 (4.343) 式并不能适应这种变化所致．为了改进这种不相适应的情况，人们建议利用**权函数** $\chi(\bar{x},\bar{y})$，把 (4.324) 式写成

$$\iint(D\nabla^2\nabla^2w^*-f)\chi\varphi_i d\bar{x}d\bar{y}=0 \tag{4.348}$$

权函数并不影响最后的极限函数，这一点是显而易见的．但是，只要选择 $\chi(\bar{x},\bar{y})$，使它在集中力作用处较大，其它地区较小，则(4.348)式的积分中，就提高了集中力地区的重要性，这样的选择是很多的．例如，我们可以简单地取

$$\chi(\bar{x},\bar{y})=\left(\frac{a^2}{4}-\bar{x}^2\right)\left(\frac{b^2}{4}-\bar{y}^2\right) \tag{4.349}$$

设 $w^*(x,y)$ 的近似式仍旧是(4.343)式，代入(4.348)式得

$$\begin{aligned}DA\int_{-\frac{a}{2}}^{\frac{a}{2}}\int_{-\frac{b}{2}}^{\frac{b}{2}}&\left\{24\left[\left(\bar{y}^2-\frac{b^2}{4}\right)^2+\left(\bar{x}^2-\frac{a^2}{4}\right)\right]\right.\\&\left.+2(12\bar{x}^2-a^2)(12\bar{y}^2-b^2)\right\}\\&\times\left(\bar{x}^2-\frac{a^2}{4}\right)^3\left(\bar{y}^2-\frac{b^2}{4}\right)^3dxdy-P_0\frac{a^6b^6}{256\times 16}=0\end{aligned} \tag{4.350}$$

解出 A，得

$$A=\frac{121275}{2048abD}\frac{P_0}{15a^4+11a^2b^2+15b^4} \tag{4.351}$$

于是，得最大中心位移为

$$w^*(0,0)=\frac{121275}{524288D}\frac{a^3b^3P_0}{(15a^4+11a^2b^2+15b^4)} \tag{4.352}$$

对于正方板而言，

$$w^*(0,0)=0.00564\frac{P_0a^2}{D} \tag{4.353}$$

这和正确解 $0.00559\frac{P_0a^2}{D}$ 相差只有0.9%．从这里可以看到权函数所起的作用很大，没有用权函数时，误差达17.7%，同一近似函数在采用了权函数时，误差只剩0.9%了．

参 考 文 献

[1] Weierstrass, K., Ges. Werke, Vol. ii, 1870, pp. 49—53.

[2a] Friedrichs, K., Spektraltheorie halbbeschränkter Operatoren und Anwendung auf d. Spektralzerlegung. V. Differentialoperatoren, *Mathematische Annalen*, **109** (1934), pp. 4—5.

[2b] Friedrichs, K., An inequality for potential functions, *American Jour-*

nal of Mathematics, 68 (1946), 4.

[2c] Friedrichs, K., On the boundary-value problem of the theory of elasticity and korn's inequality, *Annals of Mathematics*, 48 (1947), 2.

[3] Ritz, W., Uber eine neue Methode zur Lösung gewisser Variations-Probleme der Mathematischen Physik, *J. reine u. angew. Mathematik*, 135 (1908), S. 1—61.

[4] 钱伟长、叶开沅，弹性力学，科学出版社，1956.

[5] 钱伟长、胡海昌、林鸿荪、叶开沅，弹性柱体的扭转理论，科学出版社，1956.

[6] Saint-Venant, B. de. Mémoire Sur la Torsion des Prismes, Mémoires des Savants étrangers, Paris, 14(1856), pp. 233—560.

[7] Михлин, С. Т., Прямые методы в математической физике, Госу. В. издательство технико-теоретической Литературы 1950 (中译本：С. Т. 米赫林著，数学物理中的直接方法，高等教育出版社，1957，第195页).

[8] Timoshenko, S., Goodier, J. N., Theory of Elasticity, McGraw-Hill, New York, 1951 (中译本：S. 铁摩辛柯，J. N. 古地尔著，弹性理论，人民教育出版社，1964，第315页).

[9] Timoshenko, S. and Woinowsky-krieger, S., Theory of Plates and Shells 2nd edition, McGraw-Hill, New York, 1959 (中译本：S. 铁摩辛柯，S. 沃诺斯基著，板壳理论，科学出版社，1977).

[10] Власов, В. З., Общая теория оболочек и её приложения в. технике, гостехиздат, 1949 (德译本：W. S. Wlassow, Allgemeine Theorie der Schalen und ihre Anwendung in der Technik, Akademie Verlag Berlin 1968; 中译本：В. З. 符拉索夫著，壳体的一般理论，人民教育出版社，1960).

[11] Szilard, R., Theory and Analysis of Plates, Classical and numerical methods, Prendice-Hall, Englewood, N. J., 1973.

[12] Felgear, R. P., Formulas for Integrals Containing Characteristic Functions of a Vibrating Beam, Circular No 14, Bureau of Engineering Research, University of Texas, Austin, Texas, USA., 1950.

[13] Петров, Г. И., Применение метода галеркина к задаче об устоичивости течения вязкой жидкости, *ПММ* 4 (1940), 3.

[14] Канторович, Л. В., Функциональный анализ и прикладная математика, *Успехи матем. наук*, 3 (1948), 6.

[15] Михлин, С. Т., О сходимости метода талеркина, *ДАН*, 61 (1948), 2.

第 五 章

泛函变分的几种近似计算法(二)康托洛维奇法,屈列弗兹法及其它

§5.1 康托洛维奇近似变分法

康托洛维奇、克雷洛夫[1,2]（1941）提出了目前大家称之为康托洛维奇法的近似变分法，康托洛维奇法在实质上是立兹法的推广．主要被用来处理多变量的函数的泛函变分问题．

立兹法在近似计算中是取满足边界条件的函数系列，$\varphi_1(x_1, x_2, \cdots, x_n)$，$\varphi_2(x_1, x_2, \cdots, x_n)$，$\cdots\varphi_m(x_1, x_2, \cdots, x_n)$，并把变分问题的近似解写成

$$W(x_1, x_2, \cdots, x_n) = \sum_{k=1}^{m} A_k\varphi_k(x_1, x_2, \cdots, x_n) \tag{5.1}$$

其中系数 A_k 为待定常数，这些待定常数可以根据泛函变分极值的条件决定．

康托洛维奇法是选用相似的满足边界条件的函数系列 $\varphi_k(x_1, x_2, \cdots, x_{n-1})$（$k=1, 2, \cdots, m$），而把变分问题的近似解写成

$$W(x_1, x_2, \cdots, x_n) = \sum_{k=1}^{m} A_k(x_n)\varphi_k(x_1, x_2, \cdots, x_{n-1}) \tag{5.2}$$

其中 $A_k(x_n)$ 为 x_n 的待定函数，把 $W(x_1, x_2, \cdots, x_n)$ 代入泛函后原来是函数 $W(x_1, x_2, \cdots, x_n)$ 的泛函 $\Pi(W)$，变为以 $A_1(x_n)$，$A_2(x_n)$，$\cdots$，$A_m(x_n)$ 为函数的泛函 $\Pi^*[A_1, A_2, \cdots, A_m]$，它是 m 个 $A_k(x_n)$ 的泛函，但这些函数都是一个自变量 x_n 的函数．我们的问题变成了选取 $A_1, A_2, \cdots, A_m(x_n)$ 使 $\Pi^*(A_1, A_2, \cdots, A_m)$ 达到极值．

我们求 $\Pi^*(A_1, A_2, \cdots, A_m)$ 极值的程序是：通过变分求得

$A_1(x_n), A_2(x_n), \cdots, A_m(x_n)$ 的欧拉方程和有关的边界条件．这些欧拉方程一般都是常微分方程．这样我们就把原来是以多变量的偏微分方程为欧拉方程的问题，变成了单变量的常微分方程的问题,这就是康托洛维奇法的特点．

如果 $m \to \infty$ 而取极限,则在某些条件下可以得到准确解．如果 m 取有限数，则用这种方法将得到近似解． 因为 $A_k(x_n) \cdot \varphi_k(x_1, x_2, \cdots, x_{n-1})$ 中有一部份 $A_k(x_n)$ 是通过欧拉方程求得的严格解．因此,比立兹法(采用的 $\varphi_k(x_1, x_2, \cdots, x_n)$ 完全不满足欧拉方程)的解要精确得多．换句话说,康托洛维奇选用的函数范围比立兹法的范围宽(指 $k = 1, 2, \cdots, m$ 相同的情况),因此所得结果就更为精确．

在一般的经验中，人们经常把 $W(x_1, x_2, \cdots, x_n)$ 中变化较复杂的变量作为 x_n． 如矩形板中，以长向坐标作为 x_n，如在柱体的约束扭转中，以轴向坐标作为 x_n 等．同时，人们常常在取定了 x_n 后，就不再把 $\varphi_k(x_1, x_2, \cdots, x_{n-1})$ 取作 x_n 的函数了．$\varphi_k(x_1, x_2, \cdots, x_{n-1})$ 所满足的边界条件也局限于除了 $x_n =$ 常数以外的有关边界条件．

1. 矩形截面柱体的扭转问题

首先,让我们用矩形截面柱体的扭转问题为例,来说明康托洛维奇法的优越性．

例 (1) 对矩形截面柱体的扭转问题,有泛函

$$\Pi(\Psi) = \int_{-a}^{a}\int_{-b}^{b}\left[\left(\frac{\partial \Psi}{\partial x}\right)^2 + \left(\frac{\partial \Psi}{\partial y}\right)^2 - 4\Psi\right] dxdy \qquad (5.3)$$

试用康托洛维奇法求近似解．

设取一级近似的函数

$$\Psi(x, y) = (b^2 - y^2)u(x) \qquad (5.4)$$

其中 $y = \pm b$ 上的边界条件已满足．这时的泛函为

$$\Pi(u) = \int_{-a}^{a}\int_{-b}^{b}\{(b^2 - y^2)^2[u'(x)]^2 + 4y^2u^2(x)$$

$$- 4(b^2 - y^2)u(x)\}dxdy \tag{5.5}$$

对 y 进行积分，上式化为

$$\Pi(u) = \int_{-a}^{a}\left[\frac{16}{15}b^5u'^2 + \frac{8}{3}b^3u^2 - \frac{16}{3}b^3u\right]dx \tag{5.6}$$

这个泛函的欧拉方程为

$$u''(x) - \frac{5}{2b^2}u(x) = -\frac{5}{2b^2} \tag{5.7}$$

这是一个常系数线性微分方程，边界条件要求

$$u(\pm a) = 0 \tag{5.8}$$

其通解为

$$u(x) = C_1\cosh\left(\sqrt{\frac{5}{2}}\frac{x}{b}\right) + C_2\sinh\left(\sqrt{\frac{5}{2}}\frac{x}{b}\right) + 1 \tag{5.9}$$

C_1，C_2 由边界条件 (5.8) 式决定

$$C_1 = -\frac{1}{\cosh\left(\sqrt{\frac{5}{2}}\frac{a}{b}\right)},\quad C_2 = 0 \tag{5.10}$$

最后，得

$$u(x) = \left\{1 - \frac{\cosh\left(\sqrt{\frac{5}{2}}\frac{x}{b}\right)}{\cosh\left(\sqrt{\frac{5}{2}}\frac{a}{b}\right)}\right\} \tag{5.11}$$

因此，一级近似解为

$$\Psi = \left\{1 - \frac{\cosh\left(\sqrt{\frac{5}{2}}\frac{x}{b}\right)}{\cosh\left(\sqrt{\frac{5}{2}}\frac{a}{b}\right)}\right\}(b^2 - y^2) \tag{5.12}$$

抗扭刚度为

$$J = 2\mu\int_{-a}^{a}\int_{-b}^{b}\Psi dxdy$$

$$= \frac{16}{3}b^3a\mu\left[1 - \sqrt{\frac{2}{5}}\frac{b}{a}\tanh\sqrt{\frac{5}{2}}\frac{a}{b}\right] \tag{5.13}$$

无量纲刚度为

$$K=\frac{J}{(2a)(2b)^3}\mu=\frac{1}{3}\left[1-\sqrt{\frac{2}{5}}\frac{1}{\Lambda}\tanh\sqrt{\frac{5}{2}}\Lambda\right]$$

$$\Lambda=\frac{a}{b} \tag{5.14}$$

注意,在这里我们是以 x 方向为长边的.

从表 5.1 中可以看到，用康托洛维奇法求得的刚度是很接近正确值的，对于正方截面而言，其误差只有 0.7%，而且当 Λ 越大时,准确度越高.

表 5.1　立兹法和康托洛维奇法在矩形截面柱体抗扭刚度的比较

$\Lambda(a/b)$	1	2	3	5	∞
$K(\Lambda)$ 准确解 (4.270) 式	0.14058	0.22869	0.26332	0.29135	0.33333
$K(\Lambda)$，用康托洛维奇法求得的近似解 (5.14) 式	0.13963	0.22831	0.26306	0.29130	0.33333
$K_1(\Lambda)$，用立兹法求得的一级近似解 (4.269) 式	0.13886	0.22219	0.25000	0.26709	0.27778
$K_2(\Lambda)$ 用立兹法求得的二级近似解 (4.267a) 式	0.1404	0.228	0.263	0.290	0.311

2. **康托洛维奇法的提高准确度问题**（以矩形截面柱体的扭转问题为例）

康托洛维奇法有很多方法能提高其精度，其中有两种是通常都能使用的.

第一种是**变量转换法**. 它是以交替轮换变量来提高其精度的方法. 现以矩形截面柱体的扭转问题为例,来说明这个方法.

例 (2)　对矩形截面柱体的应力函数一级近似式，用变量轮换法进行修正.

在一级近似计算中设 y 的函数变化是已知的. 用变分求 x 的函数变化. 在我们求得了 $u(x)$ 后,进一步设 $u(x)$ 是已知的,建立

新的近似函数

$$\Psi(x, y)=v(y)\left\{1-\frac{\cosh\sqrt{\frac{5}{2}}\frac{x}{b}}{\cosh\sqrt{\frac{5}{2}}\frac{a}{b}}\right\} \tag{5.15}$$

其中 $v(y)$ 是待定的. 代入 (5.3) 式，对 x 进行积分，得新的函数 $v(y)$ 的泛函.

$$\begin{aligned}\Pi(v)=\int_{-b}^{b}\Bigg\{&\frac{5}{2}\frac{a}{b^2}\left[\sqrt{\frac{2}{5}}\frac{b}{a}\tanh\sqrt{\frac{5}{2}}\frac{a}{b}\right.\\&\left.-\operatorname{sech}^2\sqrt{\frac{5}{2}}\frac{a}{b}\right]v^2(y)-a\left[2+\operatorname{sech}^2\sqrt{\frac{5}{2}}\frac{a}{b}\right.\\&\left.-3\sqrt{\frac{2}{5}}\frac{b}{a}\tanh\sqrt{\frac{5}{2}}\frac{a}{b}\right]v'^2(y)\\&-8a\left(1-\sqrt{\frac{2}{5}}\frac{b}{a}\tanh\sqrt{\frac{5}{2}}\frac{a}{b}\right)v(y)\Bigg\}dy\end{aligned} \tag{5.16}$$

变分后，得微分方程(即欧拉方程)

$$v''(y)-\frac{5}{2a^2}s^2v(y)=-r \tag{5.17}$$

其中

$$s^2=\frac{a^2}{b^2}\left\{\frac{\sqrt{\frac{2}{5}}\frac{b}{a}\tanh\sqrt{\frac{5}{2}}\frac{a}{b}-\operatorname{sech}^2\sqrt{\frac{5}{2}}\frac{a}{b}}{2+\operatorname{sech}^2\sqrt{\frac{5}{2}}\frac{a}{b}-3\sqrt{\frac{2}{5}}\frac{b}{a}\tanh\sqrt{\frac{5}{2}}\frac{a}{b}}\right\} \tag{5.18a}$$

$$r=\frac{4\left(1-\sqrt{\frac{2}{5}}\frac{b}{a}\tanh\sqrt{\frac{5}{2}}\frac{a}{b}\right)}{2+\operatorname{sech}^2\sqrt{\frac{5}{2}}\frac{a}{b}-3\sqrt{\frac{2}{5}}\frac{b}{a}\tanh\sqrt{\frac{5}{2}}\frac{a}{b}} \tag{5.18b}$$

边界条件为

$$v(\pm b)=0 \tag{5.19}$$

其解为

$$v(y)=\frac{2}{5}\frac{ra^2}{s^2}\left\{1-\frac{\cosh\sqrt{\frac{5}{2}}\frac{s}{a}y}{\cosh\sqrt{\frac{5}{2}}\frac{s}{a}b}\right\} \tag{5.20}$$

于是,二级近似解为

$$\Psi_2(x,y)=\frac{2}{5}\frac{ra^2}{s^2}\left\{1-\frac{\cosh\sqrt{\frac{5}{2}}\frac{s}{a}y}{\cosh\sqrt{\frac{5}{2}}\frac{s}{a}b}\right\}\left\{1-\frac{\cosh\sqrt{\frac{5}{2}}\frac{x}{b}}{\cosh\sqrt{\frac{5}{2}}\frac{a}{b}}\right\} \tag{5.21}$$

无量纲刚度可以写成

$$\begin{aligned}K&=\frac{J}{16b^3a\mu}=\frac{1}{8b^3a}\int_{-b}^{b}\int_{-a}^{a}\Psi_2(x,y)dxdy\\&=\frac{1}{5}\Lambda^2\frac{r}{s^2}\left\{1-\sqrt{\frac{2}{5}}\frac{\Lambda}{s}\tanh\sqrt{\frac{5}{2}}\frac{s}{\Lambda}\right\}\\&\quad\times\left\{1-\sqrt{\frac{2}{5}}\frac{1}{\Lambda}\tanh\sqrt{\frac{5}{2}}\Lambda\right\}\end{aligned} \tag{5.22}$$

其中 $\frac{a}{b}=\Lambda$, 而且从 (5.18a, b) 式,有

$$\frac{1}{5}\Lambda^2\frac{r}{s}=\frac{4}{5}\left\{\frac{1-\sqrt{\frac{2}{5}}\frac{1}{\Lambda}\tanh\sqrt{\frac{5}{2}}\Lambda}{\sqrt{\frac{2}{5}}\frac{1}{\Lambda}\tanh\sqrt{\frac{5}{2}}\Lambda-\mathrm{sech}^2\sqrt{\frac{5}{2}}\Lambda}\right\} \tag{5.23}$$

以正方截面 $\Lambda=1$ 为例

$$K=0.14042 \tag{5.24}$$

这和正确解 $K=0.14065$ 相比,只差0.17%,可见变量轮换法是很有效果的.

第二种方法是**康托洛维奇法的二级近似计算**. 根据前已讲过的,二级近似函数可以取

$$\Psi_2=(b^2-y^2)u_1(x)+(b^2-y^2)^2u_2(x) \tag{5.25}$$

代入 (5.3) 式,对 y 积分,得 u_1, u_2 的泛函

$$\Pi(u_1, u_2) = \int_{-a}^{a} \left\{ \frac{8}{3} b^3 u_1^2 + \frac{64}{15} b^5 u_1 u_2 + \frac{256}{105} b^7 u_2^2 \right.$$

$$+ \frac{16}{15} b^5 u_1'^2 + \frac{64}{35} b^7 u_1' u_2' + \frac{256}{315} b^9 u_2'^2$$

$$\left. - \frac{16}{3} b^3 u_1 - \frac{64}{15} b^5 u_2 \right\} dx \tag{5.26}$$

变分并进行分部积分，因为 δu_1, δu_2 都是独立变分，所以得

$$\left.\begin{aligned} 35u_1 + 28b^2u_2 - 14b^2u_1'' - 12b^4u_2'' - 35 = 0 \\ 21u_1 + 24b^2u_2 - 9b^2u_1'' - 8b^4u_2'' - 21 = 0 \end{aligned}\right\} \tag{5.27}$$

消去 u_2，得

$$b^4u_1'''' - 28b^2u_1'' + 63u_1 = 63 \tag{5.28}$$

而 b^2u_2 则为

$$b^2u_2(x) = \frac{1}{16}(-b^2u_1'' + 7u_1 - 7) \tag{5.29}$$

所以，(5.28) 式的一般解为

$$u_1(x) = A \cosh \lambda_1 \frac{x}{b} + B \sinh \lambda_1 \frac{x}{b}$$

$$+ C \cosh \lambda_2 \frac{x}{b} + D \sinh \lambda_2 \frac{x}{b} + 1 \tag{5.30}$$

其中 A, B, C, D 为待定积分常数．$\pm\lambda_1$, $\pm\lambda_2$ 为

$$\lambda^4 - 28\lambda^2 + 63 = 0 \tag{5.31}$$

的根．

$$\lambda_1 = [14 - \sqrt{133}]^{\frac{1}{2}} = 1.57081,$$

$$\lambda_2 = [14 + \sqrt{133}]^{\frac{1}{2}} = 5.05298 \tag{5.32}$$

这里应该指出，λ_1 和 $\sqrt{\frac{5}{2}} = 1.58114$ 是很接近的．把(5.30)式代入(5.29)式，即得 b^2u_2 的表达式，即

$$b^2u_2(x) = \frac{1}{16}(7 - \lambda_1^2)\left(A \cosh \lambda_1 \frac{x}{b} + B \sinh \lambda_1 \frac{x}{b}\right)$$

$$+ \frac{1}{16}(7 - \lambda_2^2)\left(C \cosh \lambda_2 \frac{x}{b} + D \sinh \lambda_2 \frac{x}{b}\right) \tag{5.33}$$

利用 u_1, u_2 的边界条件

$$u_1(\pm a) = u_2(\pm a) = 0 \tag{5.34}$$

就能求得

$$\left.\begin{aligned} A &= \frac{7-\lambda_2^2}{\lambda_2^2-\lambda_1^2}\frac{1}{\cosh\lambda_1\dfrac{a}{b}}, \quad & C &= -\frac{7-\lambda_1^2}{\lambda_2^2-\lambda_1^2}\frac{1}{\cosh\lambda_2\dfrac{a}{b}} \\ B &= 0, & D &= 0 \end{aligned}\right\} \tag{5.35}$$

于是，$u_1(x)$，$u_2(x)$ 的解为

$$\left.\begin{aligned} u_1(x) &= 1 + \frac{7-\lambda_2^2}{\lambda_2^2-\lambda_1^2}\frac{\cosh\lambda_1\dfrac{x}{b}}{\cosh\lambda_1\dfrac{a}{b}} - \frac{7-\lambda_1^2}{\lambda_2^2-\lambda_1^2}\frac{\cosh\lambda_2\dfrac{x}{b}}{\cosh\lambda_2\dfrac{a}{b}} \\ u_2(x) &= \frac{1}{16b^2}\frac{(7-\lambda_1^2)(7-\lambda_2^2)}{(\lambda_2^2-\lambda_1^2)}\left[\frac{\cosh\lambda_1\dfrac{x}{b}}{\cosh\lambda_1\dfrac{a}{b}} - \frac{\cosh\lambda_2\dfrac{x}{b}}{\cosh\lambda_2\dfrac{a}{b}}\right] \end{aligned}\right\} \tag{5.36}$$

而

$$\begin{aligned} \Psi_2 = {} & b^2\left(1-\frac{y^2}{b^2}\right)\left\{1 + \frac{7-\lambda_2^2}{\lambda_2^2-\lambda_1^2}\frac{\cosh\lambda_1\dfrac{x}{b}}{\cosh\lambda_1\dfrac{a}{b}}\right. \\ & \left. - \frac{7-\lambda_1^2}{\lambda_2^2-\lambda_1^2}\frac{\cosh\lambda_2\dfrac{x}{b}}{\cosh\lambda_2\dfrac{a}{b}}\right\} + \frac{b^2}{16}\left(1-\frac{y^2}{b^2}\right)^2 \\ & \times \frac{(7-\lambda_1^2)(7-\lambda_2^2)}{\lambda_2^2-\lambda_1^2}\left\{\frac{\cosh\lambda_1\dfrac{x}{b}}{\cosh\lambda_1\dfrac{a}{b}} - \frac{\cosh\lambda_2\dfrac{x}{b}}{\cosh\lambda_2\dfrac{x}{b}}\right\} \end{aligned} \tag{5.37}$$

无量纲抗扭刚度为

$$\begin{aligned} K_3 = {} & \frac{1}{3} + \frac{1}{60}\frac{(7-\lambda_2^2)(27-\lambda_1^2)}{(\lambda_2^2-\lambda_1^2)}\frac{b}{\lambda_1 a}\tanh\lambda_1\frac{a}{b} \\ & - \frac{1}{60}\frac{(7-\lambda_1^2)(27-\lambda_2^2)}{(\lambda_2^2-\lambda_1^2)}\frac{b}{\lambda_2 a}\tanh\lambda_2\frac{a}{b} \end{aligned} \tag{5.38}$$

当正方截面时，$\lambda = 1$，

$$K_2 = 0.140564 \tag{5.39}$$

它和正确值 0.14065 相比，只差 0.06%.

这里应该指出，$u(x_1)$ 的方程是一个 4 阶方程，这比一级近似高了二阶，如果我们求三级近似解，将是相当于求一个六阶常微分方程的解. 阶数越高，计算越繁重，这是一个不利的因素. 所以，康托洛维奇法的高级近似解目前研究得比较少，这就是一个主要原因.

3. 矩形板的弯曲问题的康托洛维奇解

康托洛维奇法在历史上曾对固定矩形板在均布截荷下的弯曲问题提出了有效的近似解.

例 (3) 设有矩形板 $-b \leqslant y \leqslant b$，$-a \leqslant x \leqslant a$，四边固定，抗弯刚度为 D，受均布载荷 q. (图 4.10). 用康托洛维奇法求中心最大位移.

固定边界的弹性板的泛函可以用下式表达

$$\Pi(w) = \int_{-a}^{a}\int_{-b}^{b}\left\{\frac{1}{2}D(\nabla^2 w)^2 - qw\right\}dxdy$$

建议用近似函数

$$w(x, y) = u(x)(b^2 - y^2) \tag{5.40}$$

代入 (5.39) 式，得

$$\Pi(w) = \int_{-a}^{a}\left\{\frac{1}{2}D\left[\frac{256}{315}b^9 u''^2(x) - \frac{512}{105}b^7 u(x)u''(x) + \frac{256}{10}b^5 u^2(x)\right] - \frac{16}{15}qb^5 u(x)\right\}dx \tag{5.41}$$

变分后，利用固定边条件

$$u(\pm a) = u'(\pm a) = 0 \tag{5.42}$$

得

$$b^4 u'''' - 6b^2 u'' + \frac{63}{2}u - \frac{21}{16}\frac{q}{D} = 0 \tag{5.43}$$

其一般解可以写成

$$u(x)=\frac{q}{24D}+A\cosh\alpha\frac{x}{b}\cos\beta\frac{x}{b}+B\sinh\alpha\frac{x}{b}\sin\beta\frac{x}{b}$$
$$+C\cosh\alpha\frac{x}{b}\sin\beta\frac{x}{b}+D_1\sinh\alpha\frac{x}{b}\cos\beta\frac{x}{b}\quad(5.44)$$

其中 $\pm(\alpha\pm i\beta)$ 为 $\lambda^4-6\lambda^2+\frac{63}{2}=0$ 的四个根.

$$\alpha=\left[\frac{3}{2}\sqrt{\frac{7}{2}}+\frac{3}{2}\right]^{\frac{1}{2}}=2.07515,$$
$$\beta=\left[\frac{3}{2}\sqrt{\frac{7}{2}}-\frac{3}{2}\right]^{\frac{1}{2}}=1.14291\quad(5.45)$$

在满足了边界条件 (5.42) 式后,得

$$A=-\frac{q}{12D}\left[\frac{\alpha\cosh\alpha\frac{a}{b}\sin\beta\frac{a}{b}+\beta\sinh\alpha\frac{a}{b}\cos\beta\frac{a}{b}}{\alpha\sin 2\beta\frac{a}{b}+\beta\sinh 2\alpha\frac{a}{b}}\right]\quad(5.46a)$$

$$B=\frac{q}{12D}\left[\frac{\alpha\sinh\alpha\frac{a}{b}\cos\beta\frac{a}{b}-\beta\cosh\alpha\frac{a}{b}\sin\beta\frac{a}{b}}{\alpha\sin 2\beta\frac{a}{b}+\beta\sinh 2\alpha\frac{a}{b}}\right]\quad(5.46b)$$

$$C=D_1=0\quad(5.46c,\ d)$$

于是, $u(x)$ 的解为

$$u(x)=\frac{q}{24D}-\frac{q}{12D}\left[\frac{\alpha\cosh\alpha\frac{a}{b}\sin\beta\frac{a}{b}+\beta\sinh\alpha\frac{a}{b}\cos\beta\frac{a}{b}}{\alpha\sin 2\beta\frac{a}{b}+\beta\sinh 2\alpha\frac{a}{b}}\right]$$
$$\times\cosh\alpha\frac{x}{b}\cos\beta\frac{x}{b}$$
$$+\frac{q}{12D}\left[\frac{\alpha\sinh\alpha\frac{a}{b}\cos\beta\frac{a}{b}-\beta\cosh\alpha\frac{a}{b}\sin\beta\frac{a}{b}}{\alpha\sin 2\beta\frac{a}{b}+\beta\sinh 2\alpha\frac{a}{b}}\right]$$
$$\times\sinh\alpha\frac{x}{b}\sin\beta\frac{x}{b}\quad(5.47)$$

而板的近似位移解可以写成

$$
\begin{aligned}
w = {} & \frac{q}{24D}(b^2 - y^2)^2 \\
& - \frac{q}{12D}\left[\frac{\alpha\cosh\alpha\frac{a}{b}\sin\beta\frac{a}{b} + \beta\sinh\alpha\frac{a}{b}\cos\beta\frac{a}{b}}{\alpha\sin 2\beta\frac{a}{b} + \beta\sinh 2\alpha\frac{a}{b}}\right] \\
& \times (b^2 - y^2)^2\cosh\alpha\frac{x}{b}\cos\beta\frac{x}{b} \\
& + \frac{q}{12D}\left[\frac{\alpha\sinh\alpha\frac{a}{b}\cos\beta\frac{a}{b} - \beta\cosh\alpha\frac{a}{b}\sin\beta\frac{a}{b}}{\alpha\sin 2\beta\frac{a}{b} + \beta\sinh 2\alpha\frac{a}{b}}\right] \\
& \times (b^2 - y^2)^2\sinh\alpha\frac{x}{b}\sin\beta\frac{x}{b}
\end{aligned}
\tag{5.48}
$$

中心最大位移为

$$
\begin{aligned}
w_{\max} = {} & \frac{qb^4}{24D} \\
& - \frac{qb^4}{12D}\left[\frac{\alpha\cosh\alpha\frac{a}{b}\sin\beta\frac{a}{b} + \beta\sinh\alpha\frac{a}{b}\cos\beta\frac{a}{b}}{\alpha\sin 2\beta\frac{a}{b} + \beta\sinh 2\alpha\frac{a}{b}}\right]
\end{aligned}
\tag{5.49}
$$

正方板的 $\frac{a}{b}$ 等于 1，上式化为

$$
w_{\max} = 0.02074\frac{qa^4}{D} \tag{5.50}
$$

正确解见 (3.312) 式，等于 $0.02016\frac{qa^4}{D}$，误差为 2.8%

如果用变量轮换法，下一级近似的函数为

$$
w(x, y) = v(y)\left\{1 - 2\left[\frac{\alpha\cosh\alpha\frac{a}{b}\sin\beta\frac{a}{b} + \beta\sinh\alpha\frac{a}{b}\cos\beta\frac{a}{b}}{\alpha\sin 2\beta\frac{a}{b} + \beta\sinh 2\alpha\frac{a}{b}}\right]\right.
$$

$$\times \cosh \alpha \frac{x}{b} \cos \beta \frac{x}{b}$$

$$+ 2\left[\frac{\alpha \sinh \alpha \frac{a}{b} \cos \beta \frac{a}{b} - \beta \cosh \alpha \frac{a}{b} \sin \beta \frac{a}{b}}{\alpha \sin 2\beta \frac{a}{b} + \beta \sinh 2\alpha \frac{a}{b}}\right]$$

$$\left.\times \sinh \alpha \frac{x}{b} \sin \beta \frac{x}{b}\right\} \tag{5.51}$$

以后可以更翻轮换，所得的解都和 (5.47) 式相类似．克尔和亚历山大 (1967)[3]，克尔 (1968)[4] 和维伯 (1970—1972)[5] 曾用这种变量轮换法，求得最后的 $w(x, y)$ 的形式为

$$\begin{aligned} w(x, y) = \frac{Fqb^4}{D} & \left[K_1 \sinh \alpha \frac{x}{a} \sin \beta \frac{x}{a}\right. \\ & \left. + K_2 \cosh \alpha \frac{x}{a} \cos \beta \frac{x}{a} + K_0\right] \\ & \times \left[K_1' \sinh \alpha' \frac{y}{b} \sin \beta' \frac{x}{a}\right. \\ & \left. + K_2' \cosh \alpha' \frac{y}{a} \cos \beta' \frac{x}{a} + K_0'\right] \end{aligned} \tag{5.52}$$

其中，当 $a = b$ 时，

$$\left.\begin{array}{l} F = 0.18715 \times 10^{-3}, \ K_0 = K_0' = 19.975, \\ K_1 = K_1' = -1.6586, \ K_2 = K_2' = -0.5819, \\ \alpha = \alpha' = 2.07913 \qquad \beta = \beta' = 1.2062 \end{array}\right\} \tag{5.53}$$

中心位移和正确解基本相同．

§ 5.2 悬空边矩形板的康托洛维奇解法

用立兹法或伽辽金法处理有悬空边的矩形板问题，不受边界力或不受边界弯矩作用的边界条件都是自然边界条件，在选择近似位移函数时，只要满足位移固定 $w(s)=0$ 和转角固定 $\frac{\partial w}{\partial n} = 0$

的边界条件，而有关的自然边界条件，可以通过变分自然得到满足．但是在具体地按上述方案进行近似计算时，发现收敛很慢，不很实用．另一计算方案是把不受边界力作用和不受边界弯矩作用的自然边界条件看作和位移边界条件一样，也让它们在选择近似函数时事先得到满足，然后用立兹法或伽辽金法计算其待定常数．如§4.3中例(2)有关不均匀简支梁的弯曲就说明了这两种计算方法．但是，在这里必须指出，对于悬空边而言，如果完全按自然边界条件处理，则一般收敛较慢，如果不按自然边界条件处理，而企图使近似函数满足悬空边条件，则有很大困难，原因在于不易找到满足悬空边条件的近似函数．

如果采用康托洛维奇解，则在悬空边情况下，可以得到较满意的近似解．

例(1)　三边固定一边悬空的矩形板的康托洛维奇解．

设矩形板($a\times b$)三边固定一边悬空受均布载荷q，其抗弯刚度为D，用康托洛维奇法求解．图5.1．按最小位能原理，泛函为

$$\Pi(w)=\int_0^b\int_0^a\frac{1}{2}D\left\{\left(\frac{\partial^2 w}{\partial x^2}+\frac{\partial^2 w}{\partial y^2}\right)^2-2(1-\nu)\left[\frac{\partial^2 w}{\partial x^2}\frac{\partial^2 w}{\partial y^2}-\left(\frac{\partial^2 w}{\partial x\partial y}\right)^2\right]\right\}dxdy-\int_0^b\int_0^a qw\,dxdy \tag{5.54}$$

其边界条件为

$$w=\frac{\partial w}{\partial y}=0\quad(y=0\text{ 及 }y=b) \tag{5.55a,b}$$

$$w=\frac{\partial w}{\partial x}=0\quad(x=0) \tag{5.55c,d}$$

$$\frac{\partial^2 w}{\partial x^2}+\nu\frac{\partial^2 w}{\partial y^2}=0,\quad\frac{\partial}{\partial x}\left[\frac{\partial^2 w}{\partial x^2}+(2-\nu)\frac{\partial^2 w}{\partial y^2}\right]=0,\quad(x=a) \tag{5.55e,f}$$

在B，C角点上，有角点条件$\dfrac{\partial^2 w}{\partial x\partial y}=0$，但是根据(5.55a，b)式，

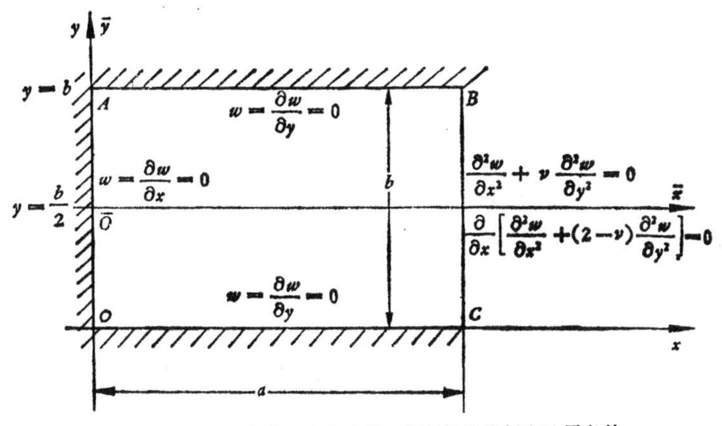

图 5.1　BC 边悬空的受均布载荷的矩形极的坐标和边界条件

它们业已满足．(5.55e, f) 式代表弯矩为零和剪力为零的悬空边界条件．设满足 AB 和 OC 边界条件的近似函数为

$$w=(b-y)^2y^2u(x) \tag{5.56}$$

把 (5.56) 式代人 (5.54) 式，并对 y 进行积分，得

$$\Pi(u)=\int_0^a \frac{D}{2}\left\{\frac{4}{5}b^5u^2-\frac{4\nu}{105}b^7uu''\right.$$
$$\left.+\frac{4(1-\nu)}{105}b^7u'^2+\frac{1}{630}b^9u''^2-\frac{qb^5}{15D}u\right\}dx \tag{5.57}$$

进行变分，并通过分部积分，可以证明极值条件是：

$$\delta\Pi=\int_0^a D\left\{\frac{4}{5}b^5u-\frac{4}{105}b^7u''+\frac{1}{630}b^9u''''-\frac{1}{30}q\frac{b^5}{D}\right\}\delta u dx$$
$$+\frac{Db^7}{630}[(b^2u''-12\nu u)\delta u']_0^a$$
$$-\frac{Db^7}{630}[(b^2u'''-12(2-\nu)u')\delta u]_0^a=0 \tag{5.58}$$

我们可以利用 (5.56) 式证明上式右侧最后两项相当于 $x=0$，和 $x=a$ 上的边界条件

$$-D\int_0^b\left\{\left[\frac{\partial^3 w}{\partial x^3}+(2-\nu)\frac{\partial^3 w}{\partial x\partial y^2}\right]\delta w\right\}_{x=0}^{x=a}dy$$

$$= -\frac{Db^7}{630}[(b^2u''' - 12(2-\nu)u')\delta u]_0^a \tag{5.59a}$$

$$D\int_0^b \left\{\left[\frac{\partial^2 w}{\partial x^2} + \nu\frac{\partial^2 w}{\partial y^2}\right]\delta\frac{\partial w}{\partial x}\right\}_{x=0}^{x=a} dy$$

$$= \frac{Db^7}{630}[(b^2u'' - 12\nu u)\delta u']_0^a \tag{5.59b}$$

从 (5.58) 式得欧拉方程

$$b^4u'''' - 24b^2u'' + 504u = 21\frac{q}{D} \tag{5.60}$$

相关的边界条件为

$$u(0) = u'(0) = 0 \tag{5.61a,b}$$

$$b^2u'''(a) - 12(2-\nu)u'(a) = 0, \quad b^2u''(a) - 12\nu u(a) = 0 \tag{5.61c,d}$$

(5.60) 式的一般解为

$$u(x) = \frac{1}{24}\frac{q}{D} + A^*\cosh\frac{\alpha x}{b}\cos\frac{\beta x}{b} + B^*\sinh\frac{\alpha x}{b}\sin\frac{\beta x}{b}$$

$$+ C^*\cosh\frac{\alpha x}{b}\sin\frac{\beta x}{b} + D^*\sinh\frac{\alpha x}{b}\cos\frac{\beta x}{b} \tag{5.62}$$

其中 $\pm(\alpha \pm i\beta)$ 为 $\lambda^4 - 24\lambda^2 + 504 = 0$ 的四个根，它们是

$$\alpha = [3\sqrt{14} + 6]^{\frac{1}{2}} = 4.15025,$$

$$\beta = [3\sqrt{14} - 6]^{\frac{1}{2}} = 2.28582 \tag{5.63}$$

A^*, B^*, C^*, D^* 四个待定常数是根据 (5.61a, b, c, d) 式决定的.

$$\left.\begin{aligned}
A^* &= -\frac{1}{24}\frac{q}{D} \\
B^* &= -\frac{1}{24}\frac{q}{D}\left[\frac{R_3S_1 - R_1S_3 + 12\nu R_3}{R_2S_3 - R_3S_2}\right] \\
C^* &= -\frac{1}{24}\frac{q}{D}\left[\frac{R_1S_2 - R_2S_1 - 12\nu R_2}{R_2S_3 - R_3S_2}\right]\frac{\alpha}{\beta} \\
D^* &= \frac{1}{24}\frac{q}{D}\left[\frac{R_1S_2 - R_2S_1 - 12\nu R_2}{R_2S_3 - R_3S_2}\right]
\end{aligned}\right\} \tag{5.64}$$

其中 R_1, R_2, R_3, S_1, S_2, S_3 分别为

$$
\left.
\begin{aligned}
R_1 &= \alpha[\alpha^2 - 3\beta^2 - 12(2-\nu)] \sinh\frac{\alpha a}{b}\cos\frac{\beta a}{b} \\
&\quad - \beta[3\alpha^2 - \beta^2 - 12(2-\nu)] \cosh\frac{\alpha a}{b}\sin\frac{\beta a}{b} \\
R_2 &= \alpha[\alpha^2 - 3\beta^2 - 12(2-\nu)] \cosh\frac{\alpha a}{b}\sin\frac{\beta a}{b} \\
&\quad + \beta[2\alpha^2 - \beta^2 - 12(2-\nu)] \sinh\frac{\alpha a}{b}\cos\frac{\beta a}{b} \\
R_3 &= 2\alpha(\alpha^2 + \beta^2) \cosh\frac{\alpha a}{b}\cos\frac{\beta a}{b} \\
&\quad + \frac{1}{\beta}(\alpha^2 + \beta^2)[\alpha^2 - \beta^2 - 12(2-\nu)] \sinh\frac{\alpha a}{b}\sin\frac{\beta a}{b}
\end{aligned}
\right\}
\tag{5.65}
$$

$$
\left.
\begin{aligned}
S_1 &= (\alpha^2 - \beta^2 - 12\nu) \cosh\frac{\alpha a}{b}\cos\frac{\beta a}{b} \\
&\quad - 2\alpha\beta \sinh\frac{\alpha a}{b}\sin\frac{\beta a}{b} \\
S_2 &= (\alpha^2 - \beta^2 - 12\nu) \sinh\frac{\alpha a}{b}\sin\frac{\beta a}{b} \\
&\quad + 2\alpha\beta \cosh\frac{\alpha a}{b}\cos\frac{\beta a}{b} \\
S_3 &= \frac{\alpha}{\beta}(\alpha^2 + \beta^2 - 12\nu) \cosh\frac{\alpha a}{b}\sin\frac{\beta a}{b} \\
&\quad + (\alpha^2 + \beta^2 + 12\nu) \sinh\frac{\alpha a}{b}\cos\frac{\beta a}{b}
\end{aligned}
\right\}
\tag{5.66}
$$

最大位移在 $y = \dfrac{b}{2}$，$x = a$。

$$
\begin{aligned}
w\left(a, \frac{b}{2}\right) = \frac{qb^4}{384D}\Bigg\{ 1 &- \cosh\frac{\alpha a}{b}\cos\frac{\beta a}{b} \\
&- \left[\frac{R_3S_1 - R_1S_3 + 12\nu R_3}{R_2S_3 - R_3S_2}\right] \sinh\frac{\alpha a}{b}\sin\frac{\beta a}{b} \\
&+ \left[\frac{R_1S_2 - R_2S_1 - 12\nu R_2}{R_2S_3 - R_3S_2}\right]
\end{aligned}
$$

$$\times\left[\sinh\frac{\alpha a}{b}\cos\frac{\beta a}{b}-\frac{\alpha}{\beta}\cosh\frac{\alpha a}{b}\sin\frac{\beta a}{b}\right] \quad (5.67)$$

如果是正方板，$a=b$，并取 $\nu=\frac{1}{3}$，则

$$w\left(a,\frac{a}{2}\right)=w_{\max}=0.00342\frac{qa^4}{D} \quad (5.68)$$

这和从差分方程计算所得的结果 $0.00333\frac{qa^4}{D}$ 相差2.7%[6]. 其中有一部份是差分计算的误差，另一部份是由于斯摩脱洛夫采用了 $\nu=\frac{1}{6}$ 所引起的. 但是，这里必须指出，在这个计算中，悬空边的边界条件只是按沿边积分的平均形式近似地满足的. 一次近似计算就能达到这样的结果，显然是很不容易的. 二次近似函数可以取下式

$$w(x,y)=u_1(x)y^2(b-y)^2+u_2(x)y^3(b-y)^3 \quad (5.69)$$

其欧拉方程为联立的二个四阶微分方程，消去 $u_1(x)$ 或 $u_2(x)$ 以后，得一个8阶微分方程和有关的边界条件. 其求解过程虽然比较繁重，但仍是可能的. 其结果将对最大挠度有较大的修正，在这里将不再具体进行计算了.

例(2) 一边固定三边悬空的矩形板在均布载荷下变形的康托洛维奇法解.

一边固定三边悬空的矩形板是一个有名的难题. 它在三条悬空边上，各有两个自然边界条件，还有悬空角点条件，也是自然边界条件. 自然边界条件不是固定边和简支边的位移已知条件

$$\left(w(s)=\frac{\partial w}{\partial n}=0\right),$$

它不必在选择函数时预先与以满足. 它在理论上可以通过变分自然而然地满足的. 对于变分近似计算而言，从上一个例中，业已看到它们是怎样近似地自然满足的. 函数选择越广泛，自然边界条件越能近似地满足. 这里有三条自由边，所以同样也能选择只满足固定边但不满足悬空边的边界条件的近似函数. 调整这些近似

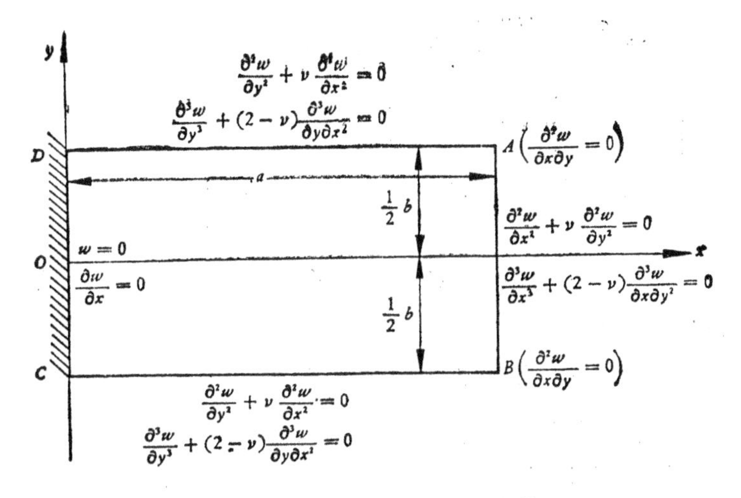

图 5.2　悬空板的尺寸和坐标及边界条件

函数中的待定系数，让自然边界条件在极值条件下近似地满足。

泛函为

$$
\begin{aligned}
\Pi(w) = & \int_0^a \int_{-b/2}^{b/2} \frac{1}{2} D \left\{ \left(\frac{\partial^2 w}{\partial x^2} + \frac{\partial^2 w}{\partial y^2} \right)^2 \right. \\
& \left. - 2(1-\nu) \left[\frac{\partial^2 w}{\partial x^2} \frac{\partial^2 w}{\partial y^2} - \left(\frac{\partial^2 w}{\partial x \partial y} \right) \right] \right\} dxdy \\
& - \int_0^a \int_{-b/2}^{b/2} qwdxdy
\end{aligned}
\tag{5.70}
$$

最简单的近似函数，可以用均布载荷下悬梁的解作为已定的 x 的函数．即

$$
w(x, y) = (x^4 - 4ax^3 + 6a^2x^2)u(y) \tag{5.71}
$$

固定边的条件是满足的． 把 (5.71) 式代入 (5.70) 式，对 x 积分，得

$$
\begin{aligned}
\Pi(u) = & \frac{2}{35} a^5 D \int_{-b/2}^{b/2} \left\{ 252u^2 + 30\nu a^2 u u'' + 180(1-\nu) a^2 u'^2 \right. \\
& \left. + \frac{182}{9} a^4 u''^2 - 21 \frac{q}{D} u \right\} dy
\end{aligned}
\tag{5.72}
$$

变分后，通过分部积分简化，得

$$
\begin{aligned}
\delta \Pi = \frac{2}{35} a^5 D \int_{-b/2}^{b/2} \Big\{ & 504u - 60(6 - 7\nu)a^2 u'' \\
& + \frac{364}{9} a^4 u'''' - 21 \frac{q}{D} \Big\} \delta u dy \\
& + \frac{4}{35} a^7 D \left[\frac{182}{9} a^2 u'' + 15\nu u \right] \delta u' \Big|_{-b/2}^{b/2} \\
& + \frac{4}{35} a^7 D \left[15(12 - 13\nu) u' - \frac{182}{9} a^2 u''' \right] \delta u \Big|_{-b/2}^{b/2}
\end{aligned} \tag{5.73}
$$

欧拉方程为

$$
504u - 60(6 - 7\nu)a^2 u'' + \frac{364}{9} a^4 u'''' - 21 \frac{q}{D} = 0 \tag{5.74}
$$

u 的端点条件为

$$
182a^2 u'' + 135\nu u = 0 \qquad (y = \pm b/2) \tag{5.75}
$$

$$
182a^2 u''' - 135(12 - 13\nu) u' = 0 \qquad (y = \pm b/2) \tag{5.76}
$$

(5.74) 式的解可以写成

$$
\begin{aligned}
u = \frac{q}{24D} \Big\{ & 1 + A^* \cosh \frac{\alpha y}{a} \cos \frac{\beta y}{a} + B^* \sinh \frac{\alpha y}{a} \sin \frac{\beta y}{a} \\
& + C^* \cosh \frac{\alpha y}{a} \sin \frac{\beta y}{a} + D^* \sinh \frac{\alpha y}{a} \cos \frac{\beta y}{a} \Big\}
\end{aligned} \tag{5.77}
$$

其中 $\pm(\alpha \pm i\beta)$ 为 $\frac{364}{9}\lambda^4 - 60(6 - 7\nu)\lambda^2 + 504 = 0$ 的四个根．当 $\gamma = \frac{1}{3}$ 时，它们是

$$
\alpha = \left[\frac{\sqrt{412776} + 495}{364} \right]^{\frac{1}{2}} = 1.767749 \tag{5.78}
$$

$$
\beta = \left[\frac{\sqrt{412776} - 495}{364} \right]^{\frac{1}{2}} = 0.201285 \tag{5.79}
$$

利用(5.75，5.76)式，我们可以决定 A^*, B^*, C^*, D^*,

$$
A^* = -\frac{135\nu S_2}{R_1 S_2 - S_1 R_2}, \tag{5.80}
$$

$$
B^* = \frac{135\nu S_1}{R_1 S_2 - S_1 R_2}, \tag{5.81}
$$

$$
C^* = D^* = 0 \tag{5.82}
$$

其中 S_1, S_2, R_1, R_2 分别为

$$R_1 = [135\nu + 182(\alpha^2 - \beta^2)]\cosh\frac{\alpha b}{2a}\cos\frac{\beta b}{2a} - 364\alpha\beta\sinh\frac{\alpha b}{2a}\sin\frac{\beta b}{2a}, \tag{5.83}$$

$$R_2 = [135\nu + 182(\alpha^2 - \beta^2)]\sinh\frac{\alpha b}{2a}\sin\frac{\beta b}{2a} + 364\alpha\beta\cosh\frac{\alpha b}{2a}\cos\frac{\beta b}{2a}, \tag{5.84}$$

$$S_1 = \alpha[135(12 - 13\nu) - 182(\alpha^2 - 3\beta^2)]\sinh\frac{\alpha b}{2a}\cos\frac{\beta b}{2a} - \beta[135(12-13\nu)-182(3\alpha^2-\beta^2)]\cosh\frac{\alpha b}{2a}\sin\frac{\beta b}{2a}, \tag{5.85}$$

$$S_2 = \alpha[135(12 - 13\nu) - 182(\alpha^2 - 3\beta^2)]\cosh\frac{\alpha b}{2a}\sin\frac{\beta b}{2a} + \beta[135(12-13\nu)-182(3\alpha^2-\beta^2)]\sinh\frac{\alpha b}{2a}\cos\frac{\beta b}{2a} \tag{5.86}$$

外边的中心位移在 $(a, 0)$ 点,它等于

$$w(a, 0) = \frac{qa^4}{8D}\left\{1 - \frac{135\nu S_2}{R_1S_2 - R_2S_1}\right\} \tag{5.87}$$

对于正方板而言, $a = b$, 外边中心位移等于

$$w(a, 0) = 0.1192\,\frac{qa^4}{D} \quad (a = b) \tag{5.88}$$

最大位移在角点 A 或 B 上,它等于

$$w_{\max} = \frac{qa^4}{8D}\left\{1 - \frac{135\nu}{R_1S_2 - R_2S_1}\left[S_2\cosh\frac{\alpha b}{2a}\cos\frac{\beta b}{2a} - S_1\sinh\frac{\alpha b}{2a}\sin\frac{\beta b}{2a}\right]\right\} \tag{5.89}$$

对于正方板而言, $a = b$, 最大位移 (5.89) 式等于

$$w_{\max} = 0.1211\,\frac{qa^4}{D} \tag{5.90}$$

§5.3 平面滑块间的油膜润滑理论的康托洛维奇解法

雷诺 (1886) 首先研究了平面滑块间的油膜润滑理论[7], 他假

定了润滑剂是牛顿粘性液体，油膜在滑块间的流动是粘性层流，润滑剂不可压缩. 在油膜垂直方向没有流动，流体压力在油膜厚度方向没有变化.

设 $ABCD$（图 5.3）代表承载面，xoy 代表滑块面，我们只考虑相对运动，可以把滑块面看作静止的，把承载面看作在运动；设承载面 $ABCD$ 以速度 u_0 在 x 方向运动. 并设油膜厚度 h 是 x 的线性函数，设油膜内各点的油压 P 为 x，y 的函数，油膜的粘度系数为 γ，密度为 ρ. 于是 $P(x, y)$ 由下列雷诺方程所决定

$$\frac{\partial}{\partial x}\left(h^3 \frac{\partial P}{\partial x}\right)+\frac{\partial}{\partial y}\left(h^3 \frac{\partial P}{\partial y}\right)=-6 \gamma \rho u_0 \frac{\partial h}{\partial x} \tag{5.91}$$

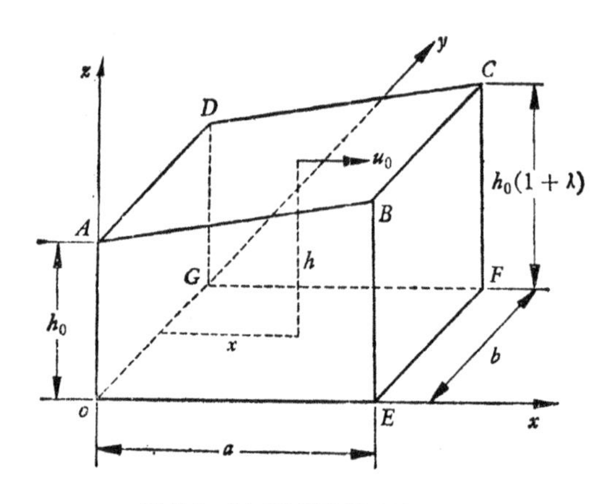

图 5.3　矩形油膜的尺寸及坐标

其边界条件为在油膜周界上，油膜的压力 P 为零. 对于 $ABCD$ 的矩形油膜为例

$$P(0, y)=P(a, y)=P(x, 0)=P(x, b)=0 \tag{5.92}$$

$h(x, y)$ 的分布为

$$h=h_0\left(1+\lambda \frac{x}{a}\right) \tag{5.93}$$

h_0 和 λ 分别为决定油膜厚度分布的已给常数。

现在让我们引进无量纲量，设

$$\xi = \frac{x}{a}, \quad \eta = \frac{y}{a}, \quad p = \frac{P}{\frac{1}{2}\rho u_0^2}, \quad t = \frac{h}{a} \tag{5.94}$$

于是,有无量纲雷诺方程

$$\frac{\partial}{\partial \xi} t^3 \frac{\partial p}{\partial \xi} + \frac{\partial}{\partial \eta} t^3 \frac{\partial p}{\partial \eta} = -\frac{12}{R} \frac{\partial t}{\partial \xi} \tag{5.95}$$

其中,R 为雷诺数

$$R = \frac{a u_0}{\nu} \tag{5.96}$$

$$t = t_0(1 + \lambda \xi), \qquad t_0 = \frac{h_0}{a} \tag{5.97}$$

边界条件 (5.92) 式,化为

$$p(0, \eta) = p(1, \eta) = p(\xi, 0) = P(\xi, k) = 0 \tag{5.98}$$

其中

$$k = \frac{b}{a} \tag{5.99}$$

作者本人 (1949)[8] 曾把雷诺方程的求解化为下列润滑变分原理:

对于一切满足边界条件 (5.98) 式的 $p(\xi, \eta)$ 而言,满足雷诺方程的解,必使泛函

$$\Pi = \iint_S \frac{1}{2} \left\{ t^3 \left(\frac{\partial p}{\partial \xi} \right)^2 + t^3 \left(\frac{\partial p}{\partial \eta} \right)^2 + \frac{24}{R} t \frac{\partial p}{\partial \xi} \right\} d\xi d\eta \tag{5.100}$$

为极小,S 为 $0 \leqslant \xi \leqslant 1$, $0 \leqslant \eta \leqslant k$ 之内的域.

在求得了 p 的分布以后,我们可以根据下式计算无量纲的滑块阻力 F 和垂直压力 Q[8],

$$\left.\begin{aligned} F &= \frac{2}{R} \iint_S \frac{1}{t} d\xi d\eta - \frac{1}{2} \iint_S \frac{\partial p}{\partial \xi} t d\xi d\eta \\ Q &= \iint_S p d\xi d\eta \end{aligned}\right\} \tag{5.101}$$

而阻力系数为

$$f = \frac{F}{Q} \tag{5.102}$$

现在让我们举例求解润滑变分原理.

例 (1) 两侧封闭的平面滑块的润滑计算.

由于两侧封闭，$p(\xi, \eta)$ 可以假定只是 ξ 的函数，于是设

$$p = p(\xi), \qquad t = t_0(1 + \lambda\xi) \tag{5.103}$$

于是 (5.95) 式变为常微分方程

$$\frac{d}{d\xi} t^3 \frac{dp}{d\xi} = -\frac{12 t_0 \lambda}{R} \tag{5.104}$$

积分后，用边界条件 $p(0) = p(1) = 0$，得

$$p(\xi) = \frac{12}{R} \frac{\lambda}{\lambda + 2} \frac{\xi(1 - \xi)}{t^2} \tag{5.105}$$

我们也可以用立兹法，设取近似函数为

$$p = a_1 \frac{\xi(1 - \xi)}{t^2} \tag{5.106}$$

代入 (5.100) 式，得

$$\Pi(a_1) = \frac{2}{\lambda t_0} \left[2 - \frac{\lambda + 2}{\lambda} \ln(1 + \lambda)\right] \left(\frac{12}{R} a_1 - \frac{\lambda + 2}{2\lambda} a_1^2\right) \tag{5.107}$$

极值条件 $\delta\Pi = \frac{\partial \Pi}{\partial a_1} \delta a_1 = 0$ 给出

$$\frac{12}{R} - \frac{\lambda + 2}{\lambda} a_1 = 0, \quad 或 \quad a_1 = \frac{12\lambda}{R(\lambda + 2)} \tag{5.108}$$

把 (5.108) 式代入 (5.106) 式，即得 (5.105) 式.

从 (5.101) 式计算 F，Q，得

$$F = \frac{4}{t_0 R(2 + \lambda)\lambda} [2(\lambda + 2) \ln(1 + \lambda) - 3\lambda] \tag{5.109a}$$

$$Q = \frac{12}{t_0^2 R \lambda^2 (2 + \lambda)} [(2 + \lambda) \ln(1 + \lambda) - 2\lambda] \tag{5.109b}$$

而阻力系统为

$$f = \frac{F}{Q} = \left[\frac{2(2 + \lambda) \ln(1 + \lambda) - 3\lambda}{(2 + \lambda) \ln(1 + \lambda) - 2\lambda}\right] \frac{\lambda t_0}{3} \tag{5.110}$$

这是两侧封闭的平面滑块的润滑计算的正确的.

例（2） 两侧不封闭的平面滑块的润滑计算，立兹法.

对于两侧不封闭的平面滑块油膜而言，边界条件为(5.98)式. 近似函数可以取

$$p = a_1 \frac{\xi(1-\xi)}{t^2}\eta(k-\eta) \tag{5.111}$$

a_1 为待定系数，代入泛函(5.100)式，得

$$\begin{aligned} \Pi = & a_1^2 \frac{k^3}{3t_0\lambda^5}\left\{\frac{k^2}{10}\lambda^2(2+\lambda)[(2+\lambda)\ln(1+\lambda)-2\lambda]\right. \\ & \left.+[(1+\lambda)^2\ln(1+\lambda)+\frac{1}{12}(2+\lambda)\lambda(\lambda^2-6\lambda-6)]\right\} \\ & -a_1\frac{4k^3}{Rt_0\lambda^2}[(\lambda+2)\ln(1+\lambda)-2\lambda] \end{aligned} \tag{5.112}$$

变分极值条件为 $\dfrac{\partial \Pi}{\partial a_1}=0$，给出

$$a_1 = \frac{6\lambda^2}{R}\left\{\frac{(2+\lambda)\ln(1+\lambda)-2\lambda}{(1+\lambda)^2\ln(1+\lambda)+\dfrac{1}{12}(2+\lambda)\lambda(\lambda^2-6\lambda-6)+\dfrac{k^2\lambda^2}{10}(2+\lambda)[(2+\lambda)\ln(1+\lambda)-2\lambda]}\right\} \tag{5.113}$$

从(5.111)，(5.113)式，我们用(5.101)，(5.102)式计算阻力系数

$$\begin{aligned} f = \frac{F}{Q} = & \frac{t_0}{2\lambda k^2}\left\{\lambda^2k^2\frac{\left[\dfrac{7}{5}(2+k)\ln(1+\lambda)-2\lambda\right]}{[(2+k)\ln(1+\lambda)-2\lambda]}\right. \\ & \left.+4\ln(1+\lambda)\frac{\left[(1+\lambda)^2\ln(1+\lambda)+\dfrac{1}{12}(2+\lambda)\lambda(\lambda^2-6\lambda-6)\right]}{[(2+k)\ln(1+\lambda)-2\lambda]}\right\} \end{aligned} \tag{5.114}$$

例（3） 两侧不封闭的平面滑块的润滑计算，康托洛维奇法.

对于两侧不封闭的平面滑块的油膜而言，我们可以利用两侧封闭的压力 z 向分布的函数(5.105)式来建立康托洛维奇近似函数. 亦即设

$$p(\xi,\eta) = A(\eta)\frac{\xi(1-\xi)}{t^2} \tag{5.115}$$

代入 (5.100) 式，并对 ξ 积分，得

$$\Pi(A) = \int_0^k \frac{1}{t_0\lambda^3}(2+\lambda)[(2+\lambda)\ln(1+\lambda) - 2\lambda] \times \left\{\gamma^2\left(\frac{dA}{d\eta}\right)^2 + A_1^2 - \frac{8\lambda k}{R(2+\lambda)}A_1\right\}d\eta \quad (5.116)$$

其中 γ^2 为

$$\gamma^2 = \frac{(1+\lambda)^2\ln(1+\lambda) + \frac{1}{12}(2+\lambda)\lambda(\lambda^2 - 6\lambda - 6)}{\lambda^2(2+\lambda)[(2+\lambda)\ln(1+\lambda) - 2\lambda]} \quad (5.117)$$

变分，并通过分部积分，得

$$\delta\Pi = \frac{2}{t_0\lambda^3}(2+\lambda)[(2+\lambda)\ln(1+\lambda) - 2\lambda] \times \int_0^k\left(A_1 - \gamma^2\frac{d^2A_1}{d\eta^2} - \frac{4\lambda k}{R(\lambda+2)}\right)\delta A_1 d\eta = 0 \quad (5.118)$$

欧拉方程为

$$\gamma^2\frac{d^2A_1}{d\eta^2} - A_1 + \frac{4\lambda k}{R(\lambda+2)} = 0 \quad (5.119)$$

边界条件为

$$A_1(0) = A_1(k) = 0 \quad (5.120)$$

(5.119) 式的解，在满足边界条件 (6.120) 式后，可以写成

$$A_1(\eta) = \frac{4\lambda k}{R(\lambda+2)}\left\{1 - \cosh\frac{\eta}{\gamma} + \frac{1}{\sinh\frac{k}{\gamma}}\left(\cosh\frac{k}{\gamma} - 1\right)\sinh\frac{\eta}{\gamma}\right\} \quad (5.121)$$

于是，本题的康托洛维奇法解为

$$p(\xi,\eta) = \frac{4\lambda k}{R(\lambda+2)}\frac{\xi(1-\xi)}{t^2} \times \left\{1 - \cosh\frac{\eta}{\gamma} + \frac{\sinh\frac{\eta}{\gamma}}{\sinh\frac{k}{\gamma}}\left(\cosh\frac{k}{r} - 1\right)\right\} \quad (5.122)$$

我们用相同的方法可以计算 F，Q，然后计算阻力系数 f.

莫斯葛脱、摩根和米尔斯[9] (1940) 曾用数值积分的方法计算了有关矩形滑块润滑的阻力系数，把他们的计算结果和我们的近似结果相比较，可以证明 (5.114) 式的结果业已足够精确.

表 5.2　矩形滑块润滑的阻力系数精确数值解和近似解(立兹法)的比较

λ	k	$f/\lambda f_0$ (5.114) 式	精确解 (根据 [9])	λ	k	$f/\lambda f_0$ (5.114)式	精确解 (根据 [9])
1	∞	5.7	5	3/3	2	12.2	12
1	2	6.9	6.5	2/3	1	18.4	19
1	1	10.7	11	2/3	1/2	44.0	44
1	1/2	25.5	24.5	1/2	∞	15.2	12.5
1	1/3	50.2	46	1/2	2	19.2	18.5
2/3	∞	6.7	8	1/2	1	30.9	29.5

§ 5.4　屈列弗兹扭转上限法

在柱体扭转问题中，立兹法给出抗弯刚度的下限. 这个下限和实际抗扭刚度究竟有多大差别，是一个大家所关心的问题. 解答这个问题的方案之一是求得抗扭刚度的上限. 把上下限结合在一起，就能估计抗扭刚度近似值的误差了. 求抗扭刚度上限的一法是屈列弗兹 (Trefftz)[10]提出来的，它被称为**屈列弗兹上限法**，或间称**屈列弗兹法**.

在 § 4.4 中，我们通过应力函数 $\Psi(x, y)$ 求解扭转问题. 从 (4.246a) 式，可以从 Ψ 求得应力分布. Ψ 的边界条件为 (4.246e) 式，Ψ 所满足的微分方程为 (4.249b) 式.

现在让我们引进另一函数 $\phi(x, y)$，它和扭转应力函数 Ψ 的关系为

$$\phi = \Psi + \frac{1}{2}(x^2 + y^2) \quad 在\ S + c_0 + c_1 + \cdots + c_n\ 内 \tag{5.123}$$

把 (5.123) 式中解出的 $\Psi = \phi - \frac{1}{2}(x^2 + y^2)$ 代入 (4.249b) 式，

得

$$\frac{\partial^2\psi}{\partial x^2}+\frac{\partial^2\psi}{\partial y^2}=0 \quad 在\ S+c_0+c_1+\cdots+c_n\ 内 \tag{5.124}$$

而ψ所满足的边界条件为

$$\psi=k_i+\frac{1}{2}(x^2+y^2) \quad 在\ c_i(i=0,1,2,\cdots,n)\ 上,\ k_0=0 \tag{5.125}$$

所以,求解 $\psi(x,y)$ 的问题是一个**狄里克雷问题**.

如果我们引进 $\psi(x,y)$ 的共轭函数 $\varphi(x,y)$, 它在弹性力学里[11], $\varphi(x,y)$ 称为扭曲函数, 代表截面在扭转中的凹凸变形, 而 $\psi(x,y)$ 则被称为 $\varphi(x,y)$ 的共轭函数. ψ 和 φ 之间有下列柯西关系.

$$\frac{\partial\varphi}{\partial x}=\frac{\partial\psi}{\partial y}, \qquad \frac{\partial\varphi}{\partial y}=-\frac{\partial\psi}{\partial x} \tag{5.126}$$

而且 φ 满足牛曼问题的条件:

$$\frac{\partial^2\varphi}{\partial x^2}+\frac{\partial^2\varphi}{\partial y^2}=0 \qquad 在\ S+c_0,c_1,c_2,\cdots,c_n\ 内 \tag{5.127a}$$

$$\frac{\partial\varphi}{\partial n}=\frac{\partial}{\partial s}\left(\frac{x^2+y^2}{2}\right) \quad 在\ c_0,c_1,\cdots,c_n\ 上 \tag{5.127b}$$

屈列弗兹近似法既可以用 $\psi(x,y)$ 进行, 也可以用 $\varphi(x,y)$ 进行. 在立兹近似法中, 我们用 $\Psi(x,y)$ 来进行近似, 我们所选用的近似函数 $\Psi^*(x,y)$ 不需要满足微分方程 (4.249b) 式, 但必须满足边界条件 (4.246e), 通过变分, 微分方程得到近似地满足. 在屈列弗兹近似法中, 我们所选用的近似函数 $\psi^*(x,y)$ 或 $\varphi^*(x,y)$, 必须满足微分方程 (5.124) 式或 (5.127a), 但无须满足有关的边界条件. 亦即是说, 边界条件是通过变分而近似地满足的.

现在让我们研究泛函

$$I=\iint_S\left\{\left(\frac{\partial\psi}{\partial x}\right)^2+\left(\frac{\partial\psi}{\partial y}\right)^2\right\}dxdy \tag{5.128}$$

把 (5.123) 式代入上式, 给出

$$I = \iint_S \left\{ \left(\frac{\partial \Psi}{\partial x} + x \right)^2 + \left(\frac{\partial \Psi}{\partial y} + y \right)^2 \right\} dxdy$$

$$= \iint_S \left\{ \left(\frac{\partial \Psi}{\partial x} \right)^2 + \left(\frac{\partial \Psi}{\partial y} \right)^2 \right\} dxdy + 2 \iint_S \left\{ x \frac{\partial \Psi}{\partial x} + y \frac{\partial \Psi}{\partial y} \right\} dxdy$$

$$+ \iint_S (x^2 + y^2) dxdy \tag{5.129}$$

根据扭转问题泛函Π的定义(4.248c),有

$$\iint_S \left\{ \left(\frac{\partial \Psi}{\partial x} \right)^2 + \left(\frac{\partial \Psi}{\partial y} \right)^2 \right\} dxdy$$

$$= \frac{2}{l\alpha^2\mu} \Pi + 4 \iint_S \Psi dxdy - 4 \sum_{i=1}^{n} k_i S_i \tag{5.130}$$

而且

$$\iint_S \left(x \frac{\partial \Psi}{\partial x} + y \frac{\partial \Psi}{\partial y} \right) dxdy$$

$$= \iint_S \left\{ \frac{\partial}{\partial x} (x\Psi) + \frac{\partial}{\partial y} (y\Psi) \right\} dxdy - 2 \iint_S \Psi dxdy \tag{5.131}$$

根据格林公式(1.172)式及边界条件(4.246e)式,有

$$\iint_S \left\{ \frac{\partial}{\partial x} (x\Psi) + \frac{\partial}{\partial y} (y\Psi) \right\} dxdy = 2 \sum_{i=1}^{n} k_i S_i \tag{5.132}$$

所以(5.129)式可以写成

$$I = \frac{2}{l\alpha^2\mu} \Pi + \iint_S (x^2 + y^2) dxdy = \frac{2}{l\alpha^2\mu} \Pi + G \tag{5.133}$$

其中G为域S的二次极矩,它永远是正的.

$$G = \iint_S (x^2 + y^2) dxdy > 0 \tag{5.134}$$

现在让我们选用$\psi(x, y)$的近似函数$\psi^*(x, y)$

$$\psi^*(x, y) = \sum_{m=1}^{N} \beta_m f_m(x, y) \tag{5.135}$$

其中β_m为可以调节的参数. $f_m(x, y)$为满足微分方程(5.124)式的各调和函数,但无需满足边界条件. 如果把$\psi^*(x, y)$作为

$\psi(x, y)$ 代入 (5.128) 式,即得

$$I^* = \iint_S \left\{\left(\frac{\partial \psi^*}{\partial x}\right)^2 + \left(\frac{\partial \psi^*}{\partial y}\right)^2\right\} dxdy \tag{5.136}$$

现在设 (5.128) 式的 I 代表正确解的泛函极值,即既满足边界条件,又满足微分方程的解的泛函,我们就可以对**屈列弗兹法引理**:

如果 $\psi^*(x, y)$ 为满足微分方程而不满足边界条件的近似解,I^* 为其近似极值;$\psi(x, y)$ 为正确解,I 为其正确极值,则

$$I^* \leqslant I \tag{5.137}$$

现对此进行证明.

设 $\psi(x, y)$ 和 $\psi^*(x, y)$ 的差为 $\psi_1(x, y)$,并称

$$I_1 = \iint_S \left\{\left(\frac{\partial \psi_1}{\partial x}\right)^2 + \left(\frac{\partial \psi_1}{\partial y}\right)^2\right\} dxdy > 0 \tag{5.138}$$

则根据定义 $\psi = \psi^* + \psi_1$,有

$$\begin{aligned} I &= \iint_S \left\{\left(\frac{\partial \psi}{\partial x}\right)^2 + \left(\frac{\partial \psi}{\partial y}\right)^2\right\} dxdy \\ &= \iint_S \left\{\left(\frac{\partial \psi^*}{\partial x} + \frac{\partial \psi_1}{\partial x}\right)^2 + \left(\frac{\partial \psi^*}{\partial y} + \frac{\partial \psi_1}{\partial y}\right)^2\right\} dxdy \\ &= I^* + I_1 + 2\iint_S \left\{\frac{\partial \psi^*}{\partial x}\frac{\partial \psi_1}{\partial x} + \frac{\partial \psi^*}{\partial y}\frac{\partial \psi_1}{\partial y}\right\} dxdy \end{aligned} \tag{5.139}$$

现在让我们证明,上式右边的积分必等于零.

按 ψ 是正确解,它和 β_m 无关,ψ^* (近似解)和它的差函数 ψ_1 都和 β_m 有关. 因此,通过 (5.135) 式,有

$$\frac{\partial \psi^*}{\partial \beta_m} = -\frac{\partial \psi_1}{\partial \beta_m} = f_m(x, y) \qquad 1 \leqslant m \leqslant N \tag{5.140}$$

又因为 I^* 或 I_1 都是通过 β_m 的调节来达到极值的. 因此,从 (5.138) 式,有

$$\begin{aligned} 0 = \frac{\partial I_1}{\partial \beta_m} &= 2\iint_S \left\{\frac{\partial \psi_1}{\partial x}\frac{\partial}{\partial x}\left(\frac{\partial \psi_1}{\partial \beta_m}\right) + \frac{\partial \psi_1}{\partial y}\frac{\partial}{\partial y}\left(\frac{\partial \psi_1}{\partial \beta_m}\right)\right\} dxdy \\ &= 2\iint_S \left\{\frac{\partial \psi_1}{\partial x}\frac{\partial f_m}{\partial x} + \frac{\partial \psi_1}{\partial y}\frac{\partial f_m}{\partial y}\right\} dxdy \quad 1 \leqslant m \leqslant N \end{aligned} \tag{5.141}$$

在 (5.141) 式上乘 β_m,然后把 m 从 1 加到 N,得

$$\iint_S \left\{\frac{\partial \psi_1}{\partial x}\frac{\partial}{\partial x}\left(\sum_1^N \beta_m f_m\right) + \frac{\partial \psi_1}{\partial y}\frac{\partial}{\partial y}\left(\sum_1^N \beta_m f_m\right)\right\} dxdy = 0 \tag{5.142a}$$

或根据 (5.135) 式，上式写成

$$\iint_S \left\{\frac{\partial \psi_1}{\partial x}\frac{\partial \psi^*}{\partial x} + \frac{\partial \psi_1}{\partial y}\frac{\partial \psi^*}{\partial y}\right\} dxdy = 0 \tag{5.142b}$$

于是 (5.139) 式可以化为

$$I = I^* + I_1 \tag{5.143}$$

又因为 $I_1 > 0$，即 (5.138) 式，所以证明了引理中的 (5.137) 式。

根据 (4.251) 式，抗扭刚度 $J = -\dfrac{2}{l\alpha^2}\Pi$，把 (5.133) 式中的 Π 解出，并把结果代入，得

$$J = \mu G - \mu I \tag{5.144}$$

如果称这样求得的近似抗扭刚度 J^*，则

$$J^* = \mu G - \mu I^* \tag{5.145}$$

由于 G, I, I^* 都是正的，而且根据引理，$I^* \leqslant I$；所以，即可证明

$$J^* \geqslant J \tag{5.146}$$

这就指出，用屈列弗兹近似法求得的近似抗扭刚度 J^*，是正确解 J 的上限，从而证明了屈列弗兹上限法。

因为柯西条件 (5.126) 式，我们有

$$I = \iint_S \left\{\left(\frac{\partial \psi}{\partial x}\right)^2 + \left(\frac{\partial \psi}{\partial y}\right)^2\right\} dxdy$$

$$= \iint_S \left\{\left(\frac{\partial \varphi}{\partial x}\right)^2 + \left(\frac{\partial \varphi}{\partial y}\right)^2\right\} dxdy \tag{5.147}$$

这就证明了我们也可以用扭曲函数来进行屈列弗兹的近似法计算。

归根结底，屈列弗兹法的核心是如何决定 β_m，决定这些 β_m 值的方程应该是 (5.141) 式，但是它们还可以进一步简化。因为

$$\frac{\partial}{\partial x}\left(\psi_1 \frac{\partial f_m}{\partial x}\right) + \frac{\partial}{\partial y}\left(\psi_1 \frac{\partial f_m}{\partial y}\right)$$

$$= \frac{\partial \psi_1}{\partial x}\frac{\partial f_m}{\partial x} + \frac{\partial \psi_1}{\partial y}\frac{\partial f_m}{\partial y} + \psi_1\left(\frac{\partial^2 f_m}{\partial x^2} + \frac{\partial^2 f_m}{\partial y^2}\right) \quad (5.148)$$

而且

$$\frac{\partial^2 f_m}{\partial x^2} + \frac{\partial^2 f_m}{\partial y^2} = 0 \quad (5.149)$$

所以，(5.141) 式可以写成

$$\iint_S \left\{\frac{\partial}{\partial x}\left(\psi_1 \frac{\partial f_m}{\partial x}\right) + \frac{\partial}{\partial y}\left(\psi_1 \frac{\partial f_m}{\partial y}\right)\right\} dxdy = 0$$

$$1 \leqslant m \leqslant N \quad (5.150)$$

利用格林公式，上式可以化为线积分

$$\int_{c_0+c_1+c_2+\cdots+c_n} \psi_1\left(\frac{\partial f_m}{\partial x}dy - \frac{\partial f_m}{\partial y}dx\right) = 0$$

$$1 \leqslant m \leqslant N \quad (5.151)$$

因为 $\psi_1 = \psi - \psi^*$，而且在边界 c_i 上，$\psi = k_i + \frac{1}{2}(x^2 + y^2)$，所以

$$\psi_1 = \frac{1}{2}(x^2 + y^2) - \psi^* + k_i \quad 在\ c_i\ 上\ (i = 0, 1, 2, \cdots, n)$$

$$(5.152)$$

于是，决定 β_m 的边界条件为

$$\int_{c_0+c_1+\cdots+c_n} \left\{\frac{1}{2}(x^2 + y^2) - \psi^*\right\}\left\{\frac{\partial f_m}{\partial x}dy - \frac{\partial f_m}{\partial y}dx\right\}$$

$$+ \sum_{i=1}^{n} k_i \int_{c_k}\left(\frac{\partial f_m}{\partial x}dy - \frac{\partial f_m}{\partial y}dx\right) = 0$$

$$(1 \leqslant m \leqslant N) \quad (5.153)$$

在应用这个方法时，我们常常需要在 ψ^* 上增加一个常数项 β_0，亦即以 $\psi^{**} = \psi^* + \beta_0$ 代替 ψ^*，亦即用 $\psi^* + \beta_0$ 来在边界上近似 $\frac{1}{2}(x^2 + y^2)$。为了决定 β_0，我们增设一个积分条件

$$\int_{c_0+c_1+\cdots+c_n} \left\{\frac{1}{2}(x^2 + y^2) - \psi^* - \beta_0\right\} ds = 0 \quad (5.154)$$

而且 (5.153) 式也应用下式代替，即

$$\int_{c_0+c_1+\cdots+c_n}\left\{\frac{1}{2}(x^2+y^2)-\psi^*-\beta_0\right\}\left\{\frac{\partial f_m}{\partial x}dy-\frac{\partial f_m}{\partial y}dx\right\}$$

$$+\sum_{i=1}^{n}k_i\int_{c_k}\left(\frac{\partial f_m}{\partial x}dy-\frac{\partial f_m}{\partial y}dx\right)\quad(1\leqslant m\leqslant N)\quad(5.155)$$

对于单联通区域而言，$c_0=c$，上面两式化为

$$\left.\begin{aligned}&\oint_c\left\{\frac{1}{2}(x^2+y^2)-\psi^*-\beta_0\right\}ds=0\\&\oint_c\left\{\frac{1}{2}(x^2+y^2)-\psi^*-\beta_0\right\}\left\{\frac{\partial f_m}{\partial x}dy-\frac{\partial f_m}{\partial y}dx\right\}\quad(1\leqslant m\leqslant N)\end{aligned}\right\}\quad(5.156)$$

这里必须指出，(5.153)，(5.155)，(5.156) 诸式中，$\frac{\partial f_m}{\partial x}dy-\frac{\partial f_m}{\partial y}dx$ 也是 $\frac{\partial f_m}{\partial n}ds$，其中 n 为边界外法线坐标.

现在让我们举例，来说明屈列弗兹上限法在扭转问题上的应用.

例 (1) 求正方截面柱体的抗扭刚度的上限.

设正方截面的尺寸为 $2a\times 2a$，如图 5.4

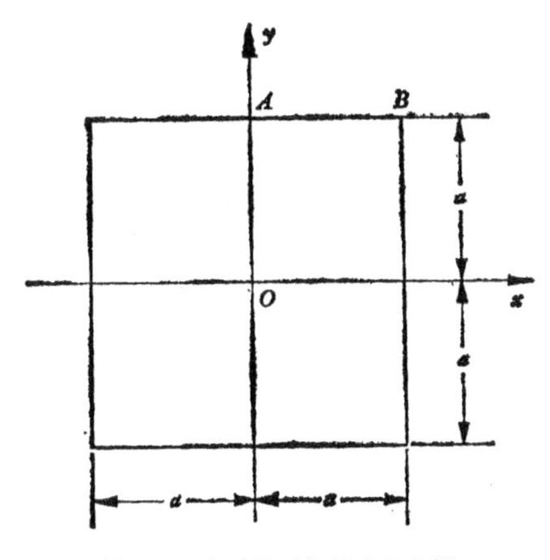

图 5.4 方形截面的尺寸和坐标

f_m 可以从 $(x+iy)^{2n}$ 的实数部份和虚数部份求得，最简单的适合这个特殊问题的对称性的两个调和多项式为

$$f_0 = 1, \quad f_2 = x^4 - 6x^2y^2 + y^4 \tag{5.157}$$

我们取

$$\psi^* = \beta_0 + \beta_2(x^4 - 6x^2y^2 + y^4) \tag{5.158}$$

按照 (5.156) 式，我们有

$$\left.\begin{aligned}&\oint_c \left[\frac{1}{2}(x^2+y^2) - \beta_0 - \beta_2(x^4 - 6x^2y^2 + y^4)\right] ds = 0\\&\oint_c \left[\frac{1}{2}(x^2+y^2) - \beta_0 - \beta_2(x^4 - 6x^2y^2 + y^4)\right]\\&\qquad\times \frac{\partial}{\partial n}(x^4 - 6x^2y^2 + y^4) ds = 0\end{aligned}\right\} \tag{5.159}$$

由于 (5.159) 式中积分核的坐标对称性，我们只要在边界 AB 段上积分就足够了. 即在 $y = a$, x 从 0 积分到 a，亦即

$$\left.\begin{aligned}&\int_0^a \left[\frac{1}{2}(x^2+a^2) - \beta_0 - \beta_2(x^4 - 6a^2x^2 + a^4)\right] dx = 0\\&\int_0^a \left[\frac{1}{2}(x^2+a^2) - \beta_0 - \beta_2(x^4 - 6a^2x^2 + a^4)\right]\\&\qquad\times[-12ax^2 + 4a^3]dx = 0\end{aligned}\right\} \tag{5.160}$$

积分，得

$$\frac{2}{3}a^3 - \beta_0 a + \beta_2 \frac{4}{5}a^5 = 0, \quad -\frac{2}{15}a^5 - \frac{48}{35}a^7\beta_2 = 0 \tag{5.161}$$

解之，得

$$\beta_0 = \frac{53}{90}a^2, \qquad \beta_1 = -\frac{7}{72a^2} \tag{5.162}$$

于是，ψ^* 为

$$\psi^* = \frac{53}{90}a^2 - \frac{7}{72a^2}(x^4 - 6x^2y^2 + y^4) \tag{5.163}$$

而根据 (5.145) 式，而且

$$\left.\begin{aligned}&G = \int_{-a}^a \int_{-a}^a (x^2+y^2) dxdy = \frac{8}{3}a^4\\&I^* = \int_{-a}^a \int_{-a}^a \left[\left(\frac{\partial \psi^*}{\partial x}\right)^2 + \left(\frac{\partial \psi^*}{\partial y}\right)^2\right] dxdy = \frac{56}{135}a^4\end{aligned}\right\} \tag{5.164}$$

得

$$J^* = \mu(G - I^*) = \frac{19}{135}(2a)^4\mu \tag{5.165}$$

如果称 $J = \mu(2a)^4K^*$，则 $K^* = \frac{19}{135}$，把它和(4.266)式相联系起来，得

$$0.1404 = K_3(1) < K < K^* = 0.1407 \tag{5.166}$$

而 K 的正确值为 0.1406，这正在上下界的中间，从而证明了屈列弗兹法的有效性.

例(2) 求 L 形截面柱体的抗扭刚度的上下限.

用屈列弗兹法和立兹法求 L 形截面柱体的抗扭刚度的上下限。设截面的尺寸和坐标如图 5.5。

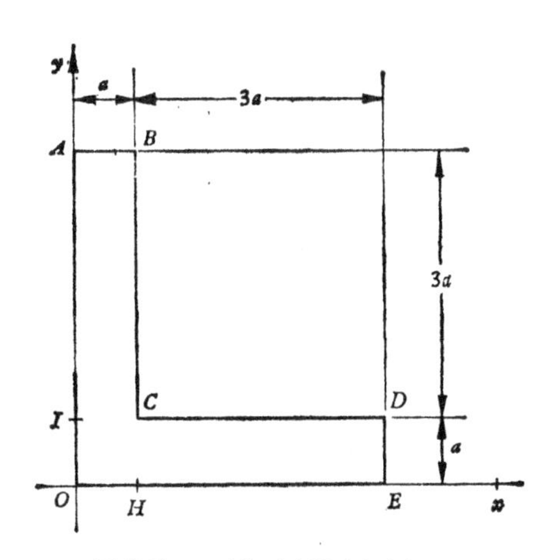

图 5.5 L 形截面的尺寸和坐标

先让我们用立兹求抗扭刚度的下限.

设近似的应力函数为

$$\Psi_1 = Axy(x-4a)(y-4a)(|x-a|+|y-a|-x-y+2a) \tag{5.167}$$

这个函数在 $OIABCDHO$ 的所有边界上都等于零. 它相当于三个不同矩形内利用三个不同的近似函数，即

$$
\Psi_1=\left\{\begin{array}{l}
\Psi_1^{(1)}=-2Axy(x-4a)(y-4a)(y-a) \\
\qquad CDEH,\ a\leqslant x\leqslant 4a,\ 0\leqslant y\leqslant a \\
\Psi_1^{(2)}=-2Axy(x-4a)(y-4a)(x-a) \\
\qquad IABC\quad a\leqslant y\leqslant 4a,\ 0\leqslant x\leqslant a \\
\Psi_1^{(3)}=-2Axy(x-4a)(y-4a)(x+y-2a) \\
\qquad OICH\quad 0\leqslant x\leqslant a,\ 0\leqslant y\leqslant a
\end{array}\right\} \tag{5.168}
$$

代入 (4.248c) 式,得

$$
\begin{aligned}
\Pi=&\frac{l\alpha^2\mu}{2}\int_a^{4a}dx\int_0^a dy\left[\left(\frac{\partial\Psi_1^{(1)}}{\partial x}\right)^2+\left(\frac{\partial\Psi_1^{(1)}}{\partial y}\right)^2-4\Psi_1^{(1)}\right] \\
&+\frac{l\alpha^2\mu}{2}\int_0^a dx\int_0^{4a} dy\left[\left(\frac{\partial\Psi_1^{(2)}}{\partial x}\right)^2+\left(\frac{\partial\Psi_1^{(2)}}{\partial y}\right)^2-4\Psi_1^{(2)}\right] \\
&+\frac{l\alpha^2\mu}{2}\int_0^a dx\int_0^a dy\left[\left(\frac{\partial\Psi_1^{(3)}}{\partial x}\right)^2+\left(\frac{\partial\Psi_1^{(3)}}{\partial y}\right)^2-4\Psi_1^{(3)}\right]
\end{aligned} \tag{5.169}
$$

其中

$$
\begin{aligned}
&\int_a^{4a}dx\int_0^a dy\left[\left(\frac{\partial\Psi_1^{(1)}}{\partial x}\right)^2+\left(\frac{\partial\Psi_1^{(1)}}{\partial y}\right)^2-4\Psi_1^{(1)}\right] \\
&=\int_0^a dx\int_a^{4a} dy\left[\left(\frac{\partial\Psi_1^{(2)}}{\partial x}\right)^2+\left(\frac{\partial\Psi_1^{(2)}}{\partial y}\right)^2-4\Psi_1^{(2)}\right] \\
&=4\left[\frac{22994}{175}a^{10}A^2-\frac{21}{2}a^7A\right],
\end{aligned} \tag{5.170a}
$$

$$
\begin{aligned}
&\int_0^a dx\int_0^a dy\left[\left(\frac{\partial\Psi_1^{(3)}}{\partial x}\right)^2+\left(\frac{\partial\Psi_1^{(3)}}{\partial y}\right)^2-4\Psi_1^{(3)}\right] \\
&=4\left[\frac{63859}{1575}a^{10}A^2-\frac{35}{9}a^7A\right]
\end{aligned} \tag{5.170b}
$$

$\delta\Pi=0$ 给出

$$
A=\frac{19600}{477851}a^{-3} \tag{5.171}
$$

根据 (4.23) 式,求得抗扭刚度的下限为

$$
\begin{aligned}
J_1=&2\mu\int_a^{4a}dx\int_0^a dy\Psi^{(1)} \\
&+2\mu\int_0^a dx\int_a^{4a}dy\Psi^{(2)}+2\mu\int_0^a\int_0^a dxdy\Psi_1^{(3)}
\end{aligned} \tag{5.172}
$$

把 (5.168) 式代入上式，即得

$$J_1 = 2.04\mu a^2 \tag{5.173}$$

这是抗扭刚度的下限．现在让我们用屈列弗兹法求上限．设近似函数为

$$\psi^* = \beta_0 + \beta_1 xy + \beta_2(x^4 - 6x^2y^2 + y^4) \tag{5.174}$$

很易看到 ψ^* 满足微分方程，决定 β_0，β_1，β_2 值的条件 (5.156) 式为

$$\left.\begin{aligned}
&\int_c \left\{\frac{1}{2}(x^2+y^2) - \beta_0 - \beta_1 xy \right.\\
&\qquad \left. - \beta_2(x^4 - 6x^2y^2 + y^4)\right\} ds = 0\\
&\int_c \left\{\frac{1}{2}(x^2+y^2) - \beta_0 - \beta_1 xy - \beta_2(x^4 - 6x^2y^2 + y^4)\right\}\\
&\qquad \times \frac{\partial}{\partial n}(xy) ds = 0\\
&\int_c \left\{\frac{1}{2}(x^2+y^2) - \beta_0 - \beta_1 xy - \beta_2(x^4 - 6x^2y^2 + y^4)\right\}\\
&\qquad \times \frac{\partial}{\partial n}(x^4 - 6x^2y^2 + y^4) ds = 0
\end{aligned}\right\} \tag{5.175}$$

积分后得

$$\left.\begin{aligned}
16\beta_0 + 19a^2\beta_1 + \frac{5106}{5}a^4\beta_2 &= \frac{185}{3}a^2\\
-\frac{134}{3}a^2\beta_1 + 542a^4\beta_2 &= -\frac{31}{2}a^2\\
542a^2\beta_1 - \frac{509344}{5}a^4\beta_2 &= -\frac{19568}{15}a^2
\end{aligned}\right\} \tag{5.176}$$

解之，得

$$\beta_0 = 3.4922a^2,\quad \beta_1 a^2 = 0.5371a^2,\quad \beta_2 a^4 = 0.01566a^2 \tag{5.177}$$

于是，我们可以求得

$$J^* = \mu \iint \left\{(x^2+y^2) - \left(\frac{\partial\psi^*}{\partial x}\right)^2 - \left(\frac{\partial\psi^*}{\partial y}\right)^2\right\} dxdy = 5.56a^4\mu \tag{5.178}$$

这是抗扭刚度的上限． 要获得更好的上限，必须采用更多的 β_m．

这个问题的实验值可以用薄膜比拟法求得，约为 $2.32\mu a^4$，其可能误差约为 ±10%. 可见 (5.173) 式的下限值远比屈列弗兹的上限好，这也是屈列弗兹上限法的弱点.

§ 5.5 关于静电场的变分问题、立兹法和屈列弗兹法的应用

本节讨论在三维静电场中怎样计算电容器的电容. 从数学上说，这是一个把二维的扭转问题推广到三维问题的例. 设有空间 V，其边界由两个电位各不相等的导电表面组成，其中之一的电位为零，另一表面的电位为 φ_0. 例如两个套球导电面所围空间就是最简单的例子，(图 5.6a). 或是一个立方体导电面和一个球面所包围的空间(图 5.6b)，或其它空间 (图 5.6c, d). 其数学问题相当于在一定边界条件下求三维拉普拉斯方程的解. 设在空间 τ 中各点电位为 $\varphi(x, y, z)$，它满足

$$\frac{\partial^2\varphi}{\partial x^2}+\frac{\partial^2\varphi}{\partial y^2}+\frac{\partial^2\varphi}{\partial z^2}=\nabla^2\varphi=0 \quad 在\ \tau\ 内 \qquad (5.179)$$

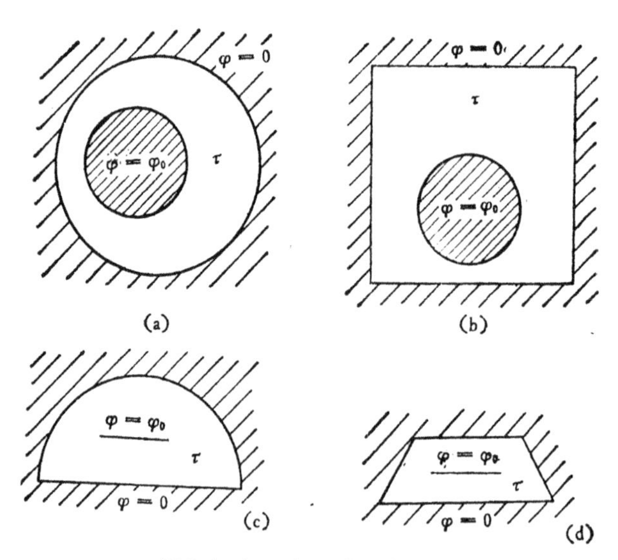

图 5.6 各种不同形状的静电场边界

在边界 S_1 上和在边界 S_2 上，分别有边界条件

$$\varphi = \varphi_0 \quad 在 S_1 上, \qquad \varphi = 0 \quad 在 S_2 上 \tag{5.180}$$

其中 $S = S_1 + S_2$，而 S 为边界面全部．我们的数学问题是，在边界条件 (5.180) 式下求 φ 在 τ 内的解．电场的势能为

$$\Pi = \frac{1}{8\pi}\iiint\left\{\left(\frac{\partial\varphi}{\partial x}\right)^2 + \left(\frac{\partial\varphi}{\partial y}\right)^2 + \left(\frac{\partial\varphi}{\partial z}\right)^2\right\}dxdydz \tag{5.181}$$

它就是电容器的势能，如果称电容器的电容为 C，则电容器的势能应该是

$$\Pi = \frac{1}{2}\varphi_0^2 C \tag{5.182}$$

Π 就是本题的泛函．当 Π 在 (5.180) 式的边界条件取得极值时，φ 的极值函数必满足欧拉方程（即拉普拉斯方程）(5.179) 式．如果把满足欧拉方程 (5.179) 式，并且也满足边界条件 (5.180) 式的解 φ 代入 (5.181) 式，即得泛函 Π 的极值．这个极值根据 (5.182) 式就给出电容器的电容．

在一般较复杂的边界面 S_1 和 S_2 下，求解 (5.179) 式并不容易．我们只能求助于近似变分法．从理论上讲，用立兹法我们可以求得电容 C 的上限，而用屈列弗兹法，我们可以求得电容 C 的下限．现在让我们对这两种近似法讨论一下．

让我们称用于立兹法的近似函数为

$$\varphi^{**}(x, y, z) = \varphi_0 g_0(x, y, z) + \varphi_0 \sum_{i=1}^{k} \alpha_i g_i(x, y, z) \tag{5.183}$$

其中 g_0 和 $g_i(i = 1, 2, 3, \cdots, k)$ 分别满足下列边界条件

$$\left.\begin{aligned} &g_0 = 1 \quad 在 S_1 上, \quad g_0 = 0 \quad 在 S_2 上 \\ &g_i = 0, \quad 在 S_1 和 S_2 上, \quad (i = 1, 2, \cdots, k) \end{aligned}\right\} \tag{5.184}$$

很易看到 $\varphi^{**}(x, y, z)$ 满足边界条件 (5.180) 式，但并不一定满足微分方程 (5.179) 式，其中 $\alpha_i(i = 1, 2, \cdots, k)$ 为待定系数，把 (5.183) 式代入 (5.181) 式，并利用 (5.182) 式，我们有

$$4\pi c^{**}=\iiint_{\tau}\left\{\left(\frac{\partial g_0}{\partial x}+\sum_{i=1}^{k}\alpha_i\frac{\partial g_i}{\partial x}\right)^2+\left(\frac{\partial g_0}{\partial y}+\sum_{i=1}^{k}\alpha_i\frac{\partial g_i}{\partial y}\right)^2\right.$$

$$\left.-\left(\frac{\partial g_0}{\partial z}+\sum_{i=1}^{k}\alpha_i\frac{\partial g_i}{\partial z}\right)^2\right\}dxdydz \qquad (5.185)$$

C^{**} 的极值条件由下列各式决定

$$\frac{\partial C^{**}}{\partial \alpha_i}=0 \quad (i=1, 2, \cdots, k) \qquad (5.186)$$

或可写成

$$\iiint_{\tau}\left\{\left(\frac{\partial g_0}{\partial x}+\sum_{i=1}^{k}\alpha_i\frac{\partial g_i}{\partial x}\right)\frac{\partial g_n}{\partial x}+\left(\frac{\partial g_0}{\partial y}+\sum_{i=1}^{k}\alpha_i\frac{\partial g_i}{\partial y}\right)\frac{\partial g_n}{\partial y}\right.$$

$$\left.+\left(\frac{\partial g_0}{\partial z}+\sum_{i=1}^{k}\alpha_i\frac{\partial g_i}{\partial z}\right)\frac{\partial g_n}{\partial z}\right\}dxdydz=0$$

$$(n=1, 2, 3, \cdots, k) \qquad (5.187)$$

这是决定 k 个 α_i 的 k 个方程式． 在决定了 α_i 以后，把结果代入(5.185) 式,即得近似的电容 C^{**} 值．这就是立兹法．这是正确电容的上限．即 $C^{**}\geqslant C$． α_i 值的数量越多,这个上限越接近正确值．这里必须指出,本法在理论上是完全没有问题的,但实际上却有很大困难;其主要困难是寻找满足边界条件(5.184)式的近似函数 $g_0(x, y, z)$，常常只是在极简单的情况下才是可行的，例如内外边界面是同心球面，或内外边界面是等距离的曲面或平面组成的空间等.在一般情况下，$g_0(x, y, z)$ 常常是一个很复杂的函数，计算的复杂程度使整个近似计算失掉其实用价值.

但是屈列弗兹法在这种问题里恰好有很大的优越性．在屈列弗兹法中,我们取 $Q=\varphi/\varphi_0$ 的近似函数为

$$Q^*=\sum_{i=1}^{m}\beta_i f_i(x, y, z) \qquad (5.188)$$

其中 β_i 为待定的参数,而

$$\nabla^2 f_i=0 \qquad (i=1, 2, \cdots, m) \qquad (5.189)$$

但 f_i 无需满足边界条件 (5.180) 式.

我们现在要证明下列有关屈列弗兹法的**定理**:

用 $Q=\frac{\varphi}{\varphi_0}$ 表示电容 C，

$$C=\frac{1}{4\pi}\iiint_{\tau}\left[\left(\frac{\partial Q}{\partial x}\right)^2+\left(\frac{\partial Q}{\partial y}\right)^2+\left(\frac{\partial Q}{\partial z}\right)^2\right]dxdydz \quad (5.190)$$

如果用满足某种近似边界条件的近似式 Q^* 代替 Q，而 Q^* 满足 $\nabla^2Q^*=0$，则 (5.190) 式就代表 C 的近似值 C^*，

$$C^*=\frac{1}{4\pi}\iiint_{\tau}\left[\left(\frac{\partial Q^*}{\partial x}\right)^2+\left(\frac{\partial Q^*}{\partial y}\right)^2+\left(\frac{\partial Q^*}{\partial z}\right)^2\right]dxdydz \quad (5.191)$$

上面所说的近似边界条件为

$$\iint_{S_1+S_2}(Q-Q^*)\frac{\partial Q^*}{\partial n}ds=0 \quad (5.192)$$

其中 Q 在 S_1 上等于 1，在 S_2 上等于 0，$\frac{\partial Q^*}{\partial n}$ 为 Q^* 在边界面上的外向法线方向的导数，所以 (5.192) 式也可以写成

$$\iint_{S_1}(1-Q^*)\frac{\partial Q^*}{\partial n}ds-\iint_{S_2}Q^*\frac{\partial Q^*}{\partial n}ds \quad (5.193)$$

称

$$Q_1=Q-Q^* \quad (5.194)$$

而且称

$$I=\frac{1}{4\pi}\iiint_{\tau}\left[\left(\frac{\partial Q_1}{\partial x}\right)^2+\left(\frac{\partial Q_1}{\partial y}\right)^2+\left(\frac{\partial Q_1}{\partial z}\right)^2\right]dxdydz \quad (5.195)$$

则 I 为极值的条件所决定的 $\beta_i(i=1, 2, \cdots, m)$ 值，也必使 (5.192) 式的边界条件得到满足．同时，这些 $\beta_i(i=1,2,\cdots,m)$ 值所决定的 Q^*（根据 (5.188) 式)，也必为 (5.188) 式这样近似函数中的最好的近似．由 Q^* 所决定的 C^*（根据(5.191) 式)，必满足

$$C\geqslant C^* \quad (5.196)$$

或者 C^* 为正确电容 C 的下限．

现在让我们先证明定理的后一部分，即满足近似边界条件 (5.192) 式和满足微分方程 $\nabla^2Q^*=0$ 的近似函数 Q^* 所给出的近似电容 C^* [根据 (5.191) 式]，必为正确电容 C 的下限，或即满足 (5.196) 式．

让我们把 $Q=Q_1+Q^*$ 代入 (5.190) 式，得

$$C=\frac{1}{4\pi}\iiint_\tau\left[\left(\frac{\partial Q_1}{\partial x}\right)^2+\left(\frac{\partial Q_1}{\partial y}\right)^2+\left(\frac{\partial Q_1}{\partial z}\right)^2\right]dxdydz$$
$$+\frac{1}{4\pi}\iiint_\tau\left[\left(\frac{\partial Q^*}{\partial x}\right)^2+\left(\frac{\partial Q^*}{\partial y}\right)^2+\left(\frac{\partial Q^*}{\partial z}\right)^2\right]dxdydz$$
$$+\frac{1}{2\pi}\iiint_\tau\left[\frac{\partial Q_1}{\partial x}\frac{\partial Q^*}{\partial x}+\frac{\partial Q_1}{\partial y}\frac{\partial Q^*}{\partial y}+\frac{\partial Q_1}{\partial z}\frac{\partial Q^*}{\partial z}\right]dxdydz \tag{5.197}$$

通过格林定理，可以证明

$$\frac{1}{2\pi}\iiint_\tau\left[\frac{\partial Q_1}{\partial x}\frac{\partial Q^*}{\partial x}+\frac{\partial Q_1}{\partial y}\frac{\partial Q^*}{\partial y}+\frac{\partial Q_1}{\partial z}\frac{\partial Q^*}{\partial z}\right]dxdydz$$
$$=\frac{1}{2\pi}\iint_{s_1+s_2}Q_1\frac{\partial Q^*}{\partial n}ds-\frac{1}{2\pi}\iiint_\tau Q_1\nabla^2Q^*dxdydz=0 \tag{5.198}$$

这里业已利用了 (5.192) 式和 (5.194) 式和 $\nabla^2Q^*=0$ 的条件. 所以 (5.197) 式可以写成

$$C=C^*+I \tag{5.199}$$

因为 I 是正定的.

$$I\geqslant 0 \tag{5.200}$$

所以，从 (5.199) 式证明了

$$C\geqslant C^* \tag{5.201}$$

这就证明了定理的后一部分，亦即证明了 C^* 为 C 的下限.

现在让我们证明定理的前一部分. 亦即从 (5.195) 式 I 的极值条件所决定 $\beta_i(i=1, 2, \cdots, m)$ 值，必使 (5.192) 式的近似边界条件得到满足. 从而给出了决定 $\beta_i(i=1, 2, \cdots, m)$ 的 m 个条件.

我们注意到

$$Q_1=Q-Q^*=Q-\sum_{i=1}^{m}\beta_if_i(x, y, z) \tag{5.202}$$

所以，有

$$\frac{\partial Q_1}{\partial\beta_i}=-f_i(x, y, z) \tag{5.203}$$

而且

$$\left.\begin{aligned}-\frac{\partial f_i}{\partial x}&=\frac{\partial}{\partial x}\left(\frac{\partial Q_1}{\partial \beta_i}\right)=\frac{\partial}{\partial \beta_i}\left(\frac{\partial Q_1}{\partial x}\right)\\-\frac{\partial f_i}{\partial y}&=\frac{\partial}{\partial y}\left(\frac{\partial Q_1}{\partial \beta_i}\right)=\frac{\partial}{\partial \beta_i}\left(\frac{\partial Q_1}{\partial y}\right)\\-\frac{\partial f_i}{\partial z}&=\frac{\partial}{\partial z}\left(\frac{\partial Q_1}{\partial \beta_i}\right)=\frac{\partial}{\partial \beta_i}\left(\frac{\partial Q_1}{\partial z}\right)\end{aligned}\right\}\quad(i=1,2,\cdots,m)\qquad(5.204)$$

I[(5.195)式]的极值条件为

$$\begin{aligned}\frac{\partial I}{\partial \beta_k}=&\frac{1}{2\pi}\iiint_\tau\left\{\frac{\partial Q_1}{\partial x}\frac{\partial}{\partial \beta_k}\left(\frac{\partial Q_1}{\partial x}\right)\right.\\&\left.+\frac{\partial Q_1}{\partial y}\frac{\partial}{\partial \beta_k}\left(\frac{\partial Q_1}{\partial y}\right)+\frac{\partial Q_1}{\partial z}\frac{\partial}{\partial \beta_k}\left(\frac{\partial Q_1}{\partial z}\right)\right\}dxdydz\\=&-\frac{1}{2\pi}\iiint_\tau\left\{\frac{\partial Q_1}{\partial x}\frac{\partial f_i}{\partial x}+\frac{\partial Q_1}{\partial y}\frac{\partial f_i}{\partial y}\right.\\&\left.+\frac{\partial Q_1}{\partial z}\frac{\partial f_i}{\partial z}\right\}dxdydz=0\end{aligned}\qquad(5.205)$$

这里业已利用了(5.204)式．再用格林公式，我们就能证明

$$-2\pi\frac{\partial I}{\partial \beta_k}=\iint_{S_1+S_2}Q_1\frac{\partial f_k}{\partial n}ds-\iiint_\tau Q_1\nabla^2 f_k dxdydz=0\quad(5.206)$$

最后一个积分，根据 $\nabla^2 f_k=0$，应该恒等于零；因此，I 的极值条件给出

$$\iint_{S_1+S_2}(Q-Q^*)\frac{\partial f_k}{\partial n}dS=0\quad(k=1,2,\cdots,m)\qquad(5.207)$$

其中我们业已使用了 Q_1 的定义(5.194)式，而且应该指出 $Q=1$，在 S_1 上；$Q=0$ 在 S_2 上．(5.207)式为决定 m 个 $\beta_k(k=1,2,\cdots,m)$ 值的 m 个联立方程式．在(5.207)式上乘 β_k，然后从1到 m 加在一起，得

$$\iint_{S_1+S_2}(Q-Q^*)\frac{\partial}{\partial n}\sum_{i=1}^{m}\beta_i f_i dS=0\qquad(5.208)$$

亦即

$$\iint_{S_1+S_2}(Q-Q^*)\frac{\partial Q^*}{\partial n}dS=0\qquad(5.209)$$

这就是近似边界条件，从而证明了定理的前一部分. 因此(5.207)式所决定的 β_k，不仅使 I 得到极值，而且使近似边界条件得到满足；当 I 达到极值时，C^* 就是在所选的近似函数中的最好的近似电容. 这种屈列弗兹近似法求电容的下限的方法，同样适用于二维的电场问题.

现在让我们举最简单的例子来说明屈列弗兹法的使用.

例(1) 求同心球电容器的电容；用立兹法和屈列弗兹法.

设内球面的半径为 a，外球的半径为 b (图5.7)，这是一个球对称问题，而正确解是已知的.

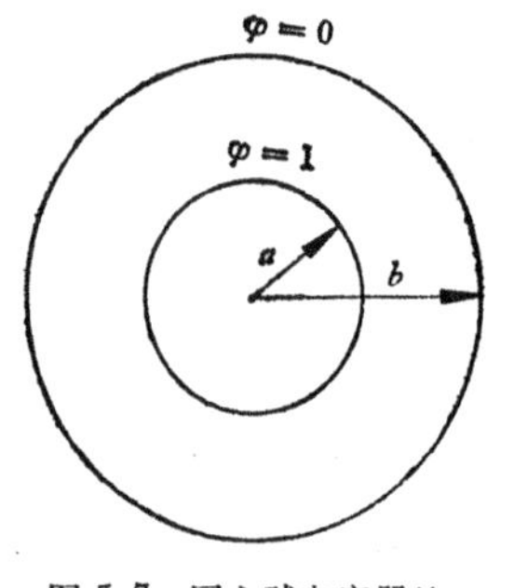

图 5.7 同心球电容器的尺寸及电位

满足边界条件和拉普拉斯方程的电位分布为

$$\varphi=\frac{\frac{1}{r}-\frac{1}{b}}{\frac{1}{a}-\frac{1}{b}} \tag{5.210}$$

其中

$$r=\sqrt{x^2+y^2+z^2} \tag{5.211}$$

因为

$$\left(\frac{\partial\varphi}{\partial x}\right)^2+\left(\frac{\partial\varphi}{\partial y}\right)^2+\left(\frac{\partial\varphi}{\partial z}\right)^2=\frac{a^2b^2}{(b-a)^2}\frac{1}{r^4} \tag{5.212}$$

所以，正确解的电容为

$$\begin{aligned}C&=\frac{1}{4\pi}\iiint\frac{a^2b^2}{(b-a)^2}\frac{1}{(x^2+y^2+z^2)^2}dxdydz\\&=\frac{a^2b^2}{(b-a)^2}\int_a^b\frac{1}{r^2}r^2dr=\frac{ab}{b-a}\end{aligned} \tag{5.213}$$

现在让我们用立兹法求近似电容的上限. 设近似电位为

$$\varphi^*=\frac{b-r}{b-a}+\alpha_1(a-r)(b-r) \tag{5.214}$$

这样的近似电位是满足全部边界条件的.

$$\left(\frac{\partial\varphi^*}{\partial x}\right)^2+\left(\frac{\partial\varphi^*}{\partial y}\right)^2+\left(\frac{\partial\varphi^*}{\partial z}\right)^2=\left(\frac{\partial\varphi^*}{\partial r}\right)^2$$

$$
= \left[\frac{1}{b-a} + \alpha_1(a+b-2r)\right]^2 \tag{5.215}
$$

决定 α_1 的条件 (5.186) 式可以写成[根据球对称的形式]

$$
\int_a^b \left[\frac{1}{b-a} + (a-b-2r)\alpha_1\right](a-b-2r)r^2 dr = 0 \tag{5.216}
$$

解之，得

$$
\alpha_1 = -\frac{15}{6}\frac{b^2-a^2}{13b^4+33ab^3+28a^2b^2+33a^3b+13a^4} \tag{5.217}
$$

而近似电容为

$$
C^{**} = \int_a^b \left[\frac{1}{b-a} + (a+b-2r)\alpha_1\right]^2 r^2 dr = \frac{1}{3}\frac{b^2+ab+a^2}{b-a}
$$

$$
-\frac{5}{6}\frac{(a+b)^2(b-a)^3}{13b^4+33ab^3+28a^2b^2+33a^3b+13a^4} \tag{5.218}
$$

为了把 (5.213) 式的正确解和 (5.218) 式的近似解进行比较，让我们取

$$
b = (1+k)a \tag{5.219}
$$

于是正确解为

$$
C = \frac{ab}{b-a} = \left(1+\frac{1}{k}\right)a \tag{5.220}
$$

而立兹法近似解为

$$
C^{**} = \left\{\frac{k^2+3k+3}{3k} - \frac{5k^2(2+k)^2}{6(13k^4+85k^3+205k^2+240k+120)}\right\}a \tag{5.221}
$$

对于不同数值的 k，正确电容 $\frac{C}{a}$，及其立兹法近似解电容 $\frac{C^{**}}{a}$ 值见表 5.3。

表 5.3　同心球电容的正确解 C/a 和立兹法近似值 C^{**}/a 的比较

k	0.1	0.5	1	2	5
C (正确解)$/a$	11	3	.2	1.5	1.2
C^{**} (立兹近似解)$/a$	11.03	3.163	2.322	2.144	2.822

从表上各位，我们证实了 C^{**} 是 C 的上限．

$$C \leqslant C^{**} \tag{5.222}$$

而且当 k 越小时，越靠近正确解．

现在让我们用屈列弗兹法求解本题．对于近似函数问题，由于本题的球对称性，我们如果局限于有球对称性的拉普拉斯方程的解中选取，则这积函数一共只有两个，即

$$f_0 = 1, \quad f_1 = \frac{1}{r} \tag{5.223}$$

于是，我们可以假设采用近似函数 Q^*

$$Q^* = \beta_0 + \beta_1 \frac{1}{r} \tag{5.224}$$

β_0 和 β_1 为待定参数．由于 $\dfrac{\partial f_0}{\partial n} = 0$，所以决定 β_0 和 β_1 的方程(5.207)式只有一个，即

$$\iint_{S_1+S_2} (Q - Q^*) \frac{\partial f_1}{\partial n} dS = 0 \tag{5.225}$$

另一个决定 β_0，β_1 的方程可以参考扭转问题的屈列弗兹法所增设的条件，采用

$$\iint_{S_1+S_2} (Q - Q^*) dS = 0 \tag{5.226}$$

(5.225) 和 (5.226) 式为决定 β_0，β_1 的两个条件．具体而言，在 S_1 上，即在 $r = a$ 的界面上，$Q = 1$，$\dfrac{\partial f_1}{\partial n} = \dfrac{1}{a^2}$，在 S_2 上，即在 $r=b$ 的界面上，$Q=0$，$\dfrac{\partial f_1}{\partial n} = -\dfrac{1}{b^2}$，于是 (5.225) 式和 (5.226) 式可以写成

$$\left.\begin{aligned} &4\pi\left(1 - \beta_0 - \beta_1 \frac{1}{a}\right) - 4\pi\left(-\beta_0 - \beta_1 \frac{1}{b}\right) = 0 \\ &4\pi\left(1 - \beta_0 - \beta_1 \frac{1}{a}\right) a^2 + 4\pi\left(-\beta_0 - \beta_1 \frac{1}{b}\right) b^2 = 0 \end{aligned}\right\} \tag{5.227}$$

解之，得

$$\beta_0 = -\frac{a}{b-a}, \quad \beta_1 = \frac{ab}{b-a} \tag{5.228}$$

代入 (5.224) 式，得

$$Q^* = \frac{ab}{b-a}\left(\frac{1}{r} - \frac{1}{b}\right) \tag{5.229}$$

它正好就是正确解 (5.210) 式，因此，其近似电容也正好就是正确解的电容.

如果在选取近似函数时，我们不限于球对称的解，则其近似电容应是正确解的下限.

设我们取近似函数为

$$\left.\begin{aligned} &Q^* = \beta_0 + \beta_1 f_1 + \beta_2 f_2 \\ &f_1 = x^2 - y^2 \quad f_2 = x^2 + y^2 - 2z^2 \end{aligned}\right\} \tag{5.230}$$

求 β_0, β_1, β_2 的条件为

$$\left.\begin{aligned} &\iint_{S_1+S_2} (Q - \beta_0 - \beta_1 f_1 - \beta_2 f_2) dS = 0 \\ &\iint_{S_1+S_2} (Q - \beta_0 - \beta_1 f_1 - \beta_2 f_2) \frac{\partial}{\partial n}(x^2 - y^2) dS = 0 \\ &\iint_{S_1+S_2} (Q - \beta_0 - \beta_1 f_1 - \beta_2 f_2) \frac{\partial}{\partial n}(x^2 + y^2 - 2z^2) dS = 0 \end{aligned}\right\} \tag{5.231}$$

为了进行这些积分，我们应该使用球体坐标

$$x = r\cos\theta\cos\varphi, \quad y = r\cos\theta\sin\varphi, \quad z = r\sin\theta \tag{5.232}$$

球面积分的积分域为 $-\frac{\pi}{2} \leqslant \theta \leqslant \frac{\pi}{2}$, $0 \leqslant \varphi \leqslant 2\pi$. 而且有

$$\frac{\partial}{\partial n}(x^2 - y^2) = \frac{\partial}{\partial r}[r^2\cos^2\theta\cos 2\varphi]_{r=b} = 2b\cos^2\theta\cos 2\varphi \quad \text{在 } S = S_2 \text{ 上} \tag{5.233a}$$

$$\frac{\partial}{\partial n}(x^2 - y^2) = -\frac{\partial}{\partial r}[r^2\cos^2\theta\cos 2\varphi]_{r=a} = -2a\cos^2\theta\cos 2\varphi \quad \text{在 } S = S_1 \text{ 上} \tag{5.233b}$$

$$\begin{aligned} \frac{\partial}{\partial n}(x^2 + y^2 - 2z^2) &= \frac{\partial}{\partial r}[r^2(\cos^2\theta - 2\sin^2\theta)]_{r=b} \\ &= 2b(\cos^2\theta - 2\sin^2\theta) \quad \text{在 } S = S_2 \text{ 上} \end{aligned} \tag{5.234a}$$

$$\frac{\partial}{\partial n}(x^2+y^2-2z^2)=-\frac{\partial}{\partial r}[r^2(\cos^2\theta-2\sin^2\theta)]_{r=a}$$

$$=-2a(\cos^2\theta-2\sin^2\theta)\qquad \text{在 } S=S_1 \text{ 上} \tag{5.234b}$$

在 $S=S_1$ 上的微分面积 $dS=a^2\cos\theta d\theta d\varphi$，在 $S=S_2$ 上的微分面积 $dS=b^2\cos\theta d\theta d\varphi$；还有在 $S=S_1$ 上，$Q=1$，在 $S=S_2$ 上，$Q=0$。于是(5.231)式中的三个条件可以写成

$$\begin{aligned}&\int_{-\pi/2}^{\pi/2}d\theta\int_0^{2\pi}d\varphi[1-\beta_0-\beta_1 a^2\cos^2\theta\cos 2\varphi\\&\quad-\beta_2 a^2(\cos^2\theta-2\sin^2\theta)]a^2\cos\theta\\&\quad+\int_{-\pi/2}^{\pi/2}d\theta\int_0^{2\pi}d\varphi[-\beta_0-\beta_1 b^2\cos^2\theta\cos 2\varphi\\&\quad-\beta_2 b^2(\cos^2\theta-2\sin^2\theta)]b^2\cos\theta=0\end{aligned} \tag{5.235a}$$

$$\begin{aligned}&-\int_{-\pi/2}^{\pi/2}d\theta\int_0^{2\pi}d\varphi[1-\beta_0-\beta_1 a^2\cos^2\theta\cos 2\varphi\\&\quad-\beta_2 a^2(\cos^2\theta-2\sin^2\theta)]2a^3\cos^3\theta\cos 2\varphi\\&\quad+\int_{-\pi/2}^{\pi/2}d\theta\int_0^{2\pi}d\varphi[-\beta_0-\beta_1 b^2\cos^2\theta\cos 2\varphi\\&\quad-\beta_2 b^2(\cos^2\theta-2\sin^2\theta)]2b^3\cos^3\theta\cos 2\varphi=0\end{aligned} \tag{5.235b}$$

$$\begin{aligned}&-\int_{-\pi/2}^{\pi/2}d\theta\int_0^{2\pi}d\varphi[1-\beta_0-\beta_1 a^2\cos^2\theta\cos 2\varphi\\&\quad-\beta_2 a^2(\cos^2\theta-2\sin^2\theta)]2a(\cos^2\theta-2\sin^2\theta)\cos\theta\\&\quad+\int_{-\pi/2}^{\pi/2}d\theta\int_0^{2\pi}d\varphi[-\beta_0-\beta_1 b^2\cos^2\theta\cos 2\varphi\\&\quad-\beta_2 b^2(\cos^2\theta-2\sin^2\theta)]2b(\cos^2\theta-2\sin^2\theta)\cos\theta=0\end{aligned} \tag{5.235c}$$

积分后，得

$$a^2-(a^2+b^2)\beta_0=0,\quad \beta_1=0,\quad \beta_2=0 \tag{5.236}$$

所以有

$$Q^*=\frac{a^2}{a^2+b^2},\qquad C^*=0 \tag{5.237}$$

C^* 和 C 虽然差别很大，但 $C^*\leqslant C$ 这个结论仍正确。

§ 5.6 固定边界薄板在横向载荷下弯曲问题的屈列弗兹解

弹性薄板在横向载荷下弯曲问题的正确解所给出的泛函，Π（代表板和载荷的统一系统的势能）是最小位能．即最小势能．对于固定边界而言，Π 可以写成

$$\Pi = \iint_S \frac{1}{2} D \left\{ \left(\frac{\partial^2 w}{\partial x^2} + \frac{\partial^2 w}{\partial y^2} \right)^2 - 2(1-\nu) \left(\frac{\partial^2 w}{\partial x^2} \frac{\partial^2 w}{\partial y^2} - \frac{\partial^2 w}{\partial x \partial y} \frac{\partial^2 w}{\partial x \partial y} \right) \right\} dxdy - \iint_S qwdxdy \tag{5.238}$$

在立兹法中，我们取近似函数 w^{**}

$$w^{**} = \sum_{i=1}^{k} \alpha_i g_i(x, y) \tag{5.239}$$

其中 $g_i(x, y)$ 无须满足微分方法，但应满足固定边界条件．称

$$\Pi^{**} = \iint_S \frac{1}{2} D \left\{ \left(\frac{\partial^2 w^{**}}{\partial x^2} + \frac{\partial^2 w^{**}}{\partial y^2} \right)^2 - 2(1-\nu) \left(\frac{\partial^2 w^{**}}{\partial x^2} \frac{\partial^2 w^{**}}{\partial y^2} - \frac{\partial^2 w^{**}}{\partial x \partial y} \frac{\partial^2 w^{**}}{\partial x \partial y} \right) \right\} dxdy - \iint_S qw^{**}dxdy \tag{5.240}$$

则 α_i 由 V^{**} 的极值条件决定，它们是

$$\frac{\partial \Pi^{**}}{\partial \alpha_i} = 0 \qquad (i = 1, 2, \cdots, k) \tag{5.241}$$

这样决定的 Π^{**} 值，可以证明是 V 的上限．亦即

$$\Pi^{**} \geqslant \Pi. \tag{5.242}$$

实践告诉我们，对均布载荷或中心集中载荷下矩形板的中心最大位移而言，立兹法的近似解的上限．

和前两节相似．如用屈列弗兹法则就能找到 Π 的下限．对于固定板而言，屈列弗兹法决定位移函数中的待定系数的条件是什么形式的呢？这是本节所要讨论的主要内容．

首先让我们证明**固定板的屈列弗兹近似法定理**：

设近似位移函数 w^* 取

$$w^* = \frac{q}{D} f_0(x, y) + \sum_{i=1}^{k} \beta_i f_i(x, y) + \beta_0 \tag{5.243}$$

其中 f_0, $f_i(i = 1, 2, \cdots, k)$无须满足固定边的边界条件，而且

$$\left.\begin{aligned} &\nabla^2\nabla^2 f_0 = 1 \\ &\nabla^2\nabla^2 f_i = 0 \qquad (i = 1, 2, \cdots, k) \end{aligned}\right\} \tag{5.244}$$

如果用下列条件决定 β_i

$$\begin{aligned} \int_c \Big\{ & \frac{\partial}{\partial n}(w - w^*) \left[\nu \nabla^2 f_i + (1 - \nu) \frac{\partial^2 f_i}{\partial n^2} \right] \\ & - (w - w^*) \left[\frac{\partial}{\partial n} \left(\nabla^2 f_i + (1 - \nu) \frac{\partial^2 f_i}{\partial s^2} \right) \right. \\ & \left. - (1 - \nu) \frac{\partial}{\partial s} \frac{1}{\rho_s} \frac{\partial f_i}{\partial s} \right] \Big\} dS = 0 \\ & \qquad\qquad (i = 0, 1, 2, \cdots, k) \end{aligned} \tag{5.245}$$

而且称

$$\begin{aligned} \Pi^* = \iint \frac{1}{2} D \Big\{ & \left(\frac{\partial^2 w^*}{\partial x^2} + \frac{\partial^2 w^*}{\partial y^2} \right)^2 \\ & - 2(1 - \nu) \left(\frac{\partial^2 w^*}{\partial x^2} \frac{\partial^2 w^*}{\partial y^2} - \frac{\partial^2 w^*}{\partial x \partial y} \frac{\partial^2 w^*}{\partial x \partial y} \right) \Big\} dxdy \\ & - \iint q w^* dxdy \end{aligned} \tag{5.246}$$

则可以证明

$$\Pi \geqslant \Pi^* \tag{5.247}$$

亦即 Π^* 为正确解泛函值的下限.

和立兹法相反，屈列弗兹法和立兹法在一起，给出了泛函值的上下限.

现在让我们证明 (5.247) 式.

设 w^* 和 w 的差为 w_1，即

$$w = w^* + w_1 \tag{5.248}$$

把 (5.248) 式代入 (5.238) 式，并称

$$I_1 = \iint_S \frac{1}{2} D \left\{ \left(\frac{\partial^2 w_1}{\partial x^2} + \frac{\partial^2 w_1}{\partial y^2} \right)^2 - 2(1-\nu) \left(\frac{\partial^2 w_1}{\partial x^2} \frac{\partial^2 w_1}{\partial y^2} - \frac{\partial^2 w_1}{\partial x \partial y} \frac{\partial^2 w_1}{\partial x \partial y} \right) \right\} dxdy \quad (5.249)$$

即可证明

$$\Pi = \Pi^* + I_1 + \iint_S D \left\{ \left(\frac{\partial^2 w^*}{\partial x^2} + \frac{\partial^2 w^*}{\partial y^2} \right) \left(\frac{\partial^2 w_1}{\partial x^2} + \frac{\partial^2 w_1}{\partial y^2} \right) - (1-\nu) \left(\frac{\partial^2 w^*}{\partial x^2} \frac{\partial^2 w_1}{\partial y^2} + \frac{\partial^2 w_1}{\partial x^2} \frac{\partial^2 w^*}{\partial y^2} - 2 \frac{\partial^2 w^*}{\partial x \partial y} \frac{\partial^2 w_1}{\partial x \partial y} \right) \right\} dxdy \quad (5.250)$$

其中 Π^* 代表 (5.246) 式，I_1 代表 (5.249) 式，上式右端积分用格林定理可以简化，其法同第一章 § 1.5 节所述，其结果为

$$\iint_S D \left\{ \nabla^2 w^* \nabla^2 w_1 - (1-\nu) \left(\frac{\partial^2 w^*}{\partial x^2} \frac{\partial^2 w_1}{\partial y^2} + \frac{\partial^2 w^*}{\partial y^2} \frac{\partial^2 w_1}{\partial x^2} - 2 \frac{\partial^2 w^*}{\partial x \partial y} \frac{\partial^2 w_1}{\partial x \partial y} \right) \right\} dxdy = \iint_S D \nabla^2 \nabla^2 w^* w_1 + \oint_c D \left\{ \nu \nabla^2 w^* + (1-\nu) \frac{\partial^2 w^*}{\partial n^2} \right\} \frac{\partial w_1}{\partial n} ds - \oint_c D \left\{ \frac{\partial}{\partial n} \left[\nabla^2 w^* + (1-\nu) \frac{\partial^2 w^*}{\partial s^2} \right] - (1-\nu) \frac{\partial}{\partial s} \frac{1}{\rho_s} \frac{\partial w^*}{\partial s} \right\} w_1 ds \quad (5.251)$$

所以，(5.250) 式可以写成

$$\Pi = \Pi^* + I_1 + \iint_S (D \nabla^2 \nabla^2 w^* - q) w_1 dxdy + \oint_c D \left[\nu \nabla^2 w^* + (1-\nu) \frac{\partial^2 w^*}{\partial n^2} \right] \frac{\partial w_1}{\partial n} ds - \oint_c D \left\{ \frac{\partial}{\partial n} \left[\nabla^2 w^* + (1-\nu) \frac{\partial^2 w^*}{\partial s^2} \right] - \frac{\partial}{\partial s} \frac{1}{\rho_s} \frac{\partial w^*}{\partial s} \right\} w_1 ds \quad (5.252)$$

但是，根据 (4.243)，(4.244) 式，我们有

$$D\nabla^2\nabla^2 w - q = 0 \tag{5.253}$$

并设 (5.252) 式中的边界积分为零，在用了 (5.248) 式以后 (即 $w_1 = w - w^*$)，它可以写成

$$\oint_c D\left[\nu\nabla^2 w^* + (1-\nu)\frac{\partial^2 w^*}{\partial n^2}\right]\frac{\partial}{\partial n}(w - w^*)ds$$
$$- \oint_c D\left\{\frac{\partial}{\partial n}\left[\nabla^2 w + (1-\nu)\frac{\partial^2 w^*}{\partial s^2}\right]\right.$$
$$\left. - \frac{\partial}{\partial s}\frac{1}{\rho_s}\frac{\partial w^*}{\partial s}\right\}(w - w^*)ds = 0 \tag{5.254}$$

于是；(5.252) 式化为

$$\Pi = \Pi^* + I_1 \tag{5.255}$$

但 I_1 为正定的，这是因为 I_1 可以写成

$$I_1 = \iint_S \frac{1}{2} D\left\{\left(\frac{\partial^2 w_1}{\partial x^2}\right)^2 + 2\nu\frac{\partial^2 w_1}{\partial x^2}\frac{\partial^2 w_1}{\partial y^2}\right.$$
$$\left. + \left(\frac{\partial^2 w_1}{\partial y}\right)^2 + 2(1-\nu)\left(\frac{\partial^2 w_1}{\partial x\partial y}\right)^2\right\}dxdy \geqslant 0 \tag{5.256}$$

当 I_1 为极小时，Π^* 就从下面接近于 Π，亦即

$$\Pi \geqslant \Pi^* \tag{5.257}$$

这就证明了 (5.247) 式.

现在让我们证明条件 (5.254) 式就是 I_1 为极值的条件，而且当 I_1 为极值时，(5.250) 式得到满足，从而 (5.254) 式得到满足.

因为

$$w_1 = w - w^* = w - \frac{q}{D}f_0(x, y) - \sum_{i=1}^{k}\beta_i f_i(x, y) - \beta_0 \tag{5.258}$$

I_1 为极值的条件为

$$\frac{\partial I_1}{\partial \beta_i} = -\iint_S D\left\{\left(\frac{\partial^2 w_1}{\partial x^2} + \frac{\partial^2 w_1}{\partial y^2}\right)\left(\frac{\partial^2 f_i}{\partial x^2} + \frac{\partial^2 f_i}{\partial y^2}\right)\right.$$
$$- (1-\nu)\left(\frac{\partial^2 w_1}{\partial x^2}\frac{\partial^2 f_1}{\partial y^2} + \frac{\partial^2 w_1}{\partial y^2}\frac{\partial^2 f_i}{\partial x^2}\right.$$

$$
-2\frac{\partial^2 w_1}{\partial x\partial y}\frac{\partial^2 f_i}{\partial x\partial y}\Big)\Big\}dxdy=0
$$

$$
(i=1,2,3,\cdots,k) \qquad (5.259)
$$

在利用了格林定理后,可以证明

$$
\begin{aligned}
\frac{\partial I_1}{\partial \beta_i}=&-\iint_S D(\nabla^2\nabla^2 f_i)w_1 dxdy\\
&-\oint_c D\left[\nu\nabla^2 f_i+(1-\nu)\frac{\partial^2 f_i}{\partial n^2}\right]\frac{\partial w_1}{\partial n}ds\\
&+\oint_c D\left\{\frac{\partial}{\partial n}\left[\nabla^2 f_i+(1-\nu)\frac{\partial^2 f_i}{\partial s^2}\right]\right.\\
&\left.-(1-\nu)\frac{\partial}{\partial s}\frac{1}{\rho_s}\frac{\partial f_i}{\partial s}\right\}w_1 ds=0
\end{aligned}
$$

$$
(i=1,2,\cdots,k) \qquad (5.260)
$$

根据 (5.244) 式, $\nabla^2\nabla^2 f_i=0(i=1,2,\cdots,k)$, 并用 $w-w^*$ 代替 w_1, (5.260) 式可以简化为

$$
\begin{aligned}
&\oint_c D\left\{\nu\nabla^2 f_i+(1-\nu)\frac{\partial^2 f_i}{\partial n^2}\right\}\frac{\partial}{\partial n}(w-w^*)ds\\
&\quad-\oint_c D\left\{\frac{\partial}{\partial n}\left[\nabla^2 f_i+(1-\nu)\frac{\partial^2 f_i}{\partial s^2}\right]\right.\\
&\quad\left.-(1-\nu)\frac{\partial}{\partial s}\frac{1}{\rho_s}\frac{\partial f_i}{\partial s}\right\}(w-w^*)ds
\end{aligned}
$$

$$
(i=1,2,\cdots,k) \qquad (5.261)
$$

其中共有 $\beta_0, \beta_1, \beta_2, \cdots, \beta_k$ 等 $k+1$ 个待定系数,而只有 k 个条件. 为了决定 β_0, 我们还应该补充有关 f_0 的边界条件,即

$$
\begin{aligned}
&\oint_c D\left\{\nu\nabla^2 f_0+(1-\nu)\frac{\partial^2 f_0}{\partial n^2}\right\}\frac{\partial}{\partial n}(w-w^*)ds\\
&\quad-\oint_c D\left\{\frac{\partial}{\partial n}\left[\nabla^2 f_0+(1-\nu)\frac{\partial^2 f_0}{\partial s^2}\right]\right.\\
&\quad\left.-(1-\nu)\frac{\partial}{\partial s}\frac{1}{\rho_s}\frac{\partial f_0}{\partial s}\right\}(w-w^*)ds=0 \qquad (5.262)
\end{aligned}
$$

(5.261), (5.262) 式为决定 $\beta_0, \beta_1, \beta_2, \cdots, \beta_k$ 等待定系数的全部条件. 如果在 (5.261) 式上乘 β_i, 再从 $i=1$ 到 $i=k$ 加在一起,

然后加上 $\frac{q}{D}$ 乘 (5.262) 式，即可证明

$$\oint_c D\left[\nu\nabla^2 w^* + (1-\nu)\frac{\partial^2 w^*}{\partial n^2}\right]\frac{\partial}{\partial n}(w-w^*)ds$$
$$-\oint_c D\left\{\frac{\partial}{\partial n}\left[\nabla^2 w^* + (1-\nu)\frac{\partial^2 w^*}{\partial s^2}\right]\right.$$
$$\left.-(1-\nu)\frac{\partial}{\partial s}\frac{1}{\rho_s}\frac{\partial w^*}{\partial s}\right\}(w-w^*)ds = 0 \qquad (5.263)$$

它就是在证明 $\Pi \geqslant \Pi^*$ 时所用的边界条件 (5.254) 式. 以上就证明了全部定理.

我们应该指出，在证明 (5.263) 式时，我们在 $\frac{\partial^2 w^*}{\partial n^2}$, $\frac{\partial^2 w^*}{\partial s^2}$ 等的 w^* 中增加了 β_0 项，它是常数，对结果并无影响.

对于像固定正方板受均布载荷 q 的作用这样的问题，我们建议采用近似函数

$$w^* = \frac{q}{D}f_0 + \beta_0 + \beta_1 f_1 \qquad (5.264)$$

其中 D 为抗弯刚度，f_0, f_1 可以取

$$\left.\begin{aligned} f_0 &= \frac{1}{64}[(a^2-x^2)^2+(a^2-y^2)^2+2(a^2-x^2)(a^2-y^2)] \\ f_1 &= (x^2+y^2)(x^4-6x^2y^2+y^4) = x^6-5x^4y^2-5x^2y^4+y^6 \end{aligned}\right\} \qquad (5.265)$$

具体计算从略.

§ 5.7 圆薄板大挠度问题

圆薄板大挠度问题是非线性问题，它的求解是比较困难的. 这里将介绍它是怎样用变分法求解的.

设圆板受对称载荷下弯曲，各点的向下位移为 $w(r)$，由各点位移所产生的斜度为

$$\varphi \approx \tan\varphi = -\frac{dw}{dr} \qquad (5.266)$$

径向曲率为 $\frac{1}{\rho_r}$，环向的曲率为 $\frac{1}{\rho_\theta}$，它们是

$$
\left.\begin{aligned}
\frac{1}{\rho_r} &= \frac{d\varphi}{dr} \approx -\frac{d^2 w}{dr^2} \\
\frac{1}{\rho_\theta} &= \frac{\sin\varphi}{r} \approx \frac{\varphi}{r} = -\frac{1}{r}\frac{dw}{dr}
\end{aligned}\right\} \tag{5.267}
$$

$AB(=dr)$ 在变形后变为 $A'B'$

$$
A'B' = \sqrt{\left(u + \frac{du}{dr}dr + dr - u\right)^2 + \left(\frac{dw}{dr}\right)^2 dr^2}
$$

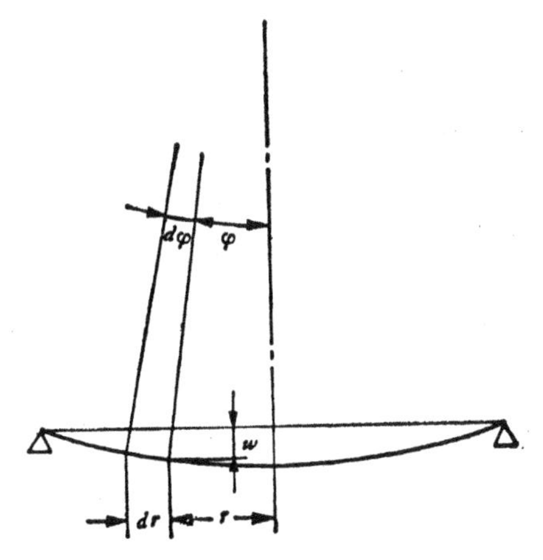

图 5.8　圆薄板的变形位移

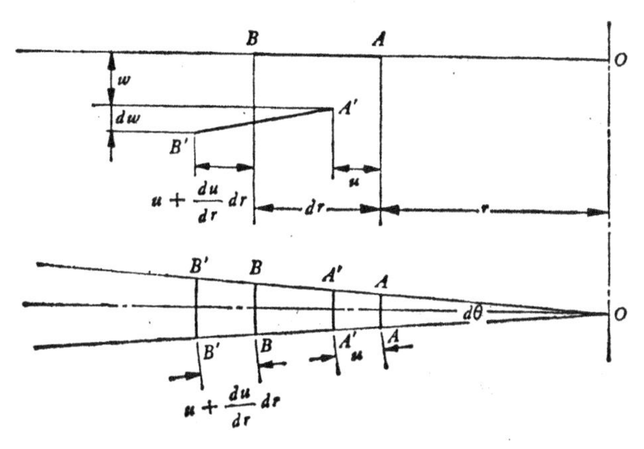

图 5.9　圆薄板 $AABB$ 的变形

$$\approx\left[1+\frac{du}{dr}+\frac{1}{2}\left(\frac{dw}{dr}\right)^2\right]dr \tag{5.268}$$

其中 u 为径向位移，中面的径向应变为

$$\varepsilon_r' = \frac{A'B' - AB}{AB} \cong \frac{du}{dr} + \frac{1}{2}\left(\frac{dw}{dr}\right)^2 \tag{5.269}$$

而环向中面应变为

$$\varepsilon_\theta' = \frac{A'A' - AA}{AA} = \frac{(u+r)d\theta - rd\theta}{rd\theta} = \frac{u}{r} \tag{5.270}$$

设离中面为 z 的点的径向应变为 ε_r，它的环向应变为 ε_θ，我们有

$$\left.\begin{aligned}\varepsilon_r &= \varepsilon_r' + \frac{z}{\rho_r} = \frac{du}{dr} + \frac{1}{2}\left(\frac{dw}{dr}\right)^2 - z\frac{d^2w}{dr^2}\\ \varepsilon_\theta &= \varepsilon_\theta' + \frac{z}{\rho_\theta} = \frac{u}{r} - z\frac{1}{r}\frac{dw}{dr}\end{aligned}\right\} \tag{5.271}$$

径向和环向应力为(设厚度方向的应力可以略去不计)

$$\left.\begin{aligned}\sigma_r &= \frac{E}{1-\nu^2}(\varepsilon_r + \gamma\varepsilon_\theta) = \frac{E}{1-\nu^2}(\varepsilon_r' + \gamma\varepsilon_\theta')\\ &\quad - \frac{zE}{1-\nu^2}\left(\frac{d^2w}{dr^2} + \nu\frac{1}{r}\frac{dw}{dr}\right)\\ \sigma_\theta &= \frac{E}{1-\nu^2}(\varepsilon_\theta + \gamma\varepsilon_r) = \frac{E}{1-\nu^2}(\varepsilon_\theta' + \gamma\varepsilon_r')\\ &\quad - \frac{zE}{1-\nu^2}\left(\frac{1}{r}\frac{dw}{dr} + \nu\frac{d^2w}{dr^2}\right)\end{aligned}\right\} \tag{5.272}$$

其中 γ 为泊桑比，E 为杨氏模量

薄膜应力为

$$\left.\begin{aligned}N_r &= \int_{-h/2}^{h/2}\sigma_r dz = h\sigma_r'\\ &= \frac{Eh}{1-\nu^2}\left\{\frac{du}{dr} + \frac{1}{2}\left(\frac{dw}{dr}\right)^2 + \nu\frac{u}{r}\right\}\\ N_\theta &= \int_{-h/2}^{h/2}\sigma_\theta dz = h\sigma_\theta'\\ &= \frac{Eh}{1-\nu^2}\left\{\frac{u}{r} + \nu\left[\frac{du}{dr} + \frac{1}{2}\left(\frac{dw}{dr}\right)^2\right]\right\}\end{aligned}\right\} \tag{5.273}$$

弯矩为

$$
\left.\begin{aligned}
M_r &= \int_{-h/2}^{h/2} \sigma_r z dz = -D\left(\frac{d^2w}{dr^2} + \nu\frac{1}{r}\frac{dw}{dr}\right) \\
M_\theta &= \int_{-h/2}^{h/2} \sigma_\theta z dz = -D\left(\frac{1}{r}\frac{dw}{dr} + \nu\frac{d^2w}{dr^2}\right)
\end{aligned}\right\} \quad (5.274
$$

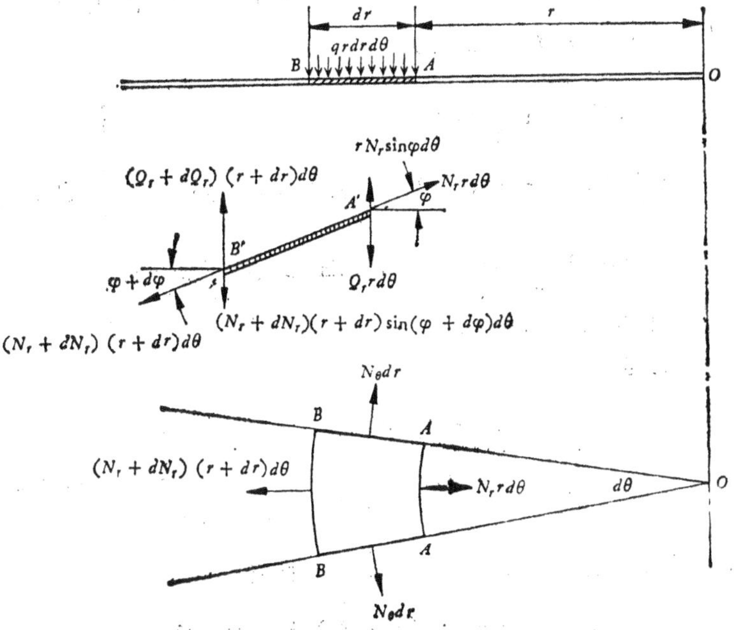

图 5.10 圆板平面内的平衡

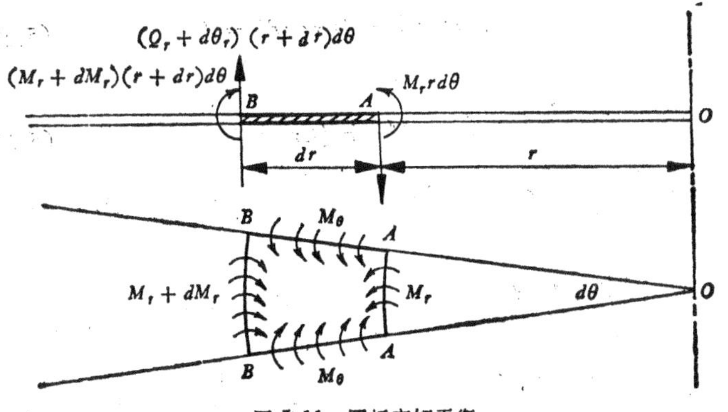

图 5.11 圆板弯矩平衡

其中 $D=\dfrac{Eh^3}{12(1-\nu^2)}$.

现在让我们研究圆板在分布载荷下的平衡方程.(图 5.10,图 5.11).

根据图 5.10, $AABB$ 元素径向和垂直方向的平衡,给出

$$\left.\begin{aligned}&\left(N_r+\frac{dN_r}{dr}dr\right)(r+dr)d\theta-N_rrd\theta\\&\qquad-2N_\theta dr\sin\frac{d\theta}{2}=0,\\&\left(Q_r+\frac{dQ_r}{dr}dr\right)(r+dr)d\theta-Q_rrd\theta-qrdrd\theta\\&\qquad-\left(N_r+\frac{dN_r}{dr}dr\right)(r+dr)\sin\left(\varphi+\frac{d\varphi}{dr}dr\right)d\theta\\&\qquad+N_rr\sin\varphi d\theta=0\end{aligned}\right\}\tag{5.275}$$

简化后,得

$$\left.\begin{aligned}&\frac{d}{dr}(rN_r)-N_\theta=0,\\&\frac{d}{dr}(rQ_r)-\frac{d}{dr}\left(rN_r\frac{dw}{dr}\right)-qr=0\end{aligned}\right\}\tag{5.276}$$

从图 5.11 中,元素 $AABB$ 的力矩平衡方程为

$$\begin{aligned}&\left(M_r+\frac{dM_r}{dr}dr\right)(r+dr)d\theta-M_rrd\theta\\&\qquad-M_\theta drd\theta+Q_rrdrd\theta=0\end{aligned}\tag{5.277}$$

化简得

$$\frac{d}{dr}(rM_r)-M_\theta+Q_rr=0\tag{5.278}$$

把 (5.274) 式代入 (5.278) 式,然后解出 Q_r, 把 Q_r 式代入 (5.276) 的第二式,即可证明

$$D\frac{1}{r}\frac{d}{dr}\left\{r\frac{d}{dr}\left[\frac{1}{r}\frac{d}{dr}\left(r\frac{dw}{dr}\right)\right]\right\}-\frac{1}{r}\frac{d}{dr}\left(rN_r\frac{dw}{dr}\right)=q\tag{5.279}$$

从 (5.273) 式中解出 $\dfrac{u}{r}$, 和 $\dfrac{du}{dr}+\dfrac{1}{2}\left(\dfrac{dw}{dr}\right)^2$, 并利用 (5.276) 式

的第一式，得

$$
\left.\begin{aligned}
\frac{u}{r} &= \frac{1}{Eh}(N_\theta - \nu N_r) = \frac{1}{Eh}\left[\frac{d}{dr}(rN_r) - \nu N_r\right] \\
\frac{du}{dr} + \frac{1}{2}\left(\frac{dw}{dr}\right)^2 &= \frac{1}{Eh}\left[N_r - \nu\frac{d}{dr}(rN_r)\right]
\end{aligned}\right\} \tag{5.280}
$$

从 (5.280) 两式中消去 u，得

$$
r\frac{d}{dr}\left[\frac{1}{r}\frac{d}{dr}(r^2N_r)\right] + \frac{Eh}{2}\left(\frac{dw}{dr}\right)^2 = 0 \tag{5.281}
$$

(5.279)，(5.281) 式为圆薄板大挠度问题的基本方程，它是非线性方程，有两个待定函数，它们是冯卡门 (1910)[12] 首先提出来的，通称冯卡门方程.

冯卡门方程求解较难，摄动法 (钱伟长，1947)[13] 求解的结果比较实用，和实验也很接近. 对于固定板而言，其结果为

$$
\frac{a^4q}{64Dh} = \frac{W_m}{h} + \alpha_3\left(\frac{W_m}{h}\right)^3,
$$

$$
\alpha_3 = \frac{1}{360}(1+\nu)(173-73\nu) \tag{5.282}
$$

α_3 和泊桑比 ν 的关系，如表 5.4. 在历史上还有其它各家的近似计算结果也见于表中，以资比较. (5.282) 式中的 W_m 为中心最大挠度.

表 5.4　α_3 和 ν 的关系

	$\nu=0.250$	$\nu=0.275$	$\nu=0.300$	$\nu=0.325$	$\nu=0.350$
摄动法[12]	$\alpha_3=0.536$	0.540	0.545	0.548	0.551
铁摩辛柯[13]			0.488		
费德荷福[14]	0.523	0.526	0.530	0.533	0.535
华脱斯[15]	0.463	0.467	0.471	0.475	0.477
拿达爱[16]			0.583		

现在让我们研究冯卡门方程的泛函.

本问题有三种位能，V_1 为弯曲能，V_2 为薄膜应变能，V_3 为载

荷所失去的势能.

$$
\left.\begin{aligned}
V_1 &= \int_0^a \frac{1}{2}\left(M_r \frac{1}{\rho_r} + M_\theta \frac{1}{\rho_\theta}\right) 2\pi r dr \\
V_2 &= \int_0^a \frac{1}{2}(N_r \varepsilon_r + N_\theta \varepsilon_\theta) 2\pi r dr \\
V_3 &= -\int_0^a q w 2\pi r dr
\end{aligned}\right\} \tag{5.283}
$$

总势能即泛函为

$$
\begin{aligned}
\Pi &= V_1 + V_2 + V_3 \\
&= \pi \int_0^a D\left[\left(\frac{d^2 w}{dr^2}\right)^2 + \left(\frac{1}{r}\frac{dw}{dr}\right)^2 + 2\nu \frac{1}{r}\frac{dw}{dr}\frac{d^2 w}{dr^2}\right] r dr \\
&\quad + \frac{\pi}{1-\nu^2}\int_0^a hE\left\{\left[\frac{du}{dr} + \frac{1}{2}\left(\frac{dw}{dr}\right)^2\right]^2\right. \\
&\quad \left. + \frac{u^2}{r^2} + 2\nu \frac{u}{r}\left[\frac{du}{dr} + \frac{1}{2}\left(\frac{dw}{dr}\right)^2\right]\right\} r dr \\
&\quad - 2\pi \int_0^a r q w dr
\end{aligned} \tag{5.284}
$$

现在让我们证明泛函 Π 变分时给出平衡方程.

$$
\begin{aligned}
\delta \Pi &= 2\pi \int_0^a D\left[\frac{d^2 w}{dr^2}\frac{d^2}{dr^2}(\delta w) + \frac{1}{r^2}\frac{dw}{dr}\frac{d\delta w}{dr}\right. \\
&\quad \left. + \nu \frac{1}{r}\frac{dw}{dr}\frac{d^2 \delta w}{dr^2} + \nu \frac{1}{r}\frac{d^2 w}{dr^2}\frac{d\delta w}{dr}\right] r dr \\
&\quad + \frac{2\pi}{1-\nu^2}\int_0^a Eh\left\{\left[\frac{du}{dr} + \frac{1}{2}\left(\frac{dw}{dr}\right)^2\right]\right. \\
&\quad \times \left[\frac{d\delta u}{dr} + \frac{dw}{dr}\frac{d\delta w}{dr}\right] + \frac{u}{r^2}\delta u \\
&\quad + \nu \frac{u}{r}\left[\frac{d\delta u}{dr} + \frac{dw}{dr}\frac{d\delta w}{dr}\right] \\
&\quad \left. + \nu \frac{1}{r}\left[\frac{du}{dr} + \frac{1}{2}\left(\frac{dw}{dr}\right)^2\right]\delta u\right\} r dr \\
&\quad - 2\pi \int_0^a r q \delta w dr
\end{aligned} \tag{5.285}
$$

通过分部积分，可以证明

$$
\begin{aligned}
\delta \Pi = 2\pi \int_0^a \Big\{ & D \frac{d}{dr}\left[r \frac{d}{dr} \frac{1}{r} \frac{d}{dr} r \frac{dw}{dr}\right] \\
& - \frac{d}{dr}\left(rN_r \frac{dw}{dr}\right) - rq \Big\} \delta w dr \\
& - 2\pi \int_0^a \left\{\frac{d}{dr}(rN_r) - N_\theta\right\} \delta u dr + 2\pi \left[rM_r \frac{d}{dr}\delta w\right]_0^a \\
& - 2\pi \left[\left(rD \frac{d}{dr} \frac{1}{r} \frac{d}{dr} r \frac{dw}{dr} - rN_r \frac{dw}{dr}\right)\delta w\right]_0^a \\
& + 2\pi [rN_r \delta u]_0^a = 0
\end{aligned}
\tag{5.286}
$$

δu, δw 都是独立的，对于固定边界问题而言，δw, $\frac{d}{dr}\delta w$, δu 都在边界上等于零，因此，有

$$
\left.
\begin{aligned}
& D \frac{d}{dr}\left[r \frac{d}{dr} \frac{1}{r} \frac{d}{dr}\left(r \frac{dw}{dr}\right)\right] - \frac{d}{dr}\left(rN_r \frac{dw}{dr}\right) - rq = 0 \\
& \frac{d}{dr}(rN_r) - N_\theta = 0
\end{aligned}
\right\}
\tag{5.287}
$$

这里已经采用了薄膜力表示式 (5.273) 式，把 (5.287) 式的第二式和(5.273)式在一起，消去 N_θ, u, 即可得到冯卡门方程的第二式．这指出，泛函极值问题和冯卡门方程是一致的．

现在让我们用立兹法求解．设近似函数为

$$
\left.
\begin{aligned}
w &= w_m \left(1 - \frac{r^2}{a^2}\right)^2 \\
u &= r(a - r)(C_1 + C_2 r)
\end{aligned}
\right\}
\tag{5.288}
$$

这就是铁摩辛柯所用的方法(见 [13])．w 是满足

$$
w(a) = 0, \qquad \left.\frac{\partial w}{\partial r}\right|_{r=a} = 0
$$

的边界固定条件的，u 也满足 $u(a) = 0$ 的边界固定条件，而且在中点 ($r = 0$) 处也等于零．w_m, C_1, C_2 都是待定的．

利用 (5.273)，(5.274)，(5.283) 式，我们得(取 $\nu = 0.3$)

$$
\left.\begin{aligned}
V_1 &= \frac{32}{3}\pi\frac{w_m^2}{a^2}D \\
V_2 &= \frac{\pi E h a^2}{1-\nu^2}\left(0.250C_1^2a^2 + 0.1167C_2^2a^4\right. \\
&\quad + 0.300C_1C_2a^2 - 0.00846C_1a\left(\frac{8w_m^2}{a^2}\right) \\
&\quad \left. + 0.00682C_2a^2\left(\frac{8w_m^2}{a^2}\right) + 0.00477\frac{64w_m^4}{a^4}\right). \\
V_3 &= -\frac{1}{3}\pi q w_m
\end{aligned}\right\} \tag{5.289}
$$

决定 w_m, C_1, C_2 的条件为 Π 极小，亦即

$$
\frac{\partial \Pi}{\partial w_m} = 0, \qquad \frac{\partial \Pi}{\partial C_1} = 0, \qquad \frac{\partial \Pi}{\partial C_2} = 0 \tag{5.290}
$$

这三个条件为

$$
\begin{aligned}
&\frac{64\pi}{3}D\frac{w_m}{a^2} + \frac{\pi E h a^2}{1-\nu^2}\left(-0.00846C_1a\frac{16w_m}{a^2}\right. \\
&\quad \left. + 0.00682C_2a^2\frac{16w_m}{a^2} + 0.00477\frac{256w_m^3}{a^4}\right) - \frac{1}{3}\pi q = 0
\end{aligned} \tag{5.291a}
$$

$$
0.250 \times 2a^2C_1 + 0.300C_2a^3 - 0.00846a\frac{8w_m^2}{a^2} = 0 \tag{5.291b}
$$

$$
0.1167 \times 2a^4C_1 + 0.300C_1a^3 + 0.00682a^2\frac{8w_m^2}{a^2} = 0 \tag{5.291c}
$$

从 (5.291b), (5.291c) 解 C_1, C_2, 得

$$
C_1 = 1.185\frac{w_m^2}{a^3} \tag{5.292}
$$

$$
C_2 = -1.75\frac{w_m^2}{a^4} \tag{5.293}
$$

把 C_1, C_2 代入 (5.291a), 得

$$
\frac{qa^4}{64Dh} = \frac{w_m}{h} + 0.488\left(\frac{w_m}{h}\right)^3 \tag{5.294}
$$

这和摄动法的结果相比较，α_3 略觉偏小，亦即是说，$\frac{w_m}{h}$ 在给定的

载荷下略觉偏大，这是由于近似函数的待定参数（w_m, C_1, C_2）选择较少所致．如果要得到较好的近似，我们应该增加待定参数的个数．例如，我们可以把 u 取成

$$u = r(a - r)(C_1 + C_2 r + C_3 r^2) \tag{5.295}$$

这样就能改进近似的结果．

另一条改进近似的道路和康托洛维奇法很相象．康托洛维奇法是处理两个或多个自变量的函数的近似方法．人们可以用一个近似函数，其中一个自变量的近似关系是假设的（它满足已给的边界条件），而另一自变量的函数由泛函变分法所得近似欧拉方程决定．亦即是在一个自变量的近似函数的基础上寻找最好的第二个自变量的近似函数．在圆薄板大挠度问题里，不再是两个自变量的一个待定函数，而是一个自变量（r）的两个待定函数 $w(r)$, $u(r)$ 的问题．我们在前面所用的近似变分法中，我们假定了用两个满足边界条件的近似函数（5.288）式．在下面我们将只假定一个函数 $w(r)$，而用变分所得的微分方程（近似欧拉方程）决定另一个函数 $u(r)$，这样肯定要比同时假定两个函数的方法更好一些．因为在这种方法中，$u(r)$ 是在 $w(r)$ 的假设下达到的最优的选择．

设 $w(r)$, $u(r)$ 为

$$\left.\begin{aligned} w(r) &= w_m\left(1 - \frac{r^2}{a^2}\right)^2 \\ u(r) &= u(r), \quad u(a) = u(0) = 0 \end{aligned}\right\} \tag{5.296}$$

其中 $w(r)$ 是满足边界条件的线性解，w_m 为最大中心位移，它仍是待定的．把（5.276）式代入（5.286）式，得

$$\begin{aligned} \delta\Pi &= 2\pi\frac{D}{a^2}\left(\frac{32}{3}w_m - \frac{1}{6}\frac{a^4 q}{D}\right)\delta w_m \\ &\quad + 8\pi w_m\int_0^a\left(1 - \frac{r^2}{a^2}\right)^2\frac{d}{dr}\left[\frac{r^2}{a^2}\left(1 - \frac{r^2}{a^2}\right)N_r\right]dr\,\delta w_m \\ &\quad - 2\pi\int_0^a\left\{\frac{d}{dr}(rN_r) - N_\theta\right\}\delta u\,dr \end{aligned} \tag{5.297}$$

其中 N_r, N_θ 为

$$
\left.\begin{aligned}
N_r &= \frac{Eh}{1-\nu^2}\left\{\frac{du}{dr} + 8\frac{r^2}{a^4}\left(1-\frac{r^2}{a^2}\right)^2 w_m^2 + \nu\frac{u}{r}\right\} \\
N_\theta &= \frac{Eh}{1-\nu^2}\left\{\frac{u}{r} + \nu 8\frac{r^2}{a^4}\left(1-\frac{r^2}{a^2}\right)^2 w_m^2 + \nu\frac{du}{dr}\right\}
\end{aligned}\right\} \tag{5.298}
$$

$\delta\Pi$ 的极值条件为

$$
\left.\begin{aligned}
&\left(\frac{32}{3}w - \frac{1}{6}\frac{a^4 q}{D}\right) + 16\frac{w_m a^2}{D}\int_0^a \frac{r^3}{a^4}\left(1-\frac{r^2}{a^2}\right)^2 N_r dr = 0 \\
&\frac{d}{dr}(rN_r) - N_\theta = 0
\end{aligned}\right\} \tag{5.299}
$$

从 (5.298) 式，利用 (5.299) 式的第二式后，有

$$
\frac{u}{r} = \frac{1}{Eh}(N_\theta - \nu N_r) = \frac{1}{Eh}\left[\frac{d}{dr}(rN_r) - \nu N_r\right] \tag{5.300}
$$

在本式中，代入 (5.298) 式中的 N_r 的表达式，简化后，得

$$
r\frac{d}{dr}\left[\frac{1}{r}\frac{d}{dr}(r^2 N_r)\right] = -\frac{8Eh}{a^2}\frac{r^2}{a^2}\left(1-\frac{r^2}{a^2}\right)w_m^2 \tag{5.301}
$$

它实际上是冯卡门非线性方程的第二式，即(5.281)式．积分后，得

$$
N_r = -8Eh\left(\frac{w_m}{a}\right)^2\left\{\frac{r^2}{8a^2} - \frac{r^4}{12a^4} + \frac{r^6}{48a^6}\right\} + \frac{1}{2}A + \frac{B}{r^2} \tag{5.302}
$$

其中 A, B 为积分常数，从 (5.299) 式第二式，即得

$$
N_\theta = \frac{d}{dr}(rN_r) = -8Eh\left(\frac{w_m}{a}\right)^2\left\{\frac{3r^2}{8a^2} - \frac{Sr^4}{12a^4} + \frac{7r^6}{48a^6}\right\} + \frac{1}{2}A - \frac{B}{r^2} \tag{5.303}
$$

利用边界条件 $u(a)=0$，$u(0)=0$，即可求得 A 和 B

$$
A = \frac{1}{3}\frac{5-3\nu}{1-\nu}Eh\frac{w_m^2}{a^2}, \qquad B = 0 \tag{5.304}
$$

于是 (5.302)，(5.303) 式可以写成

$$
\left.\begin{aligned}
N_r &= -\frac{1}{6}Eh\left(\frac{w_m}{a}\right)^2\left(6\frac{r^2}{a^2} - 4\frac{r^4}{a^4} + \frac{r^6}{a^6} - \frac{5-3\nu}{1-\nu}\right) \\
N_\theta &= -\frac{1}{6}Eh\left(\frac{w_m}{a}\right)^2\left(18\frac{r^2}{a^2} - 20\frac{r^4}{a^4} + 7\frac{r^6}{a^6} - \frac{5-3\nu}{1-\nu}\right)
\end{aligned}\right\} \tag{5.305}
$$

把 (5.305) 式代入 (5.299) 式第一式，积分并简化其结果，即得

$$\frac{qa^4}{64Dh}=\frac{w_m}{h}+\frac{1}{40}(1+\nu)(19-9\nu)\left(\frac{w_m}{h}\right)^3 \quad (5.306)$$

这就是表 5.4 中费德荷福[14]的近似结果(1934). 显然这个结果比铁摩辛柯[3]单纯用立兹法求得的结果更接近于正确解.

如果圆薄板四周简支，载荷均匀分布，则我们可以采用近似挠度函数

$$w(r)=w_m\left(1-\frac{r^2}{a^2}\right)\left(1-\frac{1+\nu}{5+\nu}\frac{r^2}{a^2}\right) \quad (5.307)$$

其它计算相同.

§ 5.8 限制误差近似法

任何一个微分方程的近似解都不能完全满足微分方程和有关的边界条件，亦即把这个近似解代入微分方程和有关边界条件或始值条件时都有一定误差. 如果我们能逐步限制这些误差，则必然给我们这个问题提出逐级的近似解.

现在以边值问题为例：求一函数 $u(x, y)$ 满足

$$\left.\begin{array}{ll}\text{在区域 } S' \text{ 中} & L(u)=0 \\ \text{在边界 } c_k \text{ 上} & V_k(u)=0 \quad (k=0, 1, 2, \cdots, m)\end{array}\right\} \quad (5.308)$$

这里的 $L(u)$ 是一个对 $u(x, y)$的微分运算式，V_k 也是在边界上的微分运算式. 我们取一近似函数

$$u=u(x, y, a_1, a_2, \cdots, a_p) \quad (5.309)$$

致使对 $a_j(j=1, 2, 3, \cdots, p)$ 的任何值而言，函数 u 都准确地满足微分方程（或边界条件），我们决定 a_j 使边界条件（或微分方程）在某种特殊意义上被近似地满足.

现先设边界条件被正确地满足，把这样的近似 u 代入微分方程中，得到的结果将不恒等于零，而是某一 (x, y) 的函数 $\varepsilon(x, y)$，我们将称之为误差函数

$$L(u)=\varepsilon(x, y, a_1, a_2, \cdots, a_p) \quad (5.310)$$

我们就可以用不同的方法在不同的意义上使 ε 接近于零，这就是

不同的"误差限制法".

1. 定点法

使误差在 S 中 p 个点 $P_1, P_2, \cdots, P_p$ 上等于零. 我们最好使 $P_1, P_2, \cdots, P_p$ 相当均匀地分布在 S 中,当然也应该重点地照顾到重要的区域,如板弯曲时的中心区域. 设 P_j 有坐标 (x_j, y_j), 即对 P 个参数 $a_1, a_2, \cdots, a_p$ 有 p 个方程(通常不是线性的).

$$\varepsilon(x_j, y_j, a_1, a_2, \cdots, a_p) = 0 \quad (j = 1, 2, \cdots, p) \quad (5.311)$$

2. 最小二乘方误差法

使平方误差的总值

$$E = \iint_S \varepsilon^2 dxdy \quad (5.312)$$

取最小值,此处 E 是 a_j 的函数,最小极值的必要条件是

$$\frac{\partial E}{\partial a_j} = 2\iint_S \varepsilon \frac{\partial \varepsilon}{\partial a_j} dxdy = 0 \quad (j = 1, 2, \cdots, p) \quad (5.313)$$

即 p 个决定参数 a_j 的方程.

这个方法是把域内各点平均看待的,有时为了突出某一点,要求在这一点上有较大的正确度,我们可以用某一种权函数 $\chi(x, y)$ 来突出这一点及其邻近区域的平均比重. 这个权函数在指定的这一点上可以有较大的数值, 这样在平均时就能突出这一点的比重了. 于是新的加权后的平均误差的总值可以写成

$$E' = \iint_S \chi\varepsilon^2 dxdy \quad (5.314)$$

求最小极值的条件同样是

$$\frac{\partial E'}{\partial a_j} = \iint_S 2\chi\varepsilon \frac{\partial \varepsilon}{\partial a_j} dxdy = 0 \quad (j = 1, 2, \cdots, p) \quad (5.315)$$

3. 正交序列限制法

设有 p 个相互线性独立的序列 $g_1(x, y), g_2(x, y), \cdots,$

$g_p(x, y)$，它们和 ε 在 S 中正交，即

$$\iint_S \varepsilon g_j dxdy = 0 \qquad (j = 1, 2, \cdots, p) \tag{5.316}$$

通常我们取 g_j 为一在 S 中完全的函数族（如特征函数族的前 p 个函数）。如果函数族 $g_j(x, y)$ 本身为一正交的函数族，其正交条件为

$$\iint_S \chi g_j g_i dxdy = 0 \qquad (i \neq j) \tag{5.317}$$

其中 χ 为正交条件的权函数，则 (5.316) 式应该写成

$$\iint_S \chi \varepsilon g_j dxdy = 0 \qquad (j = 1, 2, \cdots, p) \tag{5.316a}$$

4. 部分区域法

设将 S 分为 p 个部分区域 $S_1, S_2, \cdots, S_p$，使

$$\iint_{S_j} \varepsilon dxdy = 0 \qquad (j = 1, 2, \cdots, p) \tag{5.318}$$

通过这组方程，也有 p 个条件求 p 个待定常数。

也有一种情况，我们很易做到求微分方程的解，但不易满足边界条件。我们可以把满足微分方程的解 $u(x, y, a_1, a_2, \cdots, a_p)$ 代入边界条件中得

$$V_k(u) = \varepsilon_k(x, y, a_1, a_2, \cdots, a_p) \quad (k = 0, 1, 2, \cdots, m) \tag{5.319}$$

ε_k 为这种边界条件上的误差。当 $m < p$ 时，我们就能组成 p 个限制条件求解 p 个待定常数。例如：

(1) 定点法

设 $p = r(m+1)$，使误差在 $c_k(0, 1, 2, \cdots, m)$ 的 $r(m+1)$ 个边界点 $P_1, P_2, \cdots, P_r; P_{r+1}, P_{r+2}, \cdots, P_{2r}; P_{2r+1}, P_{2r+2}, P_{2r+3}, \cdots, P_{3r}; \cdots; P_{(m-1)r+1}, P_{(m-1)r+2}, \cdots, P_{mr}$ 上等于零。也即

$$\varepsilon_k(x_j, y_j, a_1, a_2, \cdots, a_p) \qquad \begin{pmatrix} j = 1, 2, \cdots, r \\ k = 0, 1, 2, \cdots, m \end{pmatrix} \tag{5.320}$$

这是 $r(m+1)$ 个方程求解 $r(m+1)=p$ 个待定常数 a_p.

(2) 最小二乘方法

使平均误差

$$E=\sum_{k=0}^{m}\int_{c_k}\varepsilon_k^2 ds \tag{5.321}$$

取最小值,其必要条件为:

$$\frac{\partial E}{\partial a_j}=2\sum_{k=0}^{m}\int_{c_k}\varepsilon_k\frac{\partial\varepsilon_k}{\partial a_j}ds=0\quad(j=1,2,\cdots,p) \tag{5.322}$$

这实际上是一种边界条件逐步放松的近似法.

(3) 正交序列限制法

要序列 $g_1(x,y), g_2(x,y),\cdots,g_p(x,y)$ 在边界上正交,亦即

$$\sum_{k=0}^{m}\int_{c_k}\varepsilon_k g_j ds\qquad(j=1,2,\cdots,p) \tag{5.323}$$

这实际上和屈列弗兹法在本质上有相似之处的近似解法.

(4) 部分区域法

在边界上把边界区域分成 p 个部分,如果 $p=m+1$,则每条边界就可以作为一个边界区域,如果 $p>m+1$,则有的边界可以分为两部分,甚至分为三部分,使边界区域数和 p 相同.如果 $p<m+1$,则可以某些边界合并作为一条边界处理.总之,称这些不同边界区域为 c'_p,则限制误差条件可以写为

$$\int_{c'_j}\varepsilon_j ds=0\qquad(j=1,2,\cdots,p) \tag{5.324}$$

如果边界条件是线性的,则可写作

$$\text{在 } c_k \text{ 上},\quad \Phi_k(u)=\gamma_k\quad(k=0,1,2,\cdots,m) \tag{5.325}$$

其中 Φ_k 是对 u 及其偏导数的线性函数,γ_k 是在 c_k 上已知点的函数,作为近似函数 u^*,我们取包含有 p 个参数 $a_j(j=1,2,\cdots,p)$

的线性组合.

$$u^* = v_0(x, y) + \sum_{j=1}^{p} a_j v_j(x, y) \tag{5.326}$$

其中

$$\Phi_k(v_0) = \gamma_k, \ \Phi_k(v_j) = 0 \qquad (j = 1, 2, \cdots, p) \tag{5.327}$$

则 u^* 满足边界条件 (5.325) 式. 当然,我们设 v_j 是互相线性独立的.

设在正交序列限制法中,取 v_j 为函数 g_j, 我们要求 v_j 满足

$$\iint_S L(u^*) v_j dx dy = 0 \qquad (j = 1, 2, \cdots, p) \tag{5.328}$$

这就是伽辽金法.

假使,不但边界条件是线性的,而且微分方程也是线性的,则方程 (5.311), (5.313), (5.316) 和 (5.319) 诸式对 a_j 也都是线性的. 在这种情况时, 最小二乘方误差法变为正交序列限制法的一种,其中我们取 $g_j = \dfrac{\partial \varepsilon}{\partial \alpha_j}$.

设线性微分方程为我们熟知的那种形式.

$$A(u) = f \tag{5.329}$$

其中 $A(u)$ 为对 u 及其导数的线性组合, $f(x, y)$ 是在 S 中已知的函数,误差函数对 a_j 是线性的.

$$\begin{aligned} \varepsilon = A(u^*) - f &= \sum_{j=1}^{p} a_j A(v_j) + L(v_0) - f \\ &= \sum_{j=1}^{p} a_j V_j + V_0 - f \end{aligned} \tag{5.330}$$

其中 $V_0 = A(v_0), \ V_j = A(v_j)$.

在 (1) 定点法中,设点P_j有坐标 (x_j, y_j), 则有

$$\sum_{\nu=1}^{j} v_{j\nu} a_\nu = T_j$$

其中

$$v_{j\nu} = V_\nu(x_j, y_j), \quad T_j = f(x_j, y_j) - V_0(x_j, y_j) \qquad (j = 1, 2, \cdots, p) \tag{5.331}$$

在（2）正交序列限制法中有

$$\sum_{\nu=1}^{p} u_{j\nu} a_\nu = t_j \qquad (j=1, 2, \cdots, p) \tag{5.332}$$

其中

$$u_{j\nu} = \iint_S g_j V_\nu dxdy, \quad t_j = \iint_S g_j (f - V_0) dxdy$$

$$(j=1, 2, \cdots, p) \tag{5.333}$$

取 $g_j = V_j$，即得伽辽金法；取 $g_j = A(v_j) = V_j$，则得由最小二乘法得出的方程。

在部分区域法中有

$$\sum_{\nu=1}^{p} Z_{j\nu} a_\nu = \zeta_j \qquad (j=1, 2, \cdots, p) \tag{5.334}$$

其中

$$Z_{j\nu} = \iint_{S_j} V_\nu dxdy, \quad \zeta_j = \iint_{S_j} (f - V_0) dxdy \tag{5.335}$$

§ 5.9 用限制误差近似法求解固定正方板的弯曲问题

上面讨论的限制误差法有很大的应用价值，特别对于那些难于得到合理的泛函的问题常常是很有用的，有关扭转问题的利用，业已有专书讨论[17]，这里将以固定方板受均布载荷为例，说明其实用性。

例（1） 用定点限制误差法计算固定方板在受均布载荷下弯曲问题。

为了一级近似，我们建议用最简单的近似函数

$$w_0 = A_0 (a^2 - x^2)^2 (a^2 - y^2)^2 \tag{5.336}$$

在域内的误差函数为

$$\begin{aligned} \varepsilon_0 = D\nabla^2\nabla^2 w_0 - f = A_0 D\{&24(a^2 - y^2)^2 + 24(a^2 - x^2)^2 \\ &+ 32(a^2 - 3x^2)(a^2 - 3y^2)\} - f \end{aligned} \tag{5.337}$$

这里只需要一个点就能定出 A_0。取这个点为中点 (0, 0)，于是

$$\varepsilon_0(0, 0) = 80a^4 A_0 D - f = 0 \quad 或 \quad A_0 = \frac{1}{80}\frac{f}{a^4 D} \tag{5.338}$$

近似解是

$$w_0(x, y) = \frac{1}{80}\frac{f}{a^4D}(a^2 - x^2)^2(a^2 - y^2)^2 \tag{5.339}$$

一级近似的中心位移为

$$w_0(0, 0) = \frac{1}{80}\frac{fa^4}{D} = 0.0125\frac{fa^4}{D} \tag{5.340}$$

这个结果的误差当然很大$\left(\text{正确解为 } 0.02016\frac{fa^4}{D}\right)$。现在让我们用二级近似

$$w_1 = A_0w_0 + A_1w_1 \tag{5.341}$$

其中 A_0, A_1 待定，而

$$\left.\begin{aligned} w_0 &= (a^2 - x^2)^2(a^2 - y^2)^2 \\ w_1 &= (a^2 - x^2)^2(a^2 - y^2)^2(x^2 + y^2) \end{aligned}\right\} \tag{5.342}$$

于是，误差函数为

$$\begin{aligned} \varepsilon_1(x, y) &= DA_0\nabla^2\nabla^2 w_0 + DA_1\nabla^2\nabla^2 w_1 - f \\ &= A_0D\{24(a^2 - y^2)^2 + 24(a^2 - x^2)^2 \\ &\quad + 32(a^2 - 3x^2)(a^2 - 3y^2)\} \\ &\quad + A_1D\{24x^2(a^2 - x^2)^2 - 18(2a^2 - 5x^2)(a^2 - y^2)^2 \\ &\quad + 16(a^4 - 12a^2x^2 + 15x^4)(a^2 - 3y^2) \\ &\quad + 24y^2(a^2 - y^2)^2 - 18(2a^2 - 5y^2)(a^2 - x^2)^2 \\ &\quad + 16(a^4 - 12a^2y^2 + 15y^4)(a^2 - 3x^2)\} - f \end{aligned} \tag{5.343}$$

要用两点来决定 A_0, A_1。由于问题的对称性，我们取 $(0, 0)$ 及 $\left(0, \frac{a}{2}\right)$，其结果为

$$\left.\begin{aligned} \varepsilon_1(0, 0) &= 80a^4A_0D - 64a^6A_1D - f = 0 \\ \varepsilon_1\left(0, \frac{a}{2}\right) &= \frac{91}{2}a^4A_0D + 8a^6A_1D - f = 0 \end{aligned}\right\} \tag{5.344}$$

解之，得

$$A_0 = \frac{9}{444}\frac{f}{Da^4}, \qquad a^2A_1 = \frac{69}{1104}\frac{f}{Da^4} \tag{5.345}$$

于是，近似位移表达式为

$$w_1(x, y) = \frac{9}{444}(a^2 - x^2)^2(a^2 - y^2)^2 \frac{f}{Da^4}$$

$$+ \frac{69}{7104}(a^2 - x^2)^2(a^2 - y^2)^2 \frac{(x^2 + y^2)}{a^2} \frac{f}{Da^4} \quad (5.346)$$

其最大中心位移为

$$w_1(0, D) = \frac{9}{444} \frac{fa^4}{D} = 0.02027 \frac{fa^4}{D} \quad (5.347)$$

这和正确解 0.02016 只差 0.5%.

例 (2) 用最小二乘方误差法求解固定方板在均布载荷下的弯曲问题.

和例 (1) 一样，取一级近似函数 (5.336) 式，把 (5.337) 式代入 (5.312) 式,即有

$$\frac{\partial E}{\partial A_0} = 2D^2 \iint_S \{24(a^2 - y^2)^2 + 24(a^2 - x^2)^2 + 32(a^2 - 3x^2)(a^2 - 3y^2)\} \times \left\{A_0[24(a^2 - y^2)^2 + 24(a^2 - x^2)^2 + 32(a^2 - 3x^2)(a^2 - 3y^2)] - \frac{f}{D}\right\} dxdy \quad (5.348)$$

积分后,解得

$$A_0 = \frac{35}{1984} \frac{f}{Da^4} \quad (5.349)$$

近似位移为

$$w_0(x, y) = \frac{35}{1984} \frac{f}{Da^4}(a^2 - x^2)^2(a^2 - y^2)^2 \quad (5.350)$$

最大中心位移为

$$w_0(0, 0) = \frac{35}{1984} \frac{fa^4}{D} = 0.01764 \frac{fa^4}{D} \quad (5.351)$$

用二级近似式 (5.341) 式就能大大改进其精确率. 我们将把这个计算留给读者进行.

对于这个问题而言,正交序列限制法和伽辽金法是相同的,我们将不再对此进行讨论.

例(3) 部分区域法.

如果取(5.336)式作为近似函数,这里只有一个待定常数. 把(5.337)式代入(5.319)式. 在这里我们可以取全部积分域进行积分. 得

$$A_0 = \frac{5}{128}\frac{f}{Da^4} \tag{5.352}$$

于是得

$$w_0(x, y) = \frac{5}{128}\frac{f}{Da^4}(a^2 - x^2)^2(a^2 - y^2)^2 \tag{5.353}$$

而

$$w_0(0, 0) = \frac{5}{128}\frac{fa^4}{D} = 0.03904\frac{fa^4}{D} \tag{5.354}$$

这个结果和正确值相比较误差较大$\left(\text{正确值为 } 0.02016\frac{fa^4}{D}\right)$.

为了进一步求近似,我们建议取

$$w = A_0 w_0 + A_1 w_1 + A_2 w_2 \tag{5.355}$$

其中

$$\left.\begin{aligned} w_0 &= (a^2 - x^2)^2(a^2 - y^2)^2 \\ w_1 &= (a^2 - x^2)^2(a^2 - y^2)^2(x^2 + y^2) \\ w_2 &= (a^2 - x^2)^2(a^2 - y^2)^2 x^2 y^2 \end{aligned}\right\} \tag{5.356}$$

为了求得 A_0, A_1, A_2, 我们应该有三种面积,即

$$\left.\begin{aligned} &S_0 \quad 0 \leqslant x \leqslant \frac{1}{2}a,\ 0 \leqslant y \leqslant \frac{1}{2}a \\ &S_1 \quad \frac{1}{2}a \leqslant x \leqslant a,\ 0 \leqslant y \leqslant \frac{1}{2}a \\ &S_2 \quad \frac{1}{2}a \leqslant x \leqslant a,\ \frac{1}{2}a \leqslant y \leqslant a \end{aligned}\right\} \tag{5.357}$$

亦即图 5.12.

于是,决定 A_0, A_1, A_2 的三个方程为

$$A_0 \iint_{S_0} \nabla^2\nabla^2 w_0 dxdy + A_1 \iint_{S_0} \nabla^2\nabla^2 w_1 dxdy + A_2 \iint_{S_0} \nabla^2\nabla^2 w_2 dxdy - \frac{a^2}{4D} f = 0 \tag{5.358a}$$

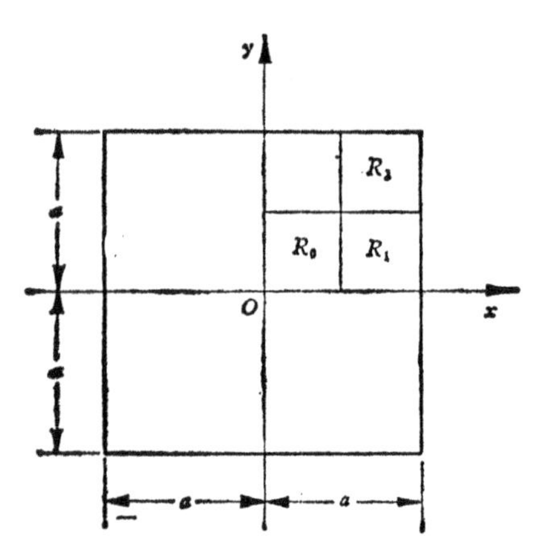

图 5.12　方板问题的三个积分域

$$A_0\iint\limits_{S_1}\nabla^2\nabla^2 w_0 dxdy + A_1\iint\limits_{S_1}\nabla^2\nabla^2 w_1 dxdy + A_2\iint\limits_{S_1}\nabla^2\nabla^2 w_2 dxdy - \frac{a^2}{4D}f = 0 \tag{5.358b}$$

$$A_0\iint\limits_{S_2}\nabla^2\nabla^2 w_0 dxdy + A_1\iint\limits_{R_2}\nabla^2\nabla^2 w_1 dxdy + A_2\iint\limits_{R_2}\nabla^2\nabla^2 w_2 dxdy - \frac{a^2}{4D}f = 0 \tag{5.358c}$$

所以有

$$\left.\begin{aligned}
&\frac{273}{20}A_0 - \frac{563}{280}A_1 a^2 + \frac{3473}{4480}A_2 a^4 - \frac{f}{4Da^4} = 0\\
&\frac{19}{10}A_0 + \frac{39293}{1120}A_1 a^2 + \frac{1721}{560}A_2 a^4 - \frac{f}{4Da^4} = 0\\
&\frac{143}{20}A_0 + \frac{6399}{560}A_1 a^2 + \frac{32723}{4480}A_2 a^4 - \frac{f}{4Da^4} = 0
\end{aligned}\right\} \tag{5.359}$$

解之，得

$$A_0 = 0.02021\frac{f}{Da^4},\quad a^2A_1 = 0.00045\frac{f}{Da^4},\quad a^4A_2 = 0.00004\frac{f}{Da^4} \tag{5.360}$$

中心最大位移为

$$w_3(0, 0) = 0.02021 \frac{fa^4}{D} \tag{5.361}$$

这和正确解已经非常接近了。

参考文献

[1] Канторович, Л. В., Крылов, В. И., Приближенные методы высшего анализа, гостехиздат, 1941.

[2] Канторович, Л. В., Функционалный анализ и прикладная математика, успехи. матем. наук, **3** (1948), 6 (28).

[3] Kerr, A. D., Alexander, H., An Application of the Extended Kantorovich Method to the Stress Analysis of a Clamped Rectangular Plate, AFOSR 67-1580, NYU-AA-67-107.

[4] Kerr, A. D., An Extension of the Kantorovich Method, *Quarterly Journal of Applied Maths.*, XXVI (1968), 2.

[5] Webber, J. P. H., On the Extension of the Kantorovich Method, *The Aeronautical Journal*, Feb. (1970).
Webber, J. P. H., Iterative Techniques with the Kantorovich Method, International Conference on Variational Methods in Engineering, **2** (1972), Session VI, pp. 61—72.

[6] Смотров, A., 承受依梯形规律分布载荷的板的解，莫斯科，1936. 原文未见，引自 S. 铁摩辛柯，S. 沃诺斯基著，中译本：板壳理论，科学出版社，1977. 梯形误译为菱形，特此更正.

[7] Reynolds, O., On the Theory of Lubrication and its Application to Mr. Beauchamp Tower's Experiments Determination of the Viscosity of Olive Oil, *Phil. Trans. Roy. Soc.*, **177** (1866), pt. 1, pp. 157—254.

[8] 钱伟长，长方滑板间的滑润理论(英文)，中国物理学报，**7** (1949), 4, 278—299 页.

[9] Muskat, M., Morgan, F., Meres, M. W., Studies in Lubrication: VII. The Lubrication of Plane Sliders of finite Width, *J. of Applied Physics*, **11** (1940), pp. 208—219.

[10] Trefftz, E., Ein Gegenstück zum Ritzschen Verfahren, Verhandlung der II Kongress fur Technische Mechanik, Zürich, 1926, pp. 131—137.
Trefftz, E., Konvergenz und Fehlerabschätzung beim Ritzschen Verfahren, *Math. Ann.*, **100** (1928), pp. 503—521.

[11] 钱伟长、叶开沅，弹性力学，科学出版社，1956.

[12] Karman, Th. von, Encyklopadie der Mathamatischen Wissenschaften, IV4, 1910, **5**, p. 349.
Karman, Th. von. The Engineering Grapples with Non-linear Problems, *Bull Amer. Math. Soc.*, **46** (1940), pp. 615—683.

[13] Timoshenko, S., Theory of Plates and Shells, pp. 333—337, 451, McGraw-Hill, 1940 (中译本：S. 铁摩辛柯，S. 沃诺斯基著，板壳理论，

科学出版社，1977，438页).
[14] Federhofer, K., Zur Berechnung der dünnen Kreisplatte mit grösser Ausbiegung, Forschung auf dem Gebiete des Ingenieurwessens. Ausg. B., Bd. 7, Heft 3, VDI-Verlag, G. m. b. H, Berlin, 1936, pp. 148—151.
[15] Waters, E. O., Discussion on S. Way's paper in A. S. M. E. Transections, *Applied Mechanics*, 58 (1934), pp. 627—636.
[16] Nadai, A., Elastische Platten, Julius Springer, Berlin, 1925.
[17] 钱伟长、胡海昌、林鸿荪、叶开沅，弹性柱体的扭转理论，科学出版社 1956, 279—288页.

第 六 章

特征值问题变分近似法

§ 6.1 特征值问题变分近似法的一些基本理论问题

在 § 2.6 中，我们介绍了求特征值问题的变分方法(即瑞利-立兹法). 本节中我们将研究和证明一些基本定理. 为此，我们将局限于斯脱姆-刘维耳型的二阶微分方程问题，但同样的结论和相似的方法，也适用于四阶微分方程和正定的一些偏微分方程.

在 § 2.6 中，我们指出斯脱姆-刘维耳型方程

$$\frac{d}{dx}\left(p\frac{dy}{dx}\right)+(\lambda w-q)y=0 \tag{6.1}$$

在一定的端点(包括固定端点)条件下的解有无穷个，每一个解 $y_i(x)$ 都和一个特征值 λ_i 有关，在习惯上，人们按大小次序排列 λ_i，即

$$\lambda_1<\lambda_2<\lambda_3<\cdots<\lambda_n<\cdots<\infty \tag{6.2}$$

这些特征解都是正交的，即

$$\int_{x_1}^{x_2}w(x)y_iy_jdx=0 \qquad (i\neq j) \tag{6.3}$$

我们也可以选择 y_i 的系数，使满足正则化条件

$$\int_{x_1}^{x_2}w(x)y_iy_idx=1 \qquad (i=1,2,\cdots\infty) \tag{6.4}$$

在 $x_1\leqslant x\leqslant x_2$ 中，一般函数 $f(x)$ 可以展开为 $y_i(x)$ 的级数，即

$$f(x)=\sum_{i=1}^{\infty}a_iy_i(x) \tag{6.5}$$

a_i 为可以选择的系数，即

$$a_i=\int_{x}^{x_2}w(x)f(x)y_i(x)dx \tag{6.6}$$

在本节中，我们将采用§4.1中的算子符号，称

$$Ay = -\frac{d}{dx}\left(p\frac{dy}{dx}\right) + qy \tag{6.7a}$$

$$(Ay, y) = \int_{x_1}^{x_2}\left[qy - \frac{d}{dx}\left(p\frac{dy}{dx}\right)\right]ydx \tag{6.7b}$$

$$(wy, y) = \int_{x_1}^{x_2} wy^2 dx \tag{6.7c}$$

于是，我们有（根据 λ_i 满足 $Ay_i - \lambda_i w y_i = 0$）

$$\left.\begin{aligned}&(Ay_i, y_j) = 0 \qquad (i \neq j)\\&(Ay_i, y_i) = \lambda_i \qquad (i = 1, 2, 3, \cdots)\end{aligned}\right\} \tag{6.8}$$

同样，我们有

$$\left.\begin{aligned}&(wy_i, y_j) = 0 \qquad (i \neq j)\\&(wy_i, y_i) = 0 \qquad (i = 1, 2, \cdots)\end{aligned}\right\} \tag{6.9}$$

1. 瑞利变分原理

现在首先让我们证明**瑞利变分原理**：

对由一切满足端点条件的函数 y 而言

$$\lambda = \frac{(Ay, y)}{(wy, y)} \tag{6.10}$$

的值，不能小于最低的特征值 λ_1；亦即，如果

$$\lambda_i \geqslant \lambda_1 \qquad (\text{对一切 } i) \tag{6.11}$$

则

$$\lambda \geqslant \lambda_1 \tag{6.12}$$

证明　因为一切满足端点条件的函数 y 都可以展开为 $y_i(x)$ 特征函数的级数

$$y = \sum_{i=1}^{\infty} a_i y_i(x) \tag{6.13}$$

当然，这种展开有一定的连续性的要求的．但是，我们将不在这里研究这些高度理论性的问题．

同时，还有 y_i 满足特征方程

$$Ay_i = \lambda_i w y_i \qquad (i = 1, 2, 3, \cdots) \tag{6.14}$$

把 (6.13) 式代入 (Ay, y), (wy, y), 利用了 (6.3), (6.4) 式后, 得

$$\left.\begin{aligned}(Ay, y) &= \sum_{i=1}^{\infty} a_i^2 \lambda_i \\ (wy, y) &= \sum_{i=1}^{\infty} a_i^2\end{aligned}\right\} \tag{6.15}$$

于是,有

$$\lambda = \frac{\sum_{i=1}^{\infty} a_i^2 \lambda_i}{\sum_{i=1}^{\infty} a_i^2} \tag{6.16}$$

如果把上式中的 λ_i 改写为 $\lambda_i - \lambda_1 + \lambda_1$, 则上式可以写成

$$\lambda = \lambda_1 + \frac{\sum_{i=1}^{\infty} a_i^2 (\lambda_i - \lambda_1)}{\sum_{i=1}^{\infty} a_i^2} \tag{6.17}$$

如果 $\lambda_i \geqslant \lambda_1 (i = 1, 2, \cdots)$, 则

$$\lambda_i - \lambda_1 \geqslant 0 \qquad (i = 1, 2, \cdots) \tag{6.18}$$

于是

$$\frac{\sum_{i=1}^{\infty} a_i^2 (\lambda_i - \lambda_1)}{\sum_{i=1}^{\infty} a_i^2} \geqslant 0 \tag{6.19}$$

所以,从 (6.17) 式,得

$$\lambda \geqslant \lambda_1 \tag{6.20}$$

这就证明了瑞利变分原理. 所以瑞利变分原理给出的是最低特征值的上限,这是 § 2.6 的各例中都已证明了的.

2. 万因斯坦下限定理[1, 2, 3]

其次,我们将证明万因斯坦下限定理

瑞利变分原理既能给出最低特征值的上限，如果我们能同时找到最低特征值的下限，则我们就可以知道最低特征值的估算范围了. 万因斯坦下限定理就是一例. 很遗憾这样的下限定理有时不很理想. 所以它并不像瑞利-立兹上限那样为人们所广泛使用.

这里有两个下限定理

第一下限定理:

如果称

$$\left.\begin{aligned} \lambda &= \frac{(Ay, y)}{(wy, y)} \\ \mu &= \frac{\left(\frac{1}{w} Ay, Ay\right)}{(wy, y)} \end{aligned}\right\} \tag{6.21}$$

其中 (Ay, y), (wy, y) 见 (6.7b, c), 而

$$\left(\frac{1}{w} Ay, Ay\right) = \int_{x_1}^{x_2} \frac{1}{w} \left\{qy - \frac{d}{dx}\left(p \frac{dy}{dx}\right)\right\}^2 dx \tag{6.22}$$

则至少必有一特征值 λ_m 离 λ 最近,而且在

$$\lambda - \sqrt{\mu - \lambda^2} \leqslant \lambda_m \leqslant \lambda + \sqrt{\mu - \lambda^2} \tag{6.23}$$

之间. 如果 $\lambda + \sqrt{\mu - \lambda^2}$ 以下只有一个特征值 λ_1, 则

$$\lambda - \sqrt{\mu - \lambda^2} \leqslant \lambda_1 \leqslant \lambda$$

证明　让我们讨论

$$Ky^2 w = \frac{1}{w} [Ay - \lambda wy][Ay - Ewy] \tag{6.24}$$

则我们有

$$\begin{aligned} K(wy, y) = &\left(\frac{1}{w} Ay, Ay\right) - \lambda(Ay, y) \\ &- E(Ay, y) + \lambda E(wy, y) \end{aligned} \tag{6.25}$$

根据 (6.21) 式,可以证明

$$K = \mu - \lambda^2 \tag{6.26}$$

这个结果对于任意 E 都是满足的.

于是,如果 $E=\lambda$, 则

$$K(wy, y)=\left(\frac{1}{w} Ay, Ay\right)-2\lambda(Ay, y)+\lambda^2(wy, y) \quad (6.27)$$

在利用了(6.13)式的展开式和(6.14),(6.8)和(6.9)式以后,我们有

$$\left(\frac{1}{w} Ay, Ay\right)=\left(\frac{1}{w}\sum_{i=1}^{\infty} Ay_i a_i, \sum_{i=1}^{\infty} Ay_i a_i\right)$$

$$=\left(w\sum_{i=1}^{\infty}\lambda_i y_i a_i, \sum_{i=1}^{\infty}\lambda_i y_i a_i\right)=\sum_{i=1}^{\infty}\lambda_i^2 a_i^2 \quad (6.28a)$$

$$(Ay, y)=\left(\sum_{i=1}^{\infty} Ay_i a_i, \sum_{i=1}^{\infty} y_i a_i\right)$$

$$=\left(w\sum_{i=1}^{\infty}\lambda_i y_i a_i, \sum_{i=1}^{\infty} y_i a_i\right)=\sum_{i=1}^{\infty}\lambda_i a_i^2 \quad (6.28b)$$

$$(wy, y)=\left(w\sum_{i=1}^{\infty} y_i a_i, \sum_{i=1}^{\infty} y_i a_i\right)=\sum_{i=1}^{\infty} a_i^2 \quad (6.28c)$$

代入(6.27)式,经整理后,得

$$K=\frac{\sum_{i=1}^{\infty} a_i^2(\lambda_i-\lambda)^2}{\sum_{i=1}^{\infty} a_i^2} \quad (6.29)$$

在 $\lambda_1-\lambda, \lambda_2-\lambda, \lambda_3-\lambda, \cdots$ 中,设 λ_m 和 λ 最靠近,则有

$$(\lambda-\lambda_m)^2\leqslant(\lambda-\lambda_i)^2 \quad (对任意 i 而言) \quad (6.30)$$

即可证明

$$K\geqslant\frac{\sum_{i=1}^{\infty} a_i^2(\lambda-\lambda_m)^2}{\sum_{i=1}^{\infty} a_i}=(\lambda_m-\lambda)^2 \quad (6.31)$$

把(6.26)式和(6.31)式合在一起,得

$$(\lambda_m-\lambda^2)\leqslant\mu-\lambda^2 \quad (6.32)$$

或可写成

$$\{\lambda-\sqrt{\mu-\lambda^2}\}\leqslant\lambda_m\leqslant\{\lambda+\sqrt{\mu-\lambda^2}\} \tag{6.33}$$

这就证明了(6.23)式，如果 $\lambda+\sqrt{\mu-\lambda^2}$ 只有一个特征值比它小，则这个特征值必为 λ_1。于是

$$\{\lambda-\sqrt{\mu-\lambda^2}\}\leqslant\lambda_1\leqslant\{\lambda+\sqrt{\mu-\lambda^2}\} \tag{6.34}$$

但是，根据瑞利定理，$\lambda_1\leqslant\lambda$，而且 $\sqrt{\mu-\lambda^2}\geqslant 0$，所以，我们必有

$$\lambda-\sqrt{\mu-\lambda^2}\leqslant\lambda_1\leqslant\lambda \tag{6.35}$$

其中 $\lambda-\sqrt{\mu-\lambda^2}$ 就是 λ_1 的下限．这就证明了第一下限定理．

这个下限定理有时并不很有效，特别是当 μ 稍大时，$\sqrt{\mu-\lambda^2}$ 过大，则 λ 和 $\lambda-\sqrt{\mu-\lambda^2}$ 之间的间距较宽，对于估计 λ_1 值并不有利．但是如果我们对于 λ_2 有一定估计，则我们就能得到很好的下限．为此，我们有

第二下限定理：

假定 λ 在 λ_n 和 λ_{n+1} 之间，即

$$\lambda_1\leqslant\lambda_2\leqslant\lambda_3\cdots\leqslant\lambda_n\leqslant\lambda\leqslant\lambda_{n+1}\leqslant\cdots \tag{6.36}$$

则

$$(\lambda-\lambda_n)(\lambda_{n+1}-\lambda)\leqslant\mu-\lambda^2 \tag{6.37}$$

其中 λ，μ 的定义和(6.21)式相同．特别是当 $\lambda_1\leqslant\lambda\leqslant\lambda_2$ 时，有

$$(\lambda-\lambda_1)(\lambda_2-\lambda)\leqslant\mu-\lambda^2 \tag{6.38}$$

证明　在(6.25)式中，取

$$E=\lambda_n+\lambda_{n+1}-\lambda \tag{6.39}$$

则(6.25)式可以写成

$$K\sum_{i=1}^{\infty}a_i^2=\sum_{i=1}^{\infty}\lambda_i^2a_i^2-(\lambda_n+\lambda_{n+1})\sum_{i=1}^{\infty}\lambda_ia_i^2 \\ +\lambda(\lambda_{n+1}+\lambda_n-\lambda)\sum_{i=1}^{\infty}a_i^2 \tag{6.40}$$

或可写成

$$K = \frac{1}{\sum_{i=1}^{\infty} a_i^2} \sum_{i=1}^{\infty} a_i^2 [(\lambda - \lambda_n)(\lambda_{n+1} - \lambda)$$

$$- (\lambda_i - \lambda_n)(\lambda_{n+1} - \lambda_i)] \tag{6.41}$$

如果，λ 在 λ_n 和 λ_{n+1} 之间，即

$$\lambda_n \leqslant \lambda \leqslant \lambda_{n+1}, \tag{6.42}$$

由于对一切 i，有

$$(\lambda_i - \lambda_n)(\lambda_{n+1} - \lambda_i) \leqslant 0 \qquad (i = 1, 2, \cdots \infty) \tag{6.43}$$

所以

$$[(\lambda - \lambda_n)(\lambda_{n+1} - \lambda) - (\lambda_i - \lambda_n)(\lambda_{n+1} - \lambda_i)]$$

$$\geqslant [(\lambda - \lambda_n)(\lambda_{n+1} - \lambda)] \qquad (i = 1, 2, \cdots \infty) \tag{6.44}$$

于是，(6.41) 可以写成

$$K \geqslant \frac{1}{\sum_{i=1}^{\infty} a_i^2} \sum_{i=1}^{\infty} a_i^2 [(\lambda - \lambda_n)(\lambda_{n+1} - \lambda)]$$

$$= [(\lambda - \lambda_n)(\lambda_{n+1} - \lambda)] \tag{6.45}$$

和 (6.26) 式合在一起，得

$$\mu - \lambda^2 \geqslant (\lambda - \lambda_n)(\lambda_{n+1} - \lambda) \tag{6.46}$$

如果 $\lambda_1 \leqslant \lambda \leqslant \lambda_2$，则有

$$\mu - \lambda^2 \geqslant (\lambda - \lambda_1)(\lambda_2 - \lambda) \tag{6.47}$$

只要我们对 λ_2 有一定估计，则就能从 (6.47) 式估计 λ_1 的下限，亦即

$$\lambda - \frac{\mu - \lambda^2}{\lambda_2 - \lambda} \leqslant \lambda_1 \tag{6.48}$$

例 (1) §2.6 弦的振动频率的特征值问题(即 $y'' + \lambda y = 0$，$y(0) = y(l) = 0$) 中，用一级近似函数 $y^{(1)}(x) = Ax(l - x)$ 时，$\lambda = \frac{10}{l^2}$，它是 λ_1 的近似值(上限)，用 $y^{(2)}(x) = Ax(l - x)\left(\frac{l}{2} - x\right)$ 时，$\lambda = \frac{42}{l^2}$，它是 λ_2 的近似值，求 λ_1 的下限。

根据下限第一定理，

$$\mu=\int_0^l\left\{\frac{d^2}{dx^2}[x(l-x)]\right\}^2dx\Big/\int_0^l[x(l-x)]^2dx=\frac{120}{l^2} \tag{6.49}$$

于是，下限为

$$\frac{10}{l^2}-\frac{\sqrt{20}}{l^2}\leqslant\lambda_1\leqslant\frac{10}{l^2}\quad 或\quad 5.52\frac{1}{l^2}\leqslant\lambda_1\leqslant\frac{10}{l^2} \tag{6.50}$$

这个结果 $5.52\frac{1}{l^2}$ 离实际 λ_1 值太远，并不理想.

根据第二下限定理，我们有 λ_2 的近似值 $\frac{42}{l^2}$，$\lambda=\frac{10}{l^2}$，$\mu=\frac{120}{l^2}$，(6.48) 式给出

$$\frac{10}{l^2}-\frac{\frac{120}{l^4}-\frac{100}{l^4}}{\frac{42}{l^2}-\frac{10}{l^2}}=\frac{9.38}{l^2}\leqslant\lambda_1\leqslant\frac{10}{l^2} \tag{6.51}$$

这个结果比较合理，上下限距离接近，可以看到如果以上下限的平均值 $\frac{1}{2l^2}(10+9.38)=9.69\frac{1}{l^2}$ 作为近似值，其误差不可能超出 $\pm0.31\frac{1}{l^2}$ 或 $\pm\frac{0.31}{9.69}=3\%$. 实际的正确值为 $\frac{\pi^2}{l^2}=9.87\frac{1}{l^2}$ 只有误差 $\frac{0.18}{9.69}=1.8\%$.

§6.2 薄膜振动的频率，瑞利-立兹法

在第一章、第三章中研究过薄膜在横向分布载荷下的位移. 这里将研究其振动频率. 受均布张力N作用下的薄膜的变形能为 [(3.244) 式]

$$U=\iint_S\frac{N}{2}(W_x^2+W_y^2)dxdy \tag{6.52}$$

其中 $W(x,y,t)$ 为薄膜的横向位移 $W_x=\frac{\partial W}{\partial x}$，$W_y=\frac{\partial W}{\partial y}$，薄膜在运动时的动能为

$$T=\frac{\rho}{2}\iint_S W_t^2dxdy \tag{6.53}$$

其中 $W_t=\dfrac{\partial W}{\partial t}$ 为薄膜各点的运动速度；ρ 为薄膜每单位面积的质量。根据最小作用量定律，这个问题的泛函为

$$\begin{aligned}\Pi&=\int_{t_1}^{t_2}L\,dt=\int_{t_1}^{t_2}(T-U)dt\\&=\frac{1}{2}\int_{t_1}^{t_2}\left\{\iint_S[\rho W_t^2-N(W_x^2+W_y^2)]dxdy\right\}dt\end{aligned}\tag{6.54}$$

如果这是个振动问题，$W(x,y,t)$ 应该是一个周期性函数。设

$$W(x,y,t)=w(x,y)\cos(\omega t+\varepsilon)\tag{6.55}$$

其中 ω 为周期运动的角速度，$\omega=2\pi f$，而 f 为频率，ε 为相角。设 $t_1\leqslant t\leqslant t_2$ 正好是一个周期 $\dfrac{2\pi}{\omega}$。

$$\begin{aligned}\Pi&=\frac{1}{2}\int_{t_1}^{t_1+\frac{2\pi}{\omega}}\left\{\iint_S[\omega^2\rho w^2\sin(\omega t+\varepsilon)\right.\\&\qquad\left.-N(w_x^2+w_y^2)\cos^2(\omega t+\varepsilon)]dxdy\right\}dt\\&=\frac{\pi}{2\omega}\iint_S[\omega^2\rho w^2-N(w_x^2+w_y^2)]dxdy\end{aligned}\tag{6.56}$$

或可简化为

$$\Pi_1=-\frac{\omega}{\pi N}\Pi=\frac{1}{2}\iint_S[w_x^2+w_y^2-\lambda w^2]dxdy\tag{6.57}$$

其中

$$\lambda=\frac{\omega^2\rho}{N}\tag{6.58}$$

根据 $\omega=2\pi f$ 的定义，频率 f 为

$$f=\frac{1}{2\pi}\sqrt{\frac{N\lambda}{\rho}}\tag{6.59}$$

设薄膜的边界是固定的，即

$$w(s)=0\quad(s\text{ 为 }S\text{ 的边界坐标})\tag{6.60}$$

则通过 Π_1 的变分，并利用格林定理，我们有

$$\delta\Pi_1=\iint_S[w_x\delta w_x+w_y\delta w_y-\lambda w\delta w]dxdy$$

$$= -\iint_S [w_{xx}+w_{yy}+\lambda w]\delta w dxdy + \int_c \frac{\partial w}{\partial n}\delta w ds \quad (6.61)$$

根据边界固定的条件(6.60)，和变分预备定理，我们得欧拉方程

$$w_{xx} + w_{yy} + \lambda w = 0 \quad (6.62)$$

这就是求 λ 的特征值方程，λ 求得后，从(6.59)式就能求得频率．对于一般形状的薄膜而言，求解(6.62)式[在边界条件(6.60)式的条件下]并不容易，人们常用瑞利-立兹法．

让我们把(6.62)式乘 w，并在 S 内积分，在利用了格林定理和边界条件(6.60)式后，我们可以证明

$$\iint_S [(w_{xx} + w_{yy}) + \lambda w] w dxdy = 0 \quad (6.63)$$

或

$$\iint_S [w_x^2 + w_y^2 - \lambda w^2] dxdy = 0 \quad (6.64)$$

上式也可以写成

$$\lambda = \frac{\iint_S (w_x^2 + w_y^2) dxdy}{\iint_S w^2 dxdy} = \frac{I}{J} \quad (6.65)$$

其中 I 和 J 分别为

$$I = \iint_S (w_x^2 + w_y^2) dxdy \qquad J = \iint_S w^2 dxdy \quad (6.66)$$

我们同样可以证明，当 λ 为极值时，Π_1 必为极值，亦即

$$\delta\lambda = \frac{\delta I}{J} - \frac{I\delta J}{J^2} = \frac{\delta I - \lambda\delta J}{J} = \frac{2\delta\Pi_1}{J} = 0 \quad (6.67)$$

这就是§2.6中的瑞利原理．所以，λ 即为 $J=1$ 的条件下的 I 的极值．或即是说，(6.57)式的泛函的极值问题和(6.65)式的 λ 的泛函极值问题是等效的．所以，一切可以用于弦的振动问题的近似方法和理论，包括上下限定理，都能用于薄膜振动理论．

矩形薄膜的振动理论的(6.62)式的正确解是已知的．我们可以用来校核瑞利-立兹法的近似解．

满足 $x=0, x=a, y=0, y=b$ 边界上 $w=0$ 的解为

$$w(x, y)=A_{nm} \sin \frac{m\pi x}{a} \sin \frac{n\pi y}{b} \tag{6.68}$$

把它代入 (6.62) 式,可以证明只要

$$\lambda=\frac{m^2\pi^2}{a^2}+\frac{n^2\pi^2}{b^2}=\lambda_{mn} \tag{6.69}$$

(6.62) 式就得到满足. 于是,从 (6.59) 式可知,有关频率为

$$f_{mn}=\frac{1}{2\pi}\sqrt{\frac{N}{\rho}\left(\frac{m^2\pi^2}{a^2}+\frac{n^2\pi^2}{b^2}\right)} \tag{6.70}$$

对于不同的 n, m 而言, (6.68) 式就是代表振动的不同模式. 最基本的频率和模式是 $(m, n)=(1, 1)$. 即

$$f_{11}=\frac{1}{2}\sqrt{\frac{N}{\rho}\left(\frac{1}{a^2}+\frac{1}{b^2}\right)} \qquad \lambda_{11}=\pi^2\left(\frac{1}{a^2}+\frac{1}{b^2}\right) \tag{6.71}$$

它的振动模式除了边界外，到处都没有结点(图 6.1). $(m, n)=(1, 2)$ 或 $=(2, 1)$ 的模式，在矩形薄膜内都有一条结点线. $(m, n)=(2, 2)$ 的模式有两条垂交的结点线，把矩形薄膜分成四等块. 依此类推,不同 (m, n) 值有不同的结点线.

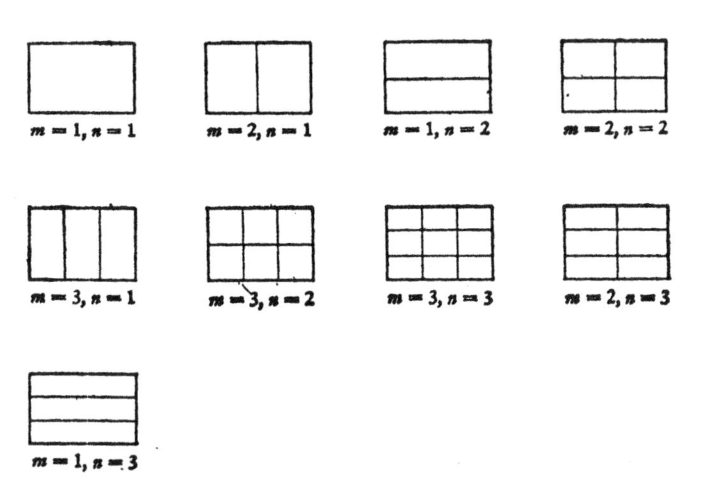

图 6.1 矩形薄膜各种振动模式

对于正方薄膜（$a=b$）而言，还有一些其它的振动模式，例如

$$w_{21}=\left\{C\sin\frac{2\pi x}{a}\sin\frac{\pi y}{a}+D\sin\frac{\pi x}{a}\sin\frac{2\pi y}{a}\right\} \tag{6.72}$$

不论C和D是什么值,有关的频率都一样,亦即

$$\lambda_{21}=\lambda_{12}=\frac{5\pi^2}{a^2} \tag{6.73}$$

但根据不同的C,D值，薄膜的结点线都不一样．一般说来，w_{21}的结点线由

$$C\sin\frac{2\pi x}{a}\sin\frac{\pi y}{a}+D\sin\frac{\pi x}{a}\sin\frac{2\pi y}{a}=0 \tag{6.74}$$

给出,也是

$$2\left(C\cos\frac{\pi x}{a}+D\cos\frac{\pi y}{a}\right)\sin\frac{\pi x}{a}\sin\frac{\pi y}{a}=0 \tag{6.75}$$

一般说来它是一条曲线．图 6.2 为 $C=0$，$D=0$，$C-D=0$，$C+D=0$ 四种情况的结点线．

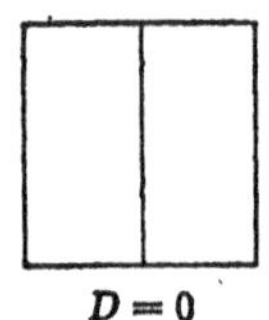

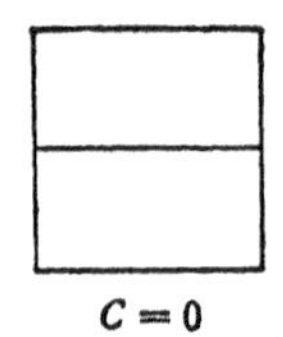

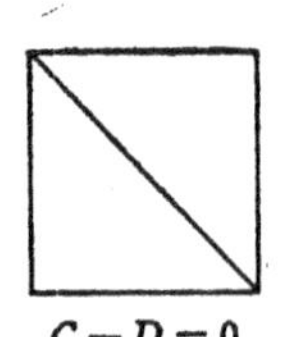

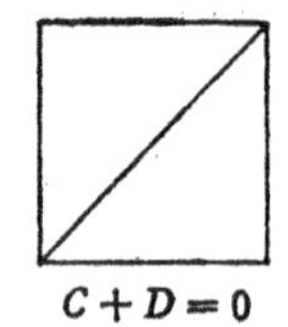

图 6.2　$w=C\sin\frac{2\pi x}{a}\sin\frac{\pi y}{a}+D\sin\frac{\pi x}{a}\sin\frac{2\pi y}{a}$ 的结点线

$$\lambda_{21}=\lambda_{12}=\frac{5\pi^2}{a^2}$$

同样,对于

$$w_{31}=w_{13}=C\sin\frac{3\pi x}{a}\sin\frac{\pi y}{a}+D\sin\frac{\pi x}{a}\sin\frac{3\pi y}{a} \tag{6.76}$$

特征值为

$$\lambda_{31}=\lambda_{13}=\frac{10}{a^2}\pi^2 \tag{6.77}$$

对于不同的 C，D 值有不同的结点线(图 6.3)，其它模式可依此类推。

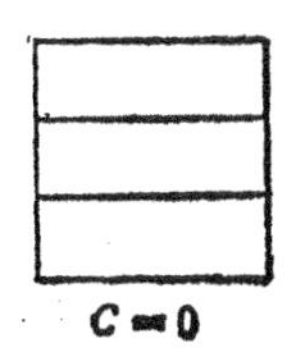

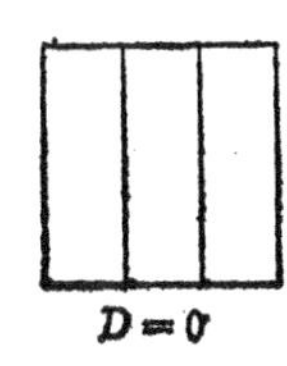

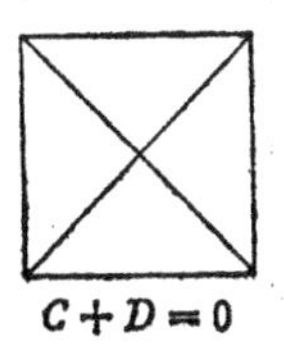

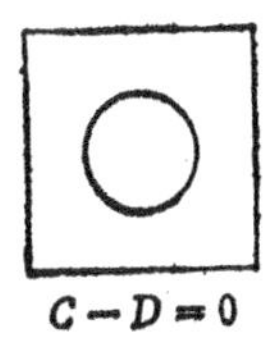

图 6.3 $w = C\sin\frac{3\pi x}{a}\sin\frac{\pi y}{a} + D\sin\frac{\pi x}{a}\sin\frac{3\pi y}{a}$ 的结点线

$$\lambda_{13} = \lambda_{31} = \frac{10\pi^2}{a^2}$$

现在让我们用瑞利-立兹法研究这个问题．取近似函数为

$$w = Ax(a-x)y(b-y) \tag{6.78}$$

它满足矩形薄膜的一切边界条件，在矩形薄膜内部没有任何结点线．因此，是图 6.1 $m=1$，$n=1$ 的模式，把 (6.78) 式代入 (6.65) 式，得

$$\lambda^{(1)} = \frac{\int_0^a dx\int_0^b dy[(a-2x)^2y^2(b-y)^2 + x^2(a-x)^2(b-2y)^2]}{\int_0^a dx\int_0^b x^2(a-x)^2y^2(b-y)^2dy}$$
$$= 10\left(\frac{1}{a^2}+\frac{1}{b^2}\right) \tag{6.79}$$

这和正确解 $\lambda_{11} = \pi^2\left(\frac{1}{a^2}+\frac{1}{b^2}\right)$ 相差很少，而且 $\lambda^{(1)} \geqslant \lambda_{11}$．这和瑞利-立兹法的理论是一致的．

设 $a>b$，则图 6.2 中的第一图 ($D=0$) 应该是第二个特征值．这种模式的结点线是一条竖直平分线．和这种模式相关的近似函数可以取

$$w = Ax(a-x)\left(\frac{a}{2}-x\right)y(b-y) \tag{6.80}$$

把 (6.80) 式代入 (6.65) 式，得

$$\lambda^{(2)} = \left\{\int_0^a dx \int_0^b dy \left[\left(\frac{a^2}{2} - 3ax + 3x^2\right)^2 y^2(b-y)^2 + x^2(a-x)^2\left(\frac{a}{2}-x\right)^2(b-2y)^2\right]\right\} \Big/ \left\{\int_0^a dx \times \int_0^b dy x^2(a-x)^2\left(\frac{a}{2}-x\right)^2 y^2(b-y)^2\right\}$$

$$= \frac{42}{a^2} + \frac{10}{b^2} \tag{6.81}$$

这和 $\lambda_{21} = \pi^2\left(\frac{4}{a^2}+\frac{1}{b^2}\right)$ 的正确解相比也差别不大，而且 $\lambda^{(2)} \geqslant \lambda_{21}$，这和瑞利-立兹法的原理也是一致的.

对于这个问题，第一、第二下限定理同样可以证明是适用的. 在这里，(6.22)中的 y 用 w 表示，Ay 即是 Aw，而且(6.22)式中的 w 是1.

以薄膜的基本频率为例，从(6.22)式中

$$\mu = \frac{\iint\limits_S (w_x^2 + w_y^2)dxdy}{\iint\limits_S w^2 dxdy}$$

$$= \frac{\int_0^a dx \int_0^b [2y(b-y) + 2x(a-x)]^2 dy}{\int_0^a dx \int_0^b x^2(a-x)^2 y^2(b-y)^2 dy}$$

$$= \frac{120}{a^4} + \frac{200}{a^2b^2} + \frac{120}{b^4} \tag{6.82}$$

根据第二下限定理 $\lambda = 10\left(\frac{1}{a^2}+\frac{1}{b^2}\right)$，$\lambda_2 = \frac{42}{a^2} + \frac{10}{b^2}$，于是下限为(6.48)式，即

$$\lambda - \frac{\mu - \lambda^2}{\lambda_2 - \lambda} = 10\left(\frac{1}{a^2}+\frac{1}{b^2}\right) - \frac{a^2}{32}\left(\frac{20}{a^4}+\frac{20}{b^4}\right)$$

$$= \frac{9.375}{a^2} + \frac{1}{b^2}\left(10 - 0.627\frac{a^2}{b^4}\right) \tag{6.83}$$

所以，λ_1 的上下限应该是

$$10\left(\frac{1}{a^2}+\frac{1}{b^2}\right)-\frac{5}{8}\left(\frac{1}{a^2}+\frac{a^2}{b^4}\right)\leqslant\lambda_1\leqslant 10\left(\frac{1}{a^2}+\frac{1}{b^2}\right) \tag{6.84}$$

现在让我们研究圆形薄膜振动问题，用极坐标 (r, θ)，即

$$x = r\cos\theta, \quad y = r\sin\theta \tag{6.85}$$

我们有

$$\left(\frac{\partial w}{\partial x}\right)^2+\left(\frac{\partial w}{\partial y}\right)^2=\left(\frac{\partial w}{\partial r}\right)^2+\frac{1}{r^2}\left(\frac{\partial w}{\partial \theta}\right)^2 \tag{6.86}$$

于是，有关泛函为

$$k^2=\lambda=\frac{\iint\left[\left(\frac{\partial w}{\partial r}\right)^2+\frac{1}{r^2}\left(\frac{\partial w}{\partial \theta}\right)^2\right]rdrd\theta}{\iint w^2 rdrd\theta} \tag{6.87}$$

有关欧拉方式为

$$\frac{1}{r}\frac{\partial}{\partial r}\left(r\frac{\partial w}{\partial r}\right)+\frac{1}{r^2}\frac{\partial^2 w}{\partial \theta^2}+k^2 w=0 \tag{6.88}$$

这个方程的解是已知的，称

$$w(r, \theta)=w_0+w_1\cos(\theta+\alpha_1)+w_2\cos(2\theta+\alpha_2)+\cdots \tag{6.89}$$

其中，$w_n=w_n(r)$，α_n 为待定常数，把它代入 (6.88) 式，即得

$$\sum_{n=0}^{\infty}\left\{\frac{d^2 w_n}{dr^2}+\frac{1}{r}\frac{dw_n}{dr}+\left(k^2-\frac{n^2}{r^2}\right)w_n\right\}\cos n(\theta+\alpha_n)=0 \tag{6.90}$$

$\cos n(\theta+\alpha_n)$ 的系数必恒等于零，亦即

$$\frac{d^2 w_n}{dr^2}+\frac{1}{r}\frac{dw_n}{dr}+\left(k^2-\frac{n^2}{r^2}\right)w_n=0 \qquad (n=0, 1, 2, \cdots) \tag{6.91}$$

这是一个贝塞尔微分方程，它的解有两个，一个解的值在 $r=0$ 点上不收敛，另一个解在 $x=0$ 点收敛．对于薄膜而言，$r=0$ 点不能发散．因此，它的有效解只是那个在 $r=0$ 点上收敛的解．即 n 阶贝塞尔函数

$$w_n(r)=J_n(kx) \qquad (n=0, 1, 2, \cdots) \tag{6.92}$$

用 r 的级数表示为

$$J_n(z)=\frac{z^n}{2^n T(n+1)}\left\{1-\frac{z^2}{2(2n+2)}\right.$$
$$+\frac{z^4}{2\cdot 4\cdot(2n+2)(2n+4)}$$
$$\left.-\frac{z^6}{2\cdot 4\cdot 6\cdot(2n+2)(2n+4)(2n+6)}+\cdots\right\} \tag{6.93}$$

贝塞尔函数还有下列性质

$$\left.\begin{aligned}&\frac{d}{dz}J_0(z)=-J_1(z)\\&\frac{d}{dz}J_n(z)=J_{n-1}(z)-J_{n+1}(z)\\&\frac{2n}{z}J_n(z)=J_{n-1}(z)+J_{n+1}(z)\end{aligned}\right\} \tag{6.94}$$

$J_n(z)$ 也可以用积分形式表示

$$J_n(z)=\frac{1}{\pi}\int_0^{\pi}\cos(z\sin\varphi-n\varphi)d\varphi \tag{6.95}$$

当 w_n 满足边界条件时，有

$$J_n(ka)=0 \tag{6.96}$$

称 $J_n(z)=0$ 的m次根为 z_{nm}，则

$$k_{nm}=\frac{z_{nm}}{a}\qquad\begin{pmatrix}n=0,1,2,\cdots\\m=1,2,3,\cdots\end{pmatrix} \tag{6.97}$$

有关振动频率为

$$f_{mn}=\frac{1}{2\pi}\sqrt{\frac{N}{\rho}}\frac{z_{nm}}{a} \tag{6.98}$$

基本频率和 $n=0, m=1$ 有关．它代表圆对称变形，在圆内无结点线，$n=0, m=2$ 的结点线为一同心圆，见图 6.4．z_{nm} 代表 $J_n(z)$ 的第m个根，有表 z_{nm} 的值见表 6.1．

这些振动模式的近似k值，都可以用瑞利-立兹法求解，其下限也可以用下限定理求得．

设取近似函数

$$w^{(1)}(r)=A(a^2-r^2) \tag{6.99}$$

表 6.1 z_{nm}[$J_n(z)$ 的第 m 个根]

m	$J_0(z)$	$J_1(z)$	$J_2(z)$	$J_3(z)$	$J_4(z)$	$J_5(z)$
1	2.404	3.832	5.135	6.379	7.586	8.740
2	5.520	7.016	8.417	9.760	11.064	12.339
3	8.654	10.173	11.620	13.017	14.373	15.700
4	11.792	13.323	14.796	16.224	17.616	18.982
5	14.931	16.470	17.960	19.410	20.827	22.220
6	18.071	19.616	21.117	22.583	24.018	25.431
7	21.212	22.760	24.270	25.749	27.200	28.628
8	24.353	25.903	27.421	28.909	30.371	31.813
9	27.494	29.047	30.571	32.050	33.512	34.983

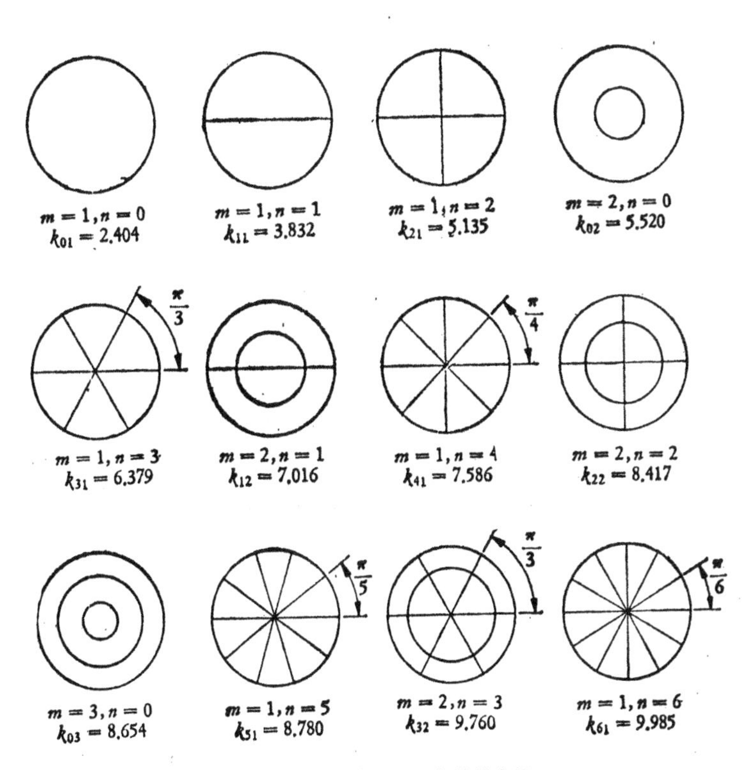

图 6.4 圆形薄膜振动的各种结点线

把它代入(6.87)式,得

$$k^2=\frac{\int_0^a 4A^2r^3dr}{\int_0^a A^2(a^2-r^2)^2rdr}=\frac{6}{a^2},\quad 或\quad k_{01}^{(1)}a=z_{01}^{(1)}=2.449 \tag{6.100}$$

这是 z_{01} 的一级近似．误差达 1.8％。

设取近似函数

$$w^{(2)}(r)=A(a^2-r^2)+B(a^2-r^2)^2 \tag{6.101}$$

把它代入(6.87)式,得

$$k^2=\frac{\int_0^a[2Ar+4B(a^2-r^2)r]^2rdr}{\int_0^a[A(a^2-r^2)+B(a^2-r^2)^2]rdr}$$

$$=\frac{A^2+\frac{4}{3}ABa^2+\frac{2}{3}B^2a^4}{\frac{1}{6}A^2+\frac{1}{4}ABa^2+\frac{1}{10}B^2a^4}\frac{1}{a^2} \tag{6.102}$$

极值条件为

$$\frac{\partial k^2}{\partial A}=0\qquad\frac{\partial k^2}{\partial B}=0 \tag{6.103}$$

或可写成

$$\left.\begin{aligned}\left(2-\frac{1}{3}k^2a^2\right)A+\left(\frac{4}{3}-\frac{1}{4}k^2a^2\right)Ba^2=0\\ \left(\frac{4}{3}-\frac{1}{4}k^2a^2\right)A+\left(\frac{4}{3}-\frac{1}{5}k^2a^2\right)Ba^2=0\end{aligned}\right\} \tag{6.104}$$

A 和 Ba^2 有解的条件为系数行列式为零,即

$$\frac{8}{9}-\frac{8}{45}a^2k^2+\frac{1}{240}a^4k^4=0 \tag{6.105}$$

有效的解为

$$a^2k^2=\frac{1}{6}(128-\sqrt{(128)^2-12\times 640})=5.78416 \tag{6.106}$$

或

$$k_{01}^{(2)}a = z_{01}^{(2)} = 2.405 \tag{6.107}$$

它和正确解几乎相等．这是 k_{01} 的上限

现在让我们计算 k_{01} 的下限． 首先让我们计算第二个特征值 k_{11} 的近似值．试用近似函数

$$w(r, \theta) = A(a^2 - r^2)r\sin\theta \tag{6.108}$$

把它代入 (6.87) 式，得

$$k^2 = \frac{\int_0^{2\pi}\int_0^a A^2\{(a^2-3r^2)^2\sin^2\theta + (a^2-r^2)^2\cos^2\theta\}rdrd\theta}{\int_0^{2\pi}\int_0^a A^2\{r^2(a^2-r^2)^2\}\sin^2\theta rdrd\theta}$$

$$= \frac{16}{a^2} \tag{6.109}$$

开方得 k_{11} 的一次近似解．

$$k_{11}^{(1)}a = z_{11}^{(1)} = 4.000 \tag{6.110}$$

这和准确解 $k_{11}a = 3.832$ 相比较，误差为 4.8%．

根据 (6.21) 和 (6.101)，μ 可以写成

$$\mu = \frac{\iint (\nabla^2 w^{(2)})^2 rdrd\theta}{\iint (w^{(2)})^2 rdrd\theta} \tag{6.111}$$

把 (6.106) 式的结果代入 (6.104) 式，得到 A、B 的关系，$Ba^2 = 0.63836A$，把它代入 (6.101) 式，得

$$w^{(2)} = A(a^2-r^2)\left[1 + 0.63836\frac{1}{a^2}(a^2-r^2)\right]$$

$$= \frac{A}{a^2}(1.63836a^4 - 2.27672a^2r^2 + 0.63836r^4) \tag{6.112}$$

把上式代入 (6.111) 式，积分后简化，得

$$\mu = \frac{\int_0^a(-9.10688a^2 + 10.21376r^2)^2 rdr}{\int_0^a(1.63836a^4 - 2.27672a^2r^2 + 0.63836r^4)^2 rdr}$$

$$= 33.64155\frac{1}{a^4} \tag{6.113}$$

于是 $\lambda_1 = k_{01}^2$ 的下限为

$$\lambda - \frac{\mu - \lambda^2}{\lambda_2 - \lambda} = 5.78416 \frac{1}{a^2}$$

$$- \frac{33.64155 \frac{1}{a^4} - (5.78416)^2 \frac{1}{a^4}}{16 \frac{1}{a^2} - 5.78416 \frac{1}{a^2}} = 5.76605 \frac{1}{a^2} \qquad (6.114)$$

所以，$k_{01}a$ 的下限为 2.401，亦即

$$2.405 \leqslant z_{01} \leqslant 2.401 \qquad (6.115)$$

§ 6.3 薄板振动的频率，瑞利–立兹法

薄板的振动频率曾由瑞利[4]大量研究过．薄板弯曲的应变能为

$$U = \frac{D}{2} \iint_S \{(W_{xx} + W_{yy})^2 + 2(1-\nu)(W_{xy}^2 - W_{xx}W_{yy})\} dxdy$$

$$(6.116)$$

其中 D 为抗弯刚度，$W(x, y, t)$ 为板的横向位移，$W_{xx} = \frac{\partial^2 w}{\partial x^2}$，$W_{xy} = \frac{\partial^2 w}{\partial x \partial y}$，$W_{yy} = \frac{\partial^2 w}{\partial y^2}$，$\nu$ 为泊桑比，板的运动的动能为

$$T = \frac{1}{2} \iint_S \rho W_t^2 dxdy \qquad (6.117)$$

其中 ρ 为板中面每单位面积中的质量．根据最小作用量原理，板的振动问题的泛函为

$$\begin{aligned} \Pi &= \int_{t_1}^{t_2} (T - U) dt \\ &= \frac{1}{2} \int_{t_1}^{t_2} \left\{ \iint_S D[(W_{xx} + W_{yy})^2 \right. \\ &\quad + 2(1-\nu)(W_{xy}^2 - W_{xx}W_{yy})] dxdy \\ &\quad \left. - \iint_S \rho W_t^2 dxdy \right\} dt \end{aligned} \qquad (6.118)$$

对于振动的薄板而言，$W(x, y, t)$ 应是一个周期性函数，即

$$W(x, y, t) = w(x, y)\cos(\omega t + \varepsilon) \tag{6.119}$$

其中 ω 为周期运动的角速度，$\omega = 2\pi f$，f 为频率．ε 为相角．设 $t_1 \leqslant t \leqslant t_2$ 正好是一个周期 $\frac{2\pi}{\omega}$，则

$$\begin{aligned} \Pi = \frac{1}{2}\int_{t_1}^{t_1+\frac{2\pi}{\omega}} \Big\{ \iint_S D[(w_{xx} + w_{yy})^2 \\ + 12(1-\nu)(w_{xy}^2 - w_{xx}w_{yy})]\cos^2(\omega t + \varepsilon)dxdy \\ - \iint_S \rho w^2\omega^2 \sin^2(\omega t + \varepsilon)dxdy \Big\} dt \end{aligned} \tag{6.120}$$

对 t 积分后得

$$\begin{aligned} \Pi = \frac{\pi}{2\omega}\iint_S \{D[(w_{xx} + w_{yy})^2 \\ + 2(1-\nu)(w_{xy}^2 - w_{xx}w_{yy})] - \rho w^2\omega^2\}dxdy \end{aligned} \tag{6.121}$$

或可写成

$$\begin{aligned} \Pi_1 = \frac{\omega}{\pi D}\Pi = \frac{1}{2}\iint_S \{(w_{xx} + w_{yy})^2 \\ + 2(1-\nu)(w_{xy}^2 - w_{xx}w_{yy}) - \lambda w^2\}dxdy \end{aligned} \tag{6.122}$$

其中 λ 和频率有关

$$\lambda = \frac{\rho\omega^2}{D}, \quad 或 \quad f = \frac{1}{2\pi}\sqrt{\frac{\lambda D}{\rho}} \tag{6.123}$$

Π_1 变化等于零给出．

$$\begin{aligned} \delta\Pi_1 = \iint_S (\nabla^2\nabla^2 w - \lambda w)\delta w dxdy \\ + \oint_C \left\{\nu\nabla^2 w + (1-\nu)\frac{\partial^2 w}{\partial n^2}\right\}\frac{\partial \delta w}{\partial n} ds \\ - \oint_C \left\{\frac{\partial}{\partial n}\left[\nabla^2 w + (1-\nu)\frac{\partial^2 w}{\partial s^2}\right] \right. \\ \left. - (1-\nu)\frac{\partial}{\partial s}\frac{1}{\rho_s}\frac{\partial w}{\partial s}\right\}\delta w ds = 0 \end{aligned} \tag{6.124}$$

对于固定边界，$\frac{\partial w}{\partial n} = w = 0$，简支边界

$$w = \nu\nabla^2 w + (1-\nu)\frac{\partial^2 w}{\partial n^2} = 0,$$

或自由边

$$\nu\nabla^2 w + (1-\nu)\frac{\partial^2 w}{\partial n^2} = \frac{\partial}{\partial n}\left[\nabla^2 w + (1-\nu)\frac{\partial^2 w}{\partial s^2}\right]$$

$$-(1-\nu)\frac{\partial}{\partial s}\frac{1}{\rho_s}\frac{\partial w}{\partial s} = 0$$

而言，$\delta\Pi_1 = 0$ 的极值条件给出欧拉方程

$$\nabla^2\nabla^2 w - \lambda w = 0 \tag{6.125}$$

我们如果称:

$$\left.\begin{aligned} I &= \iint_S \{(w_{xx}+w_{yy})^2 + 2(1-\nu)(w_{xy}^2 - w_{xx}w_{yy})\}dxdy \\ J &= \iint_S w^2 dxdy \end{aligned}\right\} \tag{6.126}$$

则也可以证明,泛函 Π_1 [(6.122) 式]的变分极值问题和

$$\lambda = \frac{I}{J} \tag{6.127}$$

的泛函极值问题,完全相等.这就是弹性薄板的瑞利原理.

例 (1) 固定边界矩形板的振动基本频率.

板的振动基本模式应该是在板内没有结点线的模式. 所以,我们设位移 w 的近似函数为

$$w(x,y) = A\left(\sin\frac{\pi x}{a}\sin\frac{\pi y}{b}\right)^2 \quad \begin{pmatrix} 0 \leqslant x \leqslant a \\ 0 \leqslant y \leqslant b \end{pmatrix} \tag{6.128}$$

这个函数满足固定边界的全部边界条件. 即

$$\left.\begin{aligned} w(0,y) = w(a,y) = w_x(0,y) = w_x(a,y) = 0 \\ w(x,0) = w(x,a) = w_y(x,0) = w_y(x,a) = 0 \end{aligned}\right\} \tag{6.129}$$

把 (6.128) 式代入 (6.126) 式,得

$$\left.\begin{aligned} I &= \frac{3}{4}\pi^4 ab\left(\frac{1}{a^4} + \frac{2}{3a^2b^2} + \frac{1}{b^2}\right)A^2 \\ J &= \frac{9}{64}abA^2 \end{aligned}\right\} \tag{6.130}$$

于是，基本特征值为

$$\lambda = \frac{I}{J} = \frac{16}{3}\pi^4\left(\frac{1}{a^4} + \frac{2}{3a^2b^2} + \frac{1}{b^4}\right) \tag{6.131}$$

如果我们取近似函数为

$$w = Ax^2(a-x)^2y^2(b-y)^2 \tag{6.132}$$

则用相同的程序，求得

$$\lambda = \frac{I}{J} = 504\left(\frac{1}{a^4} + \frac{4}{7ab} + \frac{1}{b^4}\right) \tag{6.133}$$

这两个结果的比较，可以用正方板的特殊情况来进行．当 $a = b$ 时，这两者分别为

$$\lambda = \frac{16}{3}\pi^4\left(\frac{1}{a^4} + \frac{2}{3a^2b^2} + \frac{1}{b^4}\right) = \frac{128}{9}\pi^4\frac{1}{a^4} = 1388.6\frac{1}{a^4} \tag{6.134}$$

$$\lambda = 504\left(\frac{1}{a^4} + \frac{1}{7a^2b^2} + \frac{1}{b^4}\right) = 1296\frac{1}{a^4} \tag{6.135}$$

这指出后者 λ 更低．也即是说：(6.132) 式的近似函数比 (6.128) 式的近似函数更接近正确解．如果我们采用二级近似函数

$$w = A\sin^2\frac{\pi x}{a}\sin^2\frac{\pi y}{b} + B\sin^3\frac{\pi x}{a}\sin^3\frac{\pi y}{b} \tag{6.136}$$

则结果就能大大改进．

为了求第二基本频率的近似值，我们可以用下列近似函数来表示以 $x = \frac{a}{2}$ 为结点线的振动模式，亦即

$$w = Ax^2(a-x)^2\left(\frac{a}{2} - x\right)y^2(b-y)^2 \tag{6.137}$$

把它代入 (6.127) 式，积分得

$$\lambda^{(2)} = 3960\left\{\frac{1}{a^4} + \frac{8}{15a^2b^2} + \frac{7}{55b^4}\right\} \tag{6.138}$$

对于正方板而言，$a = b$，上式化为

$$\lambda^{(2)} = 6576\frac{1}{a^4} \tag{6.139}$$

(6.134)，(6.135) 式所给 λ 值，都是基本频率的上限，为了找得下限，我们同样也可以用第一第二下限定理．让我们先计算 μ

$$\mu = \frac{\iint (\nabla^2\nabla^2 w)^2 dxdy}{\iint w^2 dxdy} = 362880\left\{\frac{1}{a^8} + \frac{21}{5a^4b^4} + \frac{1}{b^8}\right\} \tag{6.140}$$

对于正方板而言，$a = b$，上式化为

$$\mu = 2249856\,\frac{1}{a^8} \tag{6.141}$$

根据第一下限定理，λ_1 的下限为

$$\lambda - \sqrt{\mu - \lambda^2} = 1296\,\frac{1}{a^4} - \sqrt{2249856 - 1296^2}\,\frac{1}{a^4} = 541\,\frac{1}{a^4} \tag{6.142}$$

根据第二下限定理，λ_1 的下限为

$$\lambda - \frac{\mu - \lambda^2}{\lambda_2 - \lambda} = 1296\,\frac{1}{a^4} - \frac{2249856 - 1296^2}{6576 - 1296}\,\frac{1}{a^4} = 1188\,\frac{1}{a^4} \tag{6.143}$$

因此，正方形板基本频率应是

$$1188\,\frac{1}{a^4} \leqslant \lambda_1 \leqslant 1296\,\frac{1}{a^4} \tag{6.144}$$

如果取其平均值 $1242\,\frac{1}{a^4}$ 作为 λ_1 的近似值，则误差至多只有 $\pm 4\%$.

为了求得更好的近似，我们可以采用近似函数.

$$w = Ax^2(a-x)^2y^2(b-y)^2 + Bx^2(a-x)^2y^2(b-y)^2(by+ax) \tag{6.145}$$

这样就能进一步求得更精确的基本频率.

如果薄板是圆形的，则我们可以采用极坐标 (r,θ)，于是 J 和 I 可以分别化为

$$I = \iint_S \left\{\left(\frac{1}{r}\frac{\partial}{\partial r} r \frac{\partial w}{\partial r} + \frac{1}{r^2}\frac{\partial^2 w}{\partial \theta^2}\right)^2 + 2(1-\nu)\left[\left(\frac{\partial}{\partial r}\frac{1}{r}\frac{\partial w}{\partial \theta}\right)^2 - \frac{\partial^2 w}{\partial r^2}\left(\frac{1}{r^2}\frac{\partial^2 w}{\partial \theta^2} + \frac{1}{r}\frac{\partial w}{\partial r}\right)\right]\right\} r dr d\theta \tag{6.146}$$

$$J = \iint_S w^2 r dr d\theta \tag{6.147}$$

其余的计算和矩形板相类似.

§ 6.4 薄板平面内受力时的振动频率

电话话筒是通过膜片受张力固定后振动传声的. 传声的质量要求膜片的自振频率大大高于声音的最高频率. 但这种膜片的自振频率既和膜片的抗弯刚度D有关,又和膜片的平面尺寸有关,同时也和膜片所受张力有关, 张力愈高, 同样尺寸的自振频率也愈高. 设计电话话筒的膜片时, 就要调整抗弯刚度, 平面尺寸, 片内张力来满足上述要求, 所以, 计算薄板平面内受张力时的振动频率, 就是话筒设计中的基本理论. 有关圆膜片的理论是皮克兰(1933)[5] 首先给出的, 有关方膜片的理论是万因斯坦和钱伟长(1943)[6] 给出的,后者主要给出了这种频率的下限理论.

这个问题的泛函和 § 6.3 薄板振动问题泛函一样,但还应增加一项薄膜应变能.它相当于(6.121)式中增加一项

$$\iint_S \frac{\pi N}{2\omega}(w_x^2 + w_y^2)dxdy,$$

所以,总的泛函为

$$\begin{aligned}\Pi = \frac{\pi}{2\omega}\iint_S \{&D[(w_{xx} + w_{yy})^2 + 2(1-\nu)(w_{xy}^2 - w_{xx}w_{yy})] \\ &+ N(w_x^2 + w_y^2) - \rho w^2\omega^2\}dxdy\end{aligned} \tag{6.148}$$

它也可以写成

$$\begin{aligned}\Pi_1 = \frac{\omega}{\pi D}\Pi = \frac{1}{2}\iint_S \{&[(w_{xx}+w_{yy})^2+2(1-\nu)(w_{xy}^2-w_{xx}w_{yy})] \\ &+ \tau(w_x^2 + w_y^2) - \lambda w^2\}dxdy\end{aligned} \tag{6.149}$$

其中 τ 为有关板内张力N的量:

$$\tau = \frac{N}{D} \tag{6.150}$$

通过变分,并用格林定理,得

$$\delta\Pi_1 = \iint_S [\nabla^2\nabla^2 w - \tau\nabla^2 w - \lambda w]\delta w dxdy$$

$$+\oint_c\left\{\left[\nu\nabla^2 w+(1-\nu)\frac{\partial^2 w}{\partial n^2}\right]\frac{\partial\delta w}{\partial n}\right\}ds$$

$$+\oint_c\left\{\left[\tau\frac{\partial w}{\partial n}-\frac{\partial}{\partial n}\left(\nabla^2 w+(1-\nu)\frac{\partial^2 w}{\partial s^2}\right)\right]\right.$$

$$\left.+(1-\nu)\frac{\partial}{\partial s}\frac{1}{\rho_s}\frac{\partial w}{\partial s}\right\}\delta w ds=0 \tag{6.151}$$

对于固定边界条件而言，边界积分完全为零，并给出欧拉方程

$$\nabla^2\nabla^2 w-\tau\nabla^2 w-\lambda w=0 \quad (\text{在} S \text{内}) \tag{6.152}$$

这就是振动的特征值方程。

我们也可以证明 λ 是下述泛函的极小值

$$\lambda=\frac{I}{J} \tag{6.153}$$

其中

$$\left.\begin{aligned}I&=\iint_S\{[(w_{xx}+w_{yy})^2+2(1-\nu)(w_{xy}^2-w_{xx}w_{yy})]\\&\qquad+\tau(w_x^2+w_y^2)\}dxdy\\J&=\iint_S w^2dxdy\end{aligned}\right\} \tag{6.154}$$

如果用极坐标表示，上述积分可以写成下式

$$\left.\begin{aligned}I&=\iint_S\left\{\left(\frac{1}{r}\frac{\partial}{\partial r}r\frac{\partial w}{\partial r}+\frac{1}{r^2}\frac{\partial^2 w}{\partial\theta^2}\right)^2\right.\\&\qquad+2(1-\nu)\left[\left(\frac{\partial}{\partial r}\frac{1}{r}\frac{\partial w}{\partial\theta}\right)^2\right.\\&\qquad\left.-\frac{\partial^2 w}{\partial r^2}\left(\frac{1}{r^2}\frac{\partial^2 w}{\partial\theta^2}+\frac{1}{r}\frac{\partial w}{\partial r}\right)\right]\\&\qquad\left.+\tau\left[\left(\frac{\partial w}{\partial r}\right)^2+\frac{1}{r^2}\left(\frac{\partial w}{\partial\theta}\right)^2\right]\right\}rdrd\theta\\J&=\iint_S w^2rdrd\theta\end{aligned}\right\} \tag{6.155}$$

(6.153)，(6.154)，(6.155) 各式就是受有张力的板的振动问题的泛函（它本身就代表和频率相关的量）。

例 (1)　试求圆板在张力作用下的基本频率。

设近似函数为

$$w = A(a^2 - r^2)^2 \tag{6.156}$$

其中 a 为圆板的半径，代入 (6.155) 式，得

$$\left.\begin{aligned} I &= \frac{4\pi}{3}(16 + \tau a^2)a^6 A^2 \\ J &= \frac{\pi}{5} a^{10} A^2 \end{aligned}\right\} \tag{6.157}$$

所以，基本频率近似值为

$$\lambda_1^{(1)} = \frac{20}{3}(16 + \tau a^2)\frac{1}{a^4} \tag{6.158}$$

为了求第二基本频率，我们应按两种基本振动模式进行计算．第一种模式的结点线为某一直径．为此，我们引用近似函数

$$w = Br(a^2 - r^2)^2 \sin\theta \tag{6.159}$$

把它代入 (6.155) 式，积分后得

$$\left.\begin{aligned} I &= \frac{4\pi}{15}(30 + \tau a^2)B^2 a^8 \\ J &= \frac{1}{60}\pi B^2 a^{12} \end{aligned}\right\} \tag{6.160}$$

所以，第二基本频率(其振动模式的结点线为某一直线)为

$$\lambda_2 = \frac{I}{J} = 16(30 + \tau a^2)\frac{1}{a^4} \tag{6.161}$$

第二种可能的模式的结点线为某一同心圆．为了试算这种模式的频率，我们可以取下式为近似函数

$$w = A(a^2 - r^2)^2 + Br^2(a^2 - r^2)^2 \tag{6.162}$$

用这种近似函数进行变分运算时，同时还能求得第一基本频率的二级近似值．于是

$$\left.\begin{aligned} I &= \frac{4\pi}{3}(16 + \tau a^2)a^6 A^2 + \frac{4\pi}{15}(40 + \tau a^2)a^8 AB \\ &\quad + \frac{2\pi}{15}(64 + \tau a^2)a^{10} B^2 \\ J &= \frac{\pi}{5} a^{10} A^2 + \frac{\pi}{15} a^{12} AB + \frac{\pi}{105} a^{14} B^2 \end{aligned}\right\} \tag{6.163}$$

泛函 $\Pi = I - \lambda J$ 的极值由

$$\frac{\partial \Pi}{\partial A} = \frac{\partial I}{\partial A} - \lambda \frac{\partial J}{\partial A} = 0, \quad \frac{\partial \Pi}{\partial B} = \frac{\partial I}{\partial B} - \lambda \frac{\partial J}{\partial B} = 0 \tag{6.164}$$

给出，它们是

$$\left.\begin{aligned} &[40(16+\tau a^2)-6a^4\lambda]A+[4(40+\tau a^2)-a^4\lambda]a^2B=0 \\ &[28(40+\tau a^2)-7a^4\lambda]A+[28(64+\tau a^2)-2a^4\lambda]a^2B=0 \end{aligned}\right\} \tag{6.165}$$

A, B 不等于零的解要求系数行列式为零

$$\begin{vmatrix} 40(16+\tau a^2)-6a^4\lambda & 4(40+\tau a^2)-a^4\lambda \\ 28(40+\tau a^2)-7a^4\lambda & 28(64+\tau a^2)-2a^4\lambda \end{vmatrix} = 0 \tag{6.166}$$

其解为

$$a^4 \begin{Bmatrix} \lambda_3^{(1)} \\ \lambda_1^{(2)} \end{Bmatrix} = \frac{12}{5}\{408 + 8\tau a^2 \pm \sqrt{132864 + 3728\tau a^2 + 29\tau^2 a^4}\} \tag{6.167}$$

现在把 (6.158), (6.161), (6.167) 诸式的结果列表 (如表 6.2) 进行比较，可以看到 λ_1 的二级近似 $\lambda_1^{(2)}$ 比一级近似低约 9% 左右；而且第二基本频率应是直径为结点线的模式而不是同心圆为结点线的模式。

表 6.2 受压圆板振动频率各级近似的比较

频率	$\lambda_1^{(1)}a^4$	$\lambda_1^{(2)}a^4$	$\lambda_2^{(1)}a^4$	$\lambda_3^{(1)}a^4$	$\lambda_1^{*}a^4$
振动模式	无结点线	无结点线	直径结点线	同心圆结点线	—
计算公式	(6.158) 式 上限一级近似	(6.167) 式 上限二级近似	(6.161) 式 上限一级近似	(6.167) 式 上限一级近似	(6.169) 式 下限一级近似
$\tau a^2 = 0$	106.7	104.40	480	1854.0	82.3
$\tau a^2 = 1$	113.3	111.36	496	1885.4	93.1
$\tau a^2 = 2$	120.0	118.32	512	1916.9	103.4
$\tau a^2 = 5$	140.0	138.72	560	2011.7	131.6
$\tau a^2 = 10$	173.3	172.80	640	2169.6	171.0
$\tau a^2 = 20$	240.0	240.00	800	2486.4	230.1
$\tau a^2 = 50$	440.0	437.04	1280	3441.4	328.6
$\tau a^2 = 100$	773.3	758.40	2080	5040.0	399.0
$\tau a^2 = 200$	1440.0	1392.7	3680	8245.7	451.8

这里也可以用第一第二下限定理来估计 λ_1 的下限，我们应该计算 μ. 利用 (6.156) 式的 w

$$\mu=\frac{\iint(\nabla^2\nabla^2 w-\tau\nabla^2 w)^2 r dr d\theta}{\iint w^2 r dr d\theta}=\frac{640}{a^8}\left(32+\frac{1}{6}\tau^2 a^4\right) \tag{6.168}$$

根据第二下限定理，λ_1 的下限为

$$\begin{aligned}\lambda_1^*&=\lambda-\frac{\mu-\lambda^2}{\lambda_2-\lambda}=\frac{\lambda_2\lambda-\mu}{\lambda_2-\lambda}=\frac{\lambda_2^{(1)}\lambda_1^{(1)}-\mu}{\lambda_2^{(1)}-\lambda_1^{(1)}}\\&=\frac{160}{7}\left(\frac{144+23\tau a^2}{40+\tau a^2}\right)\frac{1}{a^4}\end{aligned} \tag{6.169}$$

这个估计数也见表 6.2. 但只对 τa^2 较小时才是有效的.

同样的计算可以用于矩形板.

§ 6.5 特征值问题的边界条件放松法（万因斯坦-钱伟长）或特征值问题的下限法

上面所讲的薄板振动的特征值问题，包括在板内张力作用下的薄板振动问题，都可以归纳为在一定的边界条件下求某一泛函的极小值. 如果我们放松边界条件的限制，则可供选择的函数增多，泛函的极小值必进一步降低，这就求得了原特征值问题的下限，如果我们有一系列问题，每个问题代表逐步收紧的边界条件，其极限为原题的边界条件，则各题所得的泛函极值必逐步靠近原题的最小特征值，其极限必为原题所求的最小特征值

以固定薄板的振动问题为例，原题为求泛函

$$\lambda=\frac{\iint\{(w_{xx}+w_{yy})^2+2(1-\nu)(w_{xy}^2-w_{xx}w_{yy})\}dxdy}{\iint w^2 dxdy} \tag{6.170}$$

在边界条件

$$w(s)=0,\qquad \frac{\partial w}{\partial n}(s)=0 \tag{6.171}$$

下的最小极值，我们称这个最小极值为 λ_1，这就是和基本频率有关的最小特征值．这个极值问题的欧拉方程(也称特征方程)

$$\frac{\partial^4 w}{\partial x^4}+2\frac{\partial^4 w}{\partial x^2\partial y^2}+\frac{\partial^4 w}{\partial y^4}-\lambda w=0 \tag{6.172}$$

也即是说,满足 (6.171) 式边界条件的特征方程 (6.172) 式的解所决定的最小特征值 λ_1，等于泛函 (6.170) 式在边界条件(6.171)式下的最小极值．

在 § 6.3 中，我们已用瑞利-立兹法求得了固定方板的 λ_1 值的近似值．例如取近似函数 $w(x, y)$ 为

$$w(x, y)=Ax^2(a-x)^2y^2(a-y)^2 \tag{6.173}$$

其中 a 为板的边长,在边界 $x=0$, $y=0$, $x=a$, $y=a$ 诸边界上，$w(x, y)$ 显然满足固定边界条件 (6.171) 式．把(6.173) 式代入 (6.170) 式,即得 λ_1 的上限 λ_1+

$$\lambda_1+=1296\frac{1}{a^4}=13.304\frac{\pi^4}{a^4}>\lambda_1 \tag{6.174}$$

同样,如果我们把 (6.171) 式的固定边界条件放松，使用简支边界条件来代替,即保持 (6.171) 式中的第一式，把第二式用弯矩为零的条件来代替,亦即我们采用力矩完全放松的边界条件

$$\left.\begin{aligned}&w(s)=0\\&\frac{\partial^2 w}{\partial n^2}+\nu\left(\frac{\partial^2 w}{\partial s^2}+\frac{1}{\rho_s}\frac{\partial w}{\partial n}\right)=0\quad\left(\text{或}\ \frac{\partial^2 w}{\partial n^2}=0\right)\end{aligned}\right\} \tag{6.175}$$

则 (6.172) 式在方板中的精确解是已知的,为

$$w(x, y)=A\sin\frac{n\pi x}{a}\sin\frac{m\pi y}{a} \tag{6.176}$$

而有关特征值为

$$\lambda'=(n^2+m^2)^2\frac{\pi^4}{a^4} \tag{6.177}$$

简支方板的最小特征值和 $n=m=1$ 有关,即

$$\lambda_0'=4\frac{\pi^4}{a^4} \tag{6.178}$$

显然,对于方板,我们有

$$\lambda_0'(\text{简支}) < \lambda_{1+}(\text{固定}) \tag{6.179}$$

这就说明了，当边界的约束条件放松时，特征值 λ 也随着降低。

如果我们放松固定边界条件，但并不放松到像简支边界那样，而是放松到某一中间状态，则在这样中间边界条件下的解所给出的特征值，必介于 λ_0'(简支)和 λ_1(固定)之间。

具体说来，如果我们保持 $w(s)=0$ 而放松 $\dfrac{\partial w}{\partial n}=0$ 这个边界条件，并不要求 $\dfrac{\partial w}{\partial n}$ 在边界上到处都等于零，而只要求某种加权平均值等于零，即称 $p_1(s)$ 为某种加权函数，$\dfrac{\partial w}{\partial n}$ 在边界上满足

$$\oint_c \frac{\partial w}{\partial n} p_1(s) ds = 0 \tag{6.180}$$

则 (6.172) 式在 (6.180) 式及 $w(s)=0$ 的条件下的解所给出的特征值 λ_1' 必大于 λ_0' 而小于 λ_1，亦即

$$\lambda_0' \leqslant \lambda_1' \leqslant \lambda_1 \leqslant \lambda_{1+} \tag{6.181}$$

如果我们的边界条件不仅要对 $p_1(s)$ 而且对另一加权函数 $p_2(s)$，都满足加权边界条件

$$\oint_c \frac{\partial w}{\partial n} p_1(s) ds = 0, \qquad \oint_c \frac{\partial w}{\partial n} p_2(s) ds = 0 \tag{6.182}$$

则 (6.172) 式在(6.182)式及 $w(s)=0$ 的条件下的解所给出的特征值 λ_2' 一方面低于 λ_1(条件比固定的松)，另一方面高于 λ_1'(它比 $w(s)=0$ 及 (6.180) 式的条件紧)，亦即

$$\lambda_0' \leqslant \lambda_1' \leqslant \lambda_2' \leqslant \lambda_1 \leqslant \lambda_{1+} \tag{6.183}$$

依此类推，如果我们有一个加权函数序列

$$p_1(s),\ p_2(s),\ \cdots,\ p_N(s) \tag{6.184}$$

使边界上除了 $w(s)=0$ 外，还满足N个条件

$$\oint_c p_k(s) \frac{\partial w}{\partial n} ds = 0 \qquad (k=1,2,\cdots,N) \tag{6.185}$$

则 (6.172) 式在(6.185)式及 $w(s)=0$ 的条件下所给出的最低特征值必满足

$$\lambda_0' \leqslant \lambda_1' \leqslant \lambda_2' \leqslant \cdots \leqslant \lambda_N' \leqslant \lambda_1 \leqslant \lambda_{1+} \tag{6.186}$$

当序列趋于 $N \to \infty$ 时，λ'_N 从 λ_1 的下限趋近于 λ_1。

到此为止，我们并没有对权函数序列有什么要求。下面让我们通过条件变分的原理来认识 $p_k(s)$。设在 (6.180) 式的条件下，求 (6.170) 式的泛函的极值。称 α_1 为拉格朗日乘子，则这个问题的条件变分的泛函可以写成

$$\Pi^* = \iint_S \{(w_{xx} + w_{yy})^2 + 2(1-\nu)(w_{xy}^2 - w_{xx}w_{yy})\}dxdy - \lambda\iint_S w^2dxdy + \alpha_1\oint_c p_1(s)\frac{\partial w}{\partial n}ds \tag{6.187}$$

变分后，利用 (1.234b) 式，$\left(\text{对方板有 } \dfrac{1}{\rho_s} = 0\right)$，得

$$\begin{aligned}\delta\Pi^* = &2\iint_S (\nabla^2\nabla^2 w - \lambda w)\delta w dxdy \\ &+ 2\oint_c \left\{\frac{\partial^2 w}{\partial n^2} + \nu\frac{\partial^2 w}{\partial s^2} + \frac{1}{2}\alpha_1 p_1(s)\right\}\frac{\partial \delta w}{\partial n}ds \\ &- 2\oint_c \frac{2}{m}\left[\frac{\partial^2 w}{\partial n^2} + (2-\nu)\frac{\partial^2 w}{\partial s^2}\right]\delta w ds \\ &- 2(1-\nu)\sum_{k=1}^{i}\Delta\left(\frac{\partial^2 w}{\partial n\partial s}\right)_k \delta w_k \\ &+ \delta\alpha_1\oint_c p_1(s)\frac{\partial w}{\partial n}ds = 0\end{aligned} \tag{6.188}$$

由于 $\delta w(x, y)$, $\delta w(s)$, $\dfrac{\partial \delta w}{\partial n}(s)$, $\delta\alpha_1$ 都可以当作独立变分，其中由于边界上 $w(s)=0$，所以有 $\delta w(s)=0$；同样在角点上 $\delta w_k=0$，所以对方板而言，有

$$\nabla^2\nabla^2 w - \lambda w = 0 \quad \text{(欧拉方程)} \tag{6.189a}$$

$$\oint_c p_1(s)\frac{\partial w}{\partial n}ds = 0 \quad \text{(约束条件)} \tag{6.189b}$$

$$\frac{\partial^2 w}{\partial n^2} + \nu\frac{\partial^2 w}{\partial s^2} + \frac{1}{2}\alpha_1 p_1(s) = 0 \quad \text{(自然边界条件)} \tag{6.189c}$$

由于 (6.189a, b) 都是齐次的，所以，我们可以把 (6.189c) 中的

$\frac{1}{2}\alpha_1$ 吸收入 w 中去，或即是说，如果让 $w=-\frac{1}{2}\alpha_1 w_1^*$，则 (6.189a, b, c) 可以写成

$$\nabla^2\nabla^2 w_1^* - \lambda w_1^* = 0 \tag{6.190a}$$

$$\oint_c p_1(s)\frac{\partial w_1^*}{\partial n}ds = 0 \tag{6.190b}$$

$$\frac{\partial^2 w_1^*}{\partial n^2} + \nu\frac{\partial^2 w^*}{\partial s^2} = p_1(s) \tag{6.190c}$$

因为在边界上，$w_1^*(s)=0$，所以 $\frac{\partial^2 w_1^*}{\partial s^2}=0$，于是 (6.190c) 式给出

$$p_1(s) = \frac{\partial^2 w_1^*}{\partial n^2} \tag{6.191}$$

而 (6.192b) 为

$$\oint_c \frac{\partial^2 w_1^*}{\partial n^2}\frac{\partial^2 w_1^*}{\partial n}ds = 0 \tag{6.192}$$

换句话说，如果满足 (6.189a), (6.191) 式及 $w_1^*(s)=0$ 的解为 $w_1^* = w_1^*(\lambda, x, y)$，则 (6.192) 式就是决定 λ 的条件. 这样决定的 λ 就是上述的 λ_1'.

用相同的办法，设 $w_1^*, w_2^*, w_3^*, \cdots, w_N^*$ 分别为下列问题的解

$$\left.\begin{aligned}&\nabla^2\nabla^2 w_m^* - \lambda w_m^* = 0\\&w_m^*(s) = 0\\&\frac{\partial^2 w_m^*}{\partial n^2} = p_m\end{aligned}\right\}\quad (m = 1, 2, \cdots, N) \tag{6.193}$$

我们在下面条件下

$$\left.\begin{aligned}&w^*(s) = 0\\&\oint_c p_i\frac{\partial w^*}{\partial n}ds = 0\end{aligned}\right\}\quad (i = 1, 2, \cdots, N) \tag{6.193a}$$

求

$$\nabla^2\nabla^2 w^* = \lambda w^* \tag{6.194}$$

的解，或即求泛函

$$\Pi_N = \iint_S \{(w_{xx}^* + w_{yy}^*)^2 + 2(1-\nu)(w_{xy}^2 - w_{xx}w_{yy})\}dxdy$$

$$-\lambda \iint_S w^{*2}dxdy \tag{6.195}$$

的条件极值．用条件极值理论，即 $\alpha_1, \alpha_2, \cdots, \alpha_N$ 为N个拉格朗日乘子，则条件变分的泛函为

$$\Pi_N^* = \iint_S \{(w_{xx}^* + w_{yy}^*)^2 + 2(1-\nu)(w_{xy}^2 - w_{xx}w_{yy})\}dxdy$$

$$-\lambda \iint_S w^{*2}dxdy + \sum_{k=1}^{N} \alpha_k \oint_c p_k(s) \frac{\partial w^*}{\partial n} ds \tag{6.196}$$

设取近似函数

$$w^* = \sum_{j=1}^{N} \beta_j w_j^*(x, y) \tag{6.197}$$

其中 $w_j^*(x, y)$ 即 (6.193) 式的解，β_j 为待定常数．把(6.197)式代入 (6.196) 式，于是得 $\Pi_N^* = \Pi_N^*(\alpha_1, \alpha_2, \cdots, \alpha_N; \beta_1, \beta_2, \cdots, \beta_N)$．极值条件要求

$$\frac{\partial \Pi_N^*}{\partial \alpha_j} = 0, \quad \frac{\partial N_N^*}{\partial \beta_j} = 0 \qquad (j = 1, 2, 3, \cdots, N) \tag{6.198}$$

有关 $\frac{\partial \Pi_N^*}{\partial \alpha_j} = 0$ 各式即为原来的放松了的边界条件 (6.193) 式；$\frac{\partial \Pi_N^*}{\partial \beta_j} = 0$ 各式在利用了 (4.765) 式以后，通过格林公式，可以化为

$$\frac{\partial \Pi_N^*}{\partial \beta_j} = 2 \iint_S (\nabla^2\nabla^2 w - \lambda w) w_j^* dxdy$$

$$-2 \oint_c \frac{\partial}{\partial n}\left(\frac{\partial^2 w^*}{\partial n^2} + (2-\nu)\frac{\partial^2 w^*}{\partial s^2}\right) w_j^* ds$$

$$+2 \oint_c \sum_{k=1}^{N}\left(\beta_k + \frac{1}{2}\alpha_k\right)\frac{\partial^2 w_k^*}{\partial n^2}\frac{\partial w_j^*}{\partial n} ds$$

$$-2(1-\nu)\sum_{k=1}^{i} \Delta\left(\frac{\partial^2 w^*}{\partial n \partial s}\right)_k (w_i)_k \tag{6.199}$$

于是,有欧拉方程

$$\nabla^2\nabla^2 w^* - \lambda w^* = 0 \tag{6.200}$$

和边界条件

$$w_j^*(s) = 0 \quad [\text{包括}\ (w_j^*)_k = 0,\ k = 1, 2, \cdots, i] \quad (j = 1, 2, \cdots, N) \tag{6.201a}$$

$$2\beta_k + \alpha_k = 0 \qquad (k = 1, 2, \cdots, N) \tag{6.201b}$$

这就决定了拉格朗日乘子 $\alpha_k(k = 1, 2, \cdots, N)$

决定 β_k 的方法如下：把 (6.197) 式代入 (6.193) 式,即

$$\oint_c p_j \frac{\partial w^*}{\partial n} ds = \oint_c \frac{\partial^2 w_j^*}{\partial n^2} \frac{\partial w^*}{\partial n} ds = 0 \quad (j = 1, 2, \cdots, N) \tag{6.202a}$$

或

$$\sum_{k=0}^{N} \beta_k \oint_c \frac{\partial^2 w_j^*}{\partial n^2} \frac{\partial w_k}{\partial n} ds = 0 \quad (j = 1, 2, \cdots, N) \tag{6.202b}$$

这是一个 β_k 的线性方程组,其解存在的条件要求其系数

$$\gamma_{jk} = \oint_c \frac{\partial^2 w_j^*}{\partial n^2} \frac{\partial w_k^*}{\partial n} ds \tag{6.203}$$

的行列式等于零

$$\|\gamma_{jk}\| = 0 \tag{6.204}$$

或

$$\begin{vmatrix} \gamma_{11}(\lambda) & \gamma_{12}(\lambda) & \gamma_{13}(\lambda) & \cdots & \gamma_{1N}(\lambda) \\ \gamma_{21}(\lambda) & \gamma_{22}(\lambda) & \gamma_{33}(\lambda) & \cdots & \gamma_{2N}(\lambda) \\ \vdots & \vdots & \vdots & \vdots & \vdots \\ \gamma_{N1}(\lambda) & \gamma_{N2}(\lambda) & \gamma_{N3}(\lambda) & \cdots & \gamma_{NN}(\lambda) \end{vmatrix} = 0 \tag{6.205}$$

这就是决定 λ_n' 的方程式，λ_n' 为上式的最小根.

以上就提出了计算固定板振动问题中特征值下限的一个方法,这个方法有时也称为**边界条件放松下限法**.

例 (1) 用边界条件放松法求固定方板基本特征值 λ_1 的下限. (6.172) 式可以写成

$$(\nabla^2 + k)(\nabla^2 - k)w = 0 \tag{6.206}$$

其中

$$k^2 = \lambda \tag{6.207}$$

$w(x, y)$ 的解可以分为两项，u_1，u_2，即

$$w = u_1 + u_2 \tag{6.208}$$

其中 u_1，u_2 分别为

$$\nabla^2 u_1 + k u_1 = 0 \quad \nabla^2 u_2 - k u_2 = 0 \tag{6.209}$$

的解．u_1 和 u_2 分别可以写成

$$u_1 = \sum_{j=1}^{N} \beta_j f_j, \quad u_2 = \sum_{j=1}^{N} \beta_j f_j^* \tag{6.210}$$

其中

$$\left.\begin{aligned} f_j &= \cosh \alpha_j^* \frac{\pi}{2} \left\{\cos(2j-1)\frac{\pi x}{a} \cosh \alpha_j \frac{\pi y}{a} \right. \\ &\quad \left. + \cosh \alpha_j \frac{\pi x}{a} \cos(2j-1)\frac{\pi y}{a}\right\} \\ f_j^* &= -\cosh \alpha_j \frac{\pi}{2} \left\{\cos(2j-1)\frac{\pi x}{a} \cosh \alpha_j^* \frac{\pi y}{a} \right. \\ &\quad \left. + \cosh \alpha_j^* \frac{\pi x}{a} \cos(2j-1)\frac{\pi y}{a}\right\} \end{aligned}\right\} \tag{6.211}$$

而 α_j，α_j^* 分别为

$$\alpha_j = \sqrt{(2j-1)^2 - k\frac{a^2}{\pi^2}} \quad \alpha_j^* = \sqrt{(2j-1)^2 + k\frac{a^2}{\pi^2}} \tag{6.212}$$

很易看到 f_j，f_j^* 分别满足微分方程

$$\nabla^2 f_j + k f_j = 0 \quad \nabla^2 f_j^* - k f_j^* = 0 \tag{6.213}$$

而 w 则为

$$w = \sum_{j=1}^{N} \beta_j (f_j + f_j^*) \tag{6.214}$$

不论这些待定系数 β_j 是多少，w 一定满足边界条件

$$w(s) = 0 \tag{6.215}$$

这里所用的坐标和正方板尺寸见图 6.5

从 (6.214)，(6.211) 式，我们在边界 $x = \pm \dfrac{a}{2}$ 上求得

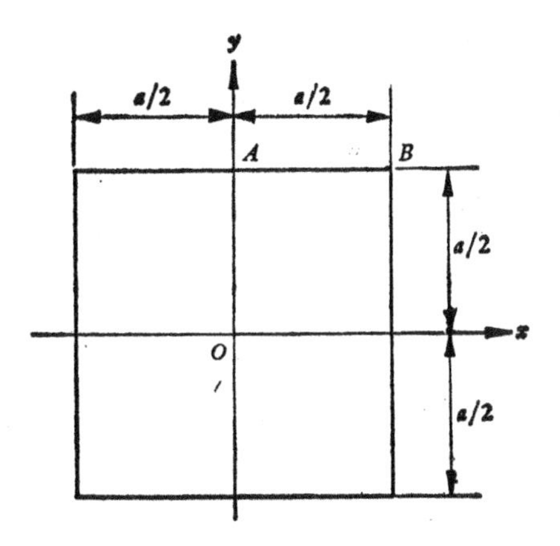

图 6.5 方板的坐标和尺寸

$$
\left.\begin{aligned}
\frac{\partial w}{\partial n}\left(\pm\frac{a}{2},y\right)&=\sum_{j=1}^{N}\beta_j\left(\frac{\partial f_j}{\partial n}+\frac{\partial f_j^*}{\partial n}\right)_{x=\pm\frac{a}{2}}\\
\frac{\partial^2 w}{\partial n^2}\left(\pm\frac{a}{2},y\right)&=\sum_{j=1}^{N}\beta_j\left(\frac{\partial^2 f_j}{\partial n^2}+\frac{\partial^2 f_j^*}{\partial n^2}\right)_{x=\pm\frac{a}{2}}
\end{aligned}\right\}\tag{6.216}
$$

其中

$$
\left.\begin{aligned}
\left(\frac{\partial f_j}{\partial n}+\frac{\partial f_j^*}{\partial n}\right)_{x=\pm\frac{a}{2}}&=\pm(2j-1)(-1)^j\frac{\pi}{a}\\
&\quad\times\left\{\cosh\alpha_j^*\frac{\pi}{2}\cosh\alpha_j\frac{\pi y}{a}-\cosh\alpha_j\frac{\pi}{2}\cosh\alpha_j^*\frac{\pi y}{a}\right\}\\
&\quad+\left(\pm\frac{\pi}{a}\right)\left\{\alpha_j\cosh\alpha_j^*\frac{\pi}{2}\sinh\alpha_j\frac{\pi}{2}\right.\\
&\quad\left.-\alpha_j^*\cosh\alpha_j\frac{\pi}{2}\sinh\alpha_j^*\frac{\pi}{2}\right\}\cos(2j-1)\frac{\pi y}{a}\\
\left(\frac{\partial^2 f_j}{\partial n^2}+\frac{\partial^2 f_j^*}{\partial n^2}\right)_{x=\pm\frac{a}{2}}&=-2k\cosh\alpha_j^*\frac{\pi}{2}\cosh\alpha_j\frac{\pi}{2}\cos(2j-1)\frac{\pi y}{a}
\end{aligned}\right\}\tag{6.217}
$$

在 $y=\pm\frac{a}{2}$ 的边界上还有和上式相对应的 $\frac{\partial w}{\partial n}$, $\frac{\partial^2 w}{\partial n^2}$ 的边界值，但其对 γ_{jl} 的积分贡献和 $x=\pm\frac{a}{2}$ 的边界积分贡献相等．从

上式我们可以计算 $\gamma_{jl}(\lambda)$，其结果为

$$\gamma_{lj}(\lambda)=\gamma_{jl}(\lambda)=8k\cosh\alpha_j^*\frac{\pi}{2}\cosh\alpha_j\frac{\pi}{2}\cosh\alpha_l^*\frac{\pi}{2}\cosh\alpha_l\frac{\pi}{2}$$

$$\times\left\{\frac{4(2j-1)(2l-1)(-1)^{j+l}k\dfrac{a^2}{\pi^2}}{[(2j-1)^2+(2l-1)^2]^2-k^2\dfrac{a^4}{\pi^4}}\right.$$

$$\left.-\left[\alpha_l\frac{\pi}{2}\tanh\alpha_l\frac{\pi}{2}-\alpha_l^*\frac{\pi}{2}\tanh\alpha_l^*\frac{\pi}{2}\right]\delta_{jl}\right\}\tag{6.218}$$

其中

$$\left.\begin{array}{ll}\delta_{jl}=0 & j\neq l\\ \delta_{jl}=1 & j=l\end{array}\right\}\tag{6.219}$$

而且 $k^2=\lambda$，α_j，α_j^* 见 (6.212) 式.

一级近似为 $N=1$，(6.205) 式简化为

$$\gamma_{11}(\lambda)=0\tag{6.220}$$

从 (6.218) 式，我们有

$$\frac{4k\dfrac{a^2}{\pi^2}}{4-k^2\dfrac{a^4}{\pi^4}}-\left[\alpha_1\frac{\pi}{2}\tanh\alpha_1\frac{\pi}{2}-\alpha_1^*\frac{\pi}{2}\tanh\alpha_1^*\frac{\pi}{2}\right]=0\tag{6.221}$$

这里必须指出，我们寻求的 $k\dfrac{a^2}{\pi^2}$ 解在 $2\leqslant k\dfrac{a^2}{\pi^2}\leqslant 3.6$ 之间，因此，α_1 为一虚数. 为此，引进

$$F^2=k\frac{a^2}{\pi^2}-1,\quad \alpha_1=iF\quad \alpha_1^*=\sqrt{2+F^2}\tag{6.222}$$

则 (6.221) 式可以写成

$$\frac{4(1+F^2)}{4-(F^2+1)^2}+F\frac{\pi}{2}\tan\left(F\frac{\pi}{2}\right)$$

$$+\sqrt{2+F^2}\frac{\pi}{2}\tanh\left(\sqrt{2+F^2}\frac{\pi}{2}\right)=0\tag{6.223}$$

其最小根为

$$F^2 = 2.6043 \quad 或 \quad k\frac{a^2}{\pi^2} = 3.6043, \quad \lambda_1' = 12.991\frac{\pi^4}{a^4} \tag{6.224}$$

这个结果证实了 λ_1' 为 λ_1 的一级近似的下限的结论. 亦即证实了(6.186) 式的不等式序列.

二级近似取 $N=2$，于是有

$$\begin{vmatrix} \gamma_{11}(\lambda) & \gamma_{12}(\lambda) \\ \gamma_{21}(\lambda) & \gamma_{22}(\lambda) \end{vmatrix} = \gamma_{11}\gamma_{22} - \gamma_{12}\gamma_{21} = 0 \tag{6.225}$$

其中 $\gamma_{11}, \gamma_{12}, \gamma_{21}, \gamma_{22}$ 为

$$\left.\begin{aligned} \gamma_{11}(\lambda) &= 8k\cosh^2\alpha_1^*\frac{\pi}{2}\cosh^2\alpha_1\frac{\pi}{2} \\ &\quad\times\left\{\frac{4k\frac{a^2}{\pi^2}}{4-k^2\frac{a^4}{\pi^4}} - \alpha_1\frac{\pi}{2}\tanh\alpha_1\frac{\pi}{2} + \alpha_1^*\frac{\pi}{2}\tanh\alpha_1^*\frac{\pi}{2}\right\} \\ \gamma_{12}(\lambda) &= -96k\cosh\alpha_1^*\frac{\pi}{2}\cosh\alpha_1\frac{\pi}{2}\cosh\alpha_2^*\frac{\pi}{2}\cosh\alpha_2\frac{\pi}{2} \\ &\quad\times\left\{\frac{k\frac{a^2}{\pi^2}}{100-k^2\frac{a^4}{\pi^4}}\right\} \\ \gamma_{21}(\lambda) &= \gamma_{12}(\lambda) \\ \gamma_{22}(\lambda) &= 8k\cosh^2\alpha_2^*\frac{\pi}{2}\cosh^2\alpha_2\frac{\pi}{2} \\ &\quad\times\left\{\frac{12k\frac{a^2}{\pi^2}}{324-k^2\frac{a^4}{\pi^4}} - \alpha_2\frac{\pi}{2}\tanh\alpha_2\frac{\pi}{2} + \alpha_2^*\frac{\pi}{2}\tanh\alpha_2^*\frac{\pi}{2}\right\} \end{aligned}\right\} \tag{6.226}$$

如果我们像 (6.222) 式那样引进 F 值，则 (6.225) 式可以简化为

$$144\left[\frac{F^2+1}{100-(F^2+1)^2}\right]^2 - \left\{\frac{4(F^2+1)}{4-(F^2+1)^2} + F\frac{\pi}{2}\tan F\frac{\pi}{2} + \sqrt{2+F^2}\frac{\pi}{2}\tanh\sqrt{2+F^2}\frac{\pi}{2}\right\}$$

$$\times\left\{\frac{12(F^2+1)}{324-(F^2+1)^2}-\frac{\pi}{2}\sqrt{8-F^2}\tanh\frac{\pi}{2}\sqrt{8-F^2}\right.$$
$$\left.+\frac{\pi}{2}\sqrt{10+F^2}\tanh\frac{\pi}{2}\sqrt{10+F^2}\right\}=0 \tag{6.227}$$

其最小根为

$$F^2=2.6194 \quad 或 \quad k\frac{a^2}{\pi^2}=3.6194, \quad \lambda_2'=13.100\frac{\pi^4}{a^4} \tag{6.228}$$

它比 (6.224) 式的 $\lambda_1'=12.991\frac{\pi^4}{a^4}$ 略大，但比立兹法求得的固定板值 $\lambda_1+=13.304\frac{\pi^4}{a^4}$ 略小(见 (6.174) 式).所以,它是正确值的下限,如果用平均值 $\bar{\lambda}_1=\frac{1}{2}(\lambda_1+ + \lambda_2')=13.202\frac{\pi^4}{a^4}$ 作为近似值,则其误差不能超出 $\pm(0.102\times100/13.202)\%=\pm0.8\%$.

如果要求取得更好的下限近似,可以用第三级近似 ($N=3$).

§ 6.6 板内有张力的方板的振动特征值的下限问题

本法也可以用来处理板内有张力的方板的振动特征值的下限的近似计算. 下面将介绍万因斯坦-钱伟长在这方面的工作[6] (1943).

方板在张力作用下的振动方程可以用下式表示

$$\nabla^2\nabla^2 w-\tau\nabla^2 w-\lambda w=0 \tag{6.229}$$

其中

$$\tau=\frac{N}{D}, \qquad \lambda=\frac{h\rho\omega^2}{D} \tag{6.230}$$

N 为张力, D 为抗弯刚度, h 为板的厚度, ρ 为板的质量密度, ω 为 2π 秒中的振动次数

边界条件为

$$w(s)=0 \qquad \frac{\partial w}{\partial n}(s)=0 \tag{6.231}$$

方程 (6.229) 式可以写成

$$(\nabla^2+\alpha)(\nabla^2-\beta)w=0 \qquad \alpha>0,\ \beta>0 \tag{6.232}$$

其中

$$\beta - \alpha = \tau, \qquad \alpha\beta = \lambda \tag{6.233}$$

或

$$\alpha = -\frac{\tau}{2} + \sqrt{\frac{\tau^2}{4} + \lambda}, \quad \beta = \frac{\tau}{2} + \sqrt{\frac{\tau^2}{4} + \lambda} \tag{6.234}$$

让我们取函数 u_1, u_2, 它们满足

$$\nabla^2 u_1 + \alpha u_1 = 0 \qquad \nabla^2 u_2 - \beta u_2 = 0 \tag{6.235}$$

于是 (6.232) 式的解可以写成

$$w = u_1 + u_2 \tag{6.236}$$

我们很易证明

$$\nabla^2 w = \nabla^2(u_1 + u_2) = \beta u_2 - \alpha u_1 \tag{6.237}$$

立兹法可以把上题化为在条件

$$(w, w) = \iint_S w^2 dxdy = 1 \tag{6.238}$$

下，求泛函

$$\Lambda(w) = \iint_S \{(\nabla^2 w)^2 + 2(1-\nu)(w_{xy}^2 - w_{xx}w_{yy})\}dxdy$$
$$+ \tau\iint_S (w_x^2 + w_y^2)dxdy = \min = \lambda_1 \tag{6.239}$$

的最小极值 λ_1，其边界条件为 (6.231) 式. 本题的欧拉方程为 (6.232) 式. 当用有限个满足边界条件的函数来近似这个泛函极值问题时，我们必然得到这个问题的特征值的上式.

为了求得这个问题的下限，我们可以用**边界条件放松法.**

设有一个权函数序列 $p_1(s), p_2(s), \cdots, p_N(s)$，我们保留 $w(s) = 0$ 的边界条件，放松 $\frac{\partial w}{\partial n} = 0$ 的边界条件，而以补充边界条件

$$\oint_c p_n(s)\frac{\partial w}{\partial n}ds = 0 \qquad (n = 1, 2, \cdots, N) \tag{6.240}$$

来代替，则 (6.209) 式在放松了边界条件下的解的有关特征值，必在固定边和简支边的两个极限之间. 亦即

$$\lambda_0(\text{简支}) \leqslant \lambda_1' \leqslant \lambda_2' \leqslant \cdots \leqslant \lambda_N' \cdots \leqslant \lambda_1(\text{固定}) \tag{6.241}$$

所以 λ'_N 必为 λ_1(固定)的下限.

设在 $w(s)=0$ 和(6.240)式,(6.238)式的条件下求(6.239)式泛函的极值. 称 α_n 为拉格朗日乘子,则条件变分的泛函可以写为

$$\begin{aligned}\Lambda_N^* &= \iint_S \{(\nabla^2 w^*)^2 + 2(1-\nu)(w_{xy}^* - w_{xx}^* w_{yy}^*)\}dxdy \\ &\quad + \tau \iint_S (w_x^{*2} + w_y^{*2})dxdy - \lambda\left\{\iint_S w^{*2}dxdy - 1\right\} \\ &\quad + \sum_{k=1}^{N} \alpha_k \oint_c p_k(s)\frac{\partial w^*}{\partial n}ds \end{aligned}\tag{6.242}$$

设取近似函数

$$w^* = \sum_{j=1}^{N} \beta_j w_j^*(x, y) \tag{6.243}$$

其中 $w_j^*(x, y)$ 为下列问题的解

$$\left.\begin{aligned}&\nabla^2\nabla^2 w_j^* - \lambda w_j^* - \tau\nabla^2 w_j^* = 0 \\ &w_j^*(s) = 0 \\ &\frac{\partial^2 w_j^*}{\partial n^2} = p_j(s)\end{aligned}\right\} \tag{6.244}$$

β_j 为待定常数. 把(6.243)式代入(6.242)式,于是得

$$\Lambda_N^* = \Lambda_N^*(\alpha_1, \alpha_2\cdots\alpha_N; \beta_1, \beta_2, \cdots, \beta_N) \tag{6.245}$$

极值条件要求

$$\frac{\partial \Lambda_N^*}{\partial \alpha_j} = 0, \qquad \frac{\partial \Lambda_N^*}{\partial \beta_j} = 0 \qquad (j = 1, 2, \cdots, N) \tag{6.246}$$

有关 $\dfrac{\partial \Lambda_N^*}{\partial \alpha_j}$ 各式即为原来的放松了的边界条件(6.240)式. 而 $\dfrac{\partial V_k^*}{\partial \beta_j}$ 各式在利用了(6.244)式及格林公式以后,可以化为

$$\begin{aligned}\frac{\partial \Lambda_N^*}{\partial \beta_j} &= 2\iint_S (\nabla^2\nabla^2 w^* - \tau\nabla^2 w^* - \lambda w^*)w_j^* dxdy \\ &\quad - 2(1-\nu)\sum_{k=1}^{i} \Delta\left(\frac{\partial^2 w^*}{\partial n \partial s}\right)_k (\delta w_j^*)_k \\ &\quad - 2\oint_c \frac{\partial}{\partial n}\left[\frac{\partial^2 w^*}{\partial n^2} + 2(1-\nu)\frac{\partial^2 w^*}{\partial s^2}\right] w_j^* ds\end{aligned}$$

$$+2\oint_c \sum_{k=1}^{N}\left(\beta_k+\frac{1}{2}\alpha_k\right)\frac{\partial^2 w_k^*}{\partial n^2}\frac{\partial^2 w_j^*}{\partial n^2}ds=0 \quad (6.247)$$

于是,有欧拉方程

$$\nabla^2\nabla^2 w^*-\tau\nabla^2 w^*-\lambda w^*=0 \quad (6.248)$$

和边界条件

$$w_j^*(s)=0 \quad [\text{包括角点上 } w_k^*=0,\ k=1,2,\cdots,i]$$
$$(j=1,2,\cdots,N) \quad (6.249a)$$

$$2\beta_k+\alpha_k=0 \qquad (k=1,2,\cdots,N) \quad (6.249b)$$

这就决定了拉格朗日乘子 $\alpha_k(k=1,2,\cdots,N)$.

决定 β_k 的方法如下:把(6.243)式代入(6.240)式,并且根据(6.244)式,以 $\frac{\partial^2 w_k^*}{\partial n^2}$ 代表 $p_k(s)$,得

$$\sum_{j=1}^{N}\beta_j\oint_c \frac{\partial^2 w_k^*}{\partial n^2}\frac{\partial w_j^*}{\partial n}ds=0 \quad (k=1,2,\cdots,N) \quad (6.250)$$

这是一个 β_j 的线性方程组,其解的存在一定要求系数

$$\gamma_{kj}=\oint_c \frac{\partial^2 w_k^*}{\partial n^2}\frac{\partial w_j^*}{\partial n}ds \quad (6.251)$$

的行列式等于零,亦即

$$\|\gamma_{kj}\|=0 \quad (6.252)$$

这就是决定 λ_N' 的方程式. λ_N' 为该式的最小根.

现在以方板为例,来说明这个方法的应用. 本例的计算见万因斯坦和钱伟长(1943)[6]的文章.

例(1) 在张力作用固定方板时振动特征值的上下限. 用放松边界条件法求本题最小振动特征值 λ_1 的下限 λ_N'.

设

$$\alpha_i^*=\sqrt{(2i-1)^2-\alpha\frac{a^2}{\pi^2}} \quad \beta_i^*=\sqrt{(2i-1)^2+\beta\frac{a^2}{\pi^2}} \quad (6.253)$$

又设(6.248)式的解为

$$u_1=\sum_{j=1}^{N}A_j f_j^*, \quad u_2=\sum_{j=1}^{N}A_j g_j^* \quad (6.254)$$

其中

$$\left.\begin{aligned} f_j^* &= -\cosh\beta_j^*\frac{\pi}{2}\left\{\cos(2j-1)\frac{\pi x}{a}\cosh\alpha_j^*\frac{\pi y}{a}\right.\\ &\quad\left.+\cos(2j-1)\frac{\pi y}{a}\cosh\alpha_j^*\frac{\pi x}{a}\right\}\\ g_j^* &= \cosh\alpha_j^*\frac{\pi}{2}\left\{\cos(2j-1)\frac{\pi x}{a}\cosh\beta_j^*\frac{\pi y}{a}\right.\\ &\quad\left.+\cos(2j-1)\frac{\pi y}{a}\cosh\beta_j^*\frac{\pi x}{a}\right\}\end{aligned}\right\} \tag{6.255}$$

很易看到 f_j^*，g_j^* 分别满足微分方程

$$\nabla^2 f_j^* + \alpha f_j^* = 0, \qquad \nabla^2 g_j^* - \beta g_j^* = 0 \tag{6.256}$$

而 w 则为

$$w = \sum_{j=1}^{N} A_j(g_j^* + f_j^*) \tag{6.257}$$

很易看到，不论 A_j 是多少，w 一定满足边界条件

$$w(s) = 0 \tag{6.258}$$

这里所用的坐标和正方板尺寸见图 6.5.

经过计算，我们可以证明

$$\gamma_{ij} = 4\cosh\alpha_i^*\frac{\pi}{2}\cosh\alpha_j^*\frac{\pi}{2}\cosh\beta_i^*\frac{\pi}{2}\cosh\beta_j^*\frac{\pi}{2}\{A_{ij} + B_{ij}\} \tag{6.259}$$

其中

$$\left.\begin{aligned} A_{ij} = A_{ji} &= \frac{2(2j-1)(2i-1)(-1)^{i+j}}{[(2i-1)^2 + (2j-1)^2]}\\ &\quad\times\left\{\frac{\beta}{\beta_i^* + (2i-1)^2} + \frac{\alpha}{\alpha_i^* + (2i-1)^2}\right\}\\ B_{ij} &= \frac{1}{2}\left[\beta_i^*\pi\tanh\beta_i^*\frac{\pi}{2} - \alpha_i^*\pi\tanh\alpha_i\frac{\pi}{2} - \frac{1}{2}\right]\delta_{ij}\end{aligned}\right\} \tag{6.260}$$

而

$$\delta_{ij} = \begin{cases} 0 & i \neq j \\ 1 & i = j \end{cases} \tag{6.261}$$

我们也必须指出 $\|\gamma_{ij}\|=0$ 的根和 $\|\bar{\gamma}_{ij}\|$ 的根相同，其中

$$\bar{\gamma}_{ij}=A_{ij}+B_{ij} \tag{6.262}$$

我们的数值计算结果见表 6.3。

表 6.3 张力下方板振动特征值近似计算

	简支板		固定板			固定板
张力系数	第一特征值	第二特征值	放松边界条件一级近似	放松边界条件二级近似	放松边界条件三级近似	瑞利-立兹法二级近似
τ	$\lambda_0^{(1)}\dfrac{a^4}{\pi^4}$	$\lambda_0^{(2)}\dfrac{a^4}{\pi^4}$	$\lambda_1'\dfrac{a^4}{\pi^4}$	$\lambda_2'\dfrac{a^4}{\pi^4}$	$\lambda_3'\dfrac{a^4}{\pi^4}$	$\lambda_1^{(2)}\dfrac{a^4}{\pi^4}$
0	4	25	12.991	13.100		13.304
5	14	50	24.982	25.222	25.236	25.509
10	20	75	36.639	36.845	36.862	37.443
15	34	100	48.084	48.253	48.284	49.261
20	44	125	59.289	59.452	59.491	61.008
30	64	175	81.651	81.760	81.809	84.372
50	104	275	125.43	125.56	125.59	130.85
100	204	525	225.56	225.63	225.65	246.58
200	404	1025	443.15	443.24	443.25	477.58

表中最后一行是根据近似函数

$$w=A\cos^2\frac{\pi x}{a}\cos^2\frac{\pi y}{a}+B\cos^3\frac{\pi x}{a}\cos^3\frac{\pi y}{a} \tag{6.263}$$

的瑞利-立兹解. 而该项第一值即 13.304 是根据 (6.174) 式的结果.

从上面的结果可以看到放松边界条件的解确能给出固定板特征值的下限的.

§ 6.7 有关瑞利-立兹法特征方程的定理

我们在结束这一章时，将研究一些和瑞利-立兹法计算特征值问题经常遇到的有关矩阵定理.

在瑞利-立兹法中，我们研究的泛函形式都可以写成

$$\Pi=(Au,u)-\lambda(wu,u) \tag{6.264}$$

其中 A 为运算子

$$\left.\begin{aligned}(Au, u) &= \int_{\tau}(Au)ud\tau \\ (wu, u) &= \int_{\tau} wu^2 d\tau\end{aligned}\right\} \tag{6.265}$$

$d\tau$ 为一般的微元. (Au, u) 为正定的. w 为一般的权函数，在瑞利-立兹法中，我们引用一系列满足边界条件的 u_k，设

$$u = a_1u_1 + a_2u_2 + \cdots + a_Nu_N \tag{6.266}$$

$a_1, a_2, \cdots, a_N$ 为待定系数. 把 (6.266) 式代入 (6.264) 式，并且定义 α_{ij}, β_{ij} 为

$$\left.\begin{aligned}\alpha_{ij} = \alpha_{ji} = (Au_i, u_j) = (Au_j, u_i) \\ \beta_{ji} = \beta_{ij} = (wu_i, u_j) = (wu_j, u_i)\end{aligned}\right\} \tag{6.267}$$

于是，Π 的极值条件为

$$\frac{\partial \Pi}{\partial a_1} = \frac{\partial \Pi}{\partial a_2} = \cdots = \frac{\partial \Pi}{\partial a_N} = 0 \tag{6.268}$$

它们一般可以写成

$$\left.\begin{aligned}a_1(\alpha_{11} - \lambda\beta_{11}) + a_2(\alpha_{12} - \lambda\beta_{12}) + \cdots + a_N(\alpha_{1N} - \lambda\beta_{1N}) = 0 \\ a_1(\alpha_{21} - \lambda\beta_{21}) + a_2(\alpha_{22} - \lambda\beta_{22}) + \cdots + a_N(\alpha_{2N} - \lambda\beta_{2N}) = 0 \\ \vdots \qquad\qquad \vdots \qquad\qquad \vdots \qquad\qquad \vdots \qquad \\ a_1(\alpha_{N1} - \lambda\beta_{N1}) + a_2(\alpha_{N2} - \lambda\beta_{N2}) + \cdots + a_N(\alpha_{NN} - \lambda\beta_{NN}) = 0\end{aligned}\right\} \tag{6.269}$$

这是 $a_1, a_2, \cdots, a_N$ 的一组N个线性联立方程式. 它的解存在的条件为系数行列式等于零. 亦即

$$\|\alpha_{ij} - \lambda\beta_{ij}\| = \begin{vmatrix}\alpha_{11} - \lambda\beta_{11} & \alpha_{12} - \lambda\beta_{12} & \cdots & \alpha_{1N} - \lambda\beta_{1N} \\ \alpha_{21} - \lambda\beta_{21} & \alpha_{22} - \lambda\beta_{22} & \cdots & \alpha_{2N} - \lambda\beta_{2N} \\ \vdots & \vdots & \vdots & \vdots \\ \alpha_{N1} - \lambda\beta_{N1} & \alpha_{N2} - \lambda\beta_{N2} & \cdots & \alpha_{NN} - \lambda\beta_{NN}\end{vmatrix} = 0 \tag{6.270}$$

这就是通称为**特征方程的一般形式**. 从(6.270)式展开就得到 λ 的一个N次方程式，它有N个根，相当于N个**特征值**. 我们可以称这N个特征值为 $\lambda_1, \lambda_2, \lambda_3, \cdots, \lambda_N$. 每一特征值给出(6.269)式的一

个解，称和 λ_k 有关的解为 $a_1^{(k)}, a_2^{(k)}, \cdots, a_N^{(k)}$，我们把它称为和特征值 λ_k 有关的**特征解**.

我们将证明关于特征解的两个定理.

1. 特征解的正交定理

设 λ_i, λ_j 为特征方程 (6.270) 的两个不等根，其有关特征解分别为

$$\left.\begin{aligned}\lfloor a^{(i)} \rfloor = \lfloor a_1^{(i)}, a_2^{(i)}, \cdots, a_N^{(i)} \rfloor \\ \lfloor a^{(j)} \rfloor = \lfloor a_1^{(j)}, a_2^{(j)}, \cdots, a_N^{(j)} \rfloor\end{aligned}\right\} \tag{6.271}$$

则 $\lfloor a^{(i)} \rfloor$, $\lfloor a^{(j)} \rfloor$ 必满足正交条件

$$\sum_{n=1}^{N} \sum_{m=1}^{N} a_n^{(i)} a_m^{(j)} \beta_{nm} = 0 \tag{6.272}$$

在特殊情况下，如果

$$\beta_{nm} = \delta_{nm} = \begin{cases} 0 & n \neq m \\ 1 & n = m \end{cases} \tag{6.273}$$

则 $\lfloor a^{(i)} \rfloor$ 和 $\lfloor a^{(j)} \rfloor$ 相当于两个正交矢量. (6.272) 式化为 $\lfloor a^{(i)} \rfloor$ 和 $\lfloor a^{(j)} \rfloor$ 的内积为零，也可以写成

$$(a^{(i)}, a^{(j)}) = \sum_{n=1}^{N} a_n^{(i)} a_n^{(j)} = 0 \tag{6.274}$$

证明　根据 $\lfloor a^{(i)} \rfloor$, $\lfloor a^{(j)} \rfloor$ 分别为 (6.269) 式在 $\lambda = \lambda^{(i)}$ 和 $\lambda = \lambda^{(j)}$ 时的解，所以有

$$\sum_{n=1}^{N} a_n^{(i)} (\alpha_{nk} - \lambda^{(i)} \beta_{nk}) = 0 \quad (k = 1, 2, \cdots, N) \tag{6.275a}$$

$$\sum_{n=1}^{N} a_n^{(j)} (\alpha_{nk} - \lambda^{(j)} \beta_{nk}) = 0 \quad (k = 1, 2, \cdots, N) \tag{6.275b}$$

让我们在 (6.275a) 的第 k 上乘 $a_k^{(j)}$，然后从 $k = 1$ 到 $k = N$ 相加，得

$$\sum_{k=1}^{N} \sum_{n=1}^{N} a_k^{(j)} a_n^{(i)} \alpha_{nk} = \lambda^{(i)} \sum_{k=1}^{N} \sum_{n=1}^{N} a_k^{(j)} a_n^{(i)} \beta_{nk} \tag{6.276a}$$

同样,在 (6.275b) 的第 k 上乘 $a_k^{(i)}$, 然后从 $k=1$ 到 $k=N$ 相加,得

$$\sum_{k=1}^{N}\sum_{n=1}^{N} a_k^{(i)} a_n^{(j)} \alpha_{nk} = \lambda^{(j)} \sum_{k=1}^{N}\sum_{n=1}^{N} a_k^{(i)} a_n^{(j)} \beta_{nk} \qquad (6.276b)$$

考虑到 $\alpha_{nk}=\alpha_{kn}$, $\beta_{nk}=\beta_{kn}$, 即它们都是对称的. 如果 (6.276a), (6.276b) 相减,即得

$$(\lambda^{(i)}-\lambda^{(j)}) \sum_{k=1}^{N}\sum_{n=1}^{N} a_k^{(i)} a_n^{(j)} \beta_{nk} = 0 \qquad (6.277)$$

$\lambda^{(i)} \neq \lambda^{(j)}$, 所以,即得 (6.272) 式,证明了定理.

2. **特征值必为实数定理:**

只要

$$\alpha_{nk}=\alpha_{kn}, \qquad \beta_{nk}=\beta_{kn} \qquad (6.278)$$

则 (6.270) 式的解 (λ) 都是实数.

证明　我们先证明当

$$\beta_{nk}=\delta_{nk}=\begin{cases}0 & n\neq k\\ 1 & n=k\end{cases} \qquad (6.279)$$

时, (6.270) 式的解 (λ) 都是实数. 在这种条件下, (6.270) 式可以化为

$$\begin{vmatrix} \alpha_{11}-\lambda & \alpha_{12} & \alpha_{13} & \cdots & \alpha_{1N} \\ \alpha_{21} & \alpha_{22}-\lambda & \alpha_{23} & \cdots & \alpha_{2N} \\ \vdots & \vdots & \vdots & \vdots & \vdots \\ \alpha_{N1} & \alpha_{N2} & \alpha_{N3} & \cdots & \alpha_{NN}-\lambda \end{vmatrix} = \|\alpha_{kk}-\lambda\delta_{kk}\| = 0 \quad (6.280)$$

我们可以用反证法,设 (6.280) 式有一复根 λ

$$\lambda = c + id \qquad (6.281)$$

因为 α_{nk} 都是实数,所以它也一定有一共轭复根 $\bar{\lambda}$,

$$\bar{\lambda} = c - id \qquad (6.282)$$

两个根各有一相关的特征解 $a_n^{(1)}$ 和 $\bar{a}_n^{(1)}$, 它们满足有关的线性方程:

$$\left.\begin{aligned}\sum_{n=1}^{N} a_n^{(1)}(\alpha_{nk}-\lambda\delta_{nk})=0\\ \sum_{n=1}^{N} \bar{a}_n^{(1)}(\alpha_{nk}-\bar{\lambda}\delta_{nk})=0\end{aligned}\right\}\quad k=1,2,\cdots,N \tag{6.283}$$

也即是说，共轭特征值相关的特征解也必和 $a_n^{(1)}$ 共轭，在 (6.283) 式第一式的第 k 个方程上乘 $\bar{a}_k$，把 $k=1,2,\cdots,N$ 相加，得

$$\sum_{n=1}^{N}\sum_{k=1}^{N} \bar{a}_k^{(1)} a_n^{(1)}\alpha_{nk}=\lambda\sum_{n=1}^{N}\sum_{k=1}^{N} \bar{a}_k^{(1)} a_n^{(1)}\delta_{kn} \tag{6.284}$$

同样，从 (6.283) 式第二式，得

$$\sum_{n=1}^{N}\sum_{k=1}^{N} a_k^{(1)} \bar{a}_n^{(1)}\alpha_{nk}=\bar{\lambda}\sum_{n=1}^{N}\sum_{k=1}^{N} a_k^{(1)} \bar{a}_n^{(1)}\delta_{kn} \tag{6.285}$$

相减并利用 $\alpha_{nk}=\alpha_{kn}$，得

$$(\lambda-\bar{\lambda})\sum_{n=1}^{N}\sum_{k=1}^{N} a_k^{(1)} \bar{a}_n^{(1)}\delta_{kn}=0 \tag{6.286}$$

称 $a_k^{(1)}$，$\bar{a}_k^{(1)}$ 的实数和虚数部分为 p_k，q_k，亦即

$$a_k^{(1)}=p_k+iq_k,\qquad \bar{a}_k^{(1)}=p_k-iq_k \tag{6.287}$$

则 (6.286) 式可以写成

$$\begin{aligned}(\lambda-\bar{\lambda})\sum_{n=1}^{N}\sum_{k=1}^{N} a_k^{(1)} \bar{a}_n^{(1)}\delta_{kn}&=(\lambda-\bar{\lambda})\sum_{k=1}^{N} a_k^{(1)}\bar{a}_k^{(1)}\\ &=2id\sum_{k=1}^{N}(p_k^2+q_k^2)=0\end{aligned} \tag{6.288}$$

其中 d 为 λ 和 $\bar{\lambda}$ 的虚数部分．这里 $p_k^2+q_k^2\geqslant 0$，因为如果 $p_k^2+q_k^2$ 都等于零，亦即 p_k，q_k 都等于零，则所有解恒等于零，这是没有意义的．如 $p_k^2+q_k^2$ 有一个不等于零，则 $\lambda-\bar{\lambda}=2id$ 必等于零，这就要求 λ 的虚数部分等于零，这就证明了 λ 特征解必为实数．

这个证明是在 $\beta_{nk}=\delta_{nk}$ 的条件下进行的．如果我们可以证明，只要 $\alpha_{kn}=\alpha_{nk}$，$\beta_{kn}=\beta_{nk}$，而且 $\|\beta_{nk}\|\neq 0$，那么，通过一定的运算，我们必能把

$$\sum_{n=1}^{N}(\alpha_{nk}-\lambda\beta_{nk})a_k=0 \tag{6.289}$$

化为

$$\sum_{n=1}^{N}(\alpha_{nk}-\lambda\delta_{nk})a_k=0 \tag{6.290}$$

的形式，则上述证明就能通用到一般的特征方程(6.289)式了．为了证明这个运算的可能性，而且为了下文提出求解特征方程的近似法，我们将利用矩阵符号

我们设 $\{a\}$ 为**列矩阵**(即**矢量矩阵**)，即

$$\{a\}=\begin{Bmatrix} a_1 \\ a_2 \\ \vdots \\ a_N \end{Bmatrix} \tag{6.291}$$

设 $[\alpha]$ 为**方矩阵**

$$[\alpha]=\begin{bmatrix} \alpha_{11} & \alpha_{12} & \cdots & \alpha_{1N} \\ \alpha_{21} & \alpha_{22} & \cdots & \alpha_{2N} \\ \vdots & \vdots & \vdots & \vdots \\ \alpha_{N1} & \alpha_{N2} & \cdots & \alpha_{NN} \end{bmatrix} \tag{6.292}$$

同样，设 $[\beta]$ 为

$$[\beta]=\begin{bmatrix} \beta_{11} & \beta_{12} & \cdots & \beta_{1N} \\ \beta_{21} & \beta_{22} & \cdots & \beta_{2N} \\ \vdots & \vdots & \vdots & \vdots \\ \beta_{N1} & \beta_{N2} & \cdots & \beta_{NN} \end{bmatrix} \tag{6.293}$$

行列数目分别相同的矩阵可以相加或相减，其结果也是一个同样形式的矩阵，它的元素为有关元素的和或差．我们规定方矩阵 $[\alpha]$ 对列矩阵 $\{a\}$ 的运算为(亦称 $[\alpha]$ 乘 $\{a\}$)

$$[\alpha]\{a\}=\begin{bmatrix} \alpha_{11} & \alpha_{12} & \cdots & \alpha_{1N} \\ \alpha_{21} & \alpha_{22} & \cdots & \alpha_{2N} \\ \vdots & \vdots & \vdots & \vdots \\ \alpha_{N1} & \alpha_{N2} & \cdots & \alpha_{NN} \end{bmatrix}\begin{Bmatrix} a_1 \\ a_2 \\ \vdots \\ a_N \end{Bmatrix}=\begin{Bmatrix} b_1 \\ b_2 \\ \vdots \\ b_N \end{Bmatrix}=\{b\} \tag{6.294}$$

其中 b_k 的定义为

$$b_k = \alpha_{k1}a_1 + \alpha_{k2}a_2 + \alpha_{k3}a_3 + \cdots \alpha_{kN}a_N = \sum_{j=1}^{N} \alpha_{kj}a_j$$

$$(k = 1, 2, \cdots, N) \qquad (6.295)$$

$\{b\}$ 同样也是一个列矩阵.

同样我们规定方矩阵 $[\alpha]$ 和另一方矩阵 $[\beta]$ 的乘法运算（亦称 $[\alpha]$ 乘 $[\beta]$）

$$[\alpha][\beta] = \begin{bmatrix} \alpha_{11} & \alpha_{12} & \cdots & \alpha_{1N} \\ \alpha_{21} & \alpha_{22} & \cdots & \alpha_{2N} \\ \vdots & \vdots & \vdots & \vdots \\ \alpha_{N1} & \alpha_{N2} & \cdots & \alpha_{NN} \end{bmatrix} \begin{bmatrix} \beta_{11} & \beta_{12} & \cdots & \beta_{1N} \\ \beta_{21} & \beta_{22} & \cdots & \beta_{2N} \\ \vdots & \vdots & \vdots & \vdots \\ \beta_{N1} & \beta_{N2} & \cdots & \beta_{NN} \end{bmatrix}$$

$$= \begin{bmatrix} \gamma_{11} & \gamma_{12} & \cdots & \gamma_{1N} \\ \gamma_{21} & \gamma_{22} & \cdots & \gamma_{2N} \\ \vdots & \vdots & \vdots & \vdots \\ \gamma_{N1} & \gamma_{N2} & \cdots & \gamma_{NN} \end{bmatrix} = [\gamma] \qquad (6.296)$$

其中

$$\gamma_{ij} = \alpha_{i1}\beta_{1j} + \alpha_{i2}\beta_{2j} + \alpha_{i3}\beta_{3j} + \cdots + \alpha_{iN}\beta_{Nj} = \sum_{k=1}^{N} \alpha_{ik}\beta_{kj} \qquad (6.297)$$

矩阵的行列还可以转置，称 $\{a\}$ 的转置为行矩阵以后的矩阵为 $\{a\}$ 的**转置矩阵**,用 $\{a\}^T$ 或 $\{a\}^t$ 表示,于是

$$\{a\}^T = \{a\}^t = \lfloor a_1, a_2, \cdots, a_N \rfloor \qquad (6.298)$$

行矩阵有时也用 $\lfloor a \rfloor$ 表示,而

$$\{a\}^T = \lfloor a \rfloor \qquad (6.299)$$

所以 $\{a\}$ 的转换矩阵 $\{a\}^T$ 是一个行矩阵 $\lfloor a \rfloor$. 我们规定行矩阵作用于一个列矩阵时，即 $\lfloor b \rfloor$ 乘 $\{a\}$ 时，得一个**标量** M，亦即

$$\lfloor b \rfloor \{a\} = \lfloor b_1, b_2, \cdots, b_N \rfloor \begin{Bmatrix} a_1 \\ a_2 \\ \vdots \\ a_N \end{Bmatrix} = M \qquad (6.300)$$

它是

$$M = a_1b_1 + a_2b_2 + \cdots + a_Nb_N \tag{6.301}$$

当 $\{a\}^T$ 乘 $\{a\}$ 时，得矩阵 $\{a\}$ 的一个标量，亦即

$$\{a\}^T\{a\} = \lfloor a_1, a_2, \cdots, a_N \rfloor \begin{Bmatrix} a_1 \\ a_2 \\ \vdots \\ \vdots \\ a_N \end{Bmatrix} = M_1 \tag{6.302}$$

它是

$$M_1 = a_1^2 + a_2^2 + \cdots + a_N^2. \tag{6.303}$$

$\sqrt{M_1}$ 也称 $\{a\}$ 的**模**.

规定

$$\{a\}^T[\alpha] = \lfloor a_1, a_2 \cdots a_N \rfloor \begin{bmatrix} \alpha_{11} & \alpha_{12} & \cdots & \alpha_{1N} \\ \alpha_{21} & \alpha_{22} & \cdots & \alpha_{2N} \\ \vdots & \vdots & \vdots & \vdots \\ \alpha_{N1} & \alpha_{N2} & \cdots & \alpha_{NN} \end{bmatrix} = \lfloor b^* \rfloor \tag{6.304}$$

而 $\lfloor b^* \rfloor$ 是一个行矩阵

$$\lfloor b^* \rfloor = \lfloor b_1^*, b_2^*, \cdots, b_N^* \rfloor \tag{6.305}$$

其中

$$b_k^* = a_1\alpha_{1k} + a_2\alpha_{2k} + \cdots + a_N\alpha_{Nk} = \sum_{j=1}^{N} a_j\alpha_{jk} \tag{6.306}$$

当 $\alpha_{ik} = \alpha_{ki}$ 时，(6.306) 和 (6.295) 式相同，所以 $\lfloor b^* \rfloor$ 却好是 $\{b\}$ 的换置矩阵 $\{b\}^T$. 如果 $\alpha_{ik} \neq \alpha_{ki}$，则 $\lfloor b^* \rfloor$ 就不是 $\{b\}$ 的换置矩阵，但是如果把 $\{a\}^T$ 和 $[\alpha]^T$ 相乘，则得 $\{b\}^T$，即 $\lfloor b \rfloor$.

$$\{a\}^T[\alpha]^T = \lfloor a_1, a_2 \cdots a_N \rfloor \begin{bmatrix} \alpha_{11} & \alpha_{21} & \cdots & \alpha_{N1} \\ \alpha_{12} & \alpha_{22} & \cdots & \alpha_{N2} \\ \vdots & \vdots & \vdots & \vdots \\ \alpha_{1N} & \alpha_{2N} & \cdots & \alpha_{NN} \end{bmatrix} = \{b\}^T = \lfloor b \rfloor \tag{6.307}$$

这里的 $\{a\}^T$ 是 $\{a\}$ 的行列换置了的换置矩阵.

总之，矩阵的乘法是以“行”乘“列”进行的，所以前置矩阵的“列”数一定要等于后置矩阵的“行”数．前置后置一般不可互换．

某一标量乘一矩阵，等于矩阵中每一元素乘这一标量．

方矩阵中有一种称为**么矩阵**（或称为**单位矩阵**）的，经常用 $[I]$ 来表示，它是一个对角元素都等于1，非对角元素都等于零的方矩阵．它的元素就是 δ_{ij}．

$$[I]=\begin{bmatrix}1 & 0 & 0 & \cdots & 0\\ 0 & 1 & 0 & \cdots & 0\\ 0 & 0 & 1 & \cdots & 0\\ \vdots & \vdots & \vdots & \vdots & \vdots\\ 0 & 0 & 0 & \cdots & 1\end{bmatrix} \tag{6.308}$$

它的特点是

$$\left.\begin{aligned}&(1)\quad [I]^T=[I]\\ &(2)\quad \{a\}^T[I]=\{a\}^T,\ [I]\{a\}=\{a\}\\ &(3)\quad [a][I]=[a],\quad [I][a]=[a]\end{aligned}\right\} \tag{6.309}$$

只要某一方矩阵 $[\alpha]$ 的行列式 $|\alpha_{ij}|\neq 0$，则都有一个**倒矩阵**（或**逆矩阵**）$[\alpha]^{-1}$．

$$[\alpha]^{-1}[\alpha]=[\alpha][\alpha]^{-1}=[I] \tag{6.310}$$

从已知的 $[\alpha]$ 求 $[\alpha]^{-1}$ 常是一种重要的运算．这种运算的方法将不在这里详细介绍．但是，我们将在下面给出一个定义式的运算法．

伴随一个方矩阵 $[\alpha]$，我们有一个**伴随矩阵** $[A]$，它等于

$$[A]=\begin{bmatrix}A_{11} & A_{21} & A_{31} & \cdots & A_{N1}\\ A_{12} & A_{22} & A_{32} & \cdots & A_{N2}\\ A_{13} & A_{23} & A_{33} & \cdots & A_{N3}\\ \vdots & \vdots & \vdots & \vdots & \vdots\\ A_{1N} & A_{2N} & A_{3N} & \cdots & A_{NN}\end{bmatrix} \tag{6.311}$$

其中 A_{ij} 为行列式 $|\alpha_{ij}|$ 的相关的余子式．于是

$$[\alpha][A]=\begin{bmatrix} p_{11} & p_{12} & p_{13} & \cdots & p_{1N} \\ p_{21} & p_{22} & p_{23} & \cdots & p_{2N} \\ p_{31} & p_{32} & p_{33} & \cdots & p_{3N} \\ \vdots & \vdots & \vdots & \vdots & \vdots \\ p_{N1} & p_{N2} & p_{N3} & \cdots & p_{NN} \end{bmatrix}=[p] \tag{6.312}$$

式中根据方矩阵乘法以“行”乘“列”的规定，p_{ij} 为

$$p_{ij}=\alpha_{i1}A_{j1}+\alpha_{i2}A_{j2}+\cdots+\alpha_{iN}A_{jN}=\sum_{k=1}^{N}\alpha_{ik}A_{jk} \tag{6.313}$$

根据行列式的性质，我们有

$$p_{ij}=\begin{cases} 0 & i \neq j \\ |\alpha| & i=j \end{cases} \tag{6.314}$$

所以，(6.312) 式可以写成

$$[\alpha][A]=|\alpha|[I] \tag{6.315}$$

同样，我们可以证明

$$[A][\alpha]=|\alpha|[I] \tag{6.316}$$

如果我们称

$$\frac{[A]}{|\alpha|}=[\alpha]^{-1} \tag{6.317}$$

则就得到了 (6.310) 式．$[\alpha]^{-1}$ 的元素 α_{ij}^{-1} 的定义所以是

$$\alpha_{ij}^{-1}=\frac{A_{ji}}{|\alpha|} \tag{6.318}$$

A_{ij} 为行列式 $|\alpha|$ 的余子式．这里证明了只要 $|\alpha|$ 不等于零，任意 $[\alpha]$ 都有一逆矩阵 $[\alpha]^{-1}$ 存在

很易看到 (6.289) 式可以用矩阵形式表示如下

$$[\alpha]\{a\}-\lambda[\beta]\{a\}=0 \tag{6.319}$$

如果 $|\beta| \neq 0$，则在(6.319)式上前置 $[\beta]$ 的逆矩阵 $[\beta]^{-1}$，并利用 $[\beta]^{-1}[\beta]=[I]$，而且 $[I]\{a\}=\{a\}$，即得

$$[\beta]^{-1}[\alpha]\{a\}-\lambda\{a\}=0 \tag{6.320}$$

称

$$[\beta]^{-1}[\alpha]=[\alpha'] \tag{6.321}$$

即得

$$[\alpha']\{a\}-\lambda\{a\}=0 \tag{6.322}$$

这就是(6.290)式的矩阵表达式，也就证明了从(6.289)式化为(6.290)式的可能性，从而全部证明了特征值必为实数的定理.

§6.8 重演法求特征方程的解

通常求解特征方程时，首先应把特征行列式展开，然后求解λ的高次代数方程式.在求得了λ的特征值后，然后再代入特征方程，求得有关的特征解(即振动模式).这样的计算常常是很繁复的，含有大量的乘除法过程.在下面，我们将介绍一种用重演法求得矩阵方程的计算方法.这个方法同时给出特征值和有关的特征矢量(即特征解).这种计算对特征矢量的元素数目较多时，特别方便.

其缺点是一般只适用求绝对值最大的特征值，和有关的特征矢量，对于其它的特征值和有关特征矢量，虽然有方法求得，但要经过重复运算过程，不能一次求得.

设我们求矩阵方程

$$[\alpha]\{x\}=\lambda\{x\} \tag{6.323}$$

的解. 如果$\{x_{(0)}\}$是它的解，则把$\{x_{(0)}\}$代入(6.323)式左方的$\{x\}$，必给出一列矩阵$\{x_{(1)}\}$，从这个矩阵中可以提出一个公共因子$\lambda_{(0)}$，如果提出了$\lambda_{(0)}$后，余下的列矩阵就等于$\{x_{(0)}\}$时，即得(6.323)式的一个解，即

$$[\alpha]\{x_{(0)}\}=\{x_{(1)}\}=\lambda_{(0)}\{x_{(0)}\} \tag{6.324}$$

其中$\lambda_{(0)}$为一个特征值，$\{x_{(0)}\}$为有关的特征矢量解.

如果代入$\{x_{(0)}\}$后，发现$\{x_{(1)}\}$和$\{x_{(0)}\}$的元素间不完全成比例，则$\{x_{(0)}\}$就不是解.如果$\{x_{(0)}\}$是近似解，则$\{x_{(0)}\}$和$\{x_{(1)}\}$的相关元素就应该近似地成比例.

在近似解的情况下，我们可以根据指定的某元素的$\lambda'_{(0)}$为近似的λ值，把$\{x_{(1)}\}$的各元素都用这个比值$\lambda'_{(0)}$除，所得的商称为$\{x'_{(0)}\}$，用它作为下次近似计算的$\{x\}$，亦即

$$[\alpha]\{x_{(0)}\} = \{x_{(1)}\} = \lambda'_{(0)}\{x'_{(0)}\} \tag{6.325}$$

下一次近似可以用 $\{x'_{(0)}\}$ 代入(6.323)式的左方,用相同的指定元素求得新的比值 $\lambda'_{(1)}$ 和新的 $\{x'_{(1)}\}$ 式. 即

$$[\alpha]\{x'_{(0)}\} = \{x_{(2)}\} = \lambda'_{(1)}\{x'_{(1)}\} \tag{6.326}$$

以此类推,重复演算,一直到 $\{x'_{(k)}\}$ 和 $\{x'_{(k+1)}\}$ 在一定精确度的要求下各元素完全成正比为止. 这就求得了一个特征值和相关的特征矢量. 这样重演所得结果,一般是绝对值最大的特征值和它的相关特征矢量.

为了说明这种重演法,让我们以

$$[\alpha] = \begin{bmatrix} 2 & -1 & 0 & 0 \\ -1 & 2 & -1 & 0 \\ 0 & -1 & 2 & -1 \\ 0 & 0 & -1 & 1 \end{bmatrix} \tag{6.327}$$

为例,进行演算.这个问题相当于四个自由度的轴轮系统的振动问题的特征方程,我们求

$$[\alpha]\{x\} = \lambda\{x\} \tag{6.328}$$

的解

设以 $\{x_0\}$ 为起点

$$\{x_0\} = \begin{Bmatrix} 1 \\ 0 \\ 0 \\ 0 \end{Bmatrix} \tag{6.329}$$

把它代入(6.328)式的左方,乘出后得

$$\begin{bmatrix} 2 & -1 & & \\ -1 & 2 & -1 & \\ & -1 & 2 & -1 \\ & & -1 & 1 \end{bmatrix} \begin{Bmatrix} 1 \\ 0 \\ 0 \\ 0 \end{Bmatrix} = \begin{Bmatrix} 2 \\ -1 \\ 0 \\ 0 \end{Bmatrix} = 2\begin{Bmatrix} 1 \\ -0.5 \\ 0 \\ 0 \end{Bmatrix} \tag{6.330}$$

我们可以看到 $\{x_{(0)}\}$ 和 $\{x_{(1)}\}$ 的各元素不成比例,它们的第一个元素的比为 2,就用它作为 $\lambda'_{(1)}$,统除 $\{x_{(1)}\}$ 的各元素,亦即

$$\lambda'_{(1)} = 2 \quad \{x'_{(1)}\} = \begin{Bmatrix} 1 \\ -0.5 \\ 0 \\ 0 \end{Bmatrix} \tag{6.331}$$

再把 $\{x'_{(1)}\}$ 代入 (6.328) 式的左方，重演乘法，得

$$\begin{bmatrix} 2 & -1 & & \\ -1 & 2 & -1 & \\ & -1 & 2 & -1 \\ & & -1 & 1 \end{bmatrix} \begin{Bmatrix} 1 \\ -0.5 \\ 0 \\ 0 \end{Bmatrix} = \begin{Bmatrix} 2.5 \\ -2 \\ 0.5 \\ 0 \end{Bmatrix} = 2.5 \begin{Bmatrix} 1 \\ -0.8 \\ 0.2 \\ 0 \end{Bmatrix} \tag{6.332}$$

所以，第二次近似值为

$$\lambda'_{(2)} = 2.5, \quad \{x'_{(2)}\} = \begin{Bmatrix} 1 \\ -0.8 \\ 0.2 \\ 0 \end{Bmatrix} \tag{6.333}$$

以后各次近似的 λ 值和 $\{x'\}$ 值如下：

$$\text{三次：} \lambda'_{(3)}\{x'_{(3)}\} = 2.8 \begin{Bmatrix} 1 \\ -1 \\ 0.42857 \\ -0.07143 \end{Bmatrix} \tag{6.334a}$$

$$\text{四次：} \lambda'_{(4)}\{x'_{(4)}\} = 3 \begin{Bmatrix} 1 \\ -1.14286 \\ 0.64286 \\ -0.16667 \end{Bmatrix} \tag{6.334b}$$

$$\text{五次：} \lambda'_{(5)}\{x'_{(5)}\} = 3.14286 \begin{Bmatrix} 1 \\ -1.25000 \\ 0.82576 \\ -0.25928 \end{Bmatrix} \tag{6.334c}$$

这样重演计算，一直到三十次为：

$$\text{三十次：} \lambda'_{(30)}\{x'_{(30)}\} = 3.53205\begin{Bmatrix} 1 \\ -1.53206 \\ 1.34723 \\ -0.53206 \end{Bmatrix} \tag{6.335a}$$

$$\text{三十一次：} \lambda'_{(31)}\{x'_{(31)}\} = 3.53206\begin{Bmatrix} 1 \\ -1.53206 \\ 1.34725 \\ -0.53207 \end{Bmatrix} \tag{6.335b}$$

$$\text{三十二次：} \lambda'_{(32)}\{x'_{(32)}\} = 3.53206\begin{Bmatrix} 1 \\ -1.53206 \\ 1.34726 \\ -0.53208 \end{Bmatrix} \tag{6.335c}$$

这个结果已经正确到小数后 5 位数了.

这里的相关特征矢量的第二元素第三元素都大于1，如果我们规定的特征矢量的最大元素为 1，则 $\{x\}$ 的每个元素都应该用 (-1.53206) 除所得结果来表示，亦即

$$\{x\} = -\frac{1}{1.53206}\{x'\} = \begin{Bmatrix} -0.65272 \\ 1 \\ -0.87938 \\ 0.34729 \end{Bmatrix} \tag{6.336}$$

而最大特征值为

$$\lambda = 3.53206 \tag{6.337}$$

我们必须指出这样的重演法，不怕在计算中途出现误差或计算错误，也和第一次代入的 $\{x_{(0)}\}$ 假设值无关，在通过不断重演后，总能达到最后的正确结果.

从上面的例题中可以看到，这样重演确能达到最大特征值和它的相关特征矢量，当然，要使这个重演法有一般性的意义，我们还应该解决下列问题：

(1) 证明重复地把 $[\alpha]$ 前置乘于任意的列矩阵，可以得到收敛的最大特征值及其相关的特征矢量.

(2) 如何改进收敛的速度.

(3) 如何求其它特征值及其矢量.

现在我们将逐一解决这三个问题.

1. 重演计算得到最大特征值及其相关特征矢量的证明

设 $\{x^{(1)}\}, \{x^{(2)}\}, \cdots, \{x^{(n)}\}$ 为

$$[\alpha]\{x\} = \lambda\{x\} \tag{6.338}$$

的 n 个特征矢量，和它们相关的特征值为 $\lambda^{(1)}, \lambda^{(2)}, \cdots \lambda^{(n)}$，亦即

$$[\alpha]\{x^{(j)}\} = \lambda^{(j)}\{x^{(j)}\} \qquad (j = 1, 2, \cdots, n) \tag{6.339}$$

并设所有特征值都互不相等，或按大小次序有

$$|\lambda^{(1)}| > |\lambda^{(2)}| > \cdots > |\lambda^{(n)}| \tag{6.340}$$

既然 $\{x^{(j)}\}$ 为特征矢量，则一任意矢量 $\{x_{(0)}\}$ 必能用 $\{x^{(j)}\}$ 的线性组合来表示，亦即

$$\{x_{(0)}\} = A_1\{x^{(1)}\} + A_2\{x^{(2)}\} + A_3\{x^{(3)}\} + \cdots + A_n\{x^{(n)}\} \tag{6.341}$$

其中 $A_1, A_2 \cdots A_n$ 为待定系数. 为了决定 A_k，我们可以用行矩阵 $\{x^{(k)}\}^T$ 前置于 (6.341) 式的左右两侧，根据特征矢量的正则正交条件

$$\left.\begin{aligned} \{x^{(k)}\}^T\{x^{(j)}\} &= 0 \qquad & k \neq j \\ \{x^{(k)}\}^T\{x^{(j)}\} &= [I] \qquad & k = j \end{aligned}\right\} \tag{6.342}$$

我们从 (6.341) 式得到

$$A_k = \{x^{(k)}\}^T\{x_{(0)}\} \tag{6.343}$$

所以，只要 $\{x_{(0)}\}$ 给出，它就一定可以展开为 (6.341) 式的线性组合，系数由 (6.343) 式给出.

现在设 $\{x_{(0)}\}$ 为重演开始时所用的矩阵，在 $\{x_{(0)}\}$ 上前置 $[\alpha]$，

$$\begin{aligned} \{x_{(1)}\} = [\alpha]\{x_{(0)}\} = A_1[\alpha]\{x^{(1)}\} \\ + A_2[\alpha]\{x^{(2)}\} + \cdots + A_n[\alpha]\{x^{(n)}\} \end{aligned} \tag{6.344}$$

但是，根据 (6.339) 式，所有 $[\alpha]\{x^{(k)}\}$ 都可以用 $\lambda^{(k)}\{x^{(k)}\}$ 来代替，于是

$$\{x_{(1)}\} = [\alpha]\{x_{(0)}\} = A_1\lambda^{(1)}\{x^{(1)}\} + A_2\lambda^{(2)}\{x^{(2)}\} + \cdots + A_n\lambda^{(n)}\{x^{(n)}\} \tag{6.345}$$

在 $\{x_{(1)}\}$ 上前置乘 $[\alpha]$，得 $\{x_{(2)}\}$，并同样可以化为

$$\{x_{(2)}\} = [\alpha]\{x_{(1)}\} = [\alpha]^2\{x_{(0)}\} = A_1\lambda^{(1)2}\{x^{(1)}\} + A_2\lambda^{(2)2}\{x^{(2)}\} + \cdots + A_n\lambda^{(n)2}\{x^{(n)}\} \tag{6.346}$$

依此重演 k 次，得 $\{x_{(k)}\}$

$$\{x_{(k)}\} = [\alpha]\{x_{(k-1)}\} = [\alpha]^k\{x_{(0)}\} = A_1\lambda^{(1)k}\{x^{(1)}\} + A_2\lambda^{(2)k}\{x^{(2)}\} + \cdots + A_n\lambda^{(n)k}\{x^{(n)}\} \tag{6.347}$$

它也可以写成

$$\{x_{(k)}\} = \lambda^{(1)k}\left\{A_1\{x^{(1)}\} + A_2\left(\frac{\lambda^{(2)}}{\lambda^{(1)}}\right)^k\{x^{(2)}\} + \cdots + A_n\left(\frac{\lambda^{(n)}}{\lambda^{(1)}}\right)^k\{x^{(n)}\}\right\} \tag{6.348}$$

由于 $\lambda^{(1)}$ 是最大特征值

$$\frac{\lambda^{(i)}}{\lambda^{(1)}} < 1 \qquad (i = 2, 3, \cdots, n) \tag{6.349}$$

所以，当 k 相当大时，

$$\{x_{(k)}\} \longrightarrow \lambda^{(1)k}A_1\{x^{(1)}\} \tag{6.350}$$

或

$$\frac{\{x_{(k)}\}}{\{x^{(1)}\}} \longrightarrow \lambda^{(1)k}A_1 \tag{6.351}$$

或

$$\frac{\{x_{(k)}\}}{\{x_{(k-1)}\}} \longrightarrow \lambda^{(1)} \tag{6.352}$$

其中 $\{x_{(k)}\}/\{x_{(k-1)}\}$ 表示对应元素的比值，$x_{(k)1}/x_{(k-1)1}$，$x_{(k)2}/x_{(k-1)2}$，$\cdots$，$x_{(k)n}/x_{(k-1)n}$ 等。这也是说，在重演若干次以后，只要次数足够多，$\{x_{(k)}\}$ 和 $\{x_{(k-1)}\}$ 各元素的比值近似地等于最大特征值 $\lambda^{(1)}$。

为了进一步说明这种重演过程，以下列 $[\alpha]$ 矩阵为例

$$[\alpha]=\begin{bmatrix}4 & 3\\1 & 2\end{bmatrix},\qquad \{x_{(0)}\}=\begin{Bmatrix}1\\0\end{Bmatrix}\tag{6.353}$$

于是,有

$$\{x_{(1)}\}=\begin{Bmatrix}4\\1\end{Bmatrix},\quad \{x_{(2)}\}=\begin{Bmatrix}19\\6\end{Bmatrix}\quad \{x_{(3)}\}=\begin{Bmatrix}94\\31\end{Bmatrix},$$

$$\{x_{(4)}\}=\begin{Bmatrix}469\\156\end{Bmatrix},\quad \{x_{(5)}\}=\begin{Bmatrix}2344\\381\end{Bmatrix}\tag{6.354}$$

第一行元素逐次重演所得比值为

$$\frac{4}{1}=4,\qquad \frac{19}{4}=4.75,\qquad \frac{94}{19}=4.95$$

$$\frac{469}{94}=4.989,\quad \frac{2344}{469}=4.997\tag{6.355}$$

第二行元素逐次重演所得比值为

$$\frac{6}{1}=6,\quad \frac{31}{6}=5.17\quad \frac{156}{31}=5.032,\quad \frac{781}{156}=5.0064\tag{6.356}$$

这两个序列都是收敛的，前者(6.355)式从下限向5接近，后者(6.356)式从上限向5接近。

(6.353)式 $[\alpha]\{x\}=\lambda\{x\}$ 的相关特征行列式为

$$\begin{vmatrix}4-\lambda & 3\\1 & 2-\lambda\end{vmatrix}=\lambda^2-6\lambda+5=(\lambda-5)(\lambda-1)=0\tag{6.357}$$

显然，$\lambda=5$ 是绝对值最大的特征值。

每次重演所得的近似特征矢量可以用第二行元素等于1的矩阵来表示,它们分别为

$$\{x'_{(1)}\}=\begin{Bmatrix}4\\1\end{Bmatrix},\quad \{x'_{(2)}\}=\begin{Bmatrix}3.166\\1\end{Bmatrix},\quad \{x'_{(3)}\}=\begin{Bmatrix}3.032\\1\end{Bmatrix},$$

$$\{x'_{(4)}\}=\begin{Bmatrix}3.006\\1\end{Bmatrix},\quad \{x'_{(5)}\}=\begin{Bmatrix}3.0013\\1\end{Bmatrix}\tag{6.358}$$

其极限为

$$\{x^{(1)}\}=\begin{Bmatrix}3\\1\end{Bmatrix}\tag{6.359}$$

这就验证了每次重演都向最大特征值和它的相关特征矢量迫近，这就证明了第一个问题.

从(6.348)式中可以看到，当次大的特征值$\lambda^{(2)}$和最大的特征值比较接近时，$\left(\frac{\lambda^{(2)}}{\lambda^{(1)}}\right)^k$ 的收敛就慢.这就是在某些问题中，重演法收敛较慢的主要原因. 就以本节一开始谈的那个四个自由度的轮轴系统而言，正确解是已知的，$\frac{\lambda^{(2)}}{\lambda^{(1)}}=\frac{2.347}{3.532}=0.665$，而

$$\left(\frac{\lambda^{(2)}}{\lambda^{(1)}}\right)^{30}=0.000005,$$

重演 30 次还有可能影响小数后第 5 位，这就是本例的计算所反映的情况. 所以，只要第二特征值 $\lambda^{(2)}$ 和最大特征值 $\lambda^{(1)}$ 比较接近，收敛就比较缓慢.

2. 提高收敛速度或节省计算步骤问题

我们在上面利用了以 $[\alpha]$ 为重演的基础序列，即重演矩阵为 $[\alpha]$，所得序列为

$$\{x_{(0)}\},\ \{x_{(1)}\},\ \{x_{(2)}\},\ \cdots,\ \{x_{(k)}\} \tag{6.360}$$

其逐次比值的极限为 $\lambda^{(1)}$.

我们也可以用 $[\alpha]^2$ 为重演矩阵，所得序列为

$$\{x_{(0)}\},\ \{x_{(2)}\},\ \{x_{(4)}\},\ \cdots,\ \{x_{(2k)}\} \tag{6.361}$$

其逐次比值的极限为 $\lambda^{(1)2}$.

我们进一步可以用 $[\alpha]^4$ 为重演矩阵，所得序列为

$$\{x_{(0)}\},\ \{x_{(4)}\},\ \{x_{(8)}\},\ \cdots,\ \{x_{(4k)}\} \tag{6.362}$$

其逐次比值的极限为 $\lambda^{(1)4}$.

为了更节省计算，我们可以用 $[\alpha]^8$, $[\alpha]^{16}$ 为重演矩阵，所得序列分别为

$$\{x_{(0)}\},\ \{x_{(8)}\},\ \{x_{(16)}\},\ \cdots,\ \{x_{(8k)}\} \tag{6.363}$$

或 $$\{x_{(0)}\},\ \{x_{(16)}\},\ \{x_{(32)}\},\ \cdots,\ \{x_{(16k)}\} \tag{6.364}$$

其逐次比值的极限分别为 $\lambda^{(1)8}$, $\lambda^{(1)16}$.

这样的收敛速度可以分别提高 2 倍、4 倍、8 倍或 16 倍. 如

以四个自由度的轮轴系统的振动问题为例:

$$[\alpha]=\begin{bmatrix}2 & -1 & & \\ -1 & 2 & -1 & \\ & -1 & 2 & -1 \\ & & -1 & 1\end{bmatrix} \tag{6.365}$$

我们通过自乘矩阵,有

$$[\alpha]^2=\begin{bmatrix}5 & -4 & 1 & 0 \\ -4 & 6 & -4 & 1 \\ 1 & -4 & 6 & -3 \\ 0 & 1 & -3 & 2\end{bmatrix} \tag{6.366a}$$

$$[\alpha]^4=\begin{bmatrix}42 & -48 & 27 & -7 \\ -48 & 69 & -55 & 20 \\ 27 & -55 & 62 & -28 \\ -7 & 20 & -28 & 14\end{bmatrix} \tag{6.366b}$$

$$[\alpha]^8=\begin{bmatrix}4846 & -6953 & 5644 & -2108 \\ -6953 & 10490 & -9061 & 3536 \\ 5644 & -9061 & 8382 & -3417 \\ -2108 & 3536 & -3417 & 1429\end{bmatrix} \tag{6.366c}$$

用(6.362)式所列序列,得

$$\{x_{(0)}\}=\begin{Bmatrix}1 \\ 0 \\ 0 \\ 0\end{Bmatrix} \tag{6.367a}$$

$$\{x_{(8)}\}=[\alpha]^8\begin{Bmatrix}1 \\ 0 \\ 0 \\ 0\end{Bmatrix}=\begin{Bmatrix}4846 \\ -6953 \\ 5644 \\ -2108\end{Bmatrix}=4846\begin{Bmatrix}1 \\ -1.434792 \\ 1.164672 \\ -0.435000\end{Bmatrix} \tag{6.367b}$$

$$\{x_{(16)}\}=[\alpha]^8\begin{Bmatrix}1 \\ -1.434792 \\ 1.164672 \\ -0.435000\end{Bmatrix}=\begin{Bmatrix}22312.50 \\ -34095.22 \\ 29893.33 \\ -11782.72\end{Bmatrix}$$

$$= 22312.50\begin{Bmatrix} 1 \\ -1.528077 \\ 1.339757 \\ -0.528077 \end{Bmatrix} \tag{6.367c}$$

$$\{x_{(24)}\} = [\alpha]^8\begin{Bmatrix} 1 \\ -1.528077 \\ 1.339757 \\ -0.528077 \end{Bmatrix} = \begin{Bmatrix} 24145.49 \\ -36989.35 \\ 32524.24 \\ -12843.85 \end{Bmatrix}$$

$$= 24145.49\begin{Bmatrix} 1 \\ -1.531936 \\ 1.347011 \\ -0.531936 \end{Bmatrix} \tag{6.367d}$$

$$\{x_{(32)}\} = [\alpha]^8\begin{Bmatrix} 1 \\ -1.531936 \\ 1.347011 \\ -0.531936 \end{Bmatrix} = \begin{Bmatrix} 24221.40 \\ -37109.20 \\ 32633.14 \\ -12887.80 \end{Bmatrix}$$

$$= 24221.40\begin{Bmatrix} 1 \\ -1.532083 \\ 1.347286 \\ -0.532083 \end{Bmatrix} \tag{6.367e}$$

可见特征矢量业已收敛到小数以后四位．为了计算相应的最大特征值，我们可以用 $[\alpha]$ 的序列

$$\{x_{(33)}\} = [\alpha]\begin{Bmatrix} 1 \\ -1.532083 \\ 1.347286 \\ -0.532083 \end{Bmatrix} = \begin{Bmatrix} 3.532083 \\ -5.411452 \\ 4.758738 \\ -1.879369 \end{Bmatrix}$$

$$= 3.532083\begin{Bmatrix} 1 \\ -1.532085 \\ 1.347289 \\ -0.532085 \end{Bmatrix} \tag{6.368}$$

这和 (6.335c) 的结果有四位小数，第五第六位的差别来源于保留的有效位数不同.

这种办法虽然解决了收敛速度问题，但只能求得最大特征值及有关特征矢量的计算.

3. 求其它的特征值问题

在这里，我们将介绍两种方法. 第一种方法可以称为**移轴法**. 设 $\lambda^{(1)}$（上例中为 3.53208）为最大特征值，而且是正的. 如果我们把 λ 轴移至 $\lambda^{(1)}$ 附近（例如可以取整数，移至 $\lambda=3.0$ 处），亦即设有一个新的坐标 λ'，它为

$$\lambda' = \lambda - 3 \tag{6.369}$$

于是，原来的特征方程 (6.338) 式可以写成

$$[\alpha]\{x\} = \lambda\{x\} = (\lambda' + 3)\{x\} \tag{6.370}$$

称

$$[\alpha'] = [\alpha] - 3[I] \tag{6.371}$$

则新的特征方程可以写为

$$[\alpha']\{x\} = \lambda'\{x\} \tag{6.372}$$

在 λ' 轴的系统内，原来 λ 中最小的特征值（如果有负的特征值，则为最大的负值特征值）变为绝对值最大的特征值. 如果对 (6.372) 式进行重演计算，即得这个 λ 中最小的特征值.

在上面所举的例子中

$$[\alpha'] = [\alpha] - 3[I] = \begin{bmatrix} 2 & -1 & & \\ -1 & 2 & -1 & \\ & -1 & 2 & -1 \\ & & -1 & 1 \end{bmatrix} + \begin{bmatrix} -3 & & & \\ & -3 & & \\ & & -3 & \\ & & & -3 \end{bmatrix}$$

$$= \begin{bmatrix} -1 & -1 & & \\ -1 & -1 & -1 & \\ & -1 & -1 & -1 \\ & & -1 & -2 \end{bmatrix} \tag{6.373}$$

在这样移轴之后，原来 $\lambda_1=3.532$，$\lambda_4=0.1206$ 变成了 $\lambda_4'=0.532$，

$\lambda_1' = -2.8794$；这也就是说，在新的 λ' 坐标系中，原来是最小特征值的，变成了最大特征值。于是，如果根据 $[\alpha']$ 来重演所得结果，应该是有关 $\lambda_1' = -2.8794$（或即 $\lambda_4 = 0.1206$）的特征值和它的特征矢量。

通过计算，得

$$
[\alpha'] = \begin{bmatrix} -1 & -1 & & \\ -1 & -1 & -1 & \\ & -1 & -1 & -1 \\ & & -1 & -2 \end{bmatrix}, \quad [\alpha']^2 = \begin{bmatrix} 2 & 2 & 1 & \\ 2 & 3 & 2 & 1 \\ 1 & 2 & 3 & 3 \\ & 1 & 3 & 5 \end{bmatrix},
$$

$$
[\alpha']^4 = \begin{bmatrix} 9 & 12 & 9 & 5 \\ 12 & 18 & 17 & 14 \\ 9 & 17 & 23 & 26 \\ 5 & 14 & 26 & 35 \end{bmatrix}, \quad [\alpha']^8 = \begin{bmatrix} 331 & 547 & 622 & 622 \\ 547 & 953 & 1169 & 1244 \\ 622 & 1169 & 1575 & 1791 \\ 622 & 1244 & 1791 & 2122 \end{bmatrix} \tag{6.374}
$$

于是，有

$$
\{x_{(0)}\} = \begin{Bmatrix} 1 \\ 0 \\ 0 \\ 0 \end{Bmatrix}, \quad \{x_{(8)}\} = [\alpha']^8 \begin{Bmatrix} 1 \\ 0 \\ 0 \\ 0 \end{Bmatrix} = \begin{Bmatrix} 331 \\ 547 \\ 622 \\ 622 \end{Bmatrix} = 331 \begin{Bmatrix} 1 \\ 1.6526 \\ 1.8791 \\ 1.8791 \end{Bmatrix} \tag{6.375a,b}
$$

$$
\{x_{(16)}\} = [\alpha']^8 \begin{Bmatrix} 1 \\ 1.6526 \\ 1.8791 \\ 1.8791 \end{Bmatrix} = \begin{Bmatrix} 3572.4 \\ 6666.2 \\ 8879.2 \\ 10031.1 \end{Bmatrix} = 3572.4 \begin{Bmatrix} 1 \\ 1.8660 \\ 2.4855 \\ 2.8179 \end{Bmatrix} \tag{6.375c}
$$

$$
\{x_{(24)}\} = [\alpha']^8 \begin{Bmatrix} 1 \\ 1.8660 \\ 2.4855 \\ 2.8179 \end{Bmatrix} = \begin{Bmatrix} 4644.2 \\ 8725.7 \\ 11747 \\ 13353 \end{Bmatrix} = 4644.2 \begin{Bmatrix} 1 \\ 1.8784 \\ 2.5294 \\ 2.8752 \end{Bmatrix} \tag{6.375d}
$$

$$\{x_{(32)}\} = [\alpha']^8 \left\{\begin{matrix} 1 \\ 1.8784 \\ 2.5294 \\ 2.8752 \end{matrix}\right\} = \left\{\begin{matrix} 4720.7 \\ 8870.5 \\ 11951.1 \\ 13588.8 \end{matrix}\right\} = 4721.7 \left\{\begin{matrix} 1 \\ 1.8791 \\ 2.5317 \\ 2.8786 \end{matrix}\right\} \tag{6.375e}$$

为了求得 λ_1' 的正确值，可以从此用 $[\alpha']$ 重演

$$\{x_{(33)}\} = [\alpha'] \left\{\begin{matrix} 1 \\ 1.8791 \\ 2.5317 \\ 2.8786 \end{matrix}\right\} = \left\{\begin{matrix} -2.8791 \\ -5.4108 \\ -7.2894 \\ -8.2889 \end{matrix}\right\} = -2.8791 \left\{\begin{matrix} 1 \\ 1.879337 \\ 2.531833 \\ 2.878990 \end{matrix}\right\} \tag{6.376a}$$

$$\{x_{(34)}\} = [\alpha'] \left\{\begin{matrix} 1 \\ 1.879337 \\ 2.531833 \\ 2.878990 \end{matrix}\right\} = \left\{\begin{matrix} -2.879337 \\ -5.411170 \\ -7.290160 \\ -8.289813 \end{matrix}\right\}$$

$$= -2.879337 \left\{\begin{matrix} 1 \\ 1.879311 \\ 2.531889 \\ 2.879070 \end{matrix}\right\} \tag{6.376b}$$

$$\{x_{(35)}\} = [\alpha'] \left\{\begin{matrix} 1 \\ 1.879311 \\ 2.531889 \\ 2.879070 \end{matrix}\right\} = \left\{\begin{matrix} -2.879311 \\ -5.411200 \\ -7.290270 \\ 8.290029 \end{matrix}\right\}$$

$$= -2.879311 \left\{\begin{matrix} 1 \\ 1.879338 \\ 2.531949 \\ 2.879171 \end{matrix}\right\} \tag{6.376c}$$

$$\{x_{(36)}\} = [\alpha'] \left\{\begin{matrix} 1 \\ 1.879338 \\ 2.531949 \\ 2.879171 \end{matrix}\right\} = \left\{\begin{matrix} -2.879338 \\ -5.411287 \\ -7.290458 \\ -8.290291 \end{matrix}\right\}$$

$$
= -2.879338 \begin{Bmatrix} 1 \\ 1.879351 \\ 2.531991 \\ 2.879235 \end{Bmatrix} \tag{6.377a}
$$

$$
\{x_{(37)}\} = [\alpha'] \begin{Bmatrix} 1 \\ 1.879351 \\ 2.531991 \\ 2.879235 \end{Bmatrix} = \begin{Bmatrix} -2.879351 \\ -5.411342 \\ -7.290577 \\ -8.290461 \end{Bmatrix}
$$

$$
= -2.879351 \begin{Bmatrix} 1 \\ 1.879361 \\ 2.532021 \\ 2.879281 \end{Bmatrix} \tag{6.377b}
$$

$$
\{x_{(38)}\} = [\alpha'] \begin{Bmatrix} 1 \\ 1.879361 \\ 2.532021 \\ 2.879281 \end{Bmatrix} = \begin{Bmatrix} -2.879361 \\ -5.411382 \\ -7.290663 \\ -8.290583 \end{Bmatrix}
$$

$$
= -2.879361 \begin{Bmatrix} 1 \\ 1.879369 \\ 2.532042 \\ 2.879313 \end{Bmatrix} \tag{6.377c}
$$

上面的结果得

$$
\lambda_4 = 3 + \lambda_1' = 3 - 2.8794 = 0.1206 \tag{6.378}
$$

有关矢量如果用最大元素为 1 的形式表示，为

$$
\begin{Bmatrix} 1 \\ 1.879369 \\ 2.532042 \\ 2.879313 \end{Bmatrix} \longrightarrow \begin{Bmatrix} 0.347305 \\ 0.652714 \\ 0.879391 \\ 1.000000 \end{Bmatrix} \tag{6.379}
$$

所以，用移轴法只能求得最小的特征值及其有关矢量 (6.379) 式。

第二种方法在于建立一个新的方矩阵 $[\alpha_1]$，它的特征值除了业已找到的那个最大特征值 λ_1 外，和原来的 $[\alpha]$ 的特征值完全相

等. 就这个原矩阵的最大特征值而言，在新矩阵 $[\alpha_1]$ 中相当于 $\lambda_1^* = 0$ 的值. 因此,如果根据新的矩阵 $[\alpha_1]$ 进行重演，就可以得到次大的特征值 λ_2 和相关的特征矢量 $[x^{(2)}]$. 我们称本法为**消除法**

设 λ_1 为 $[\alpha]$ 的已知的最大特征值. 写出新的矩阵

$$[\alpha_1] = [\alpha] - \lambda_1 \frac{\{x^{(1)}\}\{x^{(1)}\}^T}{\{x^{(1)}\}^T\{x^{(1)}\}} \tag{6.380}$$

其中 $\{x^{(1)}\}$ 为和 λ_1 相关的特征矢量,是列矩阵. $\{x^{(1)}\}^T$ 为 $\{x^{(1)}\}$ 的转置矩阵，所以它是行矩阵. 由是 $\{x^{(1)}\}\{x^{(1)}\}^T$ 代表一个方矩阵，$\{x^{(1)}\}^T\{x^{(1)}\}$ 代表一个标量(即常数). $[\alpha_1]$ 即有上述的特性.

(1) $[\alpha_1]$ 有一个特征值等于零，它的相关特征矢量为 $\{x^{(1)}\}$. 亦即

$$\begin{aligned}[\alpha_1]\{x^{(1)}\} &= [\alpha]\{x^{(1)}\} - \lambda_1 \frac{\{x^{(1)}\}\{x^{(1)}\}^T\{x^{(1)}\}}{\{x^{(1)}\}^T\{x^{(1)}\}} \\ &= [\alpha]\{x^{(1)}\} - \lambda_1\{x^{(1)}\} = 0 \end{aligned} \tag{6.381}$$

所以,其特征值为零,但和原矩阵 $[\alpha]$ 的 λ_1 相当.

(2) $[\alpha_1]$ 的其它特征值和有关的特征矢量和原矩阵 $[\alpha]$ 的其它特征值 $\lambda_2, \lambda_3, \cdots, \lambda_n$ 和有关特征矢量相等.

设 $\{x^{(k)}\}$ 为原矩阵的和 λ_k 有关的特征矢量，而且 $k \neq 1$，于是有

$$[\alpha_1]\{x^{(k)}\} = [\alpha]\{x^{(k)}\} - \lambda_1 \frac{\{x^{(1)}\}\{x^{(1)}\}^T\{x^{(k)}\}}{\{x^{(1)}\}^T\{x^{(1)}\}} \quad (k \neq 1) \tag{6.382}$$

根据特征矢量的正交性质,我们有

$$\{x^{(1)}\}^T\{x^{(k)}\} = 0 \qquad (k \neq 1) \tag{6.383}$$

于是,得

$$[\alpha_1]\{x^{(k)}\} = [\alpha]\{x^{(k)}\} \qquad (k \neq 1) \tag{6.384}$$

根据原特征矩阵的定义，$[\alpha]\{x^{(k)}\} = \lambda_k\{x^{(k)}\}$，于是,得

$$[\alpha_1]\{x^{(k)}\} = \lambda_k\{x^{(k)}\} \qquad (k \neq 1) \tag{6.385}$$

这就证明了 $[\alpha_1]$ 的其它特征值 (λ_1 特征值除外) 和相关的特征矢量和原矩阵 $[\alpha]$ 的相同.

我们仍以上面的例子为例．业已知道

$$\lambda_1 = 3.5321, \quad \{x^{(1)}\} = \begin{Bmatrix} 1 \\ -1.5321 \\ 1.3743 \\ -0.5321 \end{Bmatrix} \tag{6.386}$$

计算得

$$\{x^{(1)}\}^T\{x^{(1)}\} = \lfloor 1, -1.5321, 1.3473, -0.5321 \rfloor \begin{Bmatrix} 1 \\ -1.5321 \\ 1.3473 \\ -0.5321 \end{Bmatrix}$$

$$= 5.44568 \tag{6.387}$$

$$\frac{\lambda_1\{x^{(1)}\}\{x^{(1)}\}^T}{\{x^{(1)}\}^T\{x^{(1)}\}} = \frac{3.5321}{5.4457}\begin{Bmatrix} 1 \\ -1.5321 \\ 1.3473 \\ -0.5321 \end{Bmatrix}$$

$$\times \lfloor 1, -1.5321, 1.3473, -0.5321 \rfloor$$

$$= \begin{bmatrix} 0.64860 & -0.99372 & +0.87386 & -0.34512 \\ -0.99372 & 1.52248 & -1.33884 & 0.52876 \\ 0.87386 & -1.33884 & 1.17735 & -0.46498 \\ -0.34512 & 0.52876 & -0.46498 & 0.18364 \end{bmatrix} \tag{6.388}$$

于是，得

$$[\alpha_1] = [\alpha] - \frac{\lambda_1\{x^{(1)}\}\{x^{(1)}\}^T}{\{x^{(1)}\}^T\{x^{(1)}\}}$$

$$= \begin{bmatrix} 1.35140 & -0.00628 & -0.87386 & 0.34512 \\ -0.00628 & 0.47752 & 0.33884 & -0.52876 \\ -0.87386 & 0.33884 & 0.82265 & -0.53502 \\ 0.34512 & -0.52876 & -0.53502 & 0.81636 \end{bmatrix} \tag{6.389}$$

然后计算 $[\alpha_1]^2$, $[\alpha_1]^4$ 得

$$[\alpha_1]^2 = \begin{bmatrix} 2.70906 & -0.49007 & -2.08659 & 1.21899 \\ -0.49007 & 0.62246 & 0.72893 & -0.86761 \\ -2.08659 & 0.72893 & 1.84144 & -1.35765 \\ 1.21899 & -0.86761 & -1.35765 & 1.35138 \end{bmatrix} \tag{6.390a}$$

$$[\alpha_1]^4 = \begin{bmatrix} 13.41897 & -4.20126 & -11.50722 & 8.20748 \\ -4.20126 & 1.91171 & 3.99650 & -3.29955 \\ -11.50722 & 3.99650 & 10.11931 & -7.51069 \\ 8.20748 & -3.29955 & -7.51069 & 5.90813 \end{bmatrix} \tag{6.390b}$$

现在根据 $[\alpha_1]^4$ 进行重演计算，用

$$\{x_{(0)}\} = \begin{Bmatrix} 1 \\ 0 \\ 0 \\ 0 \end{Bmatrix} \tag{6.391a}$$

于是有

$$\{x_{(4)}\} = [\alpha_1]^4 \begin{Bmatrix} 1 \\ 0 \\ 0 \\ 0 \end{Bmatrix} = \begin{Bmatrix} 13.41897 \\ -4.20126 \\ -11.50722 \\ 8.20748 \end{Bmatrix}$$

$$= 13.41897 \begin{Bmatrix} 1 \\ -0.31308 \\ -0.85753 \\ 0.61163 \end{Bmatrix} \tag{6.392a}$$

$$\lambda_2 = (13.41897)^{1/4} = 1.91395 \tag{6.392b}$$

$$\{x_{(8)}\} = [\alpha_1]^4 \begin{Bmatrix} 1 \\ -0.31308 \\ -0.85753 \\ 0.61163 \end{Bmatrix} = \begin{Bmatrix} 29.62202 \\ -10.24500 \\ -26.02981 \\ 19.29472 \end{Bmatrix}$$

$$= 29.62202 \begin{Bmatrix} 1 \\ -0.34585 \\ -0.87873 \\ 0.65136 \end{Bmatrix} \tag{6.393a}$$

$$\lambda_2 = (29.62202)^{1/4} = 2.33294 \tag{6.393b}$$

$$\{x_{(12)}\} = [\alpha_1]^4 \begin{Bmatrix} 1 \\ -0.34585 \\ -0.87873 \\ 0.65136 \end{Bmatrix} = \begin{Bmatrix} 30.32474 \\ -10.52345 \\ -26.67371 \\ 19.79682 \end{Bmatrix}$$

$$= 30.32474 \begin{Bmatrix} 1 \\ -0.34702 \\ -0.87960 \\ 0.65283 \end{Bmatrix} \tag{6.394a}$$

$$\lambda_2 = (30.32474)^{1/4} = 2.34666 \tag{6.394b}$$

$$\{x_{(16)}\} = [\alpha_1]^4 \begin{Bmatrix} 1 \\ -0.34702 \\ -0.87960 \\ 0.65283 \end{Bmatrix} = \begin{Bmatrix} 30.34453 \\ -10.53403 \\ -26.69823 \\ 19.81589 \end{Bmatrix}$$

$$= 30.34453 \begin{Bmatrix} 1 \\ -0.34715 \\ -0.87983 \\ 0.65305 \end{Bmatrix} \tag{6.395a}$$

$$\lambda_2 = (30.34453)^{1/4} = 2.34704 \tag{6.395b}$$

把 (6.394a), (6.395a) 相比, $\{x_{(16)}\}$ 的重演值业已正确到四位数, 用相同的方法, 我们可以计算最后一个特征值. 我们可以改用新的矩阵 $[\alpha'']$,

$$[\alpha''] = [\alpha] - \lambda_1 \frac{\{x^{(1)}\}\{x^{(1)}\}^T}{\{x^{(1)}\}^T\{x^{(1)}\}} - \lambda_2 \frac{\{x^{(2)}\}\{x^{(2)}\}^T}{\{x^{(2)}\}^T\{x^{(2)}\}} \tag{6.396}$$

很易证明 $[\alpha'']$ 有下列性质

$$\left.\begin{aligned} &[\alpha'']\{x^{(1)}\} = 0 \\ &[\alpha'']\{x^{(2)}\} = 0 \\ &[\alpha'']\{x^{(k)}\} = [\alpha]\{2^{(k)}\} \quad (k \neq 1, 2) \end{aligned}\right\} \tag{6.397}$$

其计算程序和前述重演法完全相同.

从上面的讨论中, 我们可以看到重演法可以用来求各个特征值，而且计算程序比较简单，如果采用电子计算机时，特别方便，所以重演法有普遍的重要意义.

参 考 文 献

[1] Weinstein, D. H., Modified Ritz Method, *Proc. Nat. Acad. Sci.*, **20** (1934), pp. 529—532.

[2] MacDonald, J. K. L., On the Modified Ritz Variational Method, *Phys. Rev.*, **71** (1934), pp. 828—829.

[3] Kohn, W., A Note on Weinstein's Variational Method, *Phys. Rev.*, **71** (1947), p. 902.

[4] Rayleigh, L., Theory of Sound, 1877; 1894 年再版增订; 1926, 1929, 1945 历次重印.

[5] Bickley, W. G., *Philosophical Magazine and Journal of Sciences*, 15 (1933), 7, pp. 776—797.

[6] Weinstein, A., and Chien, W. Z. (钱伟长), On the Vibrations of a Clamped Plate under Tension, *Quarterly of Applied Mathematics*, 1 (1943), 1, pp. 61—68.

第七章

小位移变形弹性理论及有关问题的变分原理

§7.1 小位移变形弹性理论的最小位能原理和最小余能原理

在本章内，为了节省篇幅，我们将采用卡氏张量符号.

用 x_i 表示三个卡氏坐标，即 x_1, x_2, x_3（或 $x_i, i=1, 2, 3$）. 有关的三个位移分量为 u_1, u_2, u_3（或 $u_i, i=1, 2, 3$）. 六个应变分量为 e_{ij}，即 $e_{11}, e_{22}, e_{33}, e_{12}=e_{21}, e_{23}=e_{32}, e_{31}=e_{13}$，它们和位移的关系，在小位移的条件下可以写成

$$e_{ij}=\frac{1}{2}(u_{i,j}+u_{j,i}) \qquad (i, j=1, 2, 3) \tag{7.1}$$

其中 $u_{i,j}$ 为 $\dfrac{\partial u_i}{\partial x_j}$ 的简写，所以 $u_{j,i}$ 为 $\dfrac{\partial u_j}{\partial x_i}$. 以后凡是 $(\cdots)_{,j}$ 都是表示$(\cdots)$对 x_j 的偏导数 $\dfrac{\partial}{\partial x_j}(\cdots)$.

六个应力分量可以写成 σ_{ij}，即 $\sigma_{11}, \sigma_{22}, \sigma_{33}, \sigma_{12}=\sigma_{21}, \sigma_{23}=\sigma_{32}, \sigma_{31}=\sigma_{13}$. 各向异性体的应力应变关系可以写成（假定是线性弹性系统）

$$\sigma_{ij}=\sum_{k,l=1}^{\infty} a_{ijkl}e_{kl} \quad (i, j=1, 2, 3) \tag{7.2}$$

其中 a_{ijkl} 为弹性常数，而且

$$a_{ijkl}=a_{jikl}=a_{ijlk}=a_{klij} \qquad (i, j, k, l=1, 2, 3) \tag{7.3}$$

所以对于各向异性体而言，至多有 21 个独立常数. (7.2) 中的右边，共有 k, l 两个指标在同一项中重复，即 a_{ijkl} 中的 kl 和 e_{kl} 中的 kl. 当 k, l 从 1 到 3 历经各数求和时，(7.2) 式可以写成

$$\sigma_{ij}=a_{ij11}e_{11}+a_{ij22}e_{22}+a_{ij33}e_{33}+2a_{ij23}e_{23}$$

$$+ 2e_{ij31}e_{31} + 2a_{ij12}e_{12} \quad (i, j = 1, 2, 3) \tag{7.4}$$

我们在以后约定，凡是同一项中指标符号重复时，即代表各该标号的数从 1 到 3 求和，而把 $\sum$ 号略去，并称这种重复的指标为哑标．例如，(7.2) 式可以用哑标表示为

$$\sigma_{ij} = a_{ijkl}e_{kl} \tag{7.5}$$

而哑标 k, l 也可以用其它符号代替，它们代表相同的意义．所以 (7.4) 或 (7.5) 式也可以写成

$$\sigma_{ij} = a_{ijmn}e_{mn} \tag{7.6}$$

式中 i, j 不是哑标，它们分别各有 1, 2, 3 三个可能，所以 (7.6) 在实质上代表 6 个关系式．在以后，一般将略去 $(i, j = 1, 2, 3)$ 这样的说明．哑标用处很广，例如，体积膨胀应变可以写成

$$\Theta = e_{11} + e_{22} + e_{33} = e_{kk} \tag{7.7}$$

这里 e_{kk} 中的 k 是哑标，利用 (7.1) 式，从 (7.7) 式中导出

$$\Theta = u_{k,k} = \frac{\partial u_1}{\partial x_1} + \frac{\partial u_2}{\partial x_2} + \frac{\partial u_3}{\partial x_3} \tag{7.8}$$

对于各向同性的线性弹性体而言，只有两个独立的弹性常数，λ 和 μ．通常被称为拉梅常数，应力应变关系式为

$$\sigma_{ij} = \lambda e_{kk}\delta_{ij} + 2\mu e_{ij} \tag{7.9}$$

其中 δ_{ij} 为克氏符号(克隆纳咯 Kronecker 符号)，它的定义是

$$\left.\begin{aligned} \delta_{ij} &= 1 \quad (i = j) \\ \delta_{ij} &= 0 \quad (i \neq j) \end{aligned}\right\} \tag{7.10}$$

(7.10) 中的 e_{kk} 和 (7.7) 中的 e_{kk} 相同，k 都是哑标，e_{kk} 代表体积膨胀应变．

拉梅常数 λ, μ 和杨氏系数 E，泊桑比 σ 的关系为

$$\mu = \frac{E}{2(1+\nu)}, \qquad \lambda = \frac{\nu E}{(1+\nu)(1-2\nu)} \tag{7.11}$$

设有一弹性体受外力作用在小位移下达到静力平衡(图 7.1)．设该弹性体的体积为 τ．在表面 S 的一部份 S_p 上，表面力 $\bar{p}_i$ 为已知，即应力 σ_{ij} 满足表面力已知的边界条件

$$\sigma_{ij}n_j = \bar{p}_i \qquad 在\ S = S_p\ 上 \tag{7.12}$$

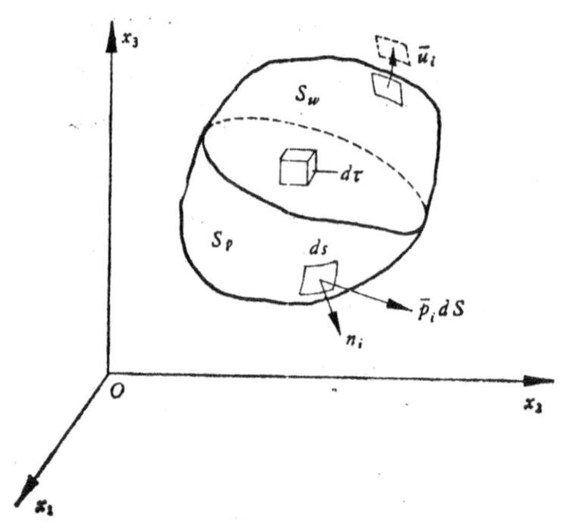

图 7.1 弹性体的表面边界条件

其中n_j为外法线单位矢量．在表面 S 的另一部份 S_u 上，位移 $\bar{u}_i$ 为已知．即位移 u_i 满足**位移已知的边界条件**

$$u_i = \bar{u}_i \qquad 在\ S = S_u\ 上 \tag{7.13}$$

如果弹性体每单位体积的体力为 F_i，即

$$F_i = F_i(x_1, x_2, x_3) \qquad 在\ \tau\ 内 \tag{7.14}$$

则应力分量 σ_{ij} 必满足体内平衡条件

$$\sigma_{ij,j} + F_i = 0 \qquad 在\ \tau\ 内 \tag{7.15}$$

σ_{ij} 和 u_i 的联系为 (1) 应力应变关系 (7.5) 式或 (7.9) 式；和 (2) 应变位移关系式 (7.1) 式．弹性体静力学问题就是在表面力已知和位移已知的边界条件 [即 (7.12)，(7.13) 式] 下求解平衡方程 (7.15) 式．其中 σ_{ij}，u_i 必须满足 (7.1) 和 (7.5) 式或 (7.9) 式的关系．这里共有

(1) 平衡方程 (7.15) 三式

(2) 应力应变关系式 (7.5) 式或 (7.9) 式六式

(3) 应变位移关系式 (7.1) 式六式

以上共 15 式．在 (7.12)，(7.13) 的边界条件下求解 σ_{ij}，e_{ij}，u_i 共 15 个待定量．我们可以证明除了刚体位移而外，唯一的解是存在的．

我们现在证明用变分法求解上述小位移静力学问题的两种变分原理：

第一个原理(变分原理 I 称为**最小位能原理**(小位移变形线性弹性理论的)：

在满足小位移应变关系(7.1)式和边界位移已知的条件(7.13)式的所有允许的应变 e_{ij} 和位移 u_i 中，实际的 e_{ij} 和 u_i 必使弹性体的总位能

$$\Pi_{\mathrm{I}}=\iiint_{\tau}\{A(e_{ij})-F_iu_i\}d\tau-\iint_{S_p}\bar{p}_iu_idS \tag{7.16}$$

为最小．这里的 $A(e_{ij})$ 是以 e_{ij} 来表示的弹性体 τ 内由于变形而贮存的应变能密度．

亦即，使 (7.16) 式的泛函 Π_{I} 为最小的 u_i，e_{ij} 必满足平衡方程 (7.15) 式和边界外力已知条件 (7.12) 式．在证明中，我们应利用应力应变关系式 (7.5) 或 (7.9)式，从而确定 $A(e_{ij})$ 的表达式．

这个系统有三部份位能，即 (1) 总应变能

$$\Pi_{\mathrm{I}(1)}=\iiint_{\tau}A(e_{ij})d\tau \tag{7.17}$$

(2) 体力 F_i 在位移 u_i 中所做的功，从而降低了位能

$$\Pi_{\mathrm{I}(2)}=-\iiint_{\tau}F_iu_id\tau \tag{7.18}$$

(3) 表面外力 $\bar{p}_i$ 对表面位移 u_i 做的功，也降低了位能

$$\Pi_{\mathrm{I}(3)}=-\iint_{S_p}\bar{p}_iu_idS \tag{7.19}$$

所以 (7.16) 式所表示的 Π_{I}，即为总位能，它等于 $\Pi_{\mathrm{I}(1)}+\Pi_{\mathrm{I}(2)}+\Pi_{\mathrm{I}(3)}$。

为了证明最小位能原理，让我们把 Π_{I} 变分，得

$$\delta\Pi_{\mathrm{I}}=\iiint_{\tau}\left[\frac{\partial A}{\partial e_{ij}}\delta e_{ij}-F_i\delta u_i\right]d\tau-\iint_{S_p}\bar{p}_i\delta u_idS \tag{7.20}$$

根据 (7.1) 式，有

$$\frac{\partial A}{\partial e_{ij}}\delta e_{ij}=\frac{1}{2}\frac{\partial A}{\partial e_{ij}}(\delta u_{i,j}+\delta u_{j,i}) \tag{7.21}$$

由于 $\frac{\partial A}{\partial e_{ij}}=\frac{\partial A}{\partial e_{ji}}$，所以上式可以简化为

$$\frac{\partial A}{\partial e_{ij}}\delta e_{ij}=\frac{\partial A}{\partial e_{ij}}\delta u_{i,j} \tag{7.22}$$

而且通过分部积分，得

$$\begin{aligned}\iiint_\tau\left[\frac{\partial A}{\partial e_{ij}}\delta e_{ij}\right]d\tau&=\iiint_\tau\left[\frac{\partial A}{\partial e_{ij}}\delta u_{i,j}\right]d\tau\\&=\iiint_\tau\left(\frac{\partial A}{\partial e_{ij}}\delta u_i\right)_{,j}d\tau-\iiint_\tau\left(\frac{\partial A}{\partial e_{ij}}\right)_{,j}\delta u_i d\tau\end{aligned} \tag{7.23}$$

用格林定理 (1.194) 式，可以证明

$$\iiint_\tau\left(\frac{\partial A}{\partial e_{ij}}\delta u_i\right)_{,j}d\tau=\iint_S\frac{\partial A}{\partial e_{ij}}\delta u_i n_j dS \tag{7.24}$$

其中 n_j 是 S 上的外法线单位矢量. S 可以分为两部份，一部份在 S_u 上，$u_i=\bar{u}_i$ 为已知，所以 $\delta u_i=0$，于是这一部份的积分为零. (7.24) 式只剩下在 S_p 上的那一部份.

$$\iiint_\tau\left(\frac{\partial A}{\partial e_{ij}}\delta u_i\right)_{,j}d\tau=\iint_{S_p}\left(\frac{\partial A}{\partial e_{ij}}\right)n_j\delta u_i dS \tag{7.25}$$

从而把 (7.20) 化为

$$\begin{aligned}\delta\Pi_1=&\iiint_\tau\left[-\left(\frac{\partial A}{\partial e_{ij}}\right)_{,j}-F_i\right]\delta u_i d\tau\\&+\iint_{S_p}\left[\frac{\partial A}{\partial e_{ij}}n_j-\bar{p}_i\right]\delta u_i dS\end{aligned} \tag{7.26}$$

极值条件 $\delta\Pi_1=0$ 给出欧拉方程和边界条件

$$\left(\frac{\partial A}{\partial e_{ij}}\right)_{,j}+F_i=0 \qquad 在 \tau 内 \tag{7.27a}$$

$$\frac{\partial A}{\partial e_{ij}}n_j-\bar{p}_i=0 \qquad 在 S_p 上 \tag{7.27b}$$

把 (7.27) 式和 (7.12), (7.15) 式相比，得

$$\frac{\partial A}{\partial e_{ij}}=\sigma_{ij} \tag{7.28}$$

它实际上就是应力应变关系.

对于各向异性的线性应力应变关系(7.5)式而言,有

$$\frac{\partial A}{\partial e_{ij}}=\sigma_{ij}=a_{ijkl}e_{kl} \tag{7.29}$$

积分后,得

$$A=\frac{1}{2}a_{ijkl}e_{ij}e_{kl} \tag{7.30}$$

对于各向同性的应力应变线性关系(7.9)式而言,同样有

$$\frac{\partial A}{\partial e_{ij}}=\sigma_{ij}=\lambda e_{kk}\delta_{ij}+2\mu e_{ij} \tag{7.31}$$

积分得

$$A(e_{ij})=\frac{1}{2}[\lambda e_{kk}e_{ll}+2\mu e_{kl}e_{kl}] \tag{7.32}$$

其中我们使用了关系式

$$\delta_{ij}e_{ij}=e_{11}+e_{22}+e_{33}=e_{kk}=e_{ll} \tag{7.33}$$

当然,我们也必须指出,(7.28)式同样也适用于不是线性的应力应变关系.现在让我们证明这个极值是最小值.

设正确解是 u_i,其它满足位移边界条件(7.13)式的容许位移函数为 u_i^*,设

$$u_i^*=u_i+\delta u_i \tag{7.34}$$

把它代入(7.1)式,得

$$e_{ij}^*=e_{ij}+\delta e_{ij} \tag{7.35}$$

其中

$$e_{ij}^*=\frac{1}{2}(u_{i,j}^*+u_{j,i}^*),\qquad \delta e_{ij}=\frac{1}{2}(\delta u_{i,j}+\delta u_{j,i}) \tag{7.36}$$

于是

$$\Pi_{\mathrm{I}}^*=\Pi_{\mathrm{I}}+\delta\Pi_{\mathrm{I}}+\delta^2\Pi_{\mathrm{I}} \tag{7.37}$$

其中对于线性弹性体而言,$A(e_{ij})$ 是 e_{ij} 的二次式如(7.32)或(7.30)式.所以有

$$\Pi_{\mathrm{I}}^*=\iiint_{\tau}[A(e_{ij}^*)-Fu_i^*]d\tau-\iint_{S_p}\bar{p}_iu_i^*dS \tag{7.38a}$$

$$\delta^2 \Pi_{\mathrm{I}} = \iiint_{\tau} A(\delta e_{ij}) d\tau \tag{7.38b}$$

$$\delta \Pi_{\mathrm{I}} = 0 \tag{7.38c}$$

但是，$A(\delta e_{ij})$ 为 δe_{ij} 的应变能密度，它一定是正的，所以

$$\delta^2 \Pi_{\mathrm{I}} = \iiint_{\tau} A(\delta e_{ij}) d\tau \geqslant 0 \tag{7.39}$$

所以，从 (7.37) 式，有

$$\Pi_{\mathrm{I}}^* \geqslant \Pi_{\mathrm{I}} \quad \text{或} \quad \Pi_{\mathrm{I}}\text{(容许的)} \geqslant \Pi_{\mathrm{I}}\text{(正确解)} \tag{7.40}$$

这就证明了最小位能原理.

当然，如果弹性关系是非线性的，则 $\Pi_{\mathrm{I}}^* = \Pi_{\mathrm{I}} + \delta \Pi_{\mathrm{I}} + \delta^2 \Pi_{\mathrm{I}} + \delta^3 \Pi_{\mathrm{I}} + \cdots$，而 $\delta^2 \Pi_{\mathrm{I}} = \iiint_{\tau} \frac{1}{2} \frac{\partial^2 A}{\partial e_{ij} \partial e_{kl}} \delta e_{ij} \delta e_{kl} d\tau$. 于是，只有在 $\frac{\partial^2 A}{\partial e_{ij} \partial e_{kl}} \geqslant 0$ 时，才有 $\delta^2 \Pi_{\mathrm{I}} \geqslant$ 的结果，从而才有最小位能原理的证明. 当然对于极大多数弹性体而言，这种条件是满足的.

第二个原理(原理 Π_{II}) 称为**最小余能原理**.（它是小位移变形线性弹性理论的最小余能原理）:

在满足小位移变形的平衡方程(7.15)式和边界外力已知的条件 (7.12) 式的所有允许的应力 σ_{ij} 中，实际的应力 σ_{ij} 必使弹性总余能

$$\Pi_{\mathrm{II}} = \iiint_{\tau} B(\sigma_{ij}) d\tau - \iint_{S_u} \bar{u}_i \sigma_{ij} n_j dS \tag{7.41}$$

为最小，亦即使 (7.41) 式的泛函 Π_{II} 为最小的 σ_{ij} 必满足边界位移已知的条件 (7.13) 式. 在证明中，我们应利用应力应变关系式 (7.9) 式或 (7.5) 式，从而确定 $B(\sigma_{ij})$ 的表达式.

式中 $B(\sigma_{ij})$ 代表弹性体内的余能密度. 什么叫余能呢？我们可以用单向拉伸来理解. 设单向拉伸的应力为 σ_x，应变为 e_x，应力应变曲线如图 7.2. 在线性弹性力学中，它是直线，但在一般弹性体而言，它可以是曲线.

一个弹性体拉伸到应变为 e_x 时，弹性体内贮存的应变能 A 相当于面积 OSP，即

$$A = \int_0^{e_x} \sigma_x d e_x \tag{7.42}$$

而余能密度则定义为面积 ORS，或

$$B = \int_0^{\sigma_x} e_x d\sigma_x \tag{7.43}$$

它等于 $\sigma_x e_x$ 减去了 A. 即 $A + B = \sigma_x e_x$。

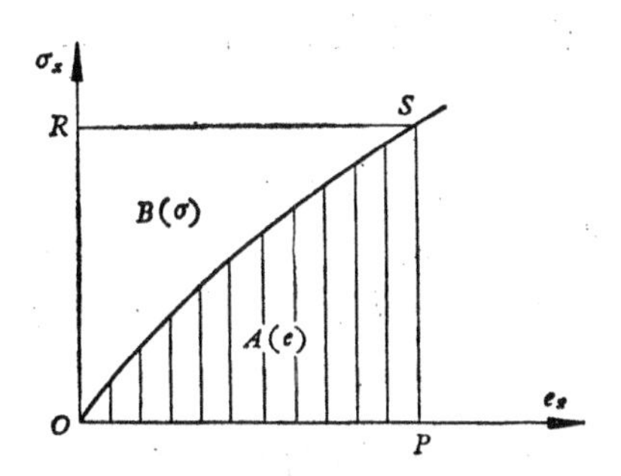

图 7.2 单向拉伸的应变能密度和余能密度

对于复杂应力而言，它们分别定义为

$$A(e_{ij}) = \int_0^{e_{ij}} \sigma_{kl} d e_{kl} \tag{7.44a}$$

$$B(\sigma_{ij}) = \int_0^{\sigma_{ij}} e_{kl} d\sigma_{kl} \tag{7.44b}$$

而且

$$A(e_{ij}) + B(\sigma_{ij}) = e_{kl}\sigma_{kl} \tag{7.45}$$

或

$$B(\sigma_{ij}) = e_{kl}\sigma_{kl} - A(e_{ij}) \tag{7.45a}$$

$$A(e_{ij}) = e_{kl}\sigma_{kl} - B(\sigma_{ij}) \tag{7.45b}$$

根据定义 (7.44a, b)，我们分别有

$$\frac{\partial A}{\partial e_{ij}} = \sigma_{ij}, \qquad \frac{\partial B}{\partial \sigma_{ij}} = e_{ij} \tag{7.46}$$

从 (7.45) 式中，也可以证实 (7.46)．变分得

$$\frac{\partial A}{\partial e_{ij}} \delta e_{ij} + \frac{\partial B}{\partial \sigma_{ij}} \delta\sigma_{ij} = e_{kl}\delta\sigma_{kl} + \sigma_{kl}\delta e_{kl} \tag{7.47}$$

或

$$\left(\frac{\partial B}{\partial \sigma_{ij}}-e_{ij}\right)\delta\sigma_{ij}=\left(\frac{\partial A}{\partial e_{ij}}-\sigma_{ij}\right)\delta e_{ij} \tag{7.47a}$$

所以，证明了 (7.46) 中的两式.

(7.46) 式在实际上就是应力应变关系，$\frac{\partial A}{\partial e_{ij}}=\sigma_{ij}$ 为用应变 e_{ij} 表示应力 σ_{ij} 的关系式，如 (7.6) 式或 (7.9) 式，都是这种形式. $\frac{\partial B}{\partial \sigma_{ij}}=e_{ij}$ 是用应力 σ_{ij} 表示应变 e_{ij} 的关系式. 对线性弹性体而言，可以写成

$$\sigma_{ij}=b_{ijkl}e_{kl} \tag{7.48}$$

其中 b_{ijkl} 为 21 个弹性模量，

$$b_{ijkl}=b_{jikl}=b_{ijlk},\qquad b_{ijkl}=b_{klij} \tag{7.48a}$$

对于线性的各向同性弹性体而言

$$e_{ij}=\frac{1+\nu}{E}\sigma_{ij}-\frac{\nu}{E}\sigma_{kk}\delta_{ij} \tag{7.49}$$

其中 δ_{ij} 为克氏符号.

我们必须指出：一般情况下，余能和应变能不相等，但在线性弹性体中，它们是相等的. 这是因为以单向拉伸为例，如果图 7.2 中 OS 为一直线，则 $\triangle ORS=\triangle OSP$，亦即 $A=B$.

对于一般的线性弹性体而言，

$$A=\frac{1}{2}a_{ijkl}e_{ij}e_{kl},\quad B=\frac{1}{2}b_{ijkl}\sigma_{ij}\sigma_{kl} \tag{7.50}$$

而且，对于相关的应力 σ_{ij} 和应变 e_{ij} 而言，同样也可以证明 $A=B$.

对于各向同性的线性弹性体而言

$$A=\frac{1}{2}(\lambda e_{kk}e_{ll}+2\mu e_{kl}e_{kl}) \tag{7.51a}$$

$$B=\frac{1}{2E}\{(1+\nu)\sigma_{kl}\sigma_{kl}-\nu\sigma_{kk}\sigma_{ll}\} \tag{7.51b}$$

利用 (7.49) 或 (7.9) 式，及弹性常数关系式 (7.11) 式，很易证明 $A=B$. 但是，因为 $A(e_{ij})$ 是用 e_{ij} 表示的，称为**应变能密度**，而 $B(\sigma_{ij})$ 是用 σ_{ij} 表示的，所以有时**余能密度** B 也称为**应力能密度**.

在线性弹性体中，应变能密度和应力能密度在实质上是相等的.

现在让我们证明最小余能原理；亦即

$$\delta\Pi_{\mathrm{II}}=\iiint_{\tau}\frac{\partial B}{\partial\sigma_{ij}}\delta\sigma_{ij}d\tau-\iint_{S_u}\delta\sigma_{ij}n_j\bar{u}_i dS \tag{7.52}$$

利用应力应变关系式 (7.46) 式，上式化为

$$\delta\Pi_{\mathrm{II}}=\iiint_{\tau}e_{ij}\delta\sigma_{ij}d\tau-\iint_{S_u}\delta\sigma_{ij}n_j\bar{u}_i dS \tag{7.53}$$

而 $e_{ij}=\frac{1}{2}(u_{i,j}+u_{j,i})$，所以有

$$\iiint_{\tau}e_{ij}\delta\sigma_{ij}d\tau=\iiint_{\tau}\frac{1}{2}(u_{i,j}+u_{j,i})\delta\sigma_{ij}d\tau=\iiint_{\tau}u_{i,j}\delta\sigma_{ij}d\tau \tag{7.54a}$$

也可以化为

$$\iiint_{\tau}e_{ij}\delta\sigma_{ij}d\tau=\iiint_{\tau}[(u_i\delta\sigma_{ij})_j-u_i\delta\sigma_{ij,j}]d\tau \tag{7.54b}$$

利用格林定理，可以证明

$$\iiint_{\tau}(u_i\delta\sigma_{ij})_{,j}d\tau=\iint_{S}u_i\delta\sigma_{ij}n_j dS \tag{7.55}$$

但是在边界面 S_p 上，$\sigma_{ij}n_j=\bar{p}_i$ 是已知的，所以

$$\delta\sigma_{ij}n_j=\delta\bar{p}_i=0 \qquad 在 S_p 上 \tag{7.56}$$

所以 (7.55) 式的积分中，S_p 那一部份恒等于零，只剩下 S_u 上那一部份，亦即

$$\iiint_{\tau}(u_i\delta\sigma_{ij})_{,j}d\tau=\iint_{S_u}u_i\delta\sigma_{ij}n_j dS \tag{7.57}$$

同样，因为 σ_{ij} 满足平衡方程 $\sigma_{ij,j}+F_i=0$，其中 F_i 是给定的，所以

$$\delta\sigma_{ij,j}=0 \qquad 在 \tau 内 \tag{7.58}$$

在利用了 (7.57)，(7.58) 式后，(7.54) 式化为

$$\iiint_{\tau}e_{ij}\delta\sigma_{ij}d\tau=\iint_{S_u}u_i\delta\sigma_{ij}n_j dS \tag{7.59}$$

而 (7.53) 式化为

$$\delta \Pi_{\mathrm{II}} = \iint_{S_u} \delta\sigma_{ij} n_j (u_i - \bar{u}_i) dS \tag{7.60}$$

极值条件 $\delta \Pi_{\mathrm{II}} = 0$，给出边界位移已知的边界条件.

$$u_i = \bar{u}_i \qquad \text{在 } S_u \text{ 上} \tag{7.61}$$

这就证明了当 Π_2 为极值时，满足平衡方程 (7.15) 式和外力已知边界条件 (7.12) 式的 σ_{ij}，必也满足位移已知的边界条件. 所以是该题的正确解. 现在让我证明这个极值是最小值.

设正确解为 σ_{ij}，其它满足平衡方程 (7.15) 式和外力已知边界条件 (7.12) 式的应力分量为 σ_{ij}^*，设

$$\sigma_{ij}^* = \sigma_{ij} + \delta\sigma_{ij} \tag{7.62}$$

把它代入 (7.41) 式，得

$$\begin{aligned} \Pi_{\mathrm{II}}^* &= \iiint_\tau B(\sigma_{ij}^*) d\tau - \iint_{S_u} \sigma_{ij}^* n_j \bar{u}_i dS \\ &= \iiint_\tau B(\sigma_{ij} + \delta\sigma_{ij}) d\tau - \iint_{S_u} (\sigma_{ij} + \delta\sigma_{ij}) n_j \bar{u}_i dS \end{aligned} \tag{7.63}$$

如果是线性弹性体，则 $B(\sigma_{ij})$ 是 σ_{ij} 的二次式，于是有

$$\Pi_{\mathrm{II}}^* = \Pi_{\mathrm{II}} + \delta \Pi_{\mathrm{II}} + \delta^2 \Pi_{\mathrm{II}} \tag{7.64}$$

其中

$$\Pi_{\mathrm{II}} = \iiint_\tau B(\sigma_{ij}) d\tau - \iint_{S_u} \sigma_{ij} n_j \bar{u}_i dS \tag{7.65a}$$

$$\delta \Pi_{\mathrm{II}} = \iiint_\tau \frac{\partial B}{\partial \sigma_{ij}} \delta\sigma_{ij} d\tau - \iint_S \delta\sigma_{ij} n_j \bar{u}_i dS = 0 \tag{7.65b}$$

$$\delta^2 \Pi_{\mathrm{II}} = \iiint_\tau B(\delta\sigma_{ij}) d\tau \tag{7.65c}$$

而且

$$\iiint_\tau B(\delta\sigma_{ij}) d\tau \geqslant 0 \tag{7.66}$$

所以

$$\Pi_{\mathrm{II}}^* \geqslant \Pi_{\mathrm{II}} \tag{7.67}$$

亦即是说，Π_{II} 是最小值．如果是非线性弹性体，则只要

$$\frac{\partial B}{\partial\sigma_{ij}\partial\sigma_{kl}}\geqslant 0,$$

同样也可以证明，Π_{II} 是最小值，这就全部证明了最小余能原理(II)．

我们在这里必须指出．如果利用了(7.45a)，则总余能的泛函也可以写成

$$\Pi_{II}=\iiint_{\tau}[e_{kl}\sigma_{kl}-A(e_{ij})]d\tau-\iint_{S_u}\sigma_{ij}n_j\bar{u}_i dS \qquad (7.68)$$

我们也必须指出，前几章所讲的立兹法，其基础都是最小位能原理．其近似函数都必须满足位移已知的边界条件，而不必满足平衡方程．屈立弗兹法的基础都是最小余能原理．其近似函数都必须满足平衡方程，在边界上有外力作用时，也必须满足外力已知的边界条件，而不必满足位移已知的边界条件．

§7.2 弹性平面问题的变分原理

弹性体的平面问题有两种，一种问题是应变只限于平面内进行，其所有应变和长向坐标 x_3 没有关系．如长的水坝和隧道内部的应变都可以近似地看作为这样的问题．我们称之为**平面应变问题**．另一种问题是和长向有关的应力分量 $\sigma_{33}=\sigma_{13}=\sigma_{23}=0$，其它应力分量都和 x_3 无关．一般平板在板面内受力的状态，或短柱体在侧面内沿着长度方向均匀受力．并在柱体两端不受任何外力作用下的状态，都是这类问题，我们称之为**平面应力问题**．这两类弹性平面问题在数学上是相似的．

在平面应变问题里，u_3 在各处都等于零，u_1，u_2 都只是 x_1，x_2 的函数．即

$$u_3=0,\quad u_1=u_1(x_1,x_2),\quad u_2=u_2(x_1,x_2) \qquad (7.69)$$

于是应变位移关系为

$$\left.\begin{aligned}&e_{\alpha 3}=0,\quad e_{33}=0\\&e_{\alpha\beta}=\frac{1}{2}(u_{\alpha,\beta}+u_{\beta,\alpha})\end{aligned}\right\}\quad(\alpha,\beta=1,2) \qquad (7.70)$$

这里必须指出，在以后，只用希腊字 α, β, γ, $\cdots$指标表示 1, 2 两个数字，它们是用来处理平面问题的，这样就有别于 i, j, k 等英文字指标表示 1, 2, 3 三个数字，它们是用来处理空间问题的. 从 (7.69) 及 (7.70) 式可以看到，平面应变问题中，不仅一切位移都在 ox_1x_2 平面内，而且在一切平行于 ox_1x_2 的平面里，应变都一样. 从虎克定律

$$e_{33}=\frac{1}{E}\left[\sigma_{33}-\nu(\sigma_{11}+\sigma_{22})\right]=0 \tag{7.71a}$$

即得

$$\sigma_{33}=\nu(\sigma_{11}+\sigma_{22}) \tag{7.71b}$$

其它正应变分量为

$$\begin{aligned} e_{11} &= \frac{1}{E}\left[\sigma_{11}-\nu(\sigma_{22}+\sigma_{33})\right] \\ &= \frac{1}{E}\left[(1-\nu^2)\sigma_{11}-\nu(1+\nu)\sigma_{22}\right] \end{aligned} \tag{7.72}$$

引进符号

$$E_1=\frac{E}{1-\nu^2}, \qquad \nu_1=\frac{\nu}{1-\nu} \tag{7.73a}$$

而且很容易从上式证明

$$\frac{2(1+\nu_1)}{E_1}=\frac{2(1+\nu)}{E} \tag{7.73b}$$

所以，其它应力应变关系可以写成

$$\begin{cases} e_{11}=\dfrac{1}{E_1}(\sigma_{11}-\nu_1\sigma_{22}), \qquad e_{22}=\dfrac{1}{E_1}(\sigma_{22}-\nu_1\sigma_{11}) \\ e_{12}=\dfrac{1+\nu_1}{E_1}\sigma_{12} \end{cases} \tag{7.74}$$

或可以用卡氏张量写成

$$e_{\alpha\beta}=\frac{1+\nu_1}{E_1}\sigma_{\alpha\beta}-\frac{\nu_1}{E_1}\sigma_{\gamma\gamma}\delta_{\alpha\beta} \tag{7.75}$$

$\delta_{\alpha\beta}$ 和 δ_{ij} 的定义 (7.10) 相同.

静力平衡条件为

$$\sigma_{\alpha\beta,\beta}+F_\alpha=0 \tag{7.76}$$

从 (7.70) 式中，我们可以导出协调方程：

$$e_{11,22}+e_{22,11}-2e_{12,12}=0 \tag{7.77}$$

把 (7.75) 代入上式，在使用了 (7.73a) 后，可以化为

$$\sigma_{11,22}+\sigma_{22,11}-2\sigma_{12,12}=\nu\nabla^2\sigma_{\gamma\gamma} \tag{7.77a}$$

假如 F_α 是由保守力场引起的. 设该力场有一势函数 $\varphi(x_1, x_2)$，则

$$F_\alpha=-\frac{\partial\varphi}{\partial x_\alpha}=-\varphi_{,\alpha} \tag{7.78}$$

(7.76) 可以写成

$$(\sigma_{\alpha\beta}-\delta_{\alpha\beta}\varphi)_{,\beta}=0 \tag{7.78a}$$

如果我们引进应力函数 $\Phi(x_1, x_2)$，使

$$\sigma_{11}=\varphi+\Phi_{,22},\quad \sigma_{22}=\varphi+\Phi_{11},\quad \sigma_{12}=-\Phi_{12} \tag{7.79}$$

则 (7.78a) 就得到满足，把 (7.79) 代入 (7.77a)，即证明 Φ 必须满足

$$\nabla^2\nabla^2\Phi=\Phi_{,\alpha\alpha\beta\beta}=0 \tag{7.80}$$

这里业已使用了 φ 是势函数的性质，即 $\nabla^2\varphi=0$. 所以，Φ 是双调和函数.

平面应力问题的假定是

$$\sigma_{33}=0,\qquad \sigma_{31}=\sigma_{32}=0 \tag{7.81a}$$

应力应变关系为

$$e_{\alpha\beta}=\frac{1+\nu}{E}\sigma_{\alpha\beta}-\frac{\nu}{E}\sigma_{\gamma\gamma}\delta_{\alpha\beta} \tag{7.81b}$$

把 (7.81a) 式代入 (7.77)，得

$$\sigma_{11,22}+\sigma_{22,11}-2\sigma_{12,12}=\frac{\nu}{1+\nu}\nabla^2(\sigma_{\gamma\gamma}) \tag{7.81c}$$

静力平衡方程 (7.76) 仍适用，应力也可以用应力函数 Φ 表示，如 (7.79). 最后也可以证明应力函数满足双调和方程 (7.80) 式，在求得了应力函数后，就可以通过 (7.79) 式求得应力分量，从 (7.81b) 式求得应变分量，然后从应变位移关系式求解位移分量.

对于平面应变问题而言，每单位体积的应变能密度及余能密度可以分别写成

$$A = \frac{E_1}{2(1-\nu_1^2)} e_{\alpha\alpha} e_{\beta\beta} - \frac{E_1}{2(1+\nu_1)} (e_{\alpha\alpha} e_{\beta\beta} - e_{\alpha\beta} e_{\alpha\beta})$$

$$B = \frac{1}{2E_1} \{\sigma_{\alpha\alpha}\sigma_{\beta\beta} - (1+\nu_1)(\sigma_{\alpha\alpha}\sigma_{\beta\beta} - \sigma_{\alpha\beta}\sigma_{\alpha\beta})\} \tag{7.82a}$$

对于平面应力问题而言，每单位体积的应变能密度及余能密度可以分别写成

$$A = \frac{E}{2(1-\nu^2)} e_{\alpha\alpha} e_{\beta\beta} - \frac{E}{2(1+\nu)} (e_{\alpha\alpha} e_{\beta\beta} - e_{\alpha\beta} e_{\alpha\beta})$$

$$B = \frac{1}{2E} \{\sigma_{\alpha\alpha}\sigma_{\beta\beta} - (1+\nu)(\sigma_{\alpha\alpha}\sigma_{\beta\beta} - \sigma_{\alpha\beta}\sigma_{\alpha\beta})\} \tag{7.82b}$$

于是,**弹性平面问题最小位能原理为:**

在满足小位移应变关系 (7.70) 式和边界位移已知的条件

$$u_\alpha = \bar{u}_\alpha \qquad 在\ c_u\ 上 \tag{7.83}$$

的所有允许的应变 $e_{\alpha\beta}$ 和位移 u_α 中，实际的 $e_{\alpha\beta}$ 和 u_α 必使弹性体单位长度的总位能

$$\Pi_{\mathrm{I}}' = \iint_S \{A(e_{\alpha\beta}) - F_\alpha u_\alpha\} dS - \int_{c_p} \bar{p}_\alpha u_\alpha ds \tag{7.84}$$

为最小. 这里的 $A(e_{\alpha\beta})$ 见 (7.82a, b) 式，$\bar{p}_\alpha$ 为边界 c_p 上的已知边界外力. 或

$$\sigma_{\alpha\beta} n_\beta = \bar{p}_\alpha \qquad 在\ c_p\ 上 \tag{7.84a}$$

n_β 为边界线 c_p 上的外法线单位矢量.

弹性平面问题的最小余能原理为:

在满足小位移变形的平衡方程(7.76)式和边界外力已知的条件 (7.84a) 式的所有允许的应力 $\sigma_{\alpha\beta}$ 中，实际的应力 $\sigma_{\alpha\beta}$ 必使单位厚度的弹性余能

$$\Pi_{\mathrm{II}}' = \iint_S B(\sigma_{\alpha\beta}) dS - \int_c \bar{u}_\alpha \sigma_{\alpha\beta} n_\beta ds \tag{7.85}$$

为最小. 亦即使 (7.85) 式的泛函 Π_{II}' 为最小的 σ_{ij} 必满足边界位移已知的条件 (7.83) 式. 式中 $B(\sigma_{\alpha\beta})$ 见 (7.82a, b) 式.

例 (1) 用最小位能原理和最小余能原理解图 7.3 的平面应力问题.

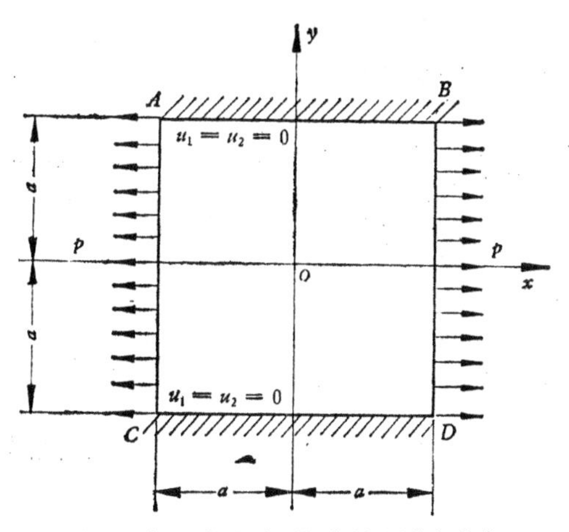

图 7.3 方板两侧固定,另两对侧受均匀拉力 p

方板在 AB 和 CD 两侧,边界位移已知,是固定的

$$u_1 = u_2 = 0 \qquad y = \pm a \tag{7.86a}$$

在 AC, BC 两侧,边界外力已知,为均匀拉力

$$\sigma_1 = p \qquad x = \pm a \tag{7.86b}$$

用最小位能原理时,选用 $u_1(x_1, x_2)$, $u_2(x_1, x_2)$ 时,设 $x = x_1$, $y = x_2$, 可以用

$$u_1 = (a^2 - y^2)u(x), \qquad v_1 = (a^2 - y^2)v(x) \tag{7.87}$$

于是有

$$\left.\begin{aligned} &e_{11} = (a^2 - y^2)u'(x), \quad e_{22} = -2yv(x) \\ &e_{12} = -yu(x) + \frac{1}{2}(a^2 - y^2)v'(x) \end{aligned}\right\} \tag{7.88}$$

于是应变能为

$$\begin{aligned} A(e) = \frac{E}{2(1 - \nu^2)} &\Big\{[(a^2 - y^2)u'(x) - 2yv(x)]^2 \\ &+ 2(1 - \nu)\Big[(a^2 - y^2)2yv(x)u'(x) + \frac{1}{4}(a^2 - y^2)^2(v'(x))^2 \\ &- y(a^2 - y^2)u(x)v'(x) + y^2u^2(x)\Big]\Big\} \end{aligned} \tag{7.89}$$

这里必须指出 (7.87) 式的 u_1, v_1 业已满足了边界位移已知的条件

(7.86a) 式，但并没有满足边界外力已知的条件.

本题的泛函 (7.84) 式可以写成

$$
\Pi_{\mathrm{I}}' = \int_{-a}^{a}\int_{-a}^{a} A(e)dxdy - \int_{-a}^{a} p(a^2 - y^2)u(a)dy + \int_{-a}^{a} p(a^2 - y^2)u(-a)dy \tag{7.90}
$$

先对 y 积分，得

$$
\Pi_{\mathrm{I}}' = \frac{E}{2(1-\nu^2)}\int_{-a}^{a}\left\{\frac{16}{15}a^5u'^2 + \frac{8}{3}a^3v^2 + \frac{8}{15}(1-\nu)a^5v'^2 + \frac{4}{3}(1-\nu)a^3u^2\right\}dx - \frac{4}{3}a^3pu(a) + \frac{4}{3}a^3pu(-a) \tag{7.90a}
$$

变分后，经过分部积分，得

$$
\begin{aligned}
\delta\Pi_{\mathrm{I}}' = & \int_{-a}^{a}\frac{E}{(1-\nu^2)}\left\{\frac{4}{3}a^3(1-\nu)u - \frac{16}{15}a^5u''\right\}\delta u dx \\
& + \int_{-a}^{a}\frac{E}{(1-\nu^2)}\left\{\frac{8}{3}a^3v - \frac{8}{15}(1-\nu)a^5v''\right\}\delta v dx \\
& + \left[\frac{16}{15}a^5u'(a) - \frac{4}{3}a^3p\right]\delta u(a) \\
& - \left[\frac{16}{15}a^5u'(-a) - \frac{4}{3}a^3p\right]\delta u(-a) \\
& + \frac{8}{15}a^5(1-\nu)v'(a)\delta v(a) \\
& - \frac{8}{15}(1-\nu)a^5v'(-a)\delta v(-a)
\end{aligned} \tag{7.90b}
$$

于是，得欧拉方程

$$
\left.\begin{aligned}
\frac{4}{3}a^3(1-\nu)u - \frac{16}{15}a^5u'' = 0 \\
\frac{8}{3}a^3v - \frac{8}{15}a^5(1-\nu)v'' = 0
\end{aligned}\right\} \tag{7.91}
$$

边界条件为

$$\left.\begin{array}{l}\frac{16}{15}a^5u'(a)=\frac{4}{3}a^3p,\qquad \frac{16}{15}a^5u'(-a)=\frac{4}{3}a^3p\\ v'(a)=v'(-a)=0\end{array}\right\} \tag{7.91a}$$

其解为

$$u=\frac{p}{a}\sqrt{\frac{5}{4(1-\nu)}}\frac{\sinh\sqrt{\frac{5(1-\nu)}{4}}\frac{x}{a}}{\cosh\sqrt{\frac{5(1-\nu)}{4}}},\quad v=0 \tag{7.92}$$

在 x 轴上的最大伸长等于

$$\Delta=2a^2u(a)=pa\sqrt{\frac{5}{4(1-\nu)}}\tanh\sqrt{\frac{5(1-\nu)}{4}} \tag{7.92a}$$

对于最小余能原理而言，可以取近似函数

$$\Phi(x,y)=-\frac{1}{2}p(a^2-y^2)$$

$$+A\left\{x^4-6x^2y^2+y^4+48\sum_{n=1}^{\infty}Q_n(x)\cos\beta_n y\right\} \tag{7.93}$$

其中 A 为待定常数

$$Q_n(x)=(-1)^n\left\{\frac{[(a^2\beta_n^2-1)\sinh\beta_n a-a\beta_n\cosh\beta_n a]\cosh\beta_n x-\beta_n x(\beta_n a\cosh\beta_n a-\sinh\beta_n a)\sinh\beta_n x}{a\beta_n^5(\sinh\beta_n a\cosh\beta_n a+\beta_n a)}\right\} \tag{7.93a}$$

$$\beta_n=(2n-1)\frac{\pi}{2a} \tag{7.93b}$$

所以

$$\left.\begin{array}{l}\sigma_{11}=\dfrac{\partial^2\Phi}{\partial y^2}=p-A\left\{12(x^2-y^2)+48\displaystyle\sum_{n=1}^{\infty}Q_n(x)\beta_n^2\cos\beta_n y\right\}\\ \sigma_{22}=\dfrac{\partial^2\Phi}{\partial x^2}=A\left\{12(x^2-y^2)+48\displaystyle\sum_{n=1}^{\infty}Q_n''(x)\cos\beta_n y\right\}\\ \sigma_{12}=-\dfrac{\partial^2\Phi}{\partial x\partial y}=A\left\{24xy+48\displaystyle\sum_{n=1}^{\infty}Q_n'(x)\beta_n\sin\beta_n y\right\}\end{array}\right\} \tag{7.94}$$

我们必须指出，(7.93) 式是一个双调和函数，一定满足平衡方程. 同时 (7.93) 式满足外力已知的边界条件. 亦即

$$\left.\begin{aligned}\sigma_{11}(\pm a, y) &= p - A\left\{12(a^2-y^2)-48\sum_{n=1}^{\infty}\frac{(-1)^n}{a\beta_n^3}\cos\beta_n y\right\} = p\\ \sigma_{12}(\pm a, y) &= \pm A\left\{24ay - 48\sum_{n=1}^{\infty}(-1)^n\frac{1}{\beta_n^2}\sin\beta_n y\right\} = 0\end{aligned}\right\} \tag{7.95}$$

最小余能的泛函为

$$\Pi'_{\text{II}} = \int_{-a}^{a}\int_{-a}^{a} B(\sigma)dxdy \tag{7.96}$$

其中根据 (7.82b) 式

$$\begin{aligned}B(\sigma) = &\frac{1}{2E}\left\{p + 48A\sum_{n=1}^{\infty}[Q_n''(x) - \beta_n^2 Q_n(x)]\cos\beta_n y\right\}^2\\ &- \frac{(1+\nu)}{E}A\left\{12(x^2-y^2) + 48\sum_{n=1}^{\infty}Q_n''(x)\cos\beta_n y\right\}\\ &\times\left\{p - A\left[12(x^2-y^2) + 48\sum_{n=1}^{\infty}Q_n(x)\cos\beta_n y\right]\right\}\\ &+ \frac{(1+\nu)}{2E}A^2\left\{24xy + 48\sum_{n=1}^{\infty}Q_n'(x)\beta_n\sin\beta_n y\right\}^2\end{aligned} \tag{7.96a}$$

把 (7.96) 式变分，相当于 $\dfrac{\partial\Pi'_{\text{II}}}{\partial A} = 0$，亦即

$$\begin{aligned}&-p\left\{2(1+\nu)\sum_n G_n - 2\sum_n F_n\right\}\\ &\quad + A\left\{(1+\nu)\frac{4}{135}a^6 + \frac{4}{9}a^6 + 48\sum_{n=1}^{\infty}H_n\right.\\ &\quad + 24(1+\nu)\left[\sum_n I_n - \sum_n J_n\right] + 96(1+\nu)\sum_n K_n\\ &\quad \left.+ 96(1+\nu)\left[\sum_n L_n + \sum M_n\right]\right\}\end{aligned} \tag{7.97}$$

其中

$$F_n = \frac{1}{\beta_n}(-1)^{n+1}\int_{-a}^{a}[Q_n'' - \beta_n^2 Q_n]dx$$

$$G_n = \frac{1}{\beta_n}(-1)^{n+1}\int_{-a}^{a} Q_n'' dx$$

$$H_n = a\int_{-a}^{a}[Q_n'' - \beta_n^2 Q_n]^2 dx$$

$$I_n = \frac{2}{\beta_n}(-1)^{n+1}\int_{-a}^{a} x^2(Q_n\beta_n^2 + Q_n'')dx$$

$$J_n = \frac{2}{\beta_n^3}(a^2\beta_n^2 - 2)(-1)^{n+1}\int_{-a}^{a}(Q_n\beta_n^2 + Q_n'')dx$$

$$K_n = \beta_n^2 a\int_{-a}^{a} Q_n Q_n'' dx$$

$$L_n = \frac{2}{\beta_n}(-1)^{n+1}\int_{-a}^{a} x Q_n' dx$$

$$M_n = \beta_n^2 a\int_{-a}^{a} Q_n' Q_n' dx \tag{7.98}$$

这些积分计算结果如下:

$$F_n = \frac{4}{a\beta_n^5\Delta}(\beta_n a\cosh\beta_n a - \sinh\beta_n a)\sinh\beta_n a$$

$$G_n = \frac{2}{\beta_n^4}$$

$$H_n = \frac{4}{a\beta_n^7\Delta}(\beta_n a\cosh\beta_n a - \sinh\beta_n a)^2$$

$$I_n = +\frac{2}{a\beta_n^7\Delta}\{\beta_n^4 a^4 - 2\beta_n^2 a^2 + (6 - a^2\beta_n^2)\sinh^2\beta_n a$$
$$- 8\beta_n a\cosh\beta_n a\sinh\beta_n a\}$$

$$J_n = \frac{8}{a\beta_n^7\Delta}(a^2\beta_n^2 - 2)(a^2\beta_n^2 + \sinh^2\beta_n a)$$

$$K_n = -\frac{1}{a\beta_n^7\Delta}\{[a^4\beta_n^4 - 1]\sinh^2\beta_n a + 3\beta_n^2 a^2\cosh^2\beta_n a$$
$$- (2\beta_n^2 a^2 + 1)\beta_n a\sinh 2\beta_n a\}$$
$$+ \frac{1}{a\beta_n^6\Delta^2}\left\{\frac{1}{2}a\left[(\beta_n^2 a^2 + 1)\frac{1}{2}\sinh 2\beta_n a\right.\right.$$

$$
\begin{aligned}
&- \beta_n a \cosh 2\beta_n a \Big| [2\beta_n a \cosh 2\beta_n a - \sinh 2\beta_n a] \\
&+ \frac{1}{\beta_n^3}\left[\frac{a^3\beta_n^3}{3} - \frac{1}{4}(2\beta_n^2 a^2 + 1)\sinh 2\beta_n a\right. \\
&\left. + \frac{1}{2}\beta_n a \cosh 2\beta_n a\right](\beta_n a \cosh \beta_n a - \sinh \beta_n a)^2\Big\}
\end{aligned}
$$

$$
L_n = \frac{8}{a\beta_n^7\Delta}(\beta_n a \cosh \beta_n a - \sinh \beta_n a)\sinh \beta_n a
$$

$$
\begin{aligned}
M_n = \frac{1}{4a\beta_n^7\Delta^2}\Big\{ & 2a^2\beta_n^2(a\beta_n \sinh \beta_n a - 2\cosh \beta_n a) \\
& \times (\sinh 2\beta_n a - 2\beta_n a) \\
& - 2a\beta_n(a\beta_n \sinh \beta_n a - 2\cosh \beta_n a) \\
& \times (\beta_n a \cosh \beta_n a - \sinh \beta_n a) \\
& \times (2a\beta_n \cosh 2\beta_n a - \sinh 2\beta_n a) \\
& + (\beta_n a \cosh \beta_n a - \sinh \beta_n a)^2 \\
& \times \left[\frac{4}{3}a^3\beta_n^3 + (2a^2\beta_n^2 + 1)\sinh 2\beta_n a\right. \\
& \left. - 2a\beta_n \cosh 2\beta_n a\right]\Big\}
\end{aligned}
$$

$$
\Delta = \sinh \beta_n a \cosh \beta_n a + \beta_n a \tag{7.99}
$$

从(7.97)可以计算 A，从而求得了本题的近似解。

§7.3 最小余能原理对固定矩形板的应用

在均匀载荷作用下固定矩形板弯曲变形的微分方程为

$$
\nabla^2\nabla^2 w = \frac{q}{D} \tag{7.100}
$$

满足边界条件

$$
w = 0 \qquad \frac{\partial w}{\partial x} = 0 \qquad x = \pm a
$$

$$
w = 0 \qquad \frac{\partial w}{\partial y} = 0 \qquad y = \pm b \tag{7.100a}
$$

余能表示式可以写成

$$\Pi''_{\mathrm{II}} = \frac{1}{2}\int_{-a}^{a}\int_{-b}^{b} D\left\{\left(\frac{\partial^2 w}{\partial x^2} + \frac{\partial^2 w}{\partial y^2}\right)^2 - 2(1-\nu)\left[\frac{\partial^2 w}{\partial x^2}\frac{\partial^2 w}{\partial y^2} - \left(\frac{\partial^2 w}{\partial x \partial y}\right)^2\right]\right\} dxdy \quad (7.101)$$

如果按最小余能原理,取近似 $w(x, y)$ 满足 (7.100) 式,则通过变分,可以证明

$$\begin{aligned}\delta\Pi''_{\mathrm{II}} = &-\int_{-b}^{b} D\left\{w\left[\frac{\partial^3 \delta w}{\partial x^3} + (2-\nu)\frac{\partial^3 \delta w}{\partial x \partial y^2}\right]\right\}_{-a}^{a} dy \\ &+ \int_{-b}^{b} D\left\{\frac{\partial w}{\partial x}\left[\frac{\partial^2 \delta w}{\partial x^2} + \nu\frac{\partial^2 \delta w}{\partial y^2}\right]\right\}_{-a}^{a} dy \\ &- \int_{-a}^{a} D\left\{w\left[\frac{\partial^3 \delta w}{\partial y^3} + (2-\nu)\frac{\partial^3 \delta w}{\partial y \partial x^2}\right]\right\}_{-b}^{b} dx \\ &+ \int_{-a}^{a} D\left\{\frac{\partial w}{\partial y}\left[\frac{\partial^2 \delta w}{\partial y^2} + \nu\frac{\partial^2 \delta w}{\partial x^2}\right]\right\}_{-b}^{b} dx \quad (7.101a)\end{aligned}$$

如果我们引进 $w(x, y)$ 的近似解,不仅满足微分方程,而且满足边界条件 $w = 0$, $x = \pm a$ 和 $y = \pm b$, 则上式可以写成

$$\begin{aligned}\delta\Pi''_{\mathrm{II}} = &\int_{-b}^{b} D\left\{\frac{\partial w}{\partial x}\left[\frac{\partial^2 \delta w}{\partial x^2} + \nu\frac{\partial^2 \delta w}{\partial y^2}\right]\right\}_{-a}^{a} dy \\ &+ \int_{-a}^{a} D\left\{\frac{\partial w}{\partial y}\left[\frac{\partial^2 \delta w}{\partial y^2} + \nu\frac{\partial^2 \delta w}{\partial x^2}\right]\right\}_{-b}^{b} dy \quad (7.101b)\end{aligned}$$

这里必须指出,本题中没有外力已知的边界条件,所以选择近似函数时,只要满足 (7.100) 式的解就可以了.

取近似函数

$$w = \frac{q}{8D}\left\{(x^2 - a^2)(y^2 - b^2) + \sum_n A_n Y_n(y)\cos\alpha_n x + \sum_n B_n X_n(x)\cos\beta_n y\right\} \quad (7.102)$$

其中 $X_n(x)$, $Y_n(y)$ 分别为

$$\left.\begin{aligned} X_n(x) &= a\sinh\beta_n a\cosh\beta_n x - x\cosh\beta_n a\sinh\beta_n x \\ Y_n(y) &= b\sinh\alpha_n b\cosh\alpha_n y - y\cosh\alpha_n b\sinh\alpha_n y\end{aligned}\right\} \quad (7.102a)$$

而且

$$\alpha_n = \frac{\pi}{2a}(2n-1) \qquad \beta_n = \frac{\pi}{2b}(2n-1).$$

$$(n = 1, 2, 3, \cdots) \tag{7.103}$$

很易看出 (7.101b) 是 (7.100) 式的解，而且满足边界条件 $w=0$ 的.

为了便于计算，让我们引用符号

$$\left(\frac{\partial w}{\partial x}\right)_{x=\pm a} = \pm f(y) \tag{7.104}$$

这里

$$f(y) = \frac{q}{8D}\left[2a(y^2-b^2) - \sum_n A_n \alpha_n Y_n(y) \sin\alpha_n a + \sum_n B_n \left(\frac{dX_n}{dx}\right)_a \cos\beta_n y\right] \tag{7.105}$$

而且

$$\left(\frac{dX_n}{dx}\right)_a = -\cosh\beta_n a \sinh\beta_n a - \beta_n a. \tag{7.106}$$

同样

$$\left(\frac{\partial w}{\partial y}\right)_{y=\pm b} = \pm g(x) \tag{7.107}$$

其中

$$g(x) = \frac{q}{8D}\left[2b(x^2-a^2) + \sum_n A_n \left(\frac{dY}{dy}\right)_b \cos\alpha_n x - \sum_n B_n \beta_n X_n(x) \sin\beta_n b\right] \tag{7.108}$$

而且

$$\left(\frac{dY_n}{dy}\right)_b = -\cosh\alpha_n b \sinh\alpha_n b - \alpha_n b \tag{7.109}$$

$\delta\Pi''_{\text{II}} = 0$ 相当于

$$\frac{\partial\Pi''_{\text{II}}}{\partial A_n} = 0, \qquad \frac{\partial\Pi''_{\text{II}}}{\partial B_n} = 0 \qquad (n = 1, 2, \cdots) \tag{7.110}$$

从 (7.101b) 式可以看到，(7.110) 式两式相当于

$$\int_{-a}^{a} g(x)\left\{\left(\frac{d^2Y_n}{dy^2}\right)_b - \nu\alpha_n^2 Y_n(b)\right\}\cos\alpha_n x\,dx = 0 \tag{7.111a}$$

$$\int_{-b}^{b} f(y)\left\{\left(\frac{d^2X_n}{dx^2}\right)_a - \nu\beta_n^2 X_n(a)\right\}\cos\beta_n y dy = 0 \quad (7.111b)$$

由于

$$\left(\frac{d^2Y_n}{dy^2}\right)_b - \nu\alpha_n^2 Y_n(b) \neq 0, \qquad \left(\frac{d^2X_n}{dx^2}\right)_a - \nu\beta_n^2 X_n(a) \neq 0 \quad (7.112)$$

所以得

$$\left.\begin{aligned} &\int_{-a}^{a} g(x)\cos\alpha_n x dx = 0 \\ &\int_{-b}^{b} f(y)\cos\beta_n y dy = 0 \end{aligned}\right\} \quad (n = 1, 2, \cdots) \quad (7.113)$$

这是决定 A_n, B_n 的联立方程式．它们是

$$\frac{8a}{\beta_k^3} + 4\sum_n A_n(-1)^{n-1}\frac{\alpha_n^2\beta_k}{(\alpha_n^2+\beta_k^2)^2}\cosh^2\alpha_n b + (-1)^{n-1}B_k b(\cosh\beta_k a \sinh\beta_k a + \beta_k a) = 0, \quad (7.114)$$

$$\frac{8b}{\alpha_k^3} + 4\sum_n B_n(-1)^{n-1}\frac{\beta_n^2\alpha_k}{(\alpha_k^2+\beta_n^2)^2}\cosh^2\beta_n a + (-1)^{n-1}A_k a(\cosh\alpha_k b \sinh\alpha_k b + \alpha_k b) = 0 \quad (7.115)$$

如果只取一级近似，亦即取

$$w = \frac{q}{8D}\{(x^2-a^2)(y^2-b^2) + A_1 Y_1(y)\cos\alpha_1 x + B_1 X_1(x)\cos\beta_1 y \quad (7.116)$$

则 (7.115) 式化为

$$\left.\begin{aligned} &\frac{8a}{\beta_1^3} + 4A_1\frac{\alpha_1^2\beta_1}{(\alpha_1^2+\beta_1^2)^2}\cosh^2\alpha_1 b + \frac{1}{2}B_1 b(\sinh 2\beta_1 a + 2\beta_1 a) = 0 \\ &\frac{8b}{\alpha_1^3} + \frac{1}{2}A_1 a(\sinh 2\alpha_1 b + 2\alpha_1 b) + 4B_1\frac{\beta_1^2\alpha}{(\alpha_1^2+\beta_1^2)^2}\cosh^2\beta_1 a = 0 \end{aligned}\right\} \quad (7.117)$$

解之，得

$$A_1 = \frac{1}{N}\left\{32\frac{\alpha_1^2 a}{(\alpha_1^2+\beta_1^2)^2}\cosh^2\beta_1 a - 4b^2\frac{\beta_1}{\alpha_1^2}(\sinh 2\beta_1 a + 2\beta_1 a)\right\} \tag{7.118a}$$

$$B_1 = \frac{1}{N}\left\{32\frac{\beta_1^2 b}{(\alpha_1^2+\beta_1^2)^2}\cosh^2\alpha_1 b - 4a^2\frac{\alpha_1}{\beta_1^2}(\sinh 2\alpha_1 b + 2\alpha_1 b)\right\} \tag{7.118b}$$

$$N = \frac{1}{4}ab\alpha_1\beta_1(\sinh 2\alpha_1 b + 2\alpha_1 b)(\sinh 2\beta_1 a + 2\beta_1 a) - \frac{16\alpha_1^4\beta_1^4}{(\alpha_1^2+\beta_1^2)^4}\cosh^2\alpha_1 b\cosh^2\beta_1 a \tag{7.118c}$$

而最大位移在 $x = y = 0$,

$$w_{\max} = \frac{q}{8D}[a^2b^2 + A_1 b\sinh\alpha_1 b + B_1 a\sinh\beta_1 a] \tag{7.119}$$

如果是正方板，$a = b$，则

$$\alpha_1 = \beta_1 = \frac{\pi}{2a} \tag{7.120}$$

而

$$A_1 = B_1 = \frac{\frac{32}{\pi^2}\cosh^2\frac{\pi}{2} - \frac{8}{\pi}(\sinh\pi + \pi)}{\frac{\pi^2}{16}(\sinh\pi + \pi)^2 - \cosh^4\frac{\pi}{2}}a^3 \tag{7.121}$$

最大中心位移为

$$w_{\max} = \frac{qa^4}{8D}\left\{1 + \frac{\frac{64}{\pi^2}\cosh^2\frac{\pi}{2} - \frac{16}{\pi}(\sinh\pi + \pi)}{\frac{\pi^2}{16}(\sinh\pi + \pi)^2 - \cosh^4\frac{\pi}{2}}\sinh\frac{\pi}{2}\right\}$$

$$= 0.020405\frac{qa^4}{D} \tag{7.122}$$

正确解为 $0.02016\frac{qa^4}{D}$，误差为 1.2%. 这比立兹法（§ 4.5）一级近似解 $0.02127\frac{qa^4}{D}$ 更接近正确解.

这个方法的缺点在于要找到既满足微分方程又满足外力已知

的边界条件的解．通过变分，使位移已知的边界条件，近似地得到满足．一般说来，这样的解得来很不容易．尤其是满足外力边界条件的微分方程的解，一般比较难．在本节和上节中的例子是一些特殊情况，尤其在本节中，没有外力已知的边界条件．所以，近似解只要满足平衡方程就可以了．这就要容易简单得多．

§7.4 小位移变形的弹性理论的广义变分原理

在§7.1.我们证明了小位移变形的弹性理论的最小位能原理和最小余能原理．此外，E.赖斯纳（1950，1958）[1,2]，曾提出了第三种变分原理，他把位移和应力当作可以独立变分的函数，其变分的结果相当于同时满足平衡方程，应力应变关系，和有关边界条件．此后浮贝克（1951）[3]改进了赖斯纳的工作．以后有人指出：赖斯纳的变分原理和海林葛（1914）[4]的工作大同小异．在国外通称**海林葛-赖斯纳变分原理**．在五十年代和六十年代，在我国也发表了一批有关广义变分原理的文章．其中有胡海昌（1954，1955）[5]，何广乾，刘世宁，傅宝连（1964）[6]．等人的论文．在胡海昌的工作中，提出了所谓"广义位能原理"和"广义余能原理．"而且指出了赖斯纳的变分原理是广义位能原理的一种特殊形式．鹫津久-郎（1955）[7]发表和胡海昌相类似的工作．

所有上述工作，都只证明对于特定的问题有一个特定的泛函，通过变分可以全部满足这个问题的一切条件，但都没有讲明他们的泛函是怎样建立的．好像对于建立广义变分原理的特定的泛函是一个艺术，带有很浓厚的神秘性．

作者在一篇未发表的论文（1964）[8]上证明（1）"广义位能原理"在本质上是最小位能原理的无条件变分原理．（2）"广义余能原理"是最小余能原理的无条件变分原理．（3）"广义位能原理"和"广义余能原理"的泛函相同，解决相同的物理问题，所以是互等的．（4）提出了通过条件变分的拉格朗日乘子法建立广义变分原理的泛函的方法．尤其是（4），是很根本的，很有重要性的．解决了在当时所有工作中还没有解决的问题．作者在最近的一篇论文

(1978)[8] 中比较系统地叙述了这些问题．本节和以后几节的主要内容都取自上述两篇论文．

最小位能原理 I (§ 7.1) 的可变量为 u_i，e_{ij}，共 9 个量，它们必须满足 (1) 应变位移关系式 (6 个)，(2) 位移已知边界条件 (3 个)． 当在这些条件下变分使泛函 Π_{I} [(7.16) 式] 达到最小值时，u_i，e_{ij} 必满足平衡方程 (7.15) 式，表面外力已知的边界条件 (7.12) 式，和应力应变关系式 (7.28) 式．

所以，这是一个共有 9 个条件约束下的条件极值问题．为此，我们引进 9 个拉格朗日乘子 $\lambda_{ij}=\lambda_{ji}$，和 μ_i．而把这个问题的条件变分的泛函写成

$$\Pi_{\mathrm{I}}^{*}=\iiint_{\tau}[A(e_{ij})-F_i u_i]d\tau-\iint_{S_p}\bar{p}_i u_i dS$$

$$+\iiint_{\tau}\lambda_{ij}\left[\frac{1}{2}u_{i,j}+\frac{1}{2}u_{j,i}-e_{ij}\right]d\tau$$

$$+\iint_{S_u}\mu_i(u_i-\bar{u}_i)dS \tag{7.123}$$

后两项代表原变分问题的 9 个变分条件，而第一第二两项即为原变分问题的泛函 Π_{I}，即 (7.16) 式．原来的最小位能原理是有条件的，现在变成了 u_i，e_{ij}，λ_{ij}，μ_i 都可以任意变分的无条件的变分泛函了．

通过变分，并利用格林定理(其中 $S=S_p+S_u$)

$$\iiint_{\tau}\lambda_{ij}\delta u_{i,j}d\tau=\iint_{S}\lambda_{ij}\delta u_i n_j dS-\iiint_{\tau}\lambda_{ij,j}\delta u_i d\tau \tag{7.124}$$

即得

$$\delta\Pi_{\mathrm{I}}^{*}=\iiint_{\tau}\left(\frac{\partial A}{\partial e_{ij}}-\lambda_{ij}\right)\delta e_{ij}d\tau-\iiint_{\tau}(\lambda_{ij,j}+F_i)\delta u_i d\tau$$

$$+\iint_{S_p}(\lambda_{ij}n_j-\bar{p}_i)\delta u_i dS+\iint_{S_u}(u_i-\bar{u}_i)\delta\mu_i dS$$

$$+\iiint_{\tau}\left(\frac{1}{2}u_{i,j}+\frac{1}{2}u_{j,i}-e_{ij}\right)\delta\lambda_{ij}d\tau$$

$$+\iint_{S_u}(\lambda_{ij}n_j+\mu_i)\delta u_i dS=0 \tag{7.125}$$

根据基本变分定理，我们有

$$\frac{\partial A}{\partial e_{ij}}-\lambda_{ij}=0 \qquad 在\ \tau\ 中 \tag{7.126}$$

$$\lambda_{ij,j}+F_i=0 \qquad 在\ \tau\ 中 \tag{7.127}$$

$$\frac{1}{2}(u_{i,j}+u_{j,i})-e_{ij}=0 \qquad 在\ \tau\ 中 \tag{7.128}$$

$$\lambda_{ij}n_j-\bar{p}_i=0 \qquad 在\ S=S_p\ 上 \tag{7.129}$$

$$u_i=\bar{u}_i \qquad 在\ S=S_u\ 上 \tag{7.130}$$

$$\lambda_{ij}n_j+\mu_i=0 \qquad 在\ S=S_u\ 上 \tag{7.131}$$

从(7.126)中很易看到[根据(7.28)式]

$$\lambda_{ij}=\sigma_{ij} \tag{7.132}$$

于是，(7.127)式就是弹性体内平衡条件[(7.15)式]，(7.129)式即为外力已知边界条件[(5.12)式]。

再从(7.131)中，可以看到 $\lambda_{ij}n_j=\sigma_{ij}n_j=-\mu_i$，所以

$$\mu_i=-\sigma_{ij}n_j \qquad 在\ S_u\ 上 \tag{7.133}$$

于是，这个所谓广义位能原理的泛函[根据(7.123)，(7.132)，(7.133)式]可以写成

$$\Pi_{\mathrm{I}}^*=\iiint_{\tau}\left\{A(e_{ij})-F_iu_i+\sigma_{ij}\left(\frac{1}{2}u_{i,j}+\frac{1}{2}u_{j,i}-e_{ij}\right)\right\}d\tau$$

$$-\iint_{S_p}\bar{p}_iu_idS-\iint_{S_u}\sigma_{ij}(u_i-\bar{u}_i)n_jdS. \tag{7.134}$$

这是一个以 u_i，e_{ij}，σ_{ij} 15 个变量为基础的泛函。这些变量不再受任何约束条件限制。很易从变分证明，在 Π_{I}^* 达到驻值（注意，这里不再是极值）时，u_i，e_{ij}，σ_{ij} 满足(1)平衡条件(7.15)式，(2)表面外力已知的边界条件(7.12)式，(3)应力应变关系(7.28)式，(4)表面位移已知的边界条件(7.13)式，和(5)应变位移关系(7.1)式，即变分后满足一切条件。

这就是说，所有 u_i，e_{ij}，σ_{ij} 的函数，在这个问题内都是变分的

容许函数；满足 Π_{I}^{*} 为驻值的 u_i, e_{ij}, σ_{ij} 解，就是本问题的正确解．所以，对于求正确解来说，有条件的最小位能原理，和无条件的“广义位能原理”，完全没有差别．但是，对于求近似解来说，这是有差别的．(1) 最小位能原理的容许函数 u, e_{ij} 必须满足位移已知的边界条件和应变位移关系，而平衡方程及外力已知的边界条件只能通过变分近似地得到满足． 但广义位能原理的容许函数 u_i, e_{ij}, σ_{ij} 不受任何限制，所有条件都是通过变分近似地得到满足的．所以，作为求正确解的变分而言，它们都是没有区别，但为求近似解的变分而言，它们是有区别的．(2) 对于边界形状复杂的问题而言，寻找满足边界位移条件的函数是很困难的．于是引用最小位能原理就特别困难．由于广义位能原理的变分函数无需满足什么条件，所以就没有这种困难．对于这一类的问题而言，广义位能原理就特别优越．(3)一般说来，以最小位能原理为基础的变分近似计算的精确度较高，而广义位能原理的变分近似计算的精确度较差，这是放宽了选择近似函数的条件的必然结果． 要提高精确度，就常常要用好几个近似函数的线性组合来进行选择，也即是常常要求解高阶的线性方程组．但是，在电子计算机通用以后，这不是什么困难问题，这也是近期内广义变分原理比较通行的一个原因．

总之：“广义位能”变分原理（原理 I*）可以写成：

使泛函 (7.134) 式为驻值的 u_i, e_{ij}, σ_{ij}，必满足 (1) 平衡方程 (7.15) 式，(2) 应力应变关系 (7.28) 式，(3) 应变位移关系 (7.1) 式，(4) 外力已知的边界条件 (7.12) 式，(5) 位移已知的边界条件 (5.13) 式．

下面让我们研究所谓“广义余能原理”，我们如果把最小余能原理写成

$$\delta \Pi_{\mathrm{II}} = 0, \tag{7.135a}$$

$$\Pi_{\mathrm{II}} = \iiint_{\tau} B(\sigma_{ij}) d\tau - \iint_{S_u} \sigma_{ij} n_j \bar{u}_i dS \tag{7.135b}$$

即 σ_{ij} 在满足平衡条件 (7.15) 式和外力已知边界条件 (7.12) 式的

条件下，使 Π_{II} 为极值时，其变分结果自然满足应力应变关系(7.28)式，应变位移关系(7.1)式和位移已知边界条件(7.13)式．这也是一个条件变分问题．只是最小余能的条件（共6个）是(7.15)式和(7.12)式，而最小位能原理的条件（共9个）是(7.1)式和(7.13)式而已．利用六个拉格朗日乘子 α_i, $\beta_i(i=1,2,3)$，我们可以把这个条件变分问题的泛函写成

$$\Pi_{\text{II}}^{**}=\iiint_{\tau} B(\sigma_{ij})d\tau+\iiint_{\tau} \alpha_i(\sigma_{ij,j}+F_i)d\tau$$
$$+\iint_{S_p} \beta_i(\sigma_{ij}n_j-\bar{p}_i)dS-\iint_{S_u} \bar{u}_i\sigma_{ij}n_j dS \quad (7.136)$$

其中 α_i, β_i 是6个待定的拉格朗日乘子，在变分时，α_i, β_i, σ_{ij} 都是独立的，而且可以任意变分的函数，变分后得

$$\delta\Pi_{\text{II}}^{**}=\iiint_{\tau}\left(\frac{\partial B}{\partial\sigma_{ij}}-\alpha_{i,j}\right)\delta\sigma_{ij}d\tau+\iiint_{\tau}(\sigma_{ij,j}+F_i)\delta\alpha_i d\tau$$
$$+\iint_{S_p}(\beta_i+\alpha_i)\delta\sigma_{ij}n_j dS+\iint_{S_p}(\sigma_{ij}n_j-\bar{p}_i)\delta\beta_i dS$$
$$+\iint_{S_u}(\alpha_i-\bar{u}_i)\delta\sigma_{ij}n_j dS \quad (7.137)$$

从(7.46)式，我们有 $\dfrac{\partial B}{\partial\sigma_{ij}}=e_{ij}$，而且根据 σ_{ij} 的对称性，有

$$\alpha_{i,j}\delta\sigma_{ij}=\frac{1}{2}(\alpha_{i,j}+\alpha_{j,i})\delta\sigma_{ij},$$

所以

$$\iiint_{\tau}\left(\frac{\partial B}{\partial\sigma_{ij}}-\alpha_{i,j}\right)\delta\sigma_{ij}d\tau$$
$$=\iiint_{\tau}\left[e_{ij}-\frac{1}{2}(\alpha_{i,j}+\alpha_{j,i})\right]\delta\sigma_{ij}d\tau \quad (7.138)$$

最后，从 $\delta\Pi_{\text{II}}^{*}=0$ 的驻值条件证明

$$e_{ij}=\frac{1}{2}(\alpha_{i,j}+\alpha_{j,i}),\quad \sigma_{ij,j}+F_i=0 \quad (\text{在}\ \tau\ \text{内})$$
$$(7.139\text{a,b})$$

$$\alpha_i+\beta_i=0,\quad \sigma_{ij}n_j-\bar{p}_i=0 \qquad (\text{在 } S_p \text{ 上}) \qquad (7.139\text{c,d})$$

$$\alpha_i-\bar{u}_i=0 \qquad (\text{在 } S_u \text{ 上}) \qquad (7.139\text{e})$$

其中 (7.139b), (7.139d) 分别代表平衡方程和外力已知边界条件. 从 (7.139e) 可以看到 α_i 在 S_u 上代表位移分量 u_i 的边界值,因此, α_i 在 τ 中即为 u_i, 而 β_i 根据 (7.139c) 代表 $-u_i$ 在 S_p 上的值. 所以有

$$\alpha_i=u_i \qquad (\text{在 } \tau+S_u+S_p \text{ 上}) \qquad (7.140\text{a})$$

$$\beta_i=-u_i \qquad (\text{在 } S_p \text{ 上}) \qquad (7.140\text{b})$$

而 (7.139a), (7.139e) 分别代表应变位移关系和位移已给的边界条件.

最后,把 (7.140a, b) 代入 (7.136) 式,得"广义余能原理"的泛函为

$$\Pi_{\text{II}}^{**}=\iiint_{\tau}[B(\sigma_{ij})+(\sigma_{ij,j}+F_i)u_i]d\tau$$
$$-\iint_{S_p}(\sigma_{ij}n_j-\bar{p}_i)u_i dS-\iint_{S_u}\bar{u}_i\sigma_{ij}n_j dS \qquad (7.141)$$

这个泛函的形式和赖斯纳-浮贝克的广义变分原理的泛函完全相同, 在这个泛函中, 可以任意变分的独立量只有 σ_{ij}, u_i 等 9 个变量. 它和所谓"广义位能原理"的泛函 (7.134) 式形状上很不一样, 后者的独立变量有 e_{ij}, σ_{ij}, u_i 等共 15 个变量.

很容易证明, Π_{II}^{**} 的驻值条件给出的 σ_{ij}, u_i, 必满足平衡方程,应力应变关系, 应变位移关系, 和外力及位移的边界条件. 所以,也必提出在边界条件和体力作用下的正确解.

所以,所谓"**广义余能原理**(原理 II**)" 可以写成:

使泛函 Π_{II}^{**} [(7.141) 式]为驻值的 σ_{ij}, e_{ij}, u_i 必满足 (1) 平衡方程 (7.15) 式, (2) 应力应变关系 (7.28) 式, (3) 应变位移关系式 (7.1) 式, (4) 外力已知边界条件 (7.12) 式和 (5) 位移已知边界条件 (7.13) 式.

以上证明了所谓广义位能原理和广义余能原理, 就是最小位能原理和最小余能原理的无条件变分原理. 上面的证明也说明了,

广义变分原理的泛函,可以系统地采用拉格朗日乘子法,把一般有条件的变分原理化为无条件的变分原理来唯一地决定的,拉格朗日乘子所代表的物理量,可以通过变分求驻值的过程求得,从而消除了在建立广义变分原理的泛函时,人们经常陷入的象猜谜一样的困境.

广义余能原理和广义位能原理虽然分别建立在不同的基础上(即分别建立在最小余能原理和最小位能原理的基础上的)的条件变分原理,但是,最后当无条件地变分达到驻值时,都解决完全相同的物理问题.所以,从物理上看,这两个泛函 Π_{I}^{*} 和 Π_{II}^{*} 应该是相互等效的,有可能差一个正负号或差一个常量.

现在让我们证明**广义位能和广义余能原理的泛函的绝对值互等原理**:

广义位能原理的泛函等于广义余能原理的泛函的负值,或绝对值互等.

把广义位能原理的泛函 Π_{I}^{*} [(7.134) 式]和广义余能原理的泛函 Π_{II}^{**} [(7.141) 式]相加,消去相同项,得

$$\Pi_{\mathrm{I}}^{*}+\Pi_{\mathrm{II}}^{**}=\iiint_{\tau}[A(e_{ij})+B(\sigma_{ij})-\sigma_{ij}e_{ij}]d\tau+\iiint_{\tau}(\sigma_{ij,j}u_i+\sigma_{ij}u_{i,j})d\tau-\iint_{S_p}\sigma_{ij}n_ju_idS-\iint_{S_u}\sigma_{ij}n_ju_idS \tag{7.142}$$

根据 $A(e_{ij})$ 和 $B(\sigma_{ij})$ 的定义 (7.45) 式,可以证明 (7.142) 式中第一个积分恒等于零.同时

$$\iiint_{\tau}(\sigma_{ij,j}u_i+\sigma_{ij}u_{i,j})d\tau=\iiint_{\tau}(\sigma_{ij}u_i)_{,j}d\tau=\iint_{S_p+S_u}\sigma_{ij}n_ju_idS \tag{7.143}$$

于是立刻可证明 (7.142) 式为

$$\Pi_{\mathrm{I}}^{*}+\Pi_{\mathrm{II}}^{**}=0 \tag{7.144}$$

这就证明了虽然最小位能原理和最小余能原理在物理本质上是不同的，但是根据这两条变分原理所建立的广义变分原理在物理本质上完全相同，其泛函也只差一个正负号。所以，不论在数学上或是物理上看都是相同的变分原理。以后将无需加以区分。我们从这里起，将不再像胡海昌那样分别称它们为“广义位能原理”和“广义余能原理”，而是统一地称为**弹性理论的广义变分原理**。有关塑性力学的广义变分原理也相同。

我们必须指出，Π_{I}^{*}，Π_{II}^{**} 在形式上还是有所区别的，Π_{I}^{*} 是用 $A(e_{ij})$ 为主来表示的，而 Π_{II}^{**} 则是用 $B(\sigma_{ij})$ 为主来表示的。为了区别这两种形式，我们建议称 Π_{I}^{*} 所表示的泛函的广义变分原理为**弹性理论广义变分原理的应变能形式**，而称 Π_{II}^{**} 所表示的泛函的广义变分原理为**弹性理论广义变分原理的余能形式**。

根据定义 (7.45b)，我们也可以把 Π_{I}^{*} [(7.134) 式] 化为余能形式，即以余能 $B(\sigma_{ij})$ 来表示的形式。我们将称这种泛函为 Π_{I}^{**}。所以，我们有两种余能形式的广义变分原理，即

$$\Pi_{\mathrm{I}}^{**}=\iiint_{\tau}\left\{\frac{1}{2}\sigma_{ij}(u_{i,j}+u_{j,i})-B(\sigma_{ij})-F_iu_i\right\}d\tau-\iint_{S_p}\bar{p}_iu_idS-\iint_{S_u}\sigma_{ij}(u_i-\bar{u}_i)n_jdS \tag{7.145}$$

和

$$\Pi_{\mathrm{II}}^{**}=\iiint_{\tau}\{B(\sigma_{ij})+(\sigma_{ij,j}+F_i)u_i\}d\tau-\iint_{S_p}(\sigma_{ij}n_j-\bar{p}_i)u_idS-\iint_{S_u}\bar{u}_i\sigma_{ij}n_jdS \tag{7.146}$$

根据定义 (7.45a)，我们还可以把 Π_{II}^{**} [(7.146) 式]化为应变能形式，即从应变能 $A(e_{ij})$ 来表示的形式，我们将称这个泛函为 Π_{II}^{*}。于是，我们也有两种应变能形式的广义变分原理，即

$$\Pi_{\mathrm{I}}^{*}=\iiint_{\tau}\left\{A(e_{ij})-F_iu_i+\sigma_{ij}\left(\frac{1}{2}u_{i,j}+\frac{1}{2}u_{j,i}-e_{ij}\right)\right\}d\tau-\iint_{S_p}\bar{p}_iu_idS-\iint_{S_u}\sigma_{ij}(u_i-\bar{u}_i)n_jdS \tag{7.147}$$

$$\Pi_{\mathrm{II}}^{*}=\iiint_{\tau}\{e_{ij}\sigma_{ij}-A(e_{ij})+(\sigma_{ij,j}+F_i)u_i\}d\tau$$

$$-\iint_{S_p}(\sigma_{ij}n_j-\bar{p}_i)u_idS-\iint_{S_u}\sigma_{ij}\bar{u}_in_jdS \tag{7.148}$$

我们很易证明

$$\Pi_{\mathrm{I}}^{**}+\Pi_{\mathrm{II}}^{**}=\Pi_{\mathrm{I}}^{*}+\Pi_{\mathrm{II}}^{*}=\Pi_{\mathrm{I}}^{*}+\Pi_{\mathrm{II}}^{**}=\Pi_{\mathrm{I}}^{**}+\Pi_{\mathrm{II}}^{*}=0 \tag{7.149}$$

Π_{I}^{**}, Π_{II}^{**} 为泛函的变分原理就是赖斯纳-浮贝克的变分原理，它们明确利用了以应力为函数的余能密度，所以，都被称为**弹性理论**

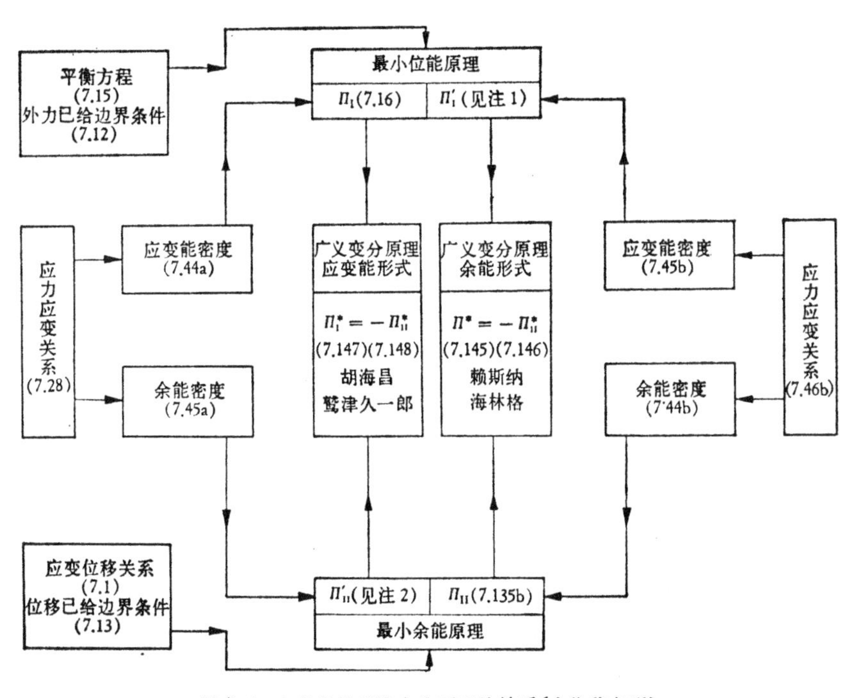

图 7.4　各种弹性理论变分原理的关系(小位移变形)

注 1.　$\Pi_{\mathrm{I}}'=\iiint_{\tau}[e_{ij}\sigma_{ij}-B(\sigma_{ij})-F_iu_i]d\tau-\iint_{S_p}\bar{p}_iu_idS$

注 2.　$\Pi_{\mathrm{II}}'=\iiint_{\tau}[e_{ij}\sigma_{ij}-A(e_{ij})]d\tau-\iint_{S_u}\sigma_{ij}n_j\bar{u}_idS$

广义变分原理的余能形式. $\Pi_{\rm I}^*$，$\Pi_{\rm II}^*$ 为泛函的变分原理就是胡海昌的变分原理，它们明确利用了以应变为函数的应变能密度，所以都被称为**弹性理论广义变分原理的位能(应变能)形式.**

应变能形式和余能形式的区别在于前者有 e_{ij}，σ_{ij}，u_i 等 15 个可以任意变分的独立量，而后者只有 σ_{ij}，u_i 等 9 个独立的变分量. 前者变分的结果，通过 e_{ij} 给出 σ_{ij} 和 u_i 的弹性关系，后者直接把 σ_{ij}，u_i 联系起来给出弹性关系. 当然，在两者之间除了应用和不应用 e_{ij} 作为中间量来联系应力和变形位移的数学上的区别外，在物理本质上仍是互等的.

同时，必须指出，在某一些问题里，有可能把能量分成两部份，如板壳的中面拉伸能和弯曲能，其中一部份用应变能形式(如弯曲能)表示比较方便，而另一部则用余能形式比较方便(如中面拉伸能). 如果这样，我们就遇到两种形式的混合变分原理.

我们可以把小位移变形弹性理论中各种变分原理的关系作图表示如图 7.4.

§ 7.5 混合边界条件的广义变分原理

现设除了有外力已给的表面 S_p，及位移已给的表面 S_u 外，还有一部份表面 S_k 是弹性支承的.最广义的弹性支承条件可以写成

$$\bar{p}_i + k_{ij}u_j = 0 \qquad \text{在 } S_k \text{ 上} \ (k_{ij} = k_{ji}) \tag{7.150}$$

其中 k_{ij} 为产生单位位移 u_j，其它位移为零时所需的力 $\bar{p}_i$. k_{ij} 亦称刚度系数，或弹簧系数. 为了计算在 S_k 边界面上的边界条件的广义变分原理的泛函，我们可以把弹性支座和弹性体本身作为统一体来考虑，而用弹性支座的弹性能来表示它的作用. 这一点在 § 2.5 中业已完全得到证实. 这种弹性支座的应变能为

$$U_1 = -\int \bar{p}_i du_i = \int k_{ij}u_j du_i = \frac{1}{2} k_{ij}u_iu_j \quad \text{在 } S_k \text{ 上} \tag{7.151}$$

于是整个统一体的条件变分的泛函可以写成

$$\Pi_{\rm I}^* = \iiint\limits_{\tau} \left[A(e_{ij}) - F_i u_i + \sigma_{ij}\left(\frac{1}{2}u_{i,j} + \frac{1}{2}u_{j,i} - e_{ij}\right)\right] d\tau$$

$$
-\iint_{S_p} \bar{p}_i u_i dS - \iint_{S_u} \sigma_{ij} n_j (u_i - \bar{u}_i) dS + \frac{1}{2} \iint_{S_k} k_{ij} u_i u_j dS
$$
(7.152)

通过变分，我们很易证明其结果不仅满足平衡方程，弹性关系和应变位移关系，而且满足所有在 S_p，S_u，S_k 上的一切边界条件 (7.12)，(7.13) 式和 (7.151) 式.

在很多情况下，我们经常遇到混合边界条件，如法向外力和切向位移(扭转的端截面上)，或法向位移和切向外力已知(如梁的简支截面上)等等. 为了解决这类边界条件，我们可以引进单位法向矢量 n_i 和单位切向矢量 $t_{\alpha i}(\alpha = 1, 2)$. 于是法向外力为 $\bar{p}_i n_i$，切向外力为 $\bar{p}_i t_{\alpha i}$，法向位移为 $\bar{u}_i n_i$，切向位移为 $\bar{u}_i t_{\alpha i}$. 于是，我们有

$$
\bar{p}_i u_i = \bar{p}_i n_i u_k n_k + \bar{p}_i t_{\alpha i} u_k t_{\alpha k} \qquad \text{在 } S_p \text{ 上} \tag{7.153}
$$

而边界条件 (7.12)，(7.13) 式可以写成

$$
\left.\begin{aligned}
&\sigma_{ij} n_j n_i = \bar{p}_i n_i, \quad \sigma_{ij} n_j t_{\alpha i} = \bar{p}_i t_{\alpha i} \quad (\alpha = 1, 2) \quad (\text{在 } S_p \text{ 上}) \\
&u_i n_i = \bar{u}_i n_i, \qquad u_i t_{\alpha i} = \bar{u}_i t_{\alpha i} \qquad\qquad\qquad (\text{在 } S_u \text{ 上})
\end{aligned}\right\}
$$
(7.154)

而弹性支承的边界条件可以写成

$$
\left.\begin{aligned}
\sigma_{ij} n_i n_j &= -k_{nn} u_i n_i - k_{n\alpha} u_i t_{\alpha i} \\
\sigma_{ij} n_i t_{\alpha j} &= -k_{\alpha n} u_i n_i - k_{\alpha\beta} u_i t_{\beta i}
\end{aligned}\right\} \quad (\text{在 } S_k \text{ 上}) \tag{7.155}
$$

而满足 (7.154)，(7.155) 式的广义变分原理为

$$
\begin{aligned}
\Pi_{\mathrm{I}}^* = &\iiint_\tau \left[A(e_{ij}) - F_i u_i + \sigma_{ij} \left(\frac{1}{2} u_{i,j} + \frac{1}{2} u_{j,i} - e_{ij} \right) \right] d\tau \\
&- \iint_{S_p} [\bar{p}_i n_i u_k n_k + \bar{p}_i t_{\alpha i} u_k t_{\alpha k}] dS \\
&- \iint_{S_u} [\sigma_{ij} n_j n_i (u_k - \bar{u}_k) n_k + \sigma_{ij} n_j t_{\alpha i} (u_k - \bar{u}_k) t_{\alpha k}] dS \\
&+ \frac{1}{2} \iint_{S_k} [+k_{nn} u_i n_i u_k n_k + k_{\alpha\beta} u_i t_{\alpha i} u_k t_{\beta k} \\
&+ 2k_{\alpha n} u_i n_i u_k t_{\alpha k}] dS
\end{aligned} \tag{7.156}
$$

于是混合边界条件(设 $S=S_p+S_u+S_k+S_{p_n}$)

$$\sigma_{ij}n_jn_i=\bar{p}_in_i \quad u_it_{\alpha i}=\bar{u}_it_{\alpha i} \qquad 在\ S=S_{p_n}\ 上 \tag{7.157}$$

而言,我们可以证明泛函为

$$\Pi_{\mathrm{I}}^*=(7.156)-\iint_{S_{p_n}}[\bar{p}_in_iu_kn_k+\sigma_{ij}n_jt_{\alpha i}(u_k-\bar{u}_k)t_{\alpha k}]dS \tag{7.158}$$

其中“(7.156)”表示(7.156)式中右端全部各项的总和,对于其它混合边界条件的 Π_{I}^* 的有关各项见表 7.1,其中有关 S_k^*, S_{kn_1}, S_{kn_2}, S_{kt_1}, S_{kt_2} 诸项,相当于一个单向弹性支承作用下的各种可能的边界条件

表 7.1 各种混合边界条件下的泛函项

表面	边界条件	泛函的有关项
S_{p_n}	$\sigma_{ij}n_in_j=\bar{p}_in_i$ $u_kt_{\alpha k}=\bar{u}_kt_{\alpha k}$	$-\iint_{S_{p_n}}[\bar{p}_in_iu_kn_k+\sigma_{ij}n_it_{\alpha j}(u_k-\bar{u}_k)t_{\alpha k}]dS$
S_{p_t}	$u_kn_k=\bar{u}_kn_k$ $\sigma_{ij}n_it_{\alpha j}=p_jt_{\alpha j}$	$-\iint_{S_{p_t}}[\sigma_{ij}n_in_j(u_k-\bar{u}_k)n_k+\bar{p}_it_{\alpha i}u_jt_{\alpha j}]dS$
S_k^*	$\sigma_{ij}n_in_j=-k_{nn}^*u_in_i$ $\sigma_{ij}n_jt_{\alpha i}=-k_{\alpha\beta}^*u_it_{\beta i}$	$\frac{1}{2}\iint_{S_k^*}[k_{nn}^*u_in_iu_kn_k+k_{\alpha\beta}^*u_it_{\alpha i}u_jt_{\beta j}]dS$
S_{kn_2}	$\sigma_{ij}n_in_j=-k_{nn}^*u_in_i$ $u_it_{\alpha i}=\bar{u}_it_{\alpha i}$	$\frac{1}{2}\iint_{S_{kn_2}}[k_{nn}^*u_in_iu_kn_k-2\sigma_{ij}n_it_{\alpha j}(u_k-\bar{u}_k)t_{\alpha k}]dS$
S_{kt_1}	$\sigma_{ij}n_in_j=\bar{p}_in_i$ $\sigma_{ij}n_it_{\alpha j}=-k_{\alpha\beta}^*u_it_{\beta i}$	$\iint_{S_{kt_1}}\left[-\bar{p}_in_iu_kn_k+\frac{1}{2}k_{\alpha\beta}^*u_it_{\alpha i}u_kt_{\beta k}\right]dS$
S_{kn_1}	$\sigma_{ij}n_in_j=-k_{nn}^*u_in_i$ $\sigma_{ij}n_it_{\alpha j}=\bar{p}_it_{\alpha i}$	$\frac{1}{2}\iint_{S_{kn_1}}[k_{nn}^*u_in_iu_kn_k-2\bar{p}_it_{\alpha i}u_kt_{\alpha k}]dS$
S_{kt_2}	$u_in_i=\bar{u}_in_i$ $\sigma_{ij}n_it_{\alpha j}=-k_{\alpha\beta}^*u_it_{\beta i}$	$\iint_{S_{kt_2}}\left[-\sigma_{ij}n_in_j(u_k-u_k)n_k+\frac{1}{2}k_{\alpha\beta}^*u_it_{\alpha i}u_jt_{\beta j}\right]dS$

§ 7.6 平面应力问题的广义变分，带有边框的矩形板墙的平面弹性力学问题

在房屋建筑工程中，应用大型混凝土预制构件时，最基本的构件之一是平面板墙构件(图 7.5)．这种板墙带有边框，受有角点垂直集中载荷 P（相当于上层建筑的重量）和底边边框上受有均布载荷 q（相当于楼板载荷）．这是一个平面应力问题．但是边界条件由于边框的结构作用，所以比较复杂．张福范曾利用卡氏定理求解一些简单的载荷下的类似问题[10]．现在让我们利用条件变分来建立有关问题的广义变分原理，通过变分，建立有关问题的边界条件和角点条件，这是广义变分原理的一种极为有用的应用．

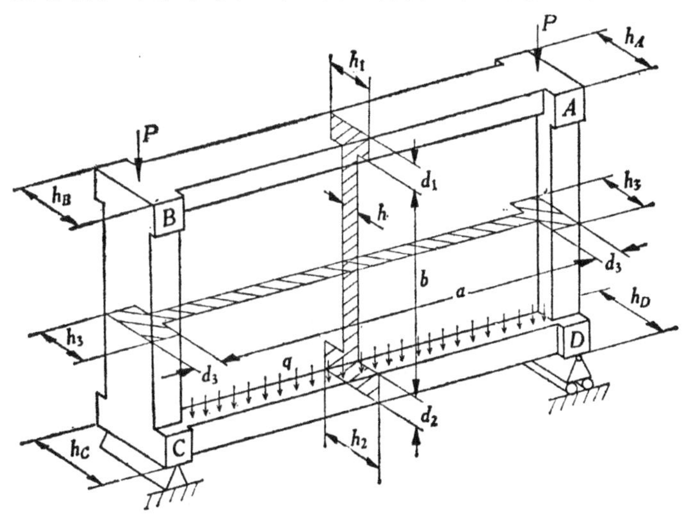

图 7.5 预制板墙的尺寸和受载情况

取板墙中点为原点，板墙中面各点位移为 $u(x, y)$，$v(x, y)$，由于问题的对称性，我们有

$$u(x, y)=-u(-x, y), \quad v(x, y)=v(-x, y) \tag{7.159}$$

他们的边界值分别用 $u_1(x)$，$v_1(x)$；$u_2(x)$，$v_2(x)$；$u_3(y)$，$v_3(y)$表示，即

$$\text{在 } AB \text{ 边上：} \quad u\left(x, \frac{b}{2}\right)=u_1(x), \quad v\left(x, \frac{b}{2}\right)=v_1(x) \tag{7.160a, b}$$

在 AD 及 BC 边上：$u\left(\frac{a}{2}, y\right) = -u\left(-\frac{a}{2}, y\right) = u_3(y)$，

(7.160c)

$$v\left(\frac{a}{2}, y\right) = v\left(-\frac{a}{2}, y\right) = v_3(y)$$

(7.160d)

在 CD 边上：$u\left(x, -\frac{b}{2}\right) = u_2(x)$，　$v\left(x, -\frac{b}{2}\right) = v_2(x)$

(7.160e, f)

为了方便起见,我们将采用下列微分符号

在 AB 边上：
$$\left.\begin{array}{ll}\left(\frac{\partial u}{\partial x}\right)_{y=\frac{b}{2}} = \frac{\partial u_1}{\partial x}, & \left(\frac{\partial u}{\partial y}\right)_{y=\frac{b}{2}} = \frac{\partial u_1}{\partial y} \\ \left(\frac{\partial v}{\partial x}\right)_{y=\frac{b}{2}} = \frac{\partial v_1}{\partial x}, & \left(\frac{\partial v}{\partial y}\right)_{y=\frac{b}{2}} = \frac{\partial v_1}{\partial y}\end{array}\right\} \quad (7.161)$$

在 AD 及 BC 边上，
$$\left.\begin{array}{l}\left(\frac{\partial u}{\partial x}\right)_{x=\frac{a}{2}} = \left(\frac{\partial u}{\partial x}\right)_{x=-\frac{a}{2}} = \frac{\partial u_3}{\partial x}, \\ \left(\frac{\partial u}{\partial y}\right)_{x=\frac{a}{2}} = -\left(\frac{\partial u}{\partial y}\right)_{x=-\frac{a}{2}} = \frac{\partial u_3}{\partial y} \\ \left(\frac{\partial v}{\partial x}\right)_{x=\frac{a}{2}} = -\left(\frac{\partial v}{\partial x}\right)_{x=-\frac{a}{2}} = \frac{\partial v_3}{\partial x} \\ \left(\frac{\partial v}{\partial y}\right)_{x=\frac{a}{2}} = \left(\frac{\partial v}{\partial y}\right)_{x=-\frac{a}{2}} = \frac{\partial v_3}{\partial y}\end{array}\right\}$$

(7.162)

在 CD 边上：
$$\left.\begin{array}{ll}\left(\frac{\partial u}{\partial x}\right)_{y=-\frac{b}{2}} = \frac{\partial u_2}{\partial x}, & \left(\frac{\partial u}{\partial y}\right)_{y=-\frac{b}{2}} = \frac{\partial u_2}{\partial y} \\ \left(\frac{\partial v}{\partial x}\right)_{y=-\frac{b}{2}} = \frac{\partial v_2}{\partial x}, & \left(\frac{\partial v}{\partial y}\right)_{y=-\frac{b}{2}} = \frac{\partial v_2}{\partial y}\end{array}\right\}$$

(7.163)

应变能共有三部份:

(1) 板内的应变能 $\left(-\frac{a}{2} \leqslant x \leqslant \frac{a}{2}, -\frac{b}{2} \leqslant y \leqslant \frac{b}{2}\right)$ 为

$$U_1 = \int_{-b/2}^{b/2} \int_{-a/2}^{a/2} A_1(e) dx dy \quad (7.164)$$

其中

$$A_1(e)=\frac{Eh}{2(1-\nu^2)}\{e_x^2+e_y^2+2\nu e_x e_y+2(1-\nu)e_{xy}^2\}\tag{7.165}$$

$$e_x=\frac{\partial u}{\partial x},\quad e_y=\frac{\partial v}{\partial y},\quad e_{xy}=\frac{1}{2}\left(\frac{\partial u}{\partial y}+\frac{\partial v}{\partial x}\right)\tag{7.166}$$

所以 U_1 也可以写成

$$U_1=\int_{-b/2}^{b/2}\int_{-a/2}^{a/2}\frac{Eh}{2(1-\nu^2)}\left\{\left(\frac{\partial u}{\partial x}\right)^2+\left(\frac{\partial v}{\partial y}\right)^2+2\nu\frac{\partial u}{\partial x}\frac{\partial v}{\partial y}+\frac{1}{2}(1-\nu)\left(\frac{\partial u}{\partial y}+\frac{\partial v}{\partial x}\right)^2\right\}dxdy\tag{7.167}$$

(2) 边框内的应变能:

以边框 AB 为例,$\left(-\frac{a}{2}\leqslant x\leqslant\frac{a}{2},\ \frac{b}{2}\leqslant y\leqslant\frac{b}{2}+d_1\right)$,它的应变能可以分成两部份,弯曲能和拉伸能.设边框的宽度很小,边框中线的弯曲曲率可以近似地用平板边界 AB 的弯曲曲率来表示,则AB边框的弯曲能为

$$U_{AB}^{(1)}=\frac{1}{2}EI_1\int_{-a/2}^{a/2}\left(\frac{\partial^2 v_1}{\partial x^2}\right)^2dx\tag{7.168}$$

其中 I_1 为边框 AB 绕中心轴的惯性矩,即

$$I_1=\frac{1}{12}h_1d_1^3\tag{7.169}$$

在计算边框的伸长变形的应变能时,同样将略去边框的宽度,以板的边界位移作为边框的中线位移,于是,边框中线的伸长应变为 $e_x=\frac{\partial u_1}{\partial x}$,而边框 AB 的拉伸应变能为

$$U_{AB}^{(2)}=\frac{1}{2}EF_1\int_{-a/2}^{a/2}\left(\frac{\partial u_1}{\partial x}\right)^2dx\tag{7.170}$$

其中 F_1 为 AB 边框的截面面积.

$$F_1=h_1d_1\tag{7.171}$$

于是 AB 边框的总的应变能为

$$U_{AB}=U_{AB}^{(1)}+U_{AB}^{(2)}=\frac{1}{2}EI_1\int_{-a/2}^{a/2}\left(\frac{\partial^2 v_1}{\partial x^2}\right)^2dx$$
$$+\frac{1}{2}EF_1\int_{-a/2}^{a/2}\left(\frac{\partial u_1}{\partial x}\right)^2dx \tag{7.172}$$

同样,我们有

$$U_{AD}=U_{BC}=\frac{1}{2}EI_3\int_{-b/2}^{b/2}\left(\frac{\partial^2 u_3}{\partial y^2}\right)^2dy$$
$$+\frac{1}{2}EF_3\int_{-b/2}^{b/2}\left(\frac{\partial v_1}{\partial y}\right)^2dy \tag{7.173}$$

$$U_{CD}=\frac{1}{2}EI_2\int_{-a/2}^{a/2}\left(\frac{\partial^2 v_2}{\partial x^2}\right)^2dx+\frac{1}{2}EF_2\int_{-a/2}^{a/2}\left(\frac{\partial u_2}{\partial x}\right)^2dx \tag{7.174}$$

其中

$$I_2=\frac{1}{12}h_2d_2^3,\quad I_3=\frac{1}{12}h_3d_3^3;\quad F_2=h_2d_2,\quad F_3=h_3d_3 \tag{7.175}$$

(3) 四角角块 A, B, C, D 中的应变能,由于角块体积很小,可以略去. 但角块作为边框 AB, BC, CD, DA 的连接作用则不能略去. 这种连接作用通过边框和角块的连结面上的内力素表现出来. 如以角块 A 和边框 AB, DA 的连结面为例,有弯矩 M_{1A}, M_{3A}, 剪力 Q_{1A}, Q_{3A}, 拉力 N_{1A}, N_{3A}, 如图 7.6. 角块 A 在 M_{1A}, M_{3A}, Q_{1A}, Q_{3A}, N_{1A}, N_{3A} 和外力 P 的作用下取得平衡. 其平衡条件为

$$\left.\begin{aligned}&-N_{1A}+Q_{3A}=0,\quad Q_{1A}-N_{3A}-P=0\\&M_{1A}-M_{3A}+\frac{1}{2}Q_{1A}d_3-\frac{1}{2}Q_{3A}d_1=0\end{aligned}\right\} \tag{7.176}$$

角块 B 的平衡条件为

$$\left.\begin{aligned}&N_{1B}-Q_{3B}=0\quad N_{3B}+Q_{1B}+P=0\\&M_{1B}-M_{3B}+\frac{1}{2}Q_{3B}d_1-\frac{1}{2}Q_{1B}d_3=0\end{aligned}\right\} \tag{7.177}$$

角块 C 的平衡条件

$$\left.\begin{aligned}&N_{2C}-Q_{3C}=0\quad N_{3C}-Q_{2C}+P+\frac{1}{2}qa=0\\&M_{3C}+M_{2C}+\frac{1}{2}Q_{3C}d_2-\frac{1}{2}Q_{2C}d_3=0\end{aligned}\right\} \tag{7.178}$$

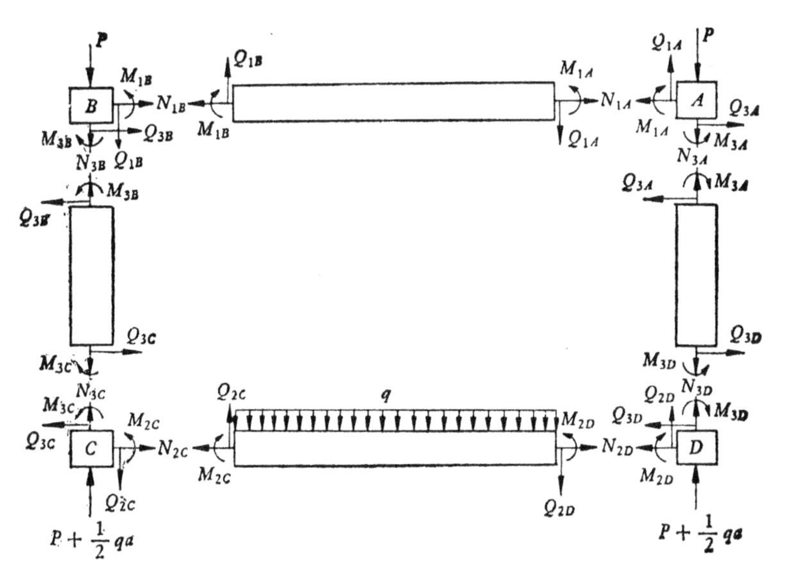

图 7.6 角块上所受力和力矩

角块D的平衡条件

$$\left.\begin{array}{l} N_{2D}+Q_{3D}=0 \quad N_{3D}+Q_{2D}+P+\dfrac{1}{2}qa=0 \\ M_{2D}+M_{3D}+\dfrac{1}{2}Q_{2D}d_3-\dfrac{1}{2}Q_{3D}d_2=0 \end{array}\right\} \tag{7.179}$$

现在的问题是板墙和边框的统一体在底框均布力q和角块诸接触力和力矩下的平衡问题. 在考虑这样一个问题时，角块诸接触力和力矩作为外力来考虑.

现在考虑外力所做的功.

q所做的功为

$$W_1=-\int_{-a/2}^{a/2}qv_2(x)dx \tag{7.180}$$

诸接触所做的功为

$$W_2=N_{1A}u_A-N_{1B}u_B-N_{2C}u_C+N_{2D}u_D+N_{3A}v_A+N_{3B}v_B$$
$$-Q_{1A}\left(v_A-\frac{1}{2}\frac{\partial v_A}{\partial x}d_3\right)+Q_{1B}\left(v_B+\frac{1}{2}\frac{\partial v_B}{\partial x}d_3\right)$$

$$
\begin{aligned}
&+ Q_{2C}\frac{\partial v_C}{\partial x}\frac{d_3}{2} + Q_{2D}\frac{\partial v_D}{\partial x}\frac{d_3}{2} \\
&- Q_{3A}\left(u_A - \frac{1}{2}\frac{\partial u_A}{\partial y}d_1\right) - Q_{3B}\left(u_B - \frac{1}{2}\frac{\partial u_B}{\partial y}d_1\right) \\
&+ Q_{3C}\left(u_C + \frac{1}{2}\frac{\partial u_C}{\partial y}d_2\right) + Q_{3D}\left(u_D + \frac{1}{2}\frac{\partial u_D}{\partial y}d_2\right) \\
&+ M_{1A}\frac{\partial v_A}{\partial x} + M_{2D}\frac{\partial v_D}{\partial x} - M_{1B}\frac{\partial v_B}{\partial x} - M_{2C}\frac{\partial v_C}{\partial x} \\
&- M_{3D}\frac{\partial u_D}{\partial y} - M_{3B}\frac{\partial u_B}{\partial y} + M_{3A}\frac{\partial u_A}{\partial y} + M_{3C}\frac{\partial u_C}{\partial y}
\end{aligned}
\tag{7.181}
$$

其中因为 v_C 和 v_D 等于零(支承条件),所以 N_{3C}, N_{3D}, Q_{2C}, Q_{2D} 对 v_C 和 v_D 都不做功. 这是一个条件变分问题, 它可以写成在条件 $v_C=v_D=0$ 和 (7.176), (7.177), (7.178) 和 (7.179) 式的条件下, 求泛函 $U_1+U_{AB}+U_{BC}+U_{CD}+U_{BA}-W_1-W_2$ 的极值问题.

于是,这个问题的广义变分的泛函可以写成

$$
\begin{aligned}
\Pi =& \frac{Eh}{2(1-\nu^2)}\int_{-b/2}^{b/2}\int_{-a/2}^{a/2}\left\{\left(\frac{\partial u}{\partial x}\right)^2 + \left(\frac{\partial v}{\partial y}\right)^2\right. \\
&\left. + 2\nu\left(\frac{\partial u}{\partial x}\frac{\partial v}{\partial y}\right) + \frac{1}{2}(1-\nu)\left(\frac{\partial u}{\partial y} + \frac{\partial v}{\partial x}\right)^2\right\} dxdy \\
&+ \frac{1}{2}EI_1\int_{-a/2}^{a/2}\left(\frac{\partial^2 v_1}{\partial x^2}\right)^2 dx + \frac{1}{2}EI_2\int_{-a/2}^{a/2}\left(\frac{\partial^2 v_2}{\partial x^2}\right)^2 dx \\
&+ EI_3\int_{-b/2}^{b/2}\left(\frac{\partial^2 u_3}{\partial y^2}\right)^2 dy + \frac{1}{2}EF_1\int_{-a/2}^{a/2}\left(\frac{\partial u_1}{\partial x}\right)^2 dx \\
&+ \frac{1}{2}EF_2\int_{-a/2}^{a/2}\left(\frac{\partial u_2}{\partial x}\right)^2 dx + EF_3\int_{-b/2}^{b/2}\left(\frac{\partial v_3}{\partial y}\right)^2 dy \\
&+ \int_{-a/2}^{a/2} q v_2(x)dx - (N_{1A}-Q_{3A})u_A + (N_{1B}+Q_{3B})u_B \\
&+ (N_{2C}-Q_{2C})u_C - (N_{2D}+Q_{3D})u_D \\
&- (N_{3A}-Q_{1A})v_A - (N_{3B}+Q_{1B})v_B \\
&- \left(M_{3A}+\frac{1}{2}Q_{3A}d_1\right)\frac{\partial u_A}{\partial y} + \left(M_{3B}-\frac{1}{2}Q_{3B}d_1\right)\frac{\partial u_B}{\partial y}
\end{aligned}
$$

$$
\begin{aligned}
&-\left(M_{3C}+\frac{1}{2}Q_{3C}d_2\right)\frac{\partial u_C}{\partial y}+\left(M_{3D}-\frac{1}{2}Q_{3D}d_2\right)\frac{\partial u_D}{\partial y} \\
&-\left(M_{1A}-\frac{1}{2}Q_{1A}d_3\right)\frac{\partial v_A}{\partial x}+\left(M_{1B}-\frac{1}{2}Q_{1B}d_3\right)\frac{\partial v_B}{\partial x} \\
&+\left(M_{2C}-\frac{1}{2}Q_{2C}d_2\right)\frac{\partial v_C}{\partial x}-\left(M_{2D}+\frac{1}{2}Q_{2D}d_3\right)\frac{\partial v_D}{\partial x} \\
&+\lambda_A(N_{1A}-Q_{3A})+\lambda'_A(N_{3A}-Q_{1A}+P) \\
&+\lambda''_A\left(M_{1A}-M_{3A}+\frac{1}{2}Q_{1A}d_3-\frac{1}{2}Q_{3A}d_1\right) \\
&+\lambda_B(N_{1B}+Q_{3B})+\lambda'_B(N_{3B}+Q_{1B}+P) \\
&+\lambda''_B\left(M_{1B}-M_{3B}+\frac{1}{2}Q_{3B}d_1-\frac{1}{2}Q_{1B}d_3\right) \\
&+\lambda_C(N_{2C}-Q_{3C})+\lambda'_C(N_{3C}-Q_{3C}+P) \\
&+\lambda''_C\left(M_{3C}+M_{2C}+\frac{1}{2}Q_{3C}d_2-\frac{1}{2}Q_{2C}d_3\right) \\
&+\lambda_D(N_{2D}+Q_{3D})+\lambda'_D\left(N_{3D}+Q_{2D}+P+\frac{1}{2}qa\right) \\
&+\lambda''_D\left(M_{2D}+M_{3D}+\frac{1}{2}Q_{2D}d_3-\frac{1}{2}Q_{3D}d_2\right) \qquad (7.182)
\end{aligned}
$$

其中 λ_A, λ_B, λ_C, λ_D; λ'_A, λ'_B, λ'_C, λ'_D; λ''_A, λ''_B, λ''_C, λ''_D 都是待定的拉格朗日乘子．变分后(考虑u, v, N, Q, M, λ, λ', λ'' 都是可以任意变分的量)即可证明

$$
\left.
\begin{aligned}
&\lambda_A=u_A,\quad \lambda_B=-u_B,\quad \lambda_C=-u_C,\quad \lambda_D=u_D; \\
&\lambda'_A=v_A,\quad \lambda'_B=v_B,\quad \lambda'_C=0,\quad \lambda'_D=0; \\
&\lambda''_A=\frac{\partial v_A}{\partial x}=-\frac{\partial u_A}{\partial y},\quad \lambda''_B=-\frac{\partial v_B}{\partial x}=\frac{\partial u_B}{\partial y}; \\
&\lambda''_C=\frac{\partial u_C}{\partial y}=-\frac{\partial v_C}{\partial x},\quad \lambda''_D=\frac{\partial v_D}{\partial x}=-\frac{\partial u_D}{\partial y};
\end{aligned}
\right\} \quad (7.183)
$$

这就证明了,如果忽略角块的应变能,就相当于假定角块的变形等于零,其中包括角块的剪应变等于零,亦即相当于假设

$$
\frac{\partial v_A}{\partial x}+\frac{\partial u_A}{\partial y}=0,\qquad \frac{\partial v_B}{\partial x}+\frac{\partial u_B}{\partial y}=0,
$$

$$\frac{\partial v_C}{\partial x} + \frac{\partial u_C}{\partial y} = 0, \qquad \frac{\partial v_D}{\partial x} + \frac{\partial u_D}{\partial y} = 0 \tag{7.184}$$

它们就是(7.183)式中的 $\lambda''_A, \lambda''_B, \lambda''_C, \lambda''_D$ 诸式. 因此，如果把(7.183)式代入(7.182)式,则(7.182)式的泛函就可以大大简化,其中有关 N, Q, M 诸角块内力素的项都对消了. 但也失去了条件(7.184)式. 如果要把(7.183)式代入(7.182)式, 简化泛函而又保留(7.184)式的四个角块条件,则必进一步运用拉格朗日乘子法. 于是,有

$$\begin{aligned}
\Pi = & \frac{Eh}{2(1-\nu^2)} \int_{-b/2}^{b/2} \int_{-a/2}^{a/2} \left\{ \left(\frac{\partial u}{\partial x} \right)^2 + \left(\frac{\partial v}{\partial y} \right)^2 \right. \\
& \left. + 2\nu \frac{\partial u}{\partial x} \frac{\partial v}{\partial y} + \frac{1}{2}(1-\nu) \left(\frac{\partial u}{\partial y} + \frac{\partial v}{\partial x} \right)^2 \right\} dxdy \\
& + \frac{1}{2} EI_1 \int_{-a/2}^{a/2} \left(\frac{\partial^2 v_1}{\partial x^2} \right)^2 dx + \frac{1}{2} EI_2 \int_{-a/2}^{a/2} \left(\frac{\partial^2 v_2}{\partial x^2} \right)^2 dx \\
& + EI_3 \int_{-b/2}^{b/2} \left(\frac{\partial^2 u_3}{\partial y^2} \right)^2 dy + \frac{1}{2} EF_1 \int_{-a/2}^{a/2} \left(\frac{\partial u_1}{\partial x} \right)^2 dx \\
& + \frac{1}{2} EF_2 \int_{-a/2}^{a/2} \left(\frac{\partial u_2}{\partial x} \right)^2 dx + EF_3 \int_{-b/2}^{b/2} \left(\frac{\partial v_3}{\partial y} \right)^2 dy \\
& + \int_{-a/2}^{a/2} q v_2 dx + P v_A + P v_B + \mu_A \left(\frac{\partial u_A}{\partial y} + \frac{\partial v_A}{\partial x} \right) \\
& + \mu_B \left(\frac{\partial v_B}{\partial x} + \frac{\partial u_B}{\partial y} \right) + \mu_C \left(\frac{\partial v_C}{\partial x} + \frac{\partial u_C}{\partial y} \right) \\
& + \mu_D \left(\frac{\partial v_D}{\partial x} + \frac{\partial u_D}{\partial y} \right)
\end{aligned} \tag{7.185}$$

其中 $\mu_A, \mu_B, \mu_C, \mu_D$ 为新的待定的拉格朗日乘子. 实际上,

$$\left.\begin{aligned}
\mu_A &= -EI_1 \left. \frac{\partial^2 v_1}{\partial x^2} \right|_{x=\frac{a}{2}} = -EI_3 \left. \frac{\partial^2 u_3}{\partial y^2} \right|_{y=\frac{b}{2}} \\
\mu_B &= EI_1 \left. \frac{\partial^2 v_1}{\partial x^2} \right|_{x=-\frac{a}{2}} = -EI_3 \left. \frac{\partial^2 u_3}{\partial y^2} \right|_{y=\frac{b}{2}} \\
\mu_C &= EI_2 \left. \frac{\partial^2 v_2}{\partial x^2} \right|_{x=-\frac{a}{2}} = EI_3 \left. \frac{\partial^2 u_3}{\partial y^2} \right|_{y=-\frac{b}{2}} \\
\mu_D &= -EI_2 \left. \frac{\partial^2 v_2}{\partial x^2} \right|_{x=\frac{a}{2}} = EI_3 \left. \frac{\partial^2 u_3}{\partial y^2} \right|_{y=-\frac{b}{2}}
\end{aligned}\right\} \tag{7.186}$$

(7.185) 式就是这个问题的泛函. 通过变分 $\delta\Pi=0$, 就给出板内微分方程和边框上适合的边界条件,和角点上适用的角点条件.

由于略去了角块的变形能而引进的 (7.184) 式, 虽然是一个近似, 但总觉得很不自然, 如果我们能适当地考虑角块的变形能, 这个问题就能更好地获得解决. 我们有两个方案来考虑角块变形能,比较简单的方案是把角点$\left(\text{例如} A, x=\frac{a}{2}, y=\frac{b}{2}\right)$的应变 $\frac{\partial u_A}{\partial x}, \frac{\partial v_A}{\partial y}, \frac{\partial u_A}{\partial y}+\frac{\partial v_A}{\partial x}$ 算作角块 A 整个体积内各点的应变,由此计算角块整体的应变能. 比较接近实际的方案, 是选择既适合平面应力的平衡方程, 又适合外侧边界条件的应力分量作为角块上的应力近似分布,由此计算角块的应变能.

对于前者而言 (即角块均匀应变假说), 角块的应变能可以写成

$$U_{\text{块}}=\sum_{A, B, C, D} U_A \tag{7.187}$$

其中

$$\left.\begin{aligned}
U_A=&\frac{E\tau_A}{2(1-\nu^2)}\left\{\left(\frac{\partial u_A}{\partial x}\right)^2+\left(\frac{\partial v_A}{\partial y}\right)^2+2\nu\frac{\partial u_A}{\partial x}\frac{\partial v_A}{\partial y}\right.\\
&\left.+\frac{1}{2}(1-\nu)\left(\frac{\partial u_A}{\partial y}+\frac{\partial v_A}{\partial x}\right)^2\right\}\\
U_B=&\frac{E\tau_B}{2(1-\nu^2)}\left\{\left(\frac{\partial u_B}{\partial x}\right)^2+\left(\frac{\partial v_B}{\partial y}\right)^2+2\nu\frac{\partial u_B}{\partial x}\frac{\partial v_B}{\partial y}\right.\\
&\left.+\frac{1}{2}(1-\nu)\left(\frac{\partial u_B}{\partial y}+\frac{\partial v_B}{\partial x}\right)^2\right\}\\
U_C=&\frac{E\tau_C}{2(1-\nu^2)}\left\{\left(\frac{\partial u_C}{\partial x}\right)^2+\left(\frac{\partial v_C}{\partial y}\right)^2+2\nu\frac{\partial u_C}{\partial x}\frac{\partial v_C}{\partial y}\right.\\
&\left.+\frac{1}{2}(1-\nu)\left(\frac{\partial u_C}{\partial y}+\frac{\partial v_C}{\partial x}\right)^2\right\}\\
U_D=&\frac{E\tau_D}{2(1-\nu^2)}\left\{\left(\frac{\partial u_D}{\partial x}\right)^2+\left(\frac{\partial v_D}{\partial y}\right)^2+2\nu\frac{\partial u_D}{\partial x}\frac{\partial v_D}{\partial y}\right.\\
&\left.+\frac{1}{2}(1-\nu)\left(\frac{\partial u_D}{\partial y}+\frac{\partial v_D}{\partial x}\right)^2\right\}
\end{aligned}\right\} \tag{7.188}$$

$\tau_A, \tau_B, \tau_C, \tau_D$ 为角块的体积.

$$\tau_A = \tau_B = h_A d_1 d_3, \qquad \tau_C = \tau_D = h_C d_3 d_2 \tag{7.189}$$

其中 $h_A = h_B$ 为 A, B 角块的厚, $h_C = h_D$ 为 C, D 角块的厚.

对于后者而言,即对于不均匀应力的假设而言,我们假定板墙角点 A 的剪应变 $\frac{\partial u_A}{\partial y} + \frac{\partial v_A}{\partial x}$ 和角块 A 角的剪应变相等,于是角块 A 点的剪应力为 $S_A = \frac{E}{2(1+\nu)}\left(\frac{\partial u_A}{\partial y} + \frac{\partial v_A}{\partial x}\right)$. 设角块上其余角点的剪应力为

$$\sigma_{xy} = S_A\left(1 - \frac{x_1^2}{d_3^2}\right)\left(1 - \frac{y_1^2}{d_1^2}\right) \tag{7.190}$$

它适合于角块 A 外侧的边界条件. 其中 x_1, y_1 为以 A 点为原点的坐标,根据平衡方程 $\frac{\partial \sigma_x}{\partial x_1} + \frac{\partial \sigma_{xy}}{\partial y_1} = 0$, 我们将

$$\frac{\partial \sigma_x}{\partial x_1} = S_A \frac{2y_1}{d_1^2}\left(1 - \frac{x_1^2}{d_3^2}\right) \tag{7.191}$$

积分,并在满足边界条件 $(\sigma_x)_{x=d_3} = 0$ 后,得

$$\sigma_x = S_A \frac{2y_1}{d_1^2}\left(x_1 - \frac{x_1^3}{3d_3^2} - \frac{2}{3}d_3\right) \tag{7.192}$$

把 (7.190) 代入平衡方程 $\frac{\partial \sigma_y}{\partial y} + \frac{\partial \sigma_{xy}}{\partial x} = 0$, 积分并满足边界条件 $(\sigma_y)_{y_1=d_1} = -\frac{P}{h_A d_3}$, 其中 h_A 为角块的厚度,得

$$\sigma_y = S_A \frac{2x_1}{d_3^2}\left(y_1 - \frac{y_1^3}{3d_1^2} - \frac{2}{3}d_1\right) - \frac{P}{h_A d_3} \tag{7.193}$$

(7.190), (7.192), (7.193) 式为既满足外侧边界条件,又满足平衡条件的角块内的近似应力系统,于是角块 A 的变形能可以写成

$$U_A = \frac{h_A}{2E}\int_0^{d_1}\int_0^{d_3}\{(\sigma_x + \sigma_y)^2 - 2(1+\nu)(\sigma_x\sigma_y - \sigma_{xy}^2)\}dx_1 dy_1 \tag{7.194}$$

把 (7.190), (7.192), (7.193) 式代入上式,积分得

$$U_A = \frac{1}{2}k_A\left(\frac{\partial u_A}{\partial y} + \frac{\partial v_A}{\partial x}\right)^2$$

$$+ k_A' P\left(\frac{\partial u_A}{\partial y}+\frac{\partial v_A}{\partial x}\right)+\frac{1}{2}k_A'' P^2 \quad (7.195)$$

其中 k_A, k_A', k_A'' 分别为

$$\left.\begin{aligned} k_A &= \frac{E\tau_A}{9(1+\nu)^2}\left\{\frac{11}{35}\left(\frac{d_1^2}{d_3^2}+\frac{d_3^2}{d_1^2}\right)+\frac{32}{25}+\frac{6}{5}\nu\right\} \\ k_A' &= \frac{\tau_A}{8(1+\nu)d_3h_A}\left(\frac{d_1}{d_3}-\nu\frac{d_3}{d_1}\right) \\ k_A'' &= \frac{\tau_A}{Eh_A^2d_3^2} \end{aligned}\right\} \quad (7.196)$$

同样在角块 B 上,有

$$U_B=\frac{1}{2}k_B\left(\frac{\partial u_B}{\partial y}+\frac{\partial v_B}{\partial x}\right)^2$$

$$+ k_B' P\left(\frac{\partial u_B}{\partial y}+\frac{\partial v_B}{\partial x}\right)+\frac{1}{2}k_B'' P^2 \quad (7.197)$$

其中 k_B, k_B', k_B'' 分别为

$$\left.\begin{aligned} k_B &= \frac{E\tau_B}{9(1+\nu)^2}\left\{\frac{11}{35}\left(\frac{d_1^2}{d_3^2}+\frac{d_3^2}{d_1^2}\right)+\frac{32}{25}+\frac{6}{5}\nu\right\} \\ k_B' &= \frac{\tau_B}{8(1+\nu)d_3h_B}\left(\frac{d_1}{d_3}-\nu\frac{d_3}{d_1}\right) \\ k_B'' &= \frac{\tau_B}{Eh_B^2d_3^2} \end{aligned}\right\} \quad (7.198)$$

在角块 C 上,有 $(-d_3\leqslant x_3\leqslant 0,\ -d_2\leqslant y_3\leqslant 0)$

$$\sigma_{xy}=S_C\left(1-\frac{x_3^2}{d_3^2}\right)\left(1-\frac{y_3^2}{d_2^2}\right),$$

$$S_C=\frac{E}{2(1+\nu)}\left(\frac{\partial u_C}{\partial y}+\frac{\partial v_C}{\partial x}\right) \quad (7.199)$$

$$\sigma_x=-S_C\frac{2y_3}{d_2^2}\left(x_3-\frac{x_3^3}{3d_3^2}+\frac{2}{3}d_3\right) \quad (7.200a)$$

$$\sigma_y=-S_C\frac{2x_3}{d_3^2}\left(y_3-\frac{y_3^3}{3d_2^2}+\frac{2}{3}d_2\right)-\frac{P+\dfrac{1}{2}qa}{h_Cd_3} \quad (7.200b)$$

同样

$$U_C = \frac{h_C}{2E}\int_{-d_2}^{0}\int_{-d_3}^{0}\{(\sigma_x+\sigma_y)^2-2(1-\nu)(\sigma_x\sigma_y-\sigma_{xy}^2)\}dxdy \tag{7.201}$$

把 (7.199), (7.200a, b) 式代入上式,积分得

$$U_C = \frac{1}{2}k_C\left(\frac{\partial u_C}{\partial y}+\frac{\partial v_C}{\partial x}\right)^2 + k_C'\left(P+\frac{1}{2}aq\right)\left(\frac{\partial u_C}{\partial y}+\frac{\partial v_C}{\partial x}\right) + \frac{1}{2}k_C''\left(P+\frac{1}{2}aq\right)^2 \tag{7.202}$$

其中

$$\left.\begin{aligned} k_C &= \frac{E\tau_C}{9(1+\nu)^2}\left\{\frac{11}{35}\left(\frac{d_2^2}{d_3^2}+\frac{d_3^2}{d_2^2}\right)+\frac{32}{25}+\frac{6}{5}\nu\right\} \\ k_C' &= \frac{\tau_C}{8(1+\nu)d_3h_C}\left(\frac{d_2}{d_3}-\nu\frac{d_3}{d_2}\right) \\ k_C'' &= \frac{\tau_C}{Eh_C^2d_3^2} \end{aligned}\right\} \tag{7.203}$$

同样在D角块上,有

$$U_D = \frac{1}{2}k_D\left(\frac{\partial u_D}{\partial y}+\frac{\partial v_D}{\partial x}\right)^2 + k_D'\left(P+\frac{1}{2}aq\right)\left(\frac{\partial u_D}{\partial y}+\frac{\partial v_D}{\partial x}\right) + \frac{1}{2}k_D''\left(P+\frac{1}{2}aq\right)^2 \tag{7.204}$$

而

$$\left.\begin{aligned} k_D &= \frac{E\tau_D}{9(1+\nu)^2}\left\{\frac{11}{35}\left(\frac{d_2^2}{d_3^2}+\frac{d_3^2}{d_2^2}\right)+\frac{32}{25}+\frac{6}{5}\nu\right\} \\ k_D' &= \frac{\tau_D}{8(1+\nu)d_3h_D}\left(\frac{d_2}{d_3}-\nu\frac{d_3}{d_2}\right) \\ k_D'' &= \frac{\tau_D}{Eh_D^2d_3^2} \end{aligned}\right\} \tag{7.205}$$

其中，τ_A，τ_B，τ_C，τ_D 分别为角块 A，B，C，D 的体积.

$$\tau_A = h_A d_1 d_3, \quad \tau_B = h_B d_1 d_3, \quad \tau_C = h_C d_2 d_3, \quad \tau_D = h_D d_2 d_3 \tag{7.206}$$

我们相信，这样计算的角块的变形能将更接近实际. 于是这个带框的板墙的变分泛函可以写成

$$\begin{aligned} \Pi = & U_1 + U_{AB} + U_{BC} + U_{CD} + U_{DA} - W_1 \\ & + P v_A + P v_B + U_A + U_B + U_C + U_D \end{aligned} \tag{7.207}$$

其中 U_1 见 (7.167) 式，U_{AB}，U_{AD}，U_{CD}，U_{BC} 见 (7.172)，(7.173)，(7.174) 式，W_1 见 (7.180) 式，U_A，U_B，U_C，U_D 分别见 (7.195)，(7.197)，(7.201)，(7.204) 各式.

最后得

$$\begin{aligned} \Pi = & \frac{Eh}{2(1-\nu^2)} \int_{-\frac{1}{2}b}^{\frac{1}{2}b} \int_{-\frac{1}{2}a}^{\frac{1}{2}a} \left\{ \left(\frac{\partial u}{\partial x} \right)^2 + \left(\frac{\partial v}{\partial y} \right)^2 \right. \\ & \left. + 2\nu \frac{\partial u}{\partial x} \frac{\partial v}{\partial y} + \frac{1}{2}(1-\nu) \left(\frac{\partial u}{\partial y} + \frac{\partial v}{\partial x} \right)^2 \right\} dxdy \\ & + \frac{1}{2} EI_1 \int_{-\frac{1}{2}a}^{\frac{1}{2}a} \left(\frac{\partial^2 v_1}{\partial x^2} \right)^2 dx + \frac{1}{2} EI_2 \int_{-\frac{1}{2}a}^{\frac{1}{2}a} \left(\frac{\partial^2 v_2}{\partial x^2} \right)^2 dx \\ & + EI_3 \int_{-\frac{1}{2}b}^{\frac{1}{2}b} \left(\frac{\partial^2 u_3}{\partial y^2} \right)^2 dy + \frac{1}{2} EF_1 \int_{-\frac{1}{2}a}^{\frac{1}{2}a} \left(\frac{\partial u_1}{\partial x} \right)^2 dx \\ & + \frac{1}{2} EF_2 \int_{-\frac{1}{2}a}^{\frac{1}{2}a} \left(\frac{\partial u_2}{\partial x} \right)^2 dx + EF_3 \int_{-\frac{1}{2}b}^{\frac{1}{2}b} \left(\frac{\partial v_3}{\partial y} \right)^2 dy \\ & + \int_{-a/2}^{a/2} q v_2 dx + P v_A + P v_B \\ & + \frac{1}{2} k_A \left(\frac{\partial u_A}{\partial y} + \frac{\partial v_A}{\partial x} \right)^2 + \frac{1}{2} k_B \left(\frac{\partial u_B}{\partial y} + \frac{\partial u_B}{\partial x} \right)^2 \\ & + \frac{1}{2} k_C \left(\frac{\partial u_C}{\partial y} + \frac{\partial v_C}{\partial x} \right)^2 + \frac{1}{2} k_D \left(\frac{\partial u_D}{\partial y} + \frac{\partial v_D}{\partial x} \right)^2 \\ & + k'_A P \left(\frac{\partial u_A}{\partial y} + \frac{\partial v_A}{\partial x} \right) + k'_B P \left(\frac{\partial u_B}{\partial y} + \frac{\partial v_B}{\partial x} \right) \\ & + k'_C \left(P + \frac{1}{2} qa \right) \left(\frac{\partial u_C}{\partial y} + \frac{\partial v_C}{\partial x} \right) \end{aligned}$$

$$+ k'_D\left(P + \frac{1}{2}qa\right)\left(\frac{\partial u_D}{\partial y} + \frac{\partial v_D}{\partial x}\right)$$

$$+ \frac{1}{2}k''_A P^2 + \frac{1}{2}k''_B P^2 + \frac{1}{2}k''_C\left(P + \frac{1}{2}qa\right)^2$$

$$+ \frac{1}{2}k''_D\left(P + \frac{1}{2}qa\right)^2 \tag{7.208}$$

通过变分,就可以求得这个问题的平衡方程(即欧拉方程)和所有边界条件以及角点条件.

(1) 在板内适用的微分方程

$$\left(-\frac{a}{2} \leqslant x \leqslant \frac{a}{2},\ -\frac{b}{2} \leqslant y \leqslant \frac{b}{2}\right):$$

$$\left.\begin{aligned}
&\frac{\partial^2 u}{\partial x^2} + \nu\frac{\partial^2 v}{\partial x \partial y} + \frac{1}{2}(1-\nu)\left(\frac{\partial^2 u}{\partial y^2} + \frac{\partial^2 v}{\partial x \partial y}\right) = 0\\
&\frac{\partial^2 v}{\partial y^2} + \nu\frac{\partial^2 u}{\partial x \partial y} + \frac{1}{2}(1-\nu)\left(\frac{\partial^2 v}{\partial x^2} + \frac{\partial^2 u}{\partial x \partial y}\right) = 0.
\end{aligned}\right\} \tag{7.209}$$

(2) 在边框上适用的边界条件

在边框 $AB\left(y = \frac{b}{2},\ -\frac{a}{2} \leqslant x \leqslant \frac{a}{2}\right)$ 上:

$$\left.\begin{aligned}
&EI_1\frac{\partial^4 v_1}{\partial x^4} + \frac{hE}{1-\nu^2}\left(\frac{\partial v_1}{\partial y} + \nu\frac{\partial u_1}{\partial x}\right) = 0\\
&EF_1\frac{\partial^2 u_1}{\partial x^2} - \frac{hE}{2(1+\nu)}\left(\frac{\partial v_1}{\partial x} + \frac{\partial u_1}{\partial y}\right) = 0
\end{aligned}\right\} \tag{7.210}$$

在边框 $CD\left(y = -\frac{b}{2},\ -\frac{a}{2} \leqslant x \leqslant \frac{a}{2}\right)$ 上:

$$\left.\begin{aligned}
&EI_2\frac{\partial^4 v_2}{\partial x^4} - \frac{hE}{1-\nu^2}\left(\frac{\partial v_2}{\partial y} + \nu\frac{\partial u_2}{\partial x}\right) + q = 0\\
&EF_2\frac{\partial^2 u_2}{\partial x^2} + \frac{hE}{2(1+\nu)}\left(\frac{\partial v_2}{\partial x} + \frac{\partial u_2}{\partial y}\right) = 0
\end{aligned}\right\} \tag{7.211}$$

在边框 $AD\left(x = \frac{a}{2},\ -\frac{b}{2} \leqslant y \leqslant \frac{b}{2}\right)$ 上

$$\left.\begin{aligned}EI_3\frac{\partial^4 u_3}{\partial y^4}+\frac{hE}{1-\nu^2}\left(\frac{\partial u_3}{\partial x}+\nu\frac{\partial v_3}{\partial y}\right)=0\\EF_3\frac{\partial^2 v_3}{\partial y^2}-\frac{hE}{2(1+\nu)}\left(\frac{\partial u_3}{\partial y}+\frac{\partial v_3}{\partial x}\right)=0\end{aligned}\right\}\tag{7.212}$$

在边框 $CB\left(x=-\frac{a}{2},\ -\frac{b}{2}\leqslant y\leqslant\frac{b}{2}\right)$ 上

$$\left.\begin{aligned}EI_3\frac{\partial^4 u_3}{\partial y^4}+\frac{hE}{1-\nu^2}\left(\frac{\partial u_3}{\partial x}+\nu\frac{\partial v_3}{\partial y}\right)=0\\EF_3\frac{\partial^2 v_3}{\partial y^2}-\frac{hE}{2(1+\nu)}\left(\frac{\partial u_3}{\partial y}+\frac{\partial v_3}{\partial x}\right)=0\end{aligned}\right\}\tag{7.213}$$

可以看到(7.212)式和(7.213)式是完全相同的.

(3) 在角点上适合的角点条件

在角点 $A\left(x=\frac{a}{2},\ y=\frac{b}{2}\right)$ 上

$$\left.\begin{aligned}&EI_1\frac{\partial^2 v_A}{\partial x^2}+k_A\left(\frac{\partial u_A}{\partial y}+\frac{\partial v_A}{\partial x}\right)+k_A'P=0\\&EI_3\frac{\partial^2 u_A}{\partial y^2}+k_A\left(\frac{\partial u_A}{\partial y}+\frac{\partial v_A}{\partial x}\right)+k_A'P=0\\&EI_1\frac{\partial^3 v_A}{\partial x^3}-EF_3\frac{\partial v_A}{\partial y}-P=0\\&EI_3\frac{\partial^3 u_A}{\partial y^3}-EF_1\frac{\partial u_A}{\partial x}=0\end{aligned}\right\}\tag{7.214}$$

在角点 $D\left(x=\frac{a}{2},\ y=-\frac{b}{2}\right)$ 上

$$\left.\begin{aligned}&EI_2\frac{\partial^2 v_D}{\partial x^2}+k_D\left(\frac{\partial u_D}{\partial y}+\frac{\partial v_D}{\partial x}\right)+k_D'\left(P+\frac{1}{2}qa\right)=0\\&EI_3\frac{\partial^2 u_D}{\partial y^2}-k_D\left(\frac{\partial u_D}{\partial y}+\frac{\partial u_D}{\partial x}\right)-k_D'\left(P+\frac{1}{2}qa\right)=0\\&EI_3\frac{\partial^3 u_D}{\partial y^3}+EF_2\frac{\partial u_D}{\partial x}=0,\\&v_D=0\end{aligned}\right\}\tag{7.215}$$

在角点B和C上的条件，可以从(7.214)，(7.215)式中分别用对称条件求得

(7.209)—(7.215)式就是全部求解预制板墙计算的方程式和边界角点条件。

§7.7 弹性理论小位移变形问题的各级不完全的广义变分原理

在§7.4中，我们证明了广义变分原理的泛函，可以系统地采用拉格朗日乘子法，把一般有条件的变分原理化为无条件的变分原理来唯一地决定的，拉格朗日乘子所代表的物理量，可以通过变分求驻值的过程求得。

本节将指出，我们同样可以用拉格朗日乘子法，把一般有多个条件的变分原理，化为条件个数较少的变分原理．我们将称变分条件部分减少了的变分原理为**各级不完全的广义变分原理**．凡是全部变分条件都消除了的变分原理，称为**完全的广义变分原理**，或简称**广义变分原理**：实际上它是完全无条件的变分原理。

本节建立了弹性小位移变形理论中的各级不完全的广义位能原理和各级不完全的广义余能原理．所有这些结果都是最近提出的(1978)[9]。

变分原理ⅠA（小位移线性弹性理论的不完全的广义位能原理之一）：

在满足边界位移已知的条件(7.13)式的所有允许的u_i，e_{ij}，σ_{ij}中，实际的e_{ij}，σ_{ij}，u_i必使下列泛函为驻值：

$$\Pi_{IA}=\iiint_{\tau}\left\{A(e_{ij})-\left[e_{ij}-\frac{1}{2}u_{i,j}-\frac{1}{2}u_{j,i}\right]\sigma_{ij}-F_iu_i\right\}d\tau-\iint_{S_p}\bar{p}_iu_idS \tag{7.216}$$

在这里，原来的最小位能原理，有两组条件，现在只有一组条件．关于应变位移关系的条件，可以采用拉格朗日乘子λ_{ij}，使它归纳入广义泛函，最后通过变分，决定它是$-\sigma_{ij}$。

也可以从Π_{I}^*(7.134)式开始，认为$u_i=\bar{u}_i$是已给的边界位

移条件(7.13)式,把它代人(7.134)式,即得(7.216)式.

变分原理 IB(小位移线性弹性理论的不完全的广义位能原理之二):

在满足应变位移关系(7.1)式的所有允许的 u_i, e_{ij}, σ_{ij} 中,实际的 u_i, e_{ij}, σ_{ij} 必使下列泛函为驻值:

$$\Pi_{IB}=\iiint_{\tau}\{A(e_{ij})-F_iu_i\}d\tau-\iint_{S_p}\bar{p}_iu_idS-\iint_{S_u}(u_i-\bar{u}_i)\sigma_{ij}n_jdS \tag{7.217}$$

这个不完全的广义变分原理就是琼斯(1964)等[11, 12, 13]在有限元法中使用的广义变分原理.

这个广义变分原理的证明可以从最小位能原理的基础上用有关的拉格朗日乘子法,也可以把应变位移关系(7.1)式代入(7.134)式求得.

变分原理 IC(小位移线性弹性理论的不完全的广义位能原理之三):

在满足一个边界位移已知的条件 $(u_i-\bar{u}_i)n_i=0$ (即法向位移)的所有允许的位移 u_i,应变 e_{ij},和应力 σ_{ij} 中,实际的 u_i, e_{ij}, σ_{ij} 必使下列广义泛函为驻值:

$$\Pi_{IC}=\iiint_{\tau}\left\{A(e_{ij})-\left(e_{ij}-\frac{1}{2}u_{i,j}-\frac{1}{2}u_{j,i}\right)\sigma_{ij}-F_iu_i\right\}d\tau-\iint_{S_p}\bar{p}_iu_idS-\iint_{S_u}\{(u_i-\bar{u}_i)\sigma_{ij}n_j-(u_k-\bar{u}_k)n_k\sigma_{ij}n_in_j\}dS \tag{7.218}$$

这里必须指出 $\bar{u}_in_i$ 为边界上的法向位移. 设取法向单位矢量 n_i,和两个正交的切向单位矢量 $t_{\alpha i}(\alpha=1, 2)$,于是 n_i, $t_{\alpha i}$ 构成边界面上的正交矢量系统,我们有

$$n_in_j+t_{1i}t_{1j}+t_{2i}t_{2j}=\begin{cases}1 & (i=j)\\0 & (i\neq j)\end{cases} \tag{7.219}$$

于是

$$u_i\sigma_{ij}n_j = u_k n_k \sigma_{ij} n_i n_j + u_k t_{\alpha k}\sigma_{ij} n_i t_{\alpha j} \tag{7.220}$$

所以(7.218)式也可以写成

$$\Pi_{IC} = \iiint_\tau \left\{ A(e_{ij}) - \left(e_{ij} - \frac{1}{2}u_{i,j} - \frac{1}{2}u_{j,i} \right)\sigma_{ij} - F_i u_i \right\} d\tau - \iint_{S_p} \bar{p}_i u_i dS - \iint_{S_u} (u_k - \bar{u}_k) t_{\alpha k}\sigma_{ij} n_i t_{\alpha j} dS \tag{7.221}$$

变分原理 ID(小位移线性弹性理论的不完全的广义位能原理之四):

在满足边界切向位移已知的条件 $(u_i - \bar{u}_i)t_{\alpha i} = 0$ 的所有允许的位移 u_i,应变 e_{ij},和应力 σ_{ij} 中,实际的 u_i,e_{ij},σ_{ij} 必使下列广义泛函为驻值:

$$\Pi_{ID} = \iiint_\tau \left\{ A(e_{ij}) - \left(e_{ij} - \frac{1}{2}u_{i,j} - \frac{1}{2}u_{j,i} \right)\sigma_{ij} - F_i u_i \right\} d\tau - \iint_{S_p} \bar{p}_i u_i dS - \iint_{S_u} (u_k - \bar{u}_k) n_k \sigma_{ij} n_i n_j dS \tag{7.222}$$

我们还可以有只满足一个边界切向位移已知的条件[如 $(u_i - \bar{u}_i)t_{1i} = 0$] 的不完全的广义位能原理,或满足一个边界切向位移 $[(u_i - \bar{u}_i)t_{1i} = 0]$ 和法向边界位移 $[(u_i - \bar{u}_i)n_i = 0]$ 的不完全的广义位能原理. 有关泛函是很易列出的.

变分原理 IE(小位移线性弹性理论的不完全的广义位能原理之五):

在满足一个应变位移关系 $e_{11} - u_{1,1} = 0$ 的所有允许的 u_i,e_{ij},σ_{ij} 中,实际的 u_i,e_{ij},σ_{ij} 必使下列广义泛函为驻值:

$$\Pi_{IE} = \iiint_\tau \left\{ A(e_{ij}) - \left(e_{ij} - \frac{1}{2}u_{i,j} - \frac{1}{2}u_{j,i} \right)\sigma_{ij} + (e_{11} - u_{1,1})\sigma_{11} - F_i u_i \right\} d\tau - \iint_{S_p} \bar{p}_i u_i dS - \iint_{S_u} (u_i - \bar{u}_i)\sigma_{ij} n_j dS \tag{7.223}$$

也可以有满足任意个(五个以下)应变位移关系的变分,它们也都是不完全的广义位能原理.

变分原理 IF（小位移线性弹性理论的不完全的广义位能原理之六）：

在满足某一个应变位移关系（以$e_{11}-u_{1,1}=0$为例）和某一边界位移已知条件(以法向位移已知 $(u_i-\bar{u}_i)n_i=0$ 为例）的所有允许的 u_i，e_{ij}，σ_{ij} 中，实际的 u_i，e_{ij}，σ_{ij} 必使下列广义泛函为驻值：

$$\Pi_{IF}=\iiint_{\tau}\left\{A(e_{ij})-\left(e_{ij}-\frac{1}{2}u_{i,j}-\frac{1}{2}u_{j,i}\right)\sigma_{ij}\right.$$
$$\left.+(e_{11}-u_{1,1})\sigma_{11}-F_iu_i\right\}d\tau$$
$$-\iint_{S_p}\bar{p}_iu_idS-\iint_{S_u}(u_k-\bar{u}_k)t_{\alpha k}\sigma_{ij}n_jt_{\alpha i}dS \qquad (7.224)$$

其实可以有满足任意个(五个以下)应变位移关系和任意个(二个以下)边界位移已知条件的变分，甚至在六个应变位移已知和三个边界位移已知的条件中，只有一个不满足的那种变分，它们都是不完全的广义位能原理.

下面是一些小位移线性弹性理论的不完全的广义余能原理.在最小余能原理中，共有六个条件，即三个平衡条件，和三个外力已知的边界条件. 在这些条件中，至少有一个条件不满足，而且同时至少只有一个条件满足的变分原理，都是不完全的广义余能原理.

变分原理 IIA（小位移线性弹性理论的不完全的广义余能原理之一）：

在满足边界外力已知的条件(7.12)式的所有允许的 u_i，e_{ij}，σ_{ij} 中，实际的 u_i，e_{ij}，σ_{ij} 必使下述广义泛函为驻值：

$$\Pi_{IIA}=\iiint_{\tau}\{B(\sigma_{ij})+(\sigma_{ij,j}+F_i)u_i\}d\tau-\iint_{S_u}\sigma_{ij}n_j\bar{u}_idS \qquad (7.225)$$

变分原理 IIB（小位能线性弹性理论的不完全的广义余能原理之二）：

在满足平衡方程(7.15)式的所有允许的 u_i，e_{ij}，σ_{ij} 中，实际

的 u_i, e_{ij}, σ_{ij} 必使下述广义泛函为驻值

$$\Pi_{\mathrm{IIB}}=\iiint_\tau B(\sigma_{ij})d\tau-\iint_{S_p}(\sigma_{ij}n_j-\bar{p}_i)u_idS-\iint_{S_u}\sigma_{ij}n_j\bar{u}_idS \tag{7.226}$$

变分原理 II*C*（小位移线性弹性理论的不完全的广义余能原理之三）：

在满足边界法向外力已知的条件 $(\sigma_{ij}n_j-\bar{p}_i)n_i=0$ 的所有允许的 u_i, e_{ij}, σ_{ij} 中，实际的 u_i, e_{ij}, σ_{ij} 必使下列广义泛函为驻值：

$$\Pi_{\mathrm{IIC}}=\iiint_\tau\{B(\sigma_{ij})+(\sigma_{ij,j}+F_i)u_i\}d\tau-\iint_{S_u}\sigma_{ij}\bar{u}_jn_idS$$
$$-\iint_{S_p}(\sigma_{ij}n_j-\bar{p}_i)t_{\alpha i}u_kt_{\alpha k}dS \tag{7.227}$$

变分原理 II*D*（小位移线性弹性理论的不完全的广义余能原理之四）：

在满足边界切向外力已知的条件 $(\sigma_{ij}n_j-\bar{p}_i)t_{\alpha i}=0\ (\alpha=1,2)$ 的所有允许的 u_i, e_{ij}, σ_{ij} 中，实际的 u_i, e_{ij}, σ_{ij} 必使下列广义泛函为驻值：

$$\Pi_{\mathrm{IIC}}=\iiint_\tau\{B(\sigma_{ij})+(\sigma_{ij,j}+F_i)u_i\}d\tau-\iint_{S_u}\sigma_{ij}\bar{u}_jn_idS$$
$$-\iint_{S_p}(\sigma_{ij}n_j-\bar{p}_i)n_iu_kn_kdS \tag{7.228}$$

也还有满足任意的一个或两个的外力已知边界条件的不完全的广义余能原理.

变分原理 II*E*（小位移线性弹性理论的不完全的广义余能原理之五）：

在满足一个平衡方程 $\sigma_{1j,j}+F_1=0$ 的所有允许的 u_i, e_{ij}, σ_{ij} 中，实际的 u_i, e_{ij}, σ_{ij} 必使下列广义泛函为驻值：

$$\Pi_{\mathrm{IIE}}=\iiint_\tau\{B(\sigma_{ij})+(\sigma_{2j,j}+F_2)u_2+(\sigma_{3j,j}+F_3)u_3\}d\tau$$

$$-\iint_{S_u}\sigma_{ij}n_j\bar{u}_i dS-\iint_{S_p}(\sigma_{ij}n_j-\bar{p}_i)u_i dS \qquad (7.229)$$

也可以有满足任意个(两个以下)平衡方程的变分，它们也都是不完全的广义余能原理.

变分原理 IIF (小位移线性弹性理论的不完全的广义余能原理之六):

在满足某一平衡方程 $(\sigma_{1j,j}+F_1=0)$，和某一边界外力已知条件(法向外力已知 $(\sigma_{ij}n_j-\bar{p}_i n_i=0)$ 的所有允许的 u_i，e_{ij}，σ_{ij} 中，实际的 u_i，e_{ij}，σ_{ij} 必使下列广义泛函为驻值:

$$\Pi_{\mathrm{IIF}}=\iiint_{\tau}\{B(\sigma_{ij})+(\sigma_{2j,j}+F_2)u_2+(\sigma_{3j,j}+F_3)u_3\}d\tau$$
$$-\iint_{S_u}\sigma_{ij}n_j\bar{u}_i dS-\iint_{S_p}(\sigma_{ij}n_j-\bar{p}_i)t_{\alpha i}u_k t_{\alpha k}dS \qquad (7.230)$$

其实可以有满足任意个(二个以下)平衡方程和任意个(二个以下)边界外力已知条件的变分，甚至在三个平衡方程和三个边界外力已知条件中，只有任意一个不满足的那种变分，都是不完全的广义余能原理.

变分原理 IIB 也就是卞学璜用来处理断裂力学中应力强度因子的变分原理(1972)[14].

§7.8 弹性理论小位移变形问题的分区完全或不完全的广义变分原理

变分原理有时须要分区进行. 现在让我们用分成两个区域的情况来典型地说明它的泛函的形式. 设弹性体的体积可以分为两部分，即 $\tau=\tau_1+\tau_2$，在 τ_1 的表面上有 S_{p1}，S_{u1} 两部份，在 τ_2 的表面上有 S_{p2}，S_{u2} 两部份，S_{p1}，S_{p2} 是外力已给的表面，S_{u1}，S_{u2} 是位移已给的表面，τ_1 和 τ_2 的交界面为 S_0. 设在 S_0 上从 τ_1 指向 τ_2 的法向单位矢量用 $n_j^{(1)}$，从 τ_2 指向 τ_1 的法向单位矢量为 $n_j^{(2)}$，它们的大小相等，方向相反，即

$$n_j^{(1)}=-n_j^{(2)} \qquad (7.231)$$

变分原理 IG（小位移线性弹性分区最小位能原理）：

设弹性体的体积分成两个区域，τ_1，τ_2；在 τ_α 中的位移、应变、应力分别用 $u_i^{(\alpha)}$，$e_{ij}^{(\alpha)}$，$\sigma_{ij}^{(\alpha)}$ 表示 $(\alpha=1, 2)$. 设在交界面 S_0 上位移和应力的合力连续，即

$$u_i^{(1)}-u_i^{(2)}=0, \quad \sigma_{ij}^{(1)}n_j^{(1)}+\sigma_{ij}^{(2)}n_j^{(2)}=0 \quad \text{在 } S_0 \text{ 上} \tag{7.232}$$

在表面 S_{u1}，S_{u2} 上满足位移已给的边界条件 (7.13) 式和在 τ_1，τ_2 中满足位移应变关系 (7.1) 式，而且在 S_0 上位移连续的 $u_i^{(\alpha)}$，$e_{ij}^{(\alpha)}$，$\sigma_{ij}^{(\alpha)}$ 中，实际的 $u_i^{(\alpha)}$，$e_{ij}^{(\alpha)}$，$\sigma_{ij}^{(\alpha)}$ 必使下列泛函为最小值：

$$\Pi_{IG}=\sum_\alpha\left\{\iiint_{\tau_\alpha}[A(e_{ij}^{(\alpha)})-F_i^{(\alpha)}u_i^{(\alpha)}]d\tau_\alpha-\iint_{S_{p\alpha}}\bar{p}_i^{(\alpha)}u_i^{(\alpha)}dS_\alpha\right\} \tag{7.233}$$

证明　变分得

$$\delta\Pi_{IG}=\sum_\alpha\left\{\iiint_{\tau_\alpha}[\sigma_{ij}^{(\alpha)}\delta e_{ij}^{(\alpha)}-F_i^{(\alpha)}\delta u_i^{(\alpha)}]d\tau_\alpha-\iint_{S_{p\alpha}}\bar{p}_i^{(\alpha)}\delta u_i^{(\alpha)}dS_\alpha\right\} \tag{7.234}$$

但是，通过分部积分，利用应变位移关系 (7.1) 式

$$\begin{aligned}\iiint_{\tau_\alpha}\sigma_{ij}^{(\alpha)}\delta e_{ij}^{(\alpha)}d\tau&=\iiint_{\tau_\alpha}\sigma_{ij}^{(\alpha)}\delta u_{i,j}^{(\alpha)}d\tau_\alpha\\&=\iint_{S_{p\alpha}+S_{u\alpha}+S_0}\sigma_{ij}^{(\alpha)}n_j^{(\alpha)}\delta u_i^{(\alpha)}dS-\iiint_{\tau_\alpha}\sigma_{ij,j}^{(\alpha)}\delta u_i^{(\alpha)}d\tau_\alpha\end{aligned} \tag{7.235}$$

把 (7.235) 式代入 (7.234) 式，同样利用位移已给的条件，即

$$u_i^{(\alpha)}=\bar{u}_i^{(\alpha)} \quad \text{或} \quad \delta u_i^{(\alpha)}=0 \qquad \text{在 } S_{u\alpha} \text{ 上} \tag{7.236}$$

得

$$\begin{aligned}\delta\Pi_{IG}=\sum_\alpha\Big\{&-\iiint_{\tau_\alpha}(\sigma_{ij,j}^{(\alpha)}+F_i^{(\alpha)})\delta u_i^{(\alpha)}d\tau_\alpha\\&+\iint_{S_{p\alpha}}[\sigma_{ij}^{(\alpha)}n_j^{(\alpha)}-\bar{p}_i^{(\alpha)}]\delta u_i^{(\alpha)}dS_\alpha+\iint_{S_0}\sigma_{ij}^{(\alpha)}n_j^{(\alpha)}\delta u_i^{(\alpha)}dS\Big\}\end{aligned} \tag{7.237}$$

根据 (7.232) 式的交界面连续条件，

$$\sum_\alpha\iint_{S_0}\sigma_{ij}^{(\alpha)}n_j^{(\alpha)}\delta u_i^{(\alpha)}dS=\iint_{S_0}\left[\sum_\alpha\sigma_{ij}^{(\alpha)}n_j^{(\alpha)}\right]\delta u_i^{(1)}dS=0 \tag{7.238}$$

最后得

$$\delta \Pi_{\mathrm{IG}} = \sum_{\alpha} \left\{ -\iiint_{\tau_\alpha} (\sigma_{ij,j}^{(\alpha)} + F_i^{(\alpha)}) \delta u_i^{(\alpha)} d\tau_\alpha + \iint_{S_{p\alpha}} (\sigma_{ij}^{(\alpha)} n_j^{(\alpha)} - \bar{p}_i^{(\alpha)}) \delta u_i^{(\alpha)} dS_\alpha \right\} \tag{7.239}$$

所以得分区的平衡方程

$$\sigma_{ij}^{(\alpha)} + F_i^{(\alpha)} = 0 \qquad 在\ \tau_\alpha\ 内 \tag{7.240a}$$

和外力已知的分区边界条件

$$\sigma_{ij}^{(\alpha)} n_j^{(\alpha)} = \bar{p}_i^{(\alpha)} \qquad 在\ S_{p\alpha}\ 上 \tag{7.240b}$$

最小值的证明也和一般最小位能原理的相同. 这就指出，只要保证交界面上的位移和应力的连续性，最小位能原理就可以分区进行计算. 这是有限元计算的基础定理.

同样，对于最小余能原理而言，我们也有类似的变分原理.

变分原理 IIG（小位移线性弹性分区最小余能原理）:

设弹性体的体积分成两个区域 τ_1, τ_2, 在 τ_α 中满足平衡方程 (7.15) 式，在 $S_{p\alpha}$ 上满足外力已给的边界条件 (7.12) 式，而且在 S_0 上应力合力连续的 $u_i^{(\alpha)}$, $e_{ij}^{(\alpha)}$, $\sigma_{ij}^{(\alpha)}$ 中，实际的 $u_i^{(\alpha)}$, $e_{ij}^{(\alpha)}$, $\sigma_{ij}^{(\alpha)}$ 必使下列泛函为最小值:

$$\Pi_{\mathrm{IIG}} = \sum_{\alpha} \left\{ \iiint_{\tau_\alpha} [e_{ij}^{(\alpha)} \sigma_{ij}^{(\alpha)} - A(e_{ij}^{(\alpha)})] d\tau_\alpha - \iint_{S_{u\alpha}} \sigma_{ij}^{(\alpha)} n_j^{(\alpha)} \bar{u}_i^{(\alpha)} dS_\alpha \right\} \tag{7.241}$$

其证明和变分原理 IG 类似，不再重复.

现在让我们放松交界面的连续条件 (7.232) 式. 对于最小位能原理而言，关键是交界面的位移连续条件，有关应力连续条件和外力已知的条件相似，是可以通过变分得到自然满足的. 为此，我们可以引用拉格朗日乘子 λ_i, 把交界面的位移连续条件吸收入最小位能原理的泛函中去，组成新的广义变分原理的泛函

$$\Pi_{\mathrm{IG}}^* = \sum_{\alpha} \left\{ \iiint_{\tau_\alpha} [A(e_{ij}^{(\alpha)}) - F_i^{(\alpha)} u_i^{(\alpha)}] d\tau_\alpha - \iint_{S_{p\alpha}} \bar{p}_i^{(\alpha)} u_i^{(\alpha)} dS \right\}$$

$$+\iint_{S_0}\lambda_i(u_i^{(1)}-u_i^{(2)})dS \tag{7.242}$$

变分，并利用 (7.237) 式，得

$$\begin{aligned}\delta\Pi_{1G}^{*}=&\sum_{\alpha}\left\{-\iiint_{\tau_\alpha}(\sigma_{ij,j}^{(\alpha)}+F_i^{(\alpha)})\delta u_i^{(\alpha)}d\tau_\alpha\right.\\&\left.+\iint_{S_{p\alpha}}(\sigma_{ij}^{(\alpha)}n_j^{(\alpha)}-\bar{p}^{(\alpha)})\delta u^{(\alpha)}dS_\alpha\right\}+\sum_{\alpha}\iint_{S_0}\sigma_{ij}^{(\alpha)}n_j^{(\alpha)}\delta u_i^{(\alpha)}dS\\&+\iint_{S_0}(u_i^{(1)}-u_i^{(2)})\delta\lambda_i dS+\iint_{S_0}\lambda_i(\delta u_i^{(1)}-\delta u_i^{(2)})dS\end{aligned} \tag{7.243}$$

但是

$$\begin{aligned}&\sum_{\alpha=1}^{2}\sigma_{ij}^{(\alpha)}n_j^{(\alpha)}\delta u_i^{(\alpha)}+\lambda_i(\delta u_i^{(1)}-\delta u_i^{(2)})\\&\quad=(\sigma_{ij}^{(1)}n_j^{(1)}+\lambda_i)\delta u_i^{(1)}+(\sigma_{ij}^{(2)}n_j^{(2)}-\lambda_i)\delta u_2^{(2)}\end{aligned} \tag{7.244}$$

于是 (7.243) 式可以化为驻值条件

$$\begin{aligned}\delta\Pi_{1G}^{*}=&\sum_{\alpha}\left\{-\iiint_{\tau_\alpha}(\sigma_{ij,j}^{(\alpha)}+F_i^{(\alpha)})\delta u_i^{(\alpha)}d\tau_\alpha\right.\\&\left.+\iint_{S_{p\alpha}}(\sigma_{ij}^{(\alpha)}n_j^{(\alpha)}-\bar{p}^{(\alpha)})\delta u^{(\alpha)}dS_\alpha\right\}\\&+\iint_{S_0}(u_i^{(1)}-u_i^{(2)})\delta\lambda_i dS+\iint_{S_0}(\sigma_{ij}^{(1)}n_j^{(1)}+\lambda_i)\delta u_i^{(1)}dS\\&+\iint_{S_0}(\sigma_{ij}^{(2)}n_j^{(2)}-\lambda_i)\delta u_2^{(2)}dS=0\end{aligned} \tag{7.245}$$

其中 $\delta u_i^{(\alpha)}$, $\delta\lambda_i$ 等都是独立变量，所以得

(1) 欧拉方程

$$\sigma_{ij}^{(\alpha)}+F_i^{(\alpha)}=0 \qquad (\text{在 } \tau_\alpha \text{ 内}) \tag{7.246a}$$

(2) 外力已给边界条件

$$\sigma_{ij}^{(\alpha)}n_j^{(\alpha)}-\bar{p}^{(\alpha)}=0 \qquad (\text{在 } S_{p\alpha} \text{ 上}) \tag{7.246b}$$

(3) 位移连续条件

$$u_i^{(1)}=u_i^{(2)} \qquad (\text{在 } S_0 \text{ 上}) \tag{7.246c}$$

(4) 决定 λ_i 的条件

$$\lambda_i = -\sigma_{ij}^{(1)} n_j^{(1)} = \sigma_{ij}^{(2)} n_j^{(2)} \quad (\text{在 } S_0 \text{ 上}) \tag{7.246d}$$

从 (7.246d) 式，我们可以看到应力合力 $\sigma_{ij}^{(1)} n_j^{(1)}$ 和 $\sigma_{ij}^{(2)} n_j^{(2)}$ 必大小相等方向相反. 所以 (7.242) 式的交界面积分可以写成

$$\iint_{S_0} \lambda_i (u_i^{(1)} - u_i^{(2)}) dS_0 = -\iint_{S_0} e_{ij}^{(1)} n^{(1)} (u_i^{(1)} - u_i^{(2)}) dS_0$$
$$= -\iint_{S_0} e_{ij}^{(2)} n^{(2)} (u_i^{(2)} - u_i^{(1)}) dS_0 \tag{7.247}$$

也可以写成

$$\iint_{S_0} \lambda_i (u_i^{(1)} - u_i^{(2)}) dS_0 = -\frac{1}{2} \sum_{\alpha} \iint_{S_0} e_{ij}^{(\alpha)} n_j^{(\alpha)} (u_i^{(\alpha)} - u_i^{(\alpha')}) dS_0 \tag{7.248}$$

其 α' 代表 α 的对立面标号，例如 α 为 1 时，α' 为 2；α 为 2 时，α' 为 1. 于是放松了交界面连续条件的分区广义位能原理可以写成

分区广义位能原理 IG* (小位移线性弹性理论分区的不完全的广义位能原理):

设弹性体的体积分成两个区域 τ_1，τ_2，在表面 S_{u1}，S_{u2} 上满足位移已给的边界条件 (7.13) 式，和在 τ_1，τ_2 中满足位移应变关系 (7.1) 式的一切 $u_i^{(\alpha)}$，$e_{ij}^{(\alpha)}$，$\sigma_{ij}^{(\alpha)}$ 中，实际的 $u_i^{(\alpha)}$，$e_{ij}^{(\alpha)}$，$\sigma_{ij}^{(\alpha)}$ 必使下列泛函为驻值:

$$\Pi_{IG}^{*} = \sum_{\alpha} \left\{ \iiint_{\tau_\alpha} [A(e_{ij}^{(\alpha)}) - F_i^{(\alpha)} u_i^{(\alpha)}] d\tau_\alpha - \iint_{S_{p\alpha}} p_i^{(\alpha)} u_i^{(\alpha)} dS_\alpha \right.$$
$$\left. - \frac{1}{2} \iint_{S_0} \sigma_{ij}^{(\alpha)} n_j^{(\alpha)} (u_i^{(\alpha)} - u_i^{(\alpha')}) dS_0 \right\} \tag{7.249}$$

这样求得的 $u_i^{(\alpha)}$，$e_{ij}^{(\alpha)}$，$\sigma_{ij}^{(\alpha)}$ 必满足位移和应力的合力在 S_0 上的连续条件. (7.249) 式中的 α' 代表 S_0 上与 α 对立的编号.

这个分区广义位能原理还可以进一步推广到弹性体分成 n 个区域的问题上去.

分区广义位能原理 IG** (小位移线性弹性分 N 区的不完全的广义位能原理):

设弹性体分成N个区域 $\tau_\alpha(\alpha=1,2,\cdots,N)$，在表面$S_{u\alpha}(\alpha=1,2,\cdots,N)$上满足位移已给的边界条件(7.13)式,和在 $\tau_\alpha(\alpha=1,2,\cdots,N)$中满足位移应变关系(7.1)式的一切$u_i^{(\alpha)}$，$e_{ij}^{(\alpha)}$，$\sigma_{ij}^{(\alpha)}(\alpha=1,2,\cdots,N)$中，实际的$u_i^{(\alpha)}$，$e_{ij}^{(\alpha)}$，$\sigma_{ij}^{(\alpha)}$必使下列泛函为驻值:

$$\Pi_{\mathrm{IG}}^{**}=\sum_{\alpha=1}^{N}\left\{\iiint_{\tau_\alpha}[A(e_{ij}^{(\alpha)})-F_i^{(\alpha)}u_i^{(\alpha)}]d\tau_\alpha-\iint_{S_{p\alpha}}p_i^{(\alpha)}u_i^{(\alpha)}dS_\alpha\right.$$
$$\left.-\frac{1}{2}\iint_{S_0}e_{ij}^{(\alpha)}n_j^{(\alpha)}(u_i^{(\alpha)}-u_i^{(\alpha')})dS_0\right\}\tag{7.250}$$

这里的S_0指τ_α域和它相邻的诸区域的交界面. α'为τ_α域相邻的诸域的标号.

这样求得的$u_i^{(\alpha)}$，$e_{ij}^{(\alpha)}$，$\sigma_{ij}^{(\alpha)}$必满足位移和应力的合力在一切S_0上的连续条件，而且满足平衡条件(7.15)式和外力已给的边界条件.

如果在有限元计算中，我们不要在有限元的边界上满足全部位移和应力的连续条件(在有限元法中称为非协调的有限元)，则我们就应该用这个分区广义位能原理IG^{**}作为有限元计算的基础.

同样,我们也可以有分区的广义余能原理.

分区广义余能原理 IIG** (小位移线性弹性分N区的不完全的广义余能原理):

设弹性体分成N个区域 $\tau_\alpha(\alpha=1,2,3,\cdots,N)$，在表面$S_{p\alpha}(\alpha=1,2,\cdots,N)$中满足外力已给的边界条件(7.12)式,在$\tau_\alpha(\alpha=1,2,\cdots,N)$中满足平衡方程(7.15)式的一切$u^{(\alpha)}$，$e_{ij}^{(\alpha)}$，$\sigma_{ij}^{(\alpha)}(\alpha=1,2,\cdots,N)$中,实际的$u_i^{(\alpha)}$，$e_{ij}^{(\alpha)}$，$\sigma_{ij}^{(\alpha)}$必使下列泛函为驻值:

$$\Pi_{\mathrm{IIG}}^{**}=\sum_{\alpha=1}^{N}\left\{\iiint_{\tau_\alpha}B(\sigma_{ij}^{(\alpha)})d\tau_\alpha-\iint_{S_{u\alpha}}\sigma_{ij}^{(\alpha)}n_j^{(\alpha)}\bar{u}_i^{(\alpha)}dS_\alpha\right.$$

$$-\frac{1}{2}\iint_{S_0} u_i^{(\alpha)}(\sigma_{ij}^{(\alpha)}n_j^{(\alpha)}+\sigma_{ij}^{(\alpha')}n_j^{(\alpha')})dS_0\Big\} \tag{7.251}$$

其中 S_0 指 τ_α 域和它相邻的诸区域的交界面，α' 为与 τ_α 域相邻的诸域的标号．同时，必须指出 $n_j^{(\alpha)}=-n_j^{(\alpha')}$．

以分区广义位能原理 IG** 和分区广义余能原理 IIG** 为基础，我们可以写出分区广义变分原理的位能形式和余能形式．

分区广义变分原理的位能形式 IH（小位移线性弹性分 N 区的完全的广义变分原理）：

设弹性体分成 N 个区域 $\tau_\alpha(\alpha=1,2,\cdots,N)$，在一切 $u_i^{(\alpha)}$，$e_{ij}^{(\alpha)}$，$\sigma_{ij}^{(\alpha)}$ 中，使下列泛函为驻值的 $u_i^{(\alpha)}$，$e_{ij}^{(\alpha)}$，$\sigma_{ij}^{(\alpha)}$，必满足平衡方程(7.15)式，应变位移关系(7.1)式，位移已给的边界条件(7.13)式，外力已给的边界条件(7.12)式，和诸区域 τ_α 的交界面 S_0' 上的位移和应力合力的连续条件：

$$\begin{aligned}\Pi_{IH}=\sum_{\alpha=1}^{N}\iiint_{\tau_\alpha}\Big\{&A(e_{ij}^{(\alpha)})-F_i^{(\alpha)}u_i^{(\alpha)}\\&-\sigma_{ij}^{(\alpha)}\left[e_{ij}^{(\alpha)}-\frac{1}{2}(u_{i,j}^{(\alpha)}+u_{j,i}^{(\alpha)})\right]\Big\}d\tau\\&-\sum_{\alpha=1}^{N}\Big\{\iint_{S_{p\alpha}}\bar{p}_i^{(\alpha)}u_i^{(\alpha)}dS_\alpha+\iint_{S_{u\alpha}}\sigma_{ij}^{(\alpha)}n_j^{(\alpha)}(u_i^{(\alpha)}-\bar{u}_i^{(\alpha)})dS_\alpha\\&+\frac{1}{2}\iint_{S_0}e_{ij}^{(\alpha)}n_j^{(\alpha)}(u_i^{(\alpha)}-u_i^{(\alpha')})dS_0\Big\}\end{aligned} \tag{7.252}$$

其中 α' 为 τ_α 域相邻诸域的标号．

分区广义变分原理的余能形式 IIH（小位移线性弹性分 N 区的完全的广义变分原理）：

设弹性体分成 N 个区域 $\tau_\alpha(\alpha=1,2,\cdots,N)$．在一切 $u_i^{(\alpha)}$，$e_{ij}^{(\alpha)}$，$\sigma_{ij}^{(\alpha)}$ 中，使下列泛函为驻值的 u_i，e_{ij}，σ_{ij}，必满足平衡方程(7.15)式，应变位移关系(7.1)式，位移已给的边界条件(7.13)式，外力已给的边界条件(7.12)式，和诸区域间交界面 S_0 上的位移和应力合力的连续条件：

$$\Pi_{IIH} = \sum_{\alpha=1}^{N} \iiint_{\tau_\alpha} \{B(\sigma_{ij}^{(\alpha)}) + (\sigma_{ij,j}^{(\alpha)} + F_i^{(\alpha)})u_i^{(\alpha)}\}d\tau_\alpha$$

$$- \sum_{\alpha=1}^{N} \left\{ \iint_{S_{p\alpha}} (\sigma_{ij}^{(\alpha)} n_j^{(\alpha)} - \bar{p}_i^{(\alpha)})u_i^{(\alpha)} dS_\alpha + \iint_{S_{u\alpha}} \sigma_{ij}^{(\alpha)} n_j^{(\alpha)} \bar{u}_i^{(\alpha)} dS_\alpha \right.$$

$$\left. + \frac{1}{2} \iint_{S_0} u_i^{(\alpha)} (\sigma_{ij}^{(\alpha)} n_j^{(\alpha)} + \sigma_{ij}^{(\alpha')} n_j^{(\alpha')}) dS_0 \right\} \tag{7.253}$$

其中 α' 为 τ_α 域相邻诸域的标号.

在注意到

$$\sum_{\alpha=1}^{N} \iint_{S_0} u_i^{(\alpha)} \sigma_{ij}^{(\alpha')} n_j^{(\alpha')} dS_0 = \sum_{\alpha=1}^{N} \iint_{S_0} u_i^{(\alpha')} \sigma_{ij}^{(\alpha)} n_j^{(\alpha)} dS_0 \tag{7.253a}$$

后,我们很易证明

$$\Pi_{IIH} = -\Pi_{IH} \tag{7.253b}$$

也即是说,分区的广义变分原理 IH 和 IIH 是一个广义变分原理的两种形式,它们是完全互等的(只差一个正负号).

广义变分原理 IH 和 IIH 有许多种不完全的形式. 例如:

分区广义位能原理 IH1 (小位移线性弹性分 N 区的不完全的广义位能原理之一):

在满足应变位移关系 (7.1) 式的一切 $u_i^{(\alpha)}$, $e_{ij}^{(\alpha)}$, $\sigma_{ij}^{(\alpha)}$ 中, 实际的 $u_i^{(\alpha)}$, $e_{ij}^{(\alpha)}$, $\sigma_{ij}^{(\alpha)}$ 必使下列泛函为驻值:

$$\Pi_{IH1} = \sum_{\alpha=1}^{N} \left\{ \iiint_{\tau_\alpha} [A(e_{ij}^{(\alpha)}) - F_i^{(\alpha)} u_i^{(\alpha)}] d\tau - \iint_{S_{p\alpha}} \bar{p}_i^{(\alpha)} u_i^{(\alpha)} dS_\alpha \right.$$

$$- \iint_{S_{u\alpha}} \sigma_{ij}^{(\alpha)} n_j^{(\alpha)} (u_i^{(\alpha)} - \bar{u}_i^{(\alpha)}) dS_\alpha$$

$$\left. - \iint_{S_0} e_{ij}^{(\alpha)} n_j^{(\alpha)} (u_i^{(\alpha)} - u_i^{(\alpha')}) dS_0 \right\} \tag{7.254}$$

分区广义位能原理 IH2 (小位移线性弹性分 N 区的不完全的广义位能原理之二):

在满足位移已给的边界条件 (7.13) 式的一切 $u_i^{(\alpha)}$, $e_{ij}^{(\alpha)}$, $\sigma_{ij}^{(\alpha)}$

中，实际的 $u_i^{(\alpha)}$, $e_{ij}^{(\alpha)}$, $\sigma_{ij}^{(\alpha)}$ 必使下列泛函为驻值：

$$\Pi_{\mathrm{I}H2}=\sum_{\alpha=1}^{N}\iiint_{\tau_\alpha}\Big\{A(e_{ij}^{(\alpha)})-F_i^{(\alpha)}u_i^{(\alpha)}$$
$$-\sigma_{ij}^{(\alpha)}\left(e_{ij}^{(\alpha)}-\frac{1}{2}u_{i,j}^{(\alpha)}-\frac{1}{2}u_{j,i}^{(\alpha)}\right)\Big\}d\tau_\alpha$$
$$-\sum_{\alpha=1}^{N}\Big\{\iint_{S_{p\alpha}}\bar{p}_i^{(\alpha)}-u_i^{(\alpha)}dS_\alpha$$
$$+\frac{1}{2}\iint_{S_0}e_{ij}^{(\alpha)}n_i^{(\alpha)}(u_i^{(\alpha)}-u_i^{(\alpha')})dS_0\Big\}\qquad(7.255)$$

分区广义位能原理 I*H*3（小位移线性弹性分*N*区的不完全的广义位能原理之三）：

在满足位移到处连续的一切 $u_i^{(\alpha)}$, $e_{ij}^{(\alpha)}$, $\sigma_{ij}^{(\alpha)}$ 中，实际的 $u_i^{(\alpha)}$, $e_{ij}^{(\alpha)}$, $\sigma_{ij}^{(\alpha)}$ 必使下列泛函为驻值：

$$\Pi_{\mathrm{I}H2}=\sum_{\alpha=1}^{N}\Big\{\iiint_{\tau_\alpha}\Big[A(e_{ij}^{(\alpha)})-F_i^{(\alpha)}u_i^{(\alpha)}$$
$$-\sigma_{ij}^{(\alpha)}\left(e_{ij}^{(\alpha)}-\frac{1}{2}u_{i,j}^{(\alpha)}-\frac{1}{2}u_{j,i}^{(\alpha)}\right)\Big]d\tau_\alpha$$
$$-\iint_{S_{p\alpha}}\bar{p}_i^{(\alpha)}u_i^{(\alpha)}dS_\alpha-\iint_{S_{u\alpha}}\sigma_{ij}^{(\alpha)}n_j^{(\alpha)}(u_i^{(\alpha)}-\bar{u}_i^{(\alpha)})dS_\alpha\Big\}\qquad(7.256)$$

分区广义余能原理 II*H*1（小位移线性弹性分*N*区的不完全的广义余能原理之一）：

在满足平衡方程 (7.15) 式的一切 $u_i^{(\alpha)}$, $e_{ij}^{(\alpha)}$, $\sigma_{ij}^{(\alpha)}$ 中，实际的 $u_i^{(\alpha)}$, $e_{ij}^{(\alpha)}$, $\sigma_{ij}^{(\alpha)}$ 必使下列泛函为驻值：

$$\Pi_{\mathrm{II}H1}=\sum_{\alpha=1}^{N}\Big\{\iiint_{\tau_\alpha}B(\sigma_{ij}^{(\alpha)})d\tau_\alpha-\iint_{S_{p\alpha}}(\sigma_{ij}^{(\alpha)}n_j^{(\alpha)}-\bar{p}_i^{(\alpha)})u_i^{(\alpha)}dS_\alpha$$
$$-\iint_{S_{u\alpha}}(\sigma_{ij}^{(\alpha)}n_j^{(\alpha)}\bar{u}_i^{(\alpha)})dS_\alpha$$
$$-\frac{1}{2}\iint_{S_0}u_i^{(\alpha)}(\sigma_{ij}^{(\alpha)}n_j^{(\alpha)}+\sigma_{ij}^{(\alpha')}n_j^{(\alpha')})dS_0\Big\}\qquad(7.257)$$

分区广义余能原理 IIH2（小位移线性弹性分N区的不完全的广义余能原理之二）：

在满足外力已知的边界条件(7.12)式的一切$u_i^{(\alpha)}$，$e_{ij}^{(\alpha)}$，$\sigma_{ij}^{(\alpha)}$中，实际的$u_i^{(\alpha)}$，$e_{ij}^{(\alpha)}$，$\sigma_{ij}^{(\alpha)}$必使下列泛函为驻值.

$$
\begin{aligned}
\Pi_{\mathrm{II}H2}=\sum_{\alpha=1}^{N}\Big\{&\iiint_{\tau_\alpha}[B(\sigma_{ij}^{(\alpha)})+(\sigma_{ij,j}^{(\alpha)}+F_i^{(\alpha)})u_i^{(\alpha)}]d\tau_\alpha \\
&-\iint_{S_{u\alpha}}\sigma_{ij}^{(\alpha)}n_j^{(\alpha)}\bar{u}_i^{(\alpha)}dS_\alpha \\
&-\frac{1}{2}\iint_{S_0}u_i^{(\alpha)}(\sigma_{ij}^{(\alpha)}n_j^{(\alpha)}+\sigma_{ij}^{(\alpha')}n_j^{(\alpha')})dS_0\Big\}
\end{aligned}
\tag{7.258}
$$

分区广义余能原理 IIH3（小位移线性弹性分N区的不完全的广义余能原理之三）：

在满足应力合力到处连续的一切$u_i^{(\alpha)}$，$e_{ij}^{(\alpha)}$，$\sigma_{ij}^{(\alpha)}$中，实际的$u_i^{(\alpha)}$，$e_{ij}^{(\alpha)}$，$\sigma_{ij}^{(\alpha)}$必使下列泛函为驻值：

$$
\begin{aligned}
\Pi_{\mathrm{II}H3}=\sum_{\alpha=1}^{N}\Big\{&\iiint_{\tau_\alpha}[B(\sigma_{ij}^{(\alpha)})+(\sigma_{ij,j}^{(\alpha)}+F_i^{(\alpha)})u_i^{(\alpha)}]d\tau_\alpha \\
&-\iint_{S_{p\alpha}}(\sigma_{ij}^{(\alpha)}n_j^{(\alpha)}-\bar{p}_i^{(\alpha)})u_i^{(\alpha)}dS_\alpha-\iint_{S_{u\alpha}}\sigma_{ij}^{(\alpha)}n_j^{(\alpha)}\bar{u}_i^{(\alpha)}dS_\alpha\Big\}
\end{aligned}
\tag{7.259}
$$

还有其它的分区的不完全的广义位能和余能原理，其情况类似，将不再一一列举.

在下面将列举在各个区域内满足不同条件的混合变分原理.

变分原理 III（小位移线性弹性理论的分区混合变分原理）：

设$\tau=\tau_1+\tau_2$，在τ_α表面上有$S_{p\alpha}+S_{u\alpha}$，$(\alpha=1,2)$，而且$S_u=S_{u1}+S_{u2}$，$S_p=S_{p1}+S_{p2}$. 设τ_1内的$u_i^{(1)}$，$e_{ij}^{(1)}$，$\sigma_{ij}^{(1)}$满足应变位移关系(7.1)式，在S_{u1}上满足边界位移已给的条件(7.13)式；τ_2内的$u_i^{(2)}$，$e_{ij}^{(2)}$，$\sigma_{ij}^{(2)}$满足平衡方程(7.15)式，在S_{p2}上满足边界外力已给的条件(7.12)式，而且在τ_1和τ_2的交界面S_0上，$u_i^{(1)}$和$u_i^{(2)}$连续，$n_j^*\sigma_{ij}^{(1)}$和$\sigma_{ij}^{(2)}n_i^*$连续，（其中n_j^*为S_0上的法向单位矢

量，从 τ_1 指向 τ_2 为正)，即

$$n_j^*\sigma_{ij}^{(1)}=n_j^*\sigma_{ij}^{(2)}=n_j^*\sigma_{ij}^*,\qquad u_i^{(1)}=u_i^{(2)}=u_i^* \tag{7.260}$$

则在一切满足上述诸条件的 $u_i^{(\alpha)}$, $e_{ij}^{(\alpha)}$, $\sigma_{ij}^{(\alpha)}(\alpha=1,2)$ 中，实际的 $u_i^{(\alpha)}$, $e_{ij}^{(\alpha)}$, $\sigma_{ij}^{(\alpha)}$ 必使下列泛函为驻值：

$$\begin{aligned}\Pi_{\text{III}}=&\iiint_{\tau_1}\{A(e_{ij}^{(1)})-F_i^{(1)}u_i^{(1)}\}d\tau_1\\&+\iiint_{\tau_2}\{A(e_{ij}^{(2)})-e_{ij}^{(2)}\sigma_{ij}^{(2)}\}d\tau_2-\iint_{S_{p1}}\bar{p}_iu_i^{(1)}dS\\&+\iint_{S_{u2}}\bar{u}_i\sigma_{ij}^{(2)}n_j^{(2)}dS-\iint_{S_0}\sigma_{ij}^*n_j^*u_i^*dS_0\end{aligned} \tag{7.261}$$

变分原理 III*（小位移线性弹性理论的完全的分区混合广义变分原理）：

设 $\tau=\tau_1+\tau_2$，在 τ_1 的表面上有 $S_{p1}+S_{u1}$，在 τ_2 的表面上有 $S_{p2}+S_{u2}$，而且 $S_u=S_{u1}+S_{u2}$，$S_p=S_{p2}+S_{p1}$. 在 τ_1 中，位移、应变、应力用 $u_i^{(1)}$, $e_{ij}^{(1)}$, $\sigma_{ij}^{(1)}$ 表示，在 τ_2 中，则用 $u_i^{(2)}$, $e_{ij}^{(2)}$, $\sigma_{ij}^{(2)}$ 表示. 满足 (7.1)，(7.5)，(7.12)，(7.13)，(7.15) 式诸关系而且在 S_0 (τ_1, τ_2 交界面)上连续的 $u_i^{(1)}, e_{ij}^{(1)}, \sigma_{ij}^{(1)}, u_i^{(2)}, e_{ij}^{(2)}, \sigma_{ij}^{(2)}$ 的解，必使下述混合泛函为驻值：

$$\begin{aligned}\Pi_{\text{III}}^*=&\iiint_{\tau_1}\left\{A(e_{ij}^{(1)})-\left[e_{ij}^{(1)}-\frac{1}{2}(u_{i,j}^{(1)}+u_{j,i}^{(1)})\right]\sigma_{ij}^{(1)}-F_iu_i^{(1)}\right\}d\tau_1\\&+\iiint_{\tau_2}\{A(e_{ij}^{(2)})-e_{ij}^{(2)}\sigma_{ij}^{(2)}-(\sigma_{ij,j}^{(2)}+F_i^{(2)})u_i^{(2)}\}d\tau_2\\&-\iint_{S_{p1}}\bar{p}_i^{(1)}u_i^{(1)}dS_1-\iint_{S_{u1}}(u_i^{(1)}-\bar{u}_i^{(1)})\sigma_{ij}^{(1)}n_j^{(1)}dS_1\\&-\iint_{S_{p2}}(\sigma_{ij}^{(2)}n_j-\bar{p}_i^{(2)})u_i^{(2)}dS_2+\iint_{S_{u2}}\sigma_{ij}^{(2)}n_j^{(2)}\bar{u}_i^{(2)}dS_2\\&-\iint_{S_0}(u_i^{(1)}\sigma_{ij}^{(1)}+u_i^{(2)}\sigma_{ij}^{(2)}-u_i^{(2)}\sigma_{ij}^{(1)})n_j^*dS_0\end{aligned} \tag{7.262}$$

其中 n_j^* 为界面 S_0 上从 τ_1 指向 τ_2 的法向单位矢量. 本定理可以用拉格朗日乘子法从定理 III 证明.

从变分原理 III 和从变分原理 III*，我们可以导出各级不完全的分区混合广义变分原理．例如：

变分原理 IIIA（小位移线性弹性理论的不完全的分区混合广义变分原理）：

设 $\tau=\tau_1+\tau_2$，在 τ_1 的表面上有 $S_{p1}+S_{u1}$，在 τ_2 的表面上有 $S_{u2}+S_{p2}$，而且 $S_u=S_{u1}+S_{u2}$，$S_p=S_{p1}+S_{p2}$，在 τ_1 中，位移、应变、应力用 $u_i^{(1)}$，$e_{ij}^{(1)}$，$\sigma_{ij}^{(1)}$ 表示，在 τ_2 中，则用 $u^{(2)}$，$e_{ij}^{(2)}$，$\sigma_{ij}^{(2)}$ 表示．在 τ_1 内满足 (7.1)，(7.13) 式，在 τ_2 内满足 (7.12)，(7.15) 的一切 $u_i^{(1)}$，$e_{ij}^{(1)}$，$\sigma_{ij}^{(1)}$，$u_i^{(2)}$，$e_{ij}^{(2)}$，$\sigma_{ij}^{(2)}$ 中，实际的 $u_i^{(1)}$，$e_{ij}^{(1)}$，$\sigma_{ij}^{(1)}$，$u_i^{(2)}$，$e_{ij}^{(2)}$，$\sigma_{ij}^{(2)}$ 必使泛函

$$
\begin{aligned}
\Pi_{\mathrm{III}A}=&\iiint_{\tau_1}\{A(e_{ij}^{(1)})-F_iu_i^{(1)}\}d\tau_1+\iiint_{\tau_2}\{A(e_{ij}^{(2)})-e_{ij}^{(2)}\sigma_{ij}^{(2)}\}d\tau_2\\
&-\iint_{S_{p1}}\bar{p}_iu_i^{(1)}dS_1+\iint_{S_{u2}}\sigma_{ij}^{(2)}n_j\bar{u}_idS_2\\
&-\iint_{S_0}[u_i^{(1)}\sigma_{ij}^{(1)}+u_i^{(2)}\sigma_{ij}^{(2)}-u_i^{(2)}\sigma_{ij}^{(1)}]n_j^*dS_0
\end{aligned}
\tag{7.263}
$$

为驻值，其中 n_j^* 为交界面 S_0 上从 τ_1 指向 τ_2 的法向单位矢量．

所有上述各种完全和不完全的广义变分原理，在计算特殊形状的弹性体受到较复杂的边界力作用下的有限元解时，都是很有用处的．

§ 7.9　任意形状薄板在复杂边界条件下的广义变分原理

在第二章 § 2.5 节我们曾经讨论过在边界位移变形已给的条件下薄板弯曲的广义变分原理，在本章 § 7.3 也曾讨论过最小余能原理对固定矩形板的应用．本节将建立任意形状的薄板在各种复杂边界条件下的完全的和不完全的广义变分原理．

在分布载荷 $q(x,y)$ 作用下薄板弯曲垂直位移 $w(x,y)$ 的微分方程为

$$
\frac{\partial^4 w}{\partial x^4}+2\frac{\partial^4 w}{\partial x^2\partial y^2}+\frac{\partial^4 w}{\partial y^4}=\frac{q(x,y)}{D}
\tag{7.264}
$$

边界条件共有四类:

(1) 边界位移 $\bar{w}$ 和边界斜度 $\overline{\frac{\partial w}{\partial n}}$ 已给的边界条件

$$w(s)-\bar{w}(s)=0,\quad \frac{\partial w}{\partial n}-\overline{\frac{\partial w}{\partial n}}=0 \qquad \text{在 } c_w \text{ 内} \tag{7.265}$$

(2) 边界外力 $\bar{Q}$ 及外力矩 $\bar{M}_n$ 已给的边界条件

$$\bar{M}_n=-D\left[\nu\nabla^2 w+(1-\nu)\frac{\partial^2 w}{\partial n^2}\right],$$

$$\bar{Q}=-D\left\{\frac{\partial}{\partial n}\left[\nabla^2 w+(1-\nu)\frac{\partial^2 w}{\partial s^2}\right]-(1-\nu)\frac{\partial}{\partial s}\frac{1}{\rho_s}\frac{\partial w}{\partial s}\right\}$$

$$\text{在 } c_f \text{ 内} \tag{7.266}$$

(3) 边界位移 $\bar{w}$ 和边界外力矩 $\bar{M}_n$ 已给的边界条件

$$w(s)-\overline{w(s)}=0,\quad \bar{M}_n=-D\left[\nu\nabla^2 w+(1-\nu)\frac{\partial^2 w}{\partial n^2}\right]$$

$$\text{在 } c_M \text{ 内} \tag{7.267}$$

(4) 边界斜度 $\overline{\frac{\partial w}{\partial n}}$ 和边界外力 $\bar{Q}$ 已给的边界条件

$$\frac{\partial w}{\partial n}=\overline{\frac{\partial w}{\partial n}},$$

$$\bar{Q}=-D\left\{\frac{\partial}{\partial n}\left[\nabla^2 w+(1-\nu)\frac{\partial^2 w}{\partial s^2}\right]-(1-\nu)\frac{\partial}{\partial s}\frac{1}{\rho_s}\frac{\partial w}{\partial s}\right\}$$

$$\text{在 } c_Q \text{ 内} \tag{7.268}$$

当边界有角点时,还有两种角点条件

(1) 角点位移 $\bar{w}_k$ 已给的角点条件

$$w=\bar{w}_k \qquad \text{在角点 } k \text{ 上} \tag{7.269}$$

(2) 角点垂直外力 $\bar{P}_m$ 已给的角点条件

$$\bar{P}_m=-(1-\nu)D\Delta\left(\frac{\partial^2 w}{\partial n\partial s}-\frac{1}{\rho_s}\frac{\partial w}{\partial s}\right)_m \qquad \text{在角点 } m \text{ 上} \tag{7.270}$$

在这些条件中,有关边界力矩,边界剪力和角点剪力的表达式,都可以从 (1.234b),(1.235a, b, c),各式中找到.

于是，**最小位能原理**（根据§2.5）可以写成：

在满足边界位移和斜度已给的条件

$$\left.\begin{aligned} &w(s)=\bar{w}(s) && (\text{在 } c_w, c_M \text{ 中和角点 } k \text{ 上})\\ &\frac{\partial w}{\partial n}(s)=\overline{\frac{\partial w}{\partial n}}(s) && (\text{在 } c_w, c_Q \text{ 中})\end{aligned}\right\} \quad (7.271)$$

的位移函数 $w(x, y)$ 中，实际的 $w(x, y)$ 必使下列位能泛函为最小.

$$\begin{aligned} \Pi_{1}=&\frac{1}{2} D \iint_{S}\left\{\left(w_{xx}+w_{yy}\right)^{2}-2(1-\nu)\left(w_{xx} w_{yy}-w_{xy}^{2}\right)\right\} dS \\ &+\int_{c_f}\left(\bar{M}_{n} \frac{\partial w}{\partial n}-\bar{Q} w\right) ds+\int_{c_M} \bar{M}_{n} \frac{\partial w}{\partial n} ds-\int_{c_Q} \bar{Q} w ds \\ &-\iint_{S} q w ds-\sum_{m} \bar{P}_{m} w_{m} \end{aligned} \quad (7.272)$$

通过变分，即能求得平衡方程（7.264）式和有关外力 $\bar{Q}$ 外力矩 $\bar{M}$ 已给的边界条件和外力 $\bar{P}_n$ 已给的角点条件.

同样，**最小余能原理**（根据§7.3）可以写成：

在满足平衡方程（7.264）式和边界及角点上外力已给的条件

$$\left.\begin{aligned} &\bar{M}_{n}=-D\left[\nu \nabla^{2} w+(1-\nu) \frac{\partial^{2} w}{\partial n^{2}}\right] \quad \text{在 } c_f+c_M \text{ 内}\\ &\bar{Q}=-D\left\{\frac{\partial}{\partial n}\left[\nabla^{2} w+(1-\nu) \frac{\partial^{2} w}{\partial s^{2}}\right]\right. \\ &\qquad\left.-(1-\nu) \frac{\partial}{\partial s} \frac{1}{\rho_{s}} \frac{\partial w}{\partial s}\right\} \quad \text{在 } c_f+c_Q \text{ 内}\\ &\bar{P}_{m}=-(1-\nu) D \Delta\left(\frac{\partial^{2} w}{\partial n \partial s}-\frac{1}{\rho_{s}} \frac{\partial w}{\partial s}\right)_{m} \quad \text{在角点 } m \text{ 上}\end{aligned}\right\} \quad (7.273)$$

的位移函数 $w(x, y)$ 中，实际的 $w(x, y)$ 必使下列余能泛函为最小：

$$\begin{aligned} \Pi_{\mathrm{II}}=&\frac{1}{2} D \iint_{S}\left\{\left(w_{xx}+w_{yy}\right)^{2}-2(1-\nu)\left(w_{xx} w_{yy}-w_{xy}^{2}\right)\right\} dS \\ &-\int_{c_w+c_Q} D\left[\nu \nabla^{2} w+(1-\nu) \frac{\partial^{2} w}{\partial n^{2}}\right] \overline{\frac{\partial w}{\partial n}} ds \end{aligned}$$

$$
+\int_{c_w+c_M} D\left\{\frac{\partial}{\partial n}\left[\nabla^2 w+(1-\nu)\frac{\partial^2 w}{\partial s^2}\right]\right.
$$

$$
\left.-(1-\nu)\frac{\partial}{\partial s}\frac{1}{\rho_s}\frac{\partial w}{\partial s}\right\}\bar{w}ds
$$

$$
+(1-\nu)\sum_k D\Delta\left(\frac{\partial^2 w}{\partial n\partial s}-\frac{1}{\rho_s}\frac{\partial w}{\partial s}\right)_k\bar{w}_k \tag{7.274}
$$

从最小位能原理和最小势能原理，我们可以分别建立两个广义变分原理.

广义变分原理(一)(从最小位能原理导出的):

使泛函 Π_{I}^* 为驻值的 $w(x, y)$，必满足平衡方程(7.264)式，边界条件(7.265)—(7.268)诸式和角点条件(7.269)和(7.270)诸式. Π_{I}^* 为:

$$
\Pi_{\mathrm{I}}^*=\frac{1}{2}D\iint_S\{(w_{xx}+w_{yy})^2
$$

$$
-2(1-\nu)(w_{xx}w_{yy}-w_{xy}^2)\}dS-\iint_S qwdS
$$

$$
-\int_{c_w+c_Q} D\left[\nu\nabla^2 w+(1-\nu)\frac{\partial^2 w}{\partial n^2}\right]\left(\frac{\partial w}{\partial n}-\overline{\frac{\partial w}{\partial n}}\right)ds
$$

$$
+\int_{c_w+c_M} D\left\{\frac{\partial}{\partial n}\left[\nabla^2 w+(1-\nu)\frac{\partial^2 w}{\partial s^2}\right]\right.
$$

$$
\left.-(1-\nu)\frac{\partial}{\partial s}\frac{1}{\rho_s}\frac{\partial w}{\partial s}\right\}(w-\bar{w})ds
$$

$$
+\int_{c_f+c_M}\bar{M}_n\frac{\partial w}{\partial n}ds-\int_{c_f+c_Q}\bar{Q}wds-\sum_m\bar{P}_m w_m
$$

$$
-(1-\nu)\sum_k D\Delta\left(\frac{\partial^2 w}{\partial n\partial s}-\frac{1}{\rho_s}\frac{\partial w}{\partial s}\right)_k(w_k-\bar{w}_k) \tag{7.275}
$$

广义变分原理(二)(从最小余能原理导出的):

使泛函 Π_{II}^* 为驻值的 $w(x, y)$，必满足平衡方程(7.264)式，边界条件(7.265)—(7.268)诸式和角点条件(7.269)和(7.270)诸式. Π_{II}^* 为

$$
\begin{aligned}
\Pi_{\mathrm{II}}^{*}=&\frac{1}{2}D\iint_{S}\{(w_{xx}+w_{yy})^{2}-2(1-\nu)(w_{xx}w_{yy}-w_{xy}^{2})\}dS\\
&-\iint_{S}D(\nabla^{2}\nabla^{2}w-q)wdS\\
&+(1-\nu)\sum_{k}D\Delta\left(\frac{\partial^{2}w}{\partial n\partial s}-\frac{1}{\rho_{s}}\frac{\partial w}{\partial s}\right)_{k}\bar{w}_{k}\\
&-\int_{c_{w}+c_{Q}}D\left[\nu\nabla^{2}w+(1-\nu)\frac{\partial^{2}w}{\partial n^{2}}\right]\overline{\frac{\partial w}{\partial n}}ds\\
&+\int_{c_{w}+c_{M}}D\left\{\frac{\partial}{\partial n}\left[\nabla^{2}w+(1-\nu)\frac{\partial^{2}w}{\partial s^{2}}\right]\right.\\
&\left.-(1-\nu)\frac{\partial}{\partial s}\frac{1}{\rho_{s}}\frac{\partial w}{\partial s}\right\}\bar{w}ds\\
&-\int_{c_{f}+c_{M}}\left\{D\left[\nu\nabla^{2}w+(1-\nu)\frac{\partial^{2}w}{\partial n^{2}}\right]+\bar{M}\right\}\frac{\partial w}{\partial n}ds\\
&+\int_{c_{f}+c_{Q}}\left\{D\frac{\partial}{\partial n}\left[\nabla^{2}w+(1-\nu)\frac{\partial^{2}w}{\partial s^{2}}\right]\right.\\
&\left.-D(1-\nu)\frac{\partial}{\partial s}\frac{1}{\rho_{s}}\frac{\partial w}{\partial s}+\bar{Q}\right\}wds\\
&+\sum_{m}\left\{\bar{P}_{m}+(1-\nu)D\Delta\left(\frac{\partial^{2}w}{\partial n\partial s}-\frac{1}{\rho_{s}}\frac{\partial w}{\partial s}\right)_{n}\right\}w_{m}
\end{aligned}
\tag{7.276}
$$

同样,我们可以证明 Π_{I}^{*}, Π_{II}^{*} 是等效的,因为可以证明

$$\Pi_{\mathrm{I}}^{*}+\Pi_{\mathrm{II}}^{*}=0 \tag{7.277}$$

所以,不论广义变分原理(一)或(二),都代表弹性薄板平衡问题的完全的广义变分原理.

不论从原理(一)和原理(二)的泛函中略去某一个或几个条件,而使这些条件保留作为变分的条件,则所得泛函就成为各级不完全的广义变分原理:例如

变分原理 Ia (弹性板的不完全的广义位能原理之一):

在满足边界位移已给的条件

$$w(s)-\overline{w(s)}=0 \qquad \text{在 } c_{w}+c_{M} \text{ 上} \tag{7.278}$$

的一切允许的 $w(x, y)$ 函数中，实际的 $w(x, y)$ 必使下列泛函为驻值：

$$
\begin{aligned}
\Pi_{\mathrm{I}a} = & \frac{D}{2} \iint_S \{(w_{xx} + w_{yy})^2 \\
& - 2(1-\nu)(w_{xx}w_{yy} - w_{xy})^2\} dS - \iint_S qwdS \\
& - \int_{c_w + c_Q} D \left\{ \nu \nabla^2 w + (1-\nu) \frac{\partial^2 w}{\partial n^2} \right\} \left(\frac{\partial w}{\partial n} - \overline{\frac{\partial w}{\partial n}} \right) ds \\
& \int_{c_f + c_M} \overline{M}_n \frac{\partial w}{\partial n} ds - \int_{c_f + c_Q} \overline{Q} w ds - \sum_m \overline{P}_m w_m \\
& - (1-\nu) \sum_k D \Delta \left(\frac{\partial^2 w}{\partial n \partial s} - \frac{1}{\rho_s} \frac{\partial w}{\partial s} \right)_k (w_k - \overline{w}_k)
\end{aligned}
\tag{7.279}
$$

变分原理 I*b*（弹性板的不完全的广义位能原理之二）：

在满足边界斜度已给的条件

$$
\frac{\partial w}{\partial n}(s) = \overline{\frac{\partial w}{\partial n}}(s) \quad （在 \ c_w + c_Q \ 上）, \tag{7.280}
$$

的一切允许的 $w(x, y)$ 函数中，实际的 $w(x, y)$ 必使下列泛函为驻值：

$$
\begin{aligned}
\Pi_{\mathrm{I}b} = & \frac{1}{2} D \iint_S \{(w_{xx} + w_{yy})^2 \\
& - 2(1-\nu)(w_{xx}w_{yy} - w_{xy}^2)^2\} dS - \iint_S qwdS \\
& + \int_{c_w + c_M} D \left\{ \frac{\partial}{\partial n} \left[\nabla^2 w + (1-\nu) \frac{\partial^2 w}{\partial s^2} \right] \right. \\
& \left. - (1-\nu) \frac{\partial}{\partial s} \frac{1}{\rho_s} \frac{\partial w}{\partial s} \right\} (w - \overline{w}) ds \\
& + \int_{c_f + c_M} \overline{M}_n \frac{\partial w}{\partial n} dS - \int_{c_f + c_Q} \overline{Q} w dS - \sum_m \overline{P}_m w_m \\
& - (1-\nu) \sum_k D \Delta \left(\frac{\partial^2 w}{\partial n \partial s} - \frac{1}{\rho_s} \frac{\partial w}{\partial s} \right)_k (w_k - \overline{w}_k)
\end{aligned}
\tag{7.281}
$$

变分原理 Ic（弹性板的不完全的广义位能原理之三）：

在满足角点位移已给的条件

$$w_k - \bar{w}_k = 0 \qquad (\text{在角点 } k \text{ 上}) \tag{7.282}$$

的一切允许的 $w(x, y)$ 函数中，实际的 $w(x, y)$ 必使下列泛函为驻值：

$$\begin{aligned}
\Pi_{\mathrm{I}c} = {} & \frac{1}{2}\iint_S \{(w_{xx} + w_{yy})^2 \\
& - 2(1-\nu)(w_{xx}w_{yy} - w_{xy}^2)\} dS - \iint_S qw dS \\
& - \int_{c_w + c_Q} D\left\{\nu\nabla^2 w + (1-\nu)\frac{\partial^2 w}{\partial n^2}\right\}\left(\frac{\partial w}{\partial n} - \overline{\frac{\partial w}{\partial n}}\right) ds \\
& + \int_{c_w + c_M} D\left\{\frac{\partial}{\partial n}\left[\nabla^2 w + (1-\nu)\frac{\partial^2 w}{\partial s^2}\right]\right. \\
& \left. - (1-\nu)\frac{\partial}{\partial s}\frac{1}{\rho_s}\frac{\partial w}{\partial s}\right\}(w - \bar{w}) ds \\
& + \int_{c_f + c_M} \bar{M}_n \frac{\partial w}{\partial n} ds - \int_{c_f + c_Q} \bar{Q} w ds - \sum_m \bar{P}_m w_m
\end{aligned} \tag{7.283}$$

还有其它的满足部分位移，或部分转角，或部份角点位移的不完全的广义位能原理。

变分原理 IIa（弹性板的不完全的广义余能原理之一）：

在满足平衡方程(7.264)式的一切允许的 $w(x, y)$ 函数中，实际的 $w(x, y)$ 必使下列泛函为驻值：

$$\begin{aligned}
\Pi_{\mathrm{II}a} = {} & \frac{1}{2} D \iint_S \{(w_{xx} + w_{yy})^2 - 2(1-\nu)(w_{xx}w_{yy} - w_{xy}^2)^2\} dS \\
& - \int_{c_w + c_Q} D\left[\nu\nabla^2 w + (1-\nu)\frac{\partial^2 w}{\partial n^2}\right]\overline{\frac{\partial w}{\partial n}} ds \\
& + \int_{c_M + c_w} D\left\{\frac{\partial}{\partial n}\left[\nabla^2 w + (1-\nu)\frac{\partial^2 w}{\partial s^2}\right]\right. \\
& \left. - (1-\nu)\frac{\partial}{\partial s}\frac{1}{\rho_s}\frac{\partial w}{\partial s}\right\}\bar{w} ds
\end{aligned}$$

$$
\begin{aligned}
&-\int_{c_f+c_M}\left\{D\left[\nu\nabla^2 w+(1-\nu)\frac{\partial^2 w}{\partial n^2}\right]+\bar{M}\right\}\frac{\partial w}{\partial n}ds \\
&+\int_{c_f+c_Q}\left\{D\frac{\partial}{\partial n}\left[\nabla^2 w+(1-\nu)\frac{\partial^2 w}{\partial s^2}\right]\right. \\
&\left.-D(1-\nu)\frac{\partial}{\partial s}\frac{1}{\rho_s}\frac{\partial w}{\partial s}+\bar{Q}\right\}wds \\
&+\sum_m\left\{\bar{P}_m+(1-\nu)D\Delta\left(\frac{\partial^2 w}{\partial n\partial s}-\frac{1}{\rho_s}\frac{\partial w}{\partial s}\right)_m\right\}w_m \\
&+(1-\nu)\sum_k D\Delta\left(\frac{\partial^2 w}{\partial n\partial s}-\frac{1}{\rho_s}\frac{\partial w}{\partial s}\right)_k\bar{w}_k \qquad (7.284)
\end{aligned}
$$

变分原理 IIb（弹性板的不完全的广义余能原理之二）：

在满足边界外力矩已给的条件

$$
\bar{M}=-D\left[\nu\nabla^2 w+(1-\nu)\frac{\partial^2 w}{\partial n^2}\right] \quad \text{在 } c_f+c_M \text{ 上} \qquad (7.285)
$$

的一切允许的 $w(x, y)$ 的函数中，实际的 $w(x, y)$ 必使下列泛函为驻值：

$$
\begin{aligned}
\Pi_{\mathrm{II}b}=&\frac{1}{2}D\iint_S\{(w_{xx}+w_{yy})^2-2(1-\nu)(w_{xx}w_{yy}-w_{xy}^2)^2\}dS \\
&-\iint_S(D\nabla^2\nabla^2 w-q)wdS \\
&+(1-\nu)\sum_k D\Delta\left(\frac{\partial^2 w}{\partial n\partial s}-\frac{1}{\rho_s}\frac{\partial w}{\partial s}\right)_k\bar{w}_k \\
&+\int_{c_w+c_Q}D\left[\nu\nabla^2 w+(1-\nu)\frac{\partial^2 w}{\partial n^2}\right]\overline{\frac{\partial w}{\partial n}}ds \\
&+\int_{c_w+c_M}D\left\{\frac{\partial}{\partial n}\left[\nabla^2 w+(1-\nu)\frac{\partial^2 w}{\partial s^2}\right]\right. \\
&\left.-(1-\nu)\frac{\partial}{\partial s}\frac{1}{\rho_s}\frac{\partial w}{\partial s}\right\}\bar{w}ds \\
&+\int_{c_f+c_Q}\left\{D\frac{\partial}{\partial n}\left[\nabla^2 w+(1-\nu)\frac{\partial^2 w}{\partial s^2}\right]\right. \\
&\left.-D(1-\nu)\frac{\partial}{\partial s}\frac{1}{\rho_s}\frac{\partial w}{\partial s}+\bar{Q}\right\}wds
\end{aligned}
$$

$$+\sum_{m}\left\{\bar{P}_m+(1-\nu)D\Delta\left(\frac{\partial^2 w}{\partial n\partial s}-\frac{1}{\rho_s}\frac{\partial w}{\partial s}\right)_m\right\}w_m$$

(7.286)

变分原理 IIc（弹性板的不完全的广义余能原理之三）:

在满足边界外力已知和角点外力已知的条件

$$\left.\begin{aligned}&\bar{Q}=-D\left\{\frac{\partial}{\partial n}\left[\nabla^2 w+(1-\nu)\frac{\partial^2 w}{\partial s^2}\right]\right.\\&\qquad\left.-(1-\nu)\frac{\partial}{\partial s}\frac{1}{\rho_s}\frac{\partial w}{\partial s}\right\}\qquad \text{在 } c_f+c_Q \text{ 上}\\&\bar{P}_m=-(1-\nu)D\Delta\left(\frac{\partial^2 w}{\partial n\partial s}-\frac{1}{\rho_s}\frac{\partial w}{\partial s}\right)_m\quad \text{在角点}m\text{上}\end{aligned}\right\}$$

(7.287)

的一切允许的 $w(x, y)$ 的函数中，实际的 $w(x, y)$ 必使下列泛函为驻值:

$$\begin{aligned}\Pi_{\mathrm{II}c}=&\frac{1}{2}\iint_S D\{(w_{xx}+w_{yy})^2-2(1-\nu)(w_{xx}w_{yy}-w_{xy}^2)\}dS\\&-\iint_S(D\nabla^2\nabla^2 w-q)wdS\\&+(1-\nu)\sum_k D\Delta\left(\frac{\partial^2 w}{\partial n\partial s}-\frac{1}{\rho_s}\frac{\partial w}{\partial s}\right)_k\bar{w}_k\\&-\int_{c_w+c_Q}D\left[\nu\nabla^2 w+(1-\nu)\frac{\partial^2 w}{\partial n^2}\right]\overline{\frac{\partial w}{\partial n}}ds\\&+\int_{c_w+c_M}D\left\{\frac{\partial}{\partial n}\left[\nabla^2 w+(1-\nu)\frac{\partial^2 w}{\partial s^2}\right]\right.\\&\left.-(1-\nu)\frac{\partial}{\partial s}\frac{1}{\rho_s}\frac{\partial w}{\partial s}\right\}\bar{w}ds\\&-\int_{c_f+c_M}\left\{D\left[\nu\nabla^2 w+(1-\nu)\frac{\partial^2 w}{\partial n^2}\right]+\bar{M}\right\}\frac{\partial w}{\partial n}\end{aligned}$$

(7.288)

还有其它满足部分条件的不完全的广义余能原理。

同样，我们也有各种各样的分区完全的或不完全的各种板的变分原理。

分区变分原理 III（弹性板的分N区的最小位能原理）:

设弹性板分为N个区域 $S_\alpha(\alpha=1, 2, \cdots, N)$；设区域$S_\alpha$中的位移函数用 $w^{(\alpha)}(x, y)$ 来表示．在满足应变位移关系（7.1）式和满足边界位移斜度已知的条件（7.271）式，而且还满足所有各区域交界线S_0上的位移斜度连续条件的一切允许的 $w^{(\alpha)}(x, y)$ 中，实际的 $w^{(\alpha)}(x, y)$ 必使下列泛函为极值（最小）:

$$
\begin{aligned}
\Pi_{\mathrm{III}}=\sum_{\alpha=1}^{N}\Big\{\frac{1}{2}D\iint_S & [(w_{xx}+w_{yy})^2 \\
& -2(1-\nu)(w_{xx}w_{yy}-w_{xy}^2)]dS \\
& +\int_{c_f+c_M}\overline{M}_n\frac{\partial w}{\partial n}ds-\int_{c_f+c_Q}\overline{Q}wds \\
& -\iint_S qwdS-\sum_m\overline{P}_m w_m\Big\}^{(\alpha)}
\end{aligned}
\tag{7.289}
$$

分区变分原理 IV（弹性板的分N区的最小余能原理）:

设弹性板分为N个区域 $S_\alpha(\alpha=1, 2, \cdots, N)$；各该区域内的位移函数分别为 $w^{(\alpha)}(x, y)$．在满足平衡方程（7.264）式，边界外力及外力矩已给条件（7.273）式而且满足在所有交界线上力矩和剪力都连续的一切允许的 $w^{(\alpha)}$ 中，实际的 $w^{(\alpha)}$ 必使下列余能泛函为最小:

$$
\begin{aligned}
\Pi_{\mathrm{IV}}=\sum_{\alpha=1}^{N}\Big\{\frac{1}{2}D\iint_S & [(w_{xx}+w_{yy})^2 \\
& -2(1-\nu)(w_{xx}w_{yy}-w_{xy}^2)]dS \\
& -\int_{c_w+c_Q}D\left[\nu\nabla^2 w-(1-\nu)\frac{\partial^2 w}{\partial n^2}\right]\overline{\frac{\partial w}{\partial n}}ds \\
& +\int_{c_w+c_M}D\left[\frac{\partial}{\partial n}\left(\nabla^2 w+(1-\nu)\frac{\partial^2 w}{\partial s^2}\right)\right. \\
& \left.-(1-\nu)\frac{\partial}{\partial s}\frac{1}{\rho_s}\frac{\partial w}{\partial s}\right]\overline{w}ds \\
& +(1-\nu)\sum_k D\Delta\left(\frac{\partial^2 w}{\partial n\partial s}-\frac{1}{\rho_s}\frac{\partial w}{\partial s}\right)_k\overline{w}_k\Big\}^{(\alpha)}
\end{aligned}
\tag{7.290}
$$

分区广义变分原理 IIIα（弹性板的分N区的不完全的广义位能原理）：

在满足应变位移关系（7.1）式和满足边界位移斜度已知的条件（7.271）式，但并未满足各区交界线S_0上的位移斜度连续条件的一切允许的$w^{(\alpha)}$中，实际的$w^{(\alpha)}(x, y)$必使下列泛函为驻值：

$$
\begin{aligned}
\Pi_{\mathrm{III}\alpha} = &\ \Pi_{\mathrm{III}}\ (7.289)\ \text{式} \\
&+ \sum_{\alpha=1}^{N} \int_{s_0} D \left\{ \frac{\partial}{\partial n} \left[\nabla^2 w + (1-\nu) \frac{\partial^2 w}{\partial s^2} \right] \right. \\
&\left. - (1-\nu) \frac{\partial}{\partial s} \frac{1}{\rho_s} \frac{\partial w}{\partial s} \right\}^{(\alpha)} (w^{(\alpha)} - w^{(\alpha')}) ds_0 \\
&- \sum_{\alpha=1}^{N} \int_{s_0} D \left[\nu \nabla^2 w + (1-\nu) \frac{\partial^2 w}{\partial n^2} \right]^{(\alpha)} \\
&\times \left(\frac{\partial w^{(\alpha)}}{\partial n^{(\alpha)}} - \frac{\partial w^{(\alpha')}}{\partial n^{(\alpha')}} \right) ds_0 \\
&- (1-\nu) \sum_{\alpha=1}^{N} \sum_{\alpha''=1}^{P} \left\{ \sum_{k'} D \Delta \left(\frac{\partial^2 w}{\partial n \partial s} - \frac{1}{\rho_s} \frac{\partial w}{\partial s} \right)_{k'} \right\}^{(\alpha)} \\
&\times (w_{k'}^{(\alpha)} - w_{k'}^{(\alpha'')})
\end{aligned}
\tag{7.291}
$$

其中α'为α区域的邻域的标号．α''为与α区域的k'角有共同角点的邻域的标号，k'为α区域中与邻域有共同角点的角点标号．

分区广义变分原理 IVα（弹性板的分N区的不完全的广义余能原理）：

在满足平衡方程（7.264）式和满足边界外力和力矩已给的条件（7.273）式，但并未满足各区交界线S_0上的剪力和弯矩连续条件的一切允许的$w^{(\alpha)}$中，实际的$w^{(\alpha)}(x, y)$必使下列泛函为驻值：

$$
\begin{aligned}
\Pi_{\mathrm{IV}\alpha} = &\ \Pi_{\mathrm{IV}}\ (7.290)\ \text{式} \\
&- \sum_{\alpha=1}^{N} \int_{S_0} D \left\{ \left[\nu \nabla^2 w + (1-\nu) \frac{\partial^2 w}{\partial n^2} \right]^{(\alpha)} \right. \\
&- \left[\nu \nabla^2 w + (1-\nu) \frac{\partial^2 w}{\partial n^2} \right]^{(\alpha')} \frac{\partial w^{(\alpha)}}{\partial n^{(\alpha)}} dS_0
\end{aligned}
$$

$$
\begin{aligned}
&+\sum_{\alpha=1}^{N}\int_{s_0} D\left\{\left[\frac{\partial}{\partial n}\nabla^2 w+(1-\nu)\frac{\partial^2 w}{\partial n\partial s^2}\right.\right.\\
&\left.-(1-\nu)\frac{\partial}{\partial s}\frac{1}{\rho_s}\frac{\partial w}{\partial s}\right]^{(\alpha)}-\left[\frac{\partial}{\partial n}\nabla^2 w\right.\\
&\left.\left.+(1-\nu)\frac{\partial}{\partial s}\left(\frac{\partial^2 w}{\partial n\partial s}-\frac{1}{\rho_s}\frac{\partial w}{\partial s}\right)\right]^{(\alpha')} w^{(\alpha)}ds_0\right.\\
&-(1-\nu)D\sum_{\alpha=1}^{N}\left\{\sum_{\alpha''=1}^{P}\sum_{k'} w_k^{(\alpha)}\left[\Delta\left(\frac{\partial^2 w}{\partial n\partial s}-\frac{1}{\rho_s}\frac{\partial w}{\partial s}\right)_{k'}^{(\alpha)}\right.\right.\\
&\left.\left.-\Delta\left(\frac{\partial^2 w}{\partial n\partial s}-\frac{1}{\rho_s}\frac{\partial w}{\partial s}\right)_{k'}^{(\alpha'')}\right]\right\}
\end{aligned}
\tag{7.292}
$$

其中 α' 为 α 区域的邻域的标号，α'' 为与 α 区域的 k' 角有共同角点的邻域的标号，k' 为 α 区域中邻域有共同角点的角点标号.

分区广义变分原理 III*（弹性板的分 N 区的完全的广义变分原理的位能形式）:

弹性板分为 N 个区域 $S_\alpha(\alpha=1, 2, \cdots, N)$，各该区域内的位移函数分别为 $w^{(\alpha)}(x, y)$. 在一切任意的 $w^{(\alpha)}$ 中，实际的 $w^{(\alpha)}$ 必使下列变分泛函为驻值.

$\Pi_{\mathrm{III}}^{*}=\Pi_{\mathrm{III}a}$(7.291) 式

$$
\begin{aligned}
&-\sum_{\alpha=1}^{N}\left\{\int_{c_w+c_Q} D\left[\nu\nabla^2 w+(1-\nu)\frac{\partial^2 w}{\partial n^2}\right]\right.\\
&\left.\times\left(\frac{\partial w}{\partial n}-\overline{\frac{\partial w}{\partial n}}\right)ds\right\}^{(\alpha)}+\sum_{\alpha=1}^{N}\left\{\int_{c_w+c_M} D\left[\frac{\partial}{\partial n}\nabla^2 w\right.\right.\\
&\left.\left.+(1-\nu)\frac{\partial}{\partial s}\left(\frac{\partial^2 w}{\partial s\partial n}-\frac{1}{\rho_s}\frac{\partial w}{\partial s}\right)\right](w-\overline{w})ds\right\}^{(\alpha)}\\
&+\sum_{\alpha=1}^{N}\left\{\int_{c_f+c_M}\overline{M}_n\frac{\partial w}{\partial n}ds-\int_{c_f+c_Q}\overline{Q}w ds-\sum_{m}\overline{P}_m w_m\right\}^{(\alpha)}\\
&-(1-\nu)\sum_{\alpha=1}^{N}\sum_{k} D\left\{\Delta\left(\frac{\partial^2 w}{\partial n\partial s}-\frac{1}{\rho_s}\frac{\partial w}{\partial s}\right)_k(w_k-\overline{w}_k)\right\}^{(\alpha)}
\end{aligned}
\tag{7.293}
$$

分区广义变分原理 IV*（弹性板的分 N 区的完全的广义变分

原理的余能形式):

弹性板分为N个区域 $S_\alpha(\alpha=1, 2, \cdots, N)$，各该区域内的位移函数分别为 $w^{(\alpha)}(x, y)$. 在一切任意的 $w^{(\alpha)}$ 中，实际的 $w^{(\alpha)}$ 必使下列变分泛函为驻值:

$$
\begin{aligned}
\Pi_{\mathrm{IV}}^{*} = &\ \Pi_{\mathrm{IV}a}\ (7.292)\ \text{式} \\
& - \sum_{\alpha=1}^{N} \iint_{S_\alpha} D(\nabla^2\nabla^2 w^{(\alpha)} - q^{(\alpha)}) w^{(\alpha)} dS_\alpha \\
& - \sum_{\alpha=1}^{N} \int_{c_{f\alpha}+c_{M\alpha}} \left\{ D\left[\nu\nabla^2 w + (1-\nu)\frac{\partial^2 w}{\partial n^2} \right] + \bar{M} \right\}^{(\alpha)} \\
& \times \frac{\partial w^{(\alpha)}}{\partial n^{(\alpha)}} ds_\alpha + \sum_{\alpha=1}^{N} \int_{c_{f\alpha}+c_{Q\alpha}} \left\{ D\frac{\partial}{\partial n}\left[\nabla^2 w + (1-\nu)\frac{\partial^2 w}{\partial s^2} \right] \right. \\
& \left. - D(1-\nu)\frac{\partial}{\partial s}\frac{1}{\rho_s}\frac{\partial w}{\partial s} + \bar{Q} \right\}^{(\alpha)} w^{(\alpha)} ds_\alpha \\
& + \sum_{\alpha=1}^{N} \sum_{m} \left\{ \bar{P}_m + (1-\nu)D\Delta\left(\frac{\partial^2 w}{\partial n \partial s} - \frac{1}{\rho_s}\frac{\partial w}{\partial s} \right)_m \right\}^{(\alpha)} w_m^{(\alpha)}
\end{aligned}
\tag{7.294}
$$

所有这些分区的变分原理，都能适用于有限元的计算. 尤其是变分原理 IIIa, IVa, III*, IV* 适用于不协调的有限元计算.

我们也可以证明 Π_{III}^{*} 和 Π_{IV}^{*} 是等效的.

从广义变分原理 III*, IV* 可以导出各种各样的不完全的广义变分原理.

参 考 文 献

[1] Reissner, E., On a Variational Theorem in Elasticity, *Journal of Mathematics and Physics*, **29** (1950), 2, pp. 90—95.

[2] Reissner, E., On Variational Principles in Elasticity, Proceedings of Symposia in Applied Methematices, MacGraw Hill, **8** (1958), pp. 1—6.

[3] F. de Veubeke, B., Bulltin Service Tech. Aeronaut, No. 24, Bruxellex, 1957.

[4] Hellinger, E., Der allgemeine Ausatz der Mechanik der Kontinua, Encyclopadie der Mathamatischen Wissenschaften, **4** (1914), Part 4,

pp. 602—694.

[5] 胡海昌，弹性理论和塑性理论中的一些变分原理，中国物理学报，**10**(1954)，3，259—290页；中国科学，**4**(1955)，1，33—54页.

[6] 傅宝连，有关热应力的广义变分原理，力学学报，**7**(1964)，2，168—170页.

[7] Washizu, K.（鹫津久一郎），On the Variational Principles of Elasticity and Plasticity, Aeroelastic and Structures Research laboratory, Massachusetts Institute of Technology, Technical Report 25—18, March, 1955.

[8] 钱伟长，关于弹性力学的广义变分原理及其在板壳问题上的应用，1964，未发表. 见力学学报编委1964年10月6日来信.

[9] 钱伟长，弹性理论中的广义变分原理的研究及其在有限元计算中的应用，1978年11月，中国机械工程学会，航空学会，造船学会在蚌埠联合召开的全国有限元会议上宣读，清华大学科学报告TH78011，1978，力学与实践**1**(1979)，1，16—24页；**1**(1979)，2，18—27页，将在中国机械工程学报(1979)发表.

[10] 张福范等，用边框加固的弹性薄板的应力分布(承重预制墙应力分布)，土木工程学报，**9**(1963)，4.

[11] Jones, R. E., A generalization of Direct-stiffness Method of Structural Analysis, *AIAA, Journal*, **2** (1966), 5, pp. 821—826.

[12] Yamamoto, Y., A Formulation of Matrix Displacement Method, Department of Aeronautics, and Stronautics, Massachusetts Institute of Tchnology, Cambridge, 1966.

[13] Greene, B. E., Jones, R. E., Mckay, R. W., Strome, D R., General Variational Principles in the Finite Element Methods, *AIAA journal*, 7 (1969), pp. 1254—1260.

[14] Pian, T. H.（卞学璜），Tong, P（董 平），Luk, C. H., Elastic Crack Analysis by a Finite Element Hybride Method, Proc. of Conference on Matrix Methods in Structural Mechanics 3rd, 1971.

第 八 章

大位移变形弹性理论和热弹性理论的变分原理

§ 8.1 大位移变形弹性理论的最小位能原理

在 § 7.1，最小位能原理是根据小位移变形证明的．它们同样也适用于大位移变形．大位移变形也称有限变形．

一般研究弹性体的大位移变形时，采用拉格朗日坐标，这种坐标也可以称为拖带坐标（Comoving coordinates）．这种坐标是勃立利翁首先在《力学和弹性理论的张量》(1928)[1] 一书中使用的，称为拉格朗日坐标，辛和钱伟长 (1940)[2] 称为拖带坐标．即弹性体各点都用坐标值 x_i 标定的；这个坐标值 x_i 在变形的过程中不改变．但坐标架的形状变了．例如，在变形前，如果把弹性体内各点用卡氏直角坐标架 x_i 标定后，在变形中这个坐标值随各点移动但其值不变．所以坐标架的形状起了变化．研究弹性体的变形，就是研究坐标架的变形．这种变形的位移如果仍用 u_i 来表示，则可以证明在大位移的条件下，应变位移可以写成

$$e_{ij}=\frac{1}{2}(u_{i,j}+u_{j,i}+u_{k,i}u_{k,j}) \tag{8.1}$$

在小位移时，略去非线性项 $u_{k,i}u_{k,j}$，就可以还原为小位移的应变位移关系 (7.1) 式．有关大位移理论(有时称为有限变形理论)的详细论述，可以参考诺沃日洛夫[3]和鹫津久一郎[4]的著作．

静力平衡是在变形后的条件下获得的．平衡单元的表面面积在变形中有了改变，这种改变对于单元的应力平衡方程当然是有影响的，如果把这些影响考虑在内，则在大位移条件下的应力平衡方程应该是:

$$[(\delta_{ik}+u_{i,k})\sigma_{kj}]_{,j}+F_i=0 \qquad \text{在 } v \text{ 内} \tag{8.2}$$

在小位移时,略去了 $\delta_{ik}+u_{i,k}$ 中的 $u_{i,k}$，就还原为小位移应力平衡条件 (7.15) 式.

外力已知的表面边界条件(在 S_p 上)可以写成:

$$(\delta_{ik}+u_{i,k})\sigma_{kj}n_j=\bar{p}_i \qquad \text{在 } S=S_p \text{ 上} \tag{8.3}$$

如果把它和小位移条件 (7.12) 式相比，也是增添了可以在小位移中略去的 $u_{i,k}$.

位移已给边界条件 (S_u 上)可以写成:

$$u_i=\bar{u}_i \qquad (\text{在 } S=S_u \text{ 上}) \tag{8.4}$$

现在让我们证明最小位能原理. 在大位移变形条件下，最小位能原理和 § 7.1 中的原理 IA 相同. 只是应该把平衡方程和表面外力已知的边界条件改为 (8.2) 和 (8.3) 式.

例如,对 Π_{I}, 或对 (7.16) 式变分,得

$$\delta\Pi_{\mathrm{I}}=\iiint_{\tau}\left[\frac{\partial A}{\partial e_{ij}}\delta e_{ij}-F_i\delta u_i\right]d\tau-\iint_{S_p}\bar{p}_i\delta u_i dS=0 \tag{8.5}$$

根据 (8.1) 式的应变位移关系

$$\begin{aligned}\frac{\partial A}{\partial e_{ij}}\delta e_{ij}&=\frac{1}{2}\frac{\partial A}{\partial e_{ij}}(\delta u_{i,j}+\delta u_{j,i}+u_{k,i}\delta u_{k,j}+u_{k,j}\delta u_{k,i})\\&=\frac{\partial A}{\partial e_{ij}}(\delta u_{i,j}+u_{k,i}\delta u_{k,j})\\&=\frac{\partial A}{\partial e_{ij}}(\delta_{ki}+u_{k,i})\delta u_{k,j}\\&=\left[\frac{\partial A}{\partial e_{ij}}(\delta_{ki}+u_{k,i})\delta u_k\right]_{,j}\\&\quad-\left[\frac{\partial A}{\partial e_{ij}}(\delta_{ki}+u_{k,i})\right]_{,j}\delta u_k\end{aligned} \tag{8.6}$$

同时,利用格林公式,可以证明:

$$\begin{aligned}&\iiint_{\tau}\left[\frac{\partial A}{\partial e_{ij}}(\delta_{k,i}+u_{k,i})\delta u_k\right]_{,j}d\tau\\&\quad=\iint_{S}\frac{\partial A}{\partial e_{ij}}(\delta_{k,i}+u_{k,i})\delta u_k n_j dS\end{aligned} \tag{8.7}$$

因为 $S=S_p+S_u$, 在 S_u 上, $u_k=\bar{u}_k$, 所以 $\delta u_k=0$, 上述积

分只有在 S_p 上有值，于是有

$$\iiint_\tau \left[\frac{\partial A}{\partial e_{ij}}(\delta_{ki} + u_{k,i})\delta u_n\right]_{,i} d\tau$$

$$= \iint_{S_p} \frac{\partial A}{\partial e_{ij}}(\delta_{ki} + u_{k,i})\delta u_k n_j dS \tag{8.8}$$

于是 (8.5) 式可以写成:

$$\delta \Pi_{\rm I} = \iiint_\tau \left\{-\left[\frac{\partial A}{\partial e_{ij}}(\delta_{ki} + u_{k,i})\right]_{,j} - F_k\right\}\delta u_k d\tau$$

$$+ \iint_{S_p} \left\{\frac{\partial A}{\partial e_{ij}}(\delta_{ki} + u_{k,i}) - \bar{p}_k\right\}\delta u_k n_j dS = 0 \tag{8.9}$$

极值条件给出欧拉方程和边界条件:

$$\left[\frac{\partial A}{\partial e_{ij}}(\delta_{ki} + u_{k,i})\right]_{,j} - F_k = 0 \quad 在 \tau 内 \tag{8.10}$$

$$\frac{\partial A}{\partial e_{ij}}(\delta_{ki} + u_{k,i})n_j - \bar{p}_k = 0 \quad 在 S_p 内 \tag{8.11}$$

把 (8.10) 式和 (8.2) 式相比，把 (8.11) 式和 (8.3) 式相比，即得

$$\frac{\partial A}{\partial e_{ij}} = \sigma_{ij} \tag{8.12}$$

它就是应力应变关系. 所以位能极值的证明成立. 其次，我们还应证明它是最小.

把 $u_i + \delta u_i$ 代入 (7.16) 式

$$\Pi_{\rm I}(u_i + \delta u_i) = \Pi_{\rm I}(u_i) + \delta \Pi_{\rm I} + \delta^2 \Pi_{\rm I} \tag{8.13}$$

其中

$$\Pi_{\rm I}(u_i) = \iiint_\tau [A(e_{ij}) - F_i u_i] d\tau - \iint_{S_p} \bar{p}_i u_i dS \tag{8.14a}$$

$$\delta \Pi_{\rm I} = 0 \qquad (根据 (8.5) 式) \tag{8.14b}$$

$$\delta^2 \Pi_{\rm I} = \frac{1}{2}\iiint_\tau \frac{\partial^2 A}{\partial e_{ij}\partial e_{kl}}\delta e_{ij}\delta e_{kl} d\tau = \frac{1}{2}\iiint_\tau \delta\sigma_{ij}\delta e_{ij} d\tau \tag{8.14c}$$

(8.13) 式给出

$$\Pi_{\rm I}(u_i + \delta u_i) = \Pi_{\rm I}(u_i) + \delta^2 \Pi_{\rm I} \tag{8.15}$$

对于线性的弹性关系而言，

$$\frac{1}{2}\delta\sigma_{ij}\delta e_{ij}=\frac{1}{2}a_{ijke}\delta e_{ij}\delta e_{ke}\geqslant 0 \tag{8.16}$$

亦即 $\frac{1}{2}\delta\sigma_{ij}\delta e_{ij}$ 代表 δe_{ij} 所造成的应变能密度，所以一定是正的。对于非线性的弹性关系而言，一般材料的应力应变关系曲线都向 e_{ij} 轴下弯，亦即

$$\frac{\partial^2 A}{\partial e_{ij}\partial e_{ke}}\delta e_{ij}\delta e_{ke}\geqslant 0 \tag{8.17}$$

所以 $\delta^2\Pi_{\mathrm{I}}$ 也是正的。这就证明了在极值函数 u_i 左右，

$$\Pi_{\mathrm{I}}(u_i+\delta u_i)\geqslant\Pi_{\mathrm{I}}(u_i) \tag{8.18}$$

于是，证明了**大位移弹性理论的最小位能原理 I**：

在满足大位移应变关系(8.1)式和边界位移已给的条件(8.4)式的所有允许的 u_i 和 e_{ij} 中，实际的 u_i 和 e_{ij} 必使弹性体的总位能

$$\Pi_{\mathrm{I}}=\iiint_{\tau}\{A(e_{ij})-F_iu_i\}d\tau-\iint_{S_p}\bar{p}_iu_idS \tag{8.19}$$

为最小值，这里规定的应力应变关系一般用(8.12)式。其形式和小位移变形的最小位能原理完全相似。其差别只在于这里采用了非线性的应变位移关系。这个原理是众所周知的。

§8.2 薄板大挠度问题的变分原理

现在让我们用大位移变形下的最小位能原理推导薄板大挠度问题下的变分原理，并通过变分求其方程式和有关边界条件。

设 u，v，w 为板中面各点的有关位移，于是板的其它各点的位移可以近似地写成：

$$u_1=u-z\frac{\partial w}{\partial x},\quad u_2=v-z\frac{\partial w}{\partial y},\quad u_3=w \tag{8.20}$$

其中 z 为中面上的法向坐标。这里假定了在变形时，板的中面法线保持法线，也即是假定了

$$e_{13}=e_{23}=0 \tag{8.21}$$

如果假定在板面的垂直方向的应力 σ_{33} 可以略去，亦即

$$\sigma_{33}=0 \tag{8.22}$$

则我们有应力应变关系：

$$\sigma_{11}=\frac{E}{1-\nu^2}(e_{11}+\nu e_{22}),\quad \sigma_{22}=\frac{E}{1-\nu^2}(e_{22}+\nu e_{11})$$

$$\sigma_{12}=\frac{E}{1+\nu}e_{12} \tag{8.23}$$

如果我们用大位移的应变位移关系，但略去 u_1，u_2 的非线性项，则有

$$\left.\begin{aligned}
e_{11}&=\frac{\partial u_1}{\partial x_1}+\frac{1}{2}\left(\frac{\partial u_3}{\partial x_1}\right)^2=\hat{e}_{11}-z\chi_{11}\\
e_{22}&=\frac{\partial u_2}{\partial x_2}+\frac{1}{2}\left(\frac{\partial u_3}{\partial x_2}\right)^2=\hat{e}_{22}-z\chi_{22}\\
e_{12}&=\frac{1}{2}\left[\frac{\partial u_1}{\partial x_2}+\frac{\partial u_2}{\partial x_1}+\frac{\partial u_3}{\partial x_1}\frac{\partial u_3}{\partial x_2}\right]=\hat{e}_{12}-z\chi_{12}
\end{aligned}\right\} \tag{8.24}$$

其中

$$\left.\begin{aligned}
&\hat{e}_{11}=\frac{\partial u}{\partial x}+\frac{1}{2}\left(\frac{\partial w}{\partial x}\right)^2,\quad \hat{e}_{22}=\frac{\partial v}{\partial y}+\frac{1}{2}\left(\frac{\partial w}{\partial y}\right)^2\\
&\hat{e}_{12}=\frac{1}{2}\left(\frac{\partial u}{\partial y}+\frac{\partial v}{\partial x}+\frac{\partial w}{\partial x}\frac{\partial w}{\partial y}\right),
\end{aligned}\right\} \tag{8.25}$$

$$\chi_{11}=\frac{\partial^2 w}{\partial x^2},\quad \chi_{22}=\frac{\partial^2 w}{\partial y^2},\quad \chi_{12}=\frac{\partial^2 w}{\partial x\partial y} \tag{8.26}$$

于是，弹性板在垂直分布载荷 q 作用下的总位能泛函为

$$\begin{aligned}
\Pi_{\mathrm{I}}=&\iiint_{\tau}\frac{E}{2(1-\nu^2)}\{(e_{11}+e_{22})^2+2(1-\nu)(e_{12}^2-e_{11}e_{22})\}d\tau\\
&-\iint_S qwdS-\int_{c_p}(\bar{p}_1u+\bar{p}_2v+\bar{p}_3w)ds\\
&+\int_{c_p}\overline{M}_{nn}\frac{\partial w}{\partial n}ds-\int_{c_p}\frac{\partial\overline{M}ns}{\partial s}wds-\sum_m\overline{P}_m w_m
\end{aligned} \tag{8.27}$$

其中 $(\bar{p}_1, \bar{p}_2, \bar{p}_3)$ 为边界 c_p（外力已给的边界段）上的外力分量，$\overline{M}_{nn}$ 为边界弯矩，$\overline{M}_{ns}$ 为边界扭矩，$\overline{P}_m$ 为角点 m 上的已给剪力. (8.27) 式中能量积分可以先对 z 积分，从 $z=\frac{-h}{2}$ 到 $z=\frac{h}{2}$，

得

$$\Pi_{\mathrm{I}} = \Pi_{\mathrm{I}}^{(1)} + \Pi_{\mathrm{I}}^{(2)} - \iint_S qw dS - \int_{c_p} (\bar{p}_1 u + \bar{p}_2 v + \bar{p}_3 w) ds + \int_{c_p} \overline{M}_{nn} \frac{\partial w}{\partial n} ds - \int_{c_p} \frac{\partial \overline{M}_{ns}}{\partial s} w ds - \sum_m \overline{P}_m w_m \quad (8.28)$$

其中

$$\left.\begin{aligned} \Pi_{\mathrm{I}}^{(1)} &= \iint_S \frac{1}{2} D\{(\chi_{11} + \chi_{22})^2 + 2(1-\nu)(\chi_{12}^2 - \chi_{11}\chi_{12})\} dS \\ \Pi_{\mathrm{I}}^{(2)} &= \iint_S \frac{1}{2} C\{(\hat{e}_{11} + \hat{e}_{22})^2 + 2(1-\nu)(\hat{e}_{12}^2 - \hat{e}_{11}\hat{e}_{22})\} dS \end{aligned}\right\} \quad (8.29\text{a, b})$$

$$C = \frac{Eh}{1-\nu^2}, \quad D = \frac{Eh^3}{12(1-\nu^2)} \quad (8.30)$$

C，D 分别为板的抗拉刚度和抗弯刚度.

薄板大挠度问题的最小位能原理为:

在满足变形位移已给的边界条件和角点条件

$$u = \bar{u}(b), \quad v = \bar{v}(s), \quad w = \bar{w}(s), \quad \frac{\partial w}{\partial n} = \overline{\frac{\partial w}{\partial n}} \quad (\text{在 } c_u \text{ 上}) \quad (8.31)$$

$$w_k = \bar{w}_k \quad [\text{在角点 } k \text{ 上 } (k = 1, 2, \cdots, i)] \quad (8.32)$$

的一切允许的 u, v, w 中,实际的 u, v, w 必使泛函 Π_{I} 为最小值.

Π_{I} 的变分为

$$\delta\Pi_{\mathrm{I}} = \delta\Pi_{\mathrm{I}}^{(1)} + \delta\Pi_{\mathrm{I}}^{(2)} - \iint_S q\delta w dS - \int_{c_p} (\bar{p}_1\delta u + \bar{p}_2\delta v + \bar{p}_3\delta w) ds + \int_{c_p} \overline{M}_{nn}\delta\left(\frac{\partial w}{\partial n}\right) ds - \int_{c_p} \frac{\partial \overline{M}_{ns}}{\partial s} \delta w ds - \sum_m \overline{P}_m \delta w_m \quad (8.33)$$

其中

$$\delta\Pi_{\mathrm{I}}^{(1)} = \iint_S D\{(\chi_{11} + \nu\chi_{22})\delta\chi_{11} + (\chi_{22} + \nu\chi_{11})\delta\chi_{22}$$

$$+ 2(1-\nu)\chi_{12}\delta\chi_{12}\} dxdy$$

$$= \iint_S D\left\{\left(\frac{\partial^2 w}{\partial x^2} + \nu\frac{\partial^2 w}{\partial y^2}\right)\frac{\partial^2 \delta w}{\partial x^2}\right.$$

$$+ \left(\frac{\partial^2 w}{\partial y^2} + \nu\frac{\partial^2 w}{\partial x^2}\right)\frac{\partial^2 \delta w}{\partial y^2}$$

$$\left. + 2(1-\nu)\frac{\partial^2 w}{\partial x\partial y}\frac{\partial^2 \delta w}{\partial x\partial y}\right\} dS \tag{8.34a}$$

$$\delta\Pi_1^{(2)} = \iint_S C\{(\hat{e}_{11} + \nu\hat{e}_{22})\delta\hat{e}_{11} + (\hat{e}_{22} + \nu\hat{e}_{11})\delta\hat{e}_{22}$$

$$+ 2(1-\nu)\hat{e}_{12}\delta\hat{e}_{12}\} dS \tag{8.34b}$$

根据 § 1.5 中的 (1.234) 式，我们有

$$\delta\Pi_1^{(1)} = \iint_S D\nabla^2\nabla^2 w\delta w dS$$

$$+ \int_c D\left[\nu\nabla^2 w + (1-\nu)\frac{\partial^2 w}{\partial n^2}\right]\frac{\partial\delta w}{\partial n} ds$$

$$- \int_c D\left\{\frac{\partial}{\partial n}\left[\nabla^2 w + (1-\nu)\frac{\partial^2 w}{\partial s^2}\right]\right.$$

$$\left. - (1-\nu)\frac{\partial}{\partial s}\frac{1}{\rho_s}\frac{\partial w}{\partial s}\right\}\delta w ds$$

$$+ (1-\nu)\sum_k D\Delta\left(\frac{\partial^2 w}{\partial n\partial s} - \frac{1}{\rho_s}\frac{\partial w}{\partial s}\right)_k \delta w_k$$

$$+ (1-\nu)\sum_m D\Delta\left(\frac{\partial^2 w}{\partial n\partial s} - \frac{1}{\rho_s}\frac{\partial w}{\partial s}\right)_m \delta w_m \tag{8.35}$$

根据 (8.31) 和 (8.32) 式，我们有

$$\left.\begin{aligned} &\delta w = 0 \qquad \delta\left(\frac{\partial w}{\partial n}\right) = 0 \qquad &(\text{在 } c_u \text{ 上}) \\ &\delta w_k = 0 \qquad &(\text{在角点 } k \text{ 上}) \end{aligned}\right\} \tag{8.36}$$

所以，(8.35) 式应该写为

$$\delta\Pi_1^{(1)} = \iint_S D\nabla^2\nabla^2 w\delta w dS$$

$$+ \int_{c_p} D\left[\nu\nabla^2 w + (1-\nu)\frac{\partial^2 w}{\partial n^2}\right]\frac{\partial\delta w}{\partial n} ds$$

$$
-\int_{c_p} D\left\{\frac{\partial}{\partial n}\left[\nabla^2 w+(1-\nu)\frac{\partial^2 w}{\partial s^2}\right]\right.
$$

$$
\left.-(1-\nu)\frac{\partial}{\partial s}\frac{1}{\rho_s}\frac{\partial w}{\partial s}\right\}\delta w ds
$$

$$
+(1-\nu)\sum_m D\Delta\left(\frac{\partial^2 w}{\partial n\partial s}-\frac{1}{\rho_s}\frac{\partial w}{\partial s}\right)_m \delta w_m \tag{8.37}
$$

我们可以把 (8.34b) 式改写为

$$
\delta\Pi_1^{(2)}=\iint_S\{N_{11}\delta\hat{e}_{11}+N_{22}\delta\hat{e}_{22}+2N_{12}\delta\hat{e}_{12}\}dS \tag{8.38}
$$

其中 N_{11}, N_{22}, N_{12} 为薄膜张力的分量,它们是

$$
\left.\begin{aligned}
&N_{11}=C(\hat{e}_{11}+\nu\hat{e}_{22}),\quad N_{22}=C(\hat{e}_{22}+\nu\hat{e}_{11})\\
&N_{12}=C(1-\nu)\hat{e}_{12}
\end{aligned}\right\} \tag{8.39}
$$

把 (8.25) 式代入 (8.38) 式,得

$$
\begin{aligned}
\delta\Pi_1^{(2)}=&\iint_S\left\{N_{11}\frac{\partial\delta u}{\partial x}+N_{22}\frac{\partial\delta v}{\partial v}\right.\\
&\left.+N_{12}\left(\frac{\partial\delta u}{\partial y}+\frac{\partial\delta v}{\partial x}\right)\right\}dS\\
&+\iint_S\left\{N_{11}\frac{\partial w}{\partial x}\frac{\partial\delta w}{\partial x}+N_{22}\frac{\partial w}{\partial y}\frac{\partial\delta w}{\partial y}\right.\\
&\left.+N_{12}\left(\frac{\partial w}{\partial x}\frac{\partial\delta w}{\partial y}+\frac{\partial w}{\partial y}\frac{\partial\delta w}{\partial x}\right)\right\}dS
\end{aligned} \tag{8.40}
$$

通过分部积分,在利用了格林定理后,可以证明

$$
\begin{aligned}
\delta\Pi_1^{(2)}=&-\iint_S\left\{\left(\frac{\partial N_{11}}{\partial x}+\frac{\partial N_{12}}{\partial y}\right)\delta u+\left(\frac{\partial N_{12}}{\partial x}+\frac{\partial N_{22}}{\partial y}\right)\delta v\right\}dS\\
&-\iint_S\left\{\frac{\partial}{\partial x}\left(N_{11}\frac{\partial w}{\partial x}\right)+\frac{\partial}{\partial y}\left(N_{22}\frac{\partial w}{\partial y}\right)\right.\\
&\left.+\frac{\partial}{\partial x}\left(N_{12}\frac{\partial w}{\partial y}\right)+\frac{\partial}{\partial y}\left(N_{12}\frac{\partial w}{\partial x}\right)\right\}\delta w dS\\
&+\int_c\{(N_{11}\delta u+N_{12}\delta v)n_x+(N_{12}\delta u+N_{22}\delta v)n_y\}ds\\
&+\int_c\left\{\left(N_{11}\frac{\partial w}{\partial x}+N_{12}\frac{\partial w}{\partial y}\right)n_x\delta w\right.
\end{aligned}
$$

$$+\left(N_{12}\frac{\partial w}{\partial x}+N_{22}\frac{\partial w}{\partial y}\right)n_y\delta w\Big\}ds \tag{8.41}$$

根据 (8.31) 式,我们有

$$\delta u=\delta v=0 \qquad (\text{在 } c_u \text{ 上}) \tag{8.42}$$

(8.41) 式中 (n_x, n_y) 为外法线单位矢量,而且

$$\left.\begin{aligned}N_{11}\delta u n_x+N_{21}\delta u n_y&=N_{n1}\delta u\\N_{12}\delta v n_x+N_{22}\delta v n_y&=N_{n2}\delta v\end{aligned}\right\} \tag{8.43a}$$

$$\left.\begin{aligned}N_{11}\frac{\partial w}{\partial x}n_x+N_{21}\frac{\partial w}{\partial x}n_y&=N_{n1}\frac{\partial w}{\partial x}\\N_{12}\frac{\partial w}{\partial y}n_x+N_{22}\frac{\partial w}{\partial y}n_y&=N_{n2}\frac{\partial w}{\partial y}\end{aligned}\right\} \tag{8.43b}$$

所以有

$$\begin{aligned}\delta\Pi_1^{(2)}=&-\iint_S\left\{\left(\frac{\partial N_{11}}{\partial x}+\frac{\partial N_{12}}{\partial y}\right)\delta u+\left(\frac{\partial N_{12}}{\partial x}+\frac{\partial N_{22}}{\partial y}\right)\delta v\right\}dS\\&-\iint_S\left\{\frac{\partial}{\partial x}\left(N_{11}\frac{\partial w}{\partial x}\right)+\frac{\partial}{\partial y}\left(N_{22}\frac{\partial w}{\partial y}\right)\right.\\&\left.+\frac{\partial}{\partial x}\left(N_{12}\frac{\partial w}{\partial y}\right)+\frac{\partial}{\partial y}\left(N_{12}\frac{\partial w}{\partial x}\right)\right\}\delta w dS\\&+\int_{c_p}(N_{n1}\delta u+N_{n2}\delta v)ds\\&+\int_{c_p}\left\{N_{n1}\frac{\partial w}{\partial x}+N_{n2}\frac{\partial w}{\partial y}\right\}\delta w ds\end{aligned} \tag{8.44a}$$

于是 (8.33) 式可以写成

$$\begin{aligned}\delta\Pi_1=&\iint_S\left\{D\nabla^2\nabla^2 w-\frac{\partial}{\partial x}\left(N_{11}\frac{\partial w}{\partial x}\right)-\frac{\partial}{\partial y}\left(N_{22}\frac{\partial w}{\partial y}\right)\right.\\&\left.-\frac{\partial}{\partial x}\left(N_{12}\frac{\partial w}{\partial y}\right)-\frac{\partial}{\partial y}\left(N_{12}\frac{\partial w}{\partial x}\right)-q\right\}\delta w dS\\&-\iint_S\left\{\left(\frac{\partial N_{11}}{\partial x}+\frac{\partial N_{12}}{\partial y}\right)\delta u+\left(\frac{\partial N_{12}}{\partial x}+\frac{\partial N_{22}}{\partial y}\right)\delta v\right\}dS\\&+\int_{c_p}\{(N_{n1}-\bar{p}_1)\delta u+(N_{n2}-\bar{p}_2)\delta v\}ds\end{aligned}$$

$$
\begin{aligned}
&-\int_{c_p}\left\{\bar{p}_3+\frac{\partial \bar{M}_{ns}}{\partial S}+D\left[\frac{\partial}{\partial n}\nabla^2 w\right.\right.\\
&+(1-\nu)\left.\left(\frac{\partial^3 w}{\partial n\partial S^2}-\frac{\partial}{\partial s}\frac{1}{\rho_s}\frac{\partial w}{\partial s}\right)\right]\\
&\left.-N_{n1}\frac{\partial w}{\partial x}-N_{n2}\frac{\partial w}{\partial y}\right\}\delta w ds\\
&+\int_{c_p}\left\{\bar{M}_m+D\left[\nu\nabla^2 w+(1-\nu)\frac{\partial^2 w}{\partial n^2}\right]\right\}\delta\left(\frac{\partial w}{\partial n}\right)ds\\
&-\sum_m\left\{\bar{p}_m-(1-\nu)D\Delta\left(\frac{\partial^2 w}{\partial n\partial s}-\frac{1}{\rho_s}\frac{\partial w}{\partial s}\right)_m\right\}\delta w_m
\end{aligned}
\tag{8.44b}
$$

当 $\delta \Pi_1=0$ 时,得欧拉方程

$$
\frac{\partial N_{11}}{\partial x}+\frac{\partial N_{12}}{\partial y}=0 \tag{8.44c}
$$

$$
\frac{\partial N_{12}}{\partial x}+\frac{\partial N_{22}}{\partial y}=0 \tag{8.44d}
$$

$$
\begin{aligned}
D\nabla^2\nabla^2 w&-\frac{\partial}{\partial x}\left(N_{11}\frac{\partial w}{\partial x}\right)-\frac{\partial}{\partial y}\left(N_{22}\frac{\partial w}{\partial y}\right)\\
&-\frac{\partial}{\partial x}\left(N_{12}\frac{\partial w}{\partial y}\right)-\frac{\partial}{\partial y}\left(N_{12}\frac{\partial w}{\partial x}\right)=q
\end{aligned}
\tag{8.44e}
$$

边界条件:

$$
\begin{aligned}
&N_{n1}=\bar{p}_1\\
&N_{n2}=\bar{p}_2\\
&-D\left[\frac{\partial}{\partial n}\nabla^2 w+(1-\nu)\frac{\partial}{\partial S}\left(\frac{\partial^2 w}{\partial n\partial s}-\frac{1}{\rho_s}\frac{\partial w}{\partial s}\right)\right]\\
&\qquad+N_{n1}\frac{\partial w}{\partial x}+N_{n2}\frac{\partial w}{\partial y}=\bar{p}_3+\frac{\partial \bar{M}_{ns}}{\partial s}\\
&-D\left[\nu\nabla^2 w+(1-\nu)\frac{\partial^2 w}{\partial n^2}\right]=\bar{M}_{nn}
\end{aligned}
$$

(以上诸式在 c_u 上) (8.45)

角点条件

$$
(1-\nu)D\Delta\left(\frac{\partial^2 w}{\partial n\partial s}-\frac{1}{\rho_s}\frac{\partial w}{\partial s}\right)_m=\bar{p}_m \quad (\text{在角点}\, m\, \text{上}) \tag{8.46}
$$

根据 (8.44c, d) 式，我们可以进一步简化 (8.44e) 式，其结果为

$$D\nabla^2\nabla^2 w - N_{11}\frac{\partial^2 w}{\partial x^2} - N_{22}\frac{\partial^2 w}{\partial y^2} - 2N_{12}\frac{\partial^2 w}{\partial x\partial y} = q \quad (8.47)$$

从 (8.44c, d) 式，我们可以引进应力函数 ϕ

$$N_{11} = \frac{\partial^2\phi}{\partial y^2}, \quad N_{22} = \frac{\partial^2\phi}{\partial x^2}, \quad N_{12} = -\frac{\partial^2\phi}{\partial x\partial y} \quad (8.48)$$

于是 (8.44c, d) 式自然满足，而 (8.47) 式给出平衡方程

$$D\nabla^2\nabla^2 w - \frac{\partial^2\phi}{\partial x^2}\frac{\partial^2 w}{\partial y^2} - \frac{\partial^2\phi}{\partial y^2}\frac{\partial^2 w}{\partial x^2} + 2\frac{\partial^2\phi}{\partial x\partial y}\frac{\partial^2 w}{\partial x\partial y} = q \quad (8.49)$$

现在让我们推导 w 和 ϕ 的第二个方程，从 (8.39) 式，我们有

$$\left.\begin{aligned}
\hat{e}_{11} &= \frac{1}{Eh}(N_{11} - \nu N_{22}) = \frac{1}{Eh}\left(\frac{\partial^2\phi}{\partial y^2} - \nu\frac{\partial^2\phi}{\partial x^2}\right)\\
\hat{e}_{22} &= \frac{1}{Eh}(N_{22} - \nu N_{11}) = \frac{1}{Eh}\left(\frac{\partial^2\phi}{\partial x^2} - \nu\frac{\partial^2\phi}{\partial y^2}\right)\\
\hat{e}_{12} &= \frac{1+\nu}{Eh}N_{12} = -\frac{1+\nu}{Eh}\frac{\partial^2\phi}{\partial x\partial y}
\end{aligned}\right\} \quad (8.50)$$

根据 (8.25) 式的定义，有

$$\left.\begin{aligned}
\frac{\partial u}{\partial x} &= \frac{1}{Eh}\left(\frac{\partial^2\phi}{\partial y^2} - \nu\frac{\partial^2\phi}{\partial x^2}\right) - \frac{1}{2}\left(\frac{\partial w}{\partial x}\right)^2\\
\frac{\partial v}{\partial y} &= \frac{1}{Eh}\left(\frac{\partial^2\phi}{\partial x^2} - \nu\frac{\partial^2\phi}{\partial y^2}\right) - \frac{1}{2}\left(\frac{\partial w}{\partial y}\right)^2\\
\frac{\partial u}{\partial y} + \frac{\partial v}{\partial x} &= -\frac{2(1+\nu)}{Eh}\frac{\partial^2\phi}{\partial x\partial y} - \frac{\partial w}{\partial x}\frac{\partial w}{\partial y}
\end{aligned}\right\} \quad (8.51)$$

从上式我们消去 u, v, 亦即用恒等式(协调条件)

$$\frac{\partial^2}{\partial x^2}\left(\frac{\partial v}{\partial y}\right) + \frac{\partial^2}{\partial y^2}\left(\frac{\partial u}{\partial x}\right) - \frac{\partial^2}{\partial x\partial y}\left(\frac{\partial u}{\partial y} + \frac{\partial v}{\partial x}\right) = 0 \quad (8.52)$$

把 (8.51) 式中的 $\frac{\partial v}{\partial y}$, $\frac{\partial u}{\partial x}$, $\frac{\partial u}{\partial y} + \frac{\partial v}{\partial x}$ 表达式代入上式，得

$$\frac{1}{Eh}\left[\frac{\partial^2}{\partial y^2}\left(\frac{\partial^2\phi}{\partial y^2} - \nu\frac{\partial^2\phi}{\partial x^2}\right)\right.$$

$$+\frac{\partial^2}{\partial x^2}\left(\frac{\partial^2\phi}{\partial x^2}-\nu\frac{\partial^2\phi}{\partial y^2}\right)+2(1+\nu)\frac{\partial^4\phi}{\partial x^2\partial y^2}\Bigg]$$

$$-\frac{1}{2}\frac{\partial^2}{\partial y^2}\left(\frac{\partial w}{\partial x}\right)^2-\frac{1}{2}\frac{\partial^2}{\partial x^2}\left(\frac{\partial w}{\partial y}\right)^2$$

$$+\frac{\partial^2}{\partial x\partial y}\left(\frac{\partial w}{\partial x}\frac{\partial w}{\partial y}\right)=0 \tag{8.53}$$

化简得

$$\frac{1}{Eh}\nabla^2\nabla^2\phi+\frac{\partial^2 w}{\partial x^2}\frac{\partial^2 w}{\partial y^2}-\left(\frac{\partial^2 w}{\partial x\partial y}\right)^2=0 \tag{8.54}$$

(8.49) 式和 (8.54) 式为求解薄板大挠度问题的二个基本方程. 这是冯卡门[5]所首先求得的.

§ 8.3 薄壳大挠度弯曲理论的广义变分原理

在研究扁壳的非线性跳跃问题，和薄壳的局部失稳的稳定问题时，必须研究壳的大挠度弯曲的非线性理论. 这种问题的非线性方程曾由作者[6]通过壳的一般理论求得过. 在这个理论中，指出其基本条件为壳的广度 L 较壳的最小曲率半径 R 小得很多，而厚度又比 L 为小，同时壳的中面应变 e_α, e_β, $e_{\alpha\beta}$ 的量级为 $O\left(\frac{h^2}{L^2}\right)$，挠度 $\frac{w}{L}$ 的量级为 $O\left(\frac{h}{L}\right)$. 在下面，我们将称

$$\left.\begin{aligned}&\left[\frac{h}{L}\right]\sim\varepsilon,\quad e_\alpha, e_\beta, e_{\alpha\beta}\sim O(\varepsilon^2),\\&\frac{w}{L}\sim O(\varepsilon)\quad \frac{L}{R}\sim O(\varepsilon)\end{aligned}\right\} \tag{8.55}$$

我们将在 (8.55) 式的量级基础上，从弹性体的三维有限变形理论和它的泛函，建立作者前曾导出的非线性壳体微分方程. 这个方程的应用，业已在莫斯塔里，加里莫夫[7]，冯元桢，萨葛劳[8]的著作中详细叙述过和讨论过，这里不再详谈.

设在中面上取高斯法线正交坐标 α, β, z, 中面上的线元为

$$ds^2=A^2d\alpha^2+B^2d\beta^2 \tag{8.56}$$

如果在壳内 $0\leqslant\alpha$, $\beta\leqslant 1$，则 A, B 的量级和 L 相当. 设 R_1, R_2

为主曲率半径，u'，v'，w' 为空间一点的位移，则有限变形的应变分量在这个曲线坐标内可以写成[3]

$$
\begin{aligned}
\varepsilon_\alpha =& \frac{1}{1+\frac{z}{R_1}}\left\{\frac{1}{A}\frac{\partial u'}{\partial \alpha}+\frac{1}{AB}\frac{\partial A}{\partial \beta}v'+\frac{w'}{R_1}\right\} \\
&+\frac{1}{2\left(1+\frac{z}{R_1}\right)^2}\left\{\left(\frac{1}{A}\frac{\partial u'}{\partial \alpha}+\frac{1}{AB}\frac{\partial A}{\partial \beta}v'+\frac{w'}{R_1}\right)^2\right. \\
&\left.+\left(\frac{1}{A}\frac{\partial v'}{\partial \alpha}-\frac{1}{AB}\frac{\partial A}{\partial \beta}u'\right)^2+\left(\frac{1}{A}\frac{\partial w'}{\partial \alpha}-\frac{u'}{R_1}\right)^2\right\} \qquad (8.57a)
\end{aligned}
$$

$$
\begin{aligned}
\varepsilon_\beta =& \frac{1}{1+\frac{z}{R_2}}\left\{\frac{1}{B}\frac{\partial v'}{\partial \beta}+\frac{1}{AB}\frac{\partial B}{\partial \alpha}u'+\frac{w'}{R_2}\right\} \\
&+\frac{1}{2\left(1+\frac{z}{R_2}\right)^2}\left\{\left(\frac{1}{B}\frac{\partial v'}{\partial \beta}+\frac{1}{AB}\frac{\partial \beta}{\partial \alpha}u'+\frac{w'}{R_2}\right)^2\right. \\
&\left.+\left(\frac{1}{B}\frac{\partial u'}{\partial \beta}-\frac{1}{AB}\frac{\partial B}{\partial x}v'\right)^2+\left(\frac{1}{B}\frac{\partial w'}{\partial \beta}-\frac{v'}{R_2}\right)^2\right\} \qquad (8.57b)
\end{aligned}
$$

$$
\begin{aligned}
\varepsilon_{\alpha\beta} =& \frac{1}{1+\frac{z}{R_1}}\left\{\frac{1}{A}\frac{\partial v'}{\partial \alpha}-\frac{1}{AB}\frac{\partial A}{\partial \beta}u'\right\} \\
&+\frac{1}{1+\frac{z}{R_2}}\left\{\frac{1}{B}\frac{\partial u'}{\partial \beta}-\frac{1}{AB}\frac{\partial B}{\partial \alpha}v'\right\} \\
&+\frac{1}{\left(1+\frac{z}{R_1}\right)\left(1+\frac{z}{R_2}\right)}\left\{\left(\frac{1}{A}\frac{\partial u'}{\partial \alpha}+\frac{1}{AB}\frac{\partial A'}{\partial \beta}v'+\frac{w'}{R_1}\right)\right. \\
&\times\left(\frac{1}{B}\frac{\partial u'}{\partial \beta}-\frac{1}{AB}\frac{\partial B}{\partial \alpha}v'\right) \\
&+\left(\frac{1}{B}\frac{\partial v'}{\partial \beta}+\frac{1}{AB}\frac{\partial \beta}{\partial \alpha}u'+\frac{w'}{R_2}\right)\left(\frac{1}{A}\frac{\partial v'}{\partial \alpha}-\frac{1}{AB}\frac{\partial A}{\partial \beta}u'\right) \\
&\left.+\left(\frac{1}{A}\frac{\partial w'}{\partial \alpha}-\frac{u'}{R_1}\right)\left(\frac{1}{B}\frac{\partial w'}{\partial \beta}-\frac{v'}{R_2}\right)\right\} \qquad (8.57c)
\end{aligned}
$$

$$\varepsilon_z = \frac{\partial w'}{\partial z} + \frac{1}{2}\left[\left(\frac{\partial u'}{\partial z}\right)^2 + \left(\frac{\partial v'}{\partial z}\right)^2 + \left(\frac{\partial w'}{\partial z}\right)^2\right] \quad (8.57\text{d})$$

$$\begin{aligned}\varepsilon_{\alpha z} = {} & \frac{\partial u'}{\partial z} + \frac{1}{1+\frac{z}{R_1}}\left(\frac{1}{A}\frac{\partial w'}{\partial \alpha} - \frac{u'}{R_1}\right) \\ & + \frac{1}{1+\frac{z}{R_1}}\left\{\left(\frac{1}{A}\frac{\partial u'}{\partial \alpha} + \frac{1}{AB}\frac{\partial A}{\partial \beta}v' + \frac{w'}{R_1}\right)\frac{\partial u'}{\partial z}\right. \\ & \left. + \left(\frac{1}{A}\frac{\partial v'}{\partial \alpha} - \frac{1}{AB}\frac{\partial A}{\partial \beta}u'\right)\frac{\partial v'}{\partial z} + \left(\frac{1}{A}\frac{\partial w'}{\partial \alpha} - \frac{u'}{R_1}\right)\frac{\partial w'}{\partial z}\right\}\end{aligned} \quad (8.57\text{e})$$

$$\begin{aligned}\varepsilon_{\beta z} = {} & \frac{\partial v'}{\partial z} + \frac{1}{1+\frac{z}{R_2}}\left(\frac{1}{B}\frac{\partial w'}{\partial \beta} - \frac{v'}{R_2}\right) \\ & + \frac{1}{1+\frac{z}{R_2}}\left\{\left(\frac{1}{B}\frac{\partial v'}{\partial \beta} + \frac{1}{AB}\frac{\partial B}{\partial \alpha}u' + \frac{w'}{R_2}\right)\frac{\partial v'}{\partial z}\right. \\ & + \left(\frac{1}{B}\frac{\partial u'}{\partial \beta} - \frac{1}{AB}\frac{\partial B}{\partial \alpha}u'\right)\frac{\partial u'}{\partial z} \\ & \left. + \left(\frac{1}{B}\frac{\partial w'}{\partial \beta} - \frac{v'}{R_2}\right)\frac{\partial w'}{\partial z}\right\}\end{aligned} \quad (8.57\text{f})$$

本式可参阅诺沃日洛夫著的《非线性弹性力学基础》(中译本159—161页方程式VI-26, 27, 37, 但VI-26式有误).

应力应变关系可以写成

$$\left.\begin{aligned}\sigma_\alpha &= \frac{E}{1-\nu^2}(\varepsilon_\alpha + \nu\varepsilon_\beta) + \frac{\nu}{1-\nu}\sigma_z, \\ \sigma_\beta &= \frac{E}{1-\nu^2}(\varepsilon_\beta + \nu\varepsilon_\alpha) + \frac{\nu}{1-\nu}\sigma_z, \\ \sigma_z &= \frac{E(1-\nu)}{(1+\nu)(1-2\nu)}\left[\varepsilon_z + \frac{\nu}{1-\nu}(\varepsilon_\alpha + \varepsilon_\beta)\right] \\ \sigma_{\alpha\beta} &= \frac{E}{2(1+\nu)}\varepsilon_{\alpha\beta}, \quad \sigma_{\alpha z} = \frac{E}{2(1+\nu)}\varepsilon_{\alpha z}, \\ & \qquad\qquad \sigma_{\beta z} = \frac{E}{2(1+\nu)}\varepsilon_{\beta z}\end{aligned}\right\} \quad (8.58)$$

于是壳的应变能式可以写成

$$A(\varepsilon_{ij}) = \frac{1}{2}\{\varepsilon_\alpha\sigma_\alpha + \varepsilon_\beta\sigma_\beta + \varepsilon_z\sigma_z + \sigma_{\alpha\beta}e_{\alpha\beta} + \sigma_{\alpha z}e_{\alpha z} + \sigma_{\beta z}e_{\beta z}\}$$

$$= \frac{E}{2(1-\nu^2)}\left\{\varepsilon_\alpha^2 + \varepsilon_\beta^2 + 2\nu\varepsilon_\alpha\varepsilon_\beta + \frac{1}{2}(1-\nu)\varepsilon_{\alpha\beta}^2 + \frac{(1-\nu)^2}{(1-2\nu)}\varepsilon_z'^2 + \frac{1}{2}(1-\nu)(\varepsilon_{\alpha z}^2 + \varepsilon_{\beta z}^2)\right\} \quad (8.59)$$

其中

$$\varepsilon_z' = \varepsilon_z + \frac{\nu}{1-\nu}(\varepsilon_\alpha + \varepsilon_\beta) \quad (8.60)$$

从壳的内力素平衡方程中,可以看到横剪力的量级和 $\frac{1}{L}$ ×弯矩的量级相当. 所以 $\varepsilon_{\alpha z}$, $\varepsilon_{\beta z}$ 的量级为 $O\left(\frac{1}{L}h^2k\right)$, k 为曲率变化,其量级为 $O\left(\frac{w}{L^2}\right)$. 所以 $\varepsilon_{\alpha z}$, $\varepsilon_{\beta z}$ 的量级为 $O\left(\frac{h^2}{L^2}\frac{w}{L}\right) \sim O(\epsilon^3)$. 同样从平衡方程中,可以看到 σ_z 的量级(即横载 q 的量级)和 $\frac{1}{R}$ ×薄膜内力的量级 $O\left(\frac{1}{R}Ehe\right)$ 相当,所以 ϵ_z' 的量级为

$$O\left(\frac{h}{R}e\right) \sim O(\epsilon^3).$$

由此可知,应变能中 $\varepsilon_z'^2$, $\varepsilon_{\alpha z}^2$, $\varepsilon_{\beta z}^2$ 三项和 ε_α^2, ε_β^2, $\varepsilon_{\alpha\beta}^2$ 三项相较是可以略去的. 亦即

$$A(\varepsilon_{ij}) = \frac{1}{2}\frac{F}{1-\nu^2}\left\{\varepsilon_\alpha^2 + \varepsilon_\beta^2 + 2\nu\varepsilon_\alpha\varepsilon_\beta + \frac{1}{2}(1-\nu)\varepsilon_{\alpha\beta}^2\right\} + EO(\epsilon^6) \quad (8.61)$$

现在让我们根据量级简化(8.57)式. 设 u', v', w' 可以展开为 z 的幂级数

$$\left.\begin{aligned} u' &= u + u_1 z + \frac{1}{2}u_2 z^2 + \cdots \\ v' &= v + v_1 z + \frac{1}{2}v_2 z^2 + \cdots \\ w' &= w + w_1 z + \frac{1}{2}w_2 z^2 + \cdots \end{aligned}\right\} \quad (8.62)$$

u, v 的量级为 $LO(\epsilon^2)$, w 的量级为 $LO(\epsilon)$, u_1, v_1 的量级至多为 $O(\epsilon)$, w_1 的量级至多为 $O(\epsilon^0)$, 代入 (8.57e, f), 比较量级, 得

$$u_1 = -\frac{1}{A}\frac{\partial w}{\partial \alpha} + LO(\epsilon^2), \quad v_1 = -\frac{1}{B}\frac{\partial w}{\partial \beta} + LO(\epsilon^2) \tag{8.63}$$

从 (8.60) 式, 有

$$\varepsilon_z = -\frac{\nu}{1-\nu}(\varepsilon_\alpha + \varepsilon_\beta) + O(\epsilon^3) \tag{8.64}$$

其中第一项 $(\varepsilon_\alpha + \varepsilon_\beta)$ 的量级至多是 $O(\epsilon^2)$. 因此, $\frac{\partial w}{\partial z}$ 的量级或 w_1 的量级应是 $O(\epsilon^2)$, 而不是 $O(\epsilon^0)$. 上面假设 w_1 的量级至多是 $O(\epsilon^0)$, 现在证明它应是 $O(\epsilon^2)$, 仍在 $O(\epsilon^0)$ 的范围以内, 并不矛盾. 于是从 (8.57d, e, f) 可得

$$\begin{aligned} u_2 &= \frac{1}{L}O(\epsilon^2), \quad v_2 = \frac{1}{L}O(\epsilon^2), \\ w_1 &= \frac{1}{L}O(\epsilon^2), \quad w_2 = \frac{1}{L}O(\epsilon) \end{aligned} \tag{8.65}$$

从 (8.62) 式, 得

$$\begin{aligned} u' &= u - \frac{1}{A}\frac{\partial w}{\partial \alpha}z + LO(\epsilon^3), \\ v' &= v - \frac{1}{B}\frac{\partial w}{\partial \beta}z + LO(\epsilon^3), \\ w' &= w + LO(\epsilon^3) \end{aligned} \tag{8.66}$$

代入 (8.27a, b, c) 式, 得

$$\left.\begin{aligned} \varepsilon_\alpha = e_\alpha + \chi_\alpha z + O(\epsilon^3), \quad \varepsilon_\beta = e_\beta + \chi_\beta z + O(\epsilon^3) \\ \varepsilon_{\alpha\beta} = e_{\alpha\beta} + \chi_{\alpha\beta} z + O(\epsilon^3) \end{aligned}\right\} \tag{8.67}$$

其中

$$\left.\begin{aligned} e_\alpha &= \frac{1}{A}\frac{\partial u}{\partial \alpha} + \frac{1}{AB}\frac{\partial A}{\partial \beta}v + \frac{w}{R_1} + \frac{1}{2A^2}\left(\frac{\partial w}{\partial \alpha}\right)^2 \\ e_\beta &= \frac{1}{B}\frac{\partial v}{\partial \beta} + \frac{1}{AB}\frac{\partial B}{\partial \alpha}u + \frac{w}{R_2} + \frac{1}{2B^2}\left(\frac{\partial w}{\partial \beta}\right)^2 \\ e_{\alpha\beta} &= \frac{B}{A}\frac{\partial}{\partial \alpha}\left(\frac{v}{B}\right) + \frac{A}{B}\frac{\partial}{\partial \beta}\left(\frac{u}{A}\right) + \frac{1}{AB}\frac{\partial w}{\partial \alpha}\frac{\partial w}{\partial \beta} \end{aligned}\right\} \tag{8.68}$$

$$
\left.\begin{aligned}
\chi_{\alpha} &= -\frac{1}{A}\frac{\partial}{\partial\alpha}\frac{1}{A}\frac{\partial w}{\partial\alpha}-\frac{1}{AB}\frac{\partial A}{\partial\beta}\frac{1}{B}\frac{\partial w}{\partial\beta}\\
\chi_{\beta} &= -\frac{1}{B}\frac{\partial}{\partial\beta}\frac{1}{B}\frac{\partial w}{\partial\beta}-\frac{1}{AB}\frac{\partial B}{\partial\alpha}\frac{1}{A}\frac{\partial w}{\partial\alpha}\\
\chi_{\alpha\beta} &= -\frac{2}{AB}\left(\frac{\partial^2 w}{\partial\alpha\partial\beta}-\frac{1}{A}\frac{\partial A}{\partial\beta}\frac{\partial w}{\partial\alpha}-\frac{1}{B}\frac{\partial B}{\partial\alpha}\frac{\partial w}{\partial\beta}\right)
\end{aligned}\right|
$$

(8.67) 式中诸项都是同量级的，因此，壳的应变能取其一级近似可以写成

$$
\begin{aligned}
\bar{U} = \iiint_{\tau} A(\varepsilon_{ij})d\tau = \iiint_{\tau} \frac{E}{2(1-\nu^2)}\Big[&(e_{\alpha}+\chi_{\alpha}z)^2+(e_{\beta}+\chi_{\beta}z)^2\\
&+2\nu(e_{\alpha}+\chi_{\alpha}z)(e_{\beta}+\chi_{\beta}z)+\frac{1}{2}(1-\nu)(e_{\alpha\beta}+\chi_{\alpha\beta}z)^2\\
&+O(\epsilon^5)\Big]\left(1-\frac{z}{R_1}\right)\left(1-\frac{z}{R_2}\right)ABd\alpha d\beta dz
\end{aligned}
\tag{8.69}
$$

或在积分后可以写成

$$
\begin{aligned}
\bar{U} = \frac{1}{2}\iint_{S}\Big\{&C\left[e_{\alpha}^2+e_{\beta}^2+2\nu e_{\alpha}e_{\beta}+\frac{1}{2}(1-\nu)e_{\alpha\beta}^2\right]\\
&+D\Big[\chi_{\alpha}^2+\chi_{\beta}^2+2\nu\chi_{\alpha}\chi_{\beta}\\
&+\frac{1}{2}(1-\nu)\chi_{\alpha\beta}^2+LE(\epsilon^6)\Big]\Big\}ABd\alpha d\beta
\end{aligned}
\tag{8.70}
$$

其中 C，D 分别为壳的抗拉刚度和抗弯刚度，见 (8.30) 式. (8.70) 式中各项都有相同的量级 $ELO(\epsilon^5)$.

于是这个问题变成在条件 (8.68) 式及若干边界条件下求 $\bar{U}$ 的极值问题. 我们同样可以利用拉格朗日乘子法. 这些乘子为 T_{α}，T_{β}，$T_{\alpha\beta}$，M_{α}，M_{β}，$M_{\alpha\beta}$，而且设在壳面上有分布法向载荷 q. 于是这个问题的泛函可以写为

$$
\begin{aligned}
\Pi = \frac{1}{2}\iint_{S}\Big\{&C\left[e_{\alpha}^2+e_{\beta}^2+2\nu e_{\alpha}e_{\beta}+\frac{1}{2}(1-\nu)e_{\alpha\beta}^2\right]\\
&+D\left[\chi_{\alpha}^2+\chi_{\beta}^2+2\nu\chi_{\alpha}\chi_{\beta}+\frac{1}{2}(1-\nu)\chi_{\alpha\beta}^2\right]\Big\}ABd\alpha d\beta
\end{aligned}
$$

$$
\begin{aligned}
&+\iint_S \Big\{ T_\alpha \Big[\frac{1}{A}\frac{\partial u}{\partial \alpha} + \frac{1}{AB}\frac{\partial A}{\partial \beta} v + \frac{w}{R_1} \\
&+ \frac{1}{2A^2}\left(\frac{\partial w}{\partial \alpha}\right)^2 - e_\alpha \Big] + T_\beta \Big[\frac{1}{B}\frac{\partial v}{\partial \beta} \\
&+ \frac{1}{AB}\frac{\partial B}{\partial \alpha} u + \frac{w}{R_2} + \frac{1}{2B^2}\left(\frac{\partial w}{\partial \beta}\right)^2 - e_\beta \Big] \\
&+ T_{\alpha\beta} \Big[\frac{B}{A}\frac{\partial}{\partial \alpha}\left(\frac{v}{B}\right) + \frac{A}{B}\frac{\partial}{\partial \beta}\left(\frac{u}{A}\right) \\
&+ \frac{1}{AB}\frac{\partial w}{\partial \alpha}\frac{\partial w}{\partial \beta} - e_{\alpha\beta} \Big] \Big\} AB d\alpha d\beta \\
&+ \iint_S \Big\{ M_\alpha \Big[-\frac{1}{A}\frac{\partial}{\partial \alpha}\frac{1}{A}\frac{\partial w}{\partial \alpha} - \frac{1}{AB}\frac{\partial A}{\partial \beta}\frac{1}{B}\frac{\partial w}{\partial \beta} - \chi_\alpha \Big] \\
&+ M_\beta \Big[-\frac{1}{B}\frac{\partial}{\partial \beta}\frac{1}{B}\frac{\partial w}{\partial \beta} - \frac{1}{AB}\frac{\partial B}{\partial \alpha}\frac{1}{A}\frac{\partial w}{\partial \alpha} - \chi_\beta \Big] \\
&+ M_{\alpha\beta} \Big[-\frac{2}{AB}\frac{\partial^2 w}{\partial \alpha \partial \beta} + \frac{2}{A^2 B}\frac{\partial A}{\partial \beta}\frac{\partial w}{\partial \alpha} \\
&+ \frac{2}{AB^2}\frac{\partial B}{\partial \alpha}\frac{\partial w}{\partial \beta} - \chi_{\alpha\beta} \Big] \Big\} AB d\alpha d\beta \\
&- \iint qwAB dx dy + (\text{有关边界条件的诸项}) \qquad (8.71)
\end{aligned}
$$

有关边界条件诸项将不再写出．如果边界是固定的，或是简支的，或是自由边，则这些边界项将恒等于零．不论怎样，它们对于推导欧拉方程，将并无影响．通过变分，很易证明：(1) (8.68) 式的应变位移关系得到满足；(2) 证明这些拉格朗日乘子为

$$
\left.
\begin{aligned}
&T_\alpha = C(e_\alpha + \nu e_\beta), \quad T_\beta = C(e_\beta + \nu e_\alpha), \quad T_{\alpha\beta} = \frac{1}{2}(1-\nu) C e_{\alpha\beta} \\
&M_\alpha = D(\chi_\alpha + \nu \chi_\beta) \quad M_\beta = D(\chi_\beta + \nu \chi_\alpha) \quad M_{\alpha\beta} = \frac{1}{2}(1-\nu) D \chi_{\alpha\beta}
\end{aligned}
\right\} \tag{8.72}
$$

这也指出它们就对应于 e_α，e_β，$e_{\alpha\beta}$，χ_α，χ_β，$\chi_{\alpha\beta}$ 的诸内力素．

同时，利用格林定理和分部积分，给出下列诸平衡方程：

$$\frac{\partial}{\partial\alpha}(BT_\alpha)+\frac{1}{A}\frac{\partial}{\partial\beta}(A^2T_{\alpha\beta})-\frac{\partial B}{\partial\alpha}T_\beta=0 \tag{8.73a}$$

$$\frac{\partial}{\partial\beta}(AT_\beta)+\frac{1}{B}\frac{\partial}{\partial\alpha}(B^2T_{\alpha\beta})-\frac{\partial A}{\partial\beta}T_\alpha=0 \tag{8.73b}$$

$$\begin{aligned}&\frac{T_\alpha}{R_1}+\frac{T_\beta}{R_2}-\frac{1}{AB}\left\{\frac{\partial}{\partial\alpha}\frac{1}{A}\left[\frac{\partial}{\partial\alpha}(BM_\alpha)\right.\right.\\&\quad\left.+\frac{1}{A}\frac{\partial}{\partial\beta}(A^2M_{\alpha\beta})-\frac{\partial B}{\partial\alpha}M_\beta\right]+\frac{\partial}{\partial\beta}\frac{1}{B}\\&\quad\left.\times\left[\frac{\partial}{\partial\beta}(AM_\beta)+\frac{1}{B}\frac{\partial}{\partial\alpha}(B^2M_{\alpha\beta})-\frac{\partial A}{\partial\beta}M_\alpha\right]\right\}\\&\quad-\frac{1}{AB}\left[\frac{\partial}{\partial\alpha}\left(\frac{B}{A}\frac{\partial w}{\partial\alpha}T_\alpha\right)+\frac{\partial}{\partial\beta}\left(\frac{A}{B}\frac{\partial w}{\partial\beta}T_\beta\right)\right.\\&\quad\left.+\frac{\partial}{\partial\alpha}\left(\frac{\partial w}{\partial\beta}T_{\alpha\beta}\right)+\frac{\partial}{\partial\beta}\left(\frac{\partial w}{\partial\alpha}T_{\alpha\beta}\right)\right]=q\end{aligned} \tag{8.73c}$$

利用 (8.73a, b)，就可以把 (8.73c) 进一步简化

$$\begin{aligned}&\frac{T_\alpha}{R_1}+\frac{T_\beta}{R_2}-\frac{1}{AB}\left\{\frac{\partial}{\partial\alpha}\frac{1}{A}\left[\frac{\partial}{\partial\alpha}(BM_\alpha)\right.\right.\\&\quad\left.+\frac{1}{A}\frac{\partial}{\partial\beta}(A^2M_{\alpha\beta})-\frac{\partial B}{\partial\alpha}M_\beta\right]+\frac{\partial}{\partial\beta}\frac{1}{B}\\&\quad\left.\times\left[\frac{\partial}{\partial\beta}(AM_\beta)+\frac{1}{B}\frac{\partial}{\partial\alpha}(B^2M_{\alpha\beta})-\frac{\partial A}{\partial\beta}M_\alpha\right]\right\}\\&\quad+T_\alpha\chi_\alpha+T_\beta\chi_\beta+T_{\alpha\beta}\chi_{\alpha\beta}=q\end{aligned} \tag{8.74}$$

从 (8.73a, b) 中可以看到，我们一定可以找到一个应力函数 φ，所有薄膜内力 T_α，T_β，$T_{\alpha\beta}$ 都可以用 φ 来表示．亦即

$$\left.\begin{aligned}T_\alpha&=\frac{1}{B}\frac{\partial}{\partial\beta}\frac{1}{B}\frac{\partial\varphi}{\partial\beta}+\frac{1}{A^2B}\frac{\partial B}{\partial\alpha}\frac{\partial\varphi}{\partial\alpha}\\T_\beta&=\frac{1}{A}\frac{\partial}{\partial\alpha}\frac{1}{A}\frac{\partial\varphi}{\partial\alpha}+\frac{1}{AB^2}\frac{\partial A}{\partial\beta}\frac{\partial\varphi}{\partial\beta}\\T_{\alpha\beta}&=-\frac{1}{AB}\frac{\partial^2\varphi}{\partial\alpha\partial\beta}+\frac{1}{A^2B}\frac{\partial A}{\partial\beta}\frac{\partial\varphi}{\partial\alpha}+\frac{1}{AB^2}\frac{\partial B}{\partial\alpha}\frac{\partial\varphi}{\partial\beta}\end{aligned}\right\} \tag{8.75}$$

我们可以把 (8.75) 式代入 (8.73a)，(8.73b) 两式，证明 (8.75) 式是符合一级近似要求的解，即

$$\left.\begin{aligned}&\frac{\partial}{\partial\alpha}(BT_\alpha)+\frac{1}{A}\frac{\partial}{\partial\beta}(A^2T_{\alpha\beta})-\frac{\partial B}{\partial\alpha}T_\beta\\&\qquad=-\frac{B}{R_1R_2}\frac{\partial\varphi}{\partial\alpha}\approx ELO(\epsilon^5)\\&\frac{\partial}{\partial\beta}(AT_\beta)+\frac{1}{B}\frac{\partial}{\partial\alpha}(B^2T_{\alpha\beta})-\frac{\partial A}{\partial\beta}T_\alpha\\&\qquad=-\frac{A}{R_1R_2}\frac{\partial\varphi}{\partial\beta}\approx ELO(\epsilon^5)\end{aligned}\right\}\tag{8.76}$$

而 T_α，T_β，$T_{\alpha\beta}$ 为 $ELO(\epsilon^3)$ 量级的量. 这里业已利用了高斯科达兹关系式(几何关系)

$$\frac{\partial}{\partial\alpha}\left(\frac{1}{A}\frac{\partial B}{\partial\alpha}\right)+\frac{\partial}{\partial\beta}\left(\frac{1}{B}\frac{\partial A}{\partial\beta}\right)=-\frac{AB}{R_1R_2}\tag{8.77}$$

我们从 (8.76) 式也可以看到，对于柱壳或锥壳等展开面壳而言，$\frac{1}{R_1R}\to 0$，则 (8.75) 式为正确解.

从 (8.68)，(8.75) 式，我们很易证明

$$\left.\begin{aligned}&\chi_\alpha+\chi_\beta=-\frac{1}{AB}\frac{\partial}{\partial\beta}\left(\frac{A}{B}\frac{\partial w}{\partial\beta}\right)-\frac{1}{AB}\frac{\partial}{\partial\alpha}\left(\frac{B}{A}\frac{\partial w}{\partial\alpha}\right)=-\nabla^2w\\&T_\alpha+T_\beta=\frac{1}{AB}\frac{\partial}{\partial\beta}\left(\frac{A}{B}\frac{\partial\varphi}{\partial\beta}\right)+\frac{1}{AB}\frac{\partial}{\partial\alpha}\left(\frac{B}{A}\frac{\partial\varphi}{\partial\alpha}\right)=\nabla^2\varphi\end{aligned}\right\}\tag{8.78}$$

把 (8.72) 式中的 M_α，M_β，$M_{\alpha\beta}$ 表达式代入 (8.74) 式，并用 (8.68) 式把 χ_α，χ_β，$\chi_{\alpha\beta}$ 化为 w 的表达式，得

$$D\nabla^2\nabla^2w+T_\alpha\left(\frac{1}{R_1}+\chi_\alpha\right)+T_\beta\left(\frac{1}{R_2}+\chi_\beta\right)+T_{\alpha\beta}\chi_{\alpha\beta}=q\tag{8.79}$$

同样，如果我们从 (8.75) 式和 (8.72) 式中解出 e_α，e_β，$e_{\alpha\beta}$，即得，

$$\left.\begin{aligned}Ehe_\alpha=&\frac{1}{B}\frac{\partial}{\partial\beta}\frac{1}{B}\frac{\partial\varphi}{\partial\beta}+\frac{1}{A^2B}\frac{\partial B}{\partial\alpha}\frac{\partial\varphi}{\partial\alpha}\\&-\nu\left(\frac{1}{A}\frac{\partial}{\partial\alpha}\frac{1}{A}\frac{\partial\varphi}{\partial\alpha}+\frac{1}{AB^2}\frac{\partial A}{\partial\beta}\frac{\partial\varphi}{\partial\beta}\right)\\Ehe_\beta=&\frac{1}{A}\frac{\partial}{\partial\alpha}\frac{1}{A}\frac{\partial\varphi}{\partial\alpha}+\frac{1}{AB^2}\frac{\partial A}{\partial\beta}\frac{\partial\varphi}{\partial\beta}\end{aligned}\right\}\tag{8.80}$$

$$
-\nu\left(\frac{1}{B}\frac{\partial}{\partial\beta}\frac{1}{B}\frac{\partial\varphi}{\partial\beta}+\frac{1}{A^2B}\frac{\partial B}{\partial\alpha}\frac{\partial\varphi}{\partial\alpha}\right)
$$

$$
Ehe_{\alpha\beta}=2(1+\nu)\left[-\frac{1}{AB}\frac{\partial^2\varphi}{\partial\alpha\partial\beta}+\frac{1}{A^2B}\frac{\partial A}{\partial\beta}\frac{\partial\varphi}{\partial\alpha}+\frac{1}{AB^2}\frac{\partial B}{\partial\alpha}\frac{\partial\varphi}{\partial\beta}\right]
$$

从应变位移关系式 (8.68)，并利用高斯科达兹关系 (8.77) 式，略去高级小量，我们可以导出下列协调方程[6]

$$
\begin{aligned}
&\frac{\partial}{\partial\alpha}\frac{1}{A}\left[\frac{\partial}{\partial\alpha}(Be_\beta)-\frac{\partial}{\partial\beta}(Ae_{\alpha\beta})-e_\alpha\frac{\partial B}{\partial\alpha}-e_{\alpha\beta}\frac{\partial A}{\partial\beta}\right]\\
&\quad+\frac{\partial}{\partial\beta}\frac{1}{B}\left[\frac{\partial}{\partial\beta}(Ae_\alpha)-\frac{\partial}{\partial\alpha}(Be_{\alpha\beta})-e_\beta\frac{\partial A}{\partial\beta}-e_{\alpha\beta}\frac{\partial B}{\partial\alpha}\right]\\
&=AB\left[\chi_{\alpha\beta}^2-\chi_\alpha\chi_\beta-\frac{1}{R_2}\chi_\alpha-\frac{1}{R_1}\chi_\beta\right]
\end{aligned}\tag{8.81}
$$

这个协调方程首先由作者 (1944) 导出其张量形式，即 [6] 的 (122d) 式. 同样的结果由阿里姆野 (1949)[9] 和加里莫夫 (1953)[10] 导出.

把 (8.80) 式代入上式，利用高斯科达兹关系式 (8.77) 式后，可以证明

$$
\frac{1}{Eh}\nabla^2\nabla^2\varphi=\left(\chi_{\alpha\beta}^2-\chi_\alpha\chi_\beta-\frac{1}{R_2}\chi_\alpha-\frac{1}{R_1}\chi_\beta\right)\tag{8.82}
$$

(8.79) 式和 (8.82) 式为求解 φ 和 w 的两个非线性方程，这两个方程的张量形式也是作者在 1944 年得到.

如果我们用 (8.68) 式有关 χ_α, χ_β, $\chi_{\alpha\beta}$ 的表达式代入 (8.71) 式中的弯曲能，只这一部份位能可以写成

$$
U_B=\frac{1}{2}\iint_S D\left[\chi_\alpha^2+\chi_\beta^2+2\nu\chi_\alpha\chi_\beta+\frac{1}{2}(1-\nu)\chi_{\alpha\beta}^2\right]ABd\alpha d\beta
$$

$$
=\frac{1}{2}\iint_S D\left\{(\nabla^2 w)^2+2(1-\nu)\left[\frac{1}{A^2B^2}\left(\frac{\partial^2 w}{\partial\alpha\partial\beta}\right.\right.\right.
$$

$$
\left.\left.-\frac{1}{A}\frac{\partial A}{\partial\beta}\frac{\partial w}{\partial\alpha}-\frac{1}{B}\frac{\partial B}{\partial\alpha}\frac{\partial w}{\partial\beta}\right)^2\right]
$$

$$
-\left(\frac{1}{A}\frac{\partial}{\partial\alpha}\frac{1}{A}\frac{\partial w}{\partial\alpha}+\frac{1}{AB}\frac{\partial A}{\partial\beta}\frac{1}{B}\frac{\partial w}{\partial\beta}\right)
$$

$$
\left.\times\left(\frac{1}{B}\frac{\partial}{\partial\beta}\frac{1}{B}\frac{\partial w}{\partial\beta}+\frac{1}{A^2B}\frac{\partial B}{\partial\alpha}\frac{\partial w}{\partial\alpha}\right)\right\}ABd\alpha d\beta \quad (8.83)
$$

如果我们引用应力函数φ来表示T_α, T_β, $T_{\alpha\beta}$，于是(8.71)式中有关中面拉伸的余能可以写成

$$
V_T=\iint_S\left\{T_\alpha e_\alpha+T_\beta e_\beta+T_{\alpha\beta}e_{\alpha\beta}\right.
$$

$$
\left.-\frac{1}{2}C\left(e_\alpha^2+e_\beta^2+2\nu e_\alpha e_\beta+\frac{1}{2}(1-\nu)e_{\alpha\beta}^2\right)\right\}ABd\alpha d\beta
$$

$$
=\frac{1}{2}\iint_S\frac{1}{Eh}\{(T_\alpha+T_\beta)^2+2(1+\nu)(T_{\alpha\beta}^2-T_\alpha T_\beta)\}ABd\alpha d\beta
$$

$$
=\frac{1}{2}\iint_S\frac{1}{Eh}\left\{(\Delta\varphi)^2+2(1+\nu)\left[\frac{1}{A^2B^2}\left(\frac{\partial^2\varphi}{\partial\alpha\partial\beta}\right.\right.\right.
$$

$$
\left.\left.-\frac{1}{A}\frac{\partial A}{\partial\beta}\frac{\partial\varphi}{\partial\alpha}-\frac{1}{B}\frac{\partial B}{\partial\alpha}\frac{\partial\varphi}{\partial\beta}\right)^2\right]
$$

$$
-\left(\frac{1}{A}\frac{\partial}{\partial\alpha}\frac{1}{A}\frac{\partial\varphi}{\partial\alpha}+\frac{1}{AB}\frac{\partial A}{\partial\beta}\frac{1}{B}\frac{\partial\varphi}{\partial\beta}\right)
$$

$$
\left.\times\left(\frac{1}{B}\frac{\partial}{\partial\beta}\frac{1}{B}\frac{\partial\varphi}{\partial\beta}+\frac{1}{AB}\frac{\partial B}{\partial\alpha}\frac{1}{A}\frac{\partial\varphi}{\partial\alpha}\right)\right\}ABd\alpha d\beta \quad (8.84)
$$

如果引用应力函数，则(8.71)式中的积分

$$
\iint_S\left\{T_\alpha\left[\frac{1}{A}\frac{\partial u}{\partial\alpha}+\frac{1}{AB}\frac{\partial A}{\partial\beta}v\right]+T_\beta\left[\frac{1}{B}\frac{\partial v}{\partial\beta}+\frac{1}{AB}\frac{\partial B}{\partial\alpha}u\right]\right.
$$

$$
\left.+T_{\alpha\beta}\left[\frac{B}{A}\frac{\partial}{\partial\alpha}\left(\frac{v}{B}\right)+\frac{A}{B}\frac{\partial}{\partial\beta}\left(\frac{u}{A}\right)\right]\right\}ABd\alpha d\beta \quad (8.84a)
$$

可以利用格林定理证明化为一个边界积分，而这个边界积分只和边界条件有关。于是(8.71)式中只剩下一个积分没有处理，这个

积分可以写成

$$
\begin{aligned}
U_{WT} = \iint_S \Big\{ & T_\alpha \left[\frac{w}{R_1} + \frac{1}{2A^2}\left(\frac{\partial w}{\partial \alpha}\right)^2\right] + T_\beta \left[\frac{w}{R_2} + \frac{1}{2B^2}\left(\frac{\partial w}{\partial \beta}\right)^2\right] \\
& + T_{\alpha\beta} \frac{1}{AB} \frac{\partial w}{\partial \alpha} \frac{\partial w}{\partial \beta} \Big\} AB d\alpha d\beta \\
= \iint_S \Big\{ & \left[\frac{1}{B} \frac{\partial}{\partial \beta} \frac{1}{B} \frac{\partial \varphi}{\partial \beta} + \frac{1}{A^2 B} \frac{\partial B}{\partial \alpha} \frac{\partial \varphi}{\partial \alpha}\right] \\
& \times \left[\frac{w}{R_1} + \frac{1}{2A^2}\left(\frac{\partial w}{\partial \alpha}\right)^2\right] + \left[\frac{1}{A} \frac{\partial}{\partial \alpha} \frac{1}{A} \frac{\partial \varphi}{\partial \alpha}\right. \\
& \left. + \frac{1}{AB^2} \frac{\partial A}{\partial \beta} \frac{\partial \varphi}{\partial \beta}\right] \left[\frac{w}{R_2} + \frac{1}{2B^2}\left(\frac{\partial w}{\partial \beta}\right)^2\right] \\
& - \frac{1}{AB}\left(\frac{\partial^2 \varphi}{\partial \alpha \partial \beta} - \frac{1}{A} \frac{\partial A}{\partial \beta} \frac{\partial \varphi}{\partial \alpha}\right. \\
& \left. - \frac{1}{B} \frac{\partial B}{\partial \alpha} \frac{\partial \varphi}{\partial \beta}\right) \frac{1}{AB} \frac{\partial w}{\partial \alpha} \frac{\partial w}{\partial \beta} \Big\} AB d\alpha d\beta
\end{aligned} \tag{8.85}
$$

于是,这个问题的泛函 (8.71) 式可以用 w, φ 两个函数来表示,即

$$
\Pi = U_B - U_T + U_{WT} - \iint_S qwAB d\alpha d\beta + \text{有关边界诸项} \tag{8.85a}
$$

其中 U_B, U_T, U_{WT} 见 (8.83), (8.84), (8.85) 式. 这个泛函可以用来进行有关薄壳的非线性稳定和平衡的近似计算. 我们必须在这里指出这个泛函的混合性质,和 w 有关的部分是位能形式,和 φ 有关的部份是余能形式. 除了这两部分外,还有 w 和 φ 的相互作用能量 U_{WT},这一项是非线性的.

本节的主要内容为: 证明了壳的非线性方程是建立在 $\frac{h}{L}$ 的一级近似基础上的. 有关 $\frac{L}{R}$ 的量级和 $\frac{h}{R}$ 的量级相当,因此,只能处理壳的局部失稳现象. 在这类现象中,涉及的区域和 $L \sim \sqrt{hR}$ 的量级相当,或可用来处理扁壳或浅壳的大挠度现象. 在扁壳中,$\frac{h}{L} \sim \frac{L}{R}$, 或 $\frac{hR}{L^2}$ 为 $O(\epsilon^0)$ 的量级的问题. 这些结论和作者 (1944 年) 没有用位移的壳的内禀理论的结论相同. 其次指出了在一级

近似理论的大挠度问题中，克希霍夫-拉甫（Kirchhoff-Love）有关 $e_z, \sigma_z, e_{\alpha z}, e_{\beta z}$ 的假设仍旧满足,最后导出了非线性方程组 (8.79)，(8.82) 式. 它们和作者 1944 年从更一般的理论导出的结果完全相同，还导出了有关的泛函 (8.85a) 式，它在稳定计算中，将是很有用的. 冯元桢、萨葛劳 (1960) 在讨论弹性薄壳的失稳性中就是使用这一对方程的[8].

§ 8.4 大位移变形弹性理论的余能驻值原理

大位移变形弹性理论的最小位能原理是大家都知道的 (§ 8.1)，但有关的余能原理却长期以来没有解决. 当然由于变形中体积元素产生有限的变化,所以,像小位移变形弹性理论那样的最小余能原理，的确并不存在. 如果把这些体积元素的变形考虑在内,则相应的余能原理仍是存在的[11].

变分原理II（大位移弹性理论的余能驻值原理）:

在满足大位移变形的平衡方程 (8.2) 式，及边界外力已给条件 (8.3) 式的所有允许的 σ_{ij}, u_i 中,实际的应力 σ_{ij} 和位移 u_i 必使弹性体的泛函

$$\Pi_{\mathrm{II}} = \iiint_{\tau} \left\{ B(\sigma_{ij}) + \frac{1}{2} u_{k,i} u_{k,j} \sigma_{ij} \right\} d\tau - \iint_{S_u} \bar{u}_i (\delta_{ik} + u_{i,k}) \sigma_{kj} n_j dS \tag{8.86}$$

为驻值. $B(\sigma_{ij})$ 为余能密度,它满足

$$\left.\begin{aligned} B(\sigma_{ij}) &= e_{ij}\sigma_{ij} - A(e_{ij}) \\ \frac{\partial B}{\partial \sigma_{ij}} &= e_{ij} \end{aligned}\right\} \tag{8.87}$$

亦即,使 (8.86) 式的泛函 Π_{II} 为驻值的 σ_{ij}, u_i，必满足边界位移已给的条件 (8.4) 式. 在证明中，我们利用了应力应变关系 (8.87) 式的第二式,和应变位移关系 (8.1) 式.

证明

$$\delta\Pi_{\mathrm{II}} = \iiint_{\tau} \left\{ \frac{\partial B}{\partial \sigma_{ij}} \delta\sigma_{ij} + \frac{1}{2} u_{k,i} u_{k,j} \delta\sigma_{ij} + u_{k,i} \delta u_{k,j} \sigma_{ij} \right\} d\tau$$

$$-\iint_{S_u} \bar{u}_i \delta[(\delta_{ik}+u_{i,k})\sigma_{kj}]n_j dS \tag{8.88}$$

利用了(8.87)的第二式和(8.1)式以后

$$\frac{\partial B}{\partial \sigma_{ij}}\delta\sigma_{ij}+\frac{1}{2}u_{k,i}u_{k,j}\delta\sigma_{ij}=\frac{1}{2}(u_{i,j}+u_{j,i}+2u_{k,i}u_{k,j})\delta\sigma_{ij}$$

$$=(u_{i,j}+u_{k,i}u_{k,j})\delta\sigma_{ij}=u_{k,i}(\delta_{kj}+u_{k,j})\delta\sigma_{ij} \tag{8.89}$$

而且,因为 δ_{kj} 为一常量,所以

$$u_{k,i}\sigma_{ij}\delta u_{k,j}=u_{k,i}\sigma_{ij}\delta(\delta_{kj}+u_{k,j}) \tag{8.90}$$

所以,有

$$\frac{\partial B}{\partial \sigma_{ij}}\delta\sigma_{ij}+\frac{1}{2}u_{k,i}u_{k,j}\delta\sigma_{ij}+u_{k,i}\sigma_{ij}\delta u_{k,j}$$

$$=u_{k,i}\delta[\sigma_{ij}(\delta_{kj}+u_{k,j})]=\{u_k\delta[\sigma_{ij}(\delta_{kj}+u_{k,j})]\}_{,i}$$

$$-u_k\delta[\sigma_{ij}(\delta_{kj}+u_{k,j})]_{,i} \tag{8.91}$$

在利用了格林定理以后,$\delta\Pi_{\text{II}}$ 可以进一步简化为

$$\delta\Pi_{\text{II}}=-\iiint_{\tau} u_k\delta[(\delta_{kj}+u_{k,j})\sigma_{ij}]_{,i}d\tau$$

$$+\iint_{S} u_k\delta[\sigma_{ij}(\delta_{kj}+u_{k,j})]n_i dS$$

$$-\iint_{S_u} \bar{u}_k\delta[\sigma_{ij}(\delta_{kj}+u_{k,j})]n_i dS \tag{8.92}$$

首先,因为 u_k,σ_{ij} 满足平衡方程 $[(\delta_{kj}+u_{k,j})\sigma_{ij}]_{,i}+F_k=0$,所以有

$$\delta[(\delta_{kj}+u_{k,j})\sigma_{ij}]_{,i}=0 \qquad (\text{在}\ \tau\ \text{内}) \tag{8.93}$$

其次,由于在 S_u 上,满足边界外力已知的条件 $[\sigma_{ij}(\delta_{kj}+u_{k,j})]n_i=\bar{p}_k$,所以有

$$\delta[(\delta_{kj}+u_{k,j})\sigma_{ij}]n_i=0 \tag{8.94}$$

于是,(8.92)式可以简化为

$$\delta\Pi_{\text{II}}=-\iint_{S_u}(u_k-\bar{u}_k)\delta[\sigma_{ij}(\delta_{kj}+u_{k,j})]n_i dS \tag{8.95}$$

驻值条件 $\delta\Pi_{\text{II}}=0$ 给出

$$u_k = \bar{u}_k \qquad (在 S_u 上) \tag{8.96}$$

它是边界位移已给的条件 (8.4) 式. 这就证明了大位移非线性弹性理论的余能驻值原理. 当 u_k 为小位移时, $u_k \ll 1$, 从 (8.86) 式中略去高级小量,即可还原为小位移的最小余能原理.

上面的证明中,不论弹性关系是线性的或非线性的,同样都适用. 因此,变分原理 II 也同样适用于非线性弹性理论.

§ 8.5 大位移非线性弹性理论的广义变分原理

我们也可以仿照小位移弹性理论一样,利用拉格朗日乘子法,导出大位移非线性弹性理论的有关广义变分原理.

最小位能原理 I (§ 8.1) 的 u_i, e_{ij} 必须满足应变位移关系 (8.1) 式和边界位移已知的条件 (8.4) 式. 设 λ_{ij} 和 μ_i 为待定的拉格朗日乘子, 于是, 根据 (8.19) 式导出的无条件的广义变分泛函为

$$\begin{aligned}\Pi_{\mathrm{I}}^{*} = & \iiint_{\tau} \{A(e_{ij}) - F_i u_i\} d\tau - \iint_{S_p} \bar{p}_i u_i dS \\ & + \iiint_{\tau} \left\{e_{ij} - \frac{1}{2}(u_{i,j} + u_{j,i} + u_{k,i}u_{k,j})\right\} \lambda_{ij} d\tau \\ & + \iint_{S_u} (u_i - \bar{u}_i)\mu_i dS \end{aligned} \tag{8.97}$$

把 e_{ij}, u_i, λ_{ij}, μ_i 当作独立变量进行变分,得

$$\begin{aligned}\delta\Pi_{\mathrm{I}}^{*} = & \iiint_{\tau} \left\{\left(\frac{\partial A}{\partial e_{ij}} + \lambda_{ij}\right)\delta e_{ij}\right. \\ & + \left[e_{ij} - \frac{1}{2}(u_{i,j} + u_{j,i} + u_{k,i}u_{k,j})\right]\delta\lambda_{ij} \\ & \left. - (\delta_{ki} + u_{k,i})\lambda_{ij}\delta u_{k,j} - F_i \delta u_i\right\} d\tau \\ & - \iint_{S_p} \bar{p}_i \delta u_i dS + \iint_{S_u} (u_i - \bar{u}_i)\delta\mu_i dS + \iint_{S_u} \mu_i \delta u_i dS \end{aligned} \tag{8.98}$$

其中,利用应力应变关系 (8.12) 式,有

$$\frac{\partial A}{\partial e_{ij}}+\lambda_{ij}=\sigma_{ij}+\lambda_{ij} \tag{8.99}$$

其次,利用格林公式

$$\begin{aligned}
&-\iiint_{\tau}(\delta_{ki}+u_{k,i})\lambda_{ij}\delta u_{k,j}d\tau \\
&=\iiint_{\tau}[(\delta_{ki}+u_{k,i})\lambda_{ij}]_{,j}\delta u_{k}d\tau \\
&\quad -\iint_{S}(\delta_{ki}+u_{k,i})\lambda_{ij}n_{j}\delta u_{k}dS
\end{aligned} \tag{8.100}$$

其中 n_j 为表面的外向法线单位矢量. 把(8.100)式代入(8.98)式,得

$$\begin{aligned}
\delta \Pi_{\mathrm{I}}^{*}=&\iiint_{\tau}\Big\{(\sigma_{ij}+\lambda_{ij})\delta e_{ij} \\
&+\left[e_{ij}-\frac{1}{2}(u_{i,j}+u_{j,i}+u_{k,i}u_{k,j})\right]\delta\lambda_{ij}\Big\}d\tau \\
&+\iiint_{\tau}\{[(\delta_{ki}+u_{k,i})\lambda_{ij}]_{,j}-F_{k}\}\delta u_{k}d\tau \\
&+\iint_{S_u}(u_i-\bar{u}_i)\delta\mu_i dS \\
&-\iint_{S_p}[(\delta_{ik}+u_{i,k})\lambda_{kj}n_j+\bar{p}_i]\delta u_i dS \\
&-\iint_{S_u}[(\delta_{ik}+u_{i,k})\lambda_{kj}n_j-\mu_i]\delta u_i dS
\end{aligned} \tag{8.101}$$

当 $\delta\Pi_{\mathrm{I}}^{*}=0$ 时, δe_{ij}, $\delta\lambda_{ij}$, δu_k, $\delta\mu_i$ 都是独立变分,所以,得

$$\left.\begin{aligned}
&(\mathrm{a})\quad \sigma_{ij}+\lambda_{ij}=0 && 在\ \tau\ 内\\
&(\mathrm{b})\quad e_{ij}-\frac{1}{2}(u_{i,j}+u_{j,i}+u_{k,i}u_{k,j})=0 && 在\ \tau\ 内\\
&(\mathrm{c})\quad [(\delta_{ki}+u_{k,i})\lambda_{ij}]_{,j}-F_k=0 && 在\ \tau\ 内\\
&(\mathrm{d})\quad u_i-\bar{u}_i=0 && 在\ S_u\ 上\\
&(\mathrm{e})\quad (\delta_{ik}+u_{i,k})\lambda_{kj}n_j+\bar{p}_i=0 && 在\ S_p\ 上\\
&(\mathrm{f})\quad (\delta_{ik}+u_{i,k})\lambda_{kj}n_j-\mu_i=0 && 在\ S_u\ 上
\end{aligned}\right\} \tag{8.102}$$

从 (8.102a, f) 中给出待定的拉格朗日乘子 λ_{ij} 和 μ_i

$$\lambda_{ij} = -\sigma_{ij}, \quad \mu_i = -(\delta_{ik} + u_{i,k})\sigma_{kj}n_j \tag{8.103}$$

其余证实了满足应变位移关系 (8.102b) 式,平衡方程 (8.102c) 式,位移已给边界条件 (8.102d) 式和外力已给边界条件 (8.102e) 式.把 (8.103) 式代入 (8.97) 式,即得广义变分原理的泛函.

变分原理 I* (大位移非线性弹位理论的完全的广义变分原理——从最小位能原理导出):

满足 (8.1), (8.2), (8.3), (8.4) 式的解 σ_{ij}, e_{ij}, u_i, 必使下述泛函 Π_{I}^* 为驻值:

$$\begin{aligned}\Pi_{\mathrm{I}}^* = &\iiint_\tau \Big\{A(e_{ij}) - \Big[e_{ij} - \frac{1}{2}(u_{i,j} + u_{j,i}) \\ &+ u_{k,i}u_{k,j}\Big]\sigma_{ij} - F_iu_i\Big\} d\tau \\ &- \iint_{S_p} \bar{p}_iu_idS - \iint_{S_u} (u_i - \bar{u}_i)(\delta_{ik} + u_{i,k})\sigma_{kj}n_jdS\end{aligned} \tag{8.104}$$

同样,我们可以从余能驻值原理用拉格朗日乘子导出不同形式的大位移非线性弹性理论的广义变分原理.

变分原理 II* (大位移非线性弹性原理的完全的广义变分原理——从余能驻值原理导出):

满足 (8.1), (8.2), (8.3), (8.4) 式的解 u_i, e_{ij}, σ_{ij}, 必使下述泛函 Π_{II}^* 为驻值:

$$\begin{aligned}\Pi_{\mathrm{II}}^* = &\iiint_\tau \Big\{B(\sigma_{ij}) + \frac{1}{2}u_{k,i}u_{k,j}\sigma_{ij} \\ &+ [(\delta_{ij} + u_{i,j})\sigma_{jk}]_{,k}u_i + F_iu_i\Big\} d\tau \\ &- \iint_{S_p} \{(\delta_{ij} + u_{i,j})\sigma_{jk}n_k - \bar{p}_i\}u_idS \\ &- \iint_{S_u} (\delta_{ij} + u_{i,j})\sigma_{jk}n_k\bar{u}_idS\end{aligned} \tag{8.105}$$

我们应该指出,变分原理 I (最小位能原理)和从它导出的广义变分原理 I* 是众所周知的(如 [4]),但是变分原理 II 和它的泛函(8.86)式,以及从它导出的广义变分原理 II*和它的泛函(8.105)式,在以前的文献中并不存在,而且一直是公认的困难问题(例如见鹫津久一郎著作[4]的 3.12 节).

现在让我们证明大位移问题两个广义变分原理 [I*, II*] 的**等同性**. 从 (8.104), (8.105) 式,有

$$
\begin{aligned}
\Pi_{\mathrm{I}}^{*}+\Pi_{\mathrm{II}}^{*}= & \iiint_{\tau}\{(u_{i,j}+u_{k,i}u_{k,j})\sigma_{ij}+[(\delta_{ij}+u_{i,j})\sigma_{jk}]_{,k}u_i\}d\tau \\
& -\iint_{S_p+S_u}\{(\delta_{ij}+u_{i,j})\sigma_{jk}n_k\}u_i dS \\
= & \iiint_{\tau}\{(\delta_{ij}+u_{i,j})\sigma_{kj}u_i\}_{,k}d\tau \\
& -\iint_{S}\{(\delta_{ij}+u_{i,j})\sigma_{kj}n_k\}u_i dS
\end{aligned}
\tag{8.106}
$$

在利用了格林公式后,即可证明

$$
\Pi_{\mathrm{I}}^{*}+\Pi_{\mathrm{II}}^{*}=0 \tag{8.107}
$$

这就证明了这两个变分原理,只在形式上有区别,在实质上是解决相同的物理问题的两个相同的泛函(只差一个符号).

在利用了 (8.87) 的第一式后,我们可以分别从 Π_{I}^{*} 导出 Π_{I}^{**},从 Π_{II}^{*} 导出 Π_{II}^{**}, 即

$$
\begin{aligned}
\Pi_{\mathrm{I}}^{**}= & \iiint_{\tau}\Big\{-B(\sigma_{ij})+\frac{1}{2}(u_{i,j}+u_{j,i} \\
& +u_{k,i}u_{k,j})\sigma_{ij}-F_i u_i\Big\}d\tau \\
& -\iint_{S_p}\bar{p}_i u_i dS-\iint_{S_u}(u_i-\bar{u}_i)(\delta_{ik}+u_{i,k})\sigma_{kj}n_j dS
\end{aligned}
\tag{8.108a}
$$

$$
\begin{aligned}
\Pi_{\mathrm{II}}^{**}= & \iiint_{\tau}\Big\{e_{ij}\sigma_{ij}-A(e_{ij})+\frac{1}{2}u_{k,i}u_{k,j}\sigma_{ij} \\
& +[(\delta_{ij}+u_{i,j})\sigma_{jk}]_{,k}u_i+F_i u_i\Big\}d\tau
\end{aligned}
$$

$$-\iint_{S_p}\{(\delta_{ij}+u_{i,j})\sigma_{jk}n_k-\bar{p}_i\}u_i dS$$

$$-\iint_{S_u}(\delta_{ij}+u_{i,j})\sigma_{jk}n_k\bar{u}_i dS \tag{8.108b}$$

很易看到 Π_{I}^*, Π_{II}^{**} 都是用 $A(e_{ij})$ 表示的，都是位能形式，而 Π_{II}^*, Π_{I}^{**} 都是用 $B(\sigma_{ij})$ 表示的，都是余能形式．前者的独立变量为 u_i, e_{ij}, σ_{ij}, 而后者的独立变量只有 σ_{ij}, u_i.

§ 8.6 大位移变形弹性理论的不完全的广义变分原理

在大位移变形弹性理论的最小位能原理 I 和完全的广义变分原理 I* 之间有各级不同的不完全的广义位能原理． 在大位移变形弹性理论的余能驻值原理 II 和完全的广义变分原理 II* 之间也有各级不同的不完全的广义余能原理．它们的证明都是可以通过拉格朗日乘子法完成的，也可以从广义位能原理和广义余能原理中追加变分条件来完成．

我们将不加证明地记下一部份这样的原理．

1. 诸大位移非线性弹性理论的不完全的广义位能变分原理

变分原理 IA:

在满足边界位移已知条件 (8.4) 式的所有允许的 u_i, e_{ij}, σ_{ij} 中，实际的 u_i, e_{ij}, σ_{ij} 必使下列广义泛函为驻值:

$$\Pi_{\mathrm{I}A}=\iiint_\tau\left\{A(e_{ij})-\left[e_{ij}-\frac{1}{2}(u_{i,j}+u_{j,i}\right.\right.$$

$$\left.\left.+u_{k,i}u_{k,j})\right]\sigma_{ij}-F_iu_i\right\}d\tau-\iint_{S_p}\bar{p}_iu_i dS \tag{8.109}$$

变分原理 IB:

在满足大位移应变关系 (8.1) 式的所有允许的 u_i, e_{ij}, σ_{ij} 中，实际的 u_i, e_{ij}, σ_{ij} 必使下列广义泛函为驻值:

$$\Pi_{\mathrm{I}B}=\iiint_\tau\{A(e_{ij})-F_iu_i\}d\tau-\iint_{S_p}\bar{p}_iu_i dS$$

$$-\iint_{S_u}(u_i-\bar{u}_i)(\delta_{ij}+u_{i,j})\sigma_{jk}n_k dS \tag{8.110}$$

变分原理 I*C*:

在满足一个边界位移已知的条件 $u_1-\bar{u}_1=0$ 的所有允许的 u_i, e_{ij}, σ_{ij} 中，实际的 u_i, e_{ij}, σ_{ij} 必使下列广义泛函为驻值:

$$\begin{aligned}\Pi_{\mathrm{IC}}=&\iiint_{\tau}\left\{A(e_{ij})-\left[e_{ij}-\frac{1}{2}(u_{i,j}+u_{j,i}\right.\right.\\&\left.\left.+u_{k,i}u_{k,j})\right]\sigma_{ij}-F_iu_i\right\}d\tau-\iint_{S_p}\bar{p}_iu_idS\\&-\iint_{S_u}(u_2-\bar{u}_2)(\delta_{2i}+u_{2,i})\sigma_{ik}n_kdS\\&-\iint_{S_u}(u_3-\bar{u}_3)(\delta_{3i}+u_{3,i})\sigma_{ik}n_kdS\end{aligned} \tag{8.111}$$

也还有只满足任意一个或二个边界位移已知的条件下的不完全的广义位能原理.

变分原理 I*D*:

在满足一个应变位移关系 $e_{11}=u_{1,1}+\frac{1}{2}u_{k,1}u_{k,1}$ 的所有允许的 u_i, σ_{ij}, e_{ij} 中，实际的 u_i, e_{ij}, σ_{ij} 必使下列广义泛函为驻值:

$$\begin{aligned}\Pi_{\mathrm{ID}}=&\iiint_{\tau}\left\{A(e_{ij})-\left[e_{ij}-\frac{1}{2}(u_{i,j}+u_{j,i}+u_{k,i}u_{k,j})\right]\sigma_{ij}\right.\\&\left.+\left[e_{11}-\frac{1}{2}(2u_{1,1}+u_{k,1}u_{k,1})\right]\sigma_{11}-F_iu_i\right\}d\tau\\&-\iint_{S_p}\bar{p}_iu_idS-\iint_{S_u}(u_i-\bar{u}_i)\sigma_{ij}n_jdS\end{aligned} \tag{8.112}$$

也可以有满足任意一个、二个、三个、四个、或五个应变位移关系的广义变分原理，它们都是不完全的. 也还有满足一部分位移应变关系和一部分边界位移已知条件的不完全的广义位能原理.

2. 诸大位移非线性弹性理论的不完全的广义余能原理

变分原理 II*A*:

在满足边界外力已知的条件(8.3)式的所有允许的 u_i, e_{ij}, σ_{ij}

中，实际的 u_i，e_{ij}，σ_{ij} 必使下列广义泛函为驻值：

$$\Pi_{\mathrm{II}A} = \iiint_\tau \{B(\sigma_{ij}) + [(\delta_{ik} + u_{i,k})\sigma_{kj}]_{,j}u_i + F_iu_i\}d\tau - \iint_{S_u} (\delta_{ik} + u_{i,k})\sigma_{kj}n_j\bar{u}_i dS \tag{8.113}$$

变分原理 II*B*：

在满足平衡方程(8.2)式的所有允许的 σ_{ij}，e_{ij}，u_i 中，实际的 σ_{ij}，e_{ij}，u_i 必使下列广义泛函为驻值：

$$\Pi_{\mathrm{II}B} = \iiint_\tau B(\sigma_{ij})d\tau - \iint_{S_p} \{(\delta_{ik} + u_{i,k})\sigma_{kj}n_j - \bar{p}_i\}u_i dS - \iint_{S_u} (\delta_{ik} + u_{i,k})\sigma_{kj}n_j\bar{u}_i dS \tag{8.114}$$

变分原理 II*C*：

在满足一个边界外力已知的条件 $(\delta_{1k} + u_{1,k})\sigma_{kj}n_j = \bar{p}_1$ 的所有允许的 u_i，e_{ij}，σ_{ij} 中，实际的 u_i，e_{ij}，σ_{ij} 必使下列广义泛函为驻值：

$$\begin{aligned}\Pi_{\mathrm{II}C} = &\iiint_\tau \{B(\sigma_{ij}) + [(\delta_{ik} + u_{i,k})\sigma_{kj}]_{,j}u_i - F_iu_i\}d\tau \\ &- \iint_{S_p} \{[(\delta_{2k} + u_{2,k})\sigma_{kj}n_j - \bar{p}_2]u_2 \\ &- [(\delta_{3k} + u_{3,k})\sigma_{kj}n_j - \bar{p}_3]u_3\}dS \\ &- \iint_{S_u} (\delta_{ik} + u_{i,k})\sigma_{kj}n_j\bar{u}_i dS\end{aligned} \tag{8.115}$$

变分原理 II*D*：

在满足一个平衡方程 $[(\delta_{1k} + u_{1,k})\sigma_{kj}]_{,j} + F_1 = 0$ 的所有允许的 u_i，e_{ij}，σ_{ij} 中，实际的 u_i，e_{ij}，σ_{ij} 必使下列泛函为驻值：

$$\begin{aligned}\Pi_{\mathrm{II}D} = &\iiint_\tau \{B(\sigma_{ij}) + [(\delta_{2i} + u_{2,i})\sigma_{ik}]_{,k}u_2 \\ &+ [(\delta_{3i} + u_{3,i})\sigma_{ik}]_{,k}u_3 + u_2F_2 + u_3F_3\}d\tau\end{aligned}$$

$$-\iint_{S_p}\{(\delta_{ik}+u_{i,k})\sigma_{kj}n_j-\bar{p}_i\}u_i dS$$

$$-\iint_{S_u}\{(\delta_{ik}+u_{i,k})\sigma_{kj}n_j\bar{u}_i\}dS \tag{8.116}$$

也可以有满足 (1) 任意一个或两个外力已给边界条件,或 (2) 任意一个或两个平衡方程，或 (3) 一部分平衡方程和一部分外力已知边界条件的变分原理，它们也都是不完全的广义变分余能原理.

§ 8.7 大位移变形非线性弹性理论的分区完全和不完全的广义变分原理

和小位移变形问题一样 (§ 7.8)，大位移变形问题也有分区的广义变分问题. 这些分区变分问题,对有限元法计算特别有用.

所有证明和 § 7.8 中有关小位移的分区变分原理相同,在这里将不再重复.

设弹性体 τ 可以分为N个区域 $\tau_\alpha(\alpha=1, 2, \cdots, N)$，称 τ_α 上外力已给的表面为 $S_{p\alpha}$，位移已给的表面 $p_{u\alpha}$，τ_α 内的位移、应变、应力用 $u^{(\alpha)}$，$e_{ij}^{(\alpha)}$，$\sigma_{ij}^{(\alpha)}$ 表示. τ_α 的表面 S_α 的外向法线的单位矢量用 $n_i^{(\alpha)}$ 表示. 诸 τ_α 的交界面用 S_0 表示，从 τ_α 指向邻域 $\tau_{\alpha'}$ 的外法线单位矢量用 $n_i^{(\alpha)}$ 表示，而从 $\tau_{\alpha'}$ 指向 τ_α 的外法线单位矢量用 $n_i^{(\alpha')}$ 表示. 所以在 S_0 上，有

$$n_i^{(\alpha)}=-n_i^{(\alpha')} \tag{8.117}$$

于是，我们有下列分区的变分原理:

分区最小位能原理 I*E* (大位移非线性弹性理论的分区最小位能原理):

设弹性体分成N区. 在各区表面 $S_{u\alpha}$ 上满足位移已给边界条件 (8.4) 式，在各区 τ_α 中满足大位移应变关系 (8.1) 式，而且在所有 S_0 上位移连续的一切 $u^{(\alpha)}$，$e_{ij}^{(\alpha)}$，$\sigma_{ij}^{(\alpha)}$ 中，实际的 $u^{(\alpha)}$，$e_{ij}^{(\alpha)}$，$\sigma_{ij}^{(\alpha)}$ 必使下列泛函为极值(最小值):

$$\Pi_{\mathrm{IE}}=\sum_{\alpha=1}^{N}\left\{\iiint_{\tau}[A(e_{ij})-F_iu_i]d\tau-\iint_{S_p}\bar{p}_iu_idS\right\}^{(\alpha)}\tag{8.118}$$

分区余能驻值原理 II*E* (大位移非线性弹性理论的分区余能驻值原理):

设弹性体分成N区. 在各区表面 $S_{p\alpha}$ 上满足外力已给的边界条件(8.3)式,在各区 τ_α 中满足大位移平衡方程(8.2)式,而且在所有交界面 S_0 上应力合力连续的一切 $u^{(\alpha)}$, $\sigma_{ij}^{(\alpha)}$, $e_{ij}^{(\alpha)}$ 中,实际的 $u^{(\alpha)}$, $\sigma_{ij}^{(\alpha)}$, $e_{ij}^{(\alpha)}$ 必使下列泛函为驻值:

$$\Pi_{\mathrm{IIE}}=\sum_{\alpha=1}^{N}\left\{\iiint_{\tau}\left[B(e_{ij})+\frac{1}{2}u_{k,i}u_{k,j}\sigma_{ij}\right]d\tau\right.$$
$$\left.-\iint_{S_u}\bar{u}_i(\delta_{ik}+u_{i,k})\sigma_{kj}n_jdS\right\}^{(\alpha)}\tag{8.119}$$

同样,我们有放松交界面上位移或应力合力连续条件的有关不完全的广义变分原理,它们可以用来处理不协调的有限元.

分区广义位能原理 I*E** (大位移非线性弹性理论分区的不完全的广义位能原理):

设弹性体分成N区. 在各区表面 $S_{u\alpha}$ 上满足位移已给的边界条件(8.4)式,在各区 τ_α 中满足大位移应变关系(8.1)式,但在所有 S_0 上位移连续无须满足的一切 $u_i^{(\alpha)}$, $e_{ij}^{(\alpha)}$, $\sigma_{ij}^{(\alpha)}$ 中,实际的 $u^{(\alpha)}$, $e_{ij}^{(\alpha)}$, $\sigma_{ij}^{(\alpha)}$ 必使下列广义泛函为驻值:

$$\Pi_{\mathrm{IE}}^{*}=\sum_{\alpha=1}^{N}\left\{\iiint_{\tau_\alpha}[A(e_{ij}^{(\alpha)})-F_i^{(\alpha)}u_i^{(\alpha)}]d\tau-\iint_{S_{p\alpha}}\bar{p}_i^{(\alpha)}u_i^{(\alpha)}dS_\alpha\right.$$
$$\left.-\frac{1}{2}\iint_{S_0}(\delta_{ik}-u_{i,k}^{(\alpha)})\sigma_{kj}^{(\alpha)}n_j^{(\alpha)}(u_i^{(\alpha)}-u_i^{(\alpha')})dS_0\right\}\tag{8.120}$$

其中 α' 代表 S_0 上与 τ_α 相邻的对方区域 $\tau_{\alpha'}$ 的编号.

分区广义余能原理 II*E** (大位移非线性弹性理论分区的不完全的广义余能原理):

设弹性体分成N个区域. 在表面 $S_{p\alpha}$ 上满足外力已给的边界条件(8.3)式,在各区 τ_α 中满足大位移平衡方程(8.2)式,但在所有交界面上应力合力无须连续的所有 $u_i^{(\alpha)}$, $e_{ij}^{(\alpha)}$, $\sigma_{ij}^{(\alpha)}$ 中，实际的 $u_i^{(\alpha)}$, $e_{ij}^{(\alpha)}$, $\sigma_{ij}^{(\alpha)}$ 必使下列广义泛函为驻值：

$$
\begin{aligned}
\Pi_{\mathrm{IIE}}^* = \sum_{\alpha=1}^{N} \Bigg\{ & \iiint_{\tau} \left[B(e_{ij}) + \frac{1}{2} u_{k,i} u_{k,j} \sigma_{ij} \right] d\tau \\
& - \iint_{S_u} \bar{u}_i (\delta_{ik} + u_{i,k}) \sigma_{kj} n_j dS \Bigg\}^{(\alpha)} \\
& - \frac{1}{2} \sum_{\alpha=1}^{N} \iint_{S_0} u_i^{(\alpha)} \{ (\delta_{ik} + u_{i,k}^{(\alpha)}) \sigma_{kj}^{(\alpha)} n_j^{(\alpha)} \\
& + (\delta_{ik} + u_{i,k}^{(\alpha')}) \sigma_{kj}^{(\alpha')} n_j^{(\alpha')} \} dS_0
\end{aligned}
\tag{8.121}
$$

其中 S_0 指 τ_α 域和它邻域 $\tau_{\alpha'}$ 的交界面．必须指出 $n_j^{(\alpha)} = -n_j^{(\alpha')}$.

以分区广义位能原理 IE^* 和分区广义余能原理 IIE^* 为基础，我们可以导出分区完全的广义变分原理的位能形式和余能形式．

分区广义变分原理的位能形式 IF（大位移非线性弹性理论分区的完全的广义变分原理）：

设弹性体分成N个区域．在一切 $u_i^{(\alpha)}$, $e_{ij}^{(\alpha)}$, $\sigma_{ij}^{(\alpha)}$ 中，使下列泛函为驻值的 $u_i^{(\alpha)}$, $e_{ij}^{(\alpha)}$, $\sigma_{ij}^{(\alpha)}$，必满足大位移应变关系 (8.1) 式，大位移平衡方程 (8.2) 式，外力已给边界条件 (8.3) 式，位移已给边界条件，和诸区域 τ_α 的交界面 S_0 上的位移和应力合力的连续条件：

$$
\begin{aligned}
\Pi_{\mathrm{IF}} = \sum_{\alpha=1}^{N} \iiint_{\tau_\alpha} \Bigg\{ & A(e_{ij}) - F_i u_i \\
& - \sigma_{ij} \left[e_{ij} - \frac{1}{2} (u_{i,j} + u_{j,i} + u_{k,i} u_{k,j}) \right] \Bigg\}^{(\alpha)} d\tau_\alpha \\
& - \sum_{\alpha=1}^{N} \left\{ \iint_{S_p} \bar{p}_i u_i dS + \iint_{S_u} (\delta_{ik} + u_{i,k}) \sigma_{kj} n_j (u_i - \bar{u}_i) dS \right\}^{(\alpha)} \\
& - \frac{1}{2} \sum_{\alpha=1}^{N} \iint_{S_0} (\delta_{ik} + u_{i,k}^{(\alpha)}) \sigma_{kj}^{(\alpha)} n_j^{(\alpha)} (u_i^{(\alpha)} - u_i^{(\alpha')}) dS_0
\end{aligned}
\tag{8.122}
$$

其中 α' 为 τ_α 域相邻域 $\tau_{\alpha'}$ 的标号。

分区广义变分原理的余能形式 IIF（大位移非线性弹性理论分区的完全的广义变分原理）：

设弹性体分成N个区域．在一切$u^{(\alpha)}$，$e_{ij}^{(\alpha)}$，$\sigma_{ij}^{(\alpha)}$中，使下列泛函为驻值的$u_i^{(\alpha)}$，$e_{ij}^{(\alpha)}$，$\sigma_{ij}^{(\alpha)}$，必满足大位移应变关系（8.1）式，大位移平衡方程（8.2）式，外力已给边界条件（8.3）式，位移已给边界条件，和诸区域τ_α的交界面S_0上的位移和应力合力的连续条件：

$$
\begin{aligned}
\Pi_{\mathrm{IIF}_f}= & \sum_{\alpha=1}^{N} \iiint_{\tau_\alpha}\left\{B(\sigma_{ij})+\frac{1}{2} u_{k,i} u_{k,j} \sigma_{ij}\right. \\
& \left.+[(\delta_{ik}+u_{i,k}) \sigma_{kj}]_{,j} u_i+F_i u_i\right\}^{(\alpha)} d \tau_\alpha \\
& -\sum_{\alpha=1}^{N}\left\{\iint_{S_p}[(\delta_{ik}+u_{i,k}) \sigma_{kj} n_j-\bar{p}_i] u_i d S\right. \\
& \left.+\iint_{S_u}(\delta_{ik}+u_{i,k}) \sigma_{kj} n_j \bar{u}_i d S\right\}^{(\alpha)} \\
& -\frac{1}{2} \sum_{\alpha=1}^{N} \iint_{S_0} u_i^{(\alpha)}\{(\delta_{ik}+u_{i,k}^{(\alpha)}) \sigma_{kj}^{(\alpha)} n_j^{(\alpha)} \\
& +(\delta_{ik}+u_{i,k}^{(\alpha')}) \sigma_{kj}^{(\alpha')} n_j^{(\alpha')}\} d S_0
\end{aligned}
\tag{8.123}
$$

在注意到

$$
\begin{aligned}
& \sum_{\alpha=1}^{N} \iint_{S_0} u_i^{(\alpha')}(\delta_{ik}+u_{i,k}^{(\alpha)}) \sigma_{kj}^{(\alpha)} n_j^{(\alpha)} d S_0 \\
& \quad=\sum_{\alpha=1}^{N} \iint_{S_0} u_i^{(\alpha)}(\delta_{ik}+u_{i,k}^{(\alpha')}) \sigma_{kj}^{(\alpha')} n_j^{(\alpha')} d S_0
\end{aligned}
\tag{8.124}
$$

后，我们很易证明

$$
\Pi_{\mathrm{IF}}+\Pi_{\mathrm{IIF}}=0 \tag{8.125}
$$

也即是说，分区的广义变分原理 IF，IIF 在大位移范围内也是一个广义变分原理的两种形式，它们是完全互等的（只差一个正负号）．

在变分原理 IE 和完全的广义变分原理 IF 之间，有一系列各级的不完全的广义位能原理．在变分原理 IIE 和完全的广义变分原理 IIF 之间，也有一系列各级的不完全的广义余能原理．我们将不再详细列举这些变分原理．

在下面我们将列举在各个区域内满足不同条件的混合变分原理．

变分原理 III（大位移非线性弹性理论的分区混合变分原理）：

设 $\tau=\tau_1+\tau_2$，在 τ_α 表面上有 $S_{p\alpha}+S_{u\alpha}(\alpha=1,2)$．设 τ_1 内的 $u_i^{(1)}$，$e_{ij}^{(1)}$，$\sigma_{ij}^{(1)}$ 满足应变大位移关系（8.1）式；在 S_{u1} 上满足边界位移已给的条件（8.4）式；τ_2 内的 $u_i^{(2)}$，$e_{ij}^{(2)}$，$\sigma_{ij}^{(2)}$ 满足大位移的平衡方程（8.2）式，在 S_{p2} 上满足边界外力已给的条件（8.3）式，而且在 τ_1 和 τ_2 的交界面 S_0 上，$u_i^{(1)}$ 和 $u_i^{(2)}$ 连续，$(\delta_{ik}+u_{i,k}^{(1)})\sigma_{kj}^{(1)}n_j^*$ 和 $(\delta_{ik}+u_{i,k}^{(2)})\sigma_{kj}^{(2)}n_j^*$ 连续，其中 n_j^* 为 S_0 上的法向单位矢量，从 τ_1 指向 τ_2 为正，即

$$\left.\begin{aligned}&(\delta_{ik}+u_{i,k}^{(1)})\sigma_{kj}^{(1)}n_j^*=(\delta_{ik}+u_{i,k}^{(2)})\sigma_{kj}^{(2)}n_j^*\\&u_i^{(1)}=u_i^{(2)}=u_i^*\end{aligned}\right\}\tag{8.126}$$

则在一切满足上述诸条件的 $u_i^{(\alpha)}$，$e_{ij}^{(\alpha)}$，$\sigma_{ij}^{(\alpha)}$ 中，实际的 $u_i^{(\alpha)}$，$e_{ij}^{(\alpha)}$，$\sigma_{ij}^{(\alpha)}$ 必使下列泛函为驻值：

$$\begin{aligned}\Pi_{\mathrm{III}}=&\iiint_{\tau_1}[A(e_{ij}^{(1)})-F_i^{(1)}u_i^{(1)}]d\tau_1\\&+\iiint_{\tau_2}\left[A(e_{ij}^{(2)})-e_{ij}^{(2)}\sigma_{ij}^{(2)}-\frac{1}{2}u_{k,i}^{(2)}u_{k,j}^{(2)}\sigma_{ij}^{(2)}\right]d\tau_2\\&-\iint_{S_{p1}}\bar{p}_i^{(1)}u_i^{(1)}dS_1-\iint_{S_{u2}}\bar{u}^{(1)}(\delta_{ik}+u_{i,k}^{(2)})\sigma_{kj}^{(2)}n_j^{(2)}dS_2\\&-\iint_{S_0}(\delta_{ik}+u_{i,k}^*)\sigma_{kj}^*n_j^*u_i^*dS_0\end{aligned}\tag{8.127}$$

变分原理 III*（大位移非线性弹性理论的完全的分区混合广义变分原理）：

设 $\tau=\tau_1+\tau_2$，在 τ_α 表面上有 $S_{p\alpha}+S_{u\alpha}(\alpha=1,2)$，在 τ_α 中，位移、应变、应力用 $u_i^{(1)}$，$e_{ij}^{(1)}$，$\sigma_{ij}^{(1)}$ 表示．满足（8.1），（8.2），（8.3），（8.4）诸关系而且在 S_0 上连续的 $u_i^{(1)}$，$e_{ij}^{(1)}$，$\sigma_{ij}^{(1)}$，$u_i^{(2)}$，$e_{ij}^{(2)}$，

$\sigma_{ij}^{(2)}$ 的解，必使下列混合泛函为驻值：

$$\Pi_{\text{III}}^{*}=\iiint_{\tau_1}\left\{A(e_{ij}^{(1)})-\left[e_{ij}^{(1)}-\frac{1}{2}(u_{i,j}^{(1)}+u_{j,i}^{(1)}\right.\right.$$

$$\left.\left.+u_{k,i}^{(1)}u_{k,j}^{(1)})\right]\sigma_{ij}^{(1)}-F_i^{(1)}u_i^{(1)}\right\}d\tau_1$$

$$+\iiint_{\tau_2}\left\{A(e_{ij}^{(2)})-e_{ij}^{(2)}\sigma_{ij}^{(2)}-\frac{1}{2}u_{k,i}^{(2)}u_{k,j}^{(2)}\sigma_{ij}^{(2)}\right.$$

$$\left.-[(\delta_{ik}+u_{i,k}^{(2)})\sigma_{kj}^{(2)}]_{,j}u_i^{(2)}-F_i^{(2)}u_i^{(2)}\right\}d\tau_2$$

$$-\iint_{S_{p1}}\bar{p}_i^{(1)}u_i^{(1)}dS_1-\iint_{S_{u1}}(u_i^{(1)}-\bar{u}_i^{(1)})(\delta_{ik}+u_{i,k}^{(1)})\sigma_{kj}^{(1)}n_j^{(1)}dS_1$$

$$+\iint_{S_{p2}}[(\delta_{ik}+u_{i,k}^{(2)})\sigma_{kj}^{(2)}n_j^{(2)}-\bar{p}_i^{(2)}]u_i^{(2)}dS_2$$

$$+\iint_{S_{u2}}(\delta_{ik}+u_{i,k}^{(2)})\sigma_{kj}^{(2)}n_j^{(2)}\bar{u}_i^{(2)}dS_2$$

$$-\iint_{S_0}[u_i^{(1)}(\delta_{ik}+u_{i,k}^{(1)})\sigma_{kj}^{(1)}+u_i^{(2)}(\delta_{ik}+u_{i,k}^{(2)})\sigma_{kj}^{(2)}$$

$$-u_i^{(2)}(\delta_{ik}+u_{i,k}^{(1)})\sigma_{kj}^{(1)}]n_j^{*}dS_0 \tag{8.128}$$

其中 n_j^* 为交界面 S_0 上从 τ_1 指向 τ_2 的法向单位矢量. 本定理可以用拉格朗日乘子法从定理 III 证明.

在变分原理 III 和 III* 之间，我可以导出各级不完全的分区混合广义变分原理. 例如

变分原理 IIIA (大位移非线性弹性理论的不完全的分区混合广义变分原理):

设 $\tau=\tau_1+\tau_2$，在 τ_α 的表面上有 $S_{p\alpha}+S_{u\alpha}(\alpha=1,2)$，在 τ_α 中，用 $u_i^{(\alpha)}$，$e_{ij}^{(\alpha)}$，$\sigma_{ij}^{(\alpha)}$ 表示该区的位移、应变和应力. 在 τ_1 内满足大位移的应变位移关系 (8.1) 和位移已给边界条件 (8.4) 式，在 τ_2 内满足大位移的平衡条件 (8.2) 式和外力已给边界条件 (8.3) 式，但在交界面 S_0 上位移和应力合力无须连续的一切 $u_i^{(\alpha)}$，$e_{ij}^{(\alpha)}$，$\sigma_{ij}^{(\alpha)}$ 中，实际的 $u_i^{(\alpha)}$，$e_{ij}^{(\alpha)}$，$\sigma_{ij}^{(\alpha)}$ 必使泛函

$$
\begin{aligned}
\Pi_{\mathrm{IIIA}} = & \iiint_{\tau_1} \{A(e_{ij}^{(1)}) - F_i^{(1)} u_i^{(1)}\} d\tau_1 \\
& - \iiint_{\tau_2} \left\{B(\sigma_{ij}^{(2)}) + \frac{1}{2} u_{k,i}^{(2)} u_{k,j}^{(2)} \sigma_{ij}^{(2)}\right\} d\tau_2 \\
& - \iint_{S_{p1}} \bar{p}_i^{(1)} u_i^{(1)} dS_1 + \iint_{S_{u2}} (\delta_{ik} + u_{i,k}^{(2)}) \sigma_{kj} n_j^{(2)} \bar{u}_i^{(2)} dS_2 \\
& - \iint_{S_0} \{(\delta_{ik} + u_{i,k}^{(1)}) \sigma_{kj}^{(1)} u_i^{(1)} + (\delta_{ik} + u_{i,k}^{(2)}) \sigma_{kj}^{(2)} u_i^{(2)} \\
& - (\delta_{ik} + u_{i,k}^{(1)}) \sigma_{kj}^{(1)} u_i^{(2)}\} n_j^* dS_0
\end{aligned}
\tag{8.129}
$$

为驻值，其中 n_j^* 为交界面 S_0 上从 τ_1 指向 τ_2 的法向单法矢量.

§ 8.8 弹性动力学问题的变分原理

在第一章中，我们介绍了处理刚体动力学问题的最小作用量定律，亦称哈密顿原理．在前一章和这一章的前几节中我们用最小位能原理处理了弹性体的静力学问题．在下面，我们将把这两种观点合在一起，用来处理弹性体的动力学问题．

对于弹性体的动力学问题而言，所有位移 u_i，应变 e_{ij}，和应力 σ_{ij}，都是空间坐标 x_i 和时间坐标 t 的函数，亦即

$$
\left.
\begin{aligned}
u_i &= u_i(x_1, x_2, x_3, t) \\
e_{ij} &= e_{ij}(x_1, x_2, x_3, t) \\
\sigma_{ij} &= \sigma_{ij}(x_1, x_2, x_3, t)
\end{aligned}
\right\}
\tag{8.130}
$$

而体积力 F_i 一般说来也可以是时间坐标 t 的函数，即

$$
F_i = F_i(x_1, x_2, x_3, t) \qquad \text{在 } \tau \text{ 内} \tag{8.131}
$$

物体的单元体积 $d\tau$ 在运动时，除了受体积力 $F_i d\tau$ 作用外，还受着 $-\rho \dfrac{d^2 u_i}{dt^2} d\tau$ 的惯性力作用，其中 ρ 为在 (x_1, x_2, x_3) 处 t 时的物体密度．于是弹性体的平衡方程 (7.15) 式或 (8.2) 式，应该改写为动力方程

$$
\sigma_{ij,j} + F_i - \rho \frac{d^2 u_i}{dt^2} = 0 \qquad \text{(小位移)} \tag{8.132}
$$

$$[(\delta_{ik}+u_{i,k})\sigma_{kj}]_{,j}+F_i-\rho\frac{d^2u_i}{dt^2}=0 \quad （大位移） \quad (8.133)$$

其它关系如旧，如

（A）小位移问题

（1）应变位移关系（7.1）式

$$e_{ij}=\frac{1}{2}(u_{i,j}+u_{j,i})$$

（2）应力应变关系

用应变表示应力

$$（7.28）式 \quad \frac{\partial A}{\partial e_{ij}}=\sigma_{ij}$$

$$（7.5）式 \quad \sigma_{ij}=a_{ijkl}e_{kl}（各向异性）$$

$$（7.9）式 \quad \sigma_{ij}=\lambda e_{kk}\delta_{ij}+2\mu e_{ij}$$

用应力表示应变

$$（7.46）式 \quad \frac{\partial B}{\partial \sigma_{ij}}=e_{ij}$$

$$（7.48）式 \quad e_{ij}=b_{ijnl}\sigma_{kl}$$

$$（7.49）式 \quad e_{ij}=\frac{1+\nu}{E}\sigma_{ij}-\frac{\nu}{E}\sigma_{kk}\delta_{ij}$$

（B）大位移问题

（1）应变位移关系（8.1）式

$$e_{ij}=\frac{1}{2}(u_{i,j}+u_{j,i}+u_{k,i}u_{k,j})$$

（2）应力应变关系，和（7.28）式及（7.46）式相同．对于边界条件也相同：

（A）小位移问题

表面 S_p 上外力已知：（7.12） $\sigma_{ij}n_j=\bar{p}_i$

表面 S_u 上位移已知：（7.13） $u_i=\bar{u}_i$

（B）大位移问题

表面 S_p 上外力已知 （8.3） $(\delta_{ik}+u_{i,k})\sigma_{kj}n_j=\bar{p}_i$

表面 S_u 上位移已知 （8.4） $u_i=\bar{u}_i$

我们很易看到，如果把这一系统看作是能量守恒系统，即能量是没有耗损的，则最小作用量定理一定同样适用，但这里的位能中必须包括弹性应变能，也即是说，位能根据 (7.16) 式应该是

$$U = \iiint_{\tau} [A(e_{ij}) - F_i u_i] d\tau - \iint_{S_p} \bar{p}_i u_i dS \tag{8.134}$$

动能应该是

$$K = \frac{1}{2} \iiint_{\tau} \frac{du_i}{dt} \frac{du_i}{dt} \rho d\tau \tag{8.135}$$

作用量为

$$L = K - U = \iiint_{\tau} \left[\frac{1}{2} \rho \frac{du_i}{dt} \frac{du_i}{dt} - A(e_{ij}) + F_i u_i\right] d\tau + \iint_{S_p} \bar{p}_i u_i dS \tag{8.136}$$

它也称拉格朗日函数. 最小作用量定理要求

$$\delta \Pi = 0, \quad \Pi = \int_{t_1}^{t_2} L dt \tag{8.137}$$

这里的 u_i 在 $t = t_1$ 和 $t = t_2$ 两个积分限假定是已给的. 所以，**弹性动力学的哈密顿原理**为：

在边界 S_u 上满足边界位移已给的条件 (7.13) 式或(8.4)式，在 τ 内满足应变位移关系 (7.1) 式或 (8.1) 式，在 $t=t_1$ 和 $t=t_2$ 时，u_i 也是已给的条件下，使泛函

$$\Pi = \int_{t_1}^{t_2} \left\{ \iiint_{\tau} \left[\frac{1}{2} \rho \frac{du_i}{dt} \frac{du_i}{dt} - A(e_{ij}) + F_i u_i\right] d\tau + \iint_{S_p} \bar{p}_i u_i dS \right\} dt \tag{8.138}$$

为极值的 u_i 必导出问题的正确解. 亦即必导出满足动力学方程 (8.132) 式或 (8.133) 式和边界外力已给条件 (8.3) 式或 (8.12) 式的 u_i.

Π 的变分极值给出

$$\int_{t_1}^{t_2} \left\{ \iiint_{\tau} \sigma_{ij} \delta e_{ij} d\tau - \delta K - \iiint_{\tau} F_i \delta u_i d\tau - \int_{S_p} \bar{p}_i \delta u_i dS \right\} dt = 0 \tag{8.139}$$

其中K为动能见(8.135)式. 在不少著作上,(8.139)式也称为**弹性动力学的虚功原理**. 其中e_{ij}见(7.1)或(8.1)式. 对于非保守系统的力场的F_i和$\bar{p}_i$而言,我们就是利用这个虚功原理的.

现在让我们考虑有一个近似解. 设

$$u_i = u_i(x_1, x_2, x_3; q_1, q_2, \cdots, q_n, t) \tag{8.140}$$

其中$q_1, q_2, \cdots, q_n$为时间的函数,也称为**广义坐标**. 而且不论$q_1, q_2, \cdots, q_n$是多少,u_i一定满足S_u上的位移已给的边界条件(7.13)或(8.4)式.

根据(8.140)式,我们有

$$\frac{du_i}{dt} = \sum_{k=1}^{n} \frac{\partial u_i}{\partial q_k}\dot{q}_k + \frac{\partial u_i}{\partial t} \tag{8.141}$$

$$\delta u_i = \sum_{k=1}^{n} \frac{\partial u_i}{\partial q_k}\delta q_k \tag{8.142}$$

把(8.141),(8.142)式代入(8.135)式和$A(e_{ij})$的表达式中,用q_k和$\dot{q}_k$来表示.

$$L^* = K - \iiint_{\tau} A(e_{ij})d\tau \tag{8.143}$$

于是(8.139)式的第一第二两项为

$$\begin{aligned}\int_{t_1}^{t_2}\delta L^* dt &= \int_{t_1}^{t_2}\left[\sum_{k=1}^{n}\left(\frac{\partial L^*}{\partial q_k}\delta q_k + \frac{\partial L^*}{\partial \dot{q}_k}\delta \dot{q}_k\right)\right]dt \\ &= \sum_{k=1}^{n}\frac{\partial L^*}{\partial \dot{q}_k}\delta q_k\Big|_{t_1}^{t_2} - \int_{t_1}^{t_2}\sum_{k=1}^{n}\left[\frac{d}{dt}\left(\frac{\partial L^*}{\partial \dot{q}_k}\right) - \frac{\partial L^*}{\partial q_k}\right]\delta q_k dt \\ &= -\int_{t_1}^{t_2}\sum_{k=1}^{n}\left[\frac{d}{dt}\left(\frac{\partial L^*}{\partial \dot{q}_k}\right) - \frac{\partial L^*}{\partial q_k}\right]\delta q_k dt \end{aligned} \tag{8.144}$$

这里我们已经使用了固定端点条件

$$\delta q_k(t_1) = \delta q_k(t_2) = 0 \qquad (k = 1, 2, \cdots, n) \tag{8.145}$$

它和$\delta u_i(x_1, x_2, x_3, t_1) = \delta u_i(x_1, x_2, x_3, t_2) = 0$的意义相同.

如果我们引进**广义力**Q_k,我们有

$$\iiint_{\tau} F_i\delta u_i d\tau + \iint_{S_p}\bar{p}_i\delta u_i ds = \sum_{k=1}^{n} Q_k\delta q_k \tag{8.146}$$

其中根据上式，有

$$Q_k = \iiint_\tau F_i \frac{\partial u_i}{\partial q_k} d\tau + \iint_{S_p} \bar{p}_i \frac{\partial u}{\partial q_k} dS \quad (k = 1, 2, \cdots, n) \tag{8.147}$$

把 (8.144)，(8.146) 式代入 (8.139) 式，得

$$\int_{t_1}^{t_2} \sum_{k=1}^{n} \left[\frac{d}{dt}\left(\frac{\partial L^*}{\partial \dot{q}_k}\right) - \frac{\partial L^*}{\partial q_k} - Q_k\right] \delta q_k dt = 0 \tag{8.148}$$

因为 δq_k 是独立的，所以，根据变分预备定理，我们得到 n 个独立的弹性体的拉格朗日动力学方程

$$\frac{d}{dt}\left(\frac{\partial L^*}{\partial \dot{q}_k}\right) - \frac{\partial L^*}{\partial q_k} - Q_k = 0 \quad (k = 1, 2, \cdots, n) \tag{8.149}$$

这个关系式适用于大位移理论或小位移理论，它是研究颤振的基本动力学方程式[12, 13]。

(8.138) 式的泛函是在已给边界位移 $u_i = \bar{u}_i$ 和应变位移关系式(8.1) [或 (7.1)]式的条件下变分的．这是个有条件的变分原理．在利用了拉格朗日乘子后，通过变分，可以证明这些乘子是 $\sigma_{kj} n_k$，和 σ_{ij}．所以**弹性体动力学的广义变分原理**也可以写成：

在 $t = t_1$ 和 $t = t_2$ 时，u_i 是已给的条件下，弹性体动力学的 u_i，e_{ij}，σ_{ij} 的正确解，必使泛函

$$\begin{aligned}\Pi = \int_{t_1}^{t_2} \Big\{ \iiint_\tau \Big[& \frac{1}{2} \rho \frac{du_i}{dt} \frac{du_i}{dt} - A(e_{ij}) + F_i u_i \\ & - \sigma_{ij} \left(\frac{1}{2} u_{i,j} + \frac{1}{2} u_{j,i} + \frac{1}{2} u_{k,i} u_{k,j} - e_{ij} \right) \Big] d\tau \\ & + \iint_{S_p} \bar{p}_i u_i ds + \iint_{S_u} [\delta_{ik} + u_{i,k}] \sigma_{kj} n_j (u_i - \bar{u}_k) dS \Big\} dt \end{aligned} \tag{8.150}$$

为驻值．

或可写成：

在 $t = t_1$ 和 $t = t_2$ 时 u_i 是已给的条件下，使 (8.150) 式中的广义泛函达到驻值的 u_i，e_{ij}，σ_{ij}，必满足 (1) 动力学方程 (8.133) 式，(2) 应力应变关系 (7.28) 式，(3) 应变位移关系 (8.1) 式，和

有关边界条件(8.3),(8.4)式.

略去(8.150)式中的非线性项(高阶小量),即可简化为小位移变形动力学的泛函.

§8.9 弹性体自由振动的广义变分原理

本节研究弹性体在小位移条件下的自由振动问题.设弹性体 τ 的 S_p 表面是不受外力作用的自由表面. S_u 是位移被固定的表面,而且体力 F_i 略去.亦即由于问题是线性的,所以一切位移应变和应力都是正弦型周期变化着的. 设用 σ_{ij}, e_{ij}, u_i 代表应变、应力、位移的振幅,而且设

$$\lambda = \omega^2 \qquad \omega = \text{自由振动圆频率} \tag{8.151}$$

并设 $\rho=$ 材料的密度,则动力学方程(8.132)式可以写成

$$\sigma_{ij,j} + \lambda\rho u_i = 0 \tag{8.152}$$

已知边界条件为

$$\left.\begin{aligned} \bar{p}_i = 0 \qquad &\text{在 } S_p \text{ 上} \\ \bar{u}_i = 0 \qquad &\text{在 } S_u \text{ 上} \end{aligned}\right\} \tag{8.153}$$

于是,我们有**弹性体振动的变分原理**(最小总位能原理):

在满足位移已给的边界条件(8.153)式,和应变位移关系(7.1)式的一切 u, v, w 函数中,使总位能

$$\Pi = \iiint_\tau A(e_{ij})d\tau - \frac{1}{2}\lambda\iiint_\tau u_k u_k \rho d\tau \tag{8.154}$$

为极值的 u, v, w, 必为弹性体自由振动的正确解. 亦即它们满足动力学方程(8.152)式,和边界条件(8.153)式,以及应力应变关系(7.28)式.

这个定理的证明和前面各节中的证明类似,我们将不再重复.

很易看到在对(8.154)式的泛函进行变分时,(7.1)式和(8.153)的第二式是变分的条件. 因此,我们可以引用拉格朗日乘 λ_{ij}, μ_i, 把(8.154)式的有条件的泛函,化为下述无条件的泛函.

$$\Pi^* = \iiint_\tau \left[A(e_{ij}) + \lambda_{ij}\left(\frac{1}{2}u_{i,j} + \frac{1}{2}u_{j,i} - e_{ij}\right)\right] d\tau$$
$$- \frac{1}{2}\lambda \iiint_\tau u_k u_k \rho d\tau - \int_{S_u} \mu_k u_k ds \qquad (8.155)$$

把 λ 看作为常量，e_{ij}，u_i，μ_k，λ_{ij} 都是独立变量时，变分得

$$\delta\Pi^* = \iiint_\tau \left\{\left(\frac{\partial A}{\partial e_{ij}} - \lambda_{ij}\right)\delta e_{ij} + \left(\frac{1}{2}u_{i,j} + \frac{1}{2}u_{j,i} - e_{ij}\right)\delta\lambda_{ij} - \lambda u_k \delta u_k \rho\right\} d\tau$$
$$+ \iiint_\tau \lambda_{ij}\delta u_{i,j} d\tau - \iint_{S_u} u_k \delta\mu_k ds - \iint_{S_u} \mu_k \delta u_k dS \qquad (8.156)$$

但是，在利用了格林定理后，可以证明

$$\iiint_\tau \lambda_{ij}\delta u_{i,j} d\tau = \iint_S \lambda_{ij}\delta u_i n_j dS - \iiint_\tau \lambda_{ij,j}\delta u_i d\tau \qquad (8.157)$$

于是 (8.156) 式可以写成

$$\delta\Pi^* = \iiint_\tau \left\{\left(\frac{\partial A}{\partial e_{ij}} - \lambda_{ij}\right)\delta e_{ij} + \left(\frac{1}{2}u_{i,j} + \frac{1}{2}u_{j,i} - e_{ij}\right)\delta\lambda_{ij} - (\lambda_{ij} + \lambda\rho u_i)\delta u_i\right\} d\tau$$
$$+ \iint_{S_u} \{(\lambda_{ij}n_j - \mu_i)\delta u_i - u_j\delta\mu_j\} dS + \iint_{S_p} \lambda_{ij} n_j \delta u_i dS \qquad (8.158)$$

由于 δe_{ij}，$\delta\sigma_{ij}$，$\delta\lambda_{ij}$，$\delta\mu_i$，δu_i 都是独立的，所以，$\delta\Pi^* = 0$ 的条件给出

(A) 欧拉方程

$$\left.\begin{aligned} &\frac{\partial A}{\partial e_{ij}} - \lambda_{ij} = 0 \\ &\frac{1}{2}u_{i,j} + \frac{1}{2}u_{j,i} - e_{ij} = 0 \\ &\lambda_{ij,j} + \lambda\rho u_i = 0 \end{aligned}\right\} \text{在 } \tau \text{ 内} \qquad (8.159)$$

(B) 边界条件

$$\left.\begin{aligned} &u_j = 0 && 在\ S_u\ 上 \\ &\lambda_{ij}n_j - \mu_i = 0 && 在\ S_u\ 上 \\ &\lambda_{ij}n_j = 0 && 在\ S_p\ 上 \end{aligned}\right\} \tag{8.160}$$

从(8.159)式的第一式,得

$$\lambda_{ij} = \frac{\partial A}{\partial e_{ij}} = \sigma_{ij} \qquad 在\ v + S_u + S_p\ 内 \tag{8.161}$$

从(8.160)的第二式,得

$$\mu_i = \lambda_{ij}n_j = \sigma_{ij}n_j \qquad 在\ S_u\ 上 \tag{8.162}$$

于是(8.159)式的第二式得应变位移关系,第三式得自由振动的动力学方程.从(8.160)的第一式为位移为零的固定边界条件,第三式得自由边界表面的边界条件.这就证明了**自由振动(小位移)的广义变分原理**:

从一切 u_i, e_{ij}, σ_{ij} 中,使广义泛函

$$\Pi = \iiint_\tau \left\{A(e_{ij}) + \sigma_{ij}\left(\frac{1}{2}u_{i,j} + u_{j,i} - e_{ij}\right) - \frac{1}{2}\lambda u_k u_k \rho\right\} d\tau - \iint_{S_u} \sigma_{ij}n_j u_i dS \tag{8.163}$$

为驻值,u_i, e_{ij}, σ_{ij} 必满足自由振动的运动方程,应变位移关系,应力应变关系及自由表面和固定表面的边界条件.

§ 8.10 定常温度场的热弹性理论问题的变分原理

在定常温度场中,除了应力应变关系和当地温度有关外,热传导方程和平衡方程或其它方程中,有关热和变形的量之间并无耦合.因此,有时人们也称这类问题为未耦合的热弹性理论[14].在一般的热弹性理论问题中,温度变化速度不高,我们可以把各瞬时的温度场初步近似地看作是定常的,或是准定常的.各该瞬时的弹性应力可以按各该瞬时的温度场作为定常温度场热弹性问题来近似处理.所以定常温度场热弹性问题也是非定常温度场中同一问题的近似[15].因为在非定常温度场中的热传导方程中,热和变形

的量也是耦合的，这类问题一般称为**耦合的热弹性问题**．所以，非耦合的热弹性问题在一定的条件下是耦合的热弹性问题的初步近似．

热弹性问题是一个热力学过程．这个热力学系统的自由能密度（每单位体积的）不仅与应变有关，而且也和温度差 $T-T_0$ 有关，其中 T 为各点的绝对温度，T_0 为绝对参考温度．如果我们称温度差为 θ

$$\theta=T-T_0 \qquad \theta=\theta(x_1, x_2, x_2, t) \tag{8.164}$$

自由能密度为

$$\phi=\phi(e_{ij}, \theta) \tag{8.165}$$

当温度在空间和时间内都不变时，$\phi(e_{ij}, \theta)$ 还原为 $A(e_{ij})$，即还原为弹性体的应变能密度．把 $\phi(e_{ij}, \theta)$ 展开为二次式时，得

$$\phi=\frac{1}{2} a_{ijkl} e_{ij} e_{kl}-\gamma_{ij} e_{ij} \theta-\frac{C_E}{2} \frac{\theta^2}{T_0} \tag{8.166}$$

其中 a_{ijkl} 为弹性常数，γ_{ij} 为应力的温度系数，C_E 是无应变比热．它们服从对称规律

$$a_{ijkl}=a_{jikl}=a_{klij}, \quad \gamma_{ij}=\gamma_{jl} \tag{8.167}$$

对于各向同性的材料而言，

$$a_{ijkl}=\lambda \delta_{ij} \delta_{kl}+2 \mu \delta_{ki} \delta_{jl}, \quad \gamma_{ij}=\gamma \delta_{ij} \tag{8.168}$$

其中 λ，2μ 为拉梅常数，γ 为一个待定常量．我们有各向同性的自由能密度表达式

$$\phi(e_{ij}, \theta)=\frac{1}{2}(\lambda e_{kk} e_{ll}+2 \mu e_{kl} e_{kl})-\gamma e_{kk} \theta-\frac{C_E}{2} \frac{\theta^2}{T_0} \tag{8.169}$$

根据自由能密度的热力学定义

$$\frac{\partial \phi}{\partial e_{ij}}=\sigma_{ij}, \quad \frac{\partial \phi}{\partial T}=-\eta \tag{8.170}$$

其中 η 为热弹性过程中的熵的密度分布．从 (8.169) 式，我们有（对于各向同性材料）

$$\sigma_{ij}=\lambda e_{kk} \delta_{ij}+2 \mu e_{ij}-\gamma \delta_{ij} \theta \tag{8.171a}$$

$$\eta=\gamma e_{kk}+C_E \frac{\theta}{T_0} \tag{8.171b}$$

若在 (8.171a) 式中置 $i=j$，得 $\delta_{ii}=3$，

$$\sigma_{ii}=(3\lambda+2\mu)e_{ii}-3\gamma\theta \tag{8.172}$$

如果物体由于温度增加而自由膨胀，则所得应力 $\sigma_{ii}=0$，所得应变之和 $e_{ii}=e_{11}+e_{22}+e_{33}$ 为体积膨胀，于是从 (8.172) 式得

$$\left(\frac{e_{ij}}{\theta}\right)_{\sigma=0}=\frac{3\gamma}{3\lambda+2\mu}=\alpha=\text{体积热膨胀系数} \tag{8.173}$$

或

$$\gamma=\frac{1}{3}\alpha(3\lambda+2\mu) \tag{8.173a}$$

这就决定了待定常数 γ 的物理意义。

于是 (8.166) 式和 (8.170) 式可以写成

$$\phi(e_{ij},\theta)=\frac{1}{2}(\lambda e_{kk}e_{ll}+2\mu e_{kl}e_{kl})-\frac{1}{3}\alpha(3\lambda+2\mu)e_{kk}\theta-\frac{C_E}{2}\frac{\theta^2}{T_0} \tag{8.174}$$

$$\sigma_{ij}=\frac{\partial\phi}{\partial e_{ij}}=\lambda e_{kk}\delta_{ij}+2\mu e_{ij}-\frac{1}{3}\alpha(3\lambda+2\mu)\delta_{ij}\theta \tag{8.175}$$

$$\eta=-\frac{\partial\phi}{\partial T}=\frac{1}{3}\alpha(3\lambda+2\mu)e_{kk}+C_E\frac{\theta}{T_0} \tag{8.176}$$

(8.175) 式代表应力和应变及温度变化的关系式。(8.176) 为熵密度和体积变形及温度变化的关系式。对于各向异性材料而言，

$$\sigma_{ij}=\frac{\partial\phi}{\partial e_{ij}}=a_{ijkl}e_{kl}-\gamma_{ij}\theta \tag{8.177}$$

$$\eta=-\frac{\partial\phi}{\partial T}=\gamma_{ij}e_{ij}+C_E\frac{\theta}{T_0} \tag{8.178}$$

所以，$\phi(e_{ij},\theta)$ 相当于一般弹性理论中的应变能密度。当 $\theta=0$ 时，(8.175)，(8.177) 式还原为应力应变关系式。

热弹性问题的变分原理于是可以建立在最小自由能原理的基础上。

定常温度场的热弹性理论的最小自由能原理

在满足边界位移条件

$$u_i = \bar{u}_i \qquad \text{在 } S = S_u \text{ 上} \tag{8.179}$$

和应力应变温度关系(8.175)式及应变位移关系(7.1)式的一切u_i, e_{ij}, σ_{ij}中，使泛函

$$\Pi_\theta = \iiint_\tau [\phi(e_{ij}, \theta) - F_i u_i] d\tau - \iint_{S_p} \bar{p}_i u_i dS \tag{8.180}$$

为极值的u_i, e_{ij}, σ_{ij}，必满足(1)平衡方程(7.15)式，(2)在$S = S_p$上的外力已给的边界条件(7.12)式．所以，它们一定是定常温度场的热弹性问题的解，其中$\theta(x_1, x_2, x_3) = T - T_0$是根据热传导方程决定的．也即是说，$\theta$是已知的．

在定常状态下，$\theta(x_1, x_2, x_3)$是根据热传导方程

$$\theta_{,ii} = 0 \qquad \text{在 } \tau \text{ 内} \tag{8.181}$$

在有关温度的定常边界条件下决定的．

对于拟定常状态而言，θ由热传导方程

$$-k\theta_{,ii} = \rho C\dot{\theta} + R \qquad \text{在 } \tau \text{ 内} \tag{8.182}$$

其中C为材料的比热系数，R为热源密度分布，ρ为材料的密度，k为材料的热传导系数．

从(8.181)式看到，定常温度场的决定，和弹性变形无关．这就是未耦合的热弹性问题的特点．这样处理热弹性问题(即假定温度场是给定的)，对于定常温度场的热弹性静力学问题而言，是完全正确的．

对于不定常的温度场的热弹性问题而言，即使不涉及弹性动力学，这种未耦合的理论，也只是一种拟定常的近似处理．因为严格说来，在不定常的温度场中，热膨胀所引起的体积变化也影响热的传递．所以$\theta_{,ii}$也必和$\dot{e}_{ij} = \dfrac{\partial e_{ij}}{\partial t}$有关．这就是说，热传导方程必也是耦合的．这一点，我们将在下节详细讨论．

有关定常温度场热弹性问题最小自由能原理的变分证明从略，将留给读者作为练习．

同时，我们还可以用拉格朗日乘子法，证明**定常温度场的热弹性问题的广义变分原理的自由能形式**：

在一切 u_i, e_{ij}, σ_{ij} 中，使泛函

$$\Pi_\theta^* = \iiint_\tau \left[\phi(e_{ij}, \theta) - F_i u_i + \sigma_{ij}\left(\frac{1}{2}u_{i,j} + \frac{1}{2}u_{j,i} - e_{ij}\right)\right] d\tau - \iint_{S_p} \bar{p}_i u_i dS - \iint_{S_u} \sigma_{ij} u_j (u_i - \bar{u}_i) dS \tag{8.183}$$

为驻值的 u_i, σ_{ij}, e_{ij}, 必为定常温度场中热弹性问题的解. 亦即必满足 (1) 平衡方程 (7.15) 式，(2) 应力应变温度变化关系 (8.175) 式或 (8.177) 式，(3) 边界位移已给条件 (8.179) 式，(4) 边界外力已给条件 (7.12) 式，和 (5) 应变位移关系 (7.1) 式.

这个广义变分原理的证明，和第七章中有关广义变分原理的证明相仿，不再在这里重复.

现在让我们仿照余能原理，引进**自由余能**密度 $\Psi(\sigma_{ij}, \theta)$，并设

$$\Psi(\sigma_{ij}, \theta) + \phi(e_{ij}, \theta) = e_{ij}\sigma_{ij} \tag{8.184}$$

其中应力应变温度变化关系为 (8.175) 式，从 (8.175) 式解出 e_{ij}，得

$$e_{ij} = \frac{1}{2\mu}\sigma_{ij} - \frac{\lambda}{2\mu(3\lambda + 2\mu)}\delta_{ij}\sigma_{kk} + \frac{1}{3}\alpha\delta_{ij}\theta \tag{8.185}$$

而且

$$e_{kk} = \frac{1}{3\lambda + 2\mu}\sigma_{kk} + \alpha\theta \tag{8.186}$$

从 (8.184) 式的定义，我们很易证明

$$\frac{\partial \Psi}{\partial \sigma_{ij}} = e_{ij} \tag{8.187}$$

所以有

$$e_{ij} = \frac{\partial \Psi}{\partial \sigma_{ij}} = \frac{1}{2\mu}\sigma_{ij} - \frac{\lambda}{2\mu(3\lambda + 2\mu)}\delta_{ij}\sigma_{kk} + \frac{1}{3}\alpha\delta_{ij}\theta \tag{8.188}$$

把上式对 σ_{ij} 积分，得

$$\Psi(\sigma_{ij}, \theta) = \Psi = \frac{1}{2}\left\{\frac{1}{2\mu}\sigma_{ij}\sigma_{ij} - \frac{\lambda}{2\mu(3\lambda + 2\mu)}\sigma_{ll}\sigma_{kk}\right\}$$

$$+\frac{1}{3}\alpha\sigma_{kk}\theta+C(\theta) \tag{8.189}$$

其中 $C(\theta)$ 为只和 θ 有关的待定积分常数．把 σ_{ij} 乘 (8.185) 式的 e_{ij}，得 $\sigma_{ij}e_{ij}$ 用 σ_{ij} 的表达式，即

$$\sigma_{ij}e_{ij}=\frac{1}{2\mu}\sigma_{ij}\sigma_{ij}-\frac{\lambda}{2\mu(3\lambda+2\mu)}\sigma_{ll}\sigma_{kk}+\frac{1}{3}\alpha\sigma_{kk}\theta \tag{8.190}$$

其次，把 (8.174) 式中的 $\phi(e_{ij},\theta)$ 式用 σ_{ij} 表示，即把 (8.188) 式代入 (8.174) 式，得

$$\begin{aligned}\phi=&\frac{1}{2\mu}\left[\sigma_{ij}-\frac{\lambda}{3\lambda+2\mu}\delta_{ij}\sigma_{kk}+\frac{2\mu}{3}\alpha\delta_{ij}\theta\right]\\&\times\left[\sigma_{ij}-\frac{\lambda}{3\lambda+2\mu}\delta_{ij}\sigma_{ll}+\frac{2\mu}{3}\alpha\delta_{ij}\theta\right]\\&+\frac{\lambda}{2}\left[\frac{1}{3\lambda+2\mu}\sigma_{kk}+\alpha\theta\right]^2-\frac{1}{3}\alpha\sigma_{kk}\theta\\&-\frac{1}{3}\alpha^2(3\lambda+2\mu)\theta^2-\frac{C_E}{2}\frac{\theta^2}{T_0}\end{aligned} \tag{8.191}$$

或可化为

$$\begin{aligned}\phi=&\frac{1}{2}\left\{\frac{1}{2\mu}\sigma_{ij}\sigma_{ij}-\frac{\lambda}{2\mu(3\lambda+2\mu)}\sigma_{ll}\sigma_{kk}\right\}\\&-\frac{1}{6}(3\lambda+2\mu)\alpha^2\theta^2-\frac{C_E}{2}\frac{\theta^2}{T_0}\end{aligned} \tag{8.192}$$

把 (8.189) 式的 Ψ，(8.190) 式的 $\sigma_{ij}e_{ij}$ 和 (8.192) 式的 ϕ 代入 (8.184) 式，得

$$C(\theta)=\frac{1}{6}(3\lambda+2\mu)\alpha^2\theta+\frac{C_E}{2}\frac{\theta^2}{T_0} \tag{8.193}$$

最后，把 (8.193) 式的 $C(\theta)$ 代入 (8.189) 式，得**自由余能的表达式**

$$\begin{aligned}\Psi(\sigma_{ij},\theta)=&\frac{1}{4\mu}\left\{\sigma_{ij}\sigma_{ij}-\frac{\lambda}{3\lambda+2\mu}\sigma_{ll}\sigma_{kk}\right\}\\&+\frac{1}{3}\alpha\sigma_{kk}\theta+\frac{1}{6}(3\lambda+2\mu)\alpha^2\theta^2+\frac{C_E}{2}\frac{\theta^2}{T_0}\end{aligned} \tag{8.194}$$

定常温度的热弹性问题也可以用最小自由余能原理求解.

最小自由余能原理:

在满足 (1) 平衡方程 (7.15) 式, (2) 外力已知的边界条件 (7.12) 式的一切 σ_{ij} 中,使泛函

$$\Pi_{\theta C}=\iiint_{\tau}\Psi(\sigma_{ij},\theta)d\tau-\iint_{S_u}\bar{u}_i\sigma_{ij}n_jdS \tag{8.195}$$

达到极值的 σ_{ij}, 必满足 (1) 应力应变温度变化关系 (8.175) 式或 (8.177) 式, (2) 应变位移关系 (7.1) 式, (3) 位移已知的边界条件 (7.13) 式. 所以,也能求得定常温度场中热弹性问题的正确解.

同样,我们还可以通过拉格朗日乘子法,推证**定常温度场中热弹性问题的广义变分原理的自由余能形式:**

在一切 u_i, e_{ij}, σ_{ij} 中,使泛函

$$\Pi^*_{\theta C}=\iiint_{\tau}[\Psi(\sigma_{ij},\theta)+u_i(\sigma_{ij,j}+F_i)]d\tau-\iint_{S_u}\bar{u}_i\sigma_{ij}n_jdS-\iint_{S_p}u_i(\sigma_{ij}n_j-\bar{p}_i)dS \tag{8.196}$$

为驻值的 u_i, e_{ij}, σ_{ij}, 必为定常温度场中热弹性问题的正确解.即满足平衡方程 (7.15) 式, 应力应变温度变化关系 (8.188) 式及有关边界条件 (7.12), (7.13) 式的解.

这条广义变分原理的证明, 和第七章中的有关广义变分原理证明相同.

同时, 我们可以利用 (8.183) 式, (8.184) 式和 (8.196) 式证明:

$$\Pi^*_{\theta}+\Pi^*_{\theta C}=\iiint_{\tau}\left[u_i\sigma_{ij,j}+\sigma_{ij}\frac{1}{2}(u_{i,j}+u_{j,i})\right]d\tau-\iint_{S_p+S_u}u_i\sigma_{ij}n_jdS \tag{8.197}$$

根据格林定理,

$$\iiint_{\tau}\left[u_i\sigma_{ij,j}+\frac{1}{2}\sigma_{ij}(u_{i,j}+u_{j,i})\right]d\tau=\iiint_{\tau}[u_i\sigma_{ij}]_{,j}d\tau$$

$$=\iint_S \dot{u}_i \dot{\sigma}_{ij} \dot{n}_j d\dot{S} \qquad (8.198)$$

于是，得

$$\Pi_\theta^* + \Pi_{\theta C}^* = 0 \qquad (8.199)$$

也即是说，这两种广义变分原理是等效的，而且也是互换的.

§8.11 非定常温度场热弹性理论的变分原理(耦合的热弹性理论的变分原理)

非定常温度场引起变形随着时间变化，从而引起惯性力对平衡的影响，亦即在泛函中，有动能参加变分，而且非定常温度场的热能分布随时随地变化着，在总的位能中，除了自由能 $\phi(e_{ij}, \theta)$ 外，还有热能 ηT（它是单体积中的热能密度）. 既然这是动力学问题，我们就应该使用像最小作用量原理，或哈密顿原理这样的变分原理来处理这个问题.

称这个系统的动能为 K

$$K=\frac{1}{2}\iiint_\tau \frac{du_i}{dt}\frac{du_i}{dt}\rho d\tau \qquad (8.200)$$

其中 ρ 为密度，这个系统的总位能包括 (1) 自由能（密度）$\phi(e_{ij}, \theta)$，对于各向同性体而言，表达式为 (8.174) 式；(2) 热能（密度）ηT，其中 η 为熵的密度，它的表达式为 (8.176) 式；(3) 体积力 F_i 在变形时做的功 $F_i u_i$，作为位能的损失计算. (4) 表面外力 $\bar{p}_i$ 在变形时做的功 $\bar{p}_i u_i$，也作为位能的损失计算. 于是，总的位能表达式为

$$U=\iiint_\tau \{\phi(e_{ij}, \theta)+\eta T-F_i u_i\}\, d\tau-\iint_{S_p} \bar{p}_i u_i dS \qquad (8.201)$$

总的作用量为

$$\Pi_1=\int_{t_1}^{t_2}(K-U)dt \qquad (8.202)$$

哈密顿原理为：

在一切容许的位移 $u_i(x_1, x_2, x_3, t)$ 和温度 $T(x_1, x_2, x_3, t)$ 中，亦即在满足应力应变温度变化关系 (8.185) 式，位移应变关系

(7.1)式,满足位移u_i的边界约束条件(7.13)式及已给的$u_i(x_1, x_2, x_3, t_1)$及$u_i(x_1, x_2, x_3, t_2)$的一切位移u_i和温度T中,使总的作用量为最小,或使

$$\delta \Pi_1 = 0 \tag{8.203}$$

的位移u_i和T,必满足(1)动力学方程式

$$\sigma_{ij,j} + F_i = \rho \frac{d^2 u_i}{dt^2} \quad (在\ \tau\ 中) \tag{8.204}$$

(2)自由能和熵的关系式

$$\frac{\partial \phi}{\partial T} = -\eta \quad (在\ \tau\ 中) \tag{8.205}$$

(3)外力的表面边界条件

$$\sigma_{ij} n_j = \bar{p}_i \quad (在\ \tau\ 中) \tag{8.206}$$

在位移u_i和温度T变分时,体积力F_i,密度ρ,表面外力$\bar{p}_i$,和熵η保持不变.

证明

$$\begin{aligned}\delta \int_{t_1}^{t_2} K dt &= \iiint_{\tau} \left\{ \int_{t_1}^{t_2} \frac{du_i}{dt} \frac{d}{dt} (\delta u_i) dt \right\} \rho d\tau \\ &= \iiint_{\tau} \left\{ \left[\frac{du_i}{dt} \delta u_i \right]_{t_1}^{t_2} - \int_{t_1}^{t_2} \frac{d^2 u_i}{dt^2} \delta u_i dt \right\} \rho d\tau \end{aligned} \tag{8.207}$$

根据$u_i(t_1)$, $u_i(t_2)$已知,所以有$\delta u_i(t_1) = \delta u_i(t_2) = 0$,于是得

$$\delta \int_{t_1}^{t_2} K dt = -\int_{t_1}^{t_2} \iiint_{\tau} \rho \frac{d^2 u_i}{dt^2} \delta u_i d\tau dt \tag{8.208}$$

这里应该指出,时间积分和空间积分的次序互换,好像是在ρ为常数的假定下进行的. 其实在一般情况下,质量守恒定律是指$\rho d\tau =$ 常数,在时间过程中,ρ在变,$d\tau$也在变,但其乘积代表质量,却守恒不变,所以这两种积分次序可以互换.

还有

$$\begin{aligned}\delta \int_{t_1}^{t_2} U dt = \int_{t_1}^{t_2} dt \Bigg\{ \iiint_{\tau} \bigg[&\frac{\partial \phi}{\partial e_{ij}} \delta e_{ij} + \frac{\partial \phi}{\partial T} \delta T \\ &+ \eta \delta T - F_i \delta u_i \bigg] d\tau - \iint_{S_p} \bar{p}_i \delta u_i dS \Bigg\} \end{aligned} \tag{8.209}$$

根据(7.1)式,(8.176)式,有

$$\iiint_{\tau}\frac{\partial\phi}{\partial e_{ij}}\delta e_{ij}d\tau=\iiint_{\tau}\sigma_{ij}\frac{1}{2}(\delta u_{i,j}+\delta u_{j,i})d\tau=\iiint_{\tau}\sigma_{ij}u_{i,j}d\tau$$

$$=\iint_{S}\sigma_{ij}n_j\delta u_i dS-\iiint_{\tau}\sigma_{ij,j}\delta u_i d\tau \tag{8.210}$$

其中 $S=S_p+S_u$; 在 S_u 上, $u_i=\bar{u}_i$ 已给,所以 $\delta u_i=0$, 于是上式的面积分只在 $S=S_p$ 上有值,即

$$\iiint_{\tau}\frac{\partial\phi}{\partial e_{ij}}\delta e_{ij}d\tau=\iint_{S_p}\sigma_{ij}n_j\delta u_i dS-\iiint_{\tau}\sigma_{ij,j}\delta u_i d\tau \tag{8.211}$$

最后, $\delta\Pi_1$ 可以写成

$$\delta\Pi_1=\int_{t_1}^{t_2}\left\{\iiint_{\tau}\left[\left(\sigma_{ij,j}+F_i-\rho\frac{d^2u_i}{dt^2}\right)\delta u_i-\left(\frac{\partial\phi}{\partial T}+\eta\right)\delta T\right]d\tau-\iint_{S_p}(\sigma_{ij}n_j-\bar{p}_i)\delta u_i dS\right\}dt \tag{8.212}$$

因为 δu_i 和 δT 都是独立变分,所以有

$$\left.\begin{aligned}&\sigma_{ij,j}+F_i=\rho\frac{d^2u_i}{dt^2} &&\text{在 } \tau+S \text{ 内}\\&\frac{\partial\phi}{\partial T}=-\eta &&\text{在 } \tau+S \text{ 内}\\&\sigma_{ij}n_j=\bar{p}_i &&\text{在 } S_p \text{ 上}\end{aligned}\right\} \tag{8.213}$$

这就证明了哈密顿原理,其中 σ_{ij} 见(8.175)式.

T 的分布和变化是根据耦合的热传导方程求得的,或是根据**热流场的势的最小作用量原理**(有时称**热流势最小作用量原理**)求得.

如果 k 为热导系数,则单位时间中传入某一微元 $d\tau$ 中的热量为 $kT_{,ii}d\tau=k\theta_{,ii}d\tau$. 如果在这一微元中,有分布热源 R, 则单位时间中从热源 R 导入的热量为 $Rd\tau$. 这些热量的增加,引起熵 η 的增加,单位时间中熵增加 $\frac{d\eta}{dt}d\tau$, 亦即单位时间中热量增加 $\frac{d\eta}{dt}Td\tau$. 热平衡的条件给出

$$k\theta_{,ii} + R = \frac{d\eta}{dt}T \tag{8.214}$$

在一般情况下，$T - T_0 = \theta$ 很小，η 也是 θ 的量级，所以，

$$\frac{d\eta}{dt}T \approx \frac{d\eta}{dt}T_0,$$

于是 (8.214) 式可以写成

$$k\theta_{,ii} \doteq \frac{d\eta}{dt}T_0 - R \tag{8.215}$$

如果把 (8.176) 式代入上式，得

$$k\theta_{,ii} = \frac{1}{3}\alpha(3\lambda + 2\mu)T_0\frac{de_{kk}}{dt} + C_E\frac{d\theta}{dt} - R \tag{8.216}$$

这是耦合形式的热传导方程．决定 θ 的分布和变化时，必须和 $\frac{de_{kk}}{dt}$ 的变化和分布结合在一起考虑．(8.215) 式也可以通过热流势的最小作用量原理导出．

热流势包括三部份．第一部份是温度分布所决定的热流势，即

$$H = \frac{1}{2}kT_{,i}T_{,i} = \frac{1}{2}k\theta_{,i}\theta_{,i} \tag{8.217}$$

这个热流势相当于弹性力学中的应变能密度．它和温度梯度的平方成正比．第二部份是有效热源 $R - \frac{d\eta}{dt}T_0$．在温度 T 下把热量导入该体积元素 $d\tau$ 时，使热源的热流势降低 $\left(R - \frac{d\eta}{dt}T_0\right)T$．第三部份在边界面 S_Q 上有热量 $\bar{Q}_in_i$ 流出时，使热流势降流 $\bar{Q}_in_iTdS_Q$．于是总的热流势为

$$\chi = \iiint_\tau \left(H - RT + \frac{d\eta}{dt}T_0T\right)d\tau - \iint_{S_Q}\bar{Q}_in_iTdS \tag{8.218}$$

于是，**热流势的最小作用量原理**为：

在一切满足温度已给的边界条件

$$T = \bar{T}(S_T) \qquad \text{在 } S = S_T \text{ 上} \tag{8.219}$$

的温度分布 T 中，使热流势的作用量

$$\Pi_2 = \int_{t_1}^{t_2} \chi \, dt \tag{8.220}$$

最小的 T，亦即使

$$\delta\Pi_2 = 0 \tag{8.221}$$

的 T，必满足耦合形式的热传导方程（8.216）式或（8.215）式，和边界导热条件

$$n_i k\theta_{,i} = \bar{Q}_i n_i \qquad \text{在 } S_Q \text{ 上} \tag{8.222}$$

对 T 变分时，R，$\frac{d\eta}{dt}T_0$，$\bar{Q}_i$ 都是已给的，不变的.

证明

$$\delta\Pi_2 = \int_{t_1}^{t_2} \left\{ \iiint_\tau \left[\frac{\partial H}{\partial T_{,i}} \delta T_{,i} - R\delta T + \frac{d\eta}{dt} T_0 \delta T \right] d\tau - \iint_{S_Q} \bar{Q}_i n_i \delta T dS \right\} dt \tag{8.223}$$

其中

$$\begin{aligned} \iiint_\tau \frac{\partial H}{\partial T_{,i}} \delta T_{,i} d\tau &= \iiint_\tau k T_{,i} \delta T_{,i} d\tau \\ &= \iiint_\tau [(kT_{,i}\delta T)_{,i} - (kT_{,ii})\delta T] d\tau \\ &= \iint_S kT_{,i} n_i \delta T dS - \iiint_\tau kT_{,ii} \delta T d\tau \end{aligned} \tag{8.224}$$

这里的 $S = S_T + S_Q$，在 S_T 上，$T = \bar{T}$ 已给，所以 $\delta T = 0$，于是，上式简化为

$$\iiint_\tau \frac{\partial H}{\partial T_{,i}} \delta T_{,i} d\tau = \iint_{S_Q} kT_{,i} n_i \delta T dS - \iiint_\tau kT_{,ii} \delta T d\tau \tag{8.225}$$

最后，（8.223）式化为

$$\delta\Pi_2 = \int_{t_1}^{t_2} \left\{ -\iiint_\tau \left[kT_{,ii} + R - \frac{d\eta}{dt} T_0 \right] \delta T d\tau + \iint_{Q_S} (kT_{,i} - \bar{Q}_i) n_i \delta T dS \right\} dt = 0 \tag{8.226}$$

根据变分预备定理，得

$$kT_{,ii}=\frac{d\eta}{dt}T_0-R \qquad \text{在 } \tau+S \text{ 内} \tag{8.227}$$

$$kT_{,i}n_i=\bar{Q}_in_i \qquad \text{在 } S_Q \text{ 上} \tag{8.228}$$

这就证明了热流势的最小作用量原理.

同样，我们也可以用拉格朗日乘子法建立**耦合的热弹性理论的广义变分原理**:

在满足已给的 $u_i(x_1, x_2, x_3, t_1)$，$u_i(x_1, x_2, x_3, t_2)$，$T(x_1, x_2, x_3, t_1)$，$T(x_1, x_2, x_3, t_2)$ 的一切容许的 u_i，e_{ij}，σ_{ij} 和 T 中，使

$$\delta\Pi_1^*=0, \quad \delta\Pi_2^*=0 \tag{8.229}$$

的 u_i，e_{ij}，σ_{ij}，T，必满足耦合的热弹性问题的一切关系和一切边界条件. 其中 Π_1^*，Π_2^* 为

$$\begin{aligned}\Pi_1^*=\int_{t_1}^{t_2}dt\Bigg\{\iiint_\tau\Bigg[&\frac{\rho}{2}\frac{du_i}{dt}\frac{du_i}{dt}-\phi(e_{ij},\theta)-\eta T+F_iu_i\\&+\left(e_{ij}-\frac{1}{2}u_{i,j}-\frac{1}{2}u_{j,i}\right)\sigma_{ij}\Bigg]d\tau\\&+\iint_{S_u}\sigma_{ij}n_j(u_i-\bar{u}_i)dS+\iint_{S_p}\bar{p}_iu_idS\Bigg\}\end{aligned} \tag{8.230}$$

$$\begin{aligned}\Pi_2^*=\int_{t_1}^{t_2}dt\Bigg\{&\iiint_\tau\left(H-RT+\frac{d\eta}{dt}T_0T\right)d\tau\\&-\iint_{S_Q}\bar{Q}_in_iTdS-\iint_{S_T}kT_{,i}n_i(T-\bar{T})dS\Bigg\}\end{aligned} \tag{8.231}$$

这里的证明留给读者作为练习.

耦合的热弹性问题的变分原理首先是皮渥脱[16]（1956)，其次是派克斯[14]（1968）建立起来的. 广义变分形式是汉门[17]（1963）所建立的. 还有本阿木兹[18]（1965)，尼克尔和沙克门[19]（1968)，以及刺法斯基[20]（1968）等也有贡献.

我们在这里必须指出：哈密顿原理的泛函 Π_1 在（8.202）式中是以自由能 $\phi(e_{ij},\theta)$ 的形式来表示的. 当然，我们也可以用自由余能 $\Psi(\sigma_{ij},\theta)$ 的形式来表示. $\Psi(\sigma_{ij},\theta)$ 的表达式见（8.194）式，同时有

$$\frac{\partial \Psi}{\partial \sigma_{ij}}=e_{ij}, \quad \frac{\partial \Psi}{\partial T}=\eta \tag{8.232}$$

Ψ 和 Φ 的关系式见(8.184)式。

称总的余能表达式为

$$U_c=\iiint_{\tau}\{\Psi(\sigma_{ij}, \theta)-\eta T\}d\tau-\iint_{S_u}\sigma_{ij}n_j\bar{u}_i dS \tag{8.233}$$

于是,哈密顿原理的自由余能形式的泛函可以写成

$$\begin{aligned}\Pi_{1c}&=\int_{t_1}^{t_2}(K-U_c)dt \\ &=\int_{t_1}^{t_2}dt\left\{\iiint_{\tau}\left[\frac{1}{2}\rho\frac{du_i}{dt}\frac{du_i}{dt}-\Psi(\sigma_{ij}, \theta)+\eta T\right]d\tau\right. \\ &\quad\left.+\iint_{S_u}\sigma_{ij}n_j\bar{u}_i dS\right\}\end{aligned} \tag{8.234}$$

于是**哈密顿原理**以**自由余能形式**可以写成:

在一切容许的位移 $u_i(x_1, x_2, x_3, t)$,应力 $\sigma_{ij}(x_1, x_2, x_3, t)$ 和温度 $T(x_1, x_2, x_3, t)$ 中,亦即在满足应力应变温度变化关系(8.232)式,满足平衡方程(8.204)式,和外力已给边界条件(8.206)式,及已给的 $u_i(x_1, x_2, x_3, t_1)$, $u_i(x_1, x_2, x_3, t_2)$ 和满足

$$u_i\left.\frac{du_i}{dt}\right|_{t=t_1}=u_i\left.\frac{du_i}{dt}\right|_{t=t_2}$$

的一切位移 u_i,应力 σ_{ij},和温度 T 中,使泛函 Π_{1c} 式为最小的 u_i, σ_{ij}, T,必满足

(1) 自由余能和熵的关系式

$$\frac{\partial \Psi}{\partial T}=\eta \quad (\text{在 } \tau \text{ 中}) \tag{8.235}$$

(2) 位移已给的边界条件

$$u_i=\bar{u}_i \quad (\text{在 } S_u \text{ 上}) \tag{8.236}$$

在变分时,体积力 F_i,密度 ρ,边界位移 $\bar{u}_i$,和熵 η,都保持不变.

证明

$$\delta\Pi_{1c}=\int_{t_1}^{t_2}(\delta K-\delta U_c)dt \tag{8.237}$$

其中

$$\int_{t_1}^{t_2}\delta K dt=\int_{t_1}^{t_2}\left\{\iiint_{\tau}\rho\frac{du_i}{dt}\frac{d\delta u_i}{dt}d\tau\right\}dt$$

$$=-\int_{t_1}^{t_2}\left\{\iiint_{\tau}\rho\frac{d^2\delta u_i}{dt^2}u_i d\tau\right\}dt+\iiint_{\tau}\rho\left[u_i\frac{d\delta u_i}{dt}\right]_{t_1}^{t_2}d\tau \tag{8.238}$$

因为 u_i 满足 $u_i\frac{du_i}{dt}\Big|_{t_1}=u_i\frac{du_i}{dt}\Big|_{t_2}$，所以有

$$\delta u_i\frac{du_i}{dt}\Big|_{t_1}-\delta u_i\frac{du_i}{dt}\Big|_{t_2}=-u_i\frac{d\delta u_i}{dt}\Big|_{t_1}+u_i\frac{d\delta u_i}{dt}\Big|_{t_2} \tag{8.239}$$

但 $u_i(x_1, x_2, x_3, t_1)$，$u_i(x_1, x_2, x_3, t_2)$ 已给，所以

$$\delta u_i\Big|_{t_1}=\delta u_i\Big|_{t_2}=0 \tag{8.240}$$

于是从 (8.239) 式得

$$u_i\frac{d\delta u_i}{dt}\Big|_{t_1}^{t_2}=0 \tag{8.241}$$

而 (8.238) 式简化为

$$\int_{t_1}^{t_2}\delta K dt=-\int_{t_1}^{t_2}\left\{\iiint_{\tau}\rho u_i\frac{d^2\delta u_i}{dt^2}d\tau\right\}dt \tag{8.242}$$

同时

$$-\delta U_c=-\iiint_{\tau}\left[\frac{\partial\Psi}{\partial\sigma_{ij}}\delta\sigma_{ij}+\frac{\partial\Psi}{\partial T}\delta T-\eta\delta T\right]d\tau+\iint_{S_u}\delta\sigma_{ij}n_j\bar{u}_i dS \tag{8.243}$$

但是，根据 $\frac{\partial\Psi}{\partial\sigma_{ij}}=e_{ij}=\frac{1}{2}(u_{i,j}+u_{j,i})$，有

$$\iiint_{\tau}\frac{\partial\Psi}{\partial\sigma_{ij}}\delta\sigma_{ij}d\tau=\iiint_{\tau}u_{i,j}\delta\sigma_{ij}d\tau$$

$$=\iint_{S_p+S_u}u_i\delta\sigma_{ij}n_j dS-\iiint_{\tau}u_i\delta\sigma_{ij,j}d\tau \tag{8.244}$$

把 (8.242)，(8.243)，(8.244) 式代入 (8.237) 式，整理后给出

$$\delta\Pi_{1c}=\int_{t_1}^{t_2}\left\{\iiint_{\tau}\left[\delta\sigma_{ij,j}-\rho\frac{d^2\delta u_i}{dt^2}\right]u_i d\tau\right.$$

$$+\iiint_{\tau}\left[-\frac{\partial\Psi}{\partial T}+\eta\right]\delta T d\tau$$

$$+\iint_{S_u}(\bar{u}_i-u_i)n_j\delta\sigma_{ij}dS-\iint_{S_p}u_i\delta\sigma_{ij}n_jdS\Big\}dt \tag{8.245}$$

由于 σ_{ij}, u_i 是满足平衡方程 (8.204) 式,所以

$$\delta\left(\sigma_{ij,j}-\rho\frac{d^2u_i}{dt^2}\right)=0 \qquad (在\ \tau\ 内) \tag{8.246}$$

由于 σ_{ij} 是满足边界外力已给的条件 (8.206) 式,所以

$$\delta\sigma_{ij}n_j=0 \qquad (在\ S_p\ 上) \tag{8.247}$$

于是,得极值条件

$$\delta\Pi_{1c}=\int_{t_1}^{t_2}dt\left\{-\iiint_{\tau}\left(\frac{\partial\Psi}{\partial T}-\eta\right)\delta T d\tau\right.$$

$$\left.+\iint_{S_u}(\bar{u}_i-u_i)n_j\delta\sigma_{ij}dS\right\}=0 \tag{8.248}$$

由于 δT, $\delta\sigma_{ij}$ 是独立的,所以就证明了 (8.235), (8.236) 两式. 从而证明了这条自由余能形式的哈密顿原理.

从这一变分原理,我们也可以写出**完全的广义变分原理**(即自由余能形式的):

在满足已给的 $u_i(x_1, x_2, x_3, t_1)$, $u_i(x_1, x_2, x_2, t_2)$, $T(x_1, x_2, x_2, t_1)$, $T(x_1, x_2, x_3, t_2)$, 而且 $u_i\left.\dfrac{du_i}{dt}\right|_{t_1}^{t_2}=0$ 的一切容许的 u_i, e_{ij}, σ_{ij}, T 中,使

$$\delta\Pi_{1c}^*=0 \qquad \delta\Pi_2^*=0 \tag{8.249}$$

的 u_i, e_{ij}, σ_{ij}, T, 必满足耦合的热弹性问题的一切关系和一切边界条件,其中 Π_2^* 见 (8.231) 式, Π_{1c}^* 为

$$\Pi_{1c}^*=\int_{t_1}^{t_2}dt\left\{\iiint_{\tau}\left[\frac{\rho}{2}\frac{du_i}{dt}\frac{du_i}{dt}-\Psi(\sigma_{ij},\theta)+\eta T\right.\right.$$

$$\left.-u_i\left(\sigma_{ij,j}+F-\rho\frac{d^2u_i}{dt^2}\right)\right]d\tau$$

$$\left.+\iint_{S_u}\sigma_{ij}n_j\bar{u}_idS+\iint_{S_p}(\sigma_{ij}n_j-\bar{p}_i)u_idS\right\} \tag{8.249a}$$

证明从略,但必须指出在 $u_i \frac{du_i}{dt}\Big|_{t_1}^{t_2}=0$ 的条件下

$$\Pi_1^* + \Pi_{1c}^* = 0 \tag{8.250}$$

也即是说,自由能形式和自由余能形式的广义变分原理是等效的.

§8.12 弹性薄板的耦合热弹性变分原理

我们将把上述耦合热弹性理论用之于板的问题. 板的假定为

(1) 变形时中面法线保持法线

$$e_{13} = e_{23} = 0 \tag{8.251}$$

(2) 垂直于中面的应力可以略去

$$\sigma_{33} = 0 \tag{8.252}$$

所以,根据 (8.175) 式,得

$$\sigma_{33} = \lambda(e_{11} + e_{22} + e_{33}) + 2\mu e_{33} - \frac{1}{3}\alpha(3\lambda + 2\mu)\theta = 0 \tag{8.253}$$

解之,得

$$e_{33} = -\frac{\lambda}{\lambda + 2\mu}(e_{11} + e_{22}) + \frac{\alpha}{3}\left(\frac{3\lambda + 2\mu}{\lambda + 2\mu}\right)\theta \tag{8.254}$$

于是,自由能密度 (8.174) 式可以写成

$$\phi(e_{ij}, \theta) = \frac{1}{2}\lambda(e_{11} + e_{22} + e_{33})^2 + \mu(e_{11}^2 + e_{22}^2 + e_{33}^2 + 2e_{12}^2) - \frac{1}{3}\alpha(3\lambda + 2\mu)(e_{11} + e_{22} + e_{33})\theta - \frac{c_E}{2}\frac{\theta^2}{T_0} \tag{8.255}$$

把 (8.254) 式代入 (8.255) 式,整理后有

$$\phi(e_{ij}, \theta) = \frac{2\mu(\lambda + \mu)}{(\lambda + 2\mu)}(e_{11} + e_{22})^2 - \frac{2}{3}\alpha\mu\frac{(3\lambda + 2\mu)}{\lambda + 2\mu}(e_{11} + e_{22})\theta + 2\mu(e_{12}^2 - e_{11}e_{22}) - \frac{\alpha^2}{9}\frac{(3\lambda + 2\mu)^2}{\lambda + 2\mu}\theta^2 - \frac{C_E\theta^2}{2T_0} \tag{8.256}$$

利用杨氏系数和泊桑比，上述算式可以简化为

$$\begin{aligned}\phi(e_{ij}, \theta) = & \frac{E}{2(1-\nu^2)}(e_{11}+e_{22})^2 \\ & - \frac{\alpha E}{3(1-\nu)}(e_{11}+e_{22})\theta \\ & + \frac{E}{(1+\nu)}(e_{12}^2 - e_{11}e_{22}) \\ & - \frac{\alpha^2}{9}\frac{E(1+\nu)}{(1-\nu)(1-2\nu)}\theta^2 - \frac{C_E\theta^2}{2T_0}\end{aligned} \quad (8.257)$$

让我们用中面的位移 u, v, w 来表示空间各点的位移，即

$$u_1 = u - z\frac{\partial w}{\partial x}, \quad u_2 = v - z\frac{\partial w}{\partial y}, \quad u_3 = w \quad (8.258)$$

于是，有

$$e_{11} = \hat{e}_{11} - z\frac{\partial^2 w}{\partial x^2} \quad e_{22} = \hat{e}_{22} - z\frac{\partial^2 w}{\partial y^2}, \quad e_{12} = \hat{e}_{12} - z\frac{\partial^2 w}{\partial x\partial y} \quad (8.259)$$

其中

$$\hat{e}_{11} = \frac{\partial u}{\partial x}, \quad \hat{e}_{22} = \frac{\partial v}{\partial y}, \quad \hat{e}_{12} = \frac{1}{2}\left(\frac{\partial u}{\partial y} + \frac{\partial v}{\partial x}\right) \quad (8.260)$$

于是自由能密度表达式为

$$\begin{aligned}\phi(e_{ij}, \theta) = & \frac{E}{2(1-\nu^2)}[\hat{e}_{11} + \hat{e}_{22} - z\nabla^2 w]^2 \\ & - \frac{\alpha E}{3(1-\nu)}[\hat{e}_{11} + \hat{e}_{22} - z\nabla^2 w]\theta \\ & + \frac{E}{1+\nu}\left\{\left[\hat{e}_{12} - z\frac{\partial^2 w}{\partial x\partial y}\right]^2\right. \\ & \left. - \left[\hat{e}_{11} - z\frac{\partial^2 w}{\partial x^2}\right]\left[\hat{e}_{22} - z\frac{\partial^2 w}{\partial y^2}\right]\right\} \\ & - \left[\frac{\alpha^2}{9}\frac{E(1+\nu)}{(1-2\nu)(1-\nu)} + \frac{C_E}{2T_0}\right]\theta^2\end{aligned} \quad (8.261)$$

于是，它的积分为

$$\iiint_\tau \phi(e_{ij}, \theta)d\tau = \iint_S \left\{\int_{-h/2}^{h/2}\phi(e_{ij}, \theta)dz\right\}dS \quad (8.262)$$

积分后可以写成

$$\iiint_{\tau} \phi(e_{ij}, \theta) d\tau = \frac{1}{2} \iint_{S} C[(\hat{e}_{11} + \hat{e}_{22})^2 + 2(1-\nu)(\hat{e}_{12}^2 - \hat{e}_{11}\hat{e}_{22})] dS + \frac{1}{2} \iint_{S} D\left[(\nabla^2 w)^2 + 2(1-\nu)\left(\frac{\partial^2 w}{\partial x \partial y}\frac{\partial^2 w}{\partial x \partial y} - \frac{\partial^2 w}{\partial x^2}\frac{\partial^2 w}{\partial y^2}\right)\right] dS$$

$$- \frac{\alpha E h}{3(1-\nu)} \iint_{S} (\hat{e}_{11} + \hat{e}_{22}) \Theta_N dS + \frac{\alpha E h^3}{3(1-\nu)} \iint_{S} \nabla^2 w \Theta_M dS$$

$$- \left[\frac{\alpha^2}{9} \frac{E(1+\nu)}{(1-2\nu)(1-\nu)} + \frac{C_E}{2T_0}\right] \times \iint_{S} \left[\Theta_N^2 h + \Theta_M^2 \frac{h^3}{12}\right] dS \tag{8.263}$$

其中我们取 θ 的初步近似为

$$\theta = \Theta_N + z\Theta_M, \quad \Theta_N = \Theta_N(x, y), \quad \Theta_M = \Theta_M(x, y) \tag{8.264}$$

而 C 和 D 为刚度系数

$$C = \frac{hE}{1-\nu^2} \qquad D = \frac{h^3 E}{12(1-\nu^2)} \tag{8.265}$$

我们称

$$\int_{h/2}^{h/2} \phi(e_{ij}, \theta) dz = \Phi(\hat{e}_{\alpha\beta}, w, \Theta_N, \Theta_M) \tag{8.266}$$

而 Φ 为

$$\Phi(\hat{e}_{\alpha\beta}, w, \Theta_N, \Theta_M) = \frac{C}{2}\{(\hat{e}_{11} + \hat{e}_{22})^2 + 2(1-\nu)(\hat{e}_{12}^2 - \hat{e}_{11}\hat{e}_{22})\} + \frac{D}{2}\left\{(\nabla^2 w)^2 + 2(1-\nu)\left(\frac{\partial^2 w}{\partial x \partial y}\frac{\partial^2 w}{\partial x \partial y} - \frac{\partial^2 w}{\partial x^2}\frac{\partial^2 w}{\partial y^2}\right)\right\}$$

$$- \frac{\alpha E h}{3(1-\nu)} (\hat{e}_{11} + \hat{e}_{22}) \Theta_N + \frac{\alpha E h^3}{3(1-\nu)} \nabla^2 w \Theta_M$$

$$-\left[\frac{\alpha^2}{9}\frac{E(1+\nu)}{(1-2\nu)(1-\nu)}+\frac{C_E}{2T_0}\right]\left[\Theta_N^2 h+\Theta_M^2\frac{h^3}{12}\right]$$
(8.267)

其次,动能项也可以对 z 积分

$$K=\iint_S\left\{\int_{-\frac{1}{2}h}^{\frac{1}{2}h}\frac{1}{2}\frac{du_i}{dt}\frac{du_i}{dt}\rho dz\right\}dS$$

$$=\iint_S\left\{\int_{-h/2}^{h/2}\frac{1}{2}\rho\left[\left(\frac{du}{dt}-z\frac{\partial}{\partial x}\frac{dw}{dt}\right)^2+\left(\frac{dv}{dt}-z\frac{\partial}{\partial y}\frac{dw}{dt}\right)^2+\left(\frac{dw}{dt}\right)^2\right]dz\right\}dS$$

$$=\iint_S\left\{\frac{h}{2}\rho(\dot{u}^2+\dot{v}^2+\dot{w}^2)+\frac{1}{24}h^3\rho\left[\left(\frac{\partial\dot{w}}{\partial x}\right)^2+\left(\frac{\partial\dot{w}}{\partial y}\right)^2\right]\right\}dS \tag{8.268}$$

其中

$$\dot{u}=\frac{du}{dt},\quad \dot{v}=\frac{dv}{dt},\quad \dot{w}=\frac{dw}{dt} \tag{8.269}$$

S_p 在平板问题上分两部分,(1) 平面的上下面 $S^{\pm}$,我们按一般习惯,认为切线方向的外力为零,亦即

$$\bar{p}_1\Big|_{z=\pm h/2}=\bar{p}_2\Big|_{z=\pm h/2}=0,\quad \bar{p}_3\Big|_{z=\pm h/2}=\bar{p}_3^{\pm}\quad 在 S^{\pm} 上 \tag{8.270}$$

(2) 侧面 S_p^*,在这个面上,$\bar{p}_iu_i$ 可以分为法向的 $\bar{p}_nu'_n$ 和切向的 $\bar{p}_tu'_t$ 两部份. 如果称

$$\int_{-h/2}^{h/2}\bar{p}_ndz=\bar{p}_n,\quad \int_{-h/2}^{h/2}\bar{p}_tdz=\bar{p}_t \tag{8.271}$$

$$\int_{-h/2}^{h/2}\bar{p}_nzdz=\bar{m}_n,\quad \int_{-h/2}^{h/2}\bar{p}_tzdz=\bar{m}_t \tag{8.272}$$

而且

$$u'_n=u_n-z\frac{\partial w}{\partial n},\quad u'_t=u_t-z\frac{\partial w}{\partial S} \tag{8.273}$$

于是

$$\iint_{S_p} \bar{p}_i u_i dS = \iint_S (p_3^+ - p_3^-) w dS + \int_{c_p} (\bar{P}_n u_n + \bar{P}_t u_t + \bar{P}_3 w) ds$$

$$- \int_{c_p} \left(\bar{m}_n \frac{\partial w}{\partial n} + \bar{m}_t \frac{\partial w}{\partial s} \right) ds$$

$$= \iint_S (p_3^+ - p_3^-) w dS + \int_{c_p} (\bar{P}_n u_n + \bar{P}_t u_t + \bar{P}_3 w) ds$$

$$- \int_{c_p} \left(\bar{m}_n \frac{\partial w}{\partial n} - \frac{\partial \bar{m}_t}{\partial s} w \right) ds - \sum_{k=1}^{i} (\underset{k}{\Delta} \bar{m}_t) w_k \tag{8.274}$$

式中 k 为角点编号，$\underset{k}{\Delta}$ 为角点 k 上的增值.

最后，从 (8.261) 式，有

$$\eta = -\frac{\partial \phi}{\partial T} = \frac{\alpha E}{3(1-\nu)} (\hat{e}_{11} + \hat{e}_{22} - z\nabla^2 w)$$

$$+ 2 \left[\frac{\alpha^2}{9} \frac{E(1+\nu)}{(1-2\nu)(1-\nu)} + \frac{C_E}{2T_0} \right] \theta$$

$$= \eta_{(0)} + z\eta_{(1)} \tag{8.275}$$

其中

$$\left.\begin{aligned} \eta_{(0)} &= \frac{\alpha E}{3(1-\nu)} (\hat{e}_{11} + \hat{e}_{22}) \\ &\quad + 2 \left[\frac{\alpha^2}{9} \frac{E(1+\nu)}{(1-2\nu)(1-\nu)} + \frac{C_E}{2T_0} \right] \Theta_N \\ \eta_{(1)} &= -\frac{\alpha E h^3}{36(1-\nu)} \nabla^2 w \\ &\quad + 2 \left[\frac{\alpha^2}{9} \frac{E(1+\nu)}{(1-2\nu)(1-\nu)} + \frac{C_E}{2T_0} \right] \Theta_M \frac{h^3}{6} \end{aligned}\right\} \tag{8.276}$$

所以

$$\iiint_\tau \eta T d\tau = \iint_S \left(\eta_{(0)} T_N h + \eta_{(1)} T_M \frac{h^3}{12} \right) dS \tag{8.277}$$

其中

$$T = T_N + zT_M \tag{8.278}$$

总的位能表达式可以写成

$$
\begin{aligned}
U = & \iint_S \Big\{ \Phi + \eta_{(0)} T_N h + \eta_{(1)} T_M \frac{h^3}{12} \\
& - (F_1 u + F_2 v + F_3 w) h \Big\} dS \\
& - \iint_S (p^+ - p^-) w dS - \int_{c_p} (\bar{P}_n u_n + \bar{P}_t u_t + \bar{P}_3 w) ds \\
& + \int_{c_p} \left(\bar{m}_n \frac{\partial w}{\partial n} - \frac{\partial \bar{m}_t}{\partial s} w \right) ds + \sum_{k=1}^{i} (\underset{k}{\Delta} \bar{m}_t) w_k
\end{aligned} \tag{8.279}
$$

引进

$$
\left.
\begin{aligned}
q &= F_3 h - (p_3^+ - p_3^-) \\
\bar{Q} &= \bar{P}_3 + \frac{\partial \bar{m}_t}{\partial s}
\end{aligned}
\right\} \tag{8.280}
$$

q 为板面的分布载荷，$\bar{Q}$ 为边界 c_p 上的等效剪力，(8.279)式于是可以写成

$$
\begin{aligned}
U = & \iint_S \left\{ \Phi + \eta_{(0)} T_N h + \eta_{(1)} T_M \frac{h^3}{12} - (F_1 u + F_2 v) h + q w \right\} dS \\
& - \int_{c_p} \left(\bar{P}_n u_n + \bar{P}_t u_t - \bar{m}_n \frac{\partial w}{\partial n} + \bar{Q} w \right) ds + \sum_{k=1}^{i} (\underset{k}{\Delta} \bar{m}_t) w_k
\end{aligned} \tag{8.281}
$$

板的热弹性问题的变分原理可以写成

$$
\delta \Pi = 0 \qquad \Pi = \int_{t_1}^{t_2} (K - U) dt \tag{8.282}
$$

从(8.281)式和(8.267)式可以看到 u, v, Θ_N, T_N 这一组量和 w, Θ_M, T_M 另一组量是完全可以分开的. 换句话说，(8.282)可以分开为板的平面应力问题和板的弯曲问题的两个变分问题之和. 即

$$
\left.
\begin{aligned}
& \delta \Pi_{(0)} = 0 \qquad \Pi_{(0)} = \int_{t_1}^{t_2} (K_{(0)} - U_{(0)}) dt \quad \text{(平面应力问题)} \\
& \delta \Pi_{(1)} = 0 \qquad \Pi_{(1)} = \int_{t_1}^{t_2} (K_{(1)} - U_{(1)}) dt \quad \text{(弯曲问题)}
\end{aligned}
\right\} \tag{8.283}
$$

其中

$$K_{(0)}=\iint_S \frac{h}{2}\rho(\dot{u}^2+\dot{v}^2)dS \tag{8.284a}$$

$$U_{(0)}=\iint_S \{\Phi_{(0)}+\eta_{(0)}T_N h-(F_1 u+F_2 v)h\}dS$$

$$-\int_{c_p}(\overline{P}_n u_n+\overline{P}_t u_t)ds \tag{8.284b}$$

$$\Phi_{(0)}=\frac{C}{2}\{(\hat{e}_{11}+\hat{e}_{22})^2+2(1-\nu)(\hat{e}_{12}^2-\hat{e}_{11}\hat{e}_{22})\}$$

$$-\frac{\alpha Eh}{3(1-\nu)}(\hat{e}_{11}+\hat{e}_{22})\Theta_N$$

$$-\left[\frac{\alpha^2}{9}\frac{E(1+\nu)}{(1-2\nu)(1-\nu)}+\frac{C_E}{2T_0}\right]\Theta_N^2 h \tag{8.284c}$$

还有

$$K_{(1)}=\iint_S \left\{\frac{h}{2}\dot{w}^2\rho+\frac{1}{24}h^3\rho\left[\left(\frac{\partial \dot{w}}{\partial x}\right)^2+\left(\frac{\partial \dot{w}}{\partial y}\right)^2\right]\right\}dS \tag{8.285a}$$

$$U_{(1)}=\iint_S \left\{\Phi_{(1)}+\eta_{(1)}T_M\frac{h^3}{12}-qw\right\}dS$$

$$+\int_{c_p}\left(\overline{m}_n\frac{\partial w}{\partial n}-\overline{Q}w\right)ds+\sum_{k=1}^{i}(\Delta \overline{m}_t)_k w_k \tag{8.285b}$$

$$\Phi_{(1)}=\frac{D}{2}\left\{(\nabla^2 w)^2+2(1-\nu)\left(\frac{\partial^2 w}{\partial x\partial y}\frac{\partial^2 w}{\partial x\partial y}\right.\right.$$

$$\left.\left.-\frac{\partial^2 w}{\partial x^2}\frac{\partial^2 w}{\partial y^2}\right)\right\}+\frac{\alpha Eh^3}{36(1-\nu)}\nabla^2 w\Theta_M$$

$$-\left[\frac{\alpha^2}{9}\frac{E(1+\nu)}{(1-2\nu)(1-\nu)}+\frac{C_E}{2T_0}\right]\Theta_M^2\frac{h^3}{12} \tag{8.285c}$$

平面应力问题的变分量为 u，v，Θ_N，T_N，其中

$$\delta\Theta_N=\delta T_N \tag{8.286a}$$

弯曲问题的变分量为 w，Θ_M，T_M，其中

$$\delta\Theta_M=\delta T_M \tag{8.286b}$$

我们也必须指出

$$\frac{\partial \Phi_{(0)}}{\partial \hat{e}_{\alpha\beta}} = \hat{\sigma}_{\alpha\beta} = C\{\nu e_{\gamma\gamma}\delta_{\alpha\beta} + (1-\nu)\hat{e}_{\alpha\beta}\} - \frac{\alpha E h}{3(1-\nu)}\delta_{\alpha\beta}\Theta_N \tag{8.287a}$$

$$\frac{\partial \Phi_{(0)}}{\partial \Theta_N} = -\eta_{(0)}h = \frac{\alpha E h}{3(1-\nu)}\hat{e}_{\alpha\alpha} + 2\left[\frac{\alpha^2}{9}\frac{E(1+\nu)}{(1-2\nu)(1-\nu)} + \frac{C_E}{2T_0}\right]\Theta_N h \tag{8.287b}$$

$$\frac{\partial \Phi_{(1)}}{\partial w_{,\alpha\beta}} = -M_{\alpha\beta} = D\{\nu w_{,\gamma\gamma}\delta_{\alpha\beta} + (1-\nu)w_{,\alpha\beta}\} + \frac{\alpha E h^3}{36(1-\nu)}\delta_{\alpha\beta}\Theta_M \tag{8.288a}$$

$$\frac{\partial \Phi_{(1)}}{\partial \Theta_M} = -\eta_{(1)}\frac{h^3}{12} = \frac{\alpha E h^3}{36(1-\nu)}\nabla^2 w - \left[\frac{\alpha^2}{9}\frac{E(1+\nu)}{(1-2\nu)(1-\nu)} + \frac{C_E}{2T_0}\right]\Theta_M\frac{h^3}{6} \tag{8.288b}$$

其中 α, β, γ 都代表 1 和 2,

$$w_{,\alpha\beta} = \frac{\partial^2 w}{\partial x_\alpha \partial x_\beta}, \qquad (x_1 = x,\ x_2 = y) \tag{8.289}$$

$M_{\alpha\beta}$ 代表板的弯矩,把 $\Pi_{(0)}$, $\Pi_{(1)}$ 变分,分别得到

$$\begin{aligned}\delta\Pi_{(0)} = &\iint_S \left\{\int_{t_1}^{t_2} [\dot{u}\delta\dot{u} + \dot{v}\delta\dot{v}]\rho h\, dt\right\} dS \\ &- \int_{t_1}^{t_2}\left\{\iint_S \left[\frac{\partial \Phi_{(0)}}{\partial \hat{e}_{\alpha\beta}}\delta\hat{e}_{\alpha\beta} + \frac{\partial \Phi_{(0)}}{\partial \Theta_N}\delta\Theta_N \right.\right. \\ &\left.\left. + \eta_{(0)}h\delta T_N - (F_1\delta u + F_2\delta v)h\right] dS\right\} dt \\ &- \int_{t_1}^{t_2}\left\{\int_{c_p} (\bar{p}_1\delta u + \bar{p}_2\delta v) ds\right\} dt = 0\end{aligned} \tag{8.290}$$

$$\begin{aligned}\delta\Pi_{(1)} = &\iint_S \left\{\int_{t_1}^{t_2}\left[h\dot{w}\delta\dot{w}\rho + \frac{1}{12}h^3\rho \right.\right. \\ &\left.\left. \times \left(\frac{\partial \dot{w}}{\partial x}\frac{\partial \delta\dot{w}}{\partial x} + \frac{\partial \dot{w}}{\partial y}\frac{\partial \delta\dot{w}}{\partial y}\right)\right] dt\right\} dS \\ &- \int_{t_1}^{t_2}\left\{\iint_S \left[\frac{\partial \Phi_{(1)}}{\partial w_{,\alpha\beta}}\delta w_{,\alpha\beta} + \frac{\partial \Phi_{(1)}}{\partial \Theta_M}\delta\Theta_M\right.\right.\end{aligned}$$

$$+\eta_{(1)}\frac{h^3}{12}\delta T_M-q\delta w\Big]dS\Big\}dt$$

$$-\int_{c_p}\left\{\left(\bar{m}_n\frac{\partial}{\partial n}\delta w-\bar{Q}\delta w\right)ds\right.$$

$$\left.-\sum_{k=1}^{i}(\underset{k}{\Delta}\bar{m}_t)\delta w_k\right\}dt=0 \tag{8.291}$$

上式可以进一步简化，例如

$$\int_{t_1}^{t_2}[\dot{u}\delta\dot{u}+\dot{v}\delta\dot{v}]\rho h dt=-\int_{t_1}^{t_2}[\rho h(\ddot{u}\delta u+\ddot{v}\delta v)]dt \tag{8.292}$$

$$\int_{t_1}^{t_2}\left[h\rho\dot{w}\delta\dot{w}+\frac{1}{12}h^3\rho\left(\frac{\partial\dot{w}}{\partial x}\frac{\partial\delta\dot{w}}{\partial x}+\frac{\partial\dot{w}}{\partial y}\frac{\partial\delta\dot{w}}{\partial y}\right)\right]dt$$

$$=-\int_{t_1}^{t_2}\left[h\rho\ddot{w}\delta w+\frac{1}{12}h^3\rho\left(\frac{\partial\ddot{w}}{\partial x}\frac{\partial\delta w}{\partial x}+\frac{\partial\ddot{w}}{\partial y}\frac{\partial\delta w}{\partial y}\right)\right]dt \tag{8.293}$$

利用格林定理

$$\iint_S\frac{\partial\Phi_{(0)}}{\partial\hat{e}_{\alpha\beta}}\delta\hat{e}_{\alpha\beta}dS=\iint_S C\hat{\sigma}_{\alpha\beta}\delta u_{\alpha,\beta}dS$$

$$=-\iint_S C\hat{\sigma}_{\alpha\beta,\beta}\delta u_\alpha dS+\int_{c_p+c_u}C\hat{\sigma}_{\alpha\beta}n_\beta\delta u_\alpha ds \tag{8.294}$$

$$\iint_S\frac{\partial\Phi_{(1)}}{\partial w_{,\alpha\beta}}\delta w_{,\alpha\beta}dS=\iint_S\left\{D\nabla^4w+\frac{\alpha Eh^3}{3(1-\nu)}\nabla^2\Theta_M\right\}dS$$

$$+\int_c\left\{D\left[\nu\nabla^2w+(1-\nu)\frac{\partial^2w}{\partial n^2}\right]\right.$$

$$\left.+\frac{\alpha Eh^3}{3(1-\nu)}\Theta_M\right\}\frac{\partial\delta w}{\partial n}ds$$

$$-\int_c\left\{D\left[\frac{\partial}{\partial n}\nabla^2w+(1-\nu)\frac{\partial^3w}{\partial s^2\partial n}\right.\right.$$

$$\left.\left.-(1-\nu)\frac{\partial}{\partial s}\frac{1}{\rho_s}\frac{\partial w}{\partial s}\right]+\frac{\alpha Eh^3}{36(1-\nu)}\frac{\partial\Theta_M}{\partial n}\right\}\delta wds$$

$$+(1-\nu)\sum_{k=1}^{i}D\Delta\left(\frac{\partial^2w}{\partial n\partial s}-\frac{1}{\rho_s}\frac{\partial w}{\partial s}\right)_k\delta w_k \tag{8.295}$$

$$
-\iint_S \frac{1}{12} h^3\rho \left[\frac{\partial \ddot{w}}{\partial x} \frac{\partial}{\partial x} \delta w + \frac{\partial \ddot{w}}{\partial y} \frac{\partial}{\partial y} \delta w\right] dS
$$

$$
= \iint_S \frac{1}{12} h^3\rho \nabla^2 \ddot{w} \delta w dS - \int_c \frac{1}{12} h^3\rho \frac{\partial \ddot{w}}{\partial n} \delta w ds \qquad (8.296)
$$

于是,设在边界 c_u 上, $u_\alpha = \bar{u}_\alpha$, $w = \bar{w}$ 为已知.

$$
\delta \Pi_{(0)} = \int_{t_1}^{t_2} dt \left\{ \iint_S [C\hat{\sigma}_{\alpha\beta,\beta} - h(\rho \ddot{u}_\alpha - F_\alpha)] \delta u_\alpha dS \right.
$$

$$
\left. + \int_{c_p} (\bar{P}_\alpha - C\sigma_{\alpha\beta} n_\beta) \delta u_\alpha ds \right\} = 0 \qquad (8.297a)
$$

$$
\delta \Pi_{(1)} = \int_{t_1}^{t_2} dt \left\{ \iint_S \left[-D\nabla^4 w - \frac{\alpha E h^3}{36(1-\nu)} \nabla^2 \Theta_M \right.\right.
$$

$$
\left. + \frac{1}{12} h^3 \rho \nabla^2 \ddot{w} - h\rho \ddot{w} + q \right] \delta w dS
$$

$$
+ \int_{c_p} \left[\bar{Q} + D\left(\frac{\partial}{\partial n} \nabla^2 w + (1-\nu) \frac{\partial^3 w}{\partial s^2 \partial n} \right.\right.
$$

$$
\left.\left. - (1-\nu) \frac{\partial}{\partial s} \frac{1}{\rho_s} \frac{\partial w}{\partial s} \right) + \frac{\alpha E h^3}{36(1-\nu)} \frac{\partial \Theta_M}{\partial n} \right] \delta w ds
$$

$$
- \int_{c_p} \left[\bar{m}_n + D\left(\nu \nabla^2 w + (1-\nu) \frac{\partial^2 w}{\partial n^2} \right) \right.
$$

$$
\left. + \frac{\alpha E h^3}{3(1-\nu)} \Theta_M \right] \frac{\partial}{\partial n} \delta w ds
$$

$$
\left. - \sum_{k=1}^{i} \left[\underset{k}{\Delta} \bar{m}_t + D \underset{k}{\Delta} \left(\frac{\partial^2 w}{\partial n \partial s} - \frac{1}{\rho_s} \frac{\partial w}{\partial s} \right)_k \right] \delta w_k \right\}
$$

$$
- \int_{t_1}^{t_2} dt \int_{c_u} \left\{ D\left[\nu \nabla^2 w + (1-\nu) \frac{\partial^2 w}{\partial n^2} \right] \right.
$$

$$
\left. + \frac{\alpha E h^3}{3(1-\nu)} \Theta_M \right\} \frac{\partial}{\partial n} \delta w ds = 0 \qquad (8.297b)
$$

所以,欧拉方程为

$$
C\hat{\sigma}_{\alpha\beta,\beta} - h(\rho \ddot{u}_\alpha - F_\alpha) = 0 \qquad (\alpha = 1, 2)
$$

$$
D\nabla^4 w + \frac{\alpha E h^3}{36(1-\nu)} \nabla^2 \Theta_M - \frac{1}{12} h^3 \rho \nabla^2 \ddot{w} + h\rho \ddot{w} - q = 0
$$

$$
\text{在 } S + c \text{ 内} \qquad (8.298)
$$

边界条件为

$$u=\bar{u},\quad v=\bar{v},\quad w=\bar{w}\qquad(\text{在 } c_u \text{ 上})\tag{8.299}$$

$$\left.\begin{aligned}
&\bar{P}_\alpha - C\sigma_{\alpha\beta}n_\beta = 0\\
&\bar{Q} + D\frac{\partial}{\partial n}\nabla^2 w + (1-\nu)D\frac{\partial}{\partial s}\left[\frac{\partial^2 w}{\partial n\partial s}\right.\\
&\qquad\left.-\frac{1}{\rho_s}\frac{\partial w}{\partial s}\right] + \frac{\alpha E h^3}{36(1-\nu)}\frac{\partial\Theta_M}{\partial n} = 0\\
&\bar{m} + D\left[\nu\nabla^2 w + (1-\nu)\frac{\partial^2 w}{\partial n^2}\right]\\
&\qquad + \frac{\alpha E h^3}{36(1-\nu)}\Theta_M = 0
\end{aligned}\right\}\ \text{在 } c_p \text{ 上}\tag{8.300}$$

$$\frac{\partial w}{\partial n} = \overline{\frac{\partial w}{\partial n}}$$

(固定)或

$$D\left[\nu\nabla^2 w + (1-\nu)\frac{\partial^2 w}{\partial n^2}\right] + \frac{\alpha E h^3}{36(1-\nu)}\Theta_M = 0\ (\text{简支})$$

$$\text{在 } c_u \text{ 上}\tag{8.301}$$

$$\underset{k}{\Delta}\bar{m}_t + D\underset{k}{\Delta}\left(\frac{\partial^2 w}{\partial s\partial n} - \frac{1}{\rho_s}\frac{\partial w}{\partial s}\right)_k = 0\qquad\text{在角点 } k \text{ 上}\tag{8.301a}$$

(8.297a, b) 中共有 5 个待定量，即 $u_1=u$, $u_2=v$, Θ_N, w, Θ_M；其中 Θ_N 和 Θ_M 对于未耦合的热弹性理论或定常温度场而言，可以从热传导方程求得．对于耦合的热弹性问题而言，应该用相似的方法从热流势的变分原理求得．

首先，称

$$\begin{aligned}
&\theta = \Theta_N + z\Theta_M, &&T = T_N + zT_M,\\
&R = R_N + zR_M, &&\eta = \eta_{(0)} + z\eta_{(1)}
\end{aligned}\tag{8.302}$$

(8.218) 中各个积分可以化为

$$\iiint_\tau H d\tau = \iint_S \frac{1}{2}k\left[\Theta_{N,\alpha}\Theta_{N,\alpha}h + \Theta_M\Theta_M h + \Theta_{M,\alpha}\Theta_{M,\alpha}\frac{h^3}{12}\right]dS\tag{8.303}$$

$$\iiint_\tau RT d\tau = \iint_S \left(R_N T_N h + R_M T_M\frac{h^3}{12}\right)dS\tag{8.304}$$

$$\iiint_{\tau} \frac{d\eta}{dt} T_0 T d\tau = \iint_S \left[\frac{d\eta_{(0)}}{dt} T_0 T_N h + \frac{d\eta_{(1)}}{dt} T_0 T_M \frac{h^3}{12} \right] dS \quad (8.305)$$

S_Q 这个散热表面分两部分：(1) 平板上下表面都作为散热面，用 $\bar{Q}_3^{\pm}$ 作为两表面的散热率，并以外流为正，在这上下表面上

$$\bar{Q}_i n_i T = \bar{Q}_3^+ \left(T_N + \frac{h}{2} T_M \right) + \bar{Q}_3^- \left(T_N - \frac{h}{2} T_M \right) \quad (\text{在 } S \text{ 内}) \quad (8.306)$$

(2) 在板的边界侧面上，称 $\bar{Q}_i n_i = \bar{Q}_n = \bar{Q}_{(0)n} + z\bar{Q}_{(1)n}$，于是有

$$\bar{Q}_i n_i T = [\bar{Q}_{(0)n} + z\bar{Q}_{(1)n}][T_N + zT_M] \quad \text{在侧面边界上} \quad (8.307)$$

所以有

$$\iint_{S_Q} \bar{Q}_i n_i T dS = \iint_S \left\{ (\bar{Q}_3^+ + \bar{Q}_3^-) T_N + \frac{h}{2} (\bar{Q}_3^+ - \bar{Q}_3^-) \right\} dS + \int_{c_Q + c_T} \left[\bar{Q}_{(0)n} T_N h + \bar{Q}_{(1)n} T_M \frac{h^3}{12} \right] ds \quad (8.308)$$

并注意到

$$\delta T_N = \delta\Theta_N, \qquad \delta T_M = \delta\Theta_M \quad (8.309)$$

所以从 (8.218) 式得

$$\begin{aligned} \delta x = & \iint_S \Big\{ k \left[\Theta_{N,\alpha} \delta\Theta_{N,\alpha} h + \Theta_M \delta\Theta_M h + \Theta_{M,\alpha} \delta\Theta_{M,\alpha} \frac{h^3}{12} \right] \\ & - R_N h \delta\Theta_N - R_M \frac{h^3}{12} \delta\Theta_M + \frac{d\eta_{(0)}}{dt} T_0 h \delta\Theta_N \\ & + \frac{d\eta_{(1)}}{dt} T_0 \frac{h^3}{12} \delta\Theta_M \Big\} dS \\ & - \iint_S \left[(\bar{Q}_3^+ + \bar{Q}_3^-) \delta\Theta_N + (\bar{Q}_3^+ - \bar{Q}_3^-) \frac{h}{2} \delta\Theta_M \right] dS \\ & - \int_{c_Q} \left[\bar{Q}_{(0)n} h \delta\Theta_N + \bar{Q}_{(1)n} \frac{h^3}{12} \delta\Theta_M \right] ds \end{aligned} \quad (8.310)$$

经过分部积分，化为

$$\begin{aligned} \delta x = \iint_S \Big\{ & \left[-k\Theta_{N,\alpha\alpha} - R_N + \frac{d\eta_{(0)}}{dt} T_0 - (\bar{Q}_3^+ + \bar{Q}_3^-) \frac{1}{h} \right] h \delta\Theta_N \\ & + \left[-k\Theta_{M,\alpha\alpha} + \frac{12}{h^2} \Theta_M - R_M + \frac{d\eta_{(1)}}{dt} T_0 \right. \end{aligned}$$

$$-(\bar{Q}_3^+ - \bar{Q}_3^-)\frac{6}{h^2}\Big]\frac{h^3}{12}\delta\Theta_M\Big\}dS$$

$$-\int_{c_Q+c_T}\Big\{[\bar{Q}_{(0)n} - k\Theta_{N,\alpha}n_\alpha]\delta\Theta_N h$$

$$+[\bar{Q}_{(1)n} - k\Theta_{M,\alpha}n_\alpha]\frac{h^3}{12}\delta\Theta_M\Big\}ds \qquad (8.311)$$

所以,欧拉方程为[利用(8.276)式的 $\eta_{(0)}$, $\eta_{(1)}$]

$$k\Theta_{N,\alpha\alpha} + R_N = -(\bar{Q}_3^+ + \bar{Q}_3^-)\frac{1}{h} + \frac{\alpha E T_0}{3(1-\nu)}(\hat{e}_{11} + \hat{e}_{22})$$

$$+2\left[\frac{\alpha^2}{9}\frac{E(1+\nu)}{(1-2\nu)(1-\nu)} + \frac{C_E}{2T_0}\right]\dot{\Theta}_N T_0 \qquad (8.312a)$$

$$k\Theta_{M,\alpha\alpha} + R_M = -(\bar{Q}_3^+ - \bar{Q}_3^-)\frac{6}{h^2} + \frac{12}{h^2}\Theta_M - \frac{\alpha E T_0}{3(1-\nu)}\nabla^2\dot{w}$$

$$+2\left[\frac{\alpha^2}{9}\frac{E(1+\nu)}{(1-2\nu)(1-\nu)} + \frac{C_E}{2T_0}\right]\dot{\Theta}_M T_0 \qquad (8.312b)$$

边界条件为

$$(k\Theta_{N,\alpha}n_\alpha - \bar{Q}_{(0)n}) = 0 \qquad (k\Theta_{M,\alpha}n_\alpha - \bar{Q}_{(1)n}) = 0$$

在 c_Q 上 (8.313a)

$$\Theta_N = \bar{\Theta}_N, \quad \Theta_M = \bar{\Theta}_M \qquad \text{在 } c_T \text{ 上} \qquad (8.313b)$$

(8.312a, b) 即为板的耦合的热传导方程,其中

$$\hat{e}_{11} + \hat{e}_{22} = \frac{\partial u}{\partial x} + \frac{\partial v}{\partial y}.$$

所以,板的热应力问题的完备的条件和方程为(8.298a, b),(8.299),(8.300),(8.301)式和(8.312a, b),(8.313a, b)各式.

板的热应力问题曾由马居礼(1935),索喀尼柯夫(1939)等研究过,但都是常温度场的问题,而且他们的方程也并不完备.

波莱和维纳的著作"热应力理论"(1960)曾给出相当多的有关板的热应力计算和实验的文献.这里将不一一列举.

参考文献

[1] Brillouin, L., Les tenseurs en mecanique et en elasticite, Paris, 1928.

[2] Synge, J. L. And Chien, W. Z. (钱伟长), The Intrinsic Theory of Elastic Shells and Plates, Theodore von Kármán Anniversary Volume, 1940, pp. 103—120.

[3] 诺沃日洛夫, B. B., 非线性弹性力学基础, 科学出版社, 1958.

[4] Kyuichiro Washizu (鷲津久一郎), Variational Mathods in Elasticity and Plasticity, Pergamon Press, 1968.

[5] von, Karman, Th., Encyklopadie der Math. Wissonschaften, Bd IV4, 1910, S349.

[6] Chien, W. Z. (钱伟长), The Intrinsic Theory of Shells and Plates, *Quarterly of Applied Mathematics*, **I** (1944). 4. pp. 297—327; **II** (1944), 1, pp. 43—59; **II** (1944), 2, pp. 120—135.

[7] Муштари, Х. М., Галимов, К. З., Нелинейная теория упругих оболочек, таткнигоиздат 1957.

[8] Fung, Y. C. (冯元桢), Sechler, E. E., Instablility of Thin Elastic Shells Structural Mechanics, Proceeding of the First Symposium on Naval Structural Mechanics, Held at Stanford University, California, U.S.A., Edited by Goodier, J. N., Hoff, N. J., 1960, pp. 115—168.

[9] Алумяь, Н. А., Равновесие тонкостенных упругих оболочек в послекритическои стадин, труды таминского политехн ин-та, серия л, 1948; *ПММ*, **XIII** (1949), 1.

[10] Галимов, К. З., Условия неразрывности дефортации, поворхности при произвольных изгибах и дефортациях, уи. записки каз. ун-та, т. 113, кн. 10, 1953.

[11] 钱伟长, 弹性理论中广义变分原理的研究及其在有限元计算中的应用, 清华大学科学报告, TH78011, 1978; 力学与实践, **1** (1979), 1, 16—24页; **1** (1979), 2, 18—27页.

[12] Fung, Y. C. (冯元桢), Introduction to the Theory of Aeroelasticity, John Wiley, 1955.

[13] Bisplinghoff, R. L., Ashley, H., Principles of Aeroelasticity, John Wiley, New York, 1962.

[14] Parkus, H., Thermo-elasticity, Blaisdell Publishing Comp., 1968.

[15] Trostel, R., Genaherte Berechnung von Warmspannungen mit Hilfe der Variationsprinzipien der Elastostatik, *Ingenier-Archiv*, XXIX (1960), pp. 388—409.

[16] Biot, M. A.,Thermoelasticity and irreversible thermodynamics, *Journal of Applied Physics*, **27** (1956), p. 240.

[17] Herrmann, G., On Variational Principles in Thermoelasticity and Heat Conduction, *Quarterly of Applied Mathamatics*, **21** (1963), p. 51.

[18] Ben-Amoz, M., On a Variational Theorem in Coupled Thermoelasticity *Journal of Applied Mechanics*, **32** (1965), p. 943.

[19] Nickell, R. E. and Sackman, J. J., Variational Principles for Linear Coupled Thermoelasticity, *Quarterly of Applied Mathematics*, **26**

(1968), p. 11.

[20] Rafalski, P., A Variational Principle for the Coupled Thermoelastic Problem, *International Journal of Engineering Sciences*, **6** (1968), p. 465.

[21] Marguerre. K., Thermoelastic Palte Equations, *Zeit. Ang. Math. und Mech.* **15** (1935), p. 369.

[21a] Marguerre, K., Temperature Distribution and Thermal Stresses in Bodies of Plate and Shell Shape, *Ingenieur Archiv*, **VIII** (1937). p. 216.

[22] Sokolnikoff, E. S., Thermal Stresses in Elastic Plates, *Transections of American Mathematical Society*, **45** (1939)., pp. 235—255.

[23] Boley, B. A., Weiner, J. H., Theory of Thermal Stresses, John Wiley, New York, 1960.

第 九 章

塑性力学的变分原理

§ 9.1 塑性力学形变理论的变分原理

塑性力学的形变理论并不能完满处理金属的塑性性质，在发展中的流动理论(见 § 9.2)实际上代替了这个理论. 但是,由于历史上的意义,我们还是作为专节予以讨论.

形变理论的特点是认为塑性体在瞬时间,如果应变已知,则应力的决定是唯一的. 但是反过来,应力已知,应变的决定可以是唯一的，也可以是不唯一的. 例如，我们可以唯一地用应变表示应力

$$\sigma_{ij}=\sigma_{ij}(e_{kl}) \tag{9.1}$$

但是,其逆关系可能是唯一的,也可能是不唯一的.

本节的讨论，将只限于在加载过程中，有不变的应力应变关系. 这就是说，只限于单向加载的形变理论. 这样的理论和非线性弹性理论没有什么区别. 当然，这里的理论还受到屈服条件的限制. 我们将限于小位移的范围.

我们讨论的塑性形变理论的问题为:

(1) 平衡方程

$$\sigma_{ij,j}+F_i=0 \qquad 在\ \tau\ 中 \tag{9.2}$$

(2) 应变位移关系

$$e_{ij}=\frac{1}{2}(u_{i,j}+u_{j,i}) \qquad 在\ \tau\ 中 \tag{9.3}$$

(3) 应力应变关系(加载过程)

$$\sigma_{ij}=\sigma_{ij}(e_{kl}) \tag{9.4a}$$

或逆关系(假定唯一的)

$$e_{kl} = e_{kl}(\sigma_{ij}) \tag{9.4b}$$

(4) 边界条件

$$\sigma_{ij}n_j = \bar{p}_i \qquad \text{在 } S_p \text{ 上} \tag{9.5a}$$

$$u_i = \bar{u}_i \qquad \text{在 } S_u \text{ 上} \tag{9.5b}$$

根据上述要求，我们如果引用应变能密度 $A(e_{ij})$ 和余能密度 $B(\sigma_{ij})$，则和弹性理论一样，我们有**最小位能原理和最小余能原理**:

$$\delta\Pi = 0, \quad \Pi = \iiint_{\tau} [A(e_{ij}) - F_i u_i]d\tau - \iint_{S_p} \bar{p}_i u_i dS \tag{9.6a}$$

$$\delta\Pi_c = 0 \quad \Pi_c = \iiint_{\tau} [B(\sigma_{ij})]d\tau - \iint_{S_u} \sigma_{ij}n_j\bar{u}_i dS \tag{9.6b}$$

其中有

$$\frac{\partial A}{\partial e_{ij}} = \sigma_{ij}, \quad \frac{\partial B}{\partial \sigma_{ij}} = e_{ij} \tag{9.7}$$

具体的极值运算,只有通过下列具体的应力应变关系来研究:

1. 应变硬化材料

这里将研究所谓**正割模量理论的材料**,其应力应变关系为

$$\sigma'_{ij} = \mu e'_{ij} \tag{9.8}$$

这里的 σ'_{ij} 和 e'_{ij} 分别代表应力偏量和应变偏量.

$$\sigma'_{ij} = \sigma_{ij} - \frac{1}{3}\sigma_{kk}\delta_{ij} \tag{9.9a}$$

$$e'_{ij} = e_{ij} - \frac{1}{3}e_{kk}\delta_{ij} \tag{9.9b}$$

μ 一般为一标量,它和应变状态有关. 从 (9.8) 式可以证明

$$\Sigma = \mu\Gamma \tag{9.10}$$

其中

$$\Sigma = \sqrt{\sigma'_{ij}\sigma'_{ij}}, \quad \Gamma = \sqrt{e'_{ij}e'_{ij}} \tag{9.11}$$

我们这里必须指出，应力偏量 σ'_{ij} 和应变偏量 e'_{ij} 代表应力和应变有关纯粹变形的成分,它们和体积变形无关.

从 (9.11) 式，有

$$\Sigma d\Sigma = \sigma'_{ij}d\sigma'_{ij} \qquad \Gamma d\Gamma = e'_{ij}de'_{ij} \tag{9.12}$$

假定 Σ 是 Γ 的单值连续函数．如图 9.1，亦即

$$\Sigma = \Sigma(\Gamma) \tag{9.13}$$

而且

$$\frac{\Sigma}{\Gamma} = \mu > 0 \qquad \frac{d\Sigma}{d\Gamma} > 0 \tag{9.14}$$

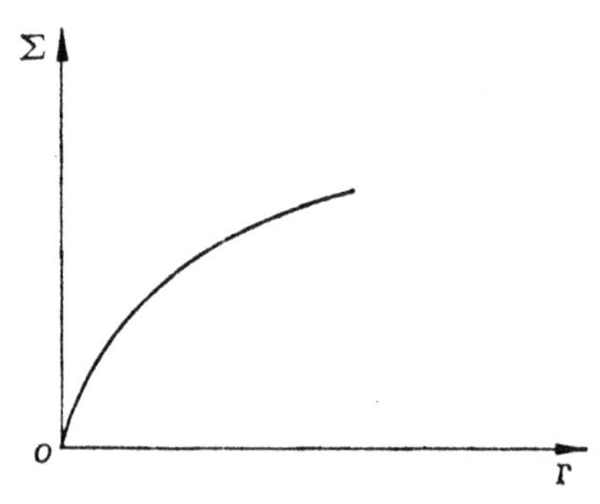

图 9.1　$\Sigma = \Sigma(\Gamma)$，应变硬化关系图

把 (9.8) 式和 (9.10) 式合并在一起，有

$$\sigma'_{ij} = \frac{\Sigma(\Gamma)}{\Gamma} e'_{ij} \tag{9.15}$$

或

$$e'_{ij} = \frac{\Gamma(\Sigma)}{\Sigma} \sigma'_{ij} \tag{9.16}$$

在 (9.15) 式或 (9.16) 式中，只有五个关系式是独立的，所以，还应该有第六个独立的关系式，它就是**可压缩性关系**．

$$\sigma_{kk} = 3Ke_{kk} \tag{9.17}$$

K 为材料的体积模量．我们认为塑性变形并不引起体积变化．所以，可以认为 K 就是弹性变形的体积模量

$$K = \frac{E}{3(1-2\nu)} \tag{9.18}$$

用了上列应力应变关系，我们可以把正割模量理论的 $A(e_{ij})$

和 $B(\sigma_{ij})$ 表示式写成下式:

$$A(e_{ij})=\frac{E}{6(1-2\nu)}e_{kk}e_{ll}+\int_0^{\Gamma}\Sigma(\Gamma)d\Gamma \tag{9.19a}$$

$$B(\sigma_{ij})=\frac{(1-2\nu)}{6E}\sigma_{kk}\sigma_{ll}+\int_0^{\Sigma}\Gamma(\Sigma)d\Sigma \tag{9.19b}$$

把 (5.442a, b) 式代入 (9.6a), (9.6b) 式，即得正割模量理论的材料的塑性力学变分原理. 这两个变分原理称卡恰诺夫变分原理[1], [2].

卡恰诺夫原理 I:

对于一切容许的位移 u_i，使泛函 Π(9.6a) (9.19a) 极小的 u_i，必为正割模量材料塑性变形的正确解.

证明最小位能的根据是 $\delta^2\Pi>0$. 因为

$$2\delta^2A=\left[\frac{E}{3(1-2\nu)}\right]\delta e_{kk}\delta e_{ll}+\frac{\Sigma}{\Gamma^3}[\Gamma^2\delta e'_{kl}\delta e'_{kl}-(e'_{kl}\delta e'_{kl})^2]$$
$$+\frac{1}{\Gamma^2}\left(\frac{d\Sigma}{d\Gamma}\right)(e'_{kl}\delta e'_{kl})^2 \tag{9.20}$$

因为根据许阀兹不等式1)，有

$$\Gamma^2\delta e'_{ij}\delta e'_{ij}\geqslant(e'_{ij}\delta e'_{ij})^2 \tag{9.21}$$

而且根据 (9.14) 式有 $d\Sigma/dT>0$，于是证明了

$$\delta^2A\geqslant 0 \tag{9.22}$$

从而证明了

$$\delta^2\Pi\geqslant 0 \tag{9.23}$$

1) 许阀兹 (Schwarz) 不等式的证明为

$$(a_1^2+a_2^2+\cdots+a_n^2)(b_1^2+b_2^2+\cdots+b_n^2)$$
$$-(a_1b_1+a_2b_2+\cdots+a_nb_n)^2$$
$$=(a_1b_2-a_2b_1)^2+(a_1b_3-a_3b_1)^2+\cdots$$

因为 $(a_1b_2-a_2b_1)^2$ 等都是正的，所以有

$$\sum_n a_n^2\sum_m b_m^2\geqslant\left(\sum_n a_nb_n\right)^2$$

如果称 a_n 为 e'_{ij}，$\sum_n a_na_n$ 为 $e'_{ij}e'_{ij}=\Gamma^2$；b_m 为 $\delta e'_{ij}$，则 $\Sigma b_mb_m=\delta e'_{ij}\delta e'_{ij}$ 而 $\sum_n a_nb_n$ 为 $e'_{ij}\delta e'_{ij}$，于是即得 (9.21) 式.

卡恰诺夫原理 II：

对于一切满足平衡方程(9.3)式，和外力已给的表面边界条件(9.5a)的容许的 σ_{ij} 而言，使 Π_c(9.6b)，(9.19b) 为极小的 σ_{ij}，必为正割模量材料塑性应力问题的正确解.

证明是最小余能的根据是

$$2\delta^2 B = \left[\frac{1-2\nu}{3E}\right]\delta\sigma_{ii}\delta\sigma_{jj} + \frac{\Gamma}{\Sigma^3}[\Sigma^2\delta\sigma'_{ij}\delta\sigma'_{ij} - (\sigma'_{ij}\delta\sigma_{ij})^2] + \frac{1}{\Sigma^2}\frac{d\Gamma}{d\Sigma}(\sigma'_{ij}\delta\sigma'_{ij})^2 \tag{9.24}$$

其中根据许阀兹不等式

$$\Sigma^2\delta e'_{ij}\delta e'_{ij} \geqslant (\sigma'_{ij}\delta\sigma'_{ij})^2 \tag{9.25}$$

而且根据(9.14)式，有 $d\Gamma/d\Sigma > 0$，于是从(9.24)式证明了 $\delta^2 B \geqslant 0$，或即从(9.6b)式，有

$$\delta^2\Pi_c = \iiint_\tau \delta^2 B d\tau \geqslant 0 \tag{9.26}$$

以上证明了正割模量材料的塑性形变理论的两个变分原理. 它们也可以推广到广义变分原理.

2. 理想塑性材料

现在让我们把正割模量材料抽象到服从**密西斯**[3] (von Mises) **屈服条件的理想塑性材料**. Σ-Γ 关系式可以用图 9.2 来表示

对于 $\Sigma < \sqrt{2}k$ 的范围而言，材料服从虎克定律(弹性规律)，

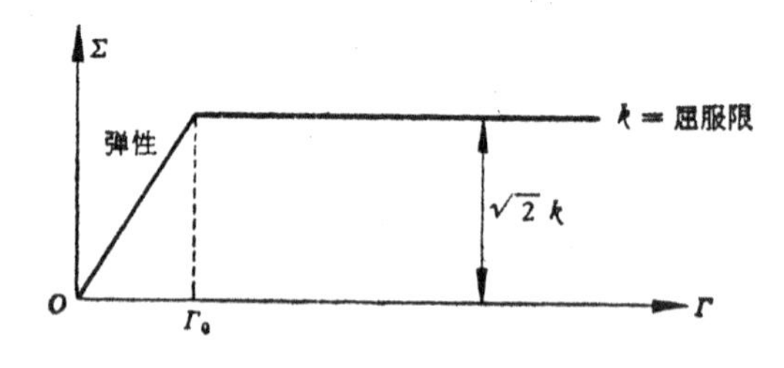

图 9.2　理想塑性材料的 Σ-Γ 关系曲线

对于 $\Sigma=\sqrt{2}k$ 的时候，材料发生塑性流动，k 为**纯剪时的屈服限**.

现在让我们导出理想塑性材料的应力应变关系式和有关的 A，B 表达式.

图 9.2 中的 Σ-Γ 关系曲线是一条折线，它可以写成

$$\Sigma=2G\Gamma \qquad (\Gamma<\Gamma_0) \tag{9.27a}$$

$$\Sigma=\Sigma_0+2\beta(\Gamma-\Gamma_0) \qquad (\Gamma\geqslant\Gamma_0) \tag{9.27b}$$

其中 G 为剪力模量 $=\dfrac{E}{1+\nu}$，

$$\Sigma_0=\sqrt{2}k=2G\Gamma_0 \tag{9.28}$$

β 为一正常数，对于理想塑性材料而言，它应该等于零. 我们把 (9.27a，b) 式代入 (9.19a，b) 式，积分后，使 $\beta\to 0$，即得

$$\left.\begin{aligned}A&=\frac{E}{6(1-2\nu)}e_{kk}e_{ll}+G\Gamma^2 && (\Gamma<\Gamma_0)\\&=\frac{E}{6(1-2\nu)}e_{kk}e_{ll}+G\Gamma_0^2+\sqrt{2}k(\Gamma-\Gamma_0) && (\Gamma>\Gamma_0)\end{aligned}\right\} \tag{9.29}$$

$$B=\frac{(1-2\nu)}{6E}\sigma_{kk}\sigma_{ll}+\frac{1}{4G}\Sigma^2 \tag{9.30}$$

根据

$$\sigma_{ij}=\frac{\partial A}{\partial e_{ij}},\quad e_{ij}=\frac{\partial B}{\partial\sigma_{ij}} \tag{9.31}$$

得应力应变关系式

$$\sigma_{ij}=\frac{E}{3(1-2\nu)}e_{kk}\delta_{ij}+2Ge'_{ij} \qquad (\Gamma<\Gamma_0) \tag{9.32a}$$

$$\sigma_{ij}=\frac{E}{3(1-2\nu)}e_{kk}\delta_{ij}+\frac{\sqrt{2}k}{\Gamma}e'_{ij} \qquad (\Gamma>\Gamma_0) \tag{9.32b}$$

$$e_{ij}=\frac{1-2\nu}{3E}\sigma_{kk}\delta_{ij}+\frac{1}{2G}\sigma'_{ij} \qquad (\Sigma<\sqrt{2}k) \tag{9.33a}$$

$$e_{ij}=\frac{1-2\nu}{3E}\sigma_{kk}\delta_{ij}+\frac{1}{2G}\sigma'_{ij}+\lambda\sigma'_{ij} \qquad (\Sigma=\sqrt{2}k) \tag{9.33b}$$

这里的 λ 是一个正的，未定的，但是有限的标量，它代表下述极限

$$\lim_{\beta\to 0,\ \Sigma\to\Sigma_0}\frac{\Sigma-\Sigma_0}{2\beta\Sigma}=\lambda \tag{9.34}$$

哈尔-卡门[4]曾提出过一个变分原理，就是根据 (9.32a，b) 式或 (9.33a，b) 式这样的应力应变关系进行的. 这种材料也被称为**汉盖** (Hencky) **材料**.

哈尔-卡门变分原理：

对于一切满足平衡条件 $\sigma_{ij,j}+F_i=0$ 和外力已给边界条件 $\sigma_{ij}n_j=\bar{p}_i$ (在 S_p 上)，和 $\sigma'_{ij}\sigma'_{ij}\leqslant 2k^2$ 的容许的 σ_{ij} 而言，使泛函

$$\Pi_{c1}=\iiint_\tau\left[\frac{(1-2\nu)}{6E}\sigma_{kk}\sigma_{ll}+\frac{1}{4G}\sigma'_{kl}\sigma'_{kl}\right]d\tau-\iint_{S_u}\sigma_{ij}n_j\bar{u}_i dS \tag{9.35}$$

为极小的 σ_{ij}，必为汉盖材料塑性应力的正确解.

哈尔-卡门变分原理是葛林堡[5]给出了证明(1949). 葛林堡把应变 e_{ij} 分为两个部份，即弹性部份 $e_{ij}^{(e)}$ 和塑性部分 $e_{ij}^{(p)}$，根据 (9.33a，b) 式

$$\left.\begin{aligned} e_{ij}^{(e)}&=\frac{1-2\nu}{3E}\sigma_{kk}\delta_{ij}+\frac{1}{2G}\sigma'_{ij} &&\text{（弹性部份）}\\ e_{ij}^{(p)}&=\lambda\sigma'_{ij} &&\text{（塑性部份）}\end{aligned}\right\} \tag{9.36}$$

于是弹性区域 $\tau^{(e)}$ 和塑性区域 $\tau^{(p)}$ 的应力应变关系 (9.33a，b) 式可以写成(而且 $\tau=\tau^{(e)}+\tau^{(p)}$

$$\left\{\begin{aligned} e_{ij}&=e_{ij}^{(e)} &&\text{弹性区域}\quad \tau^{(e)},\ \Sigma<\sqrt{2}k\\ e_{ij}&=e_{ij}^{(e)}+e_{ij}^{(p)} &&\text{塑性区域}\quad \tau^{(p)},\ \Sigma=\sqrt{2}k\end{aligned}\right\} \tag{9.37}$$

Π_{c1} 的变分为

$$\begin{aligned}\delta\Pi_{c1}&=\iiint_\tau\left[\frac{1-2\nu}{3E}\sigma_{kk}\delta_{ij}+\frac{1}{2G}\sigma'_{ij}\right]\delta\sigma_{ij}d\tau-\iint_{S_u}\delta\sigma_{ij}n_j\bar{u}_i dS\\ &=\iiint_\tau e_{ij}^{(e)}\delta\sigma_{ij}d\tau-\iint_{S_u}\delta\sigma_{ij}n_j\bar{u}_i dS\end{aligned} \tag{9.38}$$

在利用了 (9.37) 式以后，得

$$\iiint_{\tau} e_{ij}^{(e)}\delta\sigma_{ij}d\tau=\iiint_{\tau} e_{ij}\delta\sigma_{ij}d\tau-\iiint_{\tau^{(p)}} e_{ij}^{(p)}\delta\sigma_{ij}d\tau \tag{9.39}$$

其中 $e_{ij}=\frac{1}{2}(u_{i,j}+u_{j,i})$，所以

$$\begin{aligned}e_{ij}\delta\sigma_{ij}&=\frac{1}{2}(u_{i,j}+u_{j,i})\delta\sigma_{ij}=u_{i,j}\delta\sigma_{ij}\\&=(u_i\delta\sigma_{ij})_{,j}-u_i\delta\sigma_{ij,j}\end{aligned} \tag{9.40}$$

(9.39)式可以写成

$$\begin{aligned}\iiint_{\tau} e_{ij}^{(e)}\delta e_{ij}d\tau=&\iint_{S_p+S_u} u_i\delta\sigma_{ij}n_jdS\\&-\iiint_{\tau} u_i\delta\sigma_{ij,j}d\tau-\iiint_{\tau^{(p)}} e_{ij}^{(p)}\delta\sigma_{ij}d\tau\end{aligned} \tag{9.41}$$

代入(9.38)式,整理后,得

$$\begin{aligned}\delta\Pi_{c1}=&-\iiint_{\tau} u_i\delta\sigma_{ij,j}d\tau+\iint_{S_p} u_i\delta\sigma_{ij}n_jdS\\&+\iint_{S_u}\delta\sigma_{ij}n_j(u_i-\bar{u}_i)dS-\iiint_{\tau^{(p)}} e_{ij}^{(p)}\delta\sigma_{ij}d\tau\end{aligned} \tag{9.42}$$

根据平衡条件 $\sigma_{ij,j}+F_i=0$，我们有

$$\delta\sigma_{ij,j}=0 \qquad (\text{在 }\tau\text{ 内}) \tag{9.43}$$

根据外力已给表面条件 $\sigma_{ij}n_j=\bar{p}_i$，我们有

$$\delta\sigma_{ij}n_j=0 \qquad (\text{在 }\delta_p\text{ 上}) \tag{9.44}$$

(9.42)式给出

$$\delta\Pi_{c1}=\iint_{S_u}\delta\sigma_{ij}n_j(u_i-\bar{u}_i)dS-\iiint_{\tau^{(p)}} e_{ij}^{(p)}\delta\sigma_{ij}d\tau \tag{9.45}$$

因为在边界上 $\delta\sigma_{ij}n_j$ 是任选的,所以

$$u_i=\bar{u}_i \qquad (\text{在 }S_u\text{ 上}) \tag{9.46}$$

最后得

$$\delta\Pi_{c1}=-\iiint_{\tau^{(p)}} e_{ij}^{(p)}\delta\sigma_{ij}d\tau \tag{9.47}$$

现在让我们证明只要选用的 σ_{ij}^* 等于正确解 σ_{ij}（它们满足塑性条件 $\sigma'_{ij}\sigma'_{ij}=2k^2$），$\delta\Pi_{c1}$ 就等于零，如果选用的 σ_{ij}^* 不等于正确解，即 $\sigma_{ij}^{*\prime}\sigma_{ij}^{*\prime}\leqslant 2k^2$，则 $\delta\Pi_{c1}$ 就大于零. 如果证明了这一点，则就证明了 Π_{c1} 的正确解为极小值.

首先，根据 (9.36) 式，我们把 (9.47) 式改写为

$$\delta\Pi_{c1}=-\iiint_{\tau^{(p)}}\lambda\sigma'_{ij}\delta\sigma_{ij}d\tau \qquad \lambda>0 \tag{9.48}$$

在 $\tau^{(p)}$ 内，正确解满足 $\sigma'_{ij}\sigma'_{ij}=2k^2$，而容许的任意解满足 $\sigma_{ij}^{*\prime}\sigma_{ij}^{*\prime}\leqslant 2k^2$，许阀兹不等式给出

$$\sigma'_{ij}\sigma_{ij}^{*\prime}\leqslant\sqrt{\sigma'_{ij}\sigma'_{ij}}\sqrt{\sigma_{ij}^{*\prime}\sigma_{ij}^{*\prime}}\leqslant 2k^2 \tag{9.49}$$

根据 $\delta\sigma_{ij}$ 的定义，它等于 $\delta\sigma_{ij}=\sigma_{ij}^*-\sigma_{ij}=\sigma_{ij}^{*\prime}-\sigma'_{ij}$，所以

$$\sigma'_{ij}\delta\sigma_{ij}=\sigma'_{ij}\sigma_{ij}^*-\sigma'_{ij}\sigma'_{ij} \tag{9.50}$$

根据 (9.49) 式和 $\sigma'_{ij}\sigma'_{ij}=2k^2$，所以有

$$\sigma'_{ij}\delta\sigma_{ij}\leqslant 0 \tag{9.51}$$

只有当 σ_{ij}^* 等于 σ_{ij} 时，(9.51) 式的等号才适用. 所以，把 (9.51) 代入 (9.48) 式，得

$$\delta\Pi_{c1}\geqslant 0 \tag{9.52}$$

由于 Π_{c1} 对于应力分量而言，是它们的二次式.

$$\delta^2\Pi_{c1}=\iiint_{\tau}\left[\frac{(1-2\nu)}{6E}\delta\sigma_{kk}\delta\sigma_{ll}+\frac{1}{4G}\delta\sigma'_{kl}\delta\sigma'_{kl}\right]d\tau>0 \tag{9.53}$$

所以，Π_{c1} 的正确解是一个绝对的极小值.

这就证明了哈尔-卡门变分原理.

3. 汉盖 (Hencky) 材料的特殊情况

汉盖材料的一种特殊情况是：(1) 假定材料不可压缩，(2) 假定到处是塑性. Σ-Γ 关系如图 9.3.

对于这种"刚塑性"的材料而言，(9.29)，(9.30) 式化为

$$A=\sqrt{2}\,k\Gamma \tag{9.54a}$$

$$B=0 \tag{9.54b}$$

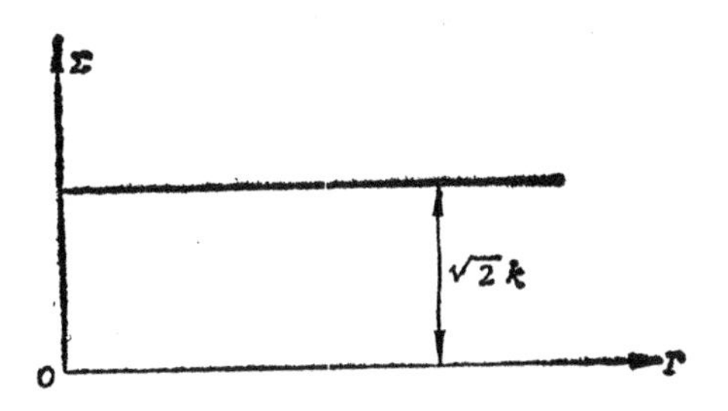

图 9.3　汉盖材料一种特殊情况的 Σ-Γ 关系

刚塑性材料是一种理想材料，但它是塑性区域很大，弹性区域很小以致可以略去不计的一种近似.

相关的应力应变关系化为

$$\sigma_{ij} = \frac{\sqrt{2}k}{\sqrt{e_{mn}e_{mn}}} e_{ij} \tag{9.55}$$

最小位能原理可以写为：

在一切满足位移边界条件 $u_i = \bar{u}_i$，和应变位移关系

$$e_{ij} = \frac{1}{2}(u_{i,j} + u_{j,i}),$$

和不可压缩条件的 u_i 中，正确解必使泛函

$$\Pi_2 = \sqrt{2}k \iiint_\tau \sqrt{e_{ij}e_{ij}}\, d\tau - \iiint_\tau F_i u_i d\tau - \iint_{S_p} \bar{p}_i u_i dS \tag{9.56}$$

为极小，亦即

$$\delta\Pi_2 = 0, \quad \delta^2\Pi_2 = 0 \tag{9.57}$$

最小余能原理为：

在一切满足平衡方程 $\sigma_{ij,j} + F_i = 0$，屈服条件 $\sigma'_{ij}\sigma'_{ij} = 2k^2$，和 S_p 上的外力已知边界条件 $\sigma_{ij}n_j = \bar{p}_i$ 的应力分布 σ_{ij} 中，正确解必使

$$\Pi_{c2} = -\iint_{S_u} \sigma_{ij} n_j \bar{u}_i dS \tag{9.58}$$

为极小，亦即

$$\delta\Pi_{c2} = 0 \qquad \delta^2\Pi_2 = 0 \tag{9.59}$$

最小位能原理和圣维南-李维-密西斯材料的塑性理论的马可夫变分原理[6]相像．而最小余能原理亦和同样材料塑性流动理论的沙独夫斯基变分原理[7]相同．

§ 9.2 塑性力学形变理论的广义变分原理

人们很易把上述形变理论用拉格朗日乘子法化为广义变分原理．

我们在本节中，将列举这些原理而不加证明．

1. 正割模量材料的广义变分原理的位能形式

正割模量材料塑性力学问题的正确解 u_i，e_{ij}，σ_{ij}，必使下列泛函为驻值：

$$\Pi^* = \iiint_\tau \left\{\frac{E}{6(1-2\nu)} e_{kk}e_{ll} + \int_0^\Gamma \Sigma(\Gamma)d\Gamma - \left(e_{ij} - \frac{1}{2}u_{i,j} - \frac{1}{2}u_{j,i}\right)\sigma_{ij} - F_iu_i\right\} d\tau - \iint_{S_p} \bar{p}_iu_idS - \iint_{S_u} \sigma_{ij}n_j(u_i - \bar{u}_i)dS \tag{9.60}$$

2. 正割模量材料的广义变分原理的余能形式

正割模量材料塑性力学问题的正确解 u_i，σ_{ij}，必使下列泛函为驻值：

$$\Pi_c^* = \iiint_\tau \left\{\frac{(1-2\nu)}{6E}\sigma_{kk}\sigma_{ll} + \int_0^\Sigma \Gamma(\Sigma)d\Sigma + (\sigma_{ij,j} + F_i)u_i\right\} d\tau - \iint_{S_u} \sigma_{ij}n_j\bar{u}dS - \iint_{S_p} (\sigma_{ij}n_j - \bar{p}_i)u_idS \tag{9.61}$$

3. 等效原理

正割模量材料的广义变分原理的位能形式和余能形式是等效的，因为

$$\Pi^* + \Pi_c^* = 0 \tag{9.62}$$

其证明从略.

4. **理想塑性材料(汉盖 (Hencky) 材料)的广义变分原理的余能形式**

理想塑性材料的塑性力学问题的正确解 $\sigma_{ij}u_i$，必使下列泛函为驻值:

$$\begin{aligned}\Pi_{c1}^* = &\iiint_\tau \left\{\frac{(1-2\nu)}{6E}\sigma_{kk}\sigma_{ll} + \frac{1}{4G}\sigma'_{ij}\sigma'_{ij} + (\sigma_{ij,j} + F_i)u_i\right\} d\tau \\ &\iint_{S_u} \sigma_{ij}n_j\bar{u}dS - \iint_{S_p} (\sigma_{ij}n_j - \bar{p}_i)u_i dS\end{aligned} \tag{9.63}$$

5. **刚塑性材料（圣维南-李维-密西斯（St. Venant-Levy-Mises）材料）的塑性力学问题的广义变分原理的位能形式**

刚塑性材料的塑性力学问题的正确解 e_{ij}, u_i, σ_{ij}，必使下列泛函为驻值:

$$\begin{aligned}\Pi_2^* = &\iiint_\tau \Big\{\sqrt{2}\, k\sqrt{e_{ij}e_{ij}} \\ &- \left(e_{ij} - \frac{1}{2}u_{i,j} - \frac{1}{2}u_{j,i}\right)\sigma_{ij} - F_i u_i\Big\} d\tau \\ &- \iint_{S_p} \bar{p}_i u_i dS - \iint_{S_u} \sigma_{ij}n_j(u_i - \bar{u}_i)dS\end{aligned} \tag{9.64}$$

6. **刚塑性材料(圣维南-李维-密西斯材料)的塑性力学问题的广义变分原理的余能形式**

刚塑性材料的塑性力学问题的正确解 u_i, e_{ij}, σ_{ij}，必使下列泛函为驻值:

$$\Pi_{c2}^* = \iiint_\tau \left\{(\sigma_{ij,j} + F_i)u_i + (\sigma'_{ij}\sigma'_{ij} - 2k^2)\frac{\sqrt{e_{mn}e_{mn}}}{\sqrt{2}k}\right\} d\tau$$

$$-\iint_{S_u}\sigma_{ij}n_j\bar{u}_i dS-\iint_{S_p}(\sigma_{ij}n_j-\bar{p}_i)u_i dS \tag{9.65}$$

所有这些原理的证明都从略．同时，我们也可以证明 Π_2^* 和 Π_{c2}^* 是等效的，即

$$\Pi_2^*+\Pi_{c2}^*=0 \tag{9.66}$$

§9.3 塑性流动理论的变分原理

现在大家都知道，在塑性区域中，一般说来，应力应变关系并不存在；应变不仅和最后的应力状态有关，而且也和加载过程有关．所以，一般为弹性理论工作所习惯的应力应变关系，只能用应力增量和应变增量的关系来代替，这些增量和塑性的发展过程有关，这种理论称为增量理论，也称流动理论．形变理论只是流动理论的一种特殊情况，并不能用以描述整个塑性力学的问题．

在流动理论里，我们采用欧拉描述法．设在某一瞬时 t 时，物体在静力条件下平衡．设应力状态 σ_{ij} 和它的加载历史是已知的．这时，在 S_p 上，外力增量为 $d\bar{p}_i$，在 S_u 上，位移增量为 $d\bar{u}_i$，我们要求计算体内发生的应力增量 $d\sigma_{ij}$ 和体内发生的位移增量 du_i． 我们将假定所有这些增量都很小，一切方程都是线性的，即高次项全部略去．于是我们有

(1) 平衡方程

$$d\sigma_{ij,j}=0 \tag{9.67}$$

这里暂不研究体力问题．

(2) 应变位移关系

$$2de_{ij}=du_{i,j}+du_{j,i} \tag{9.68}$$

(3) 应力增量 $(d\sigma_{ij})$ 和应变增量 (de_{ij}) 的线性关系

(4) 边界条件

$$\left.\begin{array}{ll} d\sigma_{ij}n_j=d\bar{p}_i & \text{在 } S_p \text{ 上} \\ du_i=d\bar{u}_i & \text{在 } S_u \text{ 上} \end{array}\right\} \tag{9.69}$$

除了应力增量和应变增量的关系而外，其它各方程都和弹性理论的小位移问题相同．在增量理论的解求得后，通过积分（按加载程

序),就能求得塑性的大变形的解.

增量理论的最小位能原理可以写为:

在一切满足(1)应变位移关系(9.68)式和(2)边界位移已知的条件(9.69)式的 du_i 中,使泛函

$$\Pi_d = \iiint_\tau A(de_{ij})d\tau - \iint_{S_p} d\bar{p}_i du_i dS \tag{9.70}$$

最小的 du_i,必为位移增量的正确解.

增量理论的最小余能原理可以写成:

在一切满足(1)平衡方程(9.67)式,(2)边界外力增量已知的条件(9.69)的应力增量 $d\sigma_{ij}$,使泛函

$$\Pi_{cd} = \iiint_\tau B(d\sigma_{ij})d\tau - \iint_{S_u} d\sigma_{ij} n_j \bar{u}_i dS \tag{9.71}$$

最小的 $d\sigma_{ij}$,必为应力增量的正确解.

这两个变分原理的证明和前面的弹性理论的有关变分原理基本相同.

同时,还有应变增量和应力增量的关系式

$$\frac{\partial A}{\partial(de_{ij})} = d\sigma_{ij}, \qquad \frac{\partial B}{\partial(d\sigma_{ij})} = de_{ij} \tag{9.72}$$

现在让我们具体地根据不同的塑性材料研究变分问题.

1. 应变硬化材料

应变硬化材料的应力应变增量关系可以写成

$$de_{ij} = \frac{(1-2\nu)}{3E} d\sigma_{kk}\delta_{ij} + \frac{d\sigma_{ij}}{2G} + \alpha^* H \frac{\partial f}{\partial \sigma_{ij}} df \tag{9.73}$$

其中 H, f, α^* 将在下文解释. 我们可以把 de_{ij} 分为两部分 de_{ij}^e(弹性应变增量)和 de_{ij}^p(塑性应变增量)两部分

$$de_{ij} = de_{ij}^e + de_{ij}^p \tag{9.74}$$

其中

$$de_{ij}^e = \frac{(1-2\nu)}{3E} de_{kk}\delta_{ij} + \frac{d\sigma'_{ij}}{dG} \tag{9.75}$$

$$de_{ij}^{p}=\alpha^{*}\frac{df}{d\sigma_{ij}}Hdf \tag{9.76}$$

(9.73) 和 (9.75) 式中的 $d\sigma'_{ij}$ 都是应力偏量 $\sigma'_{ij}=\sigma_{ij}-\frac{1}{3}\delta_{ij}\sigma_{kk}$ 的增量，而 $\frac{1}{3}d\sigma_{kk}$ 为液压应力的增量．或者

$$d\sigma'_{ij}=d\sigma_{ij}-\frac{1}{3}d\sigma_{kk}\delta_{ij} \tag{9.77}$$

H 是待定的 σ_{ij} 的**正定函数**，f 也是 σ_{ij} 的**正定函数**．$f(\sigma_{ij})$ 这个函数称为**屈服条件**，而

$$f(\sigma_{ij})=C \tag{9.78}$$

则称为**屈服曲面**，C 表示**应变硬化的最后状态**．在最一般的情况下，在体内各点，C 可以是不同的值，它可以是体内各点的函数．一般说来，当

$$\left.\begin{array}{ll}\text{(A)}\ f(\sigma_{ij})=C & \text{时，屈服}\\ \text{(B)}\ f(\sigma_{ij})<C & \text{时，未屈服}\end{array}\right\} \tag{9.79}$$

$f(\sigma_{ij})$ 的增量是用来表示加载，卸载和中性过程的，因为 df 可以用 $d\sigma_{ij}$ 来表示

$$df=\frac{\partial f}{\partial\sigma_{ij}}d\sigma_{ij} \tag{9.80}$$

所以，对于任何一组应力增量而言，我们有下列三种受载的过程：

$$\left.\begin{array}{ll}\text{(A)}\ df>0 & \text{加载过程}\\ \text{(B)}\ df=0 & \text{中性过程}\\ \text{(C)}\ df<0 & \text{卸载过程}\end{array}\right\} \tag{9.81}$$

中性过程指该点既非加载又非卸载的过程．

根据不同的受载过程和屈服情况，(9.73) 式中的 α^* 取不同值．因为 (9.73) 式中 $H\frac{\partial f}{\partial\sigma_{ij}}df$ 那一项是有关塑性变形增量的一项，它在未屈服 $[f(\sigma_{ij})<C]$ 时，不论加载卸载或是不加不卸的过程中都不出现，这时，我们可以用 $\alpha^*=0$．在屈服 $[f(\sigma_{ij})=C]$ 以后，加载 $(df>0)$ 或中性过程 $(df=0)$ 中，都可以认为有塑性变形的变化，这时，我们可以用 $\alpha^*=1$，也就是说，(9.73) 式有

$H\dfrac{\partial f}{\partial\sigma_{ij}}df$ 这一项存在．但是，即使在屈服 $[f(\sigma_{ij})=C]$ 以后，卸载 $(df<0)$ 中，塑性变形的增量立刻消去，那时的应变增量只顺着弹性规律变化，所以，这一项恒等于零，亦即 $\alpha^*=0$．因此，我们可以这样规定：

(A) 在屈服条件下的加载过程和中性过程

$$\text{当 } f(\sigma_{ij})=C,\ df\geqslant 0 \text{ 时} \qquad \alpha^*=1 \tag{9.82a}$$

(B) 在屈服条件下的卸载过程

$$\text{当 } f(\sigma_{ij})=C,\ df<0 \text{ 时} \qquad \alpha^*=0 \tag{9.82b}$$

(C) 在未屈服时，不论加载卸载或中性过程

$$\text{当 } f(\sigma_{ij})<C,\ df\gtreqless 0 \text{ 时} \qquad \alpha^*=0 \tag{9.82c}$$

参数 C 也可以作为**总塑性变形功** $\int\sigma_{ij}de_{ij}^p$ 的函数

$$C=F\left(\int\sigma_{ij}de_{ij}^p\right) \tag{9.83}$$

这个积分是按受载过程进行的，F 是 $\int\sigma_{ij}de_{ij}^p$ 的单调增加的正函数．

通过 (9.76)，(9.78)，(9.83) 式可以建立 f，H，F 之间的关系式．从 (9.78)，(9.83) 式，我们有

$$dC=df=F'\sigma_{ij}de_{ij}^p \tag{9.84}$$

把 (9.76) 式的 de_{ij}^p 代入上式，并在两侧消去 df，即得

$$\alpha^*\sigma_{ij}\frac{\partial f}{\partial\sigma_{ij}}HF'=1 \tag{9.85}$$

在 (9.73) 式上乘 $\dfrac{\partial f}{\partial\sigma_{ij}}$，并对 i，j 求和，得

$$\begin{aligned}\frac{\partial f}{\partial\sigma_{ij}}de_{ij}=&\frac{1-2\nu}{3E}d\sigma_{kk}\frac{\partial f}{\partial e_{ij}}\delta_{ij}\\&+\frac{d\sigma'_{ij}}{2G}\frac{\partial f}{\partial\sigma_{ij}}+\alpha^*\frac{\partial f}{\partial\sigma_{ij}}\frac{\partial f}{\partial\sigma_{ij}}Hdf\end{aligned} \tag{9.86}$$

其中，根据 $f(\sigma_{ij})$ 的表达式，有

$$\frac{\partial f}{\partial\sigma_{ij}}\delta_{ij}=\frac{\partial f}{\partial\sigma_{11}}+\frac{\partial f}{\partial\sigma_{22}}+\frac{\partial f}{\partial\sigma_{33}}=0 \tag{9.87}$$

而且

$$d\sigma_{kk} = \frac{E}{1-2\nu} de_{kk} \tag{9.88}$$

$$d\sigma'_{ij} = d\sigma_{ij} - \frac{E}{3(1-2\nu)} de_{kk}\delta_{ij} \tag{9.89}$$

所以,从 (9.87), (9.89) 式,有

$$\begin{aligned} d\sigma'_{ij} \frac{\partial f}{\partial \sigma_{ij}} &= d\sigma_{ij} \frac{\partial f}{\partial \sigma_{ij}} - \frac{E}{3(1-2\nu)} de_{kk} \frac{\partial f}{\partial \sigma_{ij}} \delta_{ij} \\ &= d\sigma_{ij} \frac{\partial f}{\partial \sigma_{ij}} = df \end{aligned} \tag{9.90}$$

把 (9.87), (9.90) 式代入 (9.86) 式,得

$$\frac{\partial f}{\partial \sigma_{ij}} de_{ij} = \frac{1}{2G} df + \alpha^* \frac{\partial f}{\partial \sigma_{mn}} \frac{\partial f}{\partial \sigma_{mn}} Hdf \tag{9.91}$$

解出 Hdf, 得

$$Hdf = \frac{de_{mn} \dfrac{\partial f}{\partial \sigma_{mn}}}{\dfrac{1+\nu}{EH} + \alpha^* \dfrac{\partial f}{\partial \sigma_{ij}} \dfrac{\partial f}{\partial \sigma_{ij}}} \tag{9.92}$$

这个表达式用在 (9.73) 式时,只有当 $f(\sigma_{ij}) = C$ 和 $df \geqslant 0$ 时才有效,当 $f(\sigma_{ij}) < C$, 或当 $f(\sigma_{ij}) = C$, 但 $df < 0$ 时,这一项是根本不存在的. 因此,(9.92) 式可以写成

$$\alpha^* Hdf = \alpha^* \frac{de_{mn} \dfrac{\partial f}{\partial \sigma_{mn}}}{\dfrac{1+\nu}{EH} + \dfrac{\partial f}{\partial \sigma_{ij}} \dfrac{\partial f}{\partial \sigma_{ij}}} \tag{9.93}$$

其作用毫无改变. 这里略去了分母中的 α^*, 但并不影响其结果.

利用了 (9.88), (9.89) 式,表达式 (9.73) 可以写成

$$d\sigma_{ij} = \frac{E}{3(1-2\nu)} de_{kk}\delta_{ij} + 2Gde'_{ij} - \alpha^* 2G \frac{\partial f}{\partial \sigma_{ij}} Hdf \tag{9.94}$$

再把 (9.93) 式代入,得

$$d\sigma_{ij} = \frac{E}{3(1-2\nu)} de_{kk}\delta_{ij} + 2Gde'_{ij}$$

$$-\alpha^* \frac{2G \dfrac{\partial f}{\partial \sigma_{mn}} de_m}{\dfrac{1+\nu}{EH} + \dfrac{\partial f}{\partial \sigma_{kl}} \dfrac{\partial f}{\partial \sigma_{kl}}} \frac{\partial f}{\partial \sigma_{ij}} \tag{9.95}$$

根据 (9.92) 式,本式的 α^* 也可以用 $de_{mn} \dfrac{\partial f}{\partial \sigma_{mn}}$ 的符号表示如下:

(1) 当在屈服中加载或中性时,或当 $f(\sigma_{ij}) = C$ 而且

$$de_{mn} \frac{\partial f}{\partial \sigma_{mn}} \geqslant 0$$

时

$$\alpha^* = 1 \tag{9.96a}$$

(2) 当未屈服时,即 $f(\sigma_{ij}) < C$ 时,不论 $de_{mn} \dfrac{\partial f}{\partial \sigma_{mn}} \gtreqless 0$ 时

$$\alpha^* = 0 \tag{9.96b}$$

(3) 当在屈服条件下卸载时,即 $f(\sigma_{ij}) = C$, 但

$$de_{mn} \frac{\partial f}{\partial \sigma_{mn}} < 0$$

时

$$\alpha^* = 0 \tag{9.96c}$$

(9.95) 式和 (9.73) 式都是 $d\sigma_{ij}$, de_{ij} 的线性齐次关系. 它和线性弹性理论的应力应变关系相仿,只是在塑性流动理论中,加载和卸载的关系不同,而且弹性常数和当时的应力状态有关,也和增量开始前这一阶段的受载历史有关.

很易证明这种应变硬化材料既有应变能增量密度函数 $A(de_{ij})$, 也有余能增量密度函数 $B(d\sigma_{ij})$. 它们是

$$A(de_{ij}) = \frac{E}{6(1-2\nu)} de_{kk} de_{ll} + G de'_{kl} de'_{kl}$$

$$-\alpha^* \frac{G \dfrac{\partial f}{\partial \sigma_{mn}} de_{mn} \dfrac{\partial f}{\partial \sigma_{kl}} de_{kl}}{\dfrac{1+\nu}{EH} + \dfrac{\partial f}{\partial \sigma_{ij}} \dfrac{\partial f}{\partial \sigma_{ij}}} \tag{9.97}$$

$$B(d\sigma_{ij}) = \frac{(1-2\nu)}{6E} d\sigma_{kl} d\sigma_{kl} + \frac{1}{4G} d\sigma'_{ij} d\sigma'_{ij} + \frac{1}{2} \alpha^* H (df)^2 \tag{9.98}$$

这里有两个变分定理，即最小位能原理（其泛函为 Π_d(9.70) 式）和最小余能定理（其泛函为 Π_{cd}(9.71) 式）这些原理的证明，见希尔著塑性力学的数学基础[8]. 该书中还有关于这些原理发展过程中的一些文献.

2. 理想塑性材料

这种材料只是应变硬化材料的一种极限性质的材料. 称 $H = \frac{1}{\beta}$，而 β 也是一个正常数. 研究一种极限状态，

$$\lim_{\substack{\beta \to 0 \\ df \to 0}} \frac{df}{\beta} = d\lambda > 0 \tag{9.99}$$

$d\lambda$ 也是正的，但有限而不定. 于是理想塑性材料的应力应变关系可以从 (9.73)，(9.95) 式求得.

$$de_{ij} = \frac{1-2\nu}{3E} d\sigma_{kk} \delta_{ij} + \frac{1}{2G} d\sigma'_{ij} + \alpha^* \frac{\partial f}{\partial \sigma_{ij}} d\lambda \tag{9.100a}$$

$$d\sigma_{ij} = \frac{E}{3(1-2\nu)} de_{kk} \delta_{ij} + 2G de'_{ij} - \alpha^* \frac{2G\left(\frac{\partial f}{\partial \sigma_{mn}} de_{mn}\right)}{\frac{\partial f}{\partial \sigma_{kl}} \frac{\partial f}{\partial \sigma_{kl}}} \frac{\partial f}{\partial \sigma_{ij}} \tag{9.100b}$$

而应变能增量密度 $A(de_{ij})$ 和余能增量密度 $B(d\sigma_{ij})$ 为

$$A(de_{ij}) = \frac{E}{6(1-2\nu)} de_{kk} de_{ll} + G de'_{ij} de'_{ij} - \alpha^* \frac{G\left(\frac{\partial f}{\partial \sigma_{mn}} de_{mn}\right)^2}{\frac{\partial f}{\partial \sigma_{kl}} \frac{\partial f}{\partial \sigma_{kl}}} \tag{9.101a}$$

$$B(d\sigma_{ij}) = \frac{(1-2\nu)}{6E} d\sigma_{kk} d\sigma_{ll} + \frac{1}{4G} d\sigma'_{ij} d\sigma'_{ij} \tag{9.101b}$$

两个变分原理也都和(9.70),(9.71)式的泛函相同，证明见希尔原著[8].

3. 普朗特耳-路斯（Prandtl-Reuss）方程

普朗特耳-路斯方程是指(9.73),(9.95)式的流动理论的应力应变增量关系的一种特殊形式．我们假定屈服条件 $f(\sigma_{ij})$ 可以写成

$$f(\sigma_{ij})=\bar{\sigma}=\sqrt{\frac{3}{2}}\{\sigma'_{kl}\sigma'_{kl}\}^{1/2} \tag{9.102}$$

如果称

$$d\bar{e}^{p}=\sqrt{\frac{2}{3}}\{de^{p}_{ij}de^{p}_{ij}\}^{1/2} \tag{9.103}$$

则(9.83)式可以用下式代替

$$\bar{\sigma}=F_1\left(\int d\bar{e}^{p}\right) \tag{9.104}$$

F_1 是一个单调增加的正函数.

从(9.102),(9.103)式,有

$$df=F'de^{p}=\sqrt{\frac{2}{3}}F'\{de^{p}_{ij}de^{p}_{ij}\}^{1/2} \tag{9.105}$$

用(9.76)式,上式化为

$$df=\sqrt{\frac{2}{3}}\alpha^{*}Hdf\left\{\frac{\partial f}{\partial\sigma_{ij}}\frac{\partial f}{\partial\sigma_{ij}}\right\}^{1/2}F'_1 \tag{9.106}$$

再用(9.102)式,有

$$\frac{\partial f}{\partial\sigma_{ij}}=\sqrt{\frac{3}{2}}\{\sigma'_{kl}\sigma'_{kl}\}^{-\frac{1}{2}}\sigma'_{ij} \tag{9.107}$$

代入(9.106)式,消去 df，置 $\alpha^{*}=1$，得

$$HF'_1=1 \tag{9.108}$$

于是(9.73),(9.95)式分别可以写成

$$de_{ij}=\frac{1-2\nu}{3E}d\sigma_{kk}\delta_{ij}+\frac{1}{2G}d\sigma'_{ij}+\alpha^{*}\frac{3\sigma'_{ij}d\bar{\sigma}}{2\bar{\sigma}F'_1} \tag{9.109}$$

$$d\sigma_{ij}=\frac{E}{3(1-2\nu)}de_{kk}\delta_{ij}+2Gde'_{ij}-\alpha^*\frac{3G(\sigma'_{kl}de_{kl})\sigma'_{ij}}{\bar{\sigma}^2\left(\frac{F'_1}{3G}+1\right)} \quad (9.110)$$

其中 α^* 的值规定为

(1) 加载及中性时 $\bar{\sigma}=C$, $d\bar{\sigma}\geqslant 0$ 或 $\sigma'_{ij}de_{ij}\geqslant 0$ 有

$$\alpha^*=1 \quad (9.111a)$$

(2) 卸载时，或未屈服时；即 $\bar{\sigma}<0$，或 $\bar{\sigma}=C$ 和 $d\bar{\sigma}<0$，或 $\sigma'_{ij}de_{ij}<0$ 时

$$\alpha^*=0 \quad (9.111b)$$

(9.109)，(9.110) 式即为应变硬化材料的普朗特耳-路斯方程。

如果 (9.109)，(9.110) 式两边除以 dt，即得用应力速度 $\dot{\sigma}_{ij}$ 和应变速度 $\dot{e}_{ij}$ 表示的普朗特耳-路斯方程：

$$\dot{e}_{ij}=\frac{(1-2\nu)}{3E}\dot{\sigma}_{kk}\delta_{ij}+\frac{1}{2G}\dot{\sigma}'_{ij}+\alpha^*\frac{3\sigma'_{ij}\dot{\bar{\sigma}}}{2\bar{\sigma}F'_1} \quad (9.112)$$

$$\dot{\sigma}_{ij}=\frac{E}{3(1-2\nu)}\dot{e}_{kk}\delta_{ij}+2G\dot{e}'_{ij}-\alpha^*\frac{3G\sigma'_{kl}\dot{e}_{kl}}{\bar{\sigma}^2\left(\frac{F'_1}{3G}+1\right)}\sigma'_{ij} \quad (9.113)$$

对于完全塑性体而言，屈服条件为

$$\sigma'_{kl}\sigma'_{kl}=2k^2 \quad (9.114)$$

k 为简单剪力的屈服限，并称

$$\lim_{\substack{d\bar{\sigma}\to 0\\ F'_1\to 0}}\frac{3d\bar{\sigma}}{2\bar{\sigma}F'_1}=d\lambda>0 \quad (9.115)$$

普朗特耳-路斯方程化为

$$de_{ij}=\frac{(1-2\nu)}{3E}d\sigma_{kk}\delta_{ij}+\frac{1}{2G}d\sigma'_{ij}+\alpha^*\sigma'_{ij}d\lambda \quad (9.116a)$$

$$d\sigma_{ij}=\frac{E}{3(1-2\nu)}de_{kk}\delta_{ij}+2Gde'_{ij}-\alpha^*\frac{G}{k^2}(\sigma'_{kl}de_{kl})\sigma'_{ij} \quad (9.116b)$$

也可以写成速度方程的形式

$$\dot{e}_{ij}=\frac{1-2\nu}{3E}\dot{\sigma}_{kk}\delta_{ij}+\frac{1}{2G}\dot{\sigma}_{ij}+\alpha^*\dot{\lambda}\sigma'_{ij} \quad (9.117a)$$

$$\dot{\sigma}_{ij}=\frac{E}{3(1-2\nu)}\dot{e}_{kk}\delta_{ij}+2G\dot{e}_{ij}-\alpha^*\frac{G}{k^2}\sigma'_{kl}\dot{e}_{kl}\sigma'_{ij} \quad (9.117b)$$

两个变分原理也相同.

4. 圣维南-李维-密西斯方程

如果在普朗特耳-路斯方程中假定弹性应变速度部份可以完全略去,则塑性应变速度和有关应力可以从(9.117)式中求得,它们是,

$$
\left.\begin{array}{lll}
(\mathrm{A}) & \dot{e}_{ij}=\dot{\lambda}\sigma'_{ij} & (\text{当 } \sigma'_{ij}\sigma'_{ij}=2k^2,\ \sigma'_{ij}\dot{\sigma}'_{ij}=0) \\
(\mathrm{B}) & \dot{e}_{ij}=0 & (\text{当 } \sigma'_{ij}\sigma'_{ij}<2k^2) \\
 & & \text{或}(\text{当 } \sigma'_{ij}\sigma'_{ij}=2k^2,\ \sigma'_{ij}\dot{\sigma}'_{ij}<0)
\end{array}\right\} \tag{9.118}
$$

这就是所谓刚塑性材料,只有(9.118)的(A)式才处于塑性区域中. 从(9.118)的(A)式,得

$$
\dot{e}_{ij}\dot{e}_{ij}=\dot{\lambda}^2\sigma'_{ij}\sigma'_{ij}=2k^2\dot{\lambda}^2 \tag{9.119}
$$

于是,得

$$
\dot{\lambda}=\frac{\sqrt{\dot{e}_{ij}\dot{e}_{ij}}}{\sqrt{2}\,k} \tag{9.120}
$$

把(9.120)式代入(9.118)的(A)式,得

$$
\sigma'_{ij}=\frac{\sqrt{2}\,k}{\sqrt{\dot{e}_{ij}\dot{e}_{ij}}}\dot{e}_{ij} \qquad (\text{当 } \sigma'_{ij}\sigma'_{ij}=2k^2 \text{ 时}) \tag{9.121}
$$

(9.118)(B)式和(5.530)式称为圣维南-李维-密西斯方程,服从这种方程的材料称为刚塑性材料.

我们现在将假定刚塑性材料的全部物体处于塑性状态中. 它的变分原理和前面的材料略有不同.

我们的问题是:

(1) 平衡方程

$$
\sigma_{ij,j}+F_i=0 \tag{9.122}
$$

(2) 屈服条件

$$
\sigma'_{ij}\sigma'_{ij}=2k^2 \tag{9.123}
$$

(3) 应力应变速度关系(9.121)式

(4) 应变速度和位移速度的关系

$$\dot{e}_{ij}=\frac{1}{2}(v_{i,j}+v_{j,i}) \tag{9.124}$$

(5) 不可压缩条件

$$\dot{e}_{ii}=0 \tag{9.125}$$

(6) 边界条件

$$\sigma_{ij}n_j=\bar{p}_i \qquad 在 S_p 上 \tag{9.126a}$$

$$v_i=\bar{v}_i \qquad 在 S_v 上 \tag{9.126b}$$

第一变分原理(亦称**马可夫原理**):

在满足应变速度位移速度关系 (9.124) 式，不可压缩条件 (9.125) 式和边界位移速度已知条件 (9.126b) 式的一切 v_i 中，使

$$\delta\Pi=0 \quad \Pi=\sqrt{2}k\iiint_\tau\sqrt{\dot{e}_{ij}\dot{e}_{ij}}\,d\tau-\iiint_\tau F_iv_id\tau-\iint_{S_p}\bar{p}_iv_idS \tag{9.127}$$

的 v_i(Π 为最小)，必为本问题的正确解.

证明　称正确解的应力，应变速度和位移速度为 σ_{ij}，$\dot{e}_{ij}$，v_i，而一切容许的解为 σ_{ij}^*，$\dot{e}_{ij}^*$，v_i^*.

根据许阀兹不等式，有

$$\sigma'_{ij}\dot{e}_{ij}^*\leqslant\sqrt{\sigma'_{ij}\sigma'_{ij}}\sqrt{\dot{e}_{kl}^*\dot{e}_{kl}^*} \tag{9.128}$$

根据不可压缩条件，有

$$\sigma'_{ij}=\sigma_{ij} \tag{9.129}$$

而且根据屈服条件，有

$$\sqrt{\sigma'_{ij}\sigma'_{ij}}=\sqrt{2}k \tag{9.130}$$

于是 (9.128) 式可以化为

$$\sigma_{ij}\dot{e}_{ij}^*\leqslant\sqrt{2}k\sqrt{\dot{e}_{kl}^*\dot{e}_{kl}^*} \tag{9.131}$$

但是，根据应力和应变速度关系 (9.121) 式，在利用了 (9.129) 式以后，有

$$\sigma_{ij}\dot{e}_{ij}=\sqrt{2}k\sqrt{\dot{e}_{kl}\dot{e}_{kl}} \tag{9.132}$$

从 (9.131) 式减去 (9.132) 式. 证明

$$\sqrt{2}k\left(\sqrt{\dot{e}_{kl}^*\dot{e}_{kl}^*}-\sqrt{\dot{e}_{kl}\dot{e}_{kl}}\right)\geqslant\sigma_{ij}(\dot{e}_{ij}^*-\dot{e}_{ij}) \tag{9.133}$$

用格林定理，我们可以证明：

$$\iiint_{\tau}\sigma_{ij}\dot{e}_{ij}d\tau-\iiint_{\tau}F_iv_id\tau=\iiint_{\tau}(\sigma_{ij}v_{i,j}-F_iv_i)d\tau$$

$$=-\iiint_{\tau}\{\sigma_{ij,j}-F_i\}v_id\tau+\iint_{S_p+S_v}\sigma_{ij}n_jv_idS \qquad (9.134)$$

所以，我们有

$$\iiint_{\tau}\sigma_{ij}\dot{e}_{ij}d\tau-\iiint_{\tau}F_iv_id\tau-\iint_{S_p}\bar{p}_iv_idS$$

$$=-\iiint_{\tau}\{\sigma_{ij,j}+F_i\}v_id\tau+\iint_{S_p}(\sigma_{ij}n_j-\bar{p}_i)v_idS$$

$$+\iint_{S_v}\sigma_{ij}n_jv_idS \qquad (9.135)$$

因为 v_i, $\dot{e}_{ij}$, σ_{ij} 是正确解，它们满足平衡方程 (9.122) 式，边界条件 (9.126a, b) 式，所以上式简化为

$$\iiint_{\tau}\sigma_{ij}\dot{e}_{ij}d\tau-\iiint_{\tau}F_iv_id\tau-\iint_{S_p}\bar{p}_iv_idS=\iint_{S_v}\sigma_{ij}n_j\bar{v}_idS \quad (9.136)$$

同样，只要 v_i^*, $\dot{e}_{ij}^*$，是满足 (9.124) 式，(9.125) 式，(9.126b) 式而 σ_{ij} 满足 (9.122) 式和 (9.126a) 式，则用相同的方法可以证明

$$\iiint_{\tau}\sigma_{ij}\dot{e}_{ij}^*d\tau-\iiint_{\tau}F_iv_i^*d\tau-\iint_{S_p}\bar{p}_iv_i^*dS=\iint_{S_v}\sigma_{ij}n_j\bar{v}_idS \quad (9.137)$$

利用 (9.133) 式，(9.136) 和 (9.137) 式，我们即可证明

$$\sqrt{2}k\iiint_{\tau}\sqrt{\dot{e}_{ij}^*\dot{e}_{ij}^*}\,d\tau-\iiint_{\tau}F_iv_i^*d\tau-\iint_{S_p}\bar{p}_iv_i^*dS$$

$$\geqslant\sqrt{2}k\iiint_{\tau}\sqrt{\dot{e}_{ij}\dot{e}_{ij}}\,d\tau-\iiint_{\tau}F_iv_id\tau-\iint_{S_p}\bar{p}_iv_idS \quad (9.138)$$

这就证明了马可夫原理.

第二变分原理(有时称为**希尔** Hill **原理**)：

在满足平衡方程 (9.122)式，屈服条件 (9.123)式，和外力已知

的边界条件 (9.126a) 的一切容许的 σ_{ij} 中（简称静力容许的 σ_{ij} 中），使

$$\delta\Pi_c = 0 \quad \Pi_c = -\iint_{S_u} \sigma_{ij}n_j\bar{v}_i dS \tag{9.139}$$

的 σ_{ij}(Π_c 最小)，必为本问题的正确解．或正确解使 $-\Pi_c$ 为最大．

设正确解为 σ_{ij}，$\dot{e}_{ij}$，v_i，容许解为 σ_{ij}^*，于是

$$\sigma'_{ij}\sigma'_{ij} = 2k^2, \qquad \sigma_{ij}^*\sigma_{ij}^* = 2k^2 \tag{9.140}$$

根据许阀兹不等式，有

$$\sigma_{ij}\sigma_{ij}^* \leqslant \sqrt{\sigma'_{ij}\sigma'_{ij}}\sqrt{\sigma_{kl}^*\sigma_{kl}^*} = 2k^2 \tag{9.141}$$

从 (9.141) 式中减去 (9.140) 式的第一式，得

$$(\sigma_{ij}^* - \sigma'_{ij})\sigma'_{ij} \leqslant 0 \qquad (\sigma_{ij} = \sigma'_{ij}) \tag{9.142}$$

把 (9.121) 式代入 (9.142) 式，得

$$(\sigma_{ij}^* - \sigma'_{ij})\dot{e}_{ij} \leqslant 0 \tag{9.143}$$

积分得

$$\iiint_{\tau} \sigma'_{ij}\dot{e}_{ij}d\tau \geqslant \iiint_{\tau} \sigma_{ij}^*\dot{e}_{ij}d\tau \tag{9.144}$$

用 $\dot{e}_{ij} = \frac{1}{2}(v_{i,j} + v_{j,i})$，上式通过格林定理，并且因为 σ_{ij}，σ_{ij}^* 都满足平衡方程，和外力已知边界条件，即 $\sigma_{ij,j} = \sigma_{ij,j}^*$，$\sigma_{ij}n_j = \sigma_{ij}^*n_j = \bar{p}_i$，所以即证明

$$\iint_{S_v} \sigma_{ij}n_j\bar{v}_i dS \geqslant \iint_{S_v} \sigma_{ij}^*n_j\bar{v}_i dS \tag{9.145}$$

这就证明了希尔定理．

所有本节的变分原理，都可以利用拉格朗日乘子法化为广义变分原理．

马可夫原理和希尔原理都是有条件的变分原理，采用拉格朗日乘子，可以证明都可以归纳为一个广义变分原理．

刚塑性问题的广义变分原理：

在一切 $\dot{e}_{ij}$，v_i，σ_{ij} 的函数中，使

$$\delta\Pi^* = 0$$

$$
\begin{aligned}
\Pi^* = &\sqrt{2}\,k \iiint_\tau \sqrt{\dot{e}_{ij}\dot{e}_{ij}}\,d\tau - \iint_{S_\sigma} \bar{p}_i v_i dS - \iiint_\tau F_i v_i d\tau \\
&- \iiint_\tau \left\{\left[\dot{e}_{ij} - \frac{1}{2}(v_{i,j} + v_{j,i})\right]\sigma_{ij} - \dot{e}_{ij}\delta_{ij}\frac{1}{3}\sigma_{kk}\right\} d\tau \\
&- \iint_{S_u} \sigma_{ij} n_j (v_i - \bar{v}_i) dS
\end{aligned}
\tag{9.146}
$$

的 $\dot{e}_{ij}$, v_i, σ_{ij}, 必为刚塑性体问题的正确解. 这里的 σ_{ij}, 和 $\frac{1}{3}\sigma_{kk}$ 可以证明都是把(9.124)式和(9.125)式引入变分泛函时的拉格朗日乘子. $\sigma_{ij}n_j$ 为引入(9.126b)式时的拉格朗日乘子. 可以证明, (9.146)式的驻值条件将导出(9.121)式

$$
\sigma'_{ij} = \sigma_{ij} - \frac{1}{3}\sigma_{kk}\delta_{ij} = \frac{\sqrt{2}\,k}{\sqrt{\dot{e}_{kl}\dot{e}_{kl}}}\dot{e}_{ij} \tag{9.147}
$$

和(9.122)式及其它条件.

§9.4 刚塑性体极限分析的变分原理

刚塑性体的极限分析理论的变分原理首先是普拉格-霍奇(1951)提出的[9].无疑地可以说,这是应用流动塑性理论最成功的经验. 在1952年,又推广到不连续流动场的问题[10]. 此后逐步推广到其它结构的计算[11,12,13]. 我国钱令希、钟万勰(1963)[14]曾提出了有关问题的广义变分原理,所用乘子曾引起王仁、赵祖武、梅占馨、王长兴等的广泛讨论[15],提出了各种各样的可能乘子,当时并未达到一致的结论. 直到薛大为(1975)[16]正确利用了拉格朗日乘子法才达到了合理的结论. 本节内容基本上采用薛大为的工作.

一受外载作用的刚塑性体,在极限状态时,应满足下列方程和条件

(1) 平衡方程(在全部体积内)

$$
\sigma_{ij,j} + F_i = 0 \tag{9.148}
$$

(2) 流动定律和刚性条件

$$\text{在塑性区 } \tau_p \text{ 中} \qquad \dot{e}_{ij} = \lambda \frac{\partial f}{\partial \sigma_{ij}} \tag{9.149}$$

$$\text{在刚性区 } \tau_r \text{ 中} \qquad \dot{e}_{ij} = 0 \tag{9.150}$$

(3) 应变速度和位移速度的关系

$$\dot{e}_{ij} = \frac{1}{2}(v_{i,j} + v_{j,i}) \tag{9.151}$$

(4) 在外力已知的表面 S_p 上的边界条件

$$\sigma_{ij} n_j = \nu \bar{p}_i \tag{9.152}$$

(5) 在位移速度已知的表面 S_v 上的边界条件

$$v_i = \bar{v}_i \tag{9.153}$$

(6) 屈服条件

$$\left.\begin{array}{ll} \text{在 } V_p \text{ 内(塑性区)} & f = \sigma_T^2 \\ \text{在 } V_r \text{ 内(刚性区)} & f \leqslant \sigma_T^2 \end{array}\right\} \tag{9.154}$$

式中

$$\left.\begin{array}{ll} \nu = \text{载荷因子} & \nu \bar{p}_i = \text{物体所受表面外力} \\ \lambda = \text{待定标量} & \end{array}\right\} \tag{9.155}$$

又 f 为 σ_{ij} 是二次齐次函数，$f(\sigma_{ij}) - \sigma_T^2 = 0$ 为材料的屈服条件，所以，有

$$\frac{\partial f}{\partial \sigma_{ij}} \sigma_{ij} = 2f \tag{9.156}$$

下面的广义变分原理在于确定极限状态的 ν 值.

这个问题的**最小位能原理**可以写成:

在一切满足 (1) 流动定律和刚性定律 (9.149) (9.150) 式，(2) 应变速度位移速度关系 (9.151) 式，(3) 位移速度已知的边界条件 (9.153) 式和 (4) 屈服条件 (9.154) 式的 v_i, $\dot{e}_{ij}$ 中，使泛函

$$\Pi_1 = \iiint_\tau \sigma_{ij} \dot{e}_{ij} d\tau - \iiint_\tau F_i v_i d\tau - \nu \iint_{S_p} \bar{p}_i v_i dS \tag{9.157}$$

为极值的 v_i, $\dot{e}_{ij}$, 必使 ν 为极值

$$\nu = \frac{\iiint_\tau \sigma_{ij} \dot{e}_{ij} d\tau - \iiint_\tau F_i v_i d\tau}{\iint_{S_p} \bar{p}_i v_i dS} = \frac{J}{I} \tag{9.158}$$

这样求得的解满足 (1) 平衡方程(9.148)式，(2) 外力已给的边界条件 (9.152) 式.

首先从 $\Pi_1 = J - \nu I$，得

$$\delta\Pi_1 = \delta J - \nu\delta I - I\delta\nu \tag{9.159}$$

当 ν 为极值时，$\delta\nu = 0$，亦即从 (9.158) 式，有

$$\delta\nu = \frac{\delta J}{I} - \frac{J\delta I}{I^2} = \frac{1}{I}\left(\delta J - \frac{J}{I}\delta I\right) = \frac{1}{I}(\delta J - \nu\delta I) = 0 \tag{9.160}$$

把 (9.159), (9.160) 式相对比，即刻证明了 $\delta\nu = 0$ 时，亦即 $\delta\Pi_1 = 0$. 这就证明了 Π_1 的极值条件和 $\delta\nu$ 的极值条件是一致的，而且

$$\delta\Pi_1 = \iiint_\tau \delta\sigma_{ij}\dot{e}_{ij}d\tau + \iiint_\tau \sigma_{ij}\delta\dot{e}_{ij}d\tau - \iiint_\tau F_i\delta v_i d\tau - \nu_{极}\iint_{S_p}\bar{p}_i\delta v_i dS \tag{9.161}$$

其中 $\delta\nu$ 业已置于零. 所以 $\nu = \nu_{极}$，把 (9.149), (9.150) 式代入第一个积分

$$\iiint_\tau \delta\sigma_{ij}\dot{e}_{ij}d\tau = \iiint_{\tau_p}\delta\sigma_{ij}\lambda\frac{\partial f}{\partial\sigma_{ij}}d\tau = \lambda\iiint_{\tau_p}\delta f d\tau \tag{9.162}$$

把 (9.151) 式代入第二个积分，

$$\iiint_\tau \sigma_{ij}\delta\dot{e}_{ij}d\tau = \iiint_\tau \sigma_{ij}\delta v_{i,j}d\tau = \iint_S \sigma_{ij}n_j\delta v_i dS - \iiint_\tau \sigma_{ij,j}\delta v_i d\tau \tag{9.163}$$

把 (9.162), (9.163) 式代入 (9.161) 式，并利用 (9.153) 式. 在 S_v 上，$v_i = \bar{v}_i$，所以 $\delta v_i = 0$. 于是，有

$$\delta\Pi_1 = \lambda\iiint_{\tau_p}\delta f d\tau - \iiint_\tau(\sigma_{ij,j} + F_i)\delta v_i d\tau + \iint_{S_p}(\sigma_{ij}n_j - \nu_{极}\bar{p}_i)\delta v_i dS = 0 \tag{9.164}$$

由于 δf，δv_i 都是独立的变分，所以有

$$\left.\begin{array}{ll}\delta f = 0 & \text{在 } \tau_p \text{ 内} \\ \sigma_{ij,j} + F_i = 0 & \text{在 } \tau = \tau_p + \tau_r \text{ 内} \\ \sigma_{ij,j} = \nu_{\text{极}} \bar{p}_i & \text{在 } S_p \text{ 内}\end{array}\right\} \tag{9.165}$$

这就证明了这个变分原理。

如果用拉格朗日乘子 α_{ij}, β_{ij}, γ_i, η 乘在(9.149), (9.150), (9.151), (9.153), (9.154)诸式上，把泛函 Π_1 化为无条件的变分泛函 Π_1^*, 则 v_1, σ_{ij}, $\dot{e}_{ij}$ 在变分中就不受什么限制了。

$$\begin{aligned}\Pi_1^* = & \iiint_\tau \left\{\sigma_{ij}\dot{e}_{ij} - F_i v_i + \beta_{ij}\left[\frac{1}{2}(v_{i,j} + v_{j,i}) - \dot{e}_{ij}\right]\right\} d\tau \\ & + \iiint_{\tau_p}\left[\alpha_{ij}\left(\lambda\frac{\partial f}{\partial\sigma_{ij}} - \dot{e}_{ij}\right) + \eta(f - \sigma_T^2)\right] d\tau_p \\ & - \iiint_{\tau_r}\alpha_{ij}\dot{e}_{ij} d\tau_r + \iint_{S_u}\gamma_i(v_i - \bar{v}_i)dS - \nu\iint_{S_p}\bar{p}_i v_i dS\end{aligned} \tag{9.166}$$

变分后，得

$$\begin{aligned}\delta\Pi_1^* = & \iiint_\tau \left\{\delta\beta_{ij}\left[\frac{1}{2}(v_{i,j} + v_{j,i}) - \dot{e}_{ij}\right]\right\} d\tau \\ & - \iiint_{\tau_r}\delta\alpha_{ij}\dot{e}_{ij} d\tau_r + \iiint_{\tau_p}\left\{\delta\alpha_{ij}\left(\lambda\frac{\partial f}{\partial\sigma_{ij}} - \dot{e}_{ij}\right)\right. \\ & \left. + \delta\eta(f - \sigma_T^2)\right\} d\tau_p + \iint_{S_u}\delta\gamma_i(v_i - \bar{v}_i)dS \\ & + \iiint_\tau \delta\sigma_{ij}\dot{e}_{ij} d\tau + \iiint_\tau \{[\sigma_{ij} - \beta_{ij}]\delta\dot{e}_{ij} \\ & - (F_i + \beta_{ij,j})\delta v_i\} d\tau + \iiint_{\tau_p}\left\{\alpha_{ij}\left(\lambda\delta\frac{\partial f}{\partial\sigma_{ij}} - \delta\dot{e}_{ij}\right)\right. \\ & \left. + \eta\delta f\right\}\delta\tau_p - \iiint_{\tau_r}\alpha_{ij}\delta\dot{e}_{ij} d\tau_r \\ & + \iiint_{S_p}(\beta_{ij}n_j - \nu_{\text{极}}\bar{p}_i)\delta v_i dS \\ & + \iint_{S_v}(\beta_{ij}n_j + \gamma_i)\delta v_i dS = 0\end{aligned} \tag{9.167}$$

前四个积分中，给出的欧拉方程就是原来的变分中所应满足的条件(9.149)，(9.150)，(9.151)，(9.153)，(9.154)等式. 其次，从(9.156)式中，有

$$\sigma_{ij}\delta\frac{\partial f}{\partial\sigma_{ij}}+\frac{\partial f}{\partial\sigma_{ij}}\delta\sigma_{ij}=2\delta f \tag{9.168}$$

而且根据 $f(\sigma_{ij})=f$，我们有

$$\delta f=\frac{\partial f}{\partial\sigma_{ij}}\delta\sigma_{ij} \tag{9.169}$$

把(9.168)，(9.169)式合在一起，有

$$\delta f=\sigma_{ij}\delta\frac{\partial f}{\partial\sigma_{ij}}=\frac{\partial f}{\partial\sigma_{ij}}\delta\sigma_{ij} \tag{9.170}$$

而(9.167)式中其余4个体积积分可以化为

$$\begin{aligned}
&\iiint_{\tau}\delta\sigma_{ij}\dot{e}_{ij}d\tau+\iiint_{\tau}\{[\sigma_{ij}-\beta_{ij}]\delta\dot{e}_{ij}-(F_i+\beta_{ij,j})\delta v_i\}d\tau\\
&\quad+\iiint_{\tau_p}\left\{\alpha_{ij}\left(\lambda\delta\frac{\partial f}{\partial\sigma_{ij}}-\delta\dot{e}_{ij}\right)+\eta\delta f\right\}d\tau_p\\
&\quad-\iiint_{\tau_r}\alpha_{ij}\delta\dot{e}_{ij}d\tau_r=\iiint_{\tau}[\sigma_{ij}-\beta_{ij}-\alpha_{ij}]\delta\dot{e}_{ij}d\tau\\
&\quad-\iiint_{\tau}(F_i+\beta_{ij,j})\delta v_i d\tau+\iiint_{\tau_p}\alpha_{ij}\lambda\delta\frac{\partial f}{\partial\sigma_{ij}}d\tau\\
&\quad+\iiint_{\tau_p}\left(\dot{e}_{ij}+\eta\frac{\partial f}{\partial\sigma_{ij}}\right)\delta\sigma_{ij}d\tau+\iiint_{\tau_r}\dot{e}_{ij}\delta\sigma_{ij}d\tau
\end{aligned} \tag{9.171}$$

因为 δv_i，$\delta\dot{e}_{ij}$，$\delta\sigma_{ij}$ 都是独立的变分，所以在把(9.171)式代入(9.167)式以后，就得到一系列的关系式：

(A) $\sigma_{ij}-\beta_{ij}-\alpha_{ij}=0$ 在 τ 内 (9.172a)

(B) $\beta_{ij,j}+F_i=0$ 在 τ 内 (9.172b)

(C) $\alpha_{ij}\lambda=0$ 在 τ_p 内 (9.172c)

(D) $\dot{e}_{ij}+\eta\dfrac{\partial f}{\partial\sigma_{ij}}=0$ 在 τ_p 内 (9.172d)

(E) $\dot{e}_{ij}=0$ 在 τ_r 内 (9.172e)

(F) $\beta_{ij}n_j-\nu_{\text{极}}\bar{p}_i=0$ 在 S_p 上 (9.172f)

(G) $\beta_{ij}n_j + \gamma_i = 0$ 在 S_v 上 (9.172g)

于是,从 (9.172a, c, g) 得

$$\left.\begin{array}{ll}\alpha_{ij} = 0 \quad \beta_{ij} = \sigma_{ij}, & \text{在 } \tau \text{ 内} \\ \gamma_i = -\beta_{ij}n_j = -\sigma_{ij}n_j & \text{在 } S_v \text{ 上}\end{array}\right\} \tag{9.173}$$

而 (9.172b),(9.172e),(9.172f) 分别为 (9.148)(平衡方程)(9.150),(9.152) 各式,而在 (9.172d) 式上乘 σ_{ij},得

$$\dot{e}_{ij}\sigma_{ij} + \eta \frac{\partial f}{\partial \sigma_{ij}} \sigma_{ij} = 0 \tag{9.174}$$

根据 f 的二次式定义,有 (9.156) 式,或有屈服条件

$$\frac{\partial f}{\partial \sigma_{ij}} \sigma_{ij} = 2f = 2\sigma_T^2 \tag{9.175}$$

所以,把 (9.175) 式代入 (9.174) 式,解得 η 的表达式

$$\eta = -\frac{\dot{e}_{ij}\sigma_{ij}}{2\sigma_T^2} \tag{9.176}$$

到此，我们求得了所有拉格朗日乘子．把 (9.173),(9.176) 式代入(9.166) 式,即得**极限分析的广义变分原理:**

在一切 v_i, $\dot{e}_{ij}$, σ_{ij} 中,使泛函

$$\begin{aligned}\Pi_1^* = & \iiint_\tau \left\{\sigma_{ij} \frac{1}{2}(v_{i,j} + v_{j,i}) - F_i v_i\right\} d\tau \\ & - \iiint_{\tau_p} \frac{\sigma_{ij}\dot{e}_{ij}}{2\sigma_T^2}(f - \sigma_T^2) d\tau - \iint_{S_v} \sigma_{ij}n_j(v_i - \bar{v}_i) dS \\ & - \nu \iint_{S_p} \bar{p}_i v_i dS\end{aligned} \tag{9.177}$$

为极值的 v_i, $\dot{e}_{ij}$, σ_{ij}, 也必使

$$\nu = \frac{\left\{\begin{array}{l}\iiint_\tau \left\{\sigma_{ij} \frac{1}{2}(v_{i,j} + v_{j,i}) - F_i v_i\right\} d\tau \\ \quad - \iiint_{\tau_p} \frac{\sigma_{ij}\dot{e}_{ij}}{2\sigma_T}(f - \sigma_T^2) dv - \iint_{S_v} \sigma_{ij}n_j(v_i - \bar{v}_i) dS\end{array}\right\}}{\iint_{S_p} \bar{p}_i v_i dS} \tag{9.178}$$

为极值，而且是刚塑性问题的正确解.

这个原理的证明和上面决定拉格朗日乘子的过程，几乎完全相同，这里就不再重复了.

根据最小位能原理[即泛函(9.157)式，或(9.158)式的 ν 趋于最小的原理]，我们称满足有关位移速度诸条件的位移速度场为运动学上容许的位移速度场．并用 v_i^0 表示这种在运动学中容许的位移速度场．和 v_i^0 相关的应变速度 $\dot{e}_{ij}^0$，应力为 σ_{ij}^0．并称

$$\nu_{上}=\frac{\iiint\limits_{\tau}\sigma_{ij}^0\dot{e}_{ij}^0d\tau-\iiint\limits_{\tau}F_iv_i^0d\tau}{\iint\limits_{S_p}\bar{p}_iv_i^0dS} \tag{9.179}$$

则最小位能原理指出，$\nu_{上}$ 为正确解 ν(9.178)式的上限.

我们有时称这种结论为上限定理

一切运动上容许的位移场 v_0(及有关的 σ_{ij}^0 和 $\dot{e}_{ij}^0$)所给出的 $\nu_{上}$(即(9.179)式)，为正确解 ν(即(9.178)式)的上限，即

$$\nu_{上}\geqslant\nu \tag{9.180}$$

上限定理在实质上就是马可夫原理.

我们还有下限定理.

对于静力学上容许的应力场 σ_{ij}^*(即满足平衡方程，和外力边界条件的 σ_{ij})而言，有

$$\nu_{下}=\frac{\iiint\limits_{\tau}\sigma_{ij}^*\dot{e}_{ij}^0d\tau-\iiint\limits_{\tau}F_iv_i^0d\tau}{\iint\limits_{S_p}\bar{p}_iv_i^0dS} \tag{9.181}$$

根据(9.143)式，对于不可压缩的变形而言，$\sigma'_{ij}=\sigma_{ij}$，所以，有

$$(\sigma_{ij}^*-\sigma_{ij})\dot{e}_{ij}\leqslant 0 \tag{9.182}$$

如果取 σ_{ij}，$\dot{e}_{ij}$ 为 σ_{ij}^0，$\dot{e}_{ij}^0$，则

$$(\sigma_{ij}^*-\sigma_{ij}^0)\dot{e}_{ij}^0\leqslant 0 \tag{9.183}$$

则有

$$\iiint\limits_{\tau}\sigma_{ij}^*\dot{e}_{ij}^0d\tau-\iiint\limits_{\tau}\sigma_{ij}^0\dot{e}_{ij}^0d\tau\leqslant 0 \tag{9.184}$$

把(9.179)式与(9.181)式相减,即得

$$\nu_{上}-\nu_{下}=\frac{\iiint_{\tau}\sigma_{ij}^{0}\dot{e}_{ij}^{0}d\tau-\iiint_{\tau}\sigma_{ij}^{*}\dot{e}_{ij}^{0}d\tau}{\iint_{S_p}\bar{p}_i v_i^0 dS}\geqslant 0 \tag{9.185}$$

亦即

$$\nu_{上}>\nu_{下} \tag{9.186}$$

现在就很易证明**广义极限定理:**

如果所设静力许可的 σ_{ij}^{*} 应力场,和所设运动学许可的位移场 v_i^0 有上下限 $\nu_{上}$, $\nu_{下}$ 为

$$\nu_{上}=\frac{\iiint_{\tau}(\sigma_{ij}^{0}\dot{e}_{ij}^{0}-F_i v_i^0)d\tau}{\iint_{S_p}\bar{p}_i v_i^0 dS} \tag{9.187a}$$

$$\nu_{下}=\frac{\iiint_{\tau}(e_{ij}^{*}\dot{e}_{ij}^{0}-F_i v_i^0)d\tau}{\iint_{S_p}\bar{p}_i v_i^0 dS} \tag{9.187b}$$

并称[根据(9.178)式]

$$\nu=\frac{\left\{\begin{array}{l}\iiint_{\tau}\sigma_{ij}^{*}\dot{e}_{ij}^{0}\left[\dfrac{3\sigma_T^2-f^*}{2\sigma_T^2}\right]d\tau+\iiint_{\tau_r}\sigma_{ij}^{*}\dot{e}_{ij}^{0}\left[\dfrac{f^*-\sigma_T^2}{2\sigma_T^2}\right]d\tau\\ \qquad -\iint_{S_p}\sigma_{ij}n_j(v_i-\bar{v}_i)dS\end{array}\right\}}{\iint_{S_p}\bar{p}_i v_i^0 dS} \tag{9.188}$$

则

$$\nu_{上}\geqslant\nu\geqslant\nu_{下} \tag{9.189}$$

这里的 $f^*=f(\sigma_{ij}^{*})$, σ_{ij}^{0} 是 e_{ij}^{0} 所对应的应力场,注意到 $\sigma_{ij}^{*}e_{ij}^{0}>0$,而且

$$\sigma_{ij}^0 e_{ij}^0 \geqslant \frac{3\sigma_T^2 - f^*}{2\sigma_T^2}\sigma_{ij}^* \dot{e}_{ij}^0 \tag{9.190}$$

即得证实 (9.189) 式。

参 考 文 献

[1] Качанов, Л. М., Упруго-пластическо состояние твордых тел, *Прикладная математика и механика*, **V** (1941), 3, **VI** (1942).

[2] Ильющин, А. А., Вопросы теории пластических деформаций, *Прикладная математика и механика*, **VII** (1943), 4.

[3] Mises, R. von, Mechanik der festen Körper in Plastisch-deformablen Zuständ, Nachr. Den Gesellsch. der Wissensch. zu Gottingen, Math-Phys. Klasse, 1913.

[4] Haar, A. and von. Kármán, Th. Zur Theorie der Spannungszustände in Plastischen und Sandartigen Medien, Nachr. den Gesellsch. der Wissensch. zu Göttingen, 1909, pp. 204—218.

[5] Greenberg, H. J., On the Variational Principles of Plasticity, Brown University, ONR, NR-041-032, March, 1949.

[6] Марков, А. А., О вариационных принципах теории пластичности, *Прикладная математика и механика*, **XI** (1947), 3.

[7] Sadowsky, M. A., A Principle of Maximum Plastic Resistance, *Journal of Applied Mechanics*, **10** (1943), 2, pp. 65—68.

[8] Hill, R., Mathematical Theory of Plasticity, Oxford, 1950.

[9] Prager, W. and Hodge, P. G. Jr., Theory of Perfectly Plastic Solids, John Wiley, 1951.

[10] Drucker, D. C., Prager, W., Greenberg, H. J., Extended limit design Theorems for Continuous Media, *Quarterly of Applied Mathematics*, **9**(1952), 4. pp. 381—389.

[11] Hodge, P. G. Jr.. The Mathematical Theory of Plasticity, in 'Elasticity and Plasticity', by Goodier, J. N. and Hodge, P. G., Jr., John Wiley, 1958, pp. 151—152.

[12] Hodge, P. G. Jr., Plastic Analysis of structures, McGraw Hill, 1959.

[13] Hodge, P. G., Jr., Limit Analysis of Rotationally Symmetric Plates and Shells, Englewood Cliffs, N. J., Prentice-Hall, Inc., 1963.

[14] 钱令希、钟万勰，论固体力学中的极限分析并建立一个一般的变分原理，力学学报，**6** (1963)，4，287—303 页.

[15] 王 仁、黄文彬、曲圣年、赵祖武、杨占馨、王长兴等，对“固体力学中的极限分析并建议一个一般变分原理”一文的讨论，力学学报，**8**(1965)，1，63—79 页.

[16] 薛大为，建议一组关于极限分析的定理，科学通报，**20** (1975)，4，175—181 页.

索　引

一　画

二　画

三　画

四　画

五　画

六　画

七　画

八 画

九　画

十　画

十一画

十二画

十　三　画

十　四　画

十　五　画

十　六　画

十　七　画

十　八　画

人名、译名对照索引